中国科学院研究生教学丛书

计算化学

——从理论化学到分子模拟

陈敏伯 著

科学出版社
北京

内 容 简 介

计算化学是近年来飞速发展的一门学科，它主要以分子模拟为工具实现各种核心化学问题的计算，架起了理论化学和实验化学之间的桥梁.

本书在一个比较严格的理论框架中介绍了计算化学. 全书分两部分：基本原理篇和应用篇，共 11 章. 基本原理篇(第 1~6 章)包括：体系的经典力学描述，势能面，分子动力学方法，Monte Carlo 模拟，相关函数和近平衡态的量子统计理论；应用篇(第 7~11 章)包括：热化学，输运性质，分子光谱的模拟，固体材料和统计数学在药物、材料设计上的应用. 本书尽量介绍具有物理意义的方法，不得已才采用单纯的数学模型. 为了方便阅读，本书备有附录用来介绍重要的数学工具.

本书可作为化学、物理、材料科学、药学、生命科学等有关专业领域高校教师、科研人员的参考书和研究生教材.

图书在版编目(CIP)数据

计算化学：从理论化学到分子模拟/陈敏伯著. —北京：科学出版社，2009

(中国科学院研究生教学丛书)

ISBN 978-7-03-023352-3

Ⅰ. 计… Ⅱ. 陈… Ⅲ. 计算化学-研究生-教材 Ⅳ. O6-04

中国版本图书馆 CIP 数据核字(2008)第 173413 号

责任编辑：杨 震 周 强 房 阳／责任校对：宋玲玲

责任印制：吴兆东／封面设计：王 浩

科学出版社 出版

北京东黄城根北街 16 号

邮政编码：100717

http://www.sciencep.com

北京九州迅驰传媒文化有限公司印刷

科学出版社发行　各地新华书店经销

*

2009 年 3 月第 一 版　开本：787 × 1092 1/16

2025 年 2 月第八次印刷　印张：26

字数：492 000

定价：138.00 元

（如有印装质量问题，我社负责调换）

《中国科学院研究生教学丛书》总编委会

《中国科学院研究生教学丛书》化学学科编委会

《中国科学院研究生教学丛书》序

在21世纪曙光初露，中国科技、教育面临重大改革和蓬勃发展之际，《中国科学院研究生教学丛书》——这套凝聚了中国科学院新老科学家、研究生导师们多年心血的研究生教材面世了．相信这套丛书的出版，会在一定程度上缓解研究生教材不足的困难，对提高研究生教育质量起着积极的推动作用．

21世纪将是科学技术日新月异，迅猛发展的新世纪，科学技术将成为经济发展的最重要的资源和不竭的动力，成为经济和社会发展的首要推动力量．世界各国之间综合国力的竞争，实质上是科技实力的竞争．而一个国家科技实力的决定因素是它所拥有的科技人才的数量和质量．我国要想在21世纪顺利地实施"科教兴国"和"可持续发展"战略，实现邓小平同志规划的第三步战略目标——把我国建设成中等发达国家，关键在于培养造就一支数量宏大、素质优良、结构合理、有能力参与国际竞争与合作的科技大军，这是摆在我国高等教育面前的一项十分繁重而光荣的战略任务．

中国科学院作为我国自然科学与高新技术的综合研究与发展中心，在建院之初就明确了出成果出人才并举的办院宗旨，长期坚持走科研与教育相结合的道路，发挥了高级科技专家多、科研条件好、科研水平高的优势，结合科研工作，积极培养研究生；在出成果的同时，为国家培养了数以万计的研究生．当前，中国科学院正在按照江泽民同志关于中国科学院要努力建设好"三个基地"的指示，在建设具有国际先进水平的科学研究基地和促进高新技术产业发展基地的同时，加强研究生教育，努力建设好高级人才培养基地，在肩负起发展我国科学技术及促进高新技术产业发展重任的同时，为国家源源不断地培养输送大批高级科技人才．

质量是研究生教育的生命，全面提高研究生培养质量是当前我国研究生教育的首要任务．研究生教材建设是提高研究生培养质量的一项重要的基础性工作．由于各种原因，目前我国研究生教材的建设滞后于研究生教育的发展．为了改变这种情况，中国科学院组织了一批在科学前沿工作，同时又具有相当教学经验的科学家撰写研究生教材，并以专项资金资助优秀的研究生教材的出版. 希望通过数年努力, 出版一套面向 21 世纪科技发展、体现中国科学院特色的高水平的研究生教学丛书. 本丛书内容力求具有科学性、系统性和基础性, 同时也兼顾前沿性, 使阅读者不仅能获得相关学科的比较系统的科学基础知识, 也能被引导进入当代科学研究的前沿. 这套研究生教学丛书, 不仅适合于在校研究生学习使用, 也可以作为高校教师和专业研究人员工作和学习的参考书.

"桃李不言, 下自成蹊." 我相信, 通过中国科学院一批科学家的辛勤耕耘,《中国科学院研究生教学丛书》将成为我国研究生教育园地的一丛鲜花, 也将似润物春雨, 滋养莘莘学子的心田, 把他们引向科学的殿堂, 不仅为科学院, 也为全国研究生教育的发展作出重要贡献.

序

20 世纪的化学合成和识别了 6000 多万种广义分子, 比 1900 年只有 55 万种, 增加了 100 多倍. 化学取得如此辉煌成就的主要原因之一是：研究化学的方法上升了两个台阶.

在化学科学的发展史上, 使得化学走上现代化学发展道路的最有力的帮助来自物理学. 是杰出的德国科学家 Ostwald 首先认识到物理与化学的结合对于人类认识物质世界的重要性, 于是物理化学诞生了. 但在 20 世纪 30 年代以前, 化学主要还是一门实验科学. L. Pauling 在 30 年代发表了著名的《论化学键的本质》, Mulliken 等提出分子轨道理论, 使理论化学深入到微观领域, 取得很大的发展, 并逐渐普及到有机化学、无机化学、高分子化学、分析化学等二级化学学科, 使化学科学上升到 "实验方法与理论方法并重的科学阶段".

在计算技术高度发展的今天, 计算化学是理论化学发展的必然产物, 化学家又多了一条探索科学真理的手段和方法. 这就是为什么 1998 年诺贝尔化学奖授予 W. 科恩和 J. 波普尔时, 授奖公告附件中喊出 "化学不再是纯粹的实验科学" 的道理.

《计算化学：从理论化学到分子模拟》一书明确提出化学科学已进入 "实验方法、理论方法、计算方法" 并重的又一个新阶段. 作者陈敏伯教授是 20 世纪 80 年代初、改革开放后第一批经过严格考试选拔, 公派到美国的留学生, 师从世界著名量子化学家 Parr 教授, 获得博士学位, 回国从事理论化学和计算化学研究. 他有很深厚的量子化学理论基础. 他在新著中的一个重要理念是：只有建立针对具体研究对象的物理模型才能指明通向物质世界真理的方向, 而不是抽象普适的数学模型. 因此该书内容包括基本原理和应用两大部分. 前者简明扼要但完整地介绍计算化学的基本原理, 为建立一个好的物理模型打好基础. 后者介绍计算化学在热化学数据的计算、输运性质的计算、分子光谱的模拟、固体材料结构的建模、药物和功能材料的设计合成等领域的应用.

在一个好的物理模型的基础上, 用计算机进行虚拟实验, 可以大大节约实际实验所需要的时间、人力和物力, 加速研究开发的进程. 我在 20 世纪 70 年代开始从事包含十多个元素的稀土混合物的萃取分离研究. 国内外的传统研究方法是：先进行 "摇漏斗" 的小试, 得到一套大致可行的工艺参数后, 再进行中试, 扩大试验和工业试验, 才能正式投产. 这个流程至少要一年以上时间. 我在广泛实验和理论探索的基础上, 提出一个物理模型, 建立串级萃取理论, 用计算机虚拟实验, 可以根据不同的原料组成, 不同的产品纯度要求, 在几天时间内拿出一个最优化的新工艺流程. 这一理论的建立和在全国普遍推广应用, 使我国稀土分离理论和分离产业领先于世界, 占领全世界高纯单一稀土产量的 80%～90% 的份额, 迫使美、日、法稀土分离厂停产或减产, 被国际稀土界称为 China Impact（中国冲击）. 这就是模拟和计算方法的一个例子. 现在原子弹的爆炸试验也用虚拟实验代替. 小浪底水库放水冲洗黄河泥沙的最优化时间和流量也用虚拟实验来确定, 取得比小型水利试验更好的结果.

该书的出版可以推动计算方法在化学领域的广泛应用, 促使化学更快发展.

徐光宪

2009 年 2 月 17 日于北京大学

前　言

本书分两部分: 基本原理篇和应用篇. 这两部分的区分也是粗略的. 鉴于大多数从事分子模拟的化学工作者一般感到的主要困难不是与操作有关的知识, 而是这些计算操作背后的物理原理, 所以只是把共同的物理原理放入基本原理篇, 而把围绕着具体应用目标(如分子光谱、固体、热化学性质、输运性质等) 的计算原理放在应用篇.

在基本原理篇中, 笔者假定读者已经具有量子力学基础和统计力学的学识, 而对经典力学的了解往往相对不够, 而经典力学的形式理论对分子动力学模拟的进步起到关键的作用, 故在基本原理篇里的第 1 章就介绍体系的经典力学描述和 Hamilton 力学. 第 2 章通过 Hohenberg-Kohn 第一定理, 强调核骨架的几何结构严格地决定了分子体系基态的所有性质, 把计算化学、分子模拟的出发点建立在尽可能严格的基础上, 然后介绍势能面、能量优化和过渡态的寻找. 第 3 章、第 4 章介绍两大分子模拟方法 —— 分子动力学法和 Monte Carlo 方法. 前者是确定性的分子模拟方法, 执行了 Boltzmann 的统计力学; 而后者是随机性的分子模拟方法, 执行了 Gibbs 的统计力学, 其中还将分子动力学方法建立在经典力学算符理论的基础上, 使分子模拟有了一个严格的理论框架. 由此明确微观可逆性、辛几何对称性 (冯康)、统计系综 (能势修一, Shuichi Nosé) 和准遍历性是衡量分子动力学方法的关键考虑. 第 5 章介绍相关函数, 包括空间相关函数和时间相关函数, 它们是分析模拟数据的重要手段之一. 第 6 章介绍关于近平衡态的量子统计理论, 包括密度算符理论和 Green-Kubo 线性响应理论. 这是为模拟线性非平衡态下的输运性质、分子振转光谱所需要的统一理论.

本书的第二部分是应用篇, 内容包括: 热化学、输运性质、分子光谱的模拟、固体材料、统计数学在药物、材料设计上的应用等内容. 其中第 7 章介绍了基于统计热力学原理的热化学性质的计算, 包括自由能. 第 8 章介绍输运性质的计算原理, 包括平动扩散、导电和导热问题. 第 9 章介绍的分子振转光谱模拟采用量子统计力学的线性响应理论, 也介绍了分子光谱的简正振动分析. 第 10 章扼要介绍固体材料性质的模拟, 包括热化学性质和力学性质. 考虑到药物设计、材料设计上大量采用统计数学方法, 虽然那不是第一原理的, 但从应用需要来看安排在第 11 章中介绍. 例如, 多元线性回归、主成分回归法、偏最小二乘法. 药物设计中的分子对接等实际上是分子动力学模拟的内容之一, 故未单独提及.

本书附录扼要介绍了几个重要的数学工具 (矩阵、向量、张量、Euler 齐次函数、Dirac δ 函数、Heaviside 阶跃函数、Lagrange 待定乘子法、Legendre 变换、Fourier 变换、Laplace 变换、辛几何基础和统计系综), 以便读者查阅. 至于数值分析方法 (numerical analysis), 请读者参考其他有关书籍.

本书适于高等院校、研究所的化学、物理、材料科学专业的师生们阅读, 部分内容可以作为研究生教材, 读者最好已经具有量子力学、统计力学的基础知识. 对于初学者, 笔者愿意传达前辈们的忠告: 准备草稿纸, 动笔演绎. 只要是理论学科, 都要反复学几遍才能得到要领, 不要指望听一遍就懂得个大概, 不要在 “自我感觉差” 面前退缩, “不懂” 意味着正在入门, 更不要指望寓教于乐. 不过, 在熬过长夜、豁然开朗之际, “乐” 却会不期而至, 那是晨曦中第一原理送来的神圣感.

过去几年, 本书部分内容曾经以 “分子设计原理” 为题给中国科学院的研究生们讲授过. 但是, 我最后还是采纳 “计算化学” 作为书名, “从理论化学到分子模拟” 为副题, 原因是 “设计”(design) 这个词虽然新颖, 但易生歧义. 时尚是暂时的, 我相信 “计算化学”(Computational Chemistry) 这个书名更经得起岁月的考验.

在本书出版之际, 笔者深切感谢北京大学徐光宪院士和王德民教授在百忙中审读全书, 并提出宝贵意见. 是徐先生把我带进了理论化学的领域, 他治学的严谨完整、授业的高屋建瓴和说理的循循善诱, 十足体现了科学的魅力. 他还欣然为本书作序. 笔者也由衷感谢黄明宝教授, 共同的学术鉴赏取向把我们联系在一起, 是他的邀请让我有机会在中国科学院北京研究生院的暑期高级强化班中数次讲授这门学科的几个部分. 笔者深深怀念我国物理化学奠基者之一的吴征铠院士 (1913~2007). 他多次对我耳提面命: 只有把化学和物理融合在分子科学这门学科里, 化学才能腾飞.

感谢我的研究生, 与他们之间的讨论极大地帮助了本书的完成. 笔者尤其感谢多年来国家自然科学基金委员会、国家科学技术部攀登计划、国家重大基础研究项目 (973 项目)、中国科学院创新基金等科研经费的资助, 使我得以安心从事科研教学活动, 给本书的写成打下基础. 笔者还特别感谢中国科学院科学出版基金的资助和科学出版社杨震、周强先生, 房阳女士, 他们细心阅读、耐心加工, 使本书得以与读者见面. 尤其感谢他们对我意见的宽容、理解和采纳. 我此生得以偷闲于科学之中全仗妻士瑾的理解与支持, 即便在无望的浩劫岁月里也是如此.

计算化学这门学科涉及面极大, 本书还只是勾勒了一个基本图像, 还有很多内容, 如液体理论、溶液理论、溶剂化、高聚物、波谱学、分离过程、介观模拟以及大量的应用实例等均限于篇幅而没有展开, 甚至没有提及. 此外, 本人才识有限, 书中难免有偏颇或不足之处, 诚望读者不吝指正.

陈敏伯

2008 年 6 月于上海

符号说明

本书符号的采用本着两条原则：首先是随从大多数学者使用的惯例；其次，若惯例尚未形成，则以表达清晰为原则. 不同的数学量采用的字体及示例见下表：

数学量	字体	示例
标量	Times New Roman 斜体 希腊文 Symbol 斜体	$k, T, \cdots$ $\theta, \tau, \cdots$
向量	Times New Roman 斜黑体 希腊文 Symbol 斜黑体	$\boldsymbol{r}, \boldsymbol{p}, \boldsymbol{q}, \cdots$ $\boldsymbol{\alpha}, \boldsymbol{\beta}, \cdots$
张量	Lucida Sans 正体 希腊文 Symbol 正黑体	$\mathsf{A}, \mathsf{P}, \cdots,$ $\boldsymbol{\sigma}, \boldsymbol{\varepsilon}, \cdots$
矩阵	Times New Roman 正黑体 希腊文 Symbol 正黑体	$\mathbf{A}, \mathbf{P}$, 单位矩阵 $\mathbf{1}$; $\boldsymbol{\alpha}, \boldsymbol{\beta}, \cdots$
算符	直立打字机字体 希腊文 Symbol 斜黑体	$\mathtt{H}, \mathtt{B}, \mathtt{L}, \mathtt{h}, \cdots,$ 恒等算符 $\mathbf{1}$; $\boldsymbol{\rho}, \cdots$

注意事项：

(1) 注意区分英文 Times New Roman 斜黑体的 $\boldsymbol{v}$ 和斜体 v 与希腊文 Symbol 字体的 $\boldsymbol{\nu}$ 和 ν;

(2) 当向量及其矩阵表示多次交替出现时, 为方便计按惯例两者不予区分, 均用矩阵符号表示;

(3) 作为物理量的张量有时在数学量张量符号上加双向横箭头表示, 如 $\overleftrightarrow{\boldsymbol{\sigma}}$, $\overleftrightarrow{\mathsf{P}}$ 等;

(4) 列矩阵、矩阵的符号按惯例不予区分, 均用矩阵符号表示. 有时为节省篇幅用行矩阵加转置表示列矩阵;

(5) 在不至于误解的场合, Boltzmann 因子依惯例写成 $\mathrm{e}^{-h\nu/k_BT}$, 不再写成 $\mathrm{e}^{-h\nu/(k_BT)}$;

(6) 个别常用方法如 Andersen 的恒压扩展法, 虽然其中符号不同寻常, 但是鉴于这种方法已经形成的影响力, 本书还是沿用了该作者用的符号：位置、动量分别用 $\hat{q}_i$, $\hat{p}_i$, 而 q_i, q_i 代表约化位置和约化动量.

本书符号及其含义的详细列表如下：

符号	含义
A	电子亲和势
$\tilde{\mathtt{A}}$	算符 $\mathtt{A}$ 的 Kubo 变换
A_ν	消光系数
A_S	分子的 Bader 面面积
A_S^+	Bader 面静电势正区的表面积

续表

符号	含义
A_S^-	Bader 面静电势负区的表面积
$\boldsymbol{a}$	加速度
$(\boldsymbol{a}_1, \boldsymbol{a}_2, \boldsymbol{a}_3)$	晶胞的基向量
a^n	加速度的简式符号
$\boldsymbol{B}$	磁感应强度
$B_{k\to m}$	Einstein 吸收系数
$(\boldsymbol{b}_1, \boldsymbol{b}_2, \boldsymbol{b}_3)$	倒易晶格的基向量
$\mathtt{C}$	刚度张量
$\mathbf{C}$	刚度矩阵 (Voigt 符号)
C_{ij}	刚度矩阵的分量
C_V	定容热容
C_p	定压热容
c, C	浓度
c_i	展开系数; 构象
C_{imnk}	刚度张量, 刚度系数
$\mathrm{cov}\,(X, Y)$	随机变量 X 与 Y 的协方差
$C_{AB}\,(\boldsymbol{r}, \boldsymbol{r}')$	$\equiv \langle A\,(\boldsymbol{r})\,B\,(\boldsymbol{r}')\rangle$, 空间相关函数
c_1	因变量第一主轴单位向量
D	平动扩散系数
D_{mk}	偶极强度 ($\equiv Q_{mk}^2$)
$d_{h_1h_2h_3}$	$(h_1h_2h_3)$ 晶面族的面间距
$D\,(X)$	随机变量 X 的方差
$\boldsymbol{e}_i$	单位向量
$\mathbf{e}$	残差 e_i 构成的列矩阵
$\boldsymbol{E}$	电场强度
E	体系能量; 内能 (热力学能)
$\hat{\mathbf{E}}_0$	电场强度的单位向量
E_0	电场强度振幅; 静态晶格能量
E_{rad}	外辐射场的能量
$E\,(X)$	随机变量 X 的期望值
$f\,(\boldsymbol{q}, \boldsymbol{p}, t)$	相空间中状态的概率密度
f, F	力
$\mathbf{f}_{\mathbf{n}}^{\mathrm{ext}}$	原胞$\mathbf{n}$所受的外力
$\mathbf{F}_0$	标准化后的因变量数据矩阵
$\mathbf{F}_1$	因变量的第 1 次残差矩阵
F_i	第 i 号粒子受的力
$\mathbf{F}_{\Delta t}$	步进矩阵
F_{ij}	两种运动之间的耦合系数
F	Helmholtz 自由能; 力
$\mathbf{F}_q, \mathbf{F}_x$	Hesse 矩阵
$F\,(f_{\mathrm{R}}, f_{\mathrm{E}})$	方差比 (f_{R} 为回归自由度, f_{E} 为残差自由度)

续表

符号	含义
f	振子强度
f_{km}	$\|k\rangle$ 到 $\|m\rangle$ 的振子强度
G	Gibbs 自由能; 剪切模量
$\mathbf{G}$	度规矩阵 ($\equiv \mathbf{h}^{\mathrm{T}}\mathbf{h}$); 倒格矢
g_j	简并度
$\mathbf{g}_k$	$\mathbf{q}_k$ 处的梯度矩阵
$g(x)$	概率分布密度函数
$g(\nu)$	简正振动频率分布函数; 声谱
$\mathtt{H}_0$	未受微扰的 Hamilton 算符
$\mathtt{H}'$	微扰 Hamilton 算符
H^*, H_{ext}	扩展体系的 Hamilton 量
$\boldsymbol{H}$	磁场强度
H	焓; Hamilton 函数
$\mathbf{H}$	Hesse 矩阵
$\mathbf{H}_k$	$\boldsymbol{q}_k$ 处的 Hesse 矩阵
$\Delta H_{\mathrm{sub}}^{\varnothing}$	标准摩尔升华焓
h	Planck 常量
$\hbar$	$\hbar \equiv h/(2\pi)$
$(h_1h_2h_3)$	晶面族的 Miller 指数
$\{\mathbf{h}_i\}$	$\mathbf{A}$ 共轭的向量集
I	转动惯量; 电离能
$I(\omega)$	谱密度
I_A, I_B, I_C	分子 3 个主轴的转动惯量
I_ν	光强度
I_{abs}	吸收的光强度
$\mathbf{J}, \mathbf{J}_{2s}$	单位辛矩阵
$\boldsymbol{j}$	电流密度
k	力常数
$\boldsymbol{k}$	倒易空间的向量
k_B	Boltzmann 常量
k_ν	吸收系数
K	体弹性模量
$\mathbf{K}$	晶格的刚度矩阵 (即 $\mathbf{K}$ 矩阵)
L	Lagrange 函数; 动力学系数
$\mathbf{L}$	线性变换的变换矩阵
L	经典 Liouville 算符
$\mathrm{L}_{\mathrm{ref}}$	参考体系的经典 Liouville 算符
L_{ik}	归一化加权位移振幅
l	长度
m, m_i	粒子质量
M_{kl}	广义质量

续表

符号	含义
$\mathbf{m}$	质量矩阵
$\mathbf{M}$	正则变量之间的变换矩阵; 原胞中的质量矩阵
$\boldsymbol{M}$	电偶极矩向量
M	磁极化强度
$\mathbf{n}$	格矢
$\boldsymbol{n}$	法向向量
N	体系粒子总数
N_{A}	Avogadro 常量
N_c	约束条件个数
n_i	微观状态 i 出现的次数
n_{tot}	演化轨迹所含微观状态总数
$N\left(\mu,\sigma^2\right)$	正态分布, 高斯分布
P_i, P	概率, 电极化强度
$P_{i\to f}, \rho_{fi}$	从 $\vert i\rangle$ 态到 $\vert f\rangle$ 态的跃迁概率
p	压强 (静压力)
$\mathsf{P}, \overleftrightarrow{\mathbf{P}}$	压强张量
$\mathbf{P}$	压强张量对应的矩阵
$p_i, \boldsymbol{p}_i, \boldsymbol{p}$	广义动量
$\boldsymbol{p}_s$	热浴的广义动量
p_{ex}	外部压力浴的压强
$\mathbf{P}$	投影算符
P	置换算符
$q_i, \boldsymbol{q}_i, \boldsymbol{q}$	广义坐标 (位置); 质量加权位移坐标分量
$q_{i,k}^0$	质量加权振幅
q	粒子的配分函数; 波矢
q^2	交叉验证时的相关系数平方
$\mathbf{q}$	波矢 $\mathbf{q}\equiv(q_1,q_2,q_3)$
$\mathbf{q}_{\mathrm{TS}}$	过渡态的核位置
Q	体系配分函数; 热浴等效质量
$\mathbf{Q}$	简正振动坐标
Q_k	第 k 个简正模式的简正坐标
Q_{ext}	扩展体系的微正则系综配分函数
$\{Q_q(t)\}$	状态空间中晶格的简正坐标
$\boldsymbol{Q}_{mk}$	$\equiv\left\langle m\left\vert\sum\boldsymbol{r}_i\right\vert k\right\rangle$
R	摩尔气体常量
R, q	相关系数
$\mathbf{R}$	相关矩阵; 内坐标位移列阵
$\mathbf{R}_x$	标准化后的相关矩阵
R_A^2	复判定系数
$\boldsymbol{R}_i(t)$	随机力
$\boldsymbol{R}_{mk}\equiv\langle m\vert\boldsymbol{\mu}\vert k\rangle$	$\vert k\rangle$ 到 $\vert m\rangle$ 的跃迁电偶极矩

续表

符号	含义
R_j	势能面中的域; x_j 的偏相关系数
$\boldsymbol{r}_j$	第 j 号粒子的位置
r^n	位置的简式符号
r_i	键长
r_i^0	标准键长
r_0	球状粒子半径
r_{ij}	自变量列阵的相关系数
$r_{x,ij}$	标准化后的相关系数
$\mathbf{r_n}(t)$	晶格中的原子位置
S	熵; 作用量; 面积; 势能超曲面; 原胞中粒子的自由度
S	电磁场的能量通量
$\mathbf{s}$	柔度张量
$\mathbf{S}$	柔度矩阵 (Voigt 符号); 协方差阵
s	体系自由度; 热浴的广义坐标
$\mathrm{d}\boldsymbol{s}$	表面元
S_{lmnk}	柔度张量; 柔度系数
S_{T}	总平方和
S_{E}	残差平方和
S_{R}	回归平方和
S_f^2	样本方差 (f 为样本自由度)
s_{jj}	自变量 n 次测量值的方差
s_{ij}	自变量之间的协方差
$s_{x,ij}$	标准化后的协方差
t	时间
T	温度; 动能
$\mathbf{t}_1$	自变量第一主成分
t_{P}	Poincaré回归时间
t_{R}	域的回归时间
U	内能, 势能
$U(t_1, t_2)$	演化算符
$\tilde{U}(\Delta t)$	因子化后的近似演化算符
$U(\boldsymbol{q})$	势能超曲面
$U_S(\boldsymbol{r})$	Bader 面上造成的静电势
$\bar{U}_S^+$	Bader 面静电势正区平均值
$\bar{U}_S^-$	Bader 面静电势负区平均值
$\bar{U}_S$	分子的平均静电势
ΔU_{lat}	摩尔晶格能
$\mathbf{u}$	核坐标的位移向量
$\mathbf{u_n}(t)$	$\mathbf{n}$ 格点处原子的位移向量
$\mathbf{u}_1$	因变量第一主成分

续表

符号	含义
$u(\nu)$	能量密度
$\boldsymbol{v}$	速度
$\mathbf{v}$	外场
v^n	速度的简式符号
V	体积; 晶胞体积
V^*	倒易晶格中原胞体积
V_{ee}	电子间势能
$\mathrm{var}(X)$	随机变量 X 的方差
W	概率; 位力 (即经典 virial 量)
w_k	第 k 个纯态出现的概率; 波数; 单体的 Rosenbluth 因子
$\mathbf{w}_1$	自变量第一主轴单位向量
$W(n)$	归一化 Rosenbluth 因子
$W_{i\to f}, W_{fi}$	从 $\|i\rangle$ 态到 $\|f\rangle$ 态的跃迁速度
$\mathbf{X}$	数据矩阵; 标准化的数据矩阵
$\bar{X}$	样本均值
x, x_i	位置; 自变量; 相点
$\mathbf{x}$	直角位移坐标; 相空间向量
X_{mk}	跃迁电偶极矩 $\boldsymbol{R}_{mk}$ 的 x 分量
Y	Young 氏模量; 应变量
$\mathbf{Y}$	应变量列阵
$\hat{\mathbf{Y}}$	应变量线性拟合值的列阵
y_i	y 的实验值
$\hat{y}_i$	y 的线性拟合值
Z_N	体系的位形积分
$\mathbf{z}\equiv[\mathbf{p},\mathbf{q}]^{\mathrm{T}}$	相空间向量
$\mathbf{z}_m$	演化第 m 步时的相空间向量
z_i	第 i 号粒子的电荷数
α	电极化率; 键角; 吸收截面; 恒压体膨胀系数
$1-\alpha$	置信水平
α_i^0	标准键角
β	$\beta\equiv 1/(k_BT)$
$\hat{\boldsymbol{\beta}}$	线性回归后的系数列阵
γ	摩擦系数; Grüneisen 系数
Δ	等温等压系综的配分函数
$\boldsymbol{\varepsilon}$	应变张量; 应变向量 (Voigt 符号)
ε	粒子能量; 应变; 介电常数
ε_b	体应变
ε_s	剪切应变
ε_t	横向应变
ε_{ijk}	Levi-Civita 张量
ε_ν	摩尔消光系数

续表

符号	含义
Γ	体系的相空间
Γ_q	位形空间
κ	恒温压缩系数
χ	电负性
$\chi_{\mu\nu}(\omega)$	磁化率张量
Λ	de Broglie 热波长
$\{\lambda_i\}$	本征值集
λ	微扰参数; Lamé系数; 波长
$\boldsymbol{\lambda}$	Lagrange 待定乘子列阵
μ	折合质量; 化学势; Lamé系数; 期望值
$\boldsymbol{\mu}$	电偶极矩算符
μ	电偶极矩
ν	频率; Poisson 比; 碰撞频率; 电荷平衡参数
$\nu_m^{(j)}$	m 个主成分对 x_j 的贡献率
η	剪向黏度; 绝对硬度
η_v	体黏度
$\boldsymbol{\rho}$	密度矩阵
ρ	密度算符; 相关系数; 平均数密度
ρ_0	体系未受微扰时的密度算符, 热平衡时的密度算符
$\rho(\boldsymbol{r})$	数密度; 电子密度
$\rho(\boldsymbol{p},\boldsymbol{q})$	分布函数
ρ_{mk}	从 $\|k\rangle$ 态到 $\|m\rangle$ 态的跃迁概率
σ	标准误差; 势能梯度模方; 对称数
$\boldsymbol{\sigma}$	应力张量; 约束条件列阵; 应力向量 (Voigt 符号)
$\sigma_{\perp}$	正应力; 张应力
$\sigma_{//}$	剪应力
σ^2	方差; 总体方差
$\hat{\sigma}$	线性拟合的标准误差
$\overleftrightarrow{\boldsymbol{\sigma}}$,$\sigma_{\mu\nu}$	电导率张量
σ_+^2	Bader 面静电势正区分布方差
σ_-^2	Bader 面静电势负区分布方差
σ_{tot}^2	Bader 面静电势分布的总方差
Θ_{E}	Einstein 特征温度
Θ_{D}	Debye 特征温度
θ_i	二面角
τ	时间; 弛豫时间
Π	Bader 面上静电势的平均偏差
Ω	方位角; 微观状态总数; 体系状态简并度
Ω^{-1}	倒易空间
Φ, Φ_i	活性值

续表

符号	含义
Φ_{BA}	响应函数
$\{\phi_k(q,p)\}$	相空间的正交归一集
ϕ	相位角
$\vert\Psi\rangle$	体系量子状态
$\vert\psi\rangle, \vert\phi\rangle$	粒子量子状态
ω	相点 P 的邻域; 角速度
ζ	液体中的摩擦系数
$\mathtt{1}$	恒等算符
$\varnothing$	空集
$i = 1\,(2)\,99$	i 为 1, 3, 5, $\cdots$, 99, 步长 2
$:=$	赋值, 如 $A := B$ 指把 B 的值赋予 A
$\langle A(0)\,B(t)\rangle$	时间相关函数
$\mathbf{0}$	零矩阵或零列阵
$\underset{x}{\mathtt{S}}(\cdot\cdot)$	混合谱的加和号
$\mathrm{tr}(\cdot\cdot)$	求迹
$(\cdot)_{\mathrm{CL}}$	经典极限
$\min\limits_{(\cdot\cdot)}\{\cdot\}$	求极小值
$\max\limits_{(\cdot\cdot)}\{\cdot\}$	求极大值
$[\mathtt{A},\mathtt{B}]$	算符 $\mathtt{A}$ 和 $\mathtt{B}$ 的对易子
$\{A,B\}$	Poisson 括号
$\{\cdot\cdot\}$	集合
$\mathrm{diag}(\cdot\cdot)$	对角矩阵
$(\cdot)^{\dagger}$	厄米共轭
$(\cdot)^{\mathrm{T}}$	转置
$\langle\cdot\cdot\rangle$	系综平均值
$\delta(\cdot\cdot)$	变分; Dirac δ 函数
$(\cdot\cdot)^{\ominus}$	摩尔标准状态
$(\cdot\cdot)\vert_{\mathrm{H.T.}}$	高温极限
$\blacksquare$	证明完毕
$\forall$	对于所有的
$\subset$	包含于
$\supset$	包含
$\in$	属于
$\cup$	并集
$\cap$	交集

目 录

应 用 篇

附 录

绪　言

“用物理的火炬照亮化学的暗室.”

——Friedrich W. Ostwald (1909 年 Nobel 化学奖得主, 物理化学学科奠基人)

“人们持久的希望之一就是, 找到几条简单而普遍的规律, 来解释具有其所有表面上的复杂性和多样性的自然为什么会如此.”

——Steven Weinberg (1979 年 Nobel 物理学奖得主)

关于计算化学 (computational chemistry) 这门学科应该包括哪些内容, 国内外不同的学者有着不同的理解和说法. 同样叫做《计算化学》的书却有着很不相同的内容. 不过, 计算化学目前有好几份学术刊物, 还有几套书也是非看不可的. K. B. Lipkowitz 和 D. B. Boyd 主编的丛书 *Reviews in Computational Chemistry* (1990 年以来每年出一两卷, 至今已经出到第 23 卷, Wiley-VCH 出版社), J. Leszczynski 主编的丛书 *Computational Chemistry: Reviews of Current Trends* (1996 年以来至今出版了 10 卷, World Scientific 出版社) 和 P. von R. Schleyer 等主编的 *Encyclopedia of Computational Chemistry* (五卷本, John Wiley & Sons 出版公司, 1998 年) 等[1~4]. 这些刊物、丛书的内容相当一致地突显了计算化学的主线, 那就是以第一原理为基本方法、通过计算来解决化学学科的核心问题.

20 世纪 80 年代以来, 计算机已经成为所有分支领域化学家的必备工具. 事实说明, 不能再把计算化学这门学科仅仅理解成 “计算机在化学中的应用”. 其原因不是如何定义一个学科的问题, 而是科学发展的要求, 只有具备足够学术的深度才能名副其实地担当起该学科可持续性发展的重任. 计算化学需要有一个坚实的学术基点, 确保它始终处于化学科学的主流, 而不是停留在 “计算机辅助” 的角色. 实际上, 当今人们深刻认识到: “计算” 已经与实验、形式理论一样能够发现新的科学现象、新的科学概念, 从而 “计算” 已经成为第三条科学发现的途径.

实验、形式理论和计算是科学发现的三大支柱

1953 年著名的 Fermi-Pasta-Ulam 的计算机实验, 研究了动力学体系非线性项的微扰是如何改变单一的周期振动行为的. 结果出人意料, 回归初始状态的时间竟然远远比想象的 Poincaré回归时间短得多. 这个计算机实验开创了 “计算物理” 这门新学科. 更为重要的是, 从此人们明白除了实验、形式理论这两条能够创造、发现新的科学概念的途径之外, 还存在第三条途径 —— 模拟计算. 相当多的场合, 一个演绎表式不能让科学家立刻感悟到其中隐藏的科学概念, 但是可以通过模拟计算发现它. 另外还有三个例子: 1967 年, Orban 等用分子动力学模拟一个由 100 个硬球组成的体系对 Loschmidt 佯谬做出了有说服力的解释, 指出了运动方程的微观可逆性与 Boltzmann 的 H 定理所指出的宏观不可逆性是不矛盾的[5]; 1970 年, Alder 和 Wainwright 的计算实验发现可能存在 “分子湍流”, 这

是过去没有想到的[6]; 1993 年, Crommie 等在铜 (111) 表面上把 48 个铁原子围成圆圈, 用扫描隧道显微镜测量隧穿电流, 然后根据二维圆无限深势阱的理论模型用 Schrödinger 方程计算, 得到的解 (球 Bessel 函数) 的平方与实验值符合得极好, 确认实验中测到的 "水波" 不是别的就是被铁原子散射的电子[7]. 所以, 郝柏林院士早就强调: "计算物理学的目的不是计算, 而是理解、预言和发现新的物理现象."[8] 计算不只是给出数值解, 还创造、发现新的科学概念. 当今物理科学界中已经普遍认为 "物理学的三大支柱是实验、形式理论和计算".

同样, 化学作为原子、分子层次的物理科学, 实验、形式理论和计算也是化学的三大支柱. 1998 年诺贝尔化学奖颁奖公告及其附录首次公开指出*形式理论*在化学中的支柱作用: "…… 量子化学已经发展成为广大化学家所使用的工具, 将化学带入一个新时代, 在这个新时代里实验和理论能够共同协力探讨分子体系的性质. " "*化学不再是纯粹的实验科学了*. …… 整个化学正在经历着一场革命性的变化"[9]. 这里所说的量子化学应当是指整个理论化学. 于是计算化学作为理论化学的执行者, 理论化学的延伸, 各种化学体系的模拟计算近年来发展很快, 随之壮大形成一门新的学科. "*计算*" 正在成为化学领域的支柱. 与形式理论一样, 计算化学的目的也是 "理解、预言和发现" 新的化学现象和概念. 它将不断地推翻、纠正老的化学概念, 揭示、建立新的化学概念.

尽管人们对计算科学的发展趋势还有各种看法, 但是这已成历史定局, 一定会有更多的科学家涌入计算这个新领域. 不仅是化学, 而且在整个科学、工程领域都是如此. 2005 年, 美国总统的信息技术顾问委员会给总统一份长篇报告, 题目就是《计算科学确保了美国的竞争力》(*Computational Science Ensuring America's Competitiveness*). "计算" 不再是科学发现的辅助角色了.

凭什么相信计算

什么是计算所依据的 "第一原理" 呢? 尽管人们依然认定科学理论最后肯定离不开实验的检验, 但是, 当今人们已经不再把实验当作科学新思想、新概念的唯一来源. 整个 20 世纪现代物理学和化学科学发展的结果, 使人们现在相信: "当今的物理学的状况是处于这样的局面, 看来不大可能再看到一种基本的普遍理论会在全部抛弃的意义下被取代, 也许例外的是像宇宙起源说那样的历史理论."[10] 人们解释客观世界的活动, 有意无意地都从经验领域沿着一个箭头深入下去, 实质上指向物理学的基本原理. 从牛顿以来的三百多年, 至少是关于无生命物质世界第一原理的框架已经建立, 这就是量子力学和统计力学.

第一原理具有公理结构, 从很少几条公理假设出发, 经过数学和逻辑演绎而得到关于物质的形式理论体系, 再从形式理论出发利用物理模型近似、二次形式化和计算, 得到理论预计值, 最后再去与实验结果核对. 结果, 以量子力学、统计力学为核心的第一原理已经在最近 100 年来经受了各种领域实验事实的检验. 这些领域几乎包括从微观到宏观物质世界的所有方面, 在时间、空间尺度的数量级跨度均达到 10^{43}. 量子力学、统计力学所经受实验检验的程度之深、领域之广是任何自然科学学科中其他理论所远远不能相比的. 所以, 以物质世界为对象的计算化学必然要尽可能地依据第一原理, 凭第一原理来处理物理模型, 这样的计算结果人们才会相信.

"实践是检验真理的唯一标准" 是人类历史的总结, 是完全正确的. 它指出人类对客观世界的任何物理学、化学的理论都要接受整个历史长河中的全部实验事实来检验, 即接受过去、现在还包括将来的实验事实来检验. 必须着重指出: 人们在对待自然科学理论时通常所谓 "用实验事实来检验理论", 实际上用的是过去和现在两段时间内积累的实验事实, 还没有也不可能包括将来的实验事实. 即便被当前实验事实检验, 那还不能解决当前的所有问题, 当前实验不足以检验当前理论正确与否的事情发生已经并不稀罕. 实际上, 经常需要通过理论去设计实验来检验理论, 还经常需要改进和扩大实验事实, 在将来的时间里继续检验科学理论.

既然不可能用将来的实验来检验现在的理论, 那么是否就无法建立正确的自然科学理论、只能陷入单纯等待实验结果的被动境地呢? 不是的. 提供答案的不是哲学, 而是大自然. 客观世界从其物质构成而言就是仅仅由电子和原子核组成的. 正因为这种物质基础的统一性, 当今人们能够扬言原则上可以用一个理论来解释至少无生命世界的所有问题. 旧时那种采用相互间没有联系的多种 "理论" 来分别解释物质的不同性质的做法, 起码在无生命的物质科学领域内已经被抛弃. 如果有两个理论分别都能够解释同一个无生命物质世界领域的科学问题, 那么人们总能够在数学上证明它们是等价的. 所以说, 20 世纪的最大科学成果是人们得到了无生命物质世界的统一理论, 即第一原理的基本框架 —— 量子力学和统计力学. 在物理上是如此, 在化学上也是如此.

自我批判是科学的生命力所在. 科学家们必须老实行事. 尽管量子力学、统计力学的成就如此辉煌, 他们对第一原理如此有信心, 但是他们全都公开承认现有的理论还不完善. 从非相对论的量子力学发展到相对论的量子力学. Prigogine 揭示了量子力学在时间方向性上的局限性. 20 世纪 70 年代, Dirac 说过: "…… 不应认为量子力学的现在形式是最后的形式"[11]. 50 年代, Heisenberg 说过: "量子力学中还没有对应于生物进化的算符, 不能用于生物学"[12]. 总之, 第一原理在不断发展之中.

计算化学的宗旨: 首先选用物理模型, 不得已才用数学模型

在运用第一原理的时候, 选用适当的模型才能执行计算. 这里必须强调: 物理模型比数学模型重要得多, 只有在暂时无法构筑物理模型的场合才不得已采用数学模型.

量子计算机的奠基人、牛津大学量子物理教授 D. Deutsch 指出: "*预言事物或描述事物, 不论多么准确, 也和理解不是一回事. …… 物理学家研究并形成理论的真正动机恰恰是渴望更好地理解世界.*"[13] 理解就是要求得到物理模型. 数值上准确的模型不见得机理上也正确, 机理上正确的模型数值上一定准确. 剑桥大学物理系教授 J. C. Taylor 说: "*当人们在设想物理模型的过程中陷入绝境时, 有时会倒退回数学领域.*"[14] 数学模型只是寻找科学真理的第一步, 它只是在理论预计的数值上与实验值相符而已. 物理模型还要求在客观机理上也要尽量正确. 物理学是严密科学(exact science), 化学也正在步入严密科学. 所谓严密科学, "严" 字指机理正确, "密" 字指数值准确.

近年来, 随着计算机软件的普及, 黑箱方法得到广泛使用. 应当承认, 在技术、工程领域, 数学模型有广泛应用, 经济效益特别明显. 可是, 有人居然在已经能够用第一原理处理物理模型的场合下, 还另辟蹊径, 采用专家系统和数据挖掘之类的黑箱方法, 如实现波谱模拟等, 声称开拓了新的交叉学科. 其实, 此类方法本质上是构筑数学模型, 是基于小样本数的统计数学方法, 严谨的统计数学家早已告诫人们要警惕 "统计陷阱", 不要滥用统计方法. 搞数学模型的方法, 也完全可以用来 "算命". 统计力学是样本数 $N \sim 10^{23}$ 的 "统计", 相对标准误差约为 $1/\sqrt{N} \sim 10^{-9}\%$. 而黑箱方法的样本数通常只有 $N \sim 10^{2}$, 相对标准误差竟达 $1/\sqrt{N} \sim 10\%$. 显然后者无法与前者相比, 只有前者才称得上严密科学. 把黑箱方法提高到不适当的高度会迷失科研的方向.

科学家的价值观不同于经济学家、工程师的价值观. 无论经济效益多么诱人, 在探索客观规律的问题上, 科学家只有在无法找到物理模型的处境下, 不得已才抱着谨慎的态度使用数学模型. 例如, 在药物设计领域内, 由于第一原理对于生命过程目前还无能为力, 所以才大量使用黑箱方法. 材料科学中的 QSPR 也属于此类方法. 生命科学领域目前还只有在对接、动态结构演化、局部小范围内的化学反应等不多的场合下能够部分结合第一原理的方法.

计算化学的目的在于理解、预言和发现新的化学现象及其物理本质

世界上无论哪个化学物质都是由电子和不同电荷的原子核组成的, 物质世界的 "统一性" 就在于此. 所以科学家对 "统一性" 的追求并不是主观的臆想, 而是在实践中不断修正、不断接近和符合客观实际的结果. 20 世纪物理学和化学的最大成功之处就在于此. 理论化学就是化学领域的第一原理. 科学理论具有强大的预见能力, 它能动地启发我们获得科学的新思想、新概念. 这种强大的预见能力远远超出人们的想象.

计算物理可以说是理论物理的执行者. 同样, 既然理论化学是分子体系的理论物理, 所以计算化学也应当是理论化学的执行者. 计算物理与计算化学两者有类似的学科结构. 计算化学的目的不是计算, 而是理解、预言和发现新的化学现象及其物理本质.

计算化学也是理论化学的自然延伸. 发展初期, 量子化学是理论化学的主要研究内容. 正因为要进一步用来模拟计算实际化学体系, 要求与宏观现象联系起来, 于是理论化学也逐渐关注统计力学方法. 原先作为统计力学两大计算手段的分子动力学方法和 Monte Carlo 方法就成了化学模拟的中心内容. 进一步的发展, 量子和统计融合成量子统计力学. 采用 Green-Kubo(久保亮五) 理论和分子动力学方法模拟各种波谱、输运性质就是一例. 由此, 计算化学也推动了理论化学的发展. 国际上著名的 Sanibel 会议就是这样的, 在 50 年代其内容是纯粹的量子化学, 后来陆续发展到包括统计力学、计算量子化学、分子模拟和计算化学领域了.

严密科学无法避免数学

数学往往是许多书中最不受欢迎的语言, 可是本书不打算避免数学语言. 出于强调物理意义的目的, 恰恰就要求助于数学. F. Dyson 教授说过: "数学带给人们的想象力远远超出人们的想象力." 本书力图让读者感受这一点. 虽然数学源于纯粹理性思维, 不属于自然科学, 可是化学家还是可以逐步练就一套从形式理论的数学语言中获取物理意义的能力. 尽管数学有时也从经验获取灵感, 可是一旦数学的公理体系建立了, 在这个基础上就可以独立发展起整幢数学大厦, 而与经验无关. 数学抽象能够让我们对更多的自然问题有一个统一深入的物理认识, 把经验再提高一步.

实际上, 用数学传达的思想最少发生歧义和误解. 回避数学的做法并不能在相当多数场合把物理问题阐述透彻, 搞不好还会误解. 例如, 如果没有量子力学的形式理论, 我们始终只能把量子力学大师 Niels Bohr 的 "互补原理" (complementary principle) 误认为是量子力学思考问题的起点, 永远把这个 "神话" 当作真实的, 一代一代传下去[15].

本书努力想达到的另一个目的是从化学这个视角领略第一原理的数学美. 那是一个涉及科学真理观的问题. P. Dirac 认为 "物理学定律必须具有数学美 (mathematical beauty)". 他在普遍意义下比较了经验归纳方法和数学演绎方法之后, 认为在物理学中后者更为重要, 因为它 "能够使人们推导出尚未做过的实验的结果"[16]. 尽管人们还不知道是否应当接受 Dirac, Weyl 等如此关于科学真理的数学美原理, 但是数学美原理的确提供了一个重要的探索真理的工具, 几十年来结出了丰硕的、带根本性的科学成果. 化学领域也一样, 人们通过对理论的学习, 不得不承认越是高级的、概括力强的物质科学理论越是体现了理论结构的数学美, 不得不承认它对科学真理的逼近程度大大超出人们通常的预期. 理论化学大师、瑞典诺贝尔物理奖评判委员会委员 P. O. Löwdin 教授 1985 年 5 月 15 日在北京科学会堂的演说中, 把物质理论的数学结构看成是 "基础研究", 比喻成科学这棵大树的主干, 至于量子化学、光化学、波谱、固体物理、核物理、高能物理等他认为都是 "应用研究", 都是在大树主干上生长出来的树叶或小树枝. 笔者当时是他报告的现场口译, 越往下翻译越感到含义深邃、振聋发聩. 主讲者正在给中国听众打开一扇窗户, 窗外的别样气息令人感到分外清新, 感到中、西方对科学的认识竟然如此不同.

计算化学是理论化学的执行者, 倘若对理论化学的数学语言没有一定的了解, 实际上不可能在执行过程中系统、完整、创造性地考虑问题. 虽然不分场合强调高级数学语言不是合适的做法, 但是我们总不至于甘心让数学成为一道墙垣把化学家长久隔绝在现代科学之外吧.

ab initio 就是第一原理

不知科学文献中何时开始出现 "first principle" 一词. 但是, 同样意思的词 "*ab initio*" 五十多年以来在化学界经常出现. 那是个拉丁词, 现在汉译为 "从头计算". 业师徐光宪院士的名著《量子化学 —— 基本原理和从头计算法》是最早在汉语世界中正式用 "从头计算" 作为书名的. 为什么说 "*ab initio*" 与 "first principle" 是同一个意思呢? 业师 Robert G. Parr 院士授课时说起这样的故事: 他的博士后导师 R. S. Mulliken 有一次对 Parr 说: "You are the King of *ab initio*!" Parr 以为 Mulliken 在跟他开玩笑, 连忙解释说: 这怎么可能呢? 我连拉丁文都不懂. Mulliken 教授生性谨慎、谈吐木讷, 哪里是开玩笑的人, 当即指出最早出现 "*ab initio*" 一词的文章就是 Parr 在 1950 年化学物理杂志上发表的文章. 那是一篇关于苯低激发态的构型相互作用的分子轨道计算的文章 (*J. Chem. Phys.*, 1950, 18: 1561~1563.). 愕然之余, Parr 教授说: 那么这个 *ab initio* 国王只能是此文的另一作者伦敦大学学院的 D. P. Craig 博士, 只有英国绅士会遣用拉丁词. 笔者细细看了那篇文章, 显然其中 *ab initio* 的意思就是文章中声明的 "non-empirical", 就是指不折不扣的量子力学, 也当然是 first principle. 可见从头算是 *ab initio* 的狭义所指, 而其广义的意思就是第一原理.

Parr 教授虽然不懂拉丁文, 但第一原理是他长期追求的目标. Parr 教授是一位将整个化学理论植根在电子密度泛函理论基础上的先行者和开拓者. 继分子轨道理论之后, 给整个化学从唯象科学转变到严密科学的道路上打开了又一条通道. 至于 Parr 把传统的电负性、软硬酸碱改造成严格的科学概念, 只是他整个科学成就中容易被人理解的几个闪光点而已.

科学首先有它的自我目的

从一定意义上讲, 生活在当今时代的人是值得庆幸的, 因为科学前辈给我们发现了统一理论, 构建了第一原理的框架. 第一个追求第一原理的是 I. Newton 爵士, 第一个明确以统一理论为目标的是 Einstein. 设想 Maxwell, Boltzmann 到 Bohr, Born, Schrödinger, Heisenberg…… 如果只讲下海经商、发财, 不来做学问的话, 当今文明将倒退一百年, 那决不是夸张的说法. 今天我们能够把第一原理视为科学的目标, 当深切感恩前辈科学家的矢志努力.

19 世纪中叶 Wilhem von Humboldt 曾经指出: 科学首先有它的自我目的, 至于它的实用性, 其重要意义也仅仅是第二位的[17]. 科学史研究表明: 正是在 Humboldt 倡导的这种教育改革思想指导之下, 德国从一个被拿破仑打败、百废待兴的国家进步到世界居首的地位, 开创了 19 世纪中叶之后直至 20 世纪 30 年代德国 "*在科学的各个领域中, 无一例外地居于 (世界) 领先地位*" 的局面, 就是在这样的环境氛围下建立了量子力学、统计力学. 历史经验说明, 对真理进行的这种目标自由式的探求, 恰恰能导致经常是最重要的实用性知识, 并服务于社会. 那种轻视科学、把科学当成装饰品, 只顾实用目标, 却又念念不忘诺贝尔奖的做法是不可取的. 我们曾经因无知而嘲笑过 "为科学而科学" 的经验, 殊不知那是一条多少科学大师们以毕生的经历总结出来的经验, 应当替它正名. 更令人担忧的是一旦将称量黄金的天平来作为衡量科学价值的判据, 从而科学失去了它的尊严之后, 那再也不是出更多金钱能够轻易买回来的. 科学是一个需要整个社会长期尊重、支持和培育的事业. 科学需要一片社会土壤, 在这片土壤上连摆地摊小姑娘也都懂得要看文学名著.

科学的确曾经受到社会生产需求的推动. 但是长期以来, 我们误以为生产发展就必然会推动科学前进. 其实不然, 在康乾盛世之前中国的经济在世界上曾经领先过好几个世纪, 那么何以解释现代自然科学为什么不在当时的中国诞生呢? 至少中国也该参与部分现代自然科学的创生呀. 我们不得不承认世俗利益的压倒优势是阻碍科学在中国立足的重要原因, 尤其是理论科学. 更谈不到为科学真理走上火刑架了. 至今已经有 70 万中国学生留学先进国家, 数以几亿计的中国人学过外语, 只要认真, 应当能够学到世界上最优秀的思想和最珍贵的经验.

计算化学将被肢解的化学统一起来

二十多年来化学正在被肢解, 肢解为药物、材料、农药、人口、生命 …… 被分割成许多孤立的分支, 彼此之间的关系变得更加松散. 物理化学这门化学各分支学科的核心和纽带被边缘化. 本书力图通过计算化学在不同化学分支的应用, 使人们相信化学学科的有机统一是这门学科的固有特点, 化学的生命力依赖于它各部分的联系 …… 肢解它就扼杀了化学学科的创造力. 继物理化学、理论化学之后, 计算化学又一次使人们从科学的本质上看到化学是不应该被肢解的[18~21].

参 考 文 献

[1] Lipkowitz K B, Boyd D B. Reviews in Computational Chemistry. Vol. 1~23. New York: Wiley-VCH, Since, 1990.

[2] Schleyer P von R, et al. Encyclopedia of Computational Chemistry. Vol. 1~5. Chichester: John Wiley & Sons, 1998.

[3] Leszczynski J. Computational Chemistry: Reviews of Current Trends. Vol. 1~10. Singapore: World Scientific, 1996.

[4] Dykstra C, Frenking G, Kim K, et al. Theory and Applications of Computational Chemistry: The First Forty Years. Amsterdam: Elsevier, 2005.

[5] Orban J, Bellemans A. Phys Lett, 1967, 24A: 620.

[6] Alder B J, Wainwright T E. Phys Rev, 1970, A1: 18.

[7] Crommie M F, Lutz C P, Eiger D M. Science, 1993, 262: 218; 赵凯华, 罗蔚茵. 量子物理. 北京: 高等教育出版社, 2001.

[8] 郝柏林, 张淑誉. 漫谈物理学和计算机. 北京: 科学出版社, 1988.

[9] The Royal Swedish Academy of Sciences. Press Release and Additional Background Material on the Nobel Prize in Chemistry 1998. http://nobelprize.org/nobel_prizes/chemistry/laureates/1998/press.html.

[10] Newton B G. 何为科学真理. 武际可译. 上海: 上海科学技术出版社, 1999.

[11] Dirac P A M. 物理学的方向. 张宜宗, 郭应焕译. 北京: 科学出版社, 1978.

[12] Heisenberg W. 物理学和哲学. 范岱年译. 北京: 商务出版社, 1959.

[13] Deutsch D. 真实世界的脉络. 梁焰, 黄雄译. 南宁: 广西师范大学出版社, 2002.

[14] Taylor J C. 自然规律中蕴蓄的统一性. 暴永宁译. 北京: 北京理工大学出版社, 2001.

[15] 关洪. 一代神话 —— 哥本哈根学派. 武汉: 武汉出版社, 1999.

[16] Kragh H. 狄拉克的数学美原理. 科学文化评论, 2007, 4(6): 31.

[17] 陈洪捷. 德国古典大学观及其对中国大学的影响. 北京: 北京大学出版社, 2002.

[18] Doucet J P, Weber J. Computer-Aided Molecular Design: Theory and Applications. London: Academic Press, 1996.

[19] Cramer C J. Essentials of Computational Chemistry: Theories and Models. Chichester: John Wiley & Sons, 2002.

[20] Frenkel D, Smit B. Understanding molecular Simulation: From Algoriths to Application. Academic Press, 1996; 中译本: 汪文川等译. 分子模拟 —— 从算法到应用. 北京: 化学工业出版社, 2002.

[21] Leach A R. Molecular Modelling: Principles and Applications. 2nd ed. Harlow England: Pearson Education, 2001.

基本原理篇

第1章　体系的经典力学描述

"我庄严地要你回答、宣誓，是否能使你用真诚的良心承担如下的许诺和保证：你将勇敢地去捍卫真正的科学，将其开拓，为之添彩；既不为厚禄所驱，亦不为虚名所赶，只求上帝真理的神辉普照大地、发扬光大."

——1884 年 Königsberg 大学校长为 D. Hilbert(1862~1943, 20 世纪最有影响的数学家) 获得 PhD 学位时宣读的宣誓词

计算化学是理论化学的执行者和延伸. 由此, 一开始就必须在严密科学的框架中予以介绍, 使读者领略现代化学理论的严谨、缜密, 对基于演绎法的形式理论在化学学科中的重要性有个全新的认识. 此外, 非如此严谨不足以使习惯于归纳法的人们相信, 计算也能与实验一样发现新的科学现象.

鉴于本书读者已经具备热力学、量子力学、统计力学的基础, 而可能对经典力学的严密形式反而认识淡薄. 所以本章比较详细地介绍经典力学对体系状态演化规律的描述. 事实上, 经典力学的形式理论恰恰对于分子动力学模拟方法的高级发展具有决定性的推动作用. 而分子动力学模拟又是计算化学中的主要模拟手段之一. 过去的二十多年来, 人们本能地强调模拟方法的应用, 忽视形式理论的作用, 因而曾经一度走了弯路, 延缓了科学的发展. 所以本章从描述体系的基本概念着手, 接着介绍经典力学的理论框架[1~7].

1.1　基本概念

化学这门学科, 从研究对象上说是研究从宏观到分子、原子层次物质世界的学科, 也可以称为 "分子科学". 为了叙述这门学科, 先要明确以下基本概念.

体系：物质世界里普遍存在着相互作用, 从相互作用的众多物体中划分出来进行研究的那一部分称为 "体系".

环境：所有与体系存在相互作用而又不属于该体系的物体通称为 "环境". 体系与环境的划分由如何解决问题方便的需要而定.

体系的宏观状态与微观状态：任何体系都是由很大数目的微小粒子组成的, 每个微粒都是在周围微粒的相互作用和热运动的影响下不停地运动. 无论体系在宏观上处于非平衡态还是平衡态, 体系的微观力学状态 (简称 "微观状态") 总是不断变化的. 整个体系的宏观状态总是所有组分粒子各自微观状态的集体表现.

广义坐标：体系所有粒子的位置 $\{\boldsymbol{r}_j(t)|j=1,2,\cdots,N\}$ 通常用直角坐标分量 $\{x_i(t)|i=1,2,\cdots,3N\}\equiv x$(即**d'Alembert 位形**) 来表示. 但是为了最简单地解决问题, 首先要明确决定问题所需的最少变量, 即确定体系的独立变量, 抛弃冗余变量. 这就要引入**广义坐标** (即**广义位置**) 的概念. 为此往往要从问题的对称性着手. 例如, 在 xz 平面运动的单摆问题, 由于摆长一定, 于是独立的变量只需取摆长到铅垂方向 z 的夹角 θ 一个即可, 而

不是取摆锤的位置 (x,z) 两个变量. 又如, 两个原子质量为 m_1,m_2 的双原子分子的振动问题, 总可以变换到等效于一个**折合质量** $\mu=\dfrac{m_1m_2}{m_1+m_2}$ 的物体相对于质心的振动问题. 剔除体系冗余的变量, 使得问题简化. 独立的位置变量 $\{q_i(t)\,|i=1,2,\cdots,s\}\equiv\boldsymbol{q}$ 称为**广义坐标** (即**Lagrange 位形或位形**), 其个数 s 称为体系的**自由度**.

$$s=3N-N_{\rm c} \tag{1.1-1}$$

其中, $N_{\rm c}$ 为约束条件的数目. 根据具体问题可以得到直角坐标分量与广义坐标之间的函数关系

$$x_i=x_i(\boldsymbol{q})$$

体系的微观状态取决于所有组成粒子的力学状态: 经典力学认为: 如果体系的每个组成粒子的**动力学状态** (以下简称**力学状态**)、电磁学状态确定的话, 那么体系的微观状态就可以完全确定下来. 为简单计, 讨论不存在外场的全同粒子体系的情况. 即使构成体系的所有自由度在某个时刻 t 的广义坐标即**广义位置**

$$\boldsymbol{q}(t)\equiv\{q_1(t),q_2(t),\cdots,q_s(t)\} \tag{1.1-2}$$

都已经确定, 但是该体系的粒子在下一时刻还可以朝不同的方向运动, 从而下一时刻到达的位置还是无法确定. 于是整个体系在 t 时刻的力学状态还没有完全确定. 显然, 为了确定整个体系在 t 时刻的力学状态, 必须还要知道 t 时刻所有自由度上的**广义速度**向量

$$\dot{\boldsymbol{q}}(t)\equiv\{\dot q_1(t),\dot q_2(t),\cdots,\dot q_s(t)\} \tag{1.1-3}$$

只有这样才可以确定下一个时刻所有粒子的位置. 是不是还需要更多的变量来描述体系的微观状态呢? 不需要了. 因为每个自由度上粒子运动所服从的 Newton 方程是二阶微分方程 ($\boldsymbol{F}=m\boldsymbol{a}$, 加速度 $\boldsymbol{a}$ 是位置的二阶导数), 只要两个初始条件确定, 其解就确定了. 所以经典力学观点认为, 体系的微观状态取决于所有组成粒子的广义坐标和广义速度 $\{\boldsymbol{q}(t),\dot{\boldsymbol{q}}(t)\}$.

1835 年, 爱尔兰数学家 W. R. Hamilton 证明: 为了更反映力学的本质, 可以等价地用 t 时刻所有粒子的广义位置 $\boldsymbol{q}(t)$ 和**广义动量**

$$\boldsymbol{p}(t)\equiv\{p_1(t),p_2(t),\cdots,p_s(t)\} \tag{1.1-4}$$

作为独立变量来描述体系的力学状态, 其中, 广义动量定义为

$$p_i\equiv\frac{\partial L}{\partial\dot q_i},\quad i=1,2,\cdots,s \tag{1.1-5}$$

这里 L 为 Lagrange 函数. 于是, 可以用 Hamilton 的 $2s$ 维向量 $\boldsymbol{x}\equiv\{\boldsymbol{q},\boldsymbol{p}\}$ 作为独立变量来表示体系的微观状态. 而与过去用 $\{\boldsymbol{q},\dot{\boldsymbol{q}}\}$ 作为独立变量来表示体系的微观状态是等价的 (详见 1.2 节).

相空间: 由 $\boldsymbol{x}\equiv\{\boldsymbol{q},\boldsymbol{p}\}$ 张成的空间称为 "相空间", 记为 $\varGamma$. "相" 就是微观 (动) 力学状态. 对于一个由 N 个粒子组成的体系, 若有 $3N$ 个自由度, 则体系的相空间 ($\varGamma$ 空间)

是个 $6N$ 维的空间, 体系每一个微观状态可用 Γ 空间中的一点 $x(t)$(称为**相点**) 来表示. 体系的力学状态随时间的演化相当于相点在相空间中移动的一条曲线, 这条曲线称为相点在相空间的演化轨迹.

力学量: 既然体系中的任意可观测量 (记为 B) 在体系的每个微观状态下都有确定的数值, 而体系微观状态又由 $\{\boldsymbol{q},\boldsymbol{p}\}$ 决定, 所以任意可以用 $2s$ 个变量 $\{\boldsymbol{q},\boldsymbol{p}\}$ 表示的可观测量 $B(\boldsymbol{q},\boldsymbol{p})$ 称为**动力学量**, 即**力学量**.

体系的宏观状态: 经验告诉人们, 从宏观上看描述体系的平衡态实际上只要用少数**宏观参量**即可. 例如, 热力学中采用体系的体积 V、压强 p、温度 T、能量 E、外电场 $\boldsymbol{E}$、外磁场 $\boldsymbol{H}$、电极化强度 M、磁极化强度 P 等作为宏观参量就足够描述体系的宏观状态.

即使从这些少数宏观参量上来看体系已经处于同一个宏观状态, 但是由于体系由大量粒子组成的, 从微观上来看仅仅热运动就可以使体系不断地、极其高速地变更它的微观状态. 所以体系的一个宏观状态包含着为数极大的微观状态.

涨落: 既然体系的任意力学量在每个体系微观状态下都有确定的数值, 而体系的一个宏观状态包含着为数极大的微观状态. 所以体系的各个力学量, 如压强、能量等都会随着时间不断变化, 在平均值左右不断极快速度地随机变动, 这种现象称为 "涨落". 随着粒子数增多, 涨落和平均值的比值即相对涨落变小. 当粒子数足够大时, 相对涨落将小得微不足道, 那时平均值就足以代表每一瞬间的真实值. 涨落在相变过程中起着关键的作用, 如气液相变临界点附近密度的涨落发生长距离的空间相关. 涨落问题、输运问题 (如导热、导电、扩散、黏性等) 和混沌问题是非平衡过程研究中的三大问题.

宏观测量得到的值实际上是时间平均值: 无论实际测量的时间间隔多么短, 被实验测量的区域是多么小, 宏观测量具有两个特点: 一是在空间尺度上总是宏观小 (足以分辨性质随空间的变化)、微观大 (仍然包含足够大量的粒子); 二是在时间尺度上总是宏观短 (足以分辨性质随时间的变化)、微观长 (经历足够多次的微观状态的变化). 于是在时间尺度上可以认为, 实验对体系某个任意力学量 B 的测量值实际上是在测量的时间范围内众多微观状态下力学量 B 的瞬时值 $B(t)$ 的**时间平均值** $\langle B\rangle$, 即

$$\langle B\rangle=\frac{1}{T}\int_0^T \mathrm{d}tB(t) \tag{1.1-6}$$

非平衡定态: 经验表明: 体系处于环境不变的情况下, 经过一定的时间后, 体系必将达到一个宏观上不随时间变化的状态, 尽管还不一定是平衡态, 但体系将长久地保持这样的状态, 这种状态称为**非平衡定态**, 简称**定态或稳态** (stationary state). 注意这里所谓 "环境不变的情况" 指恒定的外场、不变的体系体积等, 不表示环境的宏观状态不变. 这里所谓体系 "宏观上不随时间变化" 是指体系的所有宏观性质都保持随时间不变, 确切地讲,

$$\frac{\partial\langle B\rangle}{\partial t}=0 \tag{1.1-7}$$

因为 "宏观性质保持不变" 并不是要求各处 $\langle B\rangle$ 都相同, 所以定态只是时间的偏导数, 而不是导数. 例如, 两端浸在不同温度无限大热源中的金属板, 当处于稳定热传导的情况时, 金属板这个体系在宏观上处于定态, 还不是平衡态. 它的内部存在热流. 可以证明: 在不变的环境条件下, 定态是使体系的熵产生率最小的宏观状态, 而且对于小的环境扰动, 定态是稳定的. 定态是非平衡态中最容易研究的一种, 它不是平衡态.

平衡态: 若处于定态的体系, 同时它的环境的宏观状态也不变, 则这个体系称为处于"平衡态". 体系的所有宏观性质都保持随时间不变, 确切地讲,

$$\frac{\mathrm{d}\langle B\rangle}{\mathrm{d}t}=0 \tag{1.1-8}$$

当体系从非平衡态变到平衡态时, 描述体系宏观状态所需的宏观参量的个数达到最少. 处于平衡态的体系, 其内部允许出现某种微观不均匀性, 但是不能出现某些"流", 如粒子流、热流等, 因为既然体系的宏观状态已经不变, 那么这些流必然给环境的状态带来变化, 于是这样的体系仅仅是处于定态而不是平衡态.

广延量和强度量: 描述体系宏观状态所需的所有宏观参量, 按照是否与体系的质量有关, 可以分为两类: 和质量成正比的宏观参量称为广延量, 如能量、体积、自由能等; 另外一类宏观参量它们与体系的质量无关, 如压强、温度等, 称为强度量.

外参量和内参量: 宏观参量还有一种不是太重要的分类法, 即按照是否只取决于环境而与体系无关把宏观参量可以分为两类: 外参量和内参量.

"外参量" 是指一类只取决于环境而与体系无关的宏观参量. 例如, 体系体积、体系的外形、外电场、外磁场等.

"内参量" 是指一类取决于体系内部粒子的特征以及运动状态的宏观参量. 例如, 体系压力, 它取决于体系内部粒子的热运动、粒子之间的相互作用和体系各处的数密度. 又如, 电介质的电极化强度取决于分子的电偶极矩及其取向. 再如, 处于重力场中气体体系质心的位移 (相对于不存在重力场的情况) 取决于体系全部粒子坐标的分布. 内参量有体系的压力、电极化强度、磁极化强度、温度、能量等.

物态方程: 经验表明, 体系处于平衡态时内参量依赖于外参量. 不过, 仅仅用外参量还不足以完全确定体系的平衡态, 还必须加上一个内参量. 例如, 加上体系的温度或能量. 气体、液体或简单的固体的平衡态可以用压强 p、体积 V 和温度 T 来描述. 实验表明, 这三个参量并非独立, 它们满足一定的关系式

$$f(p,V,T)=0 \tag{1.1-9}$$

这个关系式称为气体的 "物态方程". 物质其他形态下的物态方程在工程界有时也称为**本构方程**.

讨论

(1) 力学量与物理量: 既然企图计算一切**物理量** (至少是指无生命领域的所有物理化学性质). 那么上述力学量与物理量的差别又在哪里呢? 上述力学量是指经典意义下的力学量, 是可以表为位置和动量的函数, 即 $B(\boldsymbol{q},\boldsymbol{p})$. 不属于这样经典力学量的物理量至少还有微观粒子的**自旋**. 例如, 电子的自旋现在知道不是 "转" 出来的, 而是它本身具有的、"内禀" 的. 自旋是第一个与经典意义上 $\{\boldsymbol{q},\boldsymbol{p}\}$ 无关的力学量. 不过既然电子自旋角动量可以与轨道角动量耦合, 可见自旋还是普通空间中的向量. 总之, 电子自旋和其他微观粒子的自旋都不属于经典力学的物理量.

(2) 那么把所有经典的力学量加上与微观粒子自旋有关的所有物理量在一起, 是否就包括了 "一切物理量" 呢? 这种看法在整个物理科学来说是不对的, 还有被遗漏的物理量.

但是, 至少对于目前化学科学领域来说, 不属于这个范围的物理量而被遗漏几乎是不存在的, 或者说, 即使存在也不影响化学性质. 可以说, 计算化学领域涉及的物理量或是可以表为位置、动量函数的力学量, 或是与微观粒子自旋有关的物理量 (如自旋角动量、轨道角动量、电子磁矩、核磁矩等).

1.2 经典力学

定义 Lagrange 函数 L (又称 Lagrangian) 为体系动能 T 与势能 U 之差

$$L(\boldsymbol{q},\dot{\boldsymbol{q}},t) \equiv T - U \tag{1.2-1}$$

其中, 广义位置 $\boldsymbol{q}(t) \equiv \{q_1(t), q_2(t), \cdots, q_s(t)\}$ 是足以确定体系粒子位置的一组独立变量, s 为体系的自由度, $\dot{\boldsymbol{q}}(t) \equiv \{\dot{q}_1(t), \dot{q}_2(t), \cdots, \dot{q}_s(t)\}$ 为对应的广义速度.

倘若体系的势能 U 使得体系粒子受到的力 $\boldsymbol{F} = -\nabla U$ 与粒子速度无关 (即 $\boldsymbol{F}(\boldsymbol{q},t)$), 这种力称为**保守力**. 自然界中的基本力都属于保守力, 对应的这类体系称为**保守体系**. 若体系粒子受到的力还与速度有关 (即 $\boldsymbol{F}(\boldsymbol{q},\dot{\boldsymbol{q}},t)$), 则称为**非保守力**, 对应的体系称为**非保守系**. 非保守力中分为两种力: 耗散力和非耗散力. 总是对体系做负功从而消耗体系能量的力称为**耗散力**, 如摩擦力. 总是对体系做正功从而增加体系能量的力称为**非耗散力**, 如磁力、爆炸力. 但是在模拟化学体系时, 只要是在做看得到原子层次的模拟 (即所谓**原子模拟**, atomistic simulation), 那么体系中不可能存在摩擦力, 当又无外磁场存在, 则总是保守系.

在介观模拟 (尺度为 10^2nm ~ 1μm) 中, 不可能作原子模拟, 而是对原子经过粗粒化后作模拟, 这些粗粒化的粒子之间允许出现 "重叠". 于是一定含有所谓 "摩擦系数" 的耗散项, 模拟所依据的运动方程就要从 Newton 方程改为 Langevin 方程 (见 3.2 节). 又如溶液体系的模拟, 把研究的重点溶质作原子模拟, 同时将数量极大而又不是研究重点的溶剂作连续介质近似处理, 这样也要出现含有随机力项和耗散力项的 Langevin 方程. 这类体系就属于非保守系.

以下均讨论保守系. 保守体系的 Lagrange 函数可表为

$$\begin{aligned} L(\boldsymbol{q},\dot{\boldsymbol{q}}) &\equiv T(\dot{\boldsymbol{q}}) - U(\boldsymbol{q}) = \frac{1}{2}\sum_{i=1}^{3N} m_i \dot{x}_i^2 - U(\boldsymbol{q}) \\ &= \frac{1}{2}\sum_{i=1}^{3N}\sum_{k,l=1}^{s} m_i \frac{\partial x_i}{\partial q_k}\frac{\partial x_i}{\partial q_l}\dot{q}_k\dot{q}_l - U(\boldsymbol{q}) = \frac{1}{2}\sum_{k,l=1}^{s} M_{kl}\dot{q}_k\dot{q}_l - U(\boldsymbol{q}) \end{aligned} \tag{1.2-2}$$

这里 $\{x_i\}$ 为 d'Alembert 位形, 其中, **广义质量** M_{kl} 定义为

$$M_{kl} \equiv \sum_{i=1}^{3N} m_i \frac{\partial x_i}{\partial q_k}\frac{\partial x_i}{\partial q_l}, \quad k,l = 1,2,\cdots,s \tag{1.2-3}$$

可见 Lagrange 函数的动能部分只是广义速度的二次型函数, 而与广义坐标无关.

1.2.1 最小作用量原理和 Lagrange 方程

经典力学的 Newton 力学形式 $\boldsymbol{F}=m\boldsymbol{a}$ 只能用于简单的场合, 所以现在介绍更普遍的经典力学形式. 这里从最小作用量原理 (又称 **Hamilton 原理**) 开始导出 Lagrange 形式的经典力学.

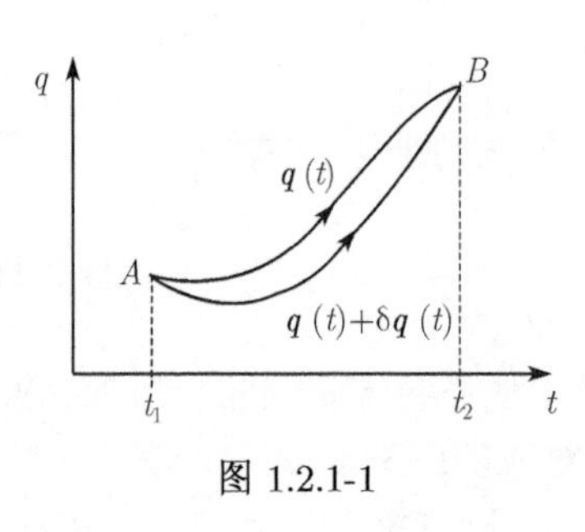

图 1.2.1-1

设体系在 t_1 时刻从点 A 出发, 经过某路径 $\boldsymbol{q}(t)$ 在 t_2 时刻到达点 B(图 1.2.1-1). 对于每条可能的路径 $\boldsymbol{q}(t)$ 可以定义**作用量**(action) 为

$$S[\boldsymbol{q}(t)] \equiv \int_{t_1}^{t_2} L(\boldsymbol{q},\dot{\boldsymbol{q}})\,\mathrm{d}t \tag{1.2.1-1}$$

显然作用量 S 是个标量, 它是路径 $\boldsymbol{q}(t)$ 的泛函.

对于给定的起点 A 和终点 B 可以走许多条路径, 但是对于给定形式的 Lagrange 函数 (即给定的动能和势能), 粒子实际上会走哪条路径呢? 除了用 Newton 形式来解 (那将是非常麻烦的) 之外, 可以等价地用如下的最小作用量原理来解此极值问题:

最小作用量原理: 在各种可能路径中, 粒子实际走的真实路径应当是 “选取” 作用量最小的那条路:

$$\min_{\boldsymbol{q}(t)}\left\{\int_{t_1}^{t_2} L(\boldsymbol{q},\dot{\boldsymbol{q}})\,\mathrm{d}t\right\} \tag{1.2.1-2}$$

式 (1.2.1-2) 表示改变可能的路径 $\boldsymbol{q}(t)$ 使作用量 S 达到极小值.

这样问题就归结为一个有约束的变分问题: 设可能路径 $\boldsymbol{q}(t)$ 作无穷小的、想象的虚拟位移 $\delta\boldsymbol{q}(t)$, 即 $\boldsymbol{q}(t)\to\boldsymbol{q}(t)+\delta\boldsymbol{q}(t)$, 在起点、终点虚位移 $\delta\boldsymbol{q}(t_1)=\delta\boldsymbol{q}(t_2)=0$ 的约束下, 改变虚位移 $\delta\boldsymbol{q}(t)$ 使得作用量的变分 $\delta S=0$. 于是对式 (1.2.1-1) 两边求变分得到

$$\delta S=\int_{t_1}^{t_2}\mathrm{d}t\sum_{i=1}^{s}\left\{\frac{\partial L}{\partial q_i}\delta q_i+\frac{\partial L}{\partial\dot{q}_i}\delta\dot{q}_i\right\} \tag{1.2.1-3}$$

从 $\boldsymbol{q}(t)\to\boldsymbol{q}(t)+\delta\boldsymbol{q}(t)$ 可见, 它是指在同一时刻中的变分, 故这是**等时变分**. 可以证明在等时变分中, 变分算符 δ 可与时间微分算符 $\dfrac{\mathrm{d}}{\mathrm{d}t}$ 对易, 即 $\delta\dot{q}_i=\delta\dfrac{\mathrm{d}q_i}{\mathrm{d}t}=\dfrac{\mathrm{d}}{\mathrm{d}t}\delta q_i$, 故

$$\sum_{i=1}^{s}\frac{\partial L}{\partial\dot{q}_i}\delta\dot{q}_i=\frac{\mathrm{d}}{\mathrm{d}t}\sum_{i=1}^{s}\frac{\partial L}{\partial\dot{q}_i}\delta q_i-\sum_{i=1}^{s}\delta q_i\frac{\mathrm{d}}{\mathrm{d}t}\left(\frac{\partial L}{\partial\dot{q}_i}\right)$$

将此式代入式 (1.2.1-3) 右边第 2 项, 再积分得到

$$\begin{aligned}\delta S&=\int_{t_1}^{t_2}\mathrm{d}t\sum_{i=1}^{s}\left\{\frac{\partial L}{\partial q_i}\delta q_i+\frac{\mathrm{d}}{\mathrm{d}t}\left(\frac{\partial L}{\partial\dot{q}_i}\delta q_i\right)-\delta q_i\frac{\mathrm{d}}{\mathrm{d}t}\left(\frac{\partial L}{\partial\dot{q}_i}\right)\right\}\\&=\left[\sum_{i=1}^{s}\frac{\partial L}{\partial\dot{q}_i}\delta q_i\right]_{t_1}^{t_2}+\int_{t_1}^{t_2}\mathrm{d}t\sum_{i=1}^{s}\delta q_i\left\{\frac{\partial L}{\partial q_i}-\frac{\mathrm{d}}{\mathrm{d}t}\left(\frac{\partial L}{\partial\dot{q}_i}\right)\right\}\end{aligned}$$

因为约束 $\delta q_i(t_1)=\delta q_i(t_2)=0$, 故上式右边第 1 项为零. 最小作用量原理要求左边的作用量变分 $\delta S=0$. 最后因为路径的变分 δq_i 是任意的, 故必定有

$$\frac{\mathrm{d}}{\mathrm{d}t}\left(\frac{\partial L}{\partial \dot{q}_i}\right)-\frac{\partial L}{\partial q_i}=0, \quad \forall i=1,2,\cdots,s \tag{1.2.1-4}$$

称为 **Lagrange 方程**.

讨论

(1) Lagrange 方程使得对动量的认识更为深入. 因为式 (1.2.1-4) 左边第 2 项为第 i 号粒子受到的力, 故第 1 项也必定为力. 利用动量的时间导数为力的概念得到**广义动量**的定义

$$p_i\equiv\frac{\partial L}{\partial \dot{q}_i}, \quad \forall i=1(1)s \tag{1.2.1-5}$$

它与广义位置 q_i 对应, 即所谓 "共轭". 动量的时间导数是力, 这样定义的动量概念要比动量 $\boldsymbol{p}=m\boldsymbol{v}$ 更为本质, 后者只适用于非相对论的情况.

(2) 如果体系受到外力, 则只要把式 (1.2.1-4)Lagrange 方程右边的零改成该自由度上受到的外力的分量 f_i^{ext} 就行, 即

$$\frac{\mathrm{d}}{\mathrm{d}t}\left(\frac{\partial L}{\partial \dot{q}_i}\right)-\frac{\partial L}{\partial q_i}=f_i^{\text{ext}}, \quad \forall i=1,2,\cdots,s \tag{1.2.1-6}$$

这就是受到外力的体系的 Lagrange 方程, 是保守系中粒子实际服从的运动方程.

从式 (1.2.1-6)一样可以得到通常的 Newton 方程: 来源于保守体系内部相互作用而施加在 i 方向的力为势能的负梯度在该方向的分量, 即 $f_i^{\text{in}}=-\dfrac{\partial U}{\partial q_i}=\dfrac{\partial L}{\partial q_i}$. 又因为 $\dfrac{\partial L}{\partial \dot{q}_i}=p_i$, 而 $\dfrac{\mathrm{d}}{\mathrm{d}t}\left(\dfrac{\partial L}{\partial \dot{q}_i}\right)=\dfrac{\mathrm{d}p_i}{\mathrm{d}t}=m\ddot{q}_i$. 于是对于保守体系, 式 (1.2.1-6) 可改写为

$$m\ddot{q}_i=f_i^{\text{in}}+f_i^{\text{ext}}, \quad \forall i=1,2,\cdots,s$$

这就是通常的 Newton 方程, 质量 m 的粒子在 i 方向受到的力 $m\ddot{q}_i$ 为外力 f_i^{ext} 和来自体系内部势能造成的力 f_i^{in} 的合力. 可见 Lagrange 方程与 Newton 方程在力学上是等价的, 只是用一组 s 个二阶联立微分方程组代替了一组 $3N$ 个联立二阶微分方程组 (附加 N_{c} 个约束条件).

Lagrange 方程的优点在于它是关于独立变量之间的方程组, 而 Newton 方程通常不是独立变量之间的方程组.

(3) Lagrange 函数 $L(\boldsymbol{q},\dot{\boldsymbol{q}},t)$ 的不确定性.

求证: 若函数 $L(\boldsymbol{q},\dot{\boldsymbol{q}},t)$ 是 Lagrange 方程 (见式 (1.2.1-4)) 的解, 而另一个函数

$$L_2(\boldsymbol{q},\dot{\boldsymbol{q}},t)\equiv L(\boldsymbol{q},\dot{\boldsymbol{q}},t)+\frac{\mathrm{d}}{\mathrm{d}t}f(\boldsymbol{q},t) \tag{1.2.1-7}$$

其中, $f(\boldsymbol{q},t)$ 为广义位置和时间的任意函数, 则函数 $L_2(\boldsymbol{q},\dot{\boldsymbol{q}},t)$ 也是 Lagrange 方程的解. 这个性质称为**Lagrange 函数的不确定性**.

证明　将式 (1.2.1-7) 代入式 (1.2.1-4) 的左边, 得到

$$\begin{aligned}\frac{\mathrm{d}}{\mathrm{d}t}\left(\frac{\partial L_2}{\partial \dot{q}_i}\right)-\frac{\partial L_2}{\partial q_i}&=\frac{\mathrm{d}}{\mathrm{d}t}\left\{\frac{\partial}{\partial \dot{q}_i}\left(L+\frac{\mathrm{d}f}{\mathrm{d}t}\right)\right\}-\frac{\partial}{\partial q_i}\left\{L+\frac{\mathrm{d}f}{\mathrm{d}t}\right\}\\&=\frac{\mathrm{d}}{\mathrm{d}t}\left(\frac{\partial L}{\partial \dot{q}_i}\right)+\frac{\mathrm{d}}{\mathrm{d}t}\frac{\partial}{\partial \dot{q}_i}\left(\frac{\mathrm{d}f}{\mathrm{d}t}\right)-\frac{\partial L}{\partial q_i}-\frac{\partial}{\partial q_i}\left(\frac{\mathrm{d}f}{\mathrm{d}t}\right)\\&=\frac{\mathrm{d}}{\mathrm{d}t}\frac{\partial}{\partial \dot{q}_i}\left(\frac{\mathrm{d}f}{\mathrm{d}t}\right)-\frac{\partial}{\partial q_i}\left(\frac{\mathrm{d}f}{\mathrm{d}t}\right)\end{aligned}\tag{1.2.1-8}$$

因为 $f(\boldsymbol{q},t)$ 为广义位置和时间的函数, 故 $\dfrac{\mathrm{d}f}{\mathrm{d}t}=\displaystyle\sum_{i=1}^{s}\frac{\partial f}{\partial q_i}\dot{q}_i+\frac{\partial f}{\partial t}$. 将此式分别代入式 (1.2.1-8) 右边的第 1、2 项, 得到

$$\begin{aligned}\frac{\mathrm{d}}{\mathrm{d}t}\frac{\partial}{\partial \dot{q}_i}\left(\frac{\mathrm{d}f}{\mathrm{d}t}\right)&=\frac{\mathrm{d}}{\mathrm{d}t}\frac{\partial}{\partial \dot{q}_i}\left\{\sum_{j=1}^{s}\frac{\partial f}{\partial q_j}\dot{q}_j+\frac{\partial f}{\partial t}\right\}=\frac{\mathrm{d}}{\mathrm{d}t}\left\{\sum_{j=1}^{s}\frac{\partial f}{\partial q_j}\delta_{ij}\right\}=\frac{\mathrm{d}}{\mathrm{d}t}\left(\frac{\partial f}{\partial q_i}\right)\\&=\sum_{j=1}^{s}\dot{q}_j\frac{\partial^2 f}{\partial q_j\partial q_i}+\frac{\partial^2 f}{\partial t\partial q_i}\end{aligned}$$

和

$$-\frac{\partial}{\partial q_i}\left(\frac{\mathrm{d}f}{\mathrm{d}t}\right)=-\frac{\partial}{\partial q_i}\left\{\sum_{j=1}^{s}\frac{\partial f}{\partial q_j}\dot{q}_j+\frac{\partial f}{\partial t}\right\}=-\sum_{j=1}^{s}\frac{\partial^2 f}{\partial q_i\partial q_j}\dot{q}_j-\frac{\partial^2 f}{\partial q_i\partial t}$$

再将它们代入式 (1.2.1-8) 右边, 得到

$$\frac{\mathrm{d}}{\mathrm{d}t}\left(\frac{\partial L_2}{\partial \dot{q}_i}\right)-\frac{\partial L_2}{\partial q_i}=0,\quad \forall i=1,\cdots,s$$ ■

(4) 从最小作用量原理得到 Lagrange 方程, 而不是从 Newton 定律得到 Lagrange 方程, 使得我们走出单纯唯象的做法而进入力学的理性深处.

1.2.2　Hamilton 正则方程

Legendre 变换是一种把函数的一组独立自变量中的一部分换成同样个数的另一组独立自变量的数学方法 (见附录 E). 可见式 (1.2-1) 定义的 Lagrange 函数 $L(\boldsymbol{q},\dot{\boldsymbol{q}},t)$ 的独立变量也可以换成另外一组独立变量, 同时新的变量一定是 L 对于老变量的偏导数. 所以可以把 $L(\boldsymbol{q},\dot{\boldsymbol{q}},t)$ 中的变量 $\dot{q}_i$ 换成 $\dfrac{\partial L}{\partial \dot{q}_i}=p_i$. 记 $\{p_i\}\equiv\boldsymbol{p}$, 并按照附录 E 中的式 (E.1-3), 定义

$$H(\boldsymbol{q},\boldsymbol{p},t)\equiv\sum_{i=1}^{s}\dot{q}_i p_i-L(\boldsymbol{q},\dot{\boldsymbol{q}},t)\tag{1.2.2-1}$$

$H(\boldsymbol{q},\boldsymbol{p},t)$ 称为**Hamilton 函数** (Hamiltonian function), 其中, 广义位置 $\boldsymbol{q}$ 和广义动量 $\boldsymbol{p}$ 构成了描述体系力学状态的另一组独立自变量. Hamilton 函数 $H(\boldsymbol{q},\boldsymbol{p},t)$ 是 Lagrange 函数 $L(\boldsymbol{q},\dot{\boldsymbol{q}},t)$ 经过 Legendre 变换之后的产物. 在式 (1.2.2-1) 中共有 4 种自变量 $q_i,\dot{q}_i,p_i,t$. 将式 (1.2.2-1) 等号两边分别对这 4 种自变量求偏导数得到

$$\frac{\partial H}{\partial t}=-\frac{\partial L}{\partial t}\tag{1.2.2-2a}$$

$$\frac{\partial H}{\partial q_i} = -\frac{\partial L}{\partial q_i} \tag{1.2.2-2b}$$

$$\frac{\partial H}{\partial \dot{q}_i} = 0 = p_i - \frac{\partial L}{\partial \dot{q}_i} \tag{1.2.2-2c}$$

$$\frac{\partial H}{\partial p_i} = \dot{q}_i \tag{1.2.2-2d}$$

得到式 (1.2.2-2d) 的根据是 $\dfrac{\partial L}{\partial p_i} = 0$. 将式 (1.2.2-2c)、式 (1.2.2-2b) 先后代入 Lagrange 方程 (1.2.1-4) 得到

$$\dot{p}_i = -\frac{\partial H}{\partial q_i} \tag{1.2.2-3}$$

式 (1.2.2-3) 与式 (1.2.2-2d) 一起

$$\begin{cases} \dot{q}_i = \dfrac{\partial H}{\partial p_i}, \\ \dot{p}_i = -\dfrac{\partial H}{\partial q_i}, \end{cases} \quad \forall i = 1, 2, \cdots, s \tag{1.2.2-4}$$

称为**Hamilton 正则方程**.

讨论

(1) 能量守恒体系中的 Hamilton 函数: 根据式 (1.2-2), 保守系的 Lagrange 函数可表为

$$L(\boldsymbol{q}, \dot{\boldsymbol{q}}) = \frac{1}{2}\sum_{k,l=1}^{s} M_{kl}\dot{q}_k\dot{q}_l - U(\boldsymbol{q}) \tag{1.2.2-5}$$

其中, **广义质量** $M_{kl} \equiv \sum\limits_{i=1}^{3N} m_i \dfrac{\partial x_i}{\partial q_k}\dfrac{\partial x_i}{\partial q_l}\ (k, l = 1, 2, \cdots, s)$. 可见 $\{M_{kl}\}$ 仅与广义位置有关, 而与广义速度无关, 即 Lagrange 函数的动能部分是广义速度的二次型函数.

根据数学中 m 次 Euler 齐次函数的定义 (见附录 F): 若 $f(\lambda x_1, \lambda x_2, \cdots, \lambda x_N) = \lambda^m f(x_1, x_2, \cdots, x_N)$, 则 $f(x_1, x_2, \cdots, x_N)$ 称为 m 次 Euler 齐次函数. m 次 Euler 齐次函数必有性质

$$\sum_{i=1}^{N}\frac{\partial f}{\partial x_i}x_i = mf(x_1, x_2, \cdots, x_N)$$

记式 (1.2.2-5) Lagrange 函数的动能部分为

$$T = \frac{1}{2}\sum_{k,l=1}^{s} M_{kl}\dot{q}_k\dot{q}_l \tag{1.2.2-6}$$

可见动能 T 是二次 Euler 齐次函数. 利用齐次函数性质得到 $\sum\limits_{k=1}^{s}\dfrac{\partial T}{\partial \dot{q}_k}\dot{q}_k = 2T$. 再由式 (1.2.2-1) 得到

$$H(\boldsymbol{q}, \boldsymbol{p}, t) = \sum_{i=1}^{s}\dot{q}_i p_i - L = \sum_{k=1}^{s}\frac{\partial T}{\partial \dot{q}_k}\dot{q}_k - L = 2T - (T - U) = T + U = E \tag{1.2.2-7}$$

可见在保守系的情况下, H 就是体系总的机械能. 对于能量守恒的体系, Hamilton 函数就是体系总能量 E.

(2) 对于保守体系, 动能只是动量的函数, 而势能只是位置的函数. 因此, 式 (1.2.2-4) 的第 1 个表达式代表速度的方程: 等式左边是速度, 右边是总能量对动量求导. 对于保守体系实际上就是动能对动量求导, 也是速度. 式 (1.2.2-4) 的第 2 个表达式代表了力的方程: 等式左边动量的时间导数是力, 右边是总能量的负梯度, 对于保守系就是势能的负梯度, 当然也是力.

(3) $\{\boldsymbol{p},\boldsymbol{q}\}\equiv\{p_1,\cdots,p_s,q_1,\cdots,q_s\}$ 是描述体系运动的一组独立变量, 称为**正则变量**. 由 $\{\boldsymbol{p},\boldsymbol{q}\}$ 张成的空间称为**相空间**, 记为 $\varGamma$. 相空间中的向量 $(\boldsymbol{p},\boldsymbol{q})$(即 $\varGamma$ 空间中的一个相点) 实际上就是体系的微观力学状态, "相" 就是体系的微观状态. 体系的微观力学状态随时间的变化就相当于相点在相空间中移动的一条曲线, 故此轨迹称为**时间演化**轨迹.

(4) Hamilton 正则方程的时间反演不变性: 在时间反演 ($t\to-t$) 的变换下, 相应地 $\mathrm{d}t\to-\mathrm{d}t$, $\boldsymbol{q}\to\boldsymbol{q}$, $\boldsymbol{p}\to-\boldsymbol{p}$, 即 $\dot{\boldsymbol{q}}\to-\dot{\boldsymbol{q}}$ 及 $\dot{\boldsymbol{p}}\to\dot{\boldsymbol{p}}$. 对于保守体系, 得到 $L\to L$ 和 $H\to H$. 再根据 Hamilton 正则方程 (见式 (1.2.2-4)), 可见 Hamilton 正则方程 $\dot{q}_i=\dfrac{\partial H}{\partial p_i}$ 和 $\dot{p}_i=-\dfrac{\partial H}{\partial q_i}$ 在时间反演的变换下是不变的.

(5) 因为 Hamilton 正则方程来自 Lagrange 方程, 而后者又来自 Hamilton 原理. 在其他科学领域同样感受到能量变分原理起着一种更为本质的作用, 使人们看到 "能量" 是比 "力" 更为本质的物理量. 原来的 Newton"力学" 似乎改造成了 "能学". 尽管两者等价, 但是 Hamilton 力学更为本质.

1.2.3　最小作用量原理与 Hamilton 正则方程

也可以用最小作用量原理得到 Hamilton 正则方程. 因为式 (1.2.1-1)、式 (1.2.1-2) 和式 (1.2.2-1), 故

$$\delta S=\delta\int_{t_1}^{t_2}L\mathrm{d}t=\delta\int_{t_1}^{t_2}\left(\sum_{i=1}^{s}\dot{q}_ip_i-H\right)\mathrm{d}t \tag{1.2.3-1}$$

按照最小作用量原理, 粒子是在同一固定的时间范围内 ($t_1\to t_2$) 比较不同的路径 $q_i(t)$ 使作用量 S 达到极小值, 即设路径 $\boldsymbol{q}(t)$ 作无穷小的变化 $\boldsymbol{q}(t)\to\boldsymbol{q}(t)+\delta\boldsymbol{q}(t)$, 在路径始端、终端虚位移为零的约束下, 使得作用量的变分 $\delta S=0$, 也即将式 (1.2.3-1) 作变分应该为零, 即

$$0=\delta S=\int_{t_1}^{t_2}\left\{\sum_{i=1}^{s}\dot{q}_i\delta p_i+\sum_{i=1}^{s}p_i\delta\dot{q}_i-\sum_{i=1}^{s}\left(\frac{\partial H}{\partial q_i}\delta q_i+\frac{\partial H}{\partial p_i}\delta p_i\right)\right\}\mathrm{d}t$$

考虑到 $\dfrac{\mathrm{d}}{\mathrm{d}t}(p_i\delta q_i)=\dot{p}_i\delta q_i+p_i\dfrac{\mathrm{d}}{\mathrm{d}t}(\delta q_i)=\dot{p}_i\delta q_i+p_i\delta\dot{q}_i$, 故可继续写为

$$\begin{aligned}\text{上式}&=\int_{t_1}^{t_2}\left\{\sum_{i=1}^{s}\dot{q}_i\delta p_i+\frac{\mathrm{d}}{\mathrm{d}t}\sum_{i=1}^{s}p_i\delta q_i-\sum_{i=1}^{s}\dot{p}_i\delta q_i-\sum_{i=1}^{s}\left(\frac{\partial H}{\partial q_i}\delta q_i+\frac{\partial H}{\partial p_i}\delta p_i\right)\right\}\mathrm{d}t\\&=\left[\sum_{i=1}^{s}p_i\delta q_i\right]_{t_1}^{t_2}+\int_{t_1}^{t_2}\sum_{i=1}^{s}\left\{-\left(\dot{p}_i+\frac{\partial H}{\partial q_i}\right)\delta q_i+\left(\dot{q}_i-\frac{\partial H}{\partial p_i}\right)\delta p_i\right\}\mathrm{d}t\end{aligned}$$

因为始端、终端的虚位移 δq 为零, 故上式第 1 项为零. 于是

$$0=\delta S=\int_{t_1}^{t_2}\sum_{i=1}^{s}\left\{-\left(\dot{p}_i+\frac{\partial H}{\partial q_i}\right)\delta q_i+\left(\dot{q}_i-\frac{\partial H}{\partial p_i}\right)\delta p_i\right\}\mathrm{d}t$$

根据式 (1.2.2-2d)$\dfrac{\partial H}{\partial p_i}=\dot{q}_i,\forall i$, 故

$$0=\delta S=-\int_{t_1}^{t_2}\mathrm{d}t\sum_{i=1}^{s}\left(\dot{p}_i+\frac{\partial H}{\partial q_i}\right)\delta q_i \tag{1.2.3-2}$$

因为各路径变分 $\{\delta q_i\}$ 都是任意的, 故上式成立的充分必要条件是

$$\dot{p}_i=-\frac{\partial H}{\partial q_i},\quad \forall i=1,\cdots,s \tag{1.2.3-3}$$

于是, 根据最小作用量原理从 Hamilton 正则方程的速度方程得到了它的力方程 (见式 (1.2.2-4)).

讨论

(1) Hamilton 正则方程是与 Lagrange 方程等价的经典力学运动方程, 没有本质的差别. 把 s 个二阶微分方程组 (后者) 换成了 $2s$ 个一阶微分方程组 (前者). Hamilton 函数与 Lagrange 函数两者之间由 Legendre 变换 $H(\boldsymbol{q},\boldsymbol{p},t)=\sum_{i=1}^{s}\dot{q}_ip_i-L(\boldsymbol{q},\dot{\boldsymbol{q}},t)$ 联系起来, 独立变量由 $\{\boldsymbol{q},\dot{\boldsymbol{q}},t\}$ 换成了 $\{\boldsymbol{q},\boldsymbol{p},t\}$.

(2) 式 (1.2.2-2a) $\dfrac{\partial H}{\partial t}=-\dfrac{\partial L}{\partial t}$ 表示 Hamilton 函数是否显含时取决于 Lagrange 函数是否显含时. 不过, 无论如何 $(H+L)$ 总是不显含时, 即必有

$$\frac{\partial(H+L)}{\partial t}=0 \tag{1.2.3-4}$$

(3) Hamilton 正则方程在建立理论框架上有优势: 正因为 Hamilton 函数 $H(\boldsymbol{q},\boldsymbol{p},t)$ 的独立变量 $\{\boldsymbol{q},\boldsymbol{p},t\}$ 对应的是由 $x\equiv\{\boldsymbol{q},\boldsymbol{p}\}$ 张成的相空间 Γ, 而 Γ 相空间体积元关于正则变换具有不变性. 如果用 $2s$ 个变量 $\{\boldsymbol{q},\dot{\boldsymbol{q}}\}$ 张成高维空间, 则不具有这种不变性.

(4) 这里关于 Hamilton 正则方程的形式理论采用了吴大猷的正确观点[4,5], 而不是常见的 Goldstein 观点[7]. 原因在于, 在变分中各种不同 $\delta\boldsymbol{q}$ 的路径必须在同一时间段 t_1 到 t_2 内完成, 既然 $\{\delta q_i\}$ 是任意的, 那么 $\{\delta p_i\}$ 就不能是任意变动的.

1.2.4 Hamilton-Jacobi 方程

作用量 S 是 Lagrange 函数对时间 t 的定积分. 现在讨论 Lagrange 函数对时间 t 不定积分的含义. 对于能量守恒的体系, 根据式 (1.2.2-7)Hamilton 函数就是体系总能量 E,

$$H=\sum_{i=1}^{s}\dot{q}_ip_i-L=E \tag{1.2.4-1}$$

定义函数

$$S=\int L(\boldsymbol{q},\dot{\boldsymbol{q}},t)\,\mathrm{d}t \tag{1.2.4-2}$$

对于能量守恒的体系,

$$S=\int L(\boldsymbol{q},\dot{\boldsymbol{q}},t)\,\mathrm{d}t=\int\left\{\sum_{i=1}^{s}\dot{q}_ip_i-E\right\}\mathrm{d}t=\sum_{i=1}^{s}p_iq_i-Et \tag{1.2.4-3}$$

可见函数 $S=S(\boldsymbol{q},t)$ 且有

$$\frac{\partial S}{\partial t}=-E=-H \tag{1.2.4-4}$$

和

$$\frac{\partial S}{\partial q_i}=p_i \tag{1.2.4-5}$$

函数 S 称为**Hamilton 作用函数**. 再从式 (1.2.4-4) 和式 (1.2.4-5) 得到

$$\frac{\partial S}{\partial t}+H\left(\boldsymbol{q},\frac{\partial S}{\partial \boldsymbol{q}},t\right)=0 \tag{1.2.4-6}$$

称为**Hamilton-Jacobi 方程**. 从这个方程可以解得函数 $S(\boldsymbol{q},t)$, 继而代入式 (1.2.4-4) 和式 (1.2.4-5) 求得此体系的能量和动量 $\{p_i(\boldsymbol{q},t)\}$, 最后得到广义位置 $q_i=q_i(\boldsymbol{q},t)$. 这样求解广义位置的方法尽管相当复杂, 但毕竟还是经典力学动力学方程的一种表达形式.

参 考 文 献

[1] 龚昌德. 热力学与统计物理学. 北京: 高等教育出版社, 1982.
[2] 林宗涵. 热力学与统计物理学. 北京: 北京大学出版社, 2007.
[3] 苏汝铿. 统计物理学. 第二版. 北京: 高等教育出版社, 2004.
[4] 吴大猷. 古典动力学 (理论物理第一册). 北京: 科学出版社, 1983.
[5] 沈惠川, 李书民. 经典力学. 合肥: 中国科学技术大学出版社, 2006.
[6] Percival I, Richards D. Introduction to Dynamics. Cambridge: Cambridge Univ Press, 1982.
[7] Goldstein H. Classical Mechanics. 2nd ed. Cambridge Mass: Addison-Wesley, 1980; 中译本: 汤家镛, 陈为恂译. 经典力学. 第一版. 北京: 科学出版社, 1981.

第2章 势 能 面

“我们不说那些由基本原理推 (导) 不出来的话.”

—— 录自喀兴林教授的书《高等量子力学》, 高等教育出版社 1999 年版, 第 80 页

本章从介绍 Hohenberg-Kohn 第一定理开始, 在严格的量子理论的基础上建立 “结构决定一切” 的思想. 明确了对于处于基态的化学体系, 只要知道它们的核骨架即分子结构, 原则上就能以此为起点着手计算该体系的所有化学性质. 核骨架就是位形空间中的位形, 由此引出势能超曲面, 简称势能面. 分析势能面的几何特点, 尤其是其中的极小点 (即构象) 和过渡态.

通常分子模拟的第一步都是在计算机上采用各种分子设计软件构建分子模型, 接下来再进行几何优化、构象分析以期得到分子的基态结构. 为此本章再介绍几种能量优化的方法: 单纯形法、最速下降法、共轭梯度法、Newton-Raphson 法以及寻找过渡态的几种方法.

2.1 Hohenberg-Kohn 第一定理

由很多个电子和不同种类的多个原子核构成的体系称为 “多电子体系”. 化学体系就其物质的根本组成来说也是一种多电子体系. 化学家在其为数不多的科学判据中, 很久以来就有一条结论: 分子结构决定了分子的性质. 这是化学家长期以来根据实验事实归纳得到的经验, 从来也没有被严格证明过. 1964 年, 加利福尼亚州大学的 Walter Kohn 教授和 Hohenberg 博士从 Schrödinger 方程出发 “严格” 地证明了它, 构成了 Kohn 荣获 1998 年诺贝尔化学奖的部分成就.

Hohenberg-Kohn 第一定理 多电子体系若其基态是非简并的, 则该基态体系中核与电子的相互作用势能 $\mathrm{v}(\boldsymbol{r})$ 唯一地取决于体系的电子密度$\rho(\boldsymbol{r})$ (只差一个无关紧要的常数)[1,2].

证明 显然, 体系核骨架的几何形状决定了 $\mathrm{v}(\boldsymbol{r})$. 从 Schrödinger 方程出发, 用反证法求证如下:

假设以上定理不成立, 则一个多电子体系的电子密度 $\rho(\boldsymbol{r})$ 必定对应着至少两个不同核骨架形状的体系. 这两个基态体系的差别仅仅是核位置的不同. 其中核与电子的相互作用能算符分别设为 $\mathrm{v}(\boldsymbol{r})$ 和 $\mathrm{v}'(\boldsymbol{r})$. 令这两个基态体系 (记为体系 1 和体系 2) 的 Hamilton 算符、体系波函数和能量分别为 H, Ψ, E 和 H', Ψ', E', 其中,

$$\mathrm{H} = \mathrm{T} + \mathrm{v} + \mathrm{v}_{ee} \tag{2.1-1a}$$

$$\mathrm{H}' = \mathrm{T}' + \mathrm{v}' + \mathrm{v}'_{ee} \tag{2.1-1b}$$

其中, $\mathtt{T}$ 和 $\mathtt{T}'$ 分别是体系 1 和体系 2 中电子和原子核的动能算符, $\mathtt{v}_{ee}$ 和 $\mathtt{v}'_{ee}$ 是两体系中电子 — 电子之间的势能算符. 从量子力学原理可知

(1) 形式上, 量子力学算符 $\mathtt{T} = \mathtt{T}'$, $\mathtt{v}_{ee} = \mathtt{v}'_{ee}$. 两个总能量 $\mathtt{H}$ 和 $\mathtt{H}'$ 算符的差别就在 $\mathtt{v}(\boldsymbol{r})$ 和 $\mathtt{v}'(\boldsymbol{r})$ 上, 进而有

$$\mathtt{H} = \mathtt{H}' + \mathtt{v} - \mathtt{v}' \text{ 或 } \mathtt{H}' = \mathtt{H} + \mathtt{v}' - \mathtt{v} \tag{2.1-2}$$

(2) 基态体系 1、体系 2 分别服从 Schrödinger 定态方程, 即

$$\mathtt{H}\varPsi = \varPsi E \tag{2.1-3a}$$

$$\mathtt{H}'\varPsi' = \varPsi' E' \tag{2.1-3b}$$

(3) 体系 1、体系 2 的电子密度 $\rho(\boldsymbol{r})$ 分别是波函数的复平方, 但题设两体系密度相同,

对于体系 1:

$$\rho(\boldsymbol{r}) = \varPsi^*(\boldsymbol{r})\,\varPsi(\boldsymbol{r}) = |\varPsi(\boldsymbol{r})|^2 \tag{2.1-4a}$$

对于体系 2:

$$\rho(\boldsymbol{r}) = \varPsi'^*(\boldsymbol{r})\,\varPsi'(\boldsymbol{r}) = |\varPsi'(\boldsymbol{r})|^2 \tag{2.1-4b}$$

(4) 量子力学变分原理说明: 如果体系准确的基态波函数 $\varPsi$ 已经找到, 则基态能量可以按照 $E = \langle \varPsi | \mathtt{H} | \varPsi \rangle$ 得到, 即对于体系 1、体系 2 分别有

$$E = \langle \varPsi | \mathtt{H} | \varPsi \rangle \tag{2.1-5a}$$

$$E' = \langle \varPsi' | \mathtt{H}' | \varPsi' \rangle \tag{2.1-5b}$$

如果基态波函数 $\varPsi$ 没有找准, 则因题设基态非简并, 则必有 $E < \langle \varPsi | \mathtt{H} | \varPsi \rangle$. 于是对于体系 1 有

$$\begin{aligned} E &= \langle \varPsi | \mathtt{H} | \varPsi \rangle < \langle \varPsi' | \mathtt{H} | \varPsi' \rangle = \langle \varPsi' | \mathtt{H}' + \mathtt{v} - \mathtt{v}' | \varPsi' \rangle = \langle \varPsi' | \mathtt{H}' | \varPsi' \rangle + \langle \varPsi' | \mathtt{v} - \mathtt{v}' | \varPsi' \rangle \\ &= E' + \langle \varPsi' | \mathtt{v} - \mathtt{v}' | \varPsi' \rangle \end{aligned}$$

注意到核与电子的相互作用能算符 $\mathtt{v}(\boldsymbol{r})$ 和 $\mathtt{v}'(\boldsymbol{r})$ 只是普通的乘积算符, 故其中第 2 项为

$$\begin{aligned} \langle \varPsi' | \mathtt{v} - \mathtt{v}' | \varPsi' \rangle &= \int \mathrm{d}\boldsymbol{r}\ \varPsi'^*(\boldsymbol{r})\,(\mathtt{v} - \mathtt{v}')\,\varPsi'(\boldsymbol{r}) = \int \mathrm{d}\boldsymbol{r}\ (\mathtt{v} - \mathtt{v}')\,\varPsi'^*(\boldsymbol{r})\,\varPsi'(\boldsymbol{r}) \\ &= \int \mathrm{d}\boldsymbol{r}\ (\mathtt{v} - \mathtt{v}')\rho(\boldsymbol{r}) \end{aligned}$$

于是

$$E = \langle \varPsi | \mathtt{H} | \varPsi \rangle < \langle \varPsi' | \mathtt{H} | \varPsi' \rangle = E' + \int \mathrm{d}\boldsymbol{r}\ (\mathtt{v} - \mathtt{v}')\rho(\boldsymbol{r}) \tag{2.1-6a}$$

同样对于体系 2 有不等式

$$\begin{aligned} E' &= \langle \varPsi' | \mathtt{H}' | \varPsi' \rangle < \langle \varPsi | \mathtt{H}' | \varPsi \rangle = \langle \varPsi | \mathtt{H} + \mathtt{v}' - \mathtt{v} | \varPsi \rangle = \langle \varPsi | \mathtt{H} | \varPsi \rangle + \langle \varPsi | \mathtt{v}' - \mathtt{v} | \varPsi \rangle \\ &= E + \langle \varPsi | \mathtt{v}' - \mathtt{v} | \varPsi \rangle \end{aligned}$$

同理, 其中第 2 项可写为

$$\langle \Psi |\mathrm{v}'-\mathrm{v}| \Psi\rangle=\int \mathrm{d}\boldsymbol{r}\ \Psi^*(\boldsymbol{r})(\mathrm{v}'-\mathrm{v})\Psi(\boldsymbol{r})=\int \mathrm{d}\boldsymbol{r}\ (\mathrm{v}'-\mathrm{v})\Psi^*(\boldsymbol{r})\Psi(\boldsymbol{r})=\int \mathrm{d}\boldsymbol{r}\ (\mathrm{v}'-\mathrm{v})\rho(\boldsymbol{r})$$

于是

$$E'=\langle \Psi' |\mathrm{H}'| \Psi'\rangle<\langle \Psi |\mathrm{H}'| \Psi\rangle=E-\int \mathrm{d}\boldsymbol{r}\ (\mathrm{v}-\mathrm{v}')\rho(\boldsymbol{r}) \tag{2.1-6b}$$

将式 (2.1-6a) 和式 (2.1-6b) 相加得到

$$E+E'<E+E'$$

这是一个荒谬的结论. 所以, 以上一个多电子体系的电子云密度 $\rho(\boldsymbol{r})$ 对应着至少两种不同核骨架的假设不成立, 即一个 $\rho(\boldsymbol{r})$ 只可能对应着一种核骨架, 于是必定 $\mathrm{v}=\mathrm{v}'$. ■

讨论

(1) 尽管上面定理是在基态非简并的条件下证明的, 但是进一步的研究可以证明即使是简并的基态以上定理也成立[2,3].

(2) 推论: 处于基态的多电子体系的所有性质取决于体系的电子密度 $\rho(\boldsymbol{r})$. 其原因是: 既然基态多电子体系的电子云密度 $\rho(\boldsymbol{r})$ 与外场 $\mathrm{v}(\boldsymbol{r})$ 是一一对应的, 于是 $\rho(\boldsymbol{r})$ 只可能对应着一个 Hamilton算符. 根据量子力学原理, 该体系的电子总能量 E 是密度的唯一泛函 $E[\rho]$ 也就决定了. 同样电子动能 $T[\rho]$、电子间势能 $V_{ee}[\rho]$、电子的化学势$\mu=\left(\dfrac{\partial E}{\partial N}\right)_{\mathrm{v}}$、电负性$\chi\equiv-\left(\dfrac{\partial E}{\partial N}\right)_{\mathrm{v}}$、绝对硬度$\eta\equiv\dfrac{1}{2!}\left(\dfrac{\partial^2 E}{\partial N^2}\right)_{\mathrm{v}}$ 等都随之决定了, 其他所有性质也都定了.

(3) 这是一个非常简单、漂亮的理论证明. 基态体系的核骨架决定了体系的一切物理化学性质 $\{B\}$, 即 "结构决定一切". 这一点化学家似乎早就默认了, 但是从来没有被严格证明过. 一定意义上, 整幢化学科学大厦就建立在此基础上. 现在 Hohenberg-Kohn 第一定理证明了. 只要 Schrödinger 方程和变分原理成立, Hohenberg-Kohn 第一定理也就成立.

W. Kohn 是凭两篇文章荣获 1998 年诺贝尔化学奖的, 上面这一段就是第一篇, 配得上半个诺贝尔奖. 当然 Kohn 的那两篇文章在最初的十多年里引用率相当低. 这也是常理: 内容深邃, 无法立刻看懂, 引用率就必然低. 另一个类似的例子是 1984 年我国数学家冯康的 "Hamilton 体系的辛算法"(见 3.8 节), 这项对世界科学的不朽贡献被人理解也费了十几年的周折. 这就是硬科学 (hard science) 与软科学 (soft science) 的差别. 这个道理肯定也是硬道理.

(4) 1968 年, E. B. Wilson Jr. 说: "我们相信能进一步把任何物理量的计算归结到一阶约化密度 $\rho(\boldsymbol{r})$ 的计算, 这就是通常的三维空间中普通意义上的电子密度."[4]. 1968 年, J. R. Platt 说: "干嘛 30 年之后我们还憋在 Schrödinger 方程里呢? 这从来就不是为多电子体系设计的. Fermi, Pauli, Pauling 没有把它当作教条. Bohr 在 '经典对应原理' 里也没有把它当作教条. "[5]

(5) 虽然这里讲的是量子力学, 不过它与经典力学在如下意义上是 "自洽" 的: Hohenberg-Kohn 第一定理表明所有原子核的位置只能决定基态的所有性质, 还不能决定激发态的所有性质. 这样, 是不是理论还缺了点什么呢? 倘若可以证明所有原子核的位置也能决定激发态的话, 那么就意味着只要知道体系所有原子核的位置, 连它们的速度都不必知道, 就足以决定体系的全部微观状态, 那就与经典力学中位置加动量才决定微观状态有矛盾了. 所以可以从经典力学猜测那种关于激发态的 Hohenberg-Kohn 第一定理是几乎不可能被证明的.

(6) 既然基态的分子结构决定其一切性质, 所以关于基态体系的一切化学计算、模拟必定要先从结构着手. 这也是本书首先要推出 Hohenberg-Kohn 第一定理的道理, 在一个坚实的基础上面营造计算化学这幢大厦.

2.2 分子结构文件表达方法

在利用计算机处理化学问题时, 首先遇到的问题是如何让分子的三维结构数据能以字符格式记录下来, 以便将来可以从中得到唯一的结构表达. 分子结构的文件表达方法不是唯一的. 它纯粹是人为的, 只要求能够用计算机图形学的方法把它得到变成唯一的结构表达即可. 分子结构文件的格式分为两类: 直角坐标法、内坐标法 (即 Z-matrix 法)[6,7]. 至于常用的具体软件输入文件格式则有许多, 具体参见表 2.2-1 中所列的文献. 它们大部分用 ASCII 码写成, 所以把文件打开与分子结构对比就可以大致知道格式的写法. 以下简单介绍常用的直角坐标法和内坐标法格式.

表 2.2-1 常用软件输入文件格式的文献

输入文件名	软件名或软件公司	文献 **
*.gjf, *.com	Gaussian98/03, GaussView	[1,2], http://www.gaussian.com/g_ur/m_input.htm
*.ent, *.pdb	Protein Data Bank	[3], http://www.wwpdb.org/docs.html
*.mol	MDL	[4]
*.mol2	Sybyl Mol2 format	http://www.tripos.com/data/support/mol2.pdf
*.zmt	MOPAC Z-matrix	[5]
其他		http://openbabel.org/wiki/Category:Formats

**:[1] Foresman J B, Frisch A. Exploring Chemistry with Electronic Structure Methods: A Guide to Using Gaussian, Second Edition, Gaussian, Inc., Pittsburgh, PA, USA, 1996.

[2] Hehre W J, Radom L, Schleyer P v R, et al. *Ab Initio* Molecular Orbital Theory. New York: John Wiley & Sons, 1986.

[3] Protein Data Bank Contents Guide: Atomic Coordinate Entry Format Description, Version 3.1, July 19, 2007; Version 3.1, February 11, 2008.

[4] MDL Information Systems, Inc., CTFile Formats, 14600 Catalina St., San Leandro, CA 94577, 2003.

[5] Stewart J J P. MOPAC Manual, Sixth Edition, United States Air Force Academy, CO 80840, USA, October 1990.

2.2.1 直角坐标表达法

N 个原子核的分子有 $3N$ 个坐标 $\{x_i, y_i, z_i \,|i = 1\,(1)\,N\}$, 将它们排成表格如表 2.2.1-1 即可.

X 射线晶体衍射法得到的非氢原子坐标的输出文件往往采用此格式. 因为 X 射线衍

射实际上"看"不到原子核, X 射线衍射是它与电子云相互作用的结果. 衍射得到的"原子核"的位置实际上是分子中每个原子周围电子云的质心位置. 对于原子序数大的原子来说两者的差别还比较小, 可是对于氢原子来说两者就往往差别较大, 故 X 射线晶体衍射法无法得到氢原子核的坐标位置. 需要通过结构化学的知识, 把氢原子坐标补上, 或者通过中子衍射实验测量氢原子核的位置.

表 2.2.1-1

原子编号	x_i	y_i	z_i
1	x_1	y_1	z_1
2	x_2	y_2	z_2
⋮	⋮	⋮	⋮
N	x_N	y_N	z_N

2.2.2 内坐标法

内坐标法就是通过价键的连接关系和键长 r、键角 α、二面角 θ 来表示原子核的位置的方法.

(1) 二面角: 键长 r 是两个原子之间的几何关系, 键角 α 是三个原子之间的几何关系, 而四个原子 $ABCD$ 之间的几何关系要用**二面角**(dihedral angle 或称 torsion angle) 来表示 (图 2.2.2-1), 即 ABC 和 BCD 两个平面的夹角 $\theta \equiv \angle(A-B-C-D)$. 其定义域为 $-180° < \theta \leqslant 180°$. θ 的正负值由 IUPAC 和 IUB 两个国际组织作出约定如图 2.2.2-1 所示: 从前一个原子 A 到后一个原子 D, 顺时针方向为正值, 逆时针方向为负值[8].

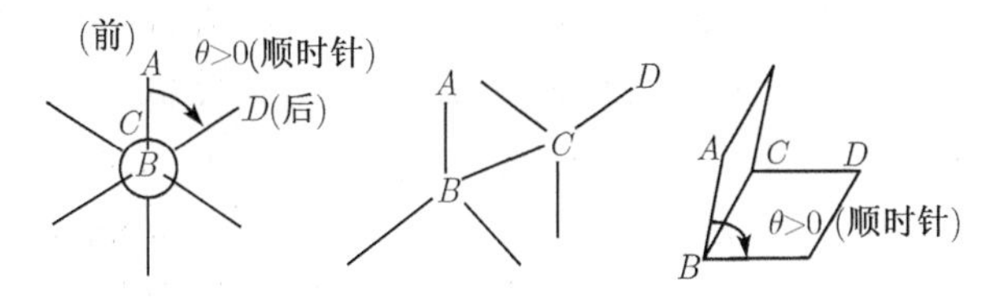

图 2.2.2-1 二面角的定义

(2) 分子结构的内坐标法: 这里通过图 2.2.2-2 的化合物不难看出如何得到如表 2.2.2-1 所示的内坐标法输入文件格式.

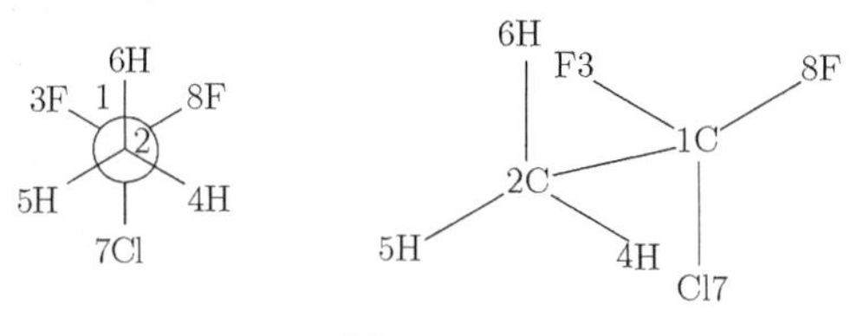

图 2.2.2-2

对于含 N 个原子的分子, 由于并不关心质心的位置及分子的方位 (共 6 个自由度), 所以内坐标表示法中标出 $3N-6$ 个几何参数; 每一个原子位置都要靠此前已经确定了位置的原子来确定, 所以表 2.2.2-1 中最后 3 列的 i, j, k 是指在确定某个原子的位置时所依据的其他原子的编号, 如表中的 7 号 Cl 原子位置的确定依据三项: 7—1 号两个原子间的键长, 7—1—2 号三个原子之间的键角和 7—1—2—6 号四个原子之间的二面角. 可见表

2.2.2-1 最后 3 列的 i, j, k 是关于分子中原子连接关系的信息. 与之对比, 直角坐标法的内容里只有 $3N$ 个几何参数, 没有连接关系. 两者信息含量是不同的.

有时内坐标法也可以用表 2.2.2-2 所示的 Z 矩阵法(Z-matrix) 作为输入文件的格式(模型分子与图 2.2.2-2 所示的一样, 只是编号略有不同).

表 2.2.2-1　分子的内坐标表示法的输入文件格式

编号	原子	r/Å	α/(°)	θ/(°)	i	j	k
1	C	—	—	—	—	—	—
2	C	1.54	—	—	1	—	—
3	F	1.36	109.5	—	1	2	—
4	H	1.09	109.5	180	2	1	3
5	H	1.09	109.5	60	2	1	3
6	H	1.09	109.5	−60	2	1	3
7	Cl	1.28	109.5	180	1	2	6
8	F	1.36	109.5	180	1	2	5

表 2.2.2-2　采用 Z 矩阵内坐标表示法对模型分子 * 写出的输入文件

原子编号	i	r/Å	j	α/(°)	k	θ/(°)
C1						
C2	C1	1.54				
F1	C1	1.36	C2	109.5		
H1	C2	1.09	C1	109.5	F1	180.
H2	C2	1.09	C1	109.5	F1	60.
H3	C2	1.09	C1	109.5	F1	−60.
Cl1	C1	1.28	C2	109.5	H3	180.
F2	C1	1.36	C2	109.5	H2	180

* 模型分子为

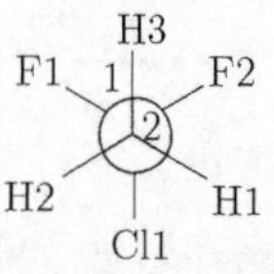

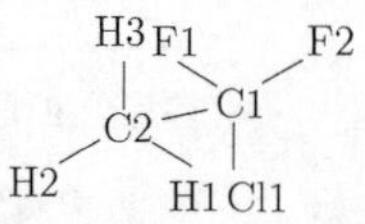

分子的内坐标法和直角坐标法各有各的用处. 不过在能量优化的算法中内坐标法往往用较少的迭代次数就可以达到同样的能量收敛阈值[9] (表 2.2.2-3).

表 2.2.2-3　直角坐标和内坐标文件格式在能量优化过程中的比较

化合物	化学式	能量优化的迭代次数	
		直角坐标格式	内坐标格式
立方烷	C_8H_8	7	9
苝	$C_{20}H_{12}$	23	8
Spiro[2,2]octaplane	$C_{21}H_{24}$	54	20
姜酮	$C_{11}H_{14}O_3$	88	18
四氢大麻酚	$C_{21}H_{32}O_2$	189	23
育亨宾	$C_{21}H_{26}N_2O_3$	258	45
R-十六烷	$C_{22}H_{46}$	246	35
Jawsamycin	$C_{32}H_{43}N_3O_6$	642	60

内坐标法的输入文件还有另一种形式：先用 “变量” 先代入, 最后将变量赋值. 这里还以图 2.2.2-2 所示的化合物为例, 这种形式的输入文件如表 2.2.2-4 所示.

表 2.2.2-4 用变量表示的内坐标法输入文件格式

```
C
C    1 CClength
F    1 CFlength    2 Tangle
H    2 CHlength    1 Tangle    3 180.0
H    2 CHlength    1 Tangle     3 60.0
H    2 CHlength    1 Tangle    3 -60.0
Cl   1 CCllength   2 Tangle    6 180.0
F    1 CFlength    2 Tangle    5 180.0

CClength        1.54
CHlength        1.09
CFlength        1.36
CCllength       1.28
Tangle        109.5
```

2.3 势能面及其特征

分子的势能 $U = U(\{q_i\})$ 是指在无外场时单个自由分子的势能, 即分子内部运动的势能, 它是 $3N-6$ 个核坐标 $\{q_i\}$ 的函数 (当线型分子时为 $3N-5$ 个). 核坐标 $\{q_i\}$ 张成的空间称为**位形空间** (configuration space). 位形空间 Γ_q 是体系相空间 Γ 的子空间, 其中, 每一点就是一个核骨架, 即一个分子结构. 现在将位形空间加一维 (内部运动势能 U) 构成一个新的空间 (图 2.3-1), 同一个分子的不同结构 (即位形空间中每个不同的点) 的势能构成的曲面称为**势能超曲面** S, 简称势能面.

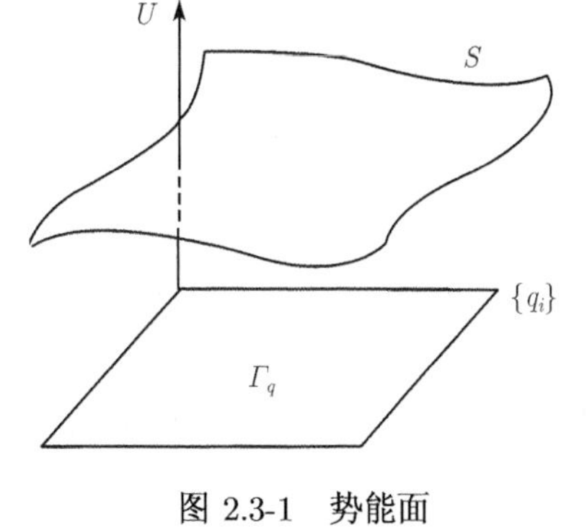

图 2.3-1 势能面

势能面上关心以下几种具有特殊性质的点, 包括平衡点、极小点、构象、稳态点和过渡态. 以下分别介绍.

(1) 平衡点：势能面上, 满足势能 U 关于核坐标 $\boldsymbol{q}$ 的一阶导数等于零的点, 即

$$\frac{\partial U}{\partial q_i} = 0, \quad \forall i \tag{2.3-1}$$

都称为**平衡点**, 记为 $\boldsymbol{q}_{\text{eq}}$, 其中包括极小点、极大点、稳态点 (即驻点) 和过渡态.

(2) 极小点：势能面上满足

$$\frac{\partial U}{\partial q_i} = 0 \text{ 且 } \frac{\partial^2 U}{\partial q_i^2} > 0, \quad \forall i \tag{2.3-2}$$

的点称为**局部极小点**或称为**构象** (conformation). 所有局部极小点中势能最低者称为**全局极小点**. 全局极小点只是同一个分子中势能最低的构象, 往往是但不一定是最稳定的构象. 在时间演化中出现概率最大的构象才是 “最稳定的构象”. 这个说法无懈可击但又看似同义反复, 正说明其中内容丰富, 它在统计力学的系综原理里有最清楚的论述.

常见书中用 “单键旋转造成分子中原子的不同排布” 来定义构象, 那不是严谨的说法.

(3) 稳态点 (驻点): 势能面上满足

$$\frac{\partial U}{\partial q_i} = 0$$

且对于一部分 i 有 $\frac{\partial^2 U}{\partial q_i^2} < 0$, 而另一部分 i 有

$$\frac{\partial^2 U}{\partial q_i^2} > 0 \tag{2.3-3}$$

的点称为稳态点或驻点.

(4) 过渡态 (transition state): 势能面上满足

$$\frac{\partial U}{\partial q_i} = 0$$

且只有一个 q_i 方向上满足 $\frac{\partial^2 U}{\partial q_i^2} < 0$, 而其余方向

$$\frac{\partial^2 U}{\partial q_i^2} > 0 \tag{2.3-4}$$

的点称为**过渡态**. 在过渡态的这个极大方向上势能面形如图 2.3-2.

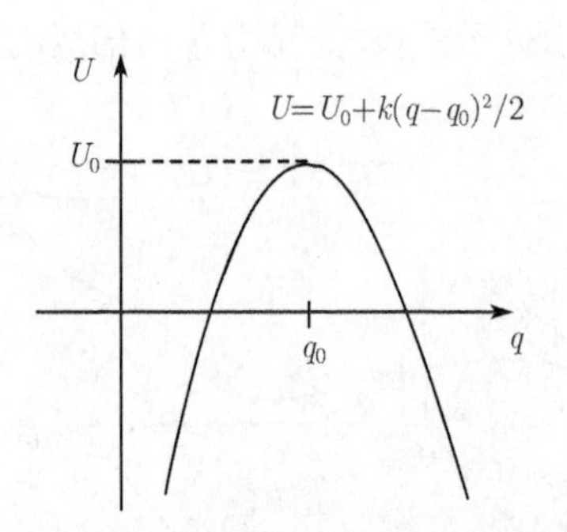

图 2.3-2　在过渡态极大方向上势能剖面图

此时势能 $U = U_0 + \frac{1}{2}k(q - q_0)^2$, 力常数$k < 0$, 于是对应的振动频率 $\nu = \frac{1}{2\pi}\sqrt{\frac{k}{m}}$ 为虚数 (如 i350cm^{-1}). 于是判断过渡态的判据为: 当对某个分子结构作振动分析时, **当且仅当**有一个**虚频率**时则该结构为过渡态的结构.

既然过渡态分析取决于分子的振动分析, 所以本节讲的只是严格理论的扼要介绍. 严格的分子振动分析理论参见 9.1.1 小节. 所有在本节讲的核坐标$\{q_i\}$只是示意而已, 在严格意义上它们应该是指 9.1.1 小节中简正振动坐标 $\boldsymbol{Q}$.

2.4　力 场 方 法

力场 (force field) 方法是一种只用于分子势能近似计算的方法. 分子势能的精确计算肯定要根据量子力学. 但是作为量子力学的一种粗糙近似, 同时大多数场合人们不关心分子势能的绝对值, 而是只关心分子势能的相对改变. 这时力场方法是简单方便的选择. 例

如, 在分子模拟的前半段 —— 构建分子模型, 大量需要的工作是粗略计算分子能量的相对变化, 以便得到大致处于势能最低处的核骨架 (所谓 "合理的分子结构"). 这时经常采用力场方法来完成[6,10].

2.4.1 力场方法的势能表达形式

从 Hohenberg-Kohn 第一定理知道, 基态分子的所有性质取决于它的核骨架. 分子的核骨架可用组成原子之间的键长 r、键角 α、二面角 θ 来表示. 键长代表两个键连原子之间的关系, 记为 $(1,2)$; 键角代表 3 个键连原子之间的关系, 记为 $(1,3)$; 二面角代表 4 个键连原子之间的关系, 记为 $(1,4)$. $(1,\geqslant 5)$ 原子之间首尾两个原子之间的作用能称为 "非键连作用"(nonbonded interaction, 以区别于 "非键轨道" 中的 "非键相互作用"nonbonding interaction).

假设有一个理想的 "标准" 分子, 它具有的键长 r、键角 α、二面角 θ 都等于标准键长、标准键角和标准二面角, 且其 $(1,\geqslant 5)$ 原子间的 van der Waals 能和 $(1,\geqslant 5)$ 原子间的静电能都不计, 这样的分子令其势能为 0, 也即能量零点设在这样的 "标准分子" 处.

在不同化合物中同一种化学键的键长 (如 C—H 单键的键长) 有微小的差异. 所谓 "标准"C—H 单键键长 r^0 就是在尽可能大量的化合物中对其中 C—H 单键键长作平均得到的键长. 同样的方法得到所谓标准键角 α^0、标准二面角 θ^0. 真实分子的结构显然要偏离上述的标准分子, 真实分子比标准分子高出的势能值 U 可以比较合理地分解为以下 5 项之和:

(1) 各个键长偏离标准值所引起的势能升高 U_r.

(2) 键角偏离标准值所引起的势能升高 U_α.

(3) 二面角偏离标准值对势能的贡献 U_θ.

(4) 非键连原子对之间的 van der Waals 作用能 $U_{\text{nb-VDW}}$(又称**立体位阻能**).

(5) 非键连原子对之间的静电作用能$U_{\text{nb -q}}$(又称**库仑能**),

$$U = U_r + U_\alpha + U_\theta + U_{\text{nb-VDW}} + U_{\text{nb-q}} \tag{2.4.1-1}$$

其中, 对于稳定分子可以假定

(i)
$$U_r = \frac{1}{2}\sum_i^{\text{bonds}} k_r\left(r_i - r_i^0\right)^2 + O\left[\left(r_i - r_i^0\right)^3\right] \tag{2.4.1-2}$$

$r_i - r_i^0$ 为分子的第 i 根键的键长偏离对应的标准键长的值, k_r 为该键伸缩的力常数. 如果在平均键长 r_i^0 附近则上式可以略去三阶小项. 留下简谐振子的二次势能项 (图 2.4.1-1), 这里对所有键长加和.

(ii)
$$U_\alpha = \frac{1}{2}\sum_j^{\text{angle}} k_\alpha\left(\alpha_j - \alpha_j^0\right)^2 + O\left[\left(\alpha_j - \alpha_j^0\right)^3\right] \tag{2.4.1-3}$$

$\alpha_j - \alpha_j^0$ 为分子的第 i 个键角偏离对应的标准键角的值, k_α 为该键角改变的力常数. 如果在平均键角 α_i^0 附近则上式可以略去三阶小项. 留下二次势能贡献项, 这里对所有键角加和.

(iii)

$$U_\theta \approx \frac{1}{2}\sum_{\theta}^{\text{all}} k_\theta \left[1+\cos(n\theta)\right] \tag{2.4.1-4}$$

n 代表二面角的周期性, 如在乙烷中绕 $\mathrm{sp}^3-\mathrm{sp}^3$ 碳原子情况, $n=3$, 即 $U_\theta \approx \frac{1}{2}\sum_{\theta} k_\theta[1+\cos(3\theta)]$(图 2.4.1-2).

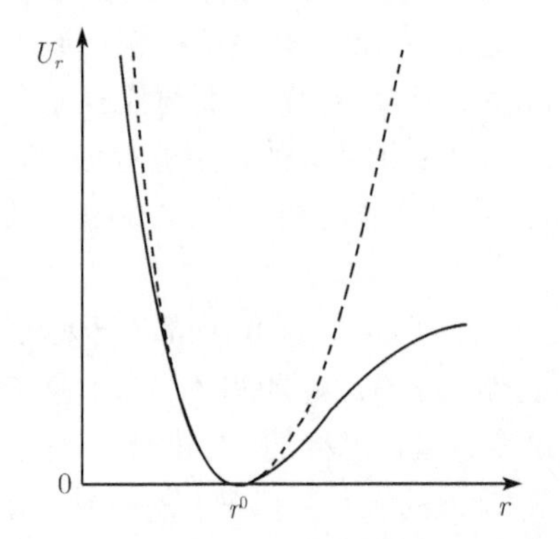

图 2.4.1-1 在平均键长 r^0 附近每个键伸缩的势能贡献项 U_r 可以用简谐振子来近似

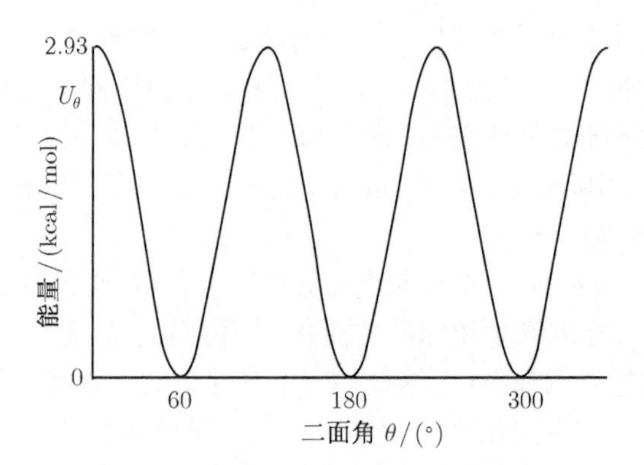

图 2.4.1-2 乙烷内旋转的势能垒 $k_\theta = 2.93$kcal/mol (1cal=4.1868J)

(iv) 非键连原子对之间的 van der Waals 作用能采用 Lennard-Jones 经验势形式

$$U_{\text{nb-VDW}} \approx \sum_{i<j}^{(1,\geqslant 5)} \left(\frac{A_{ij}}{r_{ij}^{12}} - \frac{B_{ij}}{r_{ij}^{6}}\right) \tag{2.4.1-5}$$

这里对所有的 $(1,\geqslant 5)$"原子对"$i-j$ 加和, 参数 A_{ij}, B_{ij} 取决于 i, j 的原子类型, 前者代表原子间 van der Waals 能中的排斥能, 后者代表原子间 van der Waals 能中的吸引能.

(v) 非键连原子对之间的静电作用能

$$U_{\text{nb-q}} = \sum_{i<j}^{(1,\geqslant 5)} \frac{q_i q_j}{r_{ij}} \tag{2.4.1-6}$$

q_i, q_j 分别代表这两个原子上的净电荷. 通常可以在各种量子化学方法中的 Mulliken 的布居分析法[11] 或 Löwdin 的布居分析法[12] 从分子轨道的布居分析(population analysis) 求得, 也可以用粗糙一些的 Gasteiger-Marsili 方法从电负性求得[13].

当然, 式 (2.4.1-1) 分割成 5 种对势能的贡献项, 这有人为因素, 有的力场分为 6 项. 其实 5 种或 6 种贡献之间的区别并不是本质的. 各种贡献之间还存在概念的重叠. 不过一旦势能分割方案决定后, 余下的任务就是通过多元统计, 在最小二乘意义上拟合得到各种力常数和 Lennard-Jones 参数的数值. 注意: 力场方法中每项的物理含义是不严格的, 不能过分信赖. 例如, 化学家通常的 "氢键" 概念就难以与 van der Waals 作用区分, 也难以与非键静电作用相区分. 严格的概念只有通过量子力学来剖析.

需要明确的是: 数据拟合得再好的唯象理论也不见得就是科学真理, 就一定能够避免概念的误导. 科学概念的产生与其说是通过数值上预计准确, 还不如说是通过正确的解

释 (D. Deutsch, 绪言的文献 [13]). 目前还不是所有的化学家都承认这样的基本思想. 尽管在科学发展的道路上, 有的做法实属无奈之举, 创造了一些貌似 "实用" 但不严格的概念, 沿用多年. 例如, Pauling 的电负性、Pearson 的软硬酸碱概念等. 这样的例子在化学领域相当多. 但是面对如此众多的唯象理论, 化学家应该保持警惕, 要有意识区分物理模型与数学模型的差别, 形式理论与物理模型的差别. 如果不保持警惕, 将会使我们在某个早上发现整幢思维大厦怎么会营造在一片沙滩上. 长久以来, 化学似乎是一门与数学有距离的学科, 在化学家寻找科学真理的探索过程中, 就更容易发生沉浸在数学游戏中迷失物理意义的倾向. 这里强调的是第一原理与唯象理论的差别, 并不是强调区分哲学家的绝对真理与相对真理.

2.4.2 力场方法的本质和改进

力场方法的特点:

(1) 力场方法是拟合分子真实势能的产物, 本质上是唯象的, 即经验的. 实际上不可能存在一个适合所有类型物质计算的 "万能" 力场. 力场方法一般采用二次函数拟合, 采用到三次函数拟合的力场方案, 商界诩为 "新一代力场".

(2) 力场实际上就是一套 "原子类型" 的规定、一个势能的分割方案 (如式 (2.4.1-1)) 和一套力常数和 Lennard-Jones 参数的数值. 参数拟合需要各种类型分子的势能数据, 原则上可以来自量子化学计算也可以来自分子光谱的实验数据, 实际上可以通过前者得到相当完整的势能数据, 而后者是不完整的. 考虑到数据来源的同一性, 还是采用量子化学计算.

(3) 力场方法的成功, 其原因来源于分子中各组成部分对能量贡献近似的**可转移性** (transferability). 例如, 不同分子中 sp^3 杂化的碳原子与 sp^2 杂化的氧原子之间的键长都近似相同. 无机化学体系的可转移性经常比有机化合物差, 所以力场方法首先在有机化合物中取得成功. 在各类相互作用中, 近程作用的可转移性好于远程的相互作用, 即唯象地看相互作用能 $\propto r_{ij}^{-n}$, n 值越大, 力场方法的近似越易成功. 离子型化学键中 Coulomb 作用能为主, $\propto r_{ij}^{-1}$, 可转移性最差.

(4) 力场方法也可以认为是 "僵化" 了的量子力学, 不能计算波函数, 即不能得到电子的行为, 如不能用来研究过渡态、新型化学键等. 凡是建立力场时没有 "学习" 到的分子类型也无法计算. 以此换取到的优点是极大地方便了计算, 可以用于上千个原子的分子体系. 正因为如此, 力场方法又被称为分子力学(molecular mechanics). 显然, 称它为 "力场" 甚至 "力学" 都有过誉之嫌.

(5) 不过, 技术的发展有时出于人们的预料. 20 世纪 70 年代末, 制造大型计算机的 IBM 公司瞧不上 Atari 等小公司造的游戏机 Atari400、Atari800, 但不料游戏机突然发展为微机, 改变了世界. 同样, 理论化学家一开始就瞧不起 "异常" 粗糙的力场方法. 可是 80 年代正好是微机大发展的时期, 通过力场方法计算 (而不是通过即使最简单的量子化学方法计算) 很快就得到大致合理的分子结构, 然后可以在屏幕上显示出三维的分子图形. 这一新生技术立刻受到所有化学家的重视, "分子模拟" 应运而生, 极大地提升了理论在化学家中的地位, 这是理论化学家所始料不及的.

力场方法的改进可以包括两部分:

(1) 如上所述力场拟合从二次函数提高到 3 次、4 次等或更复杂的函数.

(2) 在势能分割方案中引入 "交叉项" 的贡献. "交叉" 就是不同运动方式之间实际上是牵连的, 而式 (2.4.1-1) 隐含着键长伸缩运动、键角张合的运动以及二面角的扭动运动三者之间是互相独立的意思. 由此为了更加符合真实分子的情况, 就要引入 "交叉项" 代表不同运动方式之间的牵连即 "耦合".

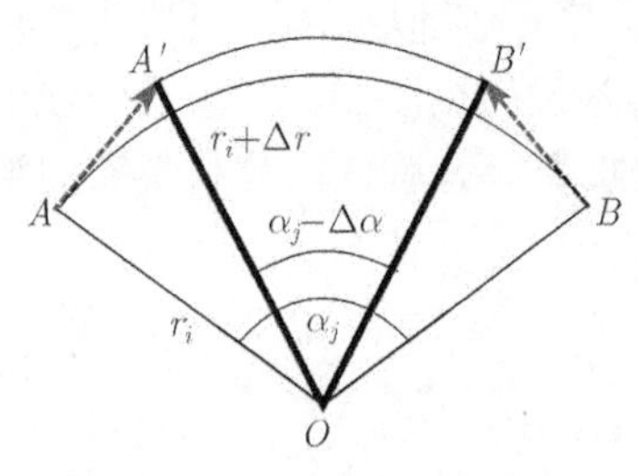

图 2.4.2-1　键长伸缩运动与键角张合运动之间的耦合

现在以键长伸缩运动与键角张合运动之间的相互作用为例讨论两者之间的耦合 (图 2.4.2-1)：考虑到键角从 $\angle AOB$ 变小到 $\angle A'OB'$, 于是 AB 原子之间的排斥作用增大, 使得 A 原子和 B 原子的位置分别移到 A' 和 B', 即键长 AO 变长到 $A'O$、同时键长 BO 变长到 $B'O$. 所以式 (2.4.1-1) 的分子势能中可以增加以下 "交叉项" 唯象地代表键长伸缩运动与键角张合运动之间的耦合：

$$U_{r-\alpha}=\sum_{i}^{\text{bond}}\sum_{j}^{\text{angle}}F_{ij}\left(r_i-r_i^0\right)\left(\alpha_j-\alpha_j^0\right) \tag{2.4.2-1}$$

待定参数 F_{ij} 代表耦合的程度. 同样, 可以对其他的耦合作用 (如键长与二面角之间的耦合等) 作类似的唯象描述.

2.5　能量极小化

利用分子设计商品软件可以构建分子模型, 但是无论哪一种软件在构建原理上都不是靠第一原理的. 通常它们是靠所谓标准的键长、键角数据. 而后者是从大量分子的实测数据平均得到的. 软件构建分子模型还依靠根据已往化学知识总结出来的结构化学知识, 主要是各种化学元素在化合物中可能的成键行为, 如碳在烷、烯、炔类化合物中分别以 sp^3, sp^2, sp 杂化轨道成键等. 所有标准的键长、键角数据和元素的成键行为知识存储在软件的数据库内.

所以, 用软件构建出来的分子往往还不是目标化合物的稳定结构. 此后的第一步, 就要用更系统的方法改变核坐标 $\{q_i\}$, 通过分子内部运动的势能 $U=U(\{q_i\})$ 下降的办法, 使得核骨架 $\{q_i\}$ 进一步逼近稳定的分子结构. 这类方法称为**能量极小化方法** (energy minimization), 又称**几何优化** (geometry optimization). 这是量子化学最成功的应用之一. 一般等级的量子化学方法就可以达到键长误差 ±0.02Å、键角误差 ±5° 之内.

其实, 所有的能量极小化方法中的 "能量" 实际上指的就是势能, 不是别的. 在势能超曲面上所有的极小点 (即局部极小) 中只有全局极小点代表着势能最小的分子结构. 在这里介绍的能量极小化方法只是求局部极小的方法.

所有的能量极小化的方法通常分为两类：第一类基于势能一阶导数 $\dfrac{\partial U}{\partial q_i}=0$ 的原理, 如最速下降法、Newton-Raphson 法、Fletcher-Reeves 法 (共轭梯度法)、Davidon-Fletcher-Powell 法 (变尺度法) 等[14,15]. 第二类方法不是根据势能一阶导数为零的原理, 它们有单纯形法 (simplex 法)[15].

2.5.1　单纯形法

单纯形法是 1947 年 Dantzig 提出的. 现在通过一个实例介绍单纯形法 (simplex) 求函数的极小值 (求极大值的原理也一样).

例　$f(x_1, x_2) = x_1^2 + 2x_2^2$(图 2.5.1-1(a)). 显然从解析法看, 极小点在 $(0,0)$ 处, 不过现在要从数值上求解.

步骤 1　任取一点如 $\#1 = (x_1, x_2) = (9,9)$, 该点函数值 $f(\#1) = 9^2 + 2 \cdot 9^2 = 243$.

步骤 2　从 #1 点出发任意改变到其他两点 #2 和 #3, 如 $\#1 \xrightarrow{(x_1+2)} \#3$, $\#3 = (11,9)$, #3 点函数值 $f(\#3) = 283$; 同时 $\#1 \xrightarrow{(x_2+2)} \#2$, $\#2 = (9,11)$, #2 点函数值 $f(\#2) = 323$.

步骤 3　以上 3 点构成一个三角形, 从函数值最大的点 (标以 max) 向对边中点作平行四边形, 得到新的点 #4(图 2.5.1-1(b)). 新的点 $\#4 = (11,7)$, 其函数值 $f(\#4) = 11^2 + 2 \cdot 7^2 = 219$.

步骤 4　弃去步骤 3 中函数值最大的点 #2, 将余下的两个点 #1, #3 和新的点 #4 构成新的三角形 (图 2.5.1-1(c)). 从其中函数值最大的点 #3 向对边中点作平行四边形, 得到新的点 #5: 新的点 $\#5 = (9,7)$, 其函数值 $f(\#5) = 9^2 + 2 \times 7^2 = 179$.

步骤 5　重复步骤 4, 即弃去步骤 3 中函数值最大的点 #3, 将余下的两个点 #1, #4 和新的点 #5 构成新的三角形 (图 2.5.1-1(d)). 从其中函数值最大的点 #1 向对边中点作平行四边形, 得到新的点 #6: 新的点 $\#6 = (11,5)$, 其函数值 $f(\#6) = 11^2 + 2 \times 5^2 = 171$.

步骤 6　重复以上平行四边形找新点的步骤, 不断下去即可逼近函数的极小点 $(0,0)$.

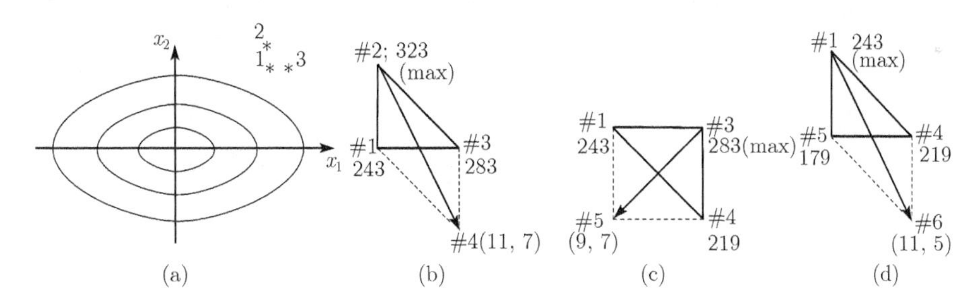

图 2.5.1-1　单纯形法

单纯形方法虽然简单, 但是计算效率低. 改进方法之一, 可将平行四边形的新点 #4 在对角线方向左右调整得到最利于函数值降低的点 (图 2.5.1-2).

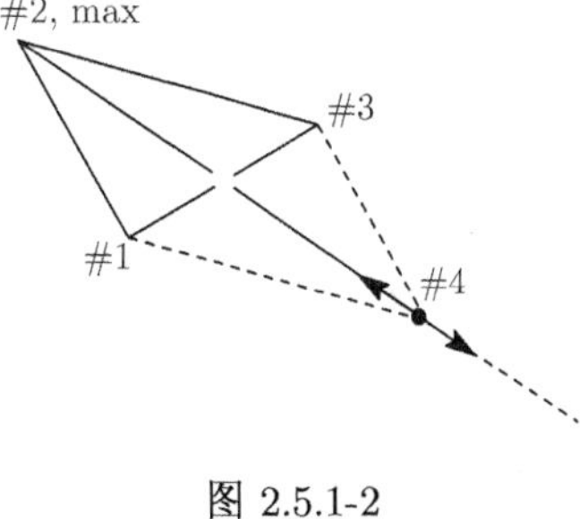

图 2.5.1-2

2.5.2　最速下降法

最速下降法求能量极小点的原理如下：根据能量梯度的负值 $-\nabla E(\boldsymbol{q})$ 指出的方向进行一维搜索达到极小, 然后再求第二次的 $-\nabla E(\boldsymbol{q})$, 再沿它指出的方向进行一维搜索到极小, 继续下去直到符合预设的能量收敛标准.

设起始分子体系的核位置在 $\boldsymbol{q}^{(0)} \equiv [q_1^{(0)} q_2^{(0)} \cdots q_s^{(0)}]^{\mathrm{T}}$ 处, s 为体系的自由度. 于是在

$\boldsymbol{q}^{(0)}$ 点势能负梯度直线方向上任意点的位置为

$$\boldsymbol{q}' = \boldsymbol{q}^{(0)} - \alpha^{(0)} \left.\nabla_{\boldsymbol{q}} E\right|_{\boldsymbol{q}^{(0)}} \tag{2.5.2-1}$$

改变参数 $\alpha^{(0)}$ 的值就可以得到该梯度方向上的所有点, 它们的能量为 $E(\boldsymbol{q}')$. 于是可以作 "一维搜索", 即沿着该线上找到其中使得能量 $E(\boldsymbol{q}')$ 最小的点, 即一维搜索到满足 $\min\limits_{\alpha^{(0)}}\{E(\boldsymbol{q}')\}$ 的点 $\boldsymbol{q}^{(1)}$. 这是最速下降法的第 1 步. 第 2 步从 $\boldsymbol{q}^{(1)}$ 点开始, 从该点处的能量梯度得到 $\boldsymbol{q}^{(1)}$ 点处势能负梯度直线方向上任意点的位置

$$\boldsymbol{q}' = \boldsymbol{q}^{(1)} - \alpha^{(1)} \left.\nabla_{\boldsymbol{q}} E\right|_{\boldsymbol{q}^{(1)}} \tag{2.5.2-2}$$

再作一维搜索, 得到满足 $\min\limits_{\alpha^{(1)}}\{E(\boldsymbol{q}')\}$ 的点 $\boldsymbol{q}^{(2)}$, 完成了第 2 步. 不断进行下去就完成了最速下降法的能量优化.

以二维问题为例 (图 2.5.2-1): 设起始状态点在 $\boldsymbol{q}_0 \equiv \left[q_1^{(0)}\ q_2^{(0)}\right]^{\mathrm{T}}$. 于是在势能面负梯度直线方向上任意点的位置为

$$[q_1'\ q_2']^{\mathrm{T}} = \left[\left(q_1^{(0)} - \alpha \left.\frac{\partial E}{\partial q_1}\right|_{q_1^{(0)}, q_2^{(0)}}\right) \quad \left(q_2^{(0)} - \alpha \left.\frac{\partial E}{\partial q_2}\right|_{q_1^{(0)}, q_2^{(0)}}\right)\right]^{\mathrm{T}} \tag{2.5.2-3}$$

接着求得沿着梯度方向上任意点的能量 $E(q_1', q_2')$, 即得到图 2.5.2-1(a), 其中, 满足 $\min\limits_{\alpha}\{E(q_1', q_2')\}$ 的点就是图 2.5.2-1(a) 中的 C 点. 这样就完成了最速下降法的第 1 步. 然后从 C 点出发作最速下降法的第 2 步. 不断进行下去, 完成全部最速下降法 (图 2.5.2-1(b)).

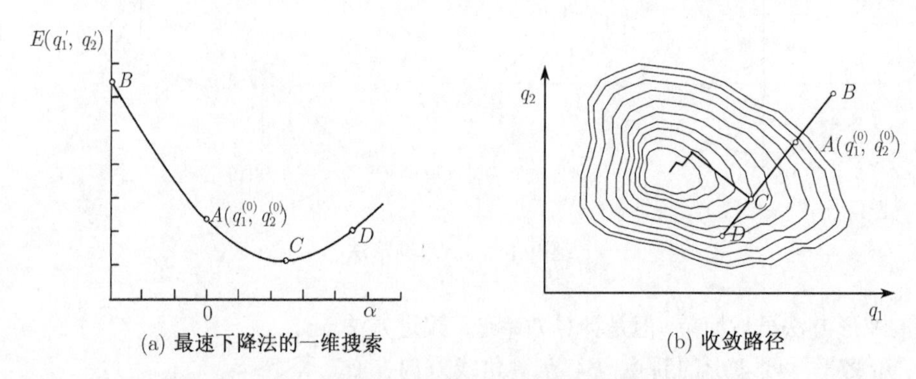

(a) 最速下降法的一维搜索 (b) 收敛路径

图 2.5.2-1 最速下降法的一维搜索及其收敛路径

可以证明最速下降法的能量优化搜索路径中的每一步的方向都垂直于前一步的方向. 于是在接近极小点附近就会产生振荡 (也就是搜索过头), 不容易收敛, 或者是在势能面的峡谷很窄的时候, 也发生这样的现象, 这是最速下降法的缺点. 最速下降法的缺点来源于它只依靠梯度计算. 可是正因为如此, 也造成了它的优点: 方法的鲁棒性好, 即不管势能面处于非常偏离二次型曲面的地方, 还是可以顺利计算. 所以在能量优化过程的初期, 也就是结构偏离能量极小点很远, 或者刚刚完成化合物的模建, 然后往往首选最速下降法作初步的能量优化 (例如, 作 10~100 次优化), 以后再接其他精细的能量优化方法继续优化.

改进的办法如下：

(1) 在一维搜索的时候不要一直搜索到极小才改变搜索方向，而是适时改变搜索方向，减少振荡.

(2) 分子模拟时的能量优化，其中，最慢的一步是计算能量. 所以尽可能在一维搜索时用尽可能少的点数. 即使一维搜索过头点也可以宽容. 不必在每一步一维搜索中取许多点计算能量. 一维搜索粗糙点，尽管迭代次数要增多些也无妨，这样反而能够大大降低总的能量计算次数，提高效率[16].

2.5.3 共轭梯度法

共轭梯度法(conjugate gradient method) 是 1952 年 Hesteness 和 Stiefel 为求解线性方程组提出的，后来用于求解无约束极值问题[14,15]. 它是一种重要的优化方法. 共轭梯度法的基本思想是把最速下降法与二次函数共轭方向结合起来，利用已知位置处的梯度构造一组共轭方向，并沿着这一组方向进行一维搜索，求出目标函数的极小点. 什么叫共轭方向? 这得先要介绍 "共轭" 的概念.

2.5.3.1 二次函数及共轭方向

圆的切线方向与圆周上任意一点到圆心连线方向相互垂直，即两者为正交的关系. 椭圆圆周上任意一点的切线方向与这一点到椭圆中心连线方向之间的关系就是所谓**共轭**的关系. 椭圆的概念是圆的概念的推广. 相应地，共轭的概念是正交概念的推广.

在接近势能面极小点附近的势能可以用核位置 $\mathbf{q}$ 的二次函数 $f(\mathbf{q})$ 来近似表达，所以这个区域势能面的等高线都可以看成高维椭圆形. 所以要求算势能面极小点的问题就要先讲共轭.

如图 2.5.3-1 所示，设 O 为椭圆中心，AB 和 CD 分别是通过 O 点的两根线段，$\mathbf{h}_0$ 为过 A, B 点切线方向的向量. 同时，CD 平行于 $\mathbf{h}_0$, $CD//\mathbf{h}_0$, 则 AB 与 CD 称为共轭直径. $\overrightarrow{AB}$ 与 $\overrightarrow{CD}$ 称为**共轭方向**.

对于 n 维空间的高维二次函数可表示为

$$
\begin{aligned}
f(\mathbf{q}) =& \left(\frac{1}{2}a_{11}q_1^2 + a_{12}q_1q_2 + \cdots + a_{1n}q_1q_n\right) + \left(\frac{1}{2}a_{22}q_2^2 + \cdots + a_{2n}q_2q_n\right) \\
&+ \cdots + \frac{1}{2}a_{nn}q_n^2 + b_1q_1 + b_2q_2 + \cdots + b_nq_n + c \\
=& \frac{1}{2}[q_1\ q_2 \cdots q_n]\begin{bmatrix} a_{11} & \cdots & a_{1n} \\ \vdots & & \vdots \\ a_{n1} & \cdots & a_{nn} \end{bmatrix}\begin{bmatrix} q_1 \\ \vdots \\ q_n \end{bmatrix} + [b_1\ \cdots\ b_n]\begin{bmatrix} q_1 \\ \vdots \\ q_n \end{bmatrix} + c
\end{aligned}
$$

即

$$
f(\mathbf{q}) = \frac{1}{2}\mathbf{q}^{\mathrm{T}}\mathbf{A}\mathbf{q} + \mathbf{b}^{\mathrm{T}}\mathbf{q} + c \tag{2.5.3-1}
$$

(图 2.5.3-2). 若 $f(\mathbf{q})$ 为凸函数，则矩阵 $\mathbf{A}$ 必为对称正定矩阵，即 $\mathbf{q}^{\mathrm{T}}\mathbf{A}\mathbf{q} > 0$.

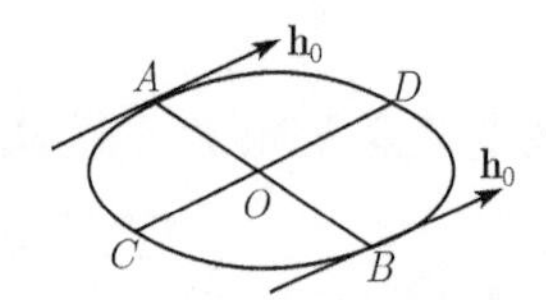

图 2.5.3-1　共轭方向

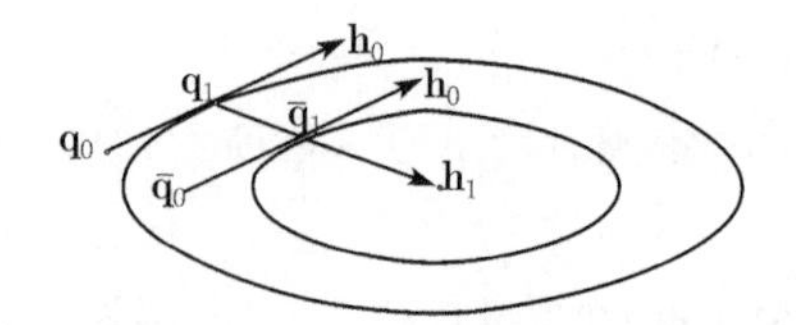

图 2.5.3-2　高维二次函数 $f(q)=\frac{1}{2}\mathbf{q}^{\mathrm{T}}\mathbf{A}\mathbf{q}+\mathbf{b}^{\mathrm{T}}\mathbf{q}+c$ 的共轭方向 $\mathbf{h}_0$ 与 $\mathbf{h}_1$

定理 2.5.3-1　对于高维二次函数 $f(\mathbf{q})=\frac{1}{2}\mathbf{q}^{\mathrm{T}}\mathbf{A}\mathbf{q}+\mathbf{b}^{\mathrm{T}}\mathbf{q}+c$, 给定方向 $\mathbf{h}_0$ 和两个初始点 $\mathbf{q}_0, \bar{\mathbf{q}}_0$, 并且 $\mathbf{q}_1=\mathbf{q}_0+\lambda_0\mathbf{h}_0$ 和 $\bar{\mathbf{q}}_1=\bar{\mathbf{q}}_0+\bar{\lambda}_0\mathbf{h}_0$ 中的 λ_0 和 $\bar{\lambda}_0$ 由下式决定:

$$\begin{cases} f(\mathbf{q}_1)=\min\limits_{\lambda(\geqslant 0)} f(\mathbf{q}_0+\lambda\mathbf{h}_0) \\ f(\bar{\mathbf{q}}_1)=\min\limits_{\bar{\lambda}(\geqslant 0)} f(\bar{\mathbf{q}}_0+\bar{\lambda}\mathbf{h}_0) \end{cases} \tag{2.5.3-2}$$

上面第 1 个表达式是指在给定 $\mathbf{h}_0$ 和 $\mathbf{q}_0$ 的条件下, 改变 λ 使 $f(\mathbf{q}_0+\lambda\mathbf{h}_0)$ 尽量降低的那个 λ 值称为 λ_0. 同时, 由此得到的 $\mathbf{q}_0+\lambda\mathbf{h}_0$ 称为 $\mathbf{q}_1$. 余类推.

那么若令方向 $\mathbf{h}_1\equiv\bar{\mathbf{q}}_1-\mathbf{q}_1$, 则有

$$\mathbf{h}_1^{\mathrm{T}}\mathbf{A}\mathbf{h}_0=0 \tag{2.5.3-3}$$

证明　因为 $f(\mathbf{q})=\frac{1}{2}\mathbf{q}^{\mathrm{T}}\mathbf{A}\mathbf{q}+\mathbf{b}^{\mathrm{T}}\mathbf{q}+c$, 采用对矩阵求导数的方法对空间位置 $\mathbf{q}$ 求导, 得到

$$\nabla f(\mathbf{q})=\frac{\partial}{\partial\mathbf{q}}\left\{\frac{1}{2}\mathbf{q}^{\mathrm{T}}\mathbf{A}\mathbf{q}+\mathbf{b}^{\mathrm{T}}\mathbf{q}+c\right\}=\mathbf{A}\mathbf{q}+\mathbf{b}$$

再因为切线方向与梯度方向正交, 故 $\nabla f(\mathbf{q}_1)^{\mathrm{T}}\mathbf{h}_0=0$ 及 $\nabla f(\bar{\mathbf{q}}_1)^{\mathrm{T}}\mathbf{h}_0=0$, 即

$$0=\{\nabla f(\bar{\mathbf{q}}_1)-\nabla f(\mathbf{q}_1)\}^{\mathrm{T}}\mathbf{h}_0=\{(\mathbf{A}\bar{\mathbf{q}}_1+\mathbf{b})-(\mathbf{A}\mathbf{q}_1+\mathbf{b})\}^{\mathrm{T}}\mathbf{h}_0=\{\mathbf{A}(\bar{\mathbf{q}}_1-\mathbf{q}_1)\}^{\mathrm{T}}\mathbf{h}_0$$

再因为 $\mathbf{A}$ 为对称矩阵及 $\mathbf{h}_1\equiv\bar{\mathbf{q}}_1-\mathbf{q}_1$, 所以 $\mathbf{h}_1^{\mathrm{T}}\mathbf{A}\mathbf{h}_0=0$. ■

定义 2.5.3-1　向量 $\mathbf{h}_1,\mathbf{h}_2,\cdots,\mathbf{h}_n\in\mathbf{R}^n$, 对称正定矩阵 $\mathbf{A}\in\mathbf{R}^n\otimes\mathbf{R}^n$.

(1) 若 $\mathbf{h}_1^{\mathrm{T}}\mathbf{A}\mathbf{h}_2=0$, 则称向量 $\mathbf{h}_1$ 与 $\mathbf{h}_2$ 是 **A共轭**的.

(2) 若 $\mathbf{h}_i^{\mathrm{T}}\mathbf{A}\mathbf{h}_j=0(\forall i\neq j;i,j=1,\cdots,n)$, 则称向量 $\mathbf{h}_1,\mathbf{h}_2,\cdots,\mathbf{h}_n$ 是 $\mathbf{A}$ 共轭的向量集.

显然当 $\mathbf{A}=\mathbf{1}$ 时, $\{\mathbf{h}_i\,|i=1,\cdots,n\}$ 是一组正交向量. 因此正交是共轭的特例.

设 $\{\mathbf{h}_i\,|i=1,\cdots,n\}$ 是 $\mathbf{A}$ 共轭的, 则向量集 $\{\mathbf{h}_i\,|i=1,\cdots,n\}$ 具有如下性质:

性质 2.5.3-1　向量集 $\{\mathbf{h}_i\,|i=1,\cdots,n\}$ 线性无关.

证明　其实, 若 $\beta_1\mathbf{h}_1+\beta_2\mathbf{h}_2+\cdots+\beta_n\mathbf{h}_n=\mathbf{0}$, 则得到 $\mathbf{h}_i^{\mathrm{T}}\mathbf{A}(\beta_1\mathbf{h}_1+\beta_2\mathbf{h}_2+\cdots+\beta_n\mathbf{h}_n)=0$. 因为 $\{\mathbf{h}_i\,|i=1,\cdots,n\}$ 是 $\mathbf{A}$ 共轭的, 故有 $\beta_i\mathbf{h}_i^{\mathrm{T}}\mathbf{A}\mathbf{h}_i=0\ (\forall i)$. 再由 $\mathbf{A}$ 的正定性, 得到 $\mathbf{h}_i^{\mathrm{T}}\mathbf{A}\mathbf{h}_i>0\ \forall i$, 所以必有 $\beta_i=0,\forall i$. 故向量集 $\{\mathbf{h}_i\,|i=1,\cdots,n\}$ 线性无关. ■

性质 2.5.3-2　设 $\{\mathbf{h}_i\,|i=1,\cdots,n\}$ 是 $\mathbf{A}$ 共轭的, 若相继在向量 $\mathbf{h}_1,\mathbf{h}_2,\cdots,\mathbf{h}_n$ 的方向搜索, 搜索标准为 $f(\mathbf{q}_{k+1})=\min\limits_{\lambda\geqslant 0}f(\mathbf{q}_k+\lambda\mathbf{h}_k)$, 则必有 $\nabla f(\mathbf{q}_{n+1})=0$ 和极值解 $\mathbf{q}^*=\mathbf{q}_{n+1}$(若 f 为二次函数).

证明 (1) 一维搜索满足 $\nabla f(\mathbf{q}_{k+1})^{\mathrm{T}}\mathbf{h}_k=0,\forall k=1,2,\cdots,n.$

(2) 因为 $\nabla f(\mathbf{q})=\mathbf{Aq}+\mathbf{b}$, 故

$$\begin{aligned}\nabla f(\mathbf{q}_{k+1})&=\mathbf{Aq}_{k+1}+(\nabla f(\mathbf{q}_{k+1})-\mathbf{Aq}_k)=\nabla f(\mathbf{q}_{k+1})+\mathbf{A}(\mathbf{q}_{k+1}-\mathbf{q}_k)\\&=\nabla f(\mathbf{q}_k)+\lambda_k\mathbf{Ah}_k\end{aligned}$$

根据 (1), (2) 及 $\{\mathbf{h}_i\,|i=1,\cdots,n\}$ 是 $\mathbf{A}$ 共轭的, 得到

$$\begin{aligned}\nabla f(\mathbf{q}_{n+1})^{\mathrm{T}}\mathbf{h}_j&=\{\nabla f(\mathbf{q}_n)+\lambda_n\mathbf{Ah}_n\}^{\mathrm{T}}\mathbf{h}_j=\left\{\nabla f(\mathbf{q}_n)^{\mathrm{T}}+\lambda_n\mathbf{h}_n^{\mathrm{T}}\mathbf{A}\right\}\mathbf{h}_j\\&=\left\{\nabla f(\mathbf{q}_{n-1})^{\mathrm{T}}+\lambda_n\mathbf{h}_n^{\mathrm{T}}\mathbf{A}+\lambda_{n-1}\mathbf{h}_{n-1}^{\mathrm{T}}\mathbf{A}\right\}\mathbf{h}_j=\cdots\\&=\left\{\nabla f(\mathbf{q}_{j+1})^{\mathrm{T}}+\lambda_n\mathbf{h}_n^{\mathrm{T}}\mathbf{A}+\cdots+\lambda_{j+1}\mathbf{h}_{j+1}^{\mathrm{T}}\mathbf{A}\right\}\mathbf{h}_j=0,\quad\forall j=1,2,\cdots,n\end{aligned}$$

于是得到 $\nabla f(\mathbf{q}_{n+1})=0$ 或极值解 $\mathbf{q}^*=\mathbf{q}_{n+1}$. 这是 f 为二次函数的情况, 若 f 只是凸函数, 则极值解 $\mathbf{q}^*\approx\mathbf{q}_{n+1}$. ■

2.5.3.2 共轭方向的构造

由于势能面在极小值附近都可以用核位置 $\mathbf{q}$ 的二次函数 $f(\mathbf{q})$ 来近似表示, 于是其等高线都呈椭圆形. 既然是椭圆就可以利用上述共轭的概念求极值.

如何构造 n 个共轭方向呢? 设 $\mathbf{A}$ 是 $n\times n$ 阶对称正定矩阵, $\mathbf{g}_0$ 为任意向量. 定义向量序列 $\{\mathbf{g}_i\}$, $\{\mathbf{h}_i\}$ 如下:

$$\left\{\begin{aligned}&\mathbf{g}_0=\mathbf{h}_0\\&\mathbf{g}_{i+1}=\mathbf{g}_i-\lambda_i\mathbf{Ah}_i\\&\mathbf{h}_{i+1}=\mathbf{g}_{i+1}+\gamma_i\mathbf{h}_i\end{aligned}\right.\tag{2.5.3-4}$$

选择 λ_i,γ_i 使得 $\mathbf{g}_{i+1}^{\mathrm{T}}\mathbf{g}_i=0$(正交) 和 $\mathbf{h}_{i+1}^{\mathrm{T}}\mathbf{Ah}_i=0$($\mathbf{A}$ 共轭), 所以

$$0=\mathbf{g}_{i+1}^{\mathrm{T}}\mathbf{g}_i=(\mathbf{g}_i-\lambda_i\mathbf{Ah}_i)^{\mathrm{T}}\mathbf{g}_i=\mathbf{g}_i^{\mathrm{T}}\mathbf{g}_i-\lambda_i\mathbf{h}_i^{\mathrm{T}}\mathbf{Ag}_i=\mathbf{g}_i^{\mathrm{T}}\mathbf{g}_i-\lambda_i\mathbf{g}_i^{\mathrm{T}}\mathbf{Ah}_i$$

最后一步考虑到 $\mathbf{h}_i^{\mathrm{T}}\mathbf{Ag}_i$ 是一个数, 故 $\mathbf{h}_i^{\mathrm{T}}\mathbf{Ag}_i=\left(\mathbf{h}_i^{\mathrm{T}}\mathbf{Ag}_i\right)^{\mathrm{T}}=\mathbf{g}_i^{\mathrm{T}}\mathbf{Ah}_i$

$$0=\mathbf{h}_{i+1}^{\mathrm{T}}\mathbf{Ah}_i=(\mathbf{g}_{i+1}+\gamma_i\mathbf{h}_i)^{\mathrm{T}}\mathbf{Ah}_i=\mathbf{g}_{i+1}^{\mathrm{T}}\mathbf{Ah}_i+\gamma_i\mathbf{h}_i^{\mathrm{T}}\mathbf{Ah}_i$$

因此 $\left\{\begin{aligned}&\mathbf{g}_i^{\mathrm{T}}\mathbf{g}_i-\lambda_i\mathbf{g}_i^{\mathrm{T}}\mathbf{Ah}_i=0\\&\mathbf{g}_{i+1}^{\mathrm{T}}\mathbf{Ah}_i+\gamma_i\mathbf{h}_i^{\mathrm{T}}\mathbf{Ah}_i=0\end{aligned}\right.$, 即

$$\left\{\begin{aligned}&\lambda_i=\frac{\mathbf{g}_i^{\mathrm{T}}\mathbf{g}_i}{\mathbf{g}_i^{\mathrm{T}}\mathbf{Ah}_i}\\&\gamma_i=-\frac{\mathbf{g}_{i+1}^{\mathrm{T}}\mathbf{Ah}_i}{\mathbf{h}_i^{\mathrm{T}}\mathbf{Ah}_i}\end{aligned}\right.\tag{2.5.3-5}$$

可以证明

$$\left\{\begin{aligned}&\mathbf{g}_i^{\mathrm{T}}\mathbf{g}_j=0,\\&\mathbf{h}_i^{\mathrm{T}}\mathbf{Ah}_j=0,\end{aligned}\right.\qquad\forall i\neq j,0\leqslant i,j\leqslant n\tag{2.5.3-6}$$

即集合 $\{\mathbf{g}_i\}$ 是互相正交的; 集合 $\{\mathbf{h}_i\}$ 是互相 $\mathbf{A}$ 共轭的. 这是关键的性质. 可见每一次搜索方向都与以前的搜索方向共轭. 而根据上述向量集 $\{\mathbf{h}_i\,|i=1,\cdots,n\}$ 的性质 2.5.3-2, 对于 $n\times n$ 阶的矩阵 $\mathbf{A}$ 只需要 n 次搜索就可以收敛. 当然, 上述讨论的共轭方向及其性质包括收敛性质, 对于二次函数才是严格的. 式 (2.5.3-4)、式 (2.5.3-5) 是构造正交向量集和共轭向量集的方法, 称为 Gram-Schmidt 正交化方法.

为了尽可能不使用矩阵 $\mathbf{A}$, 先求证如下引理:

$$\begin{cases}\mathbf{g}_i^{\mathrm{T}}\mathbf{A}\mathbf{h}_i=\mathbf{h}_i^{\mathrm{T}}\mathbf{A}\mathbf{h}_i\\[2ex] \mathbf{g}_{i+1}^{\mathrm{T}}\mathbf{h}_i=0\end{cases}\tag{2.5.3-7}$$

证明 根据式 (2.5.3-4) 可得到

(1) $\mathbf{h}_i^{\mathrm{T}}\mathbf{A}\mathbf{h}_i=(\mathbf{g}_i+\gamma_{i-1}\mathbf{h}_{i-1})^{\mathrm{T}}\,\mathbf{A}\mathbf{h}_i=\mathbf{g}_i^{\mathrm{T}}\mathbf{A}\mathbf{h}_i+\gamma_{i-1}\mathbf{h}_{i-1}^{\mathrm{T}}\mathbf{A}\mathbf{h}_i=(\mathbf{g}_i+\gamma_{i-1}\mathbf{h}_{i-1})^{\mathrm{T}}\,\mathbf{A}\mathbf{h}_i=\mathbf{g}_i^{\mathrm{T}}\mathbf{A}\mathbf{h}_i$. 这里最后一步引用了式 (2.5.3-6), 即 $\{\mathbf{h}_i\}$ 的 $\mathbf{A}$ 共轭性.

(2) $$\begin{aligned}\mathbf{g}_{i+1}^{\mathrm{T}}\mathbf{h}_i=&\mathbf{g}_{i+1}^{\mathrm{T}}(\mathbf{g}_i+\gamma_{i-1}\mathbf{h}_{i-1})=\mathbf{g}_{i+1}^{\mathrm{T}}\mathbf{h}_{i-1}\gamma_{i-1}=\mathbf{g}_{i+1}^{\mathrm{T}}(\mathbf{g}_{i-1}+\gamma_{i-2}\mathbf{h}_{i-2})\gamma_{i-1}\\ =&\left(\mathbf{g}_{i+1}^{\mathrm{T}}\mathbf{h}_{i-2}\right)\gamma_{i-2}\gamma_{i-1}=\cdots=\left(\mathbf{g}_{i+1}^{\mathrm{T}}\mathbf{h}_0\right)\gamma_0\cdots\gamma_{i-2}\gamma_{i-1}=\left(\mathbf{g}_{i+1}^{\mathrm{T}}\mathbf{g}_0\right)\gamma=0\end{aligned}$$

推导中第 2 步到第 6 步都引用了式 (2.5.3-6), 即 $\{\mathbf{g}_i\}$ 的正交性, 最后第 2 步引用式 (2.5.3-4). ■

现在可以把式 (2.5.3-5) 改写为

$$\begin{cases}\lambda_i=\dfrac{\mathbf{g}_i^{\mathrm{T}}\mathbf{g}_i}{\mathbf{h}_i^{\mathrm{T}}\mathbf{A}\mathbf{h}_i}\\[3ex] \gamma_i=\dfrac{\mathbf{g}_{i+1}^{\mathrm{T}}\mathbf{g}_{i+1}}{\mathbf{g}_i^{\mathrm{T}}\mathbf{g}_i}\end{cases}\tag{2.5.3-8}$$

证明 (1) 根据式 (2.5.3-4), $\mathbf{g}_i^{\mathrm{T}}\mathbf{g}_i=\mathbf{g}_i^{\mathrm{T}}(\mathbf{g}_{i+1}+\lambda_i\mathbf{A}\mathbf{h}_i)=\lambda_i\mathbf{g}_i^{\mathrm{T}}\mathbf{A}\mathbf{h}_i=\lambda_i\mathbf{h}_i^{\mathrm{T}}\mathbf{A}\mathbf{h}_i$. 这里第 2 步和第 3 步的根据分别为 $\{\mathbf{g}_i\}$ 的正交性和式 (2.5.3-7). 进而 $\lambda_i=\dfrac{\mathbf{g}_i^{\mathrm{T}}\mathbf{g}_i}{\mathbf{h}_i^{\mathrm{T}}\mathbf{A}\mathbf{h}_i}$.

(2) 根据式 (2.5.3-4), $\mathbf{g}_{i+1}^{\mathrm{T}}\mathbf{g}_{i+1}=\mathbf{g}_{i+1}^{\mathrm{T}}(\mathbf{g}_i-\lambda_i\mathbf{A}\mathbf{h}_i)=-\lambda_i\mathbf{g}_{i+1}^{\mathrm{T}}\mathbf{A}\mathbf{h}_i$, 故 $\mathbf{g}_{i+1}^{\mathrm{T}}\mathbf{A}\mathbf{h}_i=-\dfrac{\mathbf{g}_{i+1}^{\mathrm{T}}\mathbf{g}_{i+1}}{\lambda_i}$. 进而

$$\gamma_i=-\frac{\mathbf{g}_{i+1}^{\mathrm{T}}\mathbf{A}\mathbf{h}_i}{\mathbf{h}_i^{\mathrm{T}}\mathbf{A}\mathbf{h}_i}=\frac{\mathbf{g}_{i+1}^{\mathrm{T}}\mathbf{g}_{i+1}}{\lambda_i\mathbf{h}_i^{\mathrm{T}}\mathbf{A}\mathbf{h}_i}=\frac{\mathbf{g}_{i+1}^{\mathrm{T}}\mathbf{g}_{i+1}}{\left(\dfrac{\mathbf{g}_i^{\mathrm{T}}\mathbf{g}_i}{\mathbf{h}_i^{\mathrm{T}}\mathbf{A}\mathbf{h}_i}\right)\mathbf{h}_i^{\mathrm{T}}\mathbf{A}\mathbf{h}_i}=\frac{\mathbf{g}_{i+1}^{\mathrm{T}}\mathbf{g}_{i+1}}{\mathbf{g}_i^{\mathrm{T}}\mathbf{g}_i}$$ ■

2.5.3.3 共轭梯度法

由式 (2.5.3-4)、式 (2.5.3-5) 构成的向量集 $\{\mathbf{h}_i\}$ 是互相 $\mathbf{A}$ 共轭的, $\{\mathbf{g}_i\}$ 是互相正交的. 当令 $\mathbf{g}_i\equiv-\nabla f(\mathbf{q}_i)$ 时, 以下求极值的算法称为**共轭梯度法**:

$$\begin{cases} \mathbf{q}_{k+1} = \mathbf{q}_k + \lambda_k \mathbf{h}_k, \\ \lambda_k = \dfrac{\mathbf{g}_k^{\mathrm{T}} \mathbf{g}_k}{\mathbf{h}_k^{\mathrm{T}} \mathbf{A} \mathbf{h}_k}, \\ \mathbf{h}_{k+1} = \mathbf{g}_{k+1} + \gamma_k \mathbf{h}_k, \quad \mathbf{h}_0 = \mathbf{g}_0, \\ \gamma_k = \dfrac{\mathbf{g}_{k+1}^{\mathrm{T}} \mathbf{g}_{k+1}}{\mathbf{g}_k^{\mathrm{T}} \mathbf{g}_k} = \dfrac{(\mathbf{g}_{k+1} - \mathbf{g}_k)^{\mathrm{T}} \mathbf{g}_{k+1}}{\mathbf{g}_k^{\mathrm{T}} \mathbf{g}_k}, \end{cases} \quad k = 0, 1, 2, \cdots \tag{2.5.3-9}$$

初始值为 $\mathbf{q}_0$, $\mathbf{h}_0 = \mathbf{g}_0 = -\nabla f(\mathbf{q}_0)$, 其中, $\mathbf{g}_k$ 为 k 点处函数 $\nabla f(\mathbf{q})$ 的梯度, 共轭方向 $\mathbf{h}_k$ 为从 k 点开始一维搜索的方向.

因为 $\nabla f(\mathbf{q}) = \mathbf{A}\mathbf{q} + \mathbf{b}$, 所以

$$\mathbf{g}_{k+1} = -\nabla f(\mathbf{q}_{k+1}) = -\mathbf{A}\mathbf{q}_{k+1} - \mathbf{b} = -\mathbf{A}(\mathbf{q}_k + \lambda_k \mathbf{h}_k) - \mathbf{b} = \mathbf{g}_k - \lambda_k \mathbf{A}\mathbf{h}_k$$

将等式两边用 $\mathbf{g}_k^{\mathrm{T}}(\cdot)$ 左乘, 得到 $\mathbf{g}_k^{\mathrm{T}} \mathbf{g}_{k+1} = 0 = \mathbf{g}_k^{\mathrm{T}} (\mathbf{g}_k - \lambda_k \mathbf{A}\mathbf{h}_k) = \mathbf{g}_k^{\mathrm{T}} \mathbf{g}_k - \lambda_k \mathbf{g}_k^{\mathrm{T}} \mathbf{A}\mathbf{h}_k$. 故 $\lambda_k = \dfrac{\mathbf{g}_k^{\mathrm{T}} \mathbf{g}_k}{\mathbf{g}_k^{\mathrm{T}} \mathbf{A}\mathbf{h}_k}$, 就是式 (2.5.3-5). 可见式 (2.5.3-9) 满足式 (2.5.3-5).

当共轭梯度法的式 (2.5.3-9) 中取用 $\gamma_k = \dfrac{\mathbf{g}_{k+1}^{\mathrm{T}} \mathbf{g}_{k+1}}{\mathbf{g}_k^{\mathrm{T}} \mathbf{g}_k}$ 时, 称为 Fletcher-Reeves 算法(F-R 法). 当式 (2.5.3-9) 中取用 $\gamma_k = \dfrac{(\mathbf{g}_{k+1} - \mathbf{g}_k)^{\mathrm{T}} \mathbf{g}_{k+1}}{\mathbf{g}_k^{\mathrm{T}} \mathbf{g}_k}$ 时, 称为 Polak-Ribiere 算法(P-R 法). 理想情况下, 即对于严格的二次型函数, 满足正交条件 $\mathbf{g}_k^{\mathrm{T}} \mathbf{g}_{k+1} = 0$, 于是两种方法完全等价. 但是在一般的函数条件下, 会偏离正交, 故两种算法略有不同, 一般 P-R 法更好些. 共轭梯度法的算法框图如图 2.5.3-3 所示.

对于一般的函数在极值 P 附近, 总是可以作 Taylor 展开

$$\begin{aligned} f(\mathbf{q}) &\approx f(P) + \sum_i \left(\frac{\partial f}{\partial q_i}\right)_P q_i + \frac{1}{2} \sum_{i,j} \left(\frac{\partial^2 f}{\partial q_i \partial q_j}\right)_P q_i q_j \\ &= c + \mathbf{b}^{\mathrm{T}} \mathbf{q} + \frac{1}{2} \mathbf{q}^{\mathrm{T}} \mathbf{A} \mathbf{q} \end{aligned} \tag{2.5.3-10}$$

其中, $c = f(P)$, $\mathbf{b} = \nabla f(P)$ 和 $(\mathbf{A})_{ij} = \left(\dfrac{\partial^2 f}{\partial q_i \partial q_j}\right)_P$.

为避免求算二阶偏导数矩阵 $\mathbf{A}$, 可以采取一维搜索求算 λ_k

$$f(\mathbf{q}_k + \lambda_k \mathbf{h}_k) = \min_{\lambda \geqslant 0} f(\mathbf{q}_k + \lambda \mathbf{h}_k) \tag{2.5.3-11}$$

但是一阶导数 $\nabla f(\mathbf{q}_k)$ 还是必须求的.

对一般函数 $f(\mathbf{q})$, 共轭梯度法的式 (2.5.3-9) 有限步收敛几乎是不可能的. 如果迭代 k 步达到了精度 $(k \leqslant n)$, 则 $\mathbf{q}_k$ 就作为严格解 $\mathbf{q}^*$ 的近似. 当经过 n 步迭代仍不可能满足要求时, 令 $\mathbf{q}_0 = \mathbf{q}_n$ 和 $\mathbf{h}_0 = \mathbf{g}_0 = -\nabla f(\mathbf{q}_n)$ 再进行第 2 次循环. 当在极小点附近是一个高度偏心的二次型函数, 或在极小点附近或稍远处不是二次型函数等情况都会造成收敛的困难.

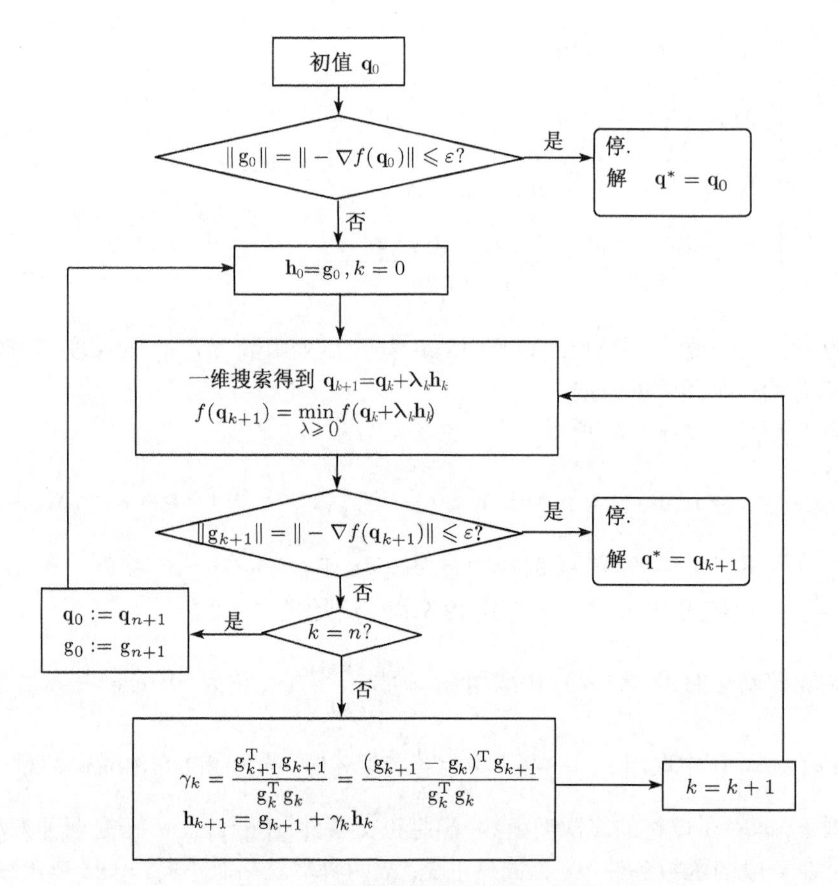

图 2.5.3-3 共轭梯度法的算法框图

2.5.4 Newton-Raphson 法

Newton-Raphson 法[14,15] 的原理:

(1) 基于势能梯度 $\frac{\partial U}{\partial q_i} = 0, \forall i$;

(2) 在势能极小点附近近似展开成为二次型函数, 再用 $\frac{\partial U}{\partial q_i} = 0, \forall i$ 求得此二次函数的极小值. 设目标函数为 $f(\mathbf{q}) \equiv f(q_1, q_2, \cdots, q_N)$ 二次可微, 其中,

$$\mathbf{q} \equiv \begin{bmatrix} q_1 & q_2 & \cdots & q_N \end{bmatrix}^{\mathrm{T}} \tag{2.5.4-1}$$

又设真正的解为 $\mathbf{q}^*$; 求解过程中对 $\mathbf{q}^*$ 的第 k 次逼近的近似解为

$$\mathbf{q}_k \equiv \begin{bmatrix} (q_1)_k & (q_2)_k & \cdots & (q_N)_k \end{bmatrix}^{\mathrm{T}} \tag{2.5.4-2}$$

回顾一元函数 $f(q)$ 在 $q = q_0$ 处的 Taylor 展开为

$$f(q) = f(q_0) + \left.\frac{\partial f}{\partial q}\right|_{q=q_0} (q - q_0) + \frac{1}{2!} \left.\frac{\partial^2 f}{\partial q^2}\right|_{q=q_0} (q - q_0)^2 + O\left[(q - q_0)^3\right] \tag{2.5.4-3}$$

它在 $\frac{\partial f}{\partial q} = 0$ 及 $\frac{\partial^2 f}{\partial q^2} > 0$ 处有极小值.

同样, 当考虑多元函数 $f(\mathbf{q})$ 在 $\mathbf{q}=\mathbf{q}_k$ 处的 Taylor 展开, 得到

$$f(\mathbf{q})=f(\mathbf{q}_k)+\mathbf{g}_k^{\mathrm{T}}(\mathbf{q}-\mathbf{q}_k)+\frac{1}{2!}(\mathbf{q}-\mathbf{q}_k)^{\mathrm{T}}\mathbf{H}_k(\mathbf{q}-\mathbf{q}_k)+O\left[(\mathbf{q}-\mathbf{q}_k)^3\right] \tag{2.5.4-4}$$

其中, 一阶导数即梯度

$$\mathbf{g}_k\equiv\left[\left.\frac{\partial f}{\partial q_1}\right|_{q=q_k} \quad \left.\frac{\partial f}{\partial q_2}\right|_{q=q_k} \quad \cdots \quad \left.\frac{\partial f}{\partial q_N}\right|_{q=q_k}\right]^{\mathrm{T}}\equiv\nabla f(\mathbf{q}_k) \tag{2.5.4-5}$$

二阶导数即 Hesse 矩阵(又称力常数矩阵)

$$\mathbf{H}_k\equiv\begin{bmatrix} & \vdots & \\ \cdots & \left.\dfrac{\partial^2 f}{\partial q_i\partial q_j}\right|_{q=q_k} & \cdots \\ & \vdots & \end{bmatrix}_{N\times N}\equiv\nabla^2 f(\mathbf{q}_k) \tag{2.5.4-6}$$

(这里的 i,j 表示行列编号.) 略去式 (2.5.4-4) 的三次小量, 得到二次型函数

$$f(\mathbf{q})\approx f(\mathbf{q}_k)+\mathbf{g}_k^{\mathrm{T}}(\mathbf{q}-\mathbf{q}_k)+\frac{1}{2!}(\mathbf{q}-\mathbf{q}_k)^{\mathrm{T}}\mathbf{H}_k(\mathbf{q}-\mathbf{q}_k) \tag{2.5.4-7}$$

即

$$f(\mathbf{q}_{k+1})\approx f(\mathbf{q}_k)+\mathbf{g}_k^{\mathrm{T}}(\mathbf{q}_{k+1}-\mathbf{q}_k)+\frac{1}{2!}(\mathbf{q}_{k+1}-\mathbf{q}_k)^{\mathrm{T}}\mathbf{H}_k(\mathbf{q}_{k+1}-\mathbf{q}_k) \tag{2.5.4-8}$$

在求第 k 次近似解 $\mathbf{q}_k$ 之后, 将式 (2.5.4-7) 对 $\mathbf{q}$ 求导, 然后在 $\mathbf{q}=\mathbf{q}_{k+1}$ 处取值, 令 $\nabla f(\mathbf{q}_{k+1})=\mathbf{0}$($\mathbf{0}$ 为零列矩阵) 就可以求得第 k+1 次近似解 $\mathbf{q}_{k+1}$, 即

$$\mathbf{0}=\nabla f(\mathbf{q}_{k+1})=\mathbf{g}_k+\frac{1}{2}\left[(\mathbf{q}-\mathbf{q}_k)^{\mathrm{T}}\mathbf{H}_k\right]^{\mathrm{T}}_{q=q_{k+1}}+\frac{1}{2}\left[\mathbf{H}_k(\mathbf{q}-\mathbf{q}_k)\right]_{q=q_{k+1}}$$

即 $-\mathbf{g}_k=\mathbf{H}_k(\mathbf{q}_{k+1}-\mathbf{q}_k)$ (对列矩阵求导的数学公式见附录 B.2 节). 将上式两边左乘 $\mathbf{H}_k^{-1}(\cdot)$, 再整理得到

$$\mathbf{q}_{k+1}=\mathbf{q}_k-\mathbf{H}_k^{-1}\mathbf{g}_k \tag{2.5.4-9}$$

上式表示第 k+1 次近似解 $\mathbf{q}_{k+1}$ 可以通过第 k 次近似解 $\mathbf{q}_k$、梯度 $\mathbf{g}_k$ 和 Hesse 矩阵 $\mathbf{H}_k$ 来求得. 又预设迭代的收敛值 ε 为近于零的很小正数, 如 $\varepsilon=1\cdot10^{-3}$. 当逼近到梯度的模 $\|\mathbf{g}_k\|<\varepsilon$ 时停止运算. 梯度的模等于 $\|\mathbf{g}_k\|=\sqrt{\mathbf{g}_k^{\mathrm{T}}\mathbf{g}_k}$. Newton-Raphson 法的算法图如图 2.5.4-1 所示.

例 求函数 $f(\mathbf{x})=f(x_1,x_2)=(x_1-2)^4+(x_1-2x_2)^2$

解 从代数法可得极小点的解析解为 $\mathbf{x}^*=[2\quad 1]^{\mathrm{T}}$. 现在试从 Newton-Raphson 法来求数值解.

步骤 1 任意取初值解如 $\mathbf{x}_1=[0\quad 3]^{\mathrm{T}}$.

步骤 2 求一阶导数的第一次近似值 $\mathbf{g}_1$ 和二阶导数的第一次近似值 $\mathbf{H}_1$:

$$\mathbf{g}_1=\begin{bmatrix}\left.\dfrac{\partial f}{\partial x_1}\right|_{\mathbf{x}_1}\\ \left.\dfrac{\partial f}{\partial x_2}\right|_{\mathbf{x}_1}\end{bmatrix}=\begin{bmatrix}4(x_1-2)^3+2(x_1-2x_2)\\ 2(x_1-2x_2)(-2)\end{bmatrix}_{\mathbf{x}_1=\left[\begin{smallmatrix}0\\3\end{smallmatrix}\right]}=\begin{bmatrix}-44\\ 24\end{bmatrix}$$

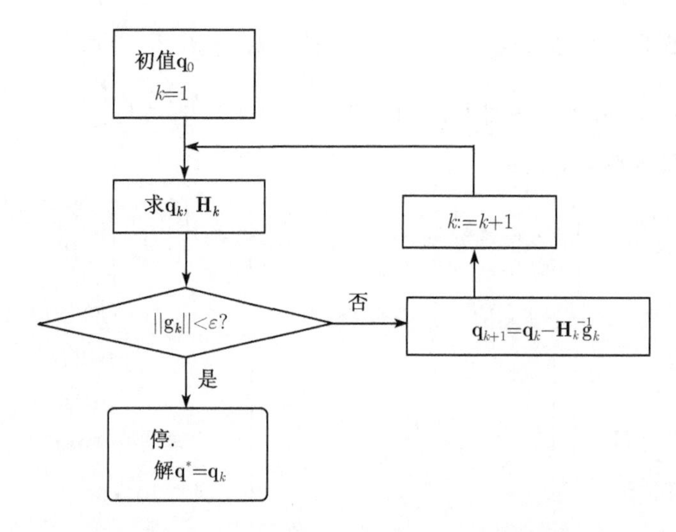

图 2.5.4-1　Newton-Raphson 法的算法图

$$\mathbf{H}_1=\begin{bmatrix}\dfrac{\partial^2 f}{\partial x_1^2} & \dfrac{\partial^2 f}{\partial x_1 \partial x_2}\\ \dfrac{\partial^2 f}{\partial x_2 \partial x_1} & \dfrac{\partial^2 f}{\partial x_2^2}\end{bmatrix}_{\mathbf{x_1}=\left[\begin{smallmatrix}0\\3\end{smallmatrix}\right]}=\begin{bmatrix}50 & -4\\ -4 & 8\end{bmatrix}$$

再求 $\mathbf{H}_1$ 的逆阵 (见附录 B.4 节): 若方阵 $\mathbf{A}\equiv(a_{ij})_{n\times n}$ 且 $|\mathbf{A}|\neq 0$, 则 $\mathbf{A}^{-1}=\dfrac{1}{|\mathbf{A}|}(A_{ij})_{n\times n}$, 其中, A_{ij} 是 a_{ij} 的代数余子式. 故求得 $\mathbf{H}_1^{-1}=\dfrac{1}{384}\begin{bmatrix}8 & 4\\ 4 & 50\end{bmatrix}$.

步骤 3　求解的第一次近似值

$$\mathbf{x}_2=\mathbf{x}_1-\mathbf{H}_1^{-1}\mathbf{g}_1=\begin{bmatrix}0\\3\end{bmatrix}-\frac{1}{384}\begin{bmatrix}8 & 4\\ 4 & 50\end{bmatrix}\begin{bmatrix}-44\\24\end{bmatrix}=\begin{bmatrix}0\\3\end{bmatrix}-\begin{bmatrix}0.67\\-2.67\end{bmatrix}=\begin{bmatrix}0.67\\0.33\end{bmatrix}$$

且检验一阶导数列阵的模, 将它与预设的 $\varepsilon=1\cdot 10^{-3}$ 比较, $\|\mathbf{g}_1\|=\sqrt{\mathbf{g}_1^{\mathrm{T}}\mathbf{g}_1}=\sqrt{[-44\quad 24]\begin{bmatrix}-44\\24\end{bmatrix}}\gg\varepsilon=1\cdot 10^{-3}$, 可见尚未收敛. 继续步骤 2, 步骤 3, 直至收敛 $\|\mathbf{g}_1\|<\varepsilon$; 即 $\mathbf{x}_2\to(\mathbf{g}_2,\mathbf{H}_2)\to\mathbf{x}_3\to(\mathbf{g}_3,\mathbf{H}_3)\to\cdots$. 表 2.5.4-1 为迭代求解的逐次结果, 可见其迭代逼近解析解的过程.

表 2.5.4-1　Newton-Raphson 法求解实例的逐次迭代结果

k	1	2	3	4	5	6	7	$\cdots$	解析解
$\mathbf{x}_k$	$\begin{bmatrix}0\\3\end{bmatrix}$	$\begin{bmatrix}0.67\\0.33\end{bmatrix}$	$\begin{bmatrix}1.11\\0.56\end{bmatrix}$	$\begin{bmatrix}1.41\\0.70\end{bmatrix}$	$\begin{bmatrix}1.61\\0.80\end{bmatrix}$	$\begin{bmatrix}1.74\\0.87\end{bmatrix}$	$\begin{bmatrix}1.83\\0.91\end{bmatrix}$	$\cdots$	$\begin{bmatrix}2\\1\end{bmatrix}$
$f(\mathbf{x}_k)$	52	3.13	0.63	0.12	0.02	0.005	0.0009	$\cdots$	0

2.6　寻找过渡态

对于化学反应机理的研究, 寻找过渡态及其结构是最重要的内容之一[17,18]. 过渡态确定之后才能推断反应途径. 随之求算各步基元反应的活化能和反应速度常数. 2.3 节已经介绍了过渡态在势能面上体现的特征, 这是在理论上寻找过渡态的依据. 本节将进一步深入分析过渡态在势能面上的特征; 介绍通过势能梯度的模方寻找过渡态的方法. 本节还介绍了在起始结构比较离开过渡态结构不够近的情况下, 通过极大–极小逼近法、σ 变分法或线性内坐标途径法 (LICP) 来最后找到过渡态. 值得重视的是, 无论采用以上哪种理论方法, 定性的化学直观能力在寻找过渡态上往往能够提供重要的寻找线索.

2.6.1 过渡态附近的势能面特征

记一个分子体系的核坐标为列矩阵

$$\mathbf{q} \equiv [q_1\ q_2\ \cdots\ q_m]^{\mathrm{T}} \tag{2.6.1-1}$$

$m = 3N - 6$. 在 Born-Oppenheimer 近似下, 体系的势能 U 是所有核坐标的函数, 即 $U(\mathbf{q})$. 势能面上, 势能关于核坐标的一阶导数等于零的点都称为平衡点, 记为 $\mathbf{q}_{\mathrm{eq}}$; 包括极小点、极大点、驻点、过渡态. 平衡点对应的体系势能为 $U(\mathbf{q}_{\mathrm{eq}})$. 当体系核坐标从 $\mathbf{q}$ 变动到 $\mathbf{q}_1$, 则体系势能也从 $U(\mathbf{q})$ 变到 $U(\mathbf{q}_1)$. 记核坐标的位移为 $\mathbf{u} \equiv \mathbf{q}_1 - \mathbf{q}$, 于是势能 $U(\mathbf{q}_1)$ 可以在 $\mathbf{q}$ 处作 Taylor 展开

$$U(\mathbf{q}_1) = U(\mathbf{q}) + \mathbf{u}^{\mathrm{T}}\mathbf{g} + \frac{1}{2!}\mathbf{u}^{\mathrm{T}}\mathbf{H}\mathbf{u} + O\left(u^3\right) \tag{2.6.1-2}$$

其中, 梯度 (即一阶导数) 表为列矩阵 $\mathbf{g}$

$$\mathbf{g} \equiv [g_i]_{m\times 1} \equiv \begin{bmatrix} \dfrac{\partial U}{\partial q_1} & \dfrac{\partial U}{\partial q_2} & \cdots & \dfrac{\partial U}{\partial q_m} \end{bmatrix}^{\mathrm{T}} \tag{2.6.1-3}$$

即其矩阵元 $g_i \equiv \dfrac{\partial U}{\partial q_i}$. 注意核的动能不是核坐标的函数. 势能关于核坐标的二阶导数 $\mathbf{H}$ 是一个方阵为

$$\mathbf{H} \equiv (H_{ij}) \equiv \left(\frac{\partial^2 U(\mathbf{q})}{\partial q_i \partial q_j}\right)_{m\times m} \equiv \begin{bmatrix} & \vdots & \\ \cdots & \dfrac{\partial^2 U}{\partial q_i \partial q_j} & \cdots \\ & \vdots & \end{bmatrix}_{m\times m} \tag{2.6.1-4}$$

即其矩阵元为 $H_{ij} \equiv \dfrac{\partial^2 U(\mathbf{q})}{\partial q_i \partial q_j}$, $\mathbf{H}$ 称为 Hesse 矩阵. 势能梯度和 Hesse 矩阵均为核坐标的函数. 当核坐标的位移 $\mathbf{u}$(即分子体系的结构改变) 相当微小, 则式 (2.6.1-2) 的可以略去三阶小项, 得到

$$U(\mathbf{q}_1) \approx U(\mathbf{q}) + \mathbf{u}^{\mathrm{T}}\mathbf{g} + \frac{1}{2!}\mathbf{u}^{\mathrm{T}}\mathbf{H}\mathbf{u} \tag{2.6.1-5}$$

如果 $\mathbf{q}_1$ 就在平衡点 $\mathbf{q}_{\mathrm{eq}}$ 附近, 则利用平衡点处

$$\mathbf{g}(\mathbf{q}_{\mathrm{eq}}) = \mathbf{0} \tag{2.6.1-6}$$

(注意这是列矩阵 $\mathbf{0}$) 得到

$$U(\mathbf{q}_1) = U(\mathbf{q}_{\mathrm{eq}}) + \frac{1}{2!}\mathbf{u}^{\mathrm{T}}\mathbf{H}(\mathbf{q}_{\mathrm{eq}})\mathbf{u} \tag{2.6.1-7}$$

当然能量梯度列矩阵 $\mathbf{g}$ 也可以作 Taylor 展开, 且因微小结构变动故略去二阶小项, 得到

$$\mathbf{g}(\mathbf{q}_1)=\mathbf{g}(\mathbf{q})+\mathbf{H}(\mathbf{q})\mathbf{u}+O\left(u^2\right)\approx\mathbf{g}(\mathbf{q})+\mathbf{H}(\mathbf{q})\mathbf{u} \tag{2.6.1-8}$$

如果体系结构就在平衡点 $\mathbf{q}_{\mathrm{eq}}$ 附近, 则

$$\mathbf{g}(\mathbf{q})=-\mathbf{H}(\mathbf{q})\mathbf{u} \tag{2.6.1-9a}$$

或

$$\mathbf{u}=-\mathbf{H}^{-1}(\mathbf{q})\mathbf{g}(\mathbf{q}) \tag{2.6.1-9b}$$

当然, 这必须在该处矩阵 $\mathbf{H}$ 有逆才行, 即其行列式不等于 0.

根据式 (2.3-4) 所述过渡态的核位置 $\mathbf{q}_{\mathrm{TS}}$ 必须满足以下两个条件:

(1) $\mathbf{g}(\mathbf{q}_{\mathrm{TS}})=\mathbf{0}$.　　(2.6.1-10)

(2) 当且仅当 $\mathbf{H}(\mathbf{q}_{\mathrm{TS}})$ 的本征值有一个负值.

从过渡态周围势能面的特点来看, 沿着从连接反应物到产物的反应坐标方向上看过渡态 $\mathbf{q}_{\mathrm{TS}}$ 处体系势能处于极大点. 正因为如此寻找过渡态要比结构的几何优化 (寻找局部极小点) 难得多, 还不一定能保证找到. 所以定性的化学直观能力在寻找过渡态中往往是重要的启发.

2.6.2　势能梯度的模方

势能梯度的模方定义为

$$\sigma(\mathbf{q})\equiv\sum_{i=1}^{m}g_i^2(\mathbf{q}) \tag{2.6.2-1}$$

即

$$\sigma=\mathbf{g}^{\mathrm{T}}\mathbf{g} \tag{2.6.2-2}$$

可见在 $\mathbf{q}_{\mathrm{TS}}$ 附近 $\sigma(\mathbf{q})\geqslant 0$ 且 $\sigma(\mathbf{q}_{\mathrm{TS}})=\min\limits_{\mathbf{q}}\{\sigma(\mathbf{q})\}=0$. 类似于式 (2.6.1-2) 将 σ 在 $\mathbf{q}_1$ 的值在 $\mathbf{q}$ 处作 Taylor 展开得到 $\sigma(\mathbf{q}_1)=\sigma(\mathbf{q})+\mathbf{u}^{\mathrm{T}}\mathbf{V}+\dfrac{1}{2!}\mathbf{u}^{\mathrm{T}}\mathbf{T}\mathbf{u}+O\left(u^3\right)$, 当微小位移时可略去三阶小项, 得到

$$\sigma(\mathbf{q}_1)=\sigma(\mathbf{q})+\mathbf{u}^{\mathrm{T}}\mathbf{V}+\frac{1}{2!}\mathbf{u}^{\mathrm{T}}\mathbf{T}\mathbf{u} \tag{2.6.2-3}$$

其中, 势能梯度模方 σ 的梯度 $\mathbf{V}$ 和二阶导数 $\mathbf{T}$ 分别定义为

$$\mathbf{V}\equiv\begin{bmatrix}\vdots\\ \left(\dfrac{\partial\sigma}{\partial q_i}\right)_{\mathbf{q}}\\ \vdots\end{bmatrix}_{m\times 1} \tag{2.6.2-4}$$

$$(\mathbf{T})_{ij}\equiv\left(\frac{\partial^2\sigma}{\partial q_i\partial q_j}\right)_{\mathbf{q}} \tag{2.6.2-5}$$

在过渡态 $\mathbf{q}_{\mathrm{TS}}$ 处有

$$\mathbf{V}(\mathbf{q}_{\mathrm{TS}})=\mathbf{0}_{m\times 1} \tag{2.6.2-6}$$

在实际计算中需要用迭代的方法, 将在第 $k+1$ 次迭代核位置 $\mathbf{q}_{k+1}$ 的 σ 值在第 k 次迭代的核位置 $\mathbf{q}_k$ 处作 Taylor 展开, 即

$$\sigma(\mathbf{q}_{k+1}) = \sigma(\mathbf{q}_k) + \mathbf{u}_{k+1}^{\mathrm{T}}\mathbf{V}_k + \frac{1}{2!}\mathbf{u}_{k+1}^{\mathrm{T}}\mathbf{T}_k\mathbf{u}_{k+1} \tag{2.6.2-7}$$

其中, 第 k 次迭代的梯度 $\mathbf{V}_k$、二阶导数 $\mathbf{T}_k$ 分别为

$$\mathbf{V}_k \equiv \begin{bmatrix} \vdots \\ \left(\dfrac{\partial\sigma}{\partial q_i}\right)_{\mathbf{q}=\mathbf{q_k}} \\ \vdots \end{bmatrix}_{m\times 1} \tag{2.6.2-8}$$

$$(\mathbf{T}_k)_{ij} \equiv \left(\frac{\partial^2\sigma}{\partial q_i\partial q_j}\right)_{\mathbf{q}=\mathbf{q_k}} \tag{2.6.2-9}$$

且位移

$$\mathbf{u}_{k+1} \equiv \mathbf{q}_{k+1} - \mathbf{q}_k \tag{2.6.2-10}$$

同样, 式 (2.6.2-3) 中, 势能梯度模方 σ 的梯度 $\mathbf{V}(\mathbf{q})$ 也可以作 Taylor 展开, 即

$$\mathbf{V}(\mathbf{q}_1) = \mathbf{V}(\mathbf{q}) + \mathbf{T}(\mathbf{q})\mathbf{u} + O\left(u^2\right) \approx \mathbf{V}(\mathbf{q}) + \mathbf{T}(\mathbf{q})\mathbf{u} \tag{2.6.2-11}$$

当 $\mathbf{q}$ 趋于 $\mathbf{q}_{\mathrm{TS}}$ 时, 因为 $\mathbf{V}(\mathbf{q}_1) = \mathbf{0}$, 所以得到

$$\mathbf{u} = -\mathbf{T}^{-1}\mathbf{V} \tag{2.6.2-12}$$

在实际迭代计算中, $\mathbf{u}_{k+1} = -(\mathbf{T}_k)^{-1}\mathbf{V}_k$.

根据式 (2.6.2-1), 式 (2.6.2-4), 得到

$$(\mathbf{V})_i \equiv \frac{\partial\sigma}{\partial q_i} = 2\sum_n g_n\frac{\partial g_n}{\partial q_i} = 2\sum_n g_n\frac{\partial^2 U}{\partial q_i\partial q_n} = 2\sum_n g_n(\mathbf{H})_{in}$$

即

$$\mathbf{V} = 2\mathbf{H}\mathbf{g} \tag{2.6.2-13}$$

又根据式 (2.6.2-5), 势能梯度模方 σ 的二阶导数

$$\begin{aligned}(\mathbf{T})_{ij} &\equiv \left[\frac{\partial^2\sigma}{\partial q_i\partial q_j}\right]_{\mathbf{q}} = \left[\frac{\partial}{\partial q_i}(V_j)\right]_{\mathbf{q}} = \left[\frac{\partial}{\partial q_i}\left(2\sum_n g_n\frac{\partial g_n}{\partial q_j}\right)\right]_{\mathbf{q}} \\ &= 2\sum_n\left\{\frac{\partial g_n}{\partial q_i}\frac{\partial g_n}{\partial q_j} + g_n\frac{\partial^2 g_n}{\partial q_i\partial q_j}\right\}\end{aligned} \tag{2.6.2-14}$$

这里 $\dfrac{\partial g_n}{\partial q_i} = H_{in}$, 而且根据式 (2.6.1-4) 得知矩阵 $\mathbf{H}$ 是对称的, 即 $H_{ij} = H_{ji}$. 再引入定义

$$\mathbf{C} \equiv \begin{bmatrix} & \vdots & \\ \cdots & \displaystyle\sum_{n=1}^{m} g_n\frac{\partial^2 g_n}{\partial q_i\partial q_j} & \cdots \\ & \vdots & \end{bmatrix} \tag{2.6.2-15}$$

最后得到

$$\mathbf{T} = 2\left(\mathbf{H}\mathbf{H}^{\mathrm{T}} + \mathbf{C}\right) \tag{2.6.2-16}$$

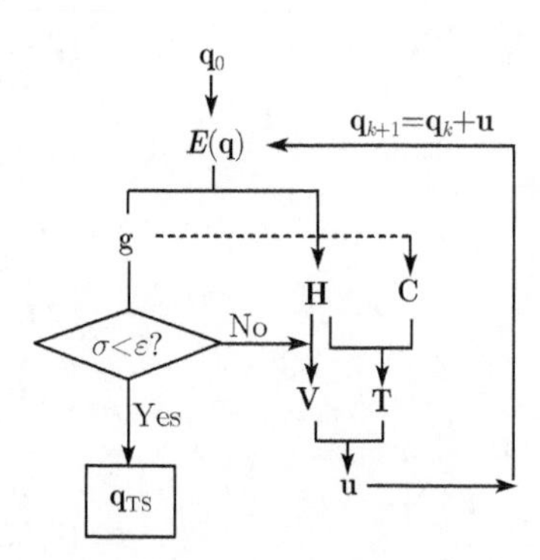

图 2.6.2-1 通过势能梯度的模方寻找过渡态的算法

如果近似取 $\mathbf{T} \approx 2\mathbf{H}\mathbf{H}^{\mathrm{T}}$, 这样就保证矩阵 $\mathbf{T}$ 是"半正定" 的即非负的, 于是 $\mathbf{T}$ 肯定有逆矩阵存在. 再根据式 (2.6.2-12), $\mathbf{u} = -\mathbf{T}^{-1}\mathbf{V}$, 就可以保证求得位移 $\mathbf{u}$.

讨论

(1) 通过势能梯度的模方寻找过渡态的方法一般适用于起始点接近 $\mathbf{q}_{\mathrm{TS}}$ 的场合, 其算法如图 2.6.2-1 所示.

(2) 如果起始结构 $\mathbf{q}_0$ 离开过渡态 $\mathbf{q}_{\mathrm{TS}}$ 不够近, 那么可以采取下列 3 种方法, 先逼近过渡态:

(i) 极大–极小逼近法(图 2.6.2-2): 先在反应物 A 和产物 B 的连线上, 求能量达到极大的位置 D. 再在过 D 点的垂直于 AB 的直线上, 求能量达到极小的位置 F. F 必定逼近过渡态 $\mathbf{q}_{\mathrm{TS}}$. 此法简便易用.

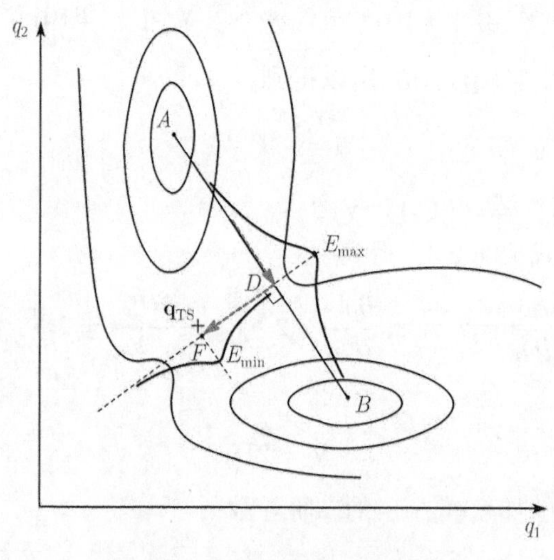

图 2.6.2-2 极大–极小逼近法

(ii) σ 变分法: 考虑到反应途径实际上就是势能面上能量等高线处势能梯度模方 $\sigma = \mathbf{g}^{\mathrm{T}}\mathbf{g}$ 最小的方向, 所以如果维持能量 $E = E_0$, 变动核坐标使得 σ 极小化, 这样条件下的 $\mathbf{g}$ 就是反应途径的方向, 这就是 σ 变分法的原理 (图 2.6.2-3)[19]. 于是用约束变分, 得到

$$\frac{\partial}{\partial q_i}\left[\mathbf{g}^{\mathrm{T}}\mathbf{g} - 2\lambda\left(E - E_0\right)\right] = 0 \tag{2.6.2-17}$$

2λ 为待定的 Lagrange 因子. 进一步可得

$$0 = \frac{\partial}{\partial q_i}\left[\sum_{n=1}^{m} g_n^2 - 2\lambda\left(E - E_0\right)\right] = 2\sum_{n=1}^{m} g_n \frac{\partial g_n}{\partial q_i} - 2\lambda\frac{\partial E}{\partial q_i}$$

$$= 2\sum_{n=1}^{m} H_{in}g_n - 2\lambda g_i$$

即

$$\mathbf{Hg} = \lambda\mathbf{g} \text{ 或 } (\mathbf{H} - \lambda\mathbf{1})\,\mathbf{g} = \mathbf{0} \tag{2.6.2-18}$$

这是一个本征方程. 可见代表着反应途径方向的 $\mathbf{g}$ 就是 $\mathbf{H}$ 的本征向量, 对应的本征值为 λ. 选取向量 $\mathbf{V} = \mathbf{g}$. 再引入投影算符$\mathbf{P}$

$$\mathbf{P} \equiv \mathbf{1} - \mathbf{V}\mathbf{V}^{\dagger} \tag{2.6.2-19}$$

它代表着在垂直于向量 $\mathbf{V} = \mathbf{g}$ 的方向上的投影操作, 即当一个向量被 $\mathbf{P}$ 作用可得到在垂直于向量 $\mathbf{V} = \mathbf{g}$ 的方向上的一个新向量. 根据式 (2.6.2-18) 和式 (2.6.2-19) 容易证明

$$\mathbf{P}^2 = \mathbf{P} \tag{2.6.2-20}$$

和

$$\mathbf{PH} = \mathbf{HP} = \mathbf{PHP} \tag{2.6.2-21}$$

将投影算符 $\mathbf{P}$ 作用到向量 $\mathbf{Hu}$ 上, 根据式 (2.6.1-9a) 得到

$$\mathbf{PHu} = -\mathbf{Pg} \tag{2.6.2-22}$$

于是当 $\mathbf{P}$ 作用到向量 $\mathbf{u}$ 时, 得到

$$\mathbf{Pu} = -\mathbf{PGg} \tag{2.6.2-23}$$

称为 "投影 Newton-Raphson 方程", 其中, $\mathbf{G} \equiv \mathbf{H}^{-1}$. 所以具体在逐步趋近的算法中 (图 2.6.2-3) 取

$$\mathbf{u} = -\mathbf{PGg} + a\mathbf{V} \tag{2.6.2-24}$$

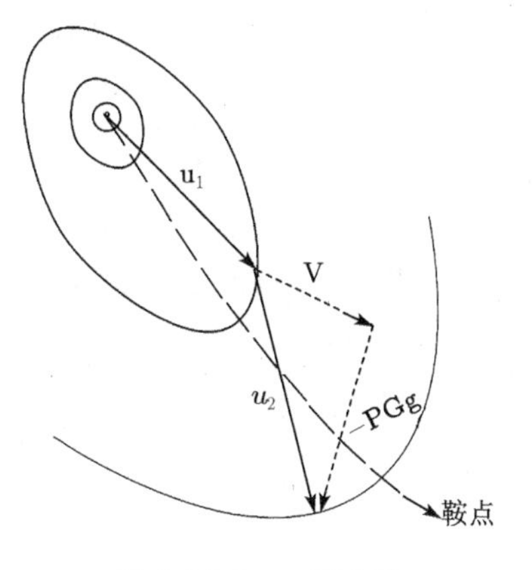

图 2.6.2-3 σ 变分法

其中, 标量 a 为适当选定的标度因子.

(iii) 线性内坐标途径法 (LICP): LICP 法[20] 先定义几个反应物和产物分子共同具有的内坐标, 使这些内坐标线性、连续、协同地从反应物变到产物. 设反应物和产物分子的这些内坐标分别为 $\mathbf{q}^R$, $\mathbf{q}^P$. 然后

$$\mathbf{q} = \mathbf{q}^R + \lambda\left(\mathbf{q}^P - \mathbf{q}^R\right) \tag{2.6.2-25}$$

可以近似地等于一条反应途径, $\lambda = 0$ 时 $\mathbf{q} = \mathbf{q}^R$, $\lambda = 1$ 时 $\mathbf{q} = \mathbf{q}^P$. 只要将 λ 设定为 $(0,1)$ 之间的几个数, 然后就可以求出过渡态. 当然这近似相当于图 2.6.2-2 中第 1 步的 AB 连线的 D 点. 该法简便, 对于探讨反应机理的某些侧面还是有用的.

参 考 文 献

[1] Hohenberg P, Kohn W. Phys Rev, 1964, 136B: 864.

[2] Parr R G, Yang W. Density-Functional Theory of Atoms and Molecules. New York: Oxford Science Publications, 1989.

[3] Levy M. Proc Natl Acad Sci USA, 1979, 76: 6062; Phys Rev, 1982, A26: 1200.

[4] Wilson E B Jr. Structural Chemistry and Molecular Biology. San Francisco: Freeman, 1968.

[5] Platt J R. Private communication to Prof. R. G. Parr, Oct, 23, 1968.

[6] Leach A R. Molecular Modelling: Principles and Applications. 2nd ed. Harlow England: Pearson Education, 2001.

[7] MDL Information Systems, Inc. CTFile Formats. 14600 Catalina St., San Leandro, CA 94577, 2003.

[8] IUPAC, IUB. Biochemistry, 1970, 9: 3471.

[9] Baker J, Kessi A, Delley B. J Chem Phys, 1996, 105: 192.

[10] 陈舜麟. 计算材料科学. 北京: 化学工业出版社, 2005.

[11] Mulliken R S. J Chem Phys, 1955, 23: 1833.

[12] Löwdin P O. Advances in Quantum Chem, 1970, 5: 185.

[13] Gasteiger J, Marsili M. Tetrahedron, 1980, 36: 3219.

[14] 程极泰. 最优设计的数学方法. 北京: 国防工业出版社, 1981.

[15] Fox R L. Optimization Methods for Engineering Design. Addison-Wesley, 1971; 中译本: 张建中, 诸梅芳译. 工程设计的优化方法. 北京: 科学出版社, 1984.

[16] Levitt M, Lifson S. J Mol Biol, 1969, 46: 269.

[17] Zerner M C. Modern Quantum Chemistry. 2nd ed. *In*: Szabo A, Ostlund N S. New York: McGraw-Hill, 1989.

[18] Jensen F. Transition Structure Optimization Techniques. *In*: Schleyer P von R, et al. Encyclopedia of Computational Chemistry. Vol. 1. Chichester: John Wiley & Sons, 1998, 3114~3123.

[19] Jørgensen P, Jensen H J A, Helgaker T. Theoret Chim Acta, 1988, 73: 55.

[20] Hoffman D K, Nord R S, Ruedenberg K. Theoret Chim Acta, 1986, 69: 265.

第 3 章　分子动力学方法

"我生性如此
遇事都要穷本清源:
在工作中, 在探索道路时,
在心灵困惑的瞬间."
—— 录自Б. Л. 帕斯捷尔纳克的书《追寻》(1958 年 Nobel 文学奖获得者, 苏联作家)

3.1　初等分子动力学原理

对于一个分子体系 (即一个分子或者很多个分子构成的体系), 其中的核质量远大于电子质量. 20 世纪 50 年代, 科学家将理论和实验结合起来证明了分子中原子核的运动规律服从经典力学. 证明是这样取得的: 如果采用基于经典力学的原理对分子中原子核的运动作简正振动分析, 得到的简正振动频率的理论值和无论哪种分子的振转光谱 (如红外光谱) 的吸收峰实验值相比, 完全一致 (见 9.1 节).

根据 Hohenberg-Kohn 第一定理, 基态分子体系的微观状态实际上取决于分子核骨架的几何结构; 分子微观状态的时间演化, 就是核骨架几何结构随着时间的变化. 既然分子体系中原子核的运动服从经典力学, 那么分子体系中第 i 个原子核的运动加速度 $\boldsymbol{a}_i$ 取决于它所受的力 $\boldsymbol{F}_i$,

$$\boldsymbol{a}_i = \frac{\boldsymbol{F}_i}{m_i} \tag{3.1-1}$$

对于原子层次的模拟, 不存在与粒子速度有关的非保守力, 显然属于保守体系. 根据经典力学, 这个力 $\boldsymbol{F}_i$ 又取决于该原子核所感受到的势能, 即总势能 $U(\boldsymbol{q})$ 关于体系中第 i 个核位置 $\boldsymbol{q}_i$ 的负梯度就是第 i 个原子核所感受到的力,

$$\boldsymbol{F}_i = -\nabla_{\boldsymbol{q}_i} U(\boldsymbol{q}) \equiv -\frac{\partial U(\boldsymbol{q})}{\partial \boldsymbol{q}_i} = -\left\{\frac{\partial U}{\partial x_i}\boldsymbol{i} + \frac{\partial U}{\partial y_i}\boldsymbol{j} + \frac{\partial U}{\partial z_i}\boldsymbol{k}\right\} \tag{3.1-2}$$

总势能 $U(\boldsymbol{q})$ 中与 $\boldsymbol{q}_i$ 有关的部分就是所有体系内的电子和所有其余原子核对该原子核的相互作用势能. 当然这个势能要服从量子力学的规律.

所以分子动力学 (MD, molecular dynamics) 理论模拟可以包括三步: 第一步求体系的总势能 $U(\boldsymbol{q})$; 第二步从总势能求算每个核受到的力 $\{\boldsymbol{F}_i\}$, 接着求算每个核的位置 $\{\boldsymbol{q}_i\}$ 随时间的变化, 即求算核骨架的**时间演化**; 第三步就可以求算体系任意动力学量, 即所有物理化学性质.

第一步涉及量子力学. 如果把每一瞬间的分子看成是静态问题来处理, 与该结构相应的分子基态的总能量就是势能, 所以要用量子化学方法来计算势能, 或者由于力场方法可以看成是量子化学方法的一个 "粗糙"、"刻板" 的拟合结果, 所以如果精度允许的话也可

以用力场方法来求算势能. 特别是在目前计算机能力还不够强的情况下, 绝大多数分子动力学模拟中求算势能的一步几乎都是用力场方法完成的.

第二步却是一个纯粹的经典力学问题. 既然每个原子核所受的力都能求算, 于是原则上就有办法来求算所有核在任意时刻所处的位置, 所以体系核骨架的时间演化就可以求得. 这样第三步求算体系其他性质所需要的信息就都在里面了.

第三步取决于具体模拟哪种性质, 按照具体性质的统计力学理论, 分析以上两步得到的时间演化数据, 得到具体的性质. 本章内容只是介绍第一、二步的原理, 第三步的介绍则分散在应用篇的各个章节, 如自由能、振转光谱、输运性质、固体性质等.

现在介绍分子动力学模拟的初等原理. 设体系有 N 个粒子, 则它们的经典力学描述得靠 $3N$ 个自由度 $(\boldsymbol{q},\boldsymbol{p}) \equiv \{\boldsymbol{q}_i,\boldsymbol{p}_i\,|i=1(1)N\}$, 其中, 位置 $\boldsymbol{q} \equiv \{\boldsymbol{q}_i\,|i=1(1)N\}$, 动量 $\boldsymbol{p} \equiv \{\boldsymbol{p}_i\,|i=1(1)N\}$, $\boldsymbol{q}_i$ 为第 i 号粒子的位置, $\boldsymbol{p}_i$ 为第 i 号粒子的线动量. $(\boldsymbol{q},\boldsymbol{p})$ 决定了体系的状态, 每个体系微观状态在 Γ 相空间中就是一个相点. 经典力学说明 $(\boldsymbol{q},\boldsymbol{p})$ 必须满足如下正则 Hamilton 方程:

$$\frac{\mathrm{d}\boldsymbol{q}_i}{\mathrm{d}t} = \frac{\partial H}{\partial \boldsymbol{p}_i} \quad (\text{速度方程}) \tag{3.1-3}$$

和

$$\frac{\mathrm{d}\boldsymbol{p}_i}{\mathrm{d}t} = -\frac{\partial H}{\partial \boldsymbol{q}_i}, \quad \forall i = 1(1)N \quad (\text{力方程}) \tag{3.1-4}$$

一阶微分方程加一个初始条件 (时间问题) 或一个边界条件 (空间问题) 那么就有确定解 (决定论). Hamilton 力学形式是经典力学的完美形式, 但在实际的初等处理中就不一定是最方便的形式. 通常在分子动力学讨论中, 人们还是用牛顿力学的形式

$$\frac{\mathrm{d}\boldsymbol{v}_i}{\mathrm{d}t} = \frac{\boldsymbol{F}_i(t)}{m_i} = -\frac{1}{m_i}\nabla_i U, \quad \forall i = 1(1)N \tag{3.1-5}$$

和

$$\frac{\mathrm{d}\boldsymbol{r}_i(t)}{\mathrm{d}t} = \boldsymbol{v}_i(t), \quad \forall i = 1(1)N \tag{3.1-6}$$

这里记 $\boldsymbol{r}_i, \boldsymbol{v}_i$ 分别为第 i 号粒子的位置和速度. L. Pauling 说过: “化学行为本质上是一种量子效应或一组量子效应. ” 而在上述方程中作为量子效应的化学键作用全部体现在势能 U 中. 而势能 U 又取决于全体核的位置, 势能可以通过量子化学方法精确计算, 或者用力场方法近似计算出来.

式 (3.1-5) 和式 (3.1-6) 是一组 $3N$ 个微分方程, 当然就要用微分方程的数值积分方法来解. 体系每个时刻的位置 $\{\boldsymbol{r}_i(t)\}$ 和速度 $\{\boldsymbol{v}_i(t)\}$ 可以通过积分算法解这个方程组得到. 这样就给出体系所有原子核的运动轨迹, 也就是体系的时间演化; 进而体系所有性质随时间变化就可以得知.

因为相互作用势能的复杂, 不可能用解析的积分方法. 所以实际上都是采用有限差分法, 就是用有限小的时间段 Δt 取代无限小的时间段 $\mathrm{d}t$, 然后通过数值积分方法来完成. Δt 称为时间步长. 它的选取视核运动的快慢而定. 质量大的核运动速度慢, 质量小的核运动速度大. 通常核的振动时间尺度为 $10^{-14}\mathrm{s}$ 量级, 故对于通常化合物的分子动力学模拟的时间步长选取 $\Delta t = 10^{-15}\mathrm{s} = 1\mathrm{fs}$. 对于氢原子个数多而且所求性质与氢原子位置密切相关的体系, 应该选用 $\Delta t = 0.1\mathrm{fs}$.

总之, 分子动力学处理分子体系是一种动态研究的方法. 它依据经典力学求解核骨架的行为, 在计算每个瞬时的势能上它依据量子力学, 在求算各种体系性质上它依据统计力学.

在常微分方程数值积分的方法中[1~10]: Gibson 法、Euler 法的精度太低, Runge-Kutta 法演化一步需计算能量几次, 而每步演化中计算能量是最消耗计算资源的环节, 故这里不予介绍. 只有 Verlet 法[1](及其变种) 和 Gear 法 (预计–校正法)[8] 才适合分子动力学模拟. 为了改进 Verlet 法中求速度的问题, 衍生出了几种变种方法: 有蛙跳法[2]、速度 Verlet 法[3,4] 和位置 Verlet 法[10] 三种. 以下分别予以介绍.

3.1.1　Verlet 法

1967 年问世的 Verlet 法开创了用于分子动力学模拟中最重要的一类算法. 设 t 时刻第 i 号粒子的位置、速度、加速度和位置关于时间的三阶导数分别为 $\boldsymbol{r}_i(t)$, $\boldsymbol{v}_i(t)$, $\boldsymbol{a}_i(t)$ 和 $\boldsymbol{b}_i(t)$. 根据 Newton 定理, 保守系中第 i 号粒子的加速度可以从它受到的力 $\boldsymbol{F}_i(t)$ 求得, 而力从势能的负梯度求得

$$\boldsymbol{a}_i(t)=\frac{\boldsymbol{F}_i(t)}{m_i}=-\frac{1}{m_i}\nabla_{\boldsymbol{r}_i}U\left(\{\boldsymbol{r}_i(t)\}\right) \tag{3.1.1-1}$$

令 Δt 为模拟的时间步长, 将 $\boldsymbol{r}_i(t+\Delta t)$, $\boldsymbol{r}_i(t-\Delta t)$ 分别在 t 时刻处作 Taylor 展开到三阶项

$$\boldsymbol{r}_i(t+\Delta t)=\boldsymbol{r}_i(t)+\boldsymbol{v}_i(t)\Delta t+\frac{1}{2!}\boldsymbol{a}_i(t)(\Delta t)^2+\frac{1}{3!}\boldsymbol{b}_i(t)(\Delta t)^3+O\left(\Delta t^4\right) \tag{3.1.1-2}$$

和

$$\boldsymbol{r}_i(t-\Delta t)=\boldsymbol{r}_i(t)+\boldsymbol{v}_i(t)(-\Delta t)+\frac{1}{2!}\boldsymbol{a}_i(t)(-\Delta t)^2+\frac{1}{3!}\boldsymbol{b}_i(t)(-\Delta t)^3+O\left(\Delta t^4\right) \tag{3.1.1-3}$$

两式相加可以消去奇次导数项, 得到

$$\boldsymbol{r}_i(t+\Delta t)=2\boldsymbol{r}_i(t)-\boldsymbol{r}_i(t-\Delta t)+\frac{\boldsymbol{F}_i(t)}{m_i}(\Delta t)^2+O\left(\Delta t^4\right) \tag{3.1.1-4}$$

这就是 Verlet 法的基本方程. 这是一个递推的关系式, 只要有了起始条件, 如 $\{\boldsymbol{r}_i(0), \boldsymbol{r}_i(\Delta t)\}$, 就可以按照图 3.1.1-1 所示的 Verlet 法示意图求得以后所有时刻体系所有粒子的位置 $\{\boldsymbol{r}_i(t)\}$, 即体系核骨架的时间演化, 其中, 时间步长 Δt 总是选为定值.

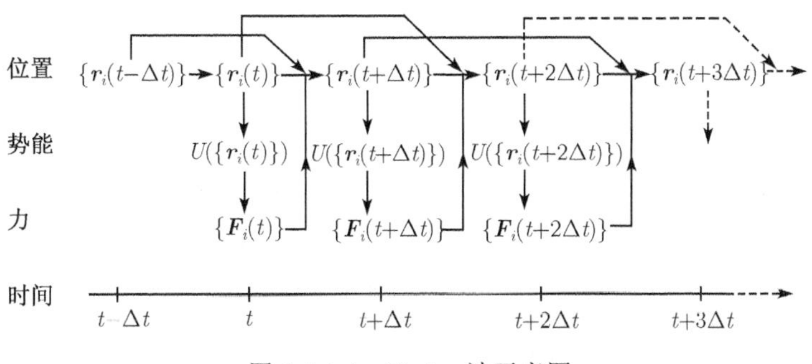

图 3.1.1-1　Verlet 法示意图

讨论

(1) Verlet 法是分子动力学中采用最普遍的算法, 优点之一是时间可逆. 式 (3.1.1-4) 是由 $\boldsymbol{r}_i(t+\Delta t)$, $\boldsymbol{r}_i(t-\Delta t)$ 分别一前一后在 t 时刻展开得来的, 由此可以看出式 (3.1.1-4) 满足时间可逆. 而时间可逆是 Newton 方程的基本要求. Verlet 法的每一步只需计算一次力, 这是优点之二.

(2) 位置及其误差: 微分方程用差分来求, 于是计算误差来自 Taylor 展开. 在求位置的式 (3.1.1-4) 中弃去的项是 $O\left(\Delta t^4\right)$, 故 Verlet 法计算位置的误差为 $O\left(\Delta t^4\right)$(表 3.1.1-1). 有的文献把误差的幂次数称为该方法精度的阶 (order)[10]. 于是, Verlet 法的位置的计算是 4 阶精度, 而速度精度只有二阶, 以至总的 Verlet 法计算只有二阶精度.

表 3.1.1-1　各种算法计算位置、速度的误差

误差	Gibson 法	Verlet 法	蛙跳法	速度 Verlet 法	Beeman 法
位置	$O\left(\Delta t^2\right)$	$O\left(\Delta t^4\right)$	$O\left(\Delta t^3\right)$	$O\left(\Delta t^3\right)$	$O\left(\Delta t^4\right)$
速度	$O\left(\Delta t^2\right)$	$O\left(\Delta t^2\right)$	$O\left(\Delta t^3\right)$	$O\left(\Delta t^3\right)$	$O\left(\Delta t^3\right)$

(3) 速度及其误差: 整个 Verlet 法的特点是只有位置的时间演化数据, 即可以不出现速度, 于是只能计算一部分物理化学性质, 而不是全部. 有些性质的计算需要速度的时间演化数据, 这时可以用位置的如下差分求得速度:

$$\boldsymbol{v}_i(t)=\frac{\boldsymbol{r}_i(t+\Delta t)-\boldsymbol{r}_i(t-\Delta t)}{2\Delta t}+O\left(\Delta t^2\right) \tag{3.1.1-5}$$

可见 Verlet 法求得速度的误差为 $O\left(\Delta t^2\right)$. 这是 Verlet 法的弱点.

(4) 简式符号: 式 (3.1.1-4)、式 (3.1.1-5) 一起就是 Verlet 法求算分子体系时间演化的基本方程. 为方便以后的深入分析, 用 r^n, r^{n+1}, r^{n-1}, v^n, a^n 等依次表示 $\boldsymbol{r}_i(t)$, $\boldsymbol{r}_i(t+\Delta t)$, $\boldsymbol{r}_i(t-\Delta t)$, $\boldsymbol{v}_i(t)$, $\boldsymbol{a}_i(t)$ 等, 可以把式 (3.1.1-5)、式 (3.1.1-4) 改写为

$$\begin{cases} v^n=\dfrac{r^{n+1}-r^{n-1}}{2\Delta t} \\ r^{n+1}=2r^n-r^{n-1}+\Delta t^2 a^n \end{cases} \tag{3.1.1-6}$$

(5) 计算链的启动和持续: 从图 3.1.1-1 可见整个 Verlet 法可以不出现速度. 但是这根 Verlet 法的计算链的启动需要初始条件, 如 $\{\boldsymbol{r}_i(0), \boldsymbol{v}_i(0)\}$. 于是第一步的位置为

$$\boldsymbol{r}_i(\Delta t)=\boldsymbol{r}_i(0)+\boldsymbol{v}_i(0)\Delta t+\frac{1}{2!}\boldsymbol{a}_i(0)(\Delta t)^2+O\left(\Delta t^3\right) \tag{3.1.1-7}$$

这步计算位置的误差为 $O\left(\Delta t^3\right)$. 不过, 从第一步后的 $\{\boldsymbol{r}_i(0), \boldsymbol{r}_i(\Delta t)\}$, 就可递推得到 $\{\boldsymbol{r}_i(2\Delta t)\}$, $\{\boldsymbol{r}_i(3\Delta t)\}, \cdots$. 第一步的误差不会影响整个 Verlet 法的位置误差为 $O\left(\Delta t^4\right)$. 当然, 第一步也可以用 $\boldsymbol{r}_i(-\Delta t)=\boldsymbol{r}_i(0)-\boldsymbol{v}_i(0)\Delta t$ 得到. 只要模拟时间足够长, 体系进入定态, 甚至平衡态, 那么模拟到一定时间之后, 时间演化就会与初始条件无关.

(6) 时间步长 Δt 的选取: 从误差来看, Δt 太大则积分的误差积累过大, 太小则四舍五入的误差增加. 对于精度低的算法, 可以允许用稍长的时间步长. 从分子体系运动的时间尺度来看, 时间步长 Δt 应当要比体系运动的特征时间小至少一个数量级. 体系的振

动运动是核骨架运动中特征时间最小的, 约 10^{-14}s, 即核骨架的各种运动中最快的运动方式. 故一般选时间步长为 10^{-15}s.

生物体系分子的运动模式最复杂, 它们各自的特征时间差别极大：可以包括局部运动 (0.01 ~ 5Å, $10^{-15} \sim 10^{-1}$s)、刚体运动 (1 ~ 10Å, $10^{-9} \sim 1$s) 和大尺度运动 (> 5Å, $10^{-7} \sim 10^4$s) 三类. 局部运动包括原子的热运动、侧链运动和环链运动. 刚体运动包括螺旋运动、域块运动 (铰接处弯曲) 和亚单元运动. 大尺度运动包括螺旋管转化、缔合/解缔合和折叠/解折叠. 可见, 单一时间步长的分子动力学在模拟生物分子时大量的计算资源浪费在计算各种缓慢的运动之中.

(7) Verlet 法所需内存量中等. 需要存储的量有 $\{\boldsymbol{r}_i(t-\Delta t)\}$, $\{\boldsymbol{r}_i(t)\}$ 和力 $\{\boldsymbol{F}_i(t)\}$ (或加速度).

3.1.2 蛙跳法

实际上, 在 Verlet 法中根据得到的位置 (见式 (3.1.1-4)) 求速度, 除了式 (3.1.1-5) 之外, 还有其他方法, 这将引出 Verlet 法的三个变种, 即蛙跳法[2]、速度 Verlet 法和位置 Verlet 法. 这里介绍的蛙跳法是经常采用的算法, 其特点是将速度取在半奇数时间步长处：将速度 $\boldsymbol{v}_i(t+\Delta t/2)$ 和 $\boldsymbol{v}_i(t-\Delta t/2)$ 分别在 t 时刻处作 Taylor 展开

$$\boldsymbol{v}_i\left(t+\frac{\Delta t}{2}\right)=\boldsymbol{v}_i(t)+\boldsymbol{a}_i(t)\left(\frac{\Delta t}{2}\right)+\frac{1}{2!}\boldsymbol{b}_i(t)\left(\frac{\Delta t}{2}\right)^2+O\left(\Delta t^3\right) \tag{3.1.2-1}$$

和

$$\boldsymbol{v}_i\left(t-\frac{\Delta t}{2}\right)=\boldsymbol{v}_i(t)+\boldsymbol{a}_i(t)\left(-\frac{\Delta t}{2}\right)+\frac{1}{2!}\boldsymbol{b}_i(t)\left(-\frac{\Delta t}{2}\right)^2+O\left(\Delta t^3\right) \tag{3.1.2-2}$$

两式相减得到

$$\boldsymbol{v}_i\left(t+\frac{\Delta t}{2}\right)=\boldsymbol{v}_i\left(t-\frac{\Delta t}{2}\right)+\boldsymbol{a}_i(t)\Delta t+O\left(\Delta t^3\right) \tag{3.1.2-3}$$

其中, 加速度 $\boldsymbol{a}_i(t)$ 从力 $\boldsymbol{F}_i(t)$ 求得, 而力从势能的负梯度求得. 同样, 再将位置 $\boldsymbol{r}_i(t+\Delta t)$ 和 $\boldsymbol{r}_i(t)$ 分别在 $t+\Delta t/2$ 时刻处作 Taylor 展开, 得到

$$\boldsymbol{r}_i(t+\Delta t)=\boldsymbol{r}_i\left(t+\frac{\Delta t}{2}\right)+\boldsymbol{v}_i\left(t+\frac{\Delta t}{2}\right)\cdot\left(\frac{\Delta t}{2}\right)+\frac{1}{2!}\boldsymbol{a}_i\left(t+\frac{\Delta t}{2}\right)\left(\frac{\Delta t}{2}\right)^2+O\left(\Delta t^3\right) \tag{3.1.2-4}$$

$$\boldsymbol{r}_i(t)=\boldsymbol{r}_i\left(t+\frac{\Delta t}{2}\right)+\boldsymbol{v}_i\left(t+\frac{\Delta t}{2}\right)\cdot\left(-\frac{\Delta t}{2}\right)+\frac{1}{2!}\boldsymbol{a}_i\left(t+\frac{\Delta t}{2}\right)\left(-\frac{\Delta t}{2}\right)^2+O\left(\Delta t^3\right) \tag{3.1.2-5}$$

两式相减得到

$$\boldsymbol{r}_i(t+\Delta t)=\boldsymbol{r}_i(t)+\boldsymbol{v}_i\left(t+\frac{\Delta t}{2}\right)\cdot\Delta t+O\left(\Delta t^3\right) \tag{3.1.2-6}$$

所以略去高次项, 整个体系所有粒子的位置、速度都可以用图 3.1.2-1 所示的蛙跳法示意图求得.

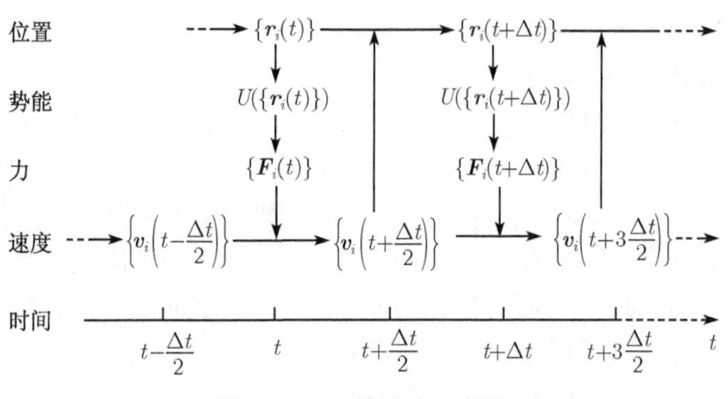

图 3.1.2-1　蛙跳法示意图

讨论

(1) 蛙跳法的优点在于可以直接计算速度. 用它计算位置、速度的误差均为 $O\left(\Delta t^3\right)$, 比 Verlet 法小.

(2) 蛙跳法的缺点是计算得到的位置与速度不在同一时刻, 相差 $\Delta t/2$, 形似蛙跳. 这样就不能同时求出动能和势能, 即不能直接求得总能量. 不过可以按照下式求得与位置同时刻的速度:

$$\boldsymbol{v}_i(t)=\frac{1}{2}\left\{\boldsymbol{v}_i\left(t+\frac{\Delta t}{2}\right)+\boldsymbol{v}_i\left(t-\frac{\Delta t}{2}\right)\right\} \tag{3.1.2-7}$$

(3) 如果所有原子核的初始位置 $\{\boldsymbol{r}_i(0)\}$ 和初始速度 $\{\boldsymbol{v}_i(-\Delta t/2)\}$ 都已知, 于是体系在相空间中的时间演化就可以得到. 初始位置 $\{\boldsymbol{r}_i(0)\}$ 在合理的范围内可随机设定, 初始速度 $\{\boldsymbol{v}_i(-\Delta t/2)\}$ 可以设为 Maxwell 分布或随机设定.

(4) 在模拟定态或平衡态的过程中, 尽管模拟开始阶段时间演化轨迹与初始条件有关. 但是只要模拟时间长到一定程度, 可以进入最终的定态或平衡态, 按照此后的轨迹计算得到体系任意物理量的结果将与初始条件的选择无关.

根据之一: 从概率论来看, 已经严格证明了分布的 "极限定理"—— 一条不可约、非周期、遍历的 Markov 链中的状态最终能够保证遵守某个唯一的概率分布, 而与初始分布无关. 分子体系状态的相空间轨迹从根本上看是随机的热运动造成的, 可以相当好地把它近似看作为一条 Markov 链[6].

根据之二: 从另一个角度看, 对于处于定态的非平衡体系, 其中, 任意性质之间的时间相关函数具有时间平移不变性. 换句话说, 与时间原点的指定无关 $\Big(\langle A(t)\,B(t+\Delta t)\rangle=\langle A(0)\,B(\Delta t)\rangle$, 见第 6 章$\Big)$. 可见正由于处于定态下的时间平移不变性, 就可以允许任意合理地设定分子动力学模拟的初始条件.

(5) 简式符号表式: 可以用简式符号把蛙跳法的基本方程 (式 (3.1.2-3) 和式 (3.1.2-6)) 改写为

$$\left\{\begin{array}{l} v^{n+1/2}=v^{n-1/2}+\Delta t a^n \\ r^{n+1}=r^n+\Delta t v^{n+1/2} \end{array}\right. \tag{3.1.2-8}$$

可以证明式 (3.1.2-8) 与以下表达式等价:

$$\begin{cases} v^{n+1/2} = v^n + \dfrac{\Delta t a^n}{2} \\ r^{n+1} = r^n + \Delta t v^{n+1/2} \\ v^{n+1} = v^{n+1/2} + \dfrac{\Delta t a^{n+1}}{2} \end{cases} \tag{3.1.2-9}$$

证明

(1) 式 (3.1.2-8) 中的位置公式 $r^{n+1} = r^n + \Delta t v^{n+1/2}$ 就是式 (3.1.2-9) 中的位置公式.

(2) 把式 (3.1.2-9) 中的第 3 个表达式的时间位移 -1 步, 得到 $v^n = v^{n-1/2} + \Delta t a^n/2$; 再与式 (3.1.2-9) 中的第 1 个表达式相加得到 $v^{n+1/2} = v^{n-1/2} + \Delta t a^n$, 那就是蛙跳法式 (3.1.2-8) 中的速度公式. ■

式 (3.1.2-9) 才是蛙跳法实际编程时用的表式, 据此可编程如下:

```
do step = 1, nstep
   v = v + 0.5*dt*a
   r = r + dt*v
   a = force(r)/m
   v = v + 0.5*dt*a
enddo
```
(3.1.2-10)

其中, nstep 为总的模拟步数. 可见蛙跳法每一步也只需算一次力. 将会看到所有 Verlet 法的变种每一步都只需计算一次力.

3.1.3 速度 Verlet 法

Verlet 法的第二种变种是速度 Verlet 法[3,4]. 此法是将第 i 号粒子在 $t+\Delta t$ 时的位置和 $t+\Delta t/2$ 时的速度分别在 t 时刻处作 Taylor 展开. 因为 Newton 方程最多涉及位置的二阶导数, 故展开到 Δt^2

$$\boldsymbol{r}_i(t+\Delta t) = \boldsymbol{r}_i(t) + \boldsymbol{v}_i(t)\Delta t + \frac{1}{2!}\boldsymbol{a}_i(t)(\Delta t)^2 + O\left(\Delta t^3\right) \tag{3.1.3-1}$$

和

$$\boldsymbol{v}_i\left(t+\frac{\Delta t}{2}\right) = \boldsymbol{v}_i(t) + \boldsymbol{a}_i(t)\frac{\Delta t}{2} + O\left(\Delta t^3\right) \tag{3.1.3-2}$$

其中, 该粒子的加速度 $\boldsymbol{a}_i$可以从受到的力或势能 U 求得. 再将 $t+\Delta t$ 时刻的速度在 $t+\dfrac{\Delta t}{2}$ 处作 Taylor 展开得到

$$\boldsymbol{v}_i(t+\Delta t) = \boldsymbol{v}_i\left(t+\frac{\Delta t}{2}\right) + \boldsymbol{a}_i(t+\Delta t)\frac{\Delta t}{2} + O\left(\Delta t^3\right) \tag{3.1.3-3}$$

根据式 (3.1.3-1)~(3.1.3-3) 可以得到速度 Verlet 的算法图示 (图 3.1.3-1). 图中,

(1) 由核的位置 $\{\boldsymbol{r}_i(t)\}$, 即分子结构求得该时刻的势能 U, 再从势能的负梯度求得同一时刻每个核所受的力.

(2) 由每个核所受的力求得同一时刻每个核的加速度 $\{\boldsymbol{a}_i(t)\}$.

(3) 由式 (3.1.3-1) 求得 $t+\Delta t$ 时刻的核位置 $\{\boldsymbol{r}_i(t+\Delta t)\}$.

(4) 由式 (3.1.3-2) 求得 $t+\Delta t/2$ 时刻每个核的速度 $\{v_i\,(t+\Delta t/2)\}$.

(5) 由式 (3.1.3-3) 求得 $t+\Delta t$ 时刻每个核的速度 $\{\boldsymbol{v}_i\,(t+\Delta t)\}$.

然后, 依次可以求得所有时刻核的位置和速度.

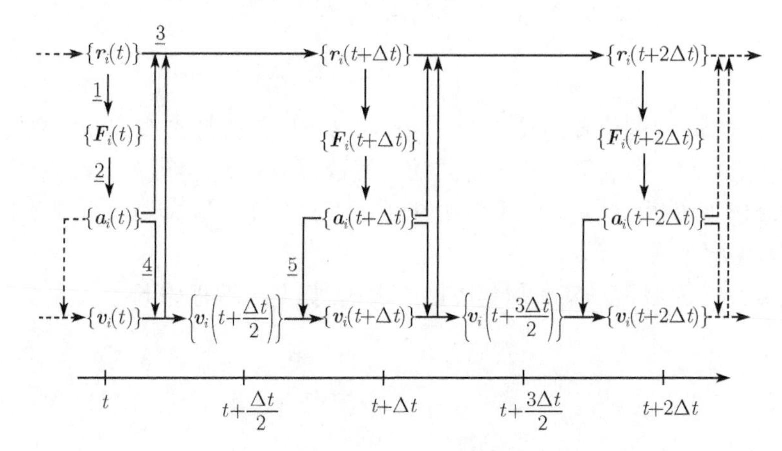

图 3.1.3-1 速度 Verlet 法的示意图

讨论

(1) 速度 Verlet 法的优点：第一, 位置、速度都是 $O\left(\Delta t^3\right)$ 精度, 比 Verlet 法有改进; 第二, 对于 N 个粒子的体系, 需要用 $9N$ 个内存量储存 t 时刻的位置、速度和加速度. 从式 (3.1.3-1)~(3.1.3-3) 可见, 不需要用额外的内存量来储存 $t+\Delta t$ 时刻的位置、速度和加速度. 速度 Verlet 法的缺点在于计算复杂性高于 Verlet 法和蛙跳法.

(2) 速度 Verlet 法可以求得同一时刻每个核的位置和速度. 这是蛙跳法所不及的.

(3) 初始位置和速度的设定可以采用同蛙跳法相同的做法.

(4) 速度 Verlet 法实际编程时与图 3.1.3-1 所示的有所不同, 要把式 (3.1.3-1)~(3.1.3-3) 重新改写才得到编程所需的表式：

将式 (3.1.3-2) 与式 (3.1.3-3) 相加得到

$$\boldsymbol{v}_i\,(t+\Delta t)=\boldsymbol{v}_i\,(t)+\left[\boldsymbol{a}_i\,(t)+\boldsymbol{a}_i\,(t+\Delta t)\right]\frac{\Delta t}{2}+O\left(\Delta t^3\right) \tag{3.1.3-4}$$

又把式 (3.1.3-2) 代入式 (3.1.3-1) 得到

$$\boldsymbol{r}_i\,(t+\Delta t)=\boldsymbol{r}_i\,(t)+\Delta t\boldsymbol{v}_i\,(t+\Delta t/2)+O\left(\Delta t^3\right) \tag{3.1.3-5}$$

用简式符号把式 (3.1.3-4) 和式 (3.1.3-5) 依次可改写为

$$\begin{cases} v^{n+1}=v^n+\dfrac{\Delta t\left(a^n+a^{n+1}\right)}{2} \\ r^{n+1}=r^n+\Delta t v^n+\dfrac{\Delta t^2 a^n}{2} \end{cases} \tag{3.1.3-6}$$

不难证明式 (3.1.3-6) 与以下表达式等价：

$$\begin{cases} v^{n+1/2}=v^n+\dfrac{\Delta t a^n}{2} \\ r^{n+1}=r^n+\Delta t v^{n+1/2} \\ v^{n+1}=v^{n+1/2}+\dfrac{\Delta t a^{n+1}}{2} \end{cases} \tag{3.1.3-7}$$

此式与蛙跳法实际编程时用的式 (3.1.2-9) 相同. 所以速度 Verlet 法的编程就用式 (3.1.2-10).

3.1.4 位置 Verlet 法

Verlet 法的第三种变种是位置 Verlet 法[10]. 它与其余变种方法并不等价. 位置 Verlet 法的演化表式为

$$\begin{cases} v^{n+1} = v^n + \Delta t a^{n+1/2} \\ r^{n+1} = r^n + \Delta t v^n + \dfrac{\Delta t^2 a^{n+1/2}}{2} \end{cases} \tag{3.1.4-1}$$

它的等价的实际编程用的表式为

$$\begin{cases} r^{n+1/2} = r^n + \dfrac{\Delta t v^n}{2} \\ v^{n+1} = v^n + \Delta t a^{n+1/2} \\ r^{n+1} = r^{n+1/2} + \dfrac{\Delta t v^{n+1}}{2} \end{cases} \tag{3.1.4-2}$$

据此, 位置 Verlet 法可编程如下:

```
do step = 1, nstep
   r = r + 0.5*dt*v
   a = force(r)/m
   v = v + 0.5*dt*a
   r = r + 0.5*dt*v
enddo
```
(3.1.4-3)

其中, nstep 为总的模拟步数.

位置 Verlet 法的特点是力 (即加速度) 的计算是在半奇数时间步长处进行的. 位置 Verlet 法用在多时间步长方法 (见 3.7 节) 时要比速度 Verlet 法的计算稳定性好. 表 3.1.4-1 列出了 Verlet 法及其三种变种方法各自的时间演化表式和用于编程的等价表式.

表 3.1.4-1 Verlet 法及其三种变种方法的时间演化表式的总结

	时间演化	用于编程的等价表式
Verlet 法	$\begin{cases} v^n = \left(r^{n+1} - r^{n-1}\right)/(2\Delta t) \\ r^{n+1} = 2r^n - r^{n-1} + \Delta t^2 a^n \end{cases}$ 式 (3.1.1-6)	
蛙跳法	$\begin{cases} v^{n+1/2} = v^{n-1/2} + \Delta t a^n \\ r^{n+1} = r^n + \Delta t v^{n+1/2} \end{cases}$ 式 (3.1.2-8)	$\begin{cases} v^{n+1/2} = v^n + \Delta t a^n/2 \\ v^{n+1} = v^{n+1/2} + \Delta t a^{n+1}/2 \\ r^{n+1} = r^n + \Delta t v^{n+1/2} \end{cases}$ 式 (3.1.2-9)
速度 Verlet 法	$\begin{cases} v^{n+1} = v^n + \Delta t\left(a^n + a^{n+1}\right)/2 \\ r^{n+1} = r^n + \Delta t v^n + \Delta t^2 a^n/2 \end{cases}$ 式 (3.1.3-6)	同上
位置 Verlet 法	$\begin{cases} v^{n+1} = v^n + \Delta t a^{n+1/2} \\ r^{n+1} = r^n + \Delta t v^n + \Delta t^2 a^{n+1/2}/2 \end{cases}$ 式 (3.1.4-1)	$\begin{cases} r^{n+1/2} = r^n + \Delta t v^n/2 \\ v^{n+1} = v^n + \Delta t a^{n+1/2} \\ r^{n+1} = r^{n+1/2} + \Delta t v^{n+1}/2 \end{cases}$ 式 (3.1.4-2)

3.1.5 Beeman 法

Beeman 法也是从 Verlet 法衍生出来的方法[7]. 对于非保守系, 粒子受到的力不仅是位置的函数, 还是速度的函数, 于是要用 "预计–校正" 的方法. 例如, 如果位置 $\boldsymbol{r}_i\left(t+\Delta t\right)$ 已经从下式求得之后:

$$\boldsymbol{r}_i\left(t+\Delta t\right)=\boldsymbol{r}_i\left(t\right)+\boldsymbol{v}_i\left(t\right)\Delta t+\left[\frac{2}{3}\boldsymbol{a}_i\left(t\right)-\frac{1}{6}\boldsymbol{a}_i\left(t-\Delta t\right)\right]\left(\Delta t\right)^2+O\left(\Delta t^4\right)\tag{3.1.5-1}$$

则从 $\boldsymbol{r}_i\left(t+\Delta t\right)$ 可以初步 "预计" 速度 $\boldsymbol{v}_i\left(t+\Delta t\right)$ 为

$$\boldsymbol{v}_i^{\mathrm{p}}\left(t+\Delta t\right)=\boldsymbol{v}_i\left(t\right)+\left[\frac{3}{2}\boldsymbol{a}_i\left(t\right)-\frac{1}{2}\boldsymbol{a}_i\left(t-\Delta t\right)\right]\Delta t\tag{3.1.5-2}$$

从式 (3.1.5-1), 式 (3.1.5-2) 求得加速度 $\boldsymbol{a}_i\left(t+\Delta t\right)$, 进而

$$\boldsymbol{v}_i^{\mathrm{c}}\left(t+\Delta t\right)=\boldsymbol{v}_i\left(t\right)+\left[\frac{1}{3}\boldsymbol{a}_i\left(t+\Delta t\right)+\frac{5}{6}\boldsymbol{a}_i\left(t\right)-\frac{1}{6}\boldsymbol{a}_i\left(t-\Delta t\right)\right]\Delta t+O\left(\Delta t^3\right)\tag{3.1.5-3}$$

校正之后的速度 $\boldsymbol{v}_i^{\mathrm{c}}\left(t+\Delta t\right)$ 才算速度的最后结果. 图 3.1.5-1 为 Beeman 法的示意图.

Beeman 法的优点在于速度的精度提高了, 能量守恒得更好些. 它的缺点: 一是速度表式 (见式 (3.1.5-3)) 不满足时间可逆性; 二是计算表式复杂些, 从而计算耗时.

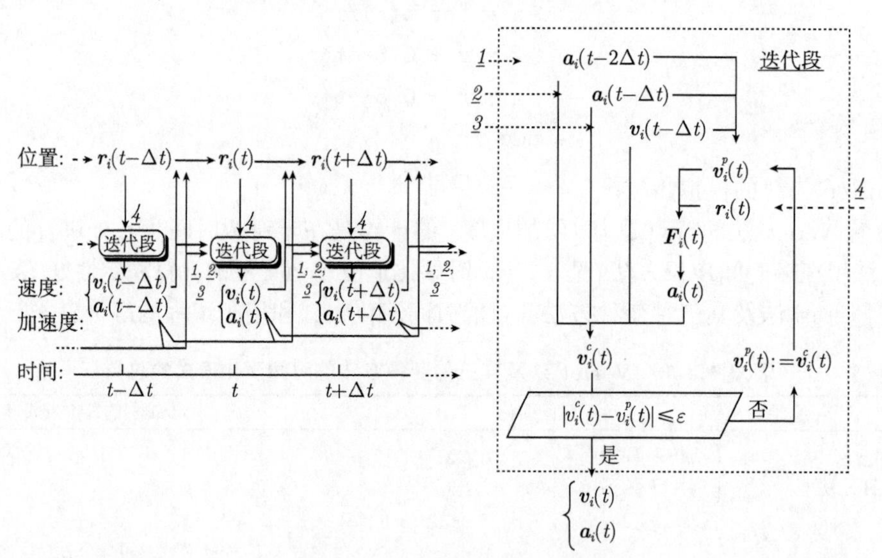

图 3.1.5-1　Beeman 法的算法图示

3.1.6 Gear 法

Gear 法是 "预计–校正法" 中的一种. 该法按照以下步骤执行[8]:

步骤 1　将位置 $\boldsymbol{r}_i\left(t+\Delta t\right)$、速度 $\boldsymbol{v}_i\left(t+\Delta t\right)$、加速度 $\boldsymbol{a}_i\left(t+\Delta t\right)$ 和加速度的时间导数 $\boldsymbol{b}_i\left(t+\Delta t\right)$ 分别在 t 时刻处作 Taylor 展开

$$\boldsymbol{r}_i\left(t+\Delta t\right)=\boldsymbol{r}_i\left(t\right)+\boldsymbol{v}_i\left(t\right)\cdot\Delta t+\frac{1}{2!}\boldsymbol{a}_i\left(t\right)\cdot\left(\Delta t\right)^2+O\left(\left(\Delta t\right)^3\right)\tag{3.1.6-1}$$

$$\boldsymbol{v}_i\left(t+\Delta t\right)=\boldsymbol{v}_i\left(t\right)+\boldsymbol{a}_i\left(t\right)\cdot\Delta t+\frac{1}{2!}\frac{\mathrm{d}\boldsymbol{a}_i\left(t\right)}{\mathrm{d}t}\cdot\left(\Delta t\right)^2+O\left(\left(\Delta t\right)^3\right)\tag{3.1.6-2}$$

$$\boldsymbol{a}_i(t+\Delta t)=\boldsymbol{a}_i(t)+\frac{\mathrm{d}\boldsymbol{a}_i(t)}{\mathrm{d}t}\cdot\Delta t+\frac{1}{2!}\frac{\mathrm{d}^2\boldsymbol{a}_i(t)}{\mathrm{d}t^2}\cdot(\Delta t)^2+O\left((\Delta t)^3\right)\tag{3.1.6-3}$$

和

$$\boldsymbol{b}_i(t+\Delta t)=\boldsymbol{b}_i(t)+\frac{\mathrm{d}\boldsymbol{b}_i(t)}{\mathrm{d}t}\cdot\Delta t+\frac{1}{2!}\frac{\mathrm{d}^2\boldsymbol{b}_i(t)}{\mathrm{d}t^2}\cdot(\Delta t)^2+O\left((\Delta t)^3\right)\tag{3.1.6-4}$$

其中, 加速度

$$\boldsymbol{a}_i(t)=\frac{\mathrm{d}\boldsymbol{v}_i(t)}{\mathrm{d}t}\tag{3.1.6-5}$$

加速度的时间导数

$$\boldsymbol{b}_i(t)=\frac{\mathrm{d}\boldsymbol{a}_i(t)}{\mathrm{d}t}\tag{3.1.6-6}$$

将以上 Taylor 展开后的加速度改称为 $\{\boldsymbol{a}_i^{\mathrm{c}}(t+\Delta t)\}$.

步骤 2 求每个粒子在新位置 $\{\boldsymbol{r}_i(t+\Delta t)\}$ 处受的力, 从而在这个力驱使下产生的加速度记为 $\left\{\boldsymbol{a}_i^{\mathrm{c}'}(t+\Delta t)\right\}$, 称为加速度的 "预测值".

步骤 3 对该时刻加速度的校正为

$$\Delta\boldsymbol{a}_i(t+\Delta t)\equiv\boldsymbol{a}_i^{\mathrm{c}}(t+\Delta t)-\boldsymbol{a}_i^{\mathrm{c}'}(t+\Delta t)\tag{3.1.6-7}$$

由此对同一时刻的位置、速度作如下校正:

$$\boldsymbol{r}_i^{\mathrm{c}}(t+\Delta t)=\boldsymbol{r}_i(t+\Delta t)+c_0\cdot\Delta\boldsymbol{a}_i(t+\Delta t)\tag{3.1.6-8}$$

$$\boldsymbol{v}_i^{\mathrm{c}}(t+\Delta t)=\boldsymbol{v}_i(t+\Delta t)+c_1\cdot\Delta\boldsymbol{a}_i(t+\Delta t)\tag{3.1.6-9}$$

$$\boldsymbol{a}_i^{\mathrm{c}}(t+\Delta t)=\boldsymbol{a}_i(t+\Delta t)+2!c_2\cdot\Delta\boldsymbol{a}_i(t+\Delta t)\tag{3.1.6-10}$$

$$\boldsymbol{b}_i^{\mathrm{c}}(t+\Delta t)=\boldsymbol{b}_i(t+\Delta t)+3!c_3\cdot\Delta\boldsymbol{a}_i(t+\Delta t)\tag{3.1.6-11}$$

其中, c_0, c_1, c_2 和 c_3 为待定系数. Gear 的研究结果说明: 若 $\boldsymbol{r}_i(t)$ 的展开从三阶导数开始省略, 则最佳的待定系数应该为 $c_0=1/6$, $c_1=5/6$, $c_2=1$ 和 $c_3=1/3$[8]. 图 3.1.6-1 为 Gear 算法的示意图.

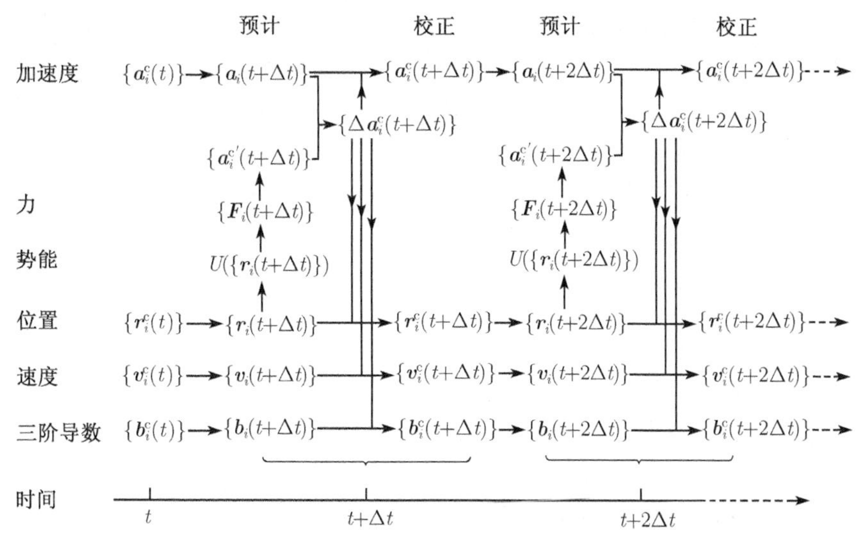

图 3.1.6-1 Gear 算法的示意图

以上介绍了不同精度的 5 种分子动力学的积分算法, 其中, 用得最多的是 Verlet 法、蛙跳法和速度 Verlet 法. 分子动力学的重要性在于: 既然分子动力学可以得到体系中所有粒子的位置和动量随时间变化的全部信息, 即体系的时间演化, 那么根据 Hohenberg-Kohn 第一定理, 基态体系的所有性质随时间的变化就定了. 然后从统计力学可知, 被研究的体系的所有性质 (无论平衡态性质还是非平衡态的性质) 都可以从时间演化求得.

分子动力学中计算能量的环节每次模拟至少要计算 $10^4 \sim 10^5$ 次, 限于目前计算机的计算能力, 大多数计算能量这一步还是采用力场方法, 故称经典的分子动力学模拟. 如果计算能量这一步采用量子力学的方法, 如电子密度泛函理论 (density functional theory) 或各种量子化学半经验方法, 则称为量子的分子动力学模拟.

值得强调的是在经典的分子动力学模拟中, 既然是用力场方法来计算时间演化中每一步的势能, 那么因为力场方法必须在给定化学结构的前提下才能计算势能, 它本身不能判别演化中是否有新的化学键形成. 所以, 经典的分子动力学模拟只能对没有化学反应的体系作模拟.

3.2 随机动力学模拟

从以上初等分子动力学模拟的介绍, 对于分子动力学模拟大致有所了解, 知道分子动力学通过对经典力学的 Newton 运动方程作数值积分, 从而得到分子体系核骨架的时间演化, 继而计算体系的所有的动力学量. 这里需要说明两点:

(1) 体系在 Γ 相空间中的时间演化轨迹要有遍历性, 而遍历性需要混沌行为, 而往往体系粒子总数 N 需是大数时才能提供混沌行为. 但是为了在现有的计算机运算能力之内实现模拟, 分子动力学是在一个大量粒子体系中取少量粒子为模拟的对象, 这是无法避免的. 于是遍历性就不容易满足.

(2) 有的研究体系运动自由度太大, 作完全的原子层次的模拟是不可能的, 如溶液体系, 只能把模拟的重点放在溶质, 对溶质作原子层次的模拟, 同时对数量极大的溶剂只能作模糊处理. 又如介观尺度的体系 (10nm~10μm) 无法作原子模拟, 需要作介观模拟.

在以上情况下, 可以把 Newton 方程修改为 Langevin 方程, 把要模糊处理的部分放入 "耗散项", 然后对 Langevin 方程作数值积分. 这就是以下介绍的所谓随机动力学 (stochastic dynamics, SD) 模拟方法. 这是个有效的方法, 它在遍历性上比 Nosé-Hoover 法好, 在比较短的时间内就可以达到准遍态历经.

3.2.1 Langevin 方程及其形式解

如果模拟的体系粒子总数太大, 则需要降低问题的自由度. 例如, 在溶液的场合里, 可以把溶液中的所有溶质粒子当作体系, 而把溶剂当作环境. 在胶体的场合里, 可以把所有胶体粒子当作体系, 而把溶剂当作环境. 只考虑体系的运动, 即体系的运动自由度, 这样可使问题得到简化.

考虑在溶液中的第 i 号溶质粒子, 它的运动加速度应当有 3 项:

$$\frac{\mathrm{d}\boldsymbol{v}_i(t)}{\mathrm{d}t} = \frac{\boldsymbol{F}_i(t)}{m_i} + \frac{\boldsymbol{R}_i(t)}{m_i} - \gamma_i \boldsymbol{v}_i(t), \quad \forall i = 1(1)N \tag{3.2.1-1}$$

右边第一项是第 i 号溶质粒子受到体系内其他粒子的力对加速度的关系, 称为**保守力项**. 第二项称为**随机项**, 代表第 i 号溶质粒子受到来自环境对它的随机碰撞力对加速度的贡献, 这种力用随机力 $\boldsymbol{R}_i(t)$ 表示. 第三项称为**耗散项**或**摩擦项**, 表示由于第 i 号溶质粒子自身的运动撞击环境造成的, 相当于第 i 号溶质粒子在摩擦系数为 γ_i 的环境内运动受到的摩擦力 (或阻尼力) 对加速度的贡献; 摩擦力一定与第 i 号溶质粒子的速度 $\boldsymbol{v}_i$ 方向相反. 摩擦项把体系的动能耗散到环境. 环境对体系的随机力通过碰撞把环境的动能转移到体系. 这后两项体现了环境对体系的作用. 式 (3.2.1-1) 称为 Langevin 方程.

式 (3.2.1-1) 是微分方程, 解微分方程可以采用积分变换的办法 (图 3.2.1-1).

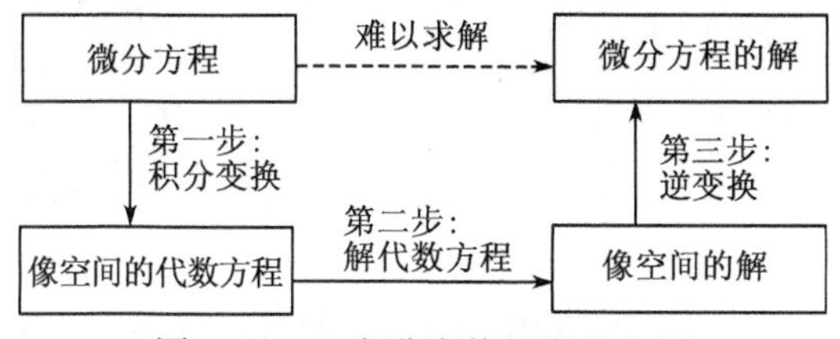

图 3.2.1-1 积分变换解微分方程

这里对式 (3.2.1-1) 作 Laplace 变换(见附录 I), 得到

$$sV(s) - \boldsymbol{v}_i(0) = \frac{1}{m_i}\mathcal{L}(\boldsymbol{F}_i + \boldsymbol{R}_i) - \gamma_i V(s) \tag{3.2.1-2}$$

这里

$$V(s) \equiv \mathcal{L}[\boldsymbol{v}_i(t)] \tag{3.2.1-3}$$

将代数方程 (3.2.1-2) 整理得到

$$V(s) = \frac{\boldsymbol{v}_i(0)}{s+\gamma_i} + \frac{\mathcal{L}(\boldsymbol{F}_i + \boldsymbol{R}_i)}{m_i(s+\gamma_i)} \tag{3.2.1-4}$$

再对式 (3.2.1-4) 取 Laplace 反演, 并运用式 (3.2.1-1) 和卷积得到

$$\boldsymbol{v}_i(t) = \boldsymbol{v}_i(0)\mathrm{e}^{-\gamma_i t} + \frac{1}{m_i}\int_0^t \mathrm{d}\tau\,[\boldsymbol{F}_i(\tau) + \boldsymbol{R}_i(\tau)]\mathrm{e}^{-\gamma_i(t-\tau)} \tag{3.2.1-5}$$

令 $t = t_n$ 得到

$$\boldsymbol{v}_i(t_n) = \boldsymbol{v}_i(0)\mathrm{e}^{-\gamma_i t_n} + \frac{1}{m_i}\mathrm{e}^{-\gamma_i t_n}\int_0^{t_n} \mathrm{d}\tau\,[\boldsymbol{F}_i(\tau) + \boldsymbol{R}_i(\tau)]\mathrm{e}^{\gamma_i \tau}$$

所以

$$\boldsymbol{v}_i(0) = \mathrm{e}^{\gamma_i t_n}\boldsymbol{v}_i(t_n) - \frac{1}{m_i}\int_0^{t_n} \mathrm{d}\tau\,[\boldsymbol{F}_i(\tau) + \boldsymbol{R}_i(\tau)]\mathrm{e}^{\gamma_i \tau} \tag{3.2.1-6}$$

代入式 (3.2.1-5) 得到溶液中的第 i 号粒子速度的解析解

$$\boldsymbol{v}_i(t) = \boldsymbol{v}_i(t_n)\mathrm{e}^{-\gamma_i(t-t_n)} + \frac{1}{m_i}\mathrm{e}^{-\gamma_i(t-t_n)}\int_{t_n}^{t} \mathrm{d}\tau\,[\boldsymbol{F}_i(\tau) + \boldsymbol{R}_i(\tau)]\mathrm{e}^{-\gamma_i(t_n-\tau)} \tag{3.2.1-7}$$

3.2.2 随机动力学中的蛙跳法

式 (3.2.1-7) 给出了速度的时间演化方程, 现在需要用蛙跳法把它实现, 包括位置的演化.

1) 速度的关系式

把式 (3.2.1-7) 中的 t_n 替换为 $t_n-\Delta t/2$, 将其改写为

$$\begin{aligned}\boldsymbol{v}_i(t)=&\boldsymbol{v}_i\left(t_n-\frac{\Delta t}{2}\right)\mathrm{e}^{-\gamma_i\left(t-t_n+\frac{\Delta t}{2}\right)}\\&+\frac{1}{m_i}\mathrm{e}^{-\gamma_i\left(t-t_n+\frac{\Delta t}{2}\right)}\int_{t_n-\Delta t/2}^{t}\mathrm{d}\tau\left[\boldsymbol{F}_i(\tau)+\boldsymbol{R}_i(\tau)\right]\mathrm{e}^{-\gamma_i\left(t_n-\frac{\Delta t}{2}-\tau\right)}\end{aligned}\quad(3.2.2\text{-}1)$$

令 $t=t_n+\Delta t/2$, 则得到

$$\begin{aligned}\boldsymbol{v}_i\left(t_n+\frac{\Delta t}{2}\right)=&\boldsymbol{v}_i\left(t_n-\frac{\Delta t}{2}\right)\mathrm{e}^{-\gamma_i\Delta t}\\&+\frac{1}{m_i}\mathrm{e}^{-\gamma_i\Delta t}\int_{t_n-\Delta t/2}^{t+\Delta t/2}\mathrm{d}\tau\left[\boldsymbol{F}_i(\tau)+\boldsymbol{R}_i(\tau)\right]\mathrm{e}^{-\gamma_i\left(t_n-\frac{\Delta t}{2}-\tau\right)}\end{aligned}\quad(3.2.2\text{-}2)$$

(1) 式 (3.2.2-2) 积分的第一项, 即保守力的积分项 $I_1=\frac{1}{m_i}\mathrm{e}^{-\gamma_i\Delta t}\int_{t_n-\Delta t/2}^{t+\Delta t/2}\mathrm{d}\tau\boldsymbol{F}_i(\tau)\cdot\mathrm{e}^{-\gamma_i(t_n-\Delta t/2-\tau)}$, 可以近似认为保守力 $\boldsymbol{F}_i(\tau)$ 在积分的时间范围内为常数, 于是

$$I_1=\frac{1}{m_i}\mathrm{e}^{-\gamma_i\Delta t}\mathrm{e}^{-\gamma_i(t_n-\Delta t/2)}\boldsymbol{F}_i(t_n)\int_{t_n-\Delta t/2}^{t_n+\Delta t/2}\mathrm{d}\tau\mathrm{e}^{\gamma_i\tau}=\frac{1}{\gamma_i m_i}\boldsymbol{F}_i(t_n)\left(1-\mathrm{e}^{-\gamma_i\Delta t}\right)\quad(3.2.2\text{-}3)$$

(2) 式 (3.2.2-2) 积分的第二项, 即随机力的积分

$$\begin{aligned}I_2=&\frac{1}{m_i}\mathrm{e}^{-\gamma_i\Delta t}\int_{t_n-\Delta t/2}^{t_n+\Delta t/2}\mathrm{d}\tau\boldsymbol{R}_i(\tau)\,\mathrm{e}^{-\gamma_i(t_n-\Delta t/2-\tau)}\\=&\frac{1}{m_i}\mathrm{e}^{-\gamma_i\Delta t/2}\left\{-\int_{t_n}^{t_n-\Delta t/2}\mathrm{d}\tau\boldsymbol{R}_i(\tau)\,\mathrm{e}^{-\gamma_i(t_n-\tau)}\right.\\&\left.+\int_{t_n}^{t_n+\Delta t/2}\mathrm{d}\tau\boldsymbol{R}_i(\tau)\,\mathrm{e}^{-\gamma_i(t_n-\tau)}\right\}\end{aligned}\quad(3.2.2\text{-}4)$$

令

$$\boldsymbol{V}_i\left(t_n;\frac{\Delta t}{2}\right)\equiv\frac{1}{m_i}\mathrm{e}^{-\gamma_i\Delta t/2}\int_{t_n}^{t_n+\Delta t/2}\mathrm{d}\tau\boldsymbol{R}_i(\tau)\,\mathrm{e}^{-\gamma_i(t_n-\tau)}\quad(3.2.2\text{-}5)$$

所以

$$\boldsymbol{V}_i\left(t_n;-\frac{\Delta t}{2}\right)=\frac{1}{m_i}\mathrm{e}^{\gamma_i\Delta t/2}\int_{t_n}^{t_n-\Delta t/2}\mathrm{d}\tau\boldsymbol{R}_i(\tau)\,\mathrm{e}^{-\gamma_i(t_n-\tau)}\quad(3.2.2\text{-}6)$$

于是

$$I_2=-\mathrm{e}^{-\gamma_i\Delta t}\boldsymbol{V}_i\left(t_n;-\frac{\Delta t}{2}\right)+\boldsymbol{V}_i\left(t_n;\frac{\Delta t}{2}\right)\quad(3.2.2\text{-}7)$$

再根据式 (3.2.2-3)、式 (3.2.2-7), 可将式 (3.2.2-2) 改写为

$$\begin{aligned}\boldsymbol{v}_i\left(t_n+\frac{\Delta t}{2}\right)=&\boldsymbol{v}_i\left(t_n-\frac{\Delta t}{2}\right)\mathrm{e}^{-\gamma_i\Delta t}+\frac{\boldsymbol{F}_i(t_n)}{\gamma_i m_i}\left(1-\mathrm{e}^{-\gamma_i\Delta t}\right)\\&-\mathrm{e}^{-\gamma_i\Delta t}\boldsymbol{V}_i\left(t_n;-\frac{\Delta t}{2}\right)+\boldsymbol{V}_i\left(t_n;\frac{\Delta t}{2}\right)\end{aligned}\quad(3.2.2\text{-}8)$$

这就是随机动力学蛙跳法的速度表式. 当 $\gamma_i \to 0$ 时, 因为 $\lim\limits_{\gamma_i \to 0} \dfrac{1-\mathrm{e}^{-\gamma_i \Delta t}}{\gamma_i} = \Delta t$, 则式 (3.2.2-8) 还原可为分子动力学蛙跳法中的速度表式 (见式 (3.1.2-3)).

2) 位置的关系式

将式 (3.2.1-7) 对时间积分, 类似地可以得到

$$
\begin{aligned}
\boldsymbol{r}_i(t_n+\Delta t) = & \boldsymbol{r}_i(t_n) + \boldsymbol{v}_i\left(t_n+\frac{\Delta t}{2}\right)\Delta t - \boldsymbol{X}_i\left(t_n+\frac{\Delta t}{2};-\frac{\Delta t}{2}\right) \\
& + \frac{\mathrm{e}^{\gamma_i \frac{\Delta t}{2}} - \mathrm{e}^{-\gamma_i \frac{\Delta t}{2}}}{\gamma_i \Delta t} \boldsymbol{X}_i\left(t_n+\frac{\Delta t}{2};\frac{\Delta t}{2}\right)
\end{aligned}
\tag{3.2.2-9}
$$

其中,

$$
\boldsymbol{X}_i\left(t_n;\frac{\Delta t}{2}\right) \equiv \frac{1}{\gamma_i m_i}\int_{t_n}^{t_n+\Delta t/2} \mathrm{d}\tau \boldsymbol{R}_i(\tau)\left[1-\mathrm{e}^{-\gamma_i\left(t_n+\frac{\Delta t}{2}-\tau\right)}\right] \tag{3.2.2-10}
$$

式 (3.2.2-9) 就是随机动力学蛙跳法的位置表式. 当 $\gamma_i \to 0$ 时, 则式 (3.2.2-9) 可还原为分子动力学蛙跳法中的位置表达式 (见式 (3.1.2-6)), 原因是

$$
\lim_{\gamma_i \to 0} \frac{\mathrm{e}^{\gamma_i \frac{\Delta t}{2}} - \mathrm{e}^{-\gamma_i \frac{\Delta t}{2}}}{\gamma_i \Delta t} = \lim_{\gamma_i \to 0} \frac{\mathrm{e}^{\gamma_i \frac{\Delta t}{2}}(\Delta t/2) - \mathrm{e}^{-\gamma_i \frac{\Delta t}{2}}(-\Delta t/2)}{\Delta t} = 1
$$

根据速度表达式 (见式 (3.2.2-8)) 和位置表达式 (见式 (3.2.2-9)), 可以画出随机动力学中蛙跳法的示意图 (图 3.2.2-1), 其中上半部分与分子动力学蛙跳法 (图 3.1.2-1) 一样, 这也是预期的结果.

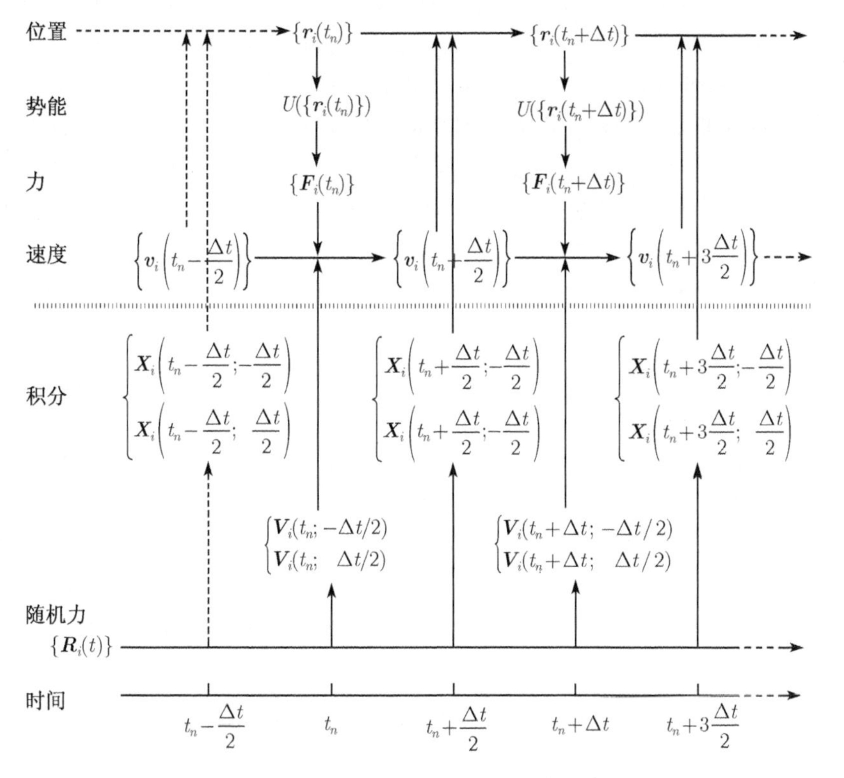

图 3.2.2-1 随机动力学的蛙跳法示意图

3.3　限制性和约束性分子动力学模拟

根据上述分子动力学原理, 无论体系中只是一个分子, 还是一块晶体, 或是高分子, 或由若干个分子组成的体系, 分子动力学都可以给出任意时刻体系内各个原子的位置和速度, 即给出所谓分子结构的时间演化.

只要分子动力学模拟的时间步长足够短, 分子结构的时间演化就足够逼真; 原则上只要分子动力学模拟的时间足够长, 它给出的体系状态的时间演化, 即它在 Γ 相空间中的轨迹, 就可以达到准遍态历经.

但是由于蛋白质、核酸、糖类等生物化学分子的原子数目多, 即体系的运动自由度太大, 分子动力学模拟一般不容易达到遍历, 所以经常采用限制性或约束性的分子动力学模拟方法. 也就是利用测量得到的关于该分子几何性质的实验值, 如该分子的某两个指定原子的间距或三个原子之间夹角的实验值, 让模拟的分子在此实验值限定的几何范围内作时间演化. 于是降低模拟所需的自由度, 减低计算量.

有两种含义的几何限定：限制 (restraint) 和约束 (constraint). **限制**是指该几何限定在整个时间演化中要尽可能遵守. **约束**是指该几何限定在整个时间演化中必须严格遵守. 于是人为外加几何限定的分子动力学模拟就分为限制性的和约束性的两种.

3.3.1　限制性分子动力学模拟

也就是利用实验方法对目标分子测量到的结构的局部数据, 如分子中少数几个原子之间的键长、键角数据来 “指导” 分子动力学的时间演化, 以期减少模拟的工作量. 将核磁共振中的 “核 Overhauser 效应”(NOE) 与分子动力学理论模拟结合起来是目前测定溶液中生化分子结构的唯一方法, 即所谓的 NMR-MD 方法. 目前生物化学分子结构数据最大的 PDB 库, 尽管其中化合物总数的 95%的结构是用晶体衍射法测量得到的, 但是其余为数不足 5%化合物的结构数据却是用 NMR-MD 方法得到的, 而且是溶液中的结构数据, 这更对生命科学有意义.

质量不等于 4 的原子核核磁矩不等于零, 如 ^{1}H 核核磁矩 $I = 1/2$. 核磁矩与核磁矩之间的相互作用是一种短程相互作用, 其能量正比于 r^{-6}, 其中, r 为这两个核磁矩的距离. 以氢的 NOE 效应为例, 如果一个分子中的两个 ^{1}H 核相距在 5Å之内就会在核磁共振实验中测到信号. 根据此信号可以计算出这两个 ^{1}H 核在测量时间内的平均间距.

如果该分子有好几个根据以上 NOE 效应测得的 ^{1}H 核对之间的间距数据, 则可以设想: 如果在分子动力学模拟中迫使模拟时对应的 ^{1}H 核之间的间距符合 NOE 实验测得的实验值, 那么这样得到的分子结构的时间演化就可以被认为非常接近真实分子结构的动态变化.

设根据核磁共振 NOE 效应, 实验测到该分子有 m 对 ^{1}H 核之间间距为 $\{r_{0j}|j = 1(1)m\}$. 又设

$$U = U_0 + \frac{1}{2}\sum_{j=1}^{m} k_j \left(r_j - r_{0j}\right)^2 \tag{3.3.1-1}$$

其中, U_0 为分子的实际势能; $\{r_j\,|j = 1\,(1)\,m\}$ 为模拟过程中该 m 对 ^{1}H 核之间的实际间

距; 式 (3.3.1-1) 表示在模拟过程中认为分子的势能 U 等于实际势能 U_0 加上代表该 m 对 ^{1}H 核间距偏离实验值而增添的“附加势能”. 这第二项附加势迫使模拟期间分子的这几对 ^{1}H 核间距尽量接近 NOE 实验值. 这样进行的分子动力学模拟称之为**限制性分子动力学** (restrained molecular dynamics). 第二项代表了人为的几何限定, 可以改变力常数 $\{k_j\}$ 调节限制的“强度”.

有时附加势采用如下形式 (图 3.3.1-1), 其中, $r_{j,\min}$, $r_{j,\max}$ 分别为给第 j 对核间距设定的附加势的上、下限:

$$U = \begin{cases} U_0 + \dfrac{1}{2}\displaystyle\sum_{j=1}^{m} k_j \left(r_{j,\min} - r_j\right)^2, & r_j < r_{j,\min} \\ U_0, & r_{j,\min} \leqslant r_j \leqslant r_{j,\max} \\ U_0 + \dfrac{1}{2}\displaystyle\sum_{j=1}^{m} k_j \left(r_j - r_{j,\max}\right)^2, & r_{j,\max} < r_j \end{cases} \tag{3.3.1-2}$$

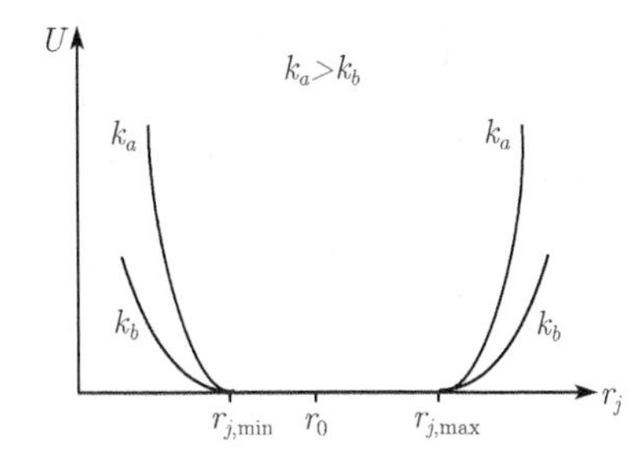

图 3.3.1-1 限制性分子动力学模拟的附加势

注意, 因为根据核磁共振的 NOE 信号计算得到的实验核间距值实际上是这两个 ^{1}H 核在测量时间内的平均间距, 所以每一个 NOE 间距与构象之间不存在严格的一一对应关系. 例如, 有可能该分子存在两个构象, 一个构象中对应于其中一个大的间距 r_1, 另一个对应于其中小的间距 r_2. NOE 实验测到的间距 r_0 实际上是两者“混合”的总贡献, 但不是真实的, 其中, $r_1 > r_0 > r_2$. 因此, 采用限制性分子动力学就可能得到一个不真实的构象, 其中, 对应的核间距为 r_0, 既不是 r_1, 也不是 r_2. 这就是 Homans 猜想指出的问题[11].

3.3.2 约束性分子动力学模拟 ——SHAKE 法

分子动力学模拟中施加约束有三种方法:

(1) 第一种方案是定义一组新的无约束的广义坐标取代老的广义坐标. 把代表约束的代数方程消掉, 把老的微分方程 (即运动方程) 化成新的微分方程. 可是这种方案实际上相当复杂, 如质量矩阵 **m** 有时会变得不是对角矩阵, 而且变得与位置有关.

(2) 第二种方案是施加显式的约束力. 例如, 原子之间键的力常数设置到很大的值. 这个方案的缺点有: 一是不能很准确地维持约束; 二是力常数大相当于振动频率大. 于是要求模拟的时间步长要很小, 结果计算效率低. 换言之, 计算同样长度的轨迹需费更多的计算资源.

(3) 第三种方案是采用 Lagrange 待定乘子法或投影算符法来作隐含约束力的极值化. 这是一类隐式算法. 常用的 SHAKE 法就是属于这类方案[10,12].

以下讨论 SHAKE 法:

未加约束时的情况在 3.1 节已经讨论过了. 设体系有 N 个粒子, 每个粒子受的力为

$$m_i \frac{\mathrm{d}^2 \boldsymbol{r}_i}{\mathrm{d}t^2} = \boldsymbol{F}_i = -\frac{\partial U}{\partial \boldsymbol{r}_i}, \quad \forall i = 1, 2, \cdots, N \tag{3.3.2-1}$$

现在在全部时间里施加几何约束, 设 t 时刻有 n 个线性的完整约束 (即不含速度约束) 为

$$\sigma_j^{(t)} \equiv \left| \boldsymbol{r}_{j\alpha}^{(t)} - \boldsymbol{r}_{j\beta}^{(t)} \right|^2 - d_j^2 = 0, \quad \begin{cases} j = 1, \cdots, n \\ \alpha, \beta = 1, \cdots, N \end{cases} \tag{3.3.2-2}$$

其中, $\boldsymbol{r}_{j\alpha}^{(t)}$ 和 $\boldsymbol{r}_{j\beta}^{(t)}$ 分别为 t 时刻第 j 个约束条件中粒子 α 和 β 的位置; d_j 为预设这两个粒子的距离, 即约束的目标. 把约束加到运动方程的势能项里, 于是对每个粒子都有下列方程:

$$m_i \frac{\partial^2 \boldsymbol{r}_i^{(t)}}{\partial t^2} = -\frac{\partial}{\partial \boldsymbol{r}_i} \left\{ U\left(\left\{ \boldsymbol{r}_i^{(t)} \right\} \right) + \sum_{k=1}^{n} \lambda_k \sigma_k^{(t)} \right\}, \quad \forall i = 1, \cdots, N \tag{3.3.2-3}$$

右边第一项为无约束时受的力, 第二项为约束力. 符合约束时, 所有 $\sigma_k^{(t)}$ 都应该为零. 将式 (3.3.2-3) 两边对时间积分两次得到受约束粒子在时间 $t+\Delta t$ 的位置为

$$\boldsymbol{r}_i^{(t+\Delta t)} = \hat{\boldsymbol{r}}_i^{(t+\Delta t)} + \sum_{k=1}^{n} \lambda_k \frac{\partial \sigma_k^{(t)}}{\partial \boldsymbol{r}_i} \frac{(\Delta t)^2}{m_i}, \quad \forall i = 1, \cdots, N \tag{3.3.2-4}$$

其中, $\hat{\boldsymbol{r}}_i^{(t+\Delta t)}$ 为 $t+\Delta t$ 时刻第 i 号粒子在无约束的运动方程积分时得到的位置, 即约束校正前的位置. 为了在下一步时满足约束 $\sigma_j^{(t+\Delta t)}$, 式 (3.3.2-4) 中的 Lagrange 待定乘子 $\{\lambda_k\}$ 必须调整到满足

$$\sigma_j^{(t+\Delta t)} \equiv \left| \boldsymbol{r}_{j\alpha}^{(t+\Delta t)} - \boldsymbol{r}_{j\beta}^{(t+\Delta t)} \right|^2 - d_j^2 = 0, \quad j = 1, \cdots, n \tag{3.3.2-5}$$

这就相当于如下一组 n 个非线性的联立方程组:

$$\begin{aligned} \sigma_j^{(t+\Delta t)} &= \left| \hat{\boldsymbol{r}}_{j\alpha}^{(t+\Delta t)} - \hat{\boldsymbol{r}}_{j\beta}^{(t+\Delta t)} + \sum_{k=1}^{n} \lambda_k \left[\frac{\partial \sigma_k^{(t)}}{\partial \boldsymbol{r}_{j\alpha}} m_{j\alpha}^{-1} - \frac{\partial \sigma_k^{(t)}}{\partial \boldsymbol{r}_{j\beta}} m_{j\beta}^{-1} \right] \right|^2 - d_k^2 \\ &= 0, \quad j = 1, \cdots, n \end{aligned} \tag{3.3.2-6}$$

从中要解出 n 个 Lagrange 待定乘子 $\{\lambda_k \,|k = 1, \cdots, n\}$. 这需要用 Newton 法迭代求解来完成.

回顾数值分析中, Newton 法求函数 $f(x)$ 的根 (即 $f(x) = 0$ 的解) 的求法为只要初值 x_0 不远离根 x^*, 在根 x^* 附近的导数 $f'(x_n) = \dfrac{\Delta y}{\Delta x} \approx \dfrac{f(x_n) - 0}{x_n - x_{n+1}}$. 于是

$$x_{n+1} = x_n - \frac{f(x_n)}{f'(x_n)} \tag{3.3.2-7}$$

经过迭代就可逐步逼近, 求得 x^* 的值.

现在对于式 (3.3.2-6), 其中, σ_j 相当于 $f(x)$, $\{\lambda_k\}$ 相当于 x. 把 $\{\lambda_k\}$ 排成列矩阵, 即

$$\boldsymbol{\lambda} \equiv [\lambda_1 \ \ \lambda_2 \ \ \cdots \ \ \lambda_n]^{\mathrm{T}} \tag{3.3.2-8}$$

把 n 个约束条件 $\{\sigma_j\}$ 也排成列矩阵

$$\boldsymbol{\sigma} \equiv [\sigma_1 \ \ \sigma_2 \ \ \cdots \ \ \sigma_n]^{\mathrm{T}} \tag{3.3.2-9}$$

所以式 (3.3.2-7) 在本例中就推广为解式 (3.3.2-6) 的迭代式

$$\boldsymbol{\lambda}^{(l+1)} = \boldsymbol{\lambda}^{(l)} - \mathbf{J}_\sigma^{-1}\boldsymbol{\sigma} \tag{3.3.2-10}$$

其中, $\mathbf{J}_\sigma$ 为方程组 $\{\sigma_j = 0\}$ 的 Jacobi 矩阵, 即

$$\mathbf{J}_\sigma \equiv \begin{bmatrix} \dfrac{\partial\sigma_1}{\partial\lambda_1} & \dfrac{\partial\sigma_1}{\partial\lambda_2} & \cdots & \dfrac{\partial\sigma_1}{\partial\lambda_n} \\ \dfrac{\partial\sigma_2}{\partial\lambda_1} & \dfrac{\partial\sigma_2}{\partial\lambda_2} & \cdots & \dfrac{\partial\sigma_2}{\partial\lambda_n} \\ \vdots & \vdots & & \vdots \\ \dfrac{\partial\sigma_n}{\partial\lambda_1} & \dfrac{\partial\sigma_n}{\partial\lambda_2} & \cdots & \dfrac{\partial\sigma_n}{\partial\lambda_n} \end{bmatrix} \tag{3.3.2-11}$$

因为约束一般不会涉及所有的原子, 所以 $\mathbf{J}_\sigma$ 实际上是分块的对角矩阵.

式 (3.3.2-10) 的迭代过程从 $\boldsymbol{\lambda}^{(0)} = \mathbf{0}$ 开始, 并产生 $\sigma_k^{(t)}$ 和 $\dfrac{\partial\sigma_k^{(t)}}{\partial\lambda_j}$. 每次迭代后, 将无约束的粒子位置作一次校正

$$\hat{\boldsymbol{r}}_i^{(t+\Delta t)} \leftarrow \hat{\boldsymbol{r}}_i^{(t+\Delta t)} + \sum_{k=1}^{n} \lambda_k^{(l)} \frac{\partial\sigma_k}{\partial\boldsymbol{r}_i} \tag{3.3.2-12}$$

然后复位到 $\boldsymbol{\lambda}^{(l)} = \mathbf{0}$. 重复以上步骤直至约束方程 $\sigma_j^{(t+\Delta t)}$ 满足到预设的允许量 ε, 即满足 $\sigma_j^{(t+\Delta t)} \leqslant \varepsilon$ 时结束迭代. 收敛时得到的 $\{\hat{\boldsymbol{r}}_i\}$ 就是受约束后的位置.

约束性的分子动力学中经常采用 SHAKE 法, 如把 SHAKE 法与蛙跳法结合起来等. SHAKE 法的缺点: 一是收敛慢, 有时甚至无法收敛; 二是非辛格式.

3.4 恒压体系的模拟

由于化学反应经常是在恒温或恒压的条件下进行的. 所以在 3.4 节和 3.5 节中要分别介绍如何实现恒压体系的模拟和恒温体系的模拟. 为此将介绍: 标度变换恒压法、Andersen 的 (NpH) 系综的恒压扩展法[13] 和 Parrinello-Rahman 的晶胞可变的 (NpH) 系综模拟法[14,15]. 正因为在恒温和恒压体系模拟研究两个方向的工作, 使得科学家逐步超越了在初等分子动力学模拟中的理论水平.

3.4.1 标度变换恒压法

标度变换法保持模拟体系压强恒定的原理如下：设体系放置在一个压强为 p_{ex} 的恒压环境中, t 时刻体系的实际压强为 $p(t)$. 在体系压强趋向与外部压力浴的压强相等的弛豫过程中, 体系压强的增速可以唯象地认为正比于环境与它之间的压强差, 即

$$\frac{\mathrm{d}p(t)}{\mathrm{d}t}=\frac{1}{\tau_p}\left[p_{\mathrm{ex}}-p(t)\right] \tag{3.4.1-1}$$

比例系数设为 $1/\tau_p$, 其中, τ_p 的量纲为时间, 故称为压强传递的弛豫时间. τ_p 越小表示压强传递越快. 根据模拟的需要设定 τ_p 值. 体系在恒压环境中, 它的体积是变化的. 将压强 $p(t+\Delta t/2)$ 在 $t-\Delta t/2$ 时刻处作 Taylor 展开

$$p\left(t+\frac{\Delta t}{2}\right)=p\left(t-\frac{\Delta t}{2}\right)+\left[\frac{\mathrm{d}p}{\mathrm{d}t}\right]_{t=t-\Delta t/2}\cdot\Delta t+O\left[(\Delta t)^2\right] \tag{3.4.1-2}$$

再运用式 (3.4.1-1) 得到

$$\begin{aligned}\frac{p(t+\Delta t/2)}{p(t-\Delta t/2)}&\approx 1+\frac{1}{p(t-\Delta t/2)}\cdot\frac{1}{\tau_p}\left[p_{\mathrm{ex}}-p\left(t-\frac{\Delta t}{2}\right)\right]\cdot\Delta t\\&=1+\frac{\Delta t}{\tau_p}\left\{\frac{p_{\mathrm{ex}}}{p(t-\Delta t/2)}-1\right\}\end{aligned}$$

设

$$\lambda\equiv 1+\frac{\Delta t}{\tau_p}\left\{\frac{p_{\mathrm{ex}}}{p(t-\Delta t/2)}-1\right\} \tag{3.4.1-3}$$

若 $p(t-\Delta t/2)<p_{\mathrm{ex}}$, 则 $\lambda>1$; 反之则 $\lambda<1$. 故可见当 $p(t-\Delta t/2)<p_{\mathrm{ex}}$ 时, 体系内部压强低, 所以应当把此时刻的体积变小, 使得下一时刻的压强升上去, 故令每个粒子的位置向量

$$\boldsymbol{r}_i\left(t+\frac{\Delta t}{2}\right)=\lambda^{-1/3}\boldsymbol{r}_i\left(t-\frac{\Delta t}{2}\right) \tag{3.4.1-4}$$

也就是通过体系体积的标度变换 (即体积的缩放), 控制模拟过程中的压强改变.

讨论

(1) 本法的压强调节机理为若 $p(t-\Delta t/2)$ 低于外部压强 p_{ex}, 则 $\lambda>1$, 进而通过式 (3.4.1-4) 使 $|\boldsymbol{r}_i(t+\Delta t/2)|$ 降低, 即体系尺度缩小, 造成下一时刻模拟的压强 $p(t+\Delta t/2)$ 升高; 反之, 若 $p(t-\Delta t/2)$ 高于外部压强 p_{ex}, 则 $\lambda<1$, 进而通过式 (3.4.1-4) 使 $|\boldsymbol{r}_i(t+\Delta t/2)|$ 升高, 即体系尺度放大, 造成下一时刻模拟的压强 $p(t+\Delta t/2)$ 下降. 这样的反馈过程就能把体系压强调节到外部压力浴的压强 p_{ex}, τ_p. 这样的思路可总结为

$$p_{\mathrm{ex}},\tau_p,\ p(t-\Delta t/2)\longrightarrow\lambda$$

$$\lambda,\ \{\boldsymbol{r}_i(t-\Delta t/2)\}\longrightarrow\{\boldsymbol{r}_i(t+\Delta t/2)\}\dashrightarrow p(t+\Delta t/2)$$

(2) 标度变换法恒压法简单、方便. 但是此法的缺点在于无法知道从这样的时间演化轨迹抽样得到的数据属于哪种统计系综.

3.4.2 (NpH) 系综的恒压扩展法 (Andersen 法)

这里介绍 Andersen 提出的恒压扩展法处理恒压恒焓体系[13]. 讨论一个恒压、绝热、与环境不交换粒子但有能量交换、外形呈立方形的晶体体系. 粒子数 N 不变, 即 (NpH) 系综. 既然压强 p 恒定, 所以与压强对应的共轭变量体积 V 是变动的. 总内能 E 不守恒, 而焓 H 是守恒量.

$$H = E + p_{\mathrm{ex}}V \tag{3.4.2-1}$$

其中, p_{ex} 为外加压强. 在力学平衡时, 外加压强等于内部压强. 用恒压恒焓系综 (NpH) 讨论这个问题. 目标是设法修正模拟所依据的运动方程, 使得压强保持恒定. 沿着由此得到的时间演化轨迹作时间平均求得该体系任意物理量 $A\left(\{\boldsymbol{r}_i\},\{\boldsymbol{v}_i\},V(t)\right)$ 的系综平均值

$$\langle A\rangle_{NpH} = \lim_{t\to\infty}\frac{1}{t-t_0}\int_{t_0}^{t}\mathrm{d}\tau A\left(\{\boldsymbol{r}_i\},\{\boldsymbol{v}_i\},V(\tau)\right) \tag{3.4.2-2}$$

只有这个系综平均值 $\langle A\rangle_{NpH}$ 才能去与对应条件的实验值比较.

既然是晶体, 就需要施加周期性边界条件. 为了使体积变动, 1980 年 Andersen 提出恒压扩展法: 设想体系受到压力, 体积 V 会变动, 粒子之间的距离随之相应改变, 体系边长 $L = V^{1/3}$. 于是把各个粒子的位置 $\hat{q}_i$、动量 $\hat{p}_i$ 用边长 L 折合成量纲为一的**约化位置和约化动量** q_i, p_i (这里用的是广义变量的分量)

$$\begin{cases} \hat{q}_i = Lq_i \\ \hat{p}_i = \dfrac{p_i}{L} \end{cases} \tag{3.4.2-3}$$

变动的量 L 又称为标度因子. 把加压前的体积看成是真空中的体积, 使得各个粒子的约化位置和约化动量分量 q_i, p_i 都变成了区间 $[0,1]$ 内的量纲为一的数, 即约化前运动方程中真实的位置 $\hat{q}_i$ 是在变动的体积 V 的区域内积分, 而对应的标度变换后的量纲为一的约化位置 q_i 在 "固定的" 单位立方体区域内积分. 粒子的真实速度为

$$\hat{v}_i \equiv \dot{\hat{q}}_i = L\dot{q}_i + \dot{L}q_i \tag{3.4.2-4}$$

式 (3.4.2-4) 表明体积变化时粒子速度由两项组成: 第一项为粒子约化速度的贡献, 第二项是标度因子变化对速度的贡献.

体系体积不变时, 体系 Hamilton 量为 $H = \sum\limits_i \dfrac{\hat{p}_i^2}{2m_i} + U\left(\{\hat{q}_i\}\right)$. 现在考虑体积 V 的变动, 变换后体系的 Hamilton 量就要相应改为 (即所谓 "扩展" 为)

$$\begin{aligned} H^* &= \sum_i \frac{\hat{p}_i^2}{2m_i} + U\left(\{\hat{q}_i\}\right) + \frac{p_V^2}{2M} + p_{\mathrm{ex}}V \\ &= \sum_i \frac{1}{2m_i}\left(\frac{p_i}{L}\right)^2 + U\left(\{Lq_i\}\right) + \frac{p_V^2}{2M} + p_{\mathrm{ex}}V \end{aligned} \tag{3.4.2-5}$$

其中, M 是体系的总质量, p_V 为对应于总体积 V 的动量, $p_V^2/2M = M\dot{V}^2/2$ 为对应的动能, p_{ex} 为外部压强, $p_{\mathrm{ex}}V$ 是由于体积改变形成的势能, 相应的体系对环境所做的功为 $p_{\mathrm{ex}}\Delta V$. 体积变化增添了后两项. 这就是 Andersen 的 "扩展" 思想.

代入 Hamilton 正则方程得到

(1) $$\frac{\mathrm{d}q_i}{\mathrm{d}t}=\frac{1}{L^2}\frac{p_i}{m_i} \tag{3.4.2-6}$$

(2) $$\frac{\mathrm{d}p_i}{\mathrm{d}t}=-L\frac{\partial U}{\partial \hat{q}_i} \tag{3.4.2-7}$$

(3) $$\frac{\mathrm{d}V}{\mathrm{d}t}=\frac{p_V}{M} \tag{3.4.2-8}$$

(4) $$\frac{\mathrm{d}p_V}{\mathrm{d}t}=-p_{\mathrm{ex}}+\frac{1}{3V}\sum_i\left\{\frac{1}{m_i}\left(\frac{p_i}{L}\right)^2-Lq_i\frac{\partial U}{\partial \hat{q}_i}\right\} \tag{3.4.2-9}$$

证明　q_i 与 p_i 是一对共轭变量, 所以有 $\dfrac{\mathrm{d}q_i}{\mathrm{d}t}=\dfrac{\partial H^*}{\partial p_i}$, $\dfrac{\mathrm{d}p_i}{\mathrm{d}t}=-\dfrac{\partial H^*}{\partial q_i}$. 于是

(1) $\dfrac{\mathrm{d}q_i}{\mathrm{d}t}=\dfrac{\partial H^*}{\partial p_i}=\dfrac{\partial}{\partial p_i}\displaystyle\sum_j\frac{1}{2m_j}\left(\frac{p_j}{L}\right)^2=\frac{1}{2m_i}2\left(\frac{p_i}{L}\right)\frac{1}{L}=\frac{1}{L^2}\frac{p_i}{m_i}$. ■

(2) $\dfrac{\mathrm{d}p_i}{\mathrm{d}t}=-\dfrac{\partial H^*}{\partial q_i}=-\dfrac{\partial}{\partial q_i}U\left(\{Lq_i\}\right)=-\dfrac{\partial \hat{q}_i}{\partial q_i}\dfrac{\partial U}{\partial \hat{q}_i}=-L\dfrac{\partial U}{\partial \hat{q}_i}$. ■

p_V 与总体积 V 是一对共轭变量, 所以有 $\dfrac{\mathrm{d}V}{\mathrm{d}t}=\dfrac{\partial H^*}{\partial p_V}$, $\dfrac{\mathrm{d}p_V}{\mathrm{d}t}=-\dfrac{\partial H^*}{\partial V}$. 于是

(3) $\dfrac{\mathrm{d}V}{\mathrm{d}t}=\dfrac{\partial H^*}{\partial p_V}=\dfrac{\partial}{\partial p_V}\left\{\dfrac{p_V^2}{2M}\right\}=\dfrac{p_V}{M}$. ■

(4) $$\begin{aligned}\frac{\mathrm{d}p_V}{\mathrm{d}t}&=-\frac{\partial H^*}{\partial V}=-\frac{\partial}{\partial V}\left\{\sum_i\frac{1}{2m_i}\left(\frac{p_i}{L}\right)^2+U\left(\{Lq_i\}\right)+\frac{p_V^2}{2M}+p_{\mathrm{ex}}V\right\}\\&=-p_{\mathrm{ex}}-\frac{\partial L}{\partial V}\frac{\partial}{\partial L}\left\{\sum_i\frac{1}{2m_i}\left(\frac{p_i}{L}\right)^2+U\left(\{Lq_i\}\right)\right\}\end{aligned} \tag{3.4.2-10}$$

其中,

$$\frac{\partial L}{\partial V}=\frac{\partial}{\partial V}\left\{V^{1/3}\right\}=\frac{1}{3}V^{-2/3}=\frac{L}{3V} \tag{3.4.2-11}$$

$$\begin{aligned}\frac{\partial}{\partial L}\left\{\sum_i\frac{1}{2m_i}\left(\frac{p_i}{L}\right)^2+U\left(\{Lq_i\}\right)\right\}&=\sum_i\frac{1}{2m_i}2\left(\frac{p_i}{L}\right)p_i\left(-L^{-2}\right)+\sum_i\frac{\partial U}{\partial \hat{q}_i}\frac{\partial \hat{q}_i}{\partial L}\\&=\sum_i\left\{-\frac{p_i^2}{m_iL^3}+q_i\frac{\partial U}{\partial \hat{q}_i}\right\}\end{aligned} \tag{3.4.2-12}$$

所以

$$\frac{\mathrm{d}p_V}{\mathrm{d}t}=-p_{\mathrm{ex}}+\frac{1}{3V}\sum_i\left\{\frac{1}{m_i}\left(\frac{p_i}{L}\right)^2-Lq_i\frac{\partial U}{\partial \hat{q}_i}\right\}$$ ■

讨论

(1) 式 (3.4.2-6)~(3.4.2-9) 分别是约化位置 $\{q_i\}$、约化动量 $\{p_i\}$、体积 V 及其对应的动量 p_V 的运动方程. 接着采用合适精度的常微分方程数值解法即可. 因为各个粒子的约化位置和约化动量的分量 q_i, p_i 是区间 $[0,1]$ 内的量纲为一的数, 它们的积分区间在“固定的”单位立方体区域内. 所以随后的数值积分就得到了简化.

(2) 从式 (3.4.2-6)~(3.4.2-9) 还可以求得实际变量即粒子位置 $\{\hat{q}_i\}$、粒子动量 $\{\hat{p}_i\}$ 的运动方程, 即

(i)
$$\frac{\mathrm{d}\hat{q}_i}{\mathrm{d}t}=\frac{\hat{p}_i}{m_i}+\frac{1}{3V}\frac{\mathrm{d}V}{\mathrm{d}t}\hat{q}_i \tag{3.4.2-13}$$

(ii)
$$\frac{\mathrm{d}\hat{p}_i}{\mathrm{d}t}=-\frac{\partial U}{\partial\hat{q}_i}-\frac{1}{3V}\frac{\mathrm{d}V}{\mathrm{d}t}\hat{p}_i \tag{3.4.2-14}$$

(iii)
$$M\frac{\mathrm{d}^2V}{\mathrm{d}t^2}=\frac{1}{3V}\left\{\sum_i\frac{\hat{p}_i^2}{m_i}-\sum_i\hat{q}_i\frac{\partial U}{\partial\hat{q}_i}\right\}-p_{\mathrm{ex}}=p-p_{\mathrm{ex}} \tag{3.4.2-15}$$

证明

(i) 根据标度变换式 (3.4.2-3) 的 $\hat{q}_i=Lq_i$ 和 $\hat{p}_i=\dfrac{p_i}{L}$, 式 (3.4.2-6) 可写为

$$\frac{1}{L^2}\frac{p_i}{m_i}=\frac{\mathrm{d}q_i}{\mathrm{d}t}=\frac{\mathrm{d}}{\mathrm{d}t}\left(\frac{\hat{q}_i}{L}\right)=\frac{1}{L}\frac{\mathrm{d}\hat{q}_i}{\mathrm{d}t}+\hat{q}_i\frac{\mathrm{d}}{\mathrm{d}t}\left(\frac{1}{L}\right) \tag{3.4.2-16}$$

其中, $\dfrac{1}{L^2}\dfrac{p_i}{m_i}=\dfrac{1}{L^2}\dfrac{L\hat{p}_i}{m_i}=\dfrac{1}{L}\dfrac{\hat{p}_i}{m_i}$, $\hat{q}_i\dfrac{\mathrm{d}}{\mathrm{d}t}\left(\dfrac{1}{L}\right)=-\hat{q}_iL^{-2}\dfrac{\mathrm{d}L}{\mathrm{d}t}=-\hat{q}_iL^{-2}\dfrac{\mathrm{d}L}{\mathrm{d}V}\dfrac{\mathrm{d}V}{\mathrm{d}t}=-\dfrac{\hat{q}_i}{3VL}\dfrac{\mathrm{d}V}{\mathrm{d}t}$.

上式最后一步用了式 (3.4.2-11). 再代入式 (3.4.2-16), 整理后即可得到式 (3.4.2-13).■

(ii) 式 (3.4.2-7)$\dfrac{\mathrm{d}p_i}{\mathrm{d}t}=-L\dfrac{\partial U}{\partial\hat{q}_i}$ 右边可根据式 (3.4.2-3)、式 (3.4.2-11) 改写为

$$\frac{\mathrm{d}p_i}{\mathrm{d}t}=\frac{\mathrm{d}(L\hat{p}_i)}{\mathrm{d}t}=L\frac{\mathrm{d}\hat{p}_i}{\mathrm{d}t}+\hat{p}_i\frac{\mathrm{d}L}{\mathrm{d}t}=L\frac{\mathrm{d}\hat{p}_i}{\mathrm{d}t}+\hat{p}_i\frac{\mathrm{d}L}{\mathrm{d}V}\frac{\mathrm{d}V}{\mathrm{d}t}=L\frac{\mathrm{d}\hat{p}_i}{\mathrm{d}t}+\hat{p}_i\frac{L}{3V}\frac{\mathrm{d}V}{\mathrm{d}t}$$

于是得到 $L\dfrac{\mathrm{d}\hat{p}_i}{\mathrm{d}t}+\hat{p}_i\dfrac{L}{3V}\dfrac{\mathrm{d}V}{\mathrm{d}t}=-L\dfrac{\partial U}{\partial\hat{q}_i}$, 再整理后即可得到式 (3.4.2-14). ■

(iii) 根据式 (3.4.2-8)$\dfrac{\mathrm{d}V}{\mathrm{d}t}=\dfrac{p_V}{M}$, 于是

$$M\frac{\mathrm{d}^2V}{\mathrm{d}t^2}=M\frac{\mathrm{d}}{\mathrm{d}t}\left(\frac{\mathrm{d}V}{\mathrm{d}t}\right)=M\frac{\mathrm{d}}{\mathrm{d}t}\left(\frac{p_V}{M}\right)=\frac{\mathrm{d}p_V}{\mathrm{d}t}=\frac{1}{3V}\left\{\sum_i\frac{\hat{p}_i^2}{m_i}-\sum_i\hat{q}_i\frac{\partial U}{\partial\hat{q}_i}\right\}-p_{\mathrm{ex}}$$

而根据 virial 定律, 内部压强 $p=\dfrac{1}{3V}\left\{\sum\limits_i\dfrac{\hat{p}_i^2}{m_i}-\sum\limits_i\hat{q}_i\dfrac{\partial U}{\partial\hat{q}_i}\right\}$, 故 $M\dfrac{\mathrm{d}^2V}{\mathrm{d}t^2}=p-p_{\mathrm{ex}}$. ■

讨论

(1) 1980 年 Andersen 提出的 “扩展法” 是一个超出处理恒压体系的重要突破. 他设想体系受到压力, 体系体积 V 会变动, 用体积作为额外的动力学变量来 “扩展” 了体系 Hamilton 量的考虑. 这就是所谓 “扩展体系”, 引起后来 Nosé 的更大突破.

(2) Andersen 法模拟 (NpH) 系综的晶体时, 实际上假定了晶胞的几何对称性不变, 只是对晶胞边长作了标度变换. 而通常在固体发生相变的时候, 晶胞的几何结构往往发生很大的变化. 于是 Andersen 法就失效.

3.4.3 晶胞可变的 (NpH) 系综的模拟 ——Parrinello-Rahman 法

在分子动力学模拟固体中, 往往限定晶胞形状不变, 于是涉及晶格变化的应用问题就无法模拟. 这方面的应用包括模拟晶体材料的相变过程等, Parrinello 和 Rahman 于 1980 年给出了推广的恒压模拟方法 (Parrinello-Rahman 方法)[14,15].

1) 晶胞的描述

把晶胞的三个基矢 $\boldsymbol{a}_1, \boldsymbol{a}_2, \boldsymbol{a}_3$ 写成对应的列矩阵 $\mathbf{a}_1 \equiv [a_{11}\ a_{21}\ a_{31}]^{\mathrm{T}}, \mathbf{a}_2 \equiv [a_{12}\ a_{22}\ a_{32}]^{\mathrm{T}}$, $\mathbf{a}_3 \equiv [a_{13}\ a_{23}\ a_{33}]^{\mathrm{T}}$. 又设方阵

$$\mathbf{h} \equiv [\mathbf{a}_1\ \mathbf{a}_2\ \mathbf{a}_3] = \begin{bmatrix} a_{11} & a_{12} & a_{13} \\ a_{21} & a_{22} & a_{23} \\ a_{31} & a_{32} & a_{33} \end{bmatrix} \tag{3.4.3-1}$$

求得晶胞体积为

$$V = \det \mathbf{h} = \boldsymbol{a}_1 \cdot (\boldsymbol{a}_2 \times \boldsymbol{a}_3) \tag{3.4.3-2}$$

设一个晶胞含 n 个粒子, 其中, 第 i 个粒子的位置向量记为 $\boldsymbol{r}_i$

$$\boldsymbol{r}_i = s_{i1}\boldsymbol{a}_1 + s_{i2}\boldsymbol{a}_2 + s_{i3}\boldsymbol{a}_3, \quad 0 \leqslant s_{i1}, s_{i2}, s_{i3} \leqslant 1,\ \forall i = 1, 2, \cdots, n \tag{3.4.3-3}$$

令列矩阵

$$\mathbf{s}_i \equiv [s_{i1}\ s_{i2}\ s_{i3}]^{\mathrm{T}} \tag{3.4.3-4}$$

$\boldsymbol{r}_i$ 对应的列矩阵

$$\mathbf{r}_i = s_{i1}\mathbf{a}_1 + s_{i2}\mathbf{a}_2 + s_{i3}\mathbf{a}_3 = \mathbf{h}\mathbf{s}_i \tag{3.4.3-5}$$

记第 i, j 粒子之间的间距向量 $\boldsymbol{r}_{ij} \equiv \boldsymbol{r}_i - \boldsymbol{r}_j$, 对应的列矩阵为 $\mathbf{r}_{ij} = \mathbf{r}_i - \mathbf{r}_j$. 于是

$$|\boldsymbol{r}_{ij}|^2 = (\mathbf{r}_i - \mathbf{r}_j)^{\mathrm{T}} (\mathbf{r}_i - \mathbf{r}_j) = (\mathbf{s}_i - \mathbf{s}_j)^{\mathrm{T}} \mathbf{h}^{\mathrm{T}}\mathbf{h} (\mathbf{s}_i - \mathbf{s}_j)$$

令度规矩阵

$$\mathbf{G} \equiv \mathbf{h}^{\mathrm{T}}\mathbf{h}, \tag{3.4.3-6}$$

得到

$$|\boldsymbol{r}_{ij}|^2 = (\mathbf{s}_i - \mathbf{s}_j)^{\mathrm{T}} \mathbf{G} (\mathbf{s}_i - \mathbf{s}_j) \tag{3.4.3-7}$$

2) 倒易空间点阵的向量

与三维晶格原胞对应的是它的倒易晶格. 设倒易晶格的基向量为 $(\boldsymbol{b}_1, \boldsymbol{b}_2, \boldsymbol{b}_3)$, 其定义为

$$\boldsymbol{a}_i \cdot \boldsymbol{b}_j = 2\pi\delta_{ij} \tag{3.4.3-8}$$

即

$$\boldsymbol{b}_1 \equiv \frac{2\pi}{V}(\boldsymbol{a}_2 \times \boldsymbol{a}_3), \quad \boldsymbol{b}_2 \equiv \frac{2\pi}{V}(\boldsymbol{a}_3 \times \boldsymbol{a}_1), \quad \boldsymbol{b}_3 \equiv \frac{2\pi}{V}(\boldsymbol{a}_1 \times \boldsymbol{a}_2) \tag{3.4.3-9}$$

将 $\boldsymbol{b}_1, \boldsymbol{b}_2, \boldsymbol{b}_3$ 对应的列矩阵 $\mathbf{b}_1, \mathbf{b}_2, \mathbf{b}_3$ 构建方阵 $[\mathbf{b}_1\ \mathbf{b}_2\ \mathbf{b}_3]$. 可以证明

$$[\mathbf{b}_1\ \mathbf{b}_2\ \mathbf{b}_3] = V\left(\mathbf{h}^{\mathrm{T}}\right)^{-1} \tag{3.4.3-10}$$

(见附录 B 中的方阵求逆 $\mathbf{A}^{-1} = \dfrac{1}{\det \mathbf{A}}\mathrm{adj}\mathbf{A}$.)

定义 3.4.3-1　方阵 $\boldsymbol{\sigma} \equiv \dfrac{V}{2\pi}[\mathbf{b}_1\ \mathbf{b}_2\ \mathbf{b}_3] = \dfrac{V^2}{2\pi}\left(\mathbf{h}^{\mathrm{T}}\right)^{-1}$　(3.4.3-11)

方阵 $\boldsymbol{\sigma}$ 携带了晶胞结构的全部信息, 以便分子动力学模拟中可以运作晶胞的变化.

3) 恒定均匀外压的分子动力学模拟

上面的处理, 使得能够运作晶胞的几何形状和晶胞内所有粒子的位置. 现在考虑体系在恒定均匀外压下的分子动力学模拟, 即这里考虑的晶体处于外部施加的压强张量是对角的.

以上模型中的 Lagrange 量可由晶胞内粒子和晶胞两部分 Lagrange 量之和组成, 晶胞内粒子的动能、势能分别为

$$T=\frac{1}{2}\sum_{i=1}^{N}m_i\dot{\mathbf{s}}_i^{\mathrm{T}}\mathbf{G}\dot{\mathbf{s}}_i \tag{3.4.3-12}$$

$$U=\sum_{i<j}^{N}\varPhi\left(r_{ij}\right) \tag{3.4.3-13}$$

晶胞的动能和势能项分别为 $\frac{1}{2}M\mathrm{tr}\left(\dot{\mathbf{h}}^{\mathrm{T}}\dot{\mathbf{h}}\right)$ 和 pV, p 为外部施加的静压强. 于是整个晶体的 Lagrange 量为

$$\begin{aligned}L&=(T-U)_{\text{system}}+(T-U)_{\text{cell}}\\&=\left\{\frac{1}{2}\sum_{i=1}^{N}m_i\dot{\mathbf{s}}_i^{\mathrm{T}}\mathbf{G}\dot{\mathbf{s}}_{\mathbf{i}}-\sum_{i<j}^{N}\varPhi\left(r_{ij}\right)\right\}+\left\{\frac{1}{2}M\mathrm{tr}\left(\dot{\mathbf{h}}^{\mathrm{T}}\dot{\mathbf{h}}\right)-pV\right\}\end{aligned} \tag{3.4.3-14}$$

代入 Lagrange 方程分别得到

$$\ddot{\mathbf{s}}_i=-\frac{1}{2}\sum_{j(\neq i)}^{N}\frac{1}{m_i}\frac{\varPhi'}{r_{ij}}\left(\mathbf{s}_i-\mathbf{s}_j\right)-\mathbf{G}^{-1}\dot{\mathbf{G}}\dot{\mathbf{s}}_i,\quad \forall i\ (\text{晶胞内粒子的运动方程}) \tag{3.4.3-15}$$

和

$$M\ddot{\mathbf{h}}=(\boldsymbol{\pi}-\mathbf{p})\,\boldsymbol{\sigma}\quad(\text{晶胞的运动方程}) \tag{3.4.3-16}$$

其中, 张量

$$\boldsymbol{\pi}\equiv\frac{1}{V}\left\{\sum_i m_i\mathbf{v}_i\mathbf{v}_i-\sum_i\sum_{j(\neq i)}\frac{\varPhi'}{r_{ij}}\mathbf{r}_{ij}\mathbf{r}_{ij}\right\} \tag{3.4.3-17}$$

且

$$\mathbf{v}_i\equiv\mathbf{h}\dot{\mathbf{s}}_i \tag{3.4.3-18}$$

M 的量纲为质量, 当体系处于内外应力不平衡之下引起晶胞的弛豫作用, M 体现了体系在这个弛豫作用中的惯性. 要选用适当的 M 值使得弛豫时间在 L/c 左右, 这里 L 为晶胞边长、c 为声速. 当 $\mathbf{h}$ 是常量时, 分子动力学模拟时晶胞就不动, 即 $\frac{\mathrm{d}\mathbf{G}}{\mathrm{d}t}=\mathbf{0}$, 则粒子的运动方程就退化为晶格不变时的运动方程.

从式 (3.4.3-14), 可得到体系的 Hamilton 量

$$H=\frac{1}{2}\sum_{i=1}^{N}m_iv_i^2+\sum_{i<j}^{N}\varPhi\left(r_{ij}\right)+\frac{1}{2}M\ \mathrm{tr}\left(\dot{\mathbf{h}}^{\mathrm{T}}\dot{\mathbf{h}}\right)+pV \tag{3.4.3-19}$$

它与外部的作用时间无关, 故为守恒运动. 当温度为 T 的平衡态时, 体系的动能有两部分贡献：晶胞内粒子运动的总动能 $\frac{3}{2}nk_BT$; 因为晶胞的动能张量有 9 个矩阵元, 故晶胞运动的总动能为 $\frac{9}{2}k_BT$. 从式 (3.4.3-19) 可见, 它与外部的作用时间无关, 故为守恒运动. 从 $3:n$ 的精度来看, 守恒的运动常量 H 正好就是体系的焓

$$H = E + pV \tag{3.4.3-20}$$

所以式 (3.4.3-14) 的 Lagrange 函数产生了一个粒子数不变的恒焓、恒压的系综, 即 (NpH) 系综.

3.5 恒温体系的模拟

恒温体系是人们经常关心的体系, 那么如何在分子动力学模拟中调节温度呢？这里介绍 4 种方法: Woodcock 的变标度恒温法 (Rescaling)[16]、Berendsen 的变标度恒温法[17]、Andersen 热浴法[13] 和 Nosé-Hoove 的恒温扩展法[18~22].

3.5.1 Woodcock 变标度恒温法[16]

因为 (NVT) 系综的动能为

$$\langle E_k\rangle_{NVT} = \frac{3}{2}Nk_BT(t) = \sum_{i=1}^{N}\frac{1}{2}m_i\boldsymbol{v}_i(t)\cdot\boldsymbol{v}_i(t) \tag{3.5.1-1}$$

这里 $T(t)$ 为当前温度. 若将此时刻粒子 i 的速度乘以一个可以调节的标度变换因子 λ, 调节后的温度设为 T_{new}, 于是体系温度的增量为

$$\begin{aligned}\Delta T \equiv & T_{\text{new}} - T(t) = \frac{2\Delta\langle E_k\rangle_{NVT}}{3Nk_B}\\ = & \frac{2}{3Nk_B}\left\{\sum_{i=1}^{N}\frac{1}{2}m_i(\lambda v_i)^2 - \sum_{i=1}^{N}\frac{1}{2}m_iv_i^2\right\} = \left(\lambda^2-1\right)T(t)\end{aligned}$$

所以

$$\lambda = \sqrt{\frac{T_{\text{new}}}{T(t)}} \tag{3.5.1-2}$$

实际模拟时若需控制在温度 T_0, 只要根据当前所有粒子的速度 $\{\boldsymbol{v}_i\}$ 求得当前温度 $T(t)$, 然后将当前所有粒子的速度乘以如下的标度因子即可:

$$\lambda = \sqrt{\frac{T_0}{T(t)}} \tag{3.5.1-3}$$

使得调节后的温度就应当接近 T_0. 以上 Woodcock 变标度恒温法 (1971 年) 的思路可用图 3.5.1-1 表示.

根据 t 时刻各个粒子的速度 $\{\boldsymbol{v}_i(t)\}$ 代入式 (3.5.1-1) 求得温度 $T(t)$, 然后从式 (3.5.1-3) 求得标度因子 λ, 最后将粒子速度改为 $\{\lambda\boldsymbol{v}_i(t)\}$ 即可使温度逼近预设温度 T_0.

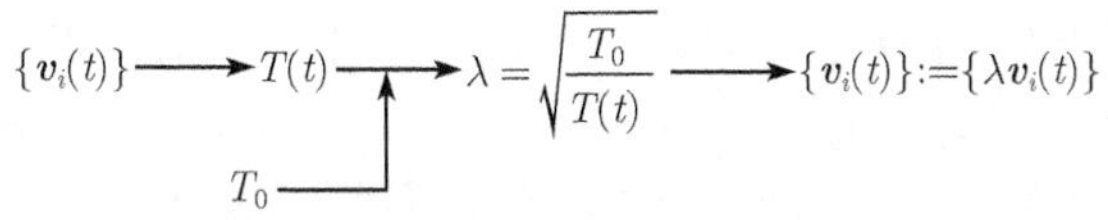

$$\{v_i(t)\} \longrightarrow T(t) \longrightarrow \lambda = \sqrt{\frac{T_0}{T(t)}} \longrightarrow \{v_i(t)\} := \{\lambda v_i(t)\}$$

T_0

图 3.5.1-1[17]

3.5.2 Berendsen 变标度恒温法[17]

设体系放置在一个温度为 T_0 的大热浴内, 体系温度为 $T(t)$. 体系与热浴之间的导热过程在唯象上服从 Fourier 定律:

$$\frac{\mathrm{d}T(t)}{\mathrm{d}t} = \frac{1}{\tau}[T_0 - T(t)] \tag{3.5.2-1}$$

即导热速度 $\dfrac{\mathrm{d}T(t)}{\mathrm{d}t}$ 正比于温差 $[T_0 - T(t)]$, 比例系数 $1/\tau$. 显然 τ 的量纲为时间, 故称为**弛豫时间**. 很多场合都有弛豫现象, 这里是导热的"弛豫". 导热弛豫时间 τ 越小说明导热速度越快 (一般选取 $\tau \sim 0.1\mathrm{ps}$). 将 $T(t+\Delta t/2)$ 在 $t-\Delta t/2$ 处作 Taylor 展开

$$T(t+\Delta t/2) = T(t-\Delta t/2) + \left[\frac{\mathrm{d}T}{\mathrm{d}t}\right]_{t=t-\Delta t/2} \cdot \Delta t + O\left[(\Delta t)^2\right] \tag{3.5.2-2}$$

再运用 Fourier 定律得到

$$\begin{aligned}\frac{T(t+\Delta t/2)}{T(t-\Delta t/2)} &\approx 1 + \frac{1}{T(t-\Delta t/2)} \cdot \frac{1}{\tau}[T_0 - T(t-\Delta t/2)]\Delta t \\ &= 1 + \left[\frac{T_0}{T(t-\Delta t/2)} - 1\right] \cdot \frac{\Delta t}{\tau} \equiv \lambda^2\end{aligned}$$

即

$$\lambda = \sqrt{1 + \left[\frac{T_0}{T(t-\Delta t/2)} - 1\right] \cdot \frac{\Delta t}{\tau}} = \sqrt{1 + \left(\frac{T_0 - T}{T}\right) \cdot \frac{\Delta t}{\tau}} \tag{3.5.2-3}$$

或

$$\lambda = \sqrt{\frac{T(t+\Delta t/2)}{T(t-\Delta t/2)}} = \frac{v_i(t+\Delta t/2)}{v_i(t-\Delta t/2)} \tag{3.5.2-4}$$

λ 称为**标度因子**, 上式推导过程中采用了温度是体系粒子动能之和的道理, 即

$$\frac{3}{2}Nk_BT(t) = \sum_{i=1}^{N} \frac{1}{2} m_i \boldsymbol{v}_i(t) \cdot \boldsymbol{v}_i(t)$$

Berendsen 变标度恒温法 (1984 年) 的思路可用图 3.5.2-1 表示.

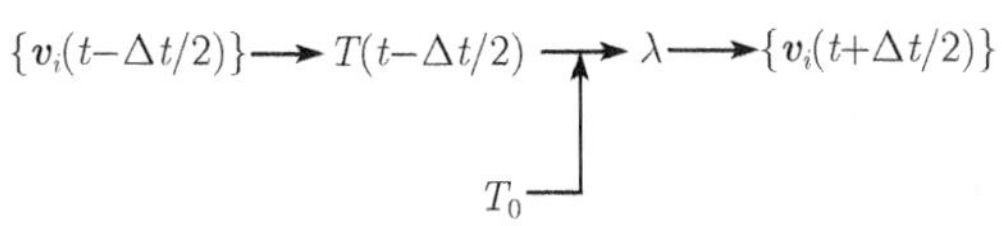

$$\{v_i(t-\Delta t/2)\} \longrightarrow T(t-\Delta t/2) \longrightarrow \lambda \longrightarrow \{v_i(t+\Delta t/2)\}$$

T_0

图 3.5.2-1

当体系粒子速度绝对值 $|\boldsymbol{v}_i(t-\Delta t/2)|$ 偏低时, 即对应的温度 $T(t-\Delta t/2)$ 低于 T_0, 则从式 (3.5.2-3) 得到 $\lambda>1$; 用这样的 λ 值代入式 (3.5.2-4) 得到的速度 $|\boldsymbol{v}_i(t+\Delta t/2)|$ 就会提高, 相当于把 $T(t+\Delta t/2)$ 提高. 反之, 当体系粒子速度绝对值 $|\boldsymbol{v}_i(t-\Delta t/2)|$ 偏高时, 即对应的温度 $T(t-\Delta t/2)$ 高于 T_0, 则从式 (3.5.2-3) 得到 $\lambda<1$; 用这样的 λ 值代入式 (3.5.2-4) 得到的速度 $|\boldsymbol{v}_i(t+\Delta t/2)|$ 就会降低, 相当于把 $T(t+\Delta t/2)$ 压低. 总之, 达到了调节温度在 T_0 的目的.

3.5.3 Andersen 热浴法[13]

设体系放置在一个指定温度为 T_0 的大热浴内, 热浴与体系的相互作用是通过随机选取体系中的某个粒子施以随机脉冲力的碰撞来实现. 随机碰撞的强度由一个设定的随机碰撞频率 ν 来决定. 一个粒子在一个时间步长 Δt 内遇到一次随机碰撞的概率为 $\nu\Delta t$. 假设任意先后接连的两次碰撞之间是独立事件, 于是可以认为碰撞发生的时间分布为 Poisson 分布

$$P(t;\nu)=\nu \mathrm{e}^{-\nu t} \tag{3.5.3-1}$$

所以 Andersen 热浴法的模拟步骤如下:

(1) 从体系的一组初始的粒子位置和动量 $\{\boldsymbol{r}_i(0),\boldsymbol{p}_i(0)\}$ 出发, 开始用分子动力学模拟体系粒子的运动方程.

(2) 一个粒子在一个时间步长 Δt 内遇到一次随机碰撞的概率为 $\nu\Delta t$.

(3) 当某个粒子被随机选中发生碰撞, 其速度将从热浴温度 T_0 时的 Maxwell-Boltzmann 速度分布中取得, 未选中的粒子速度不受这次碰撞的影响.

所以 Andersen 热浴法实际上可以看成分子动力学和随机碰撞交替进行的过程. 在两次随机力先后作用之间的时段内, 体系各个粒子的运动按照牛顿力学来进行, 即代表体系的相点在 Γ 相空间的某等能面上作时间演化. 而随机碰撞的发生把相点从一个等能面移到另一个等能面. 可见随机碰撞可以使得相点遍历所有可能的相当于恒温的等能面. 已经通过 Andersen 热浴法模拟 Lennard-Jones 流体恒温时的速度分布, 与精确的 Maxwell-Boltzmann 速度分布比较非常一致, 且与碰撞频率 ν 无关. 于是就验证了 Andersen 热浴法可以产生正则分布, 即可以重现正则系综平衡态的任意性质.

不过, 因为 Andersen 热浴引入的随机力是非物理的, 即是不真实的, 所以它们干扰了真实的时间演化过程, 粒子速度之间的相关性减弱. 速度时间自相关函数就减弱. 显然扩散系数的模拟就受到影响. 于是一般来说, Andersen 热浴适合模拟体系的静态性质, 而不适宜模拟体系的动态性质.

讨论

回顾关于恒温体系模拟的上述两类方法: 速度变标度法 (Woodcock, Berendsen) 和 Andersen 热浴法. 总的目标要实现恒温体系的第一原理模拟. 既然如此, 就有 4 点要求: 经典力学要求模拟是决定论性质的 (deterministic), 尽可能严格实现 Gibbs 的统计系综, 要求方法是遍态历经的以及以后要讲的辛几何对称性.

根据以上要求来看: 速度变标度法尽管简单而经常被采用, 但是显然理论依据粗糙, 取样不属于哪种系综的分布. Andersen 恒温法: 尽管它可以实现正则系综, 但是方法中引

入随机碰撞, 在本质上破坏了经典动力学的决定论性质. 体系在相空间中的时间演化轨迹就发生了间断. 所以下面要介绍更为严格的理论 ——Nosé-Hoove 的恒温扩展法.

3.5.4 恒温扩展法 ——Nosé 动力学

讨论一个与大热浴接触而有热交换 (但没有粒子交换) 的晶体体系, 粒子数 N 不变. 受到 Andersen 在恒压 MD 模拟中的 "约化变量" 和 Hamilton 量 "扩展" 的思想启发, 1984 年日本庆应大学的能势修一教授 (Shuichi Nosé, 1951~2005, 图 3.5.4-1) 提出了恒温时扩展 Hamilton 量的方法[18,19]. Nosé 方法在方法论上的意义超出了它对恒温体系的处理技巧. 以下作详细介绍.

图 3.5.4-1 能势修一

1) Nosé 引入扩展的 Lagrange 量

从这里开始用粒子的编号 $i, j, \cdots$ 和黑体的向量符号代替上述自由度的编号 $\alpha, \beta, \cdots$; 如用 $\boldsymbol{q}_i$ 表示第 i 号粒子的位置向量.

该含 N 个粒子的体系靠大热浴与体系的相互作用来达到恒温. Nosé 的思想是在体系 3N 个自由度之外, 额外引入一个新的自由度 ——(广义)"坐标" s 及其对应的速度 $\dot{s}$. 与广义位置 s 对应的那个广义力使体系与热浴耦合, 也可以理解为体系与热浴的作用是通过变量 s 改变粒子速度来实现的. 自由度 "扩展" 后的假想体系称为 "扩展体系" (extended system). Nosé 的思想核心是把现实的恒温体系与具有能量确定的扩展体系联系起来. 因为把体系与热浴合起来看, 那是一个孤立体系 (就是那个假想的扩展体系), 因为它能量确定, 应当要用一个微正则系综来描述.

扩展体系的 Hamilton 量为

$$H_{\text{ext}} = \sum_{i=1}^{N} \frac{\boldsymbol{p}_i^2}{2m_i s^2} + V(\boldsymbol{q}) + \frac{p_s^2}{2Q} + gk_B T \ln s \tag{3.5.4-1}$$

式 (3.5.4-1) 可作如下理解:

(1) 第一项为体系粒子总动能, 第二项为粒子间势能, 第三项是热浴的动能, 第四项是热浴的势能, 它所以设成 $gk_BT\ln s$ 的形式是本法的巧妙之处, 见后面的解释. 当 $s=1$ 时, 式 (3.5.4-1) 就还原为原先绝热时的 Hamilton 量. 参量 g 的选定是最后将恒温体系的系综平均值公式凑成正则系综的形式.

(2) Q 为与广义坐标 s 共轭的一个等效质量, 即热浴的等效质量, 表征热浴的响应速度. 温度 T 就是热浴温度. 与热浴广义坐标 s 对应的是热浴的广义动量 $\boldsymbol{p}_s$.

假定 Hamilton 形式理论可用于假想的 "扩展体系", 所以可从 Hamilton 正则方程得到下列运动方程:

$$\dot{\boldsymbol{q}}_i = \frac{\partial H_{\text{ext}}}{\partial \boldsymbol{p}_i} = \frac{\boldsymbol{p}_i}{m_i s^2} \tag{3.5.4-2}$$

$$\dot{\boldsymbol{p}}_i = -\frac{\partial H_{\text{ext}}}{\partial \boldsymbol{q}_i} = -\frac{\partial V}{\partial \boldsymbol{q}_i} \tag{3.5.4-3}$$

$$\frac{\mathrm{d}s}{\mathrm{d}t} = \frac{\partial H_{\text{ext}}}{\partial p_s} = \frac{p_s}{Q} \tag{3.5.4-4}$$

$$\frac{\mathrm{d}p_s}{\mathrm{d}t} = -\frac{\partial H_{\mathrm{ext}}}{\partial s} = \frac{1}{s}\left\{\sum_{i=1}^{N}\frac{\boldsymbol{p}_i^2}{m_i s^2} - gk_BT\right\} \tag{3.5.4-5}$$

称为 Nosé 运动方程. 可以根据以上 4 个式子证明 “扩展体系” 的 Hamilton 量是守恒量, 即

$$\frac{\mathrm{d}H_{\mathrm{ext}}}{\mathrm{d}t} = 0 \tag{3.5.4-6}$$

证明　根据式 (3.5.4-2)~(3.5.4-5), 得到

$$\begin{aligned}\frac{\mathrm{d}H_{\mathrm{ext}}}{\mathrm{d}t} &= \sum_{i=1}^{N}\left\{\frac{\partial H_{\mathrm{ext}}}{\partial \boldsymbol{p}_i}\frac{\mathrm{d}\boldsymbol{p}_i}{\mathrm{d}t} + \frac{\partial H_{\mathrm{ext}}}{\partial \boldsymbol{q}_i}\frac{\mathrm{d}\boldsymbol{q}_i}{\mathrm{d}t}\right\} + \frac{\partial H_{\mathrm{ext}}}{\partial p_s}\frac{\mathrm{d}p_s}{\mathrm{d}t} + \frac{\partial H_{\mathrm{ext}}}{\partial s}\frac{\mathrm{d}s}{\mathrm{d}t} \\ &= \sum_{i=1}^{N}\left\{\frac{\partial H_{\mathrm{ext}}}{\partial \boldsymbol{p}_i}\frac{\mathrm{d}\boldsymbol{p}_i}{\mathrm{d}t} - \dot{\boldsymbol{p}}_i\left(\frac{\partial H_{\mathrm{ext}}}{\partial \boldsymbol{p}_i}\right)\right\} + \frac{\mathrm{d}s}{\mathrm{d}t}\left(-\frac{\partial H_{\mathrm{ext}}}{\partial s}\right) + \frac{\partial H_{\mathrm{ext}}}{\partial s}\frac{\mathrm{d}s}{\mathrm{d}t} = 0\end{aligned}$$

■

于是扩展体系应当服从微正则分布. 扩展体系含 N 个粒子且另有 s 和 p_s 两个自由度 (即相空间自由度为 $6N+2$). 于是扩展体系的微正则系综配分函数为

$$Q_{\mathrm{ext}} = \frac{1}{N!}\int \mathrm{d}p_s\mathrm{d}s\mathrm{d}\boldsymbol{p}^N\mathrm{d}\boldsymbol{q}^N\delta\left(E - H_{\mathrm{ext}}\right) \tag{3.5.4-7}$$

定义

$$\boldsymbol{p}' \equiv \frac{\boldsymbol{p}}{s} \tag{3.5.4-8}$$

(其中, $\boldsymbol{p}' \equiv \{\boldsymbol{p}_i' | i = 1, \cdots, N\}$) 于是从式 (3.5.4-1) 求得

$$\begin{aligned}Q_{\mathrm{ext}} &= \frac{1}{N!}\int \mathrm{d}p_s\mathrm{d}s\mathrm{d}\boldsymbol{p}'^N\mathrm{d}\boldsymbol{q}^N s^{3N}\delta\left[\sum_{i=1}^{N}\frac{{\boldsymbol{p}'}_i^2}{2m_i} + V(\boldsymbol{q}) + \frac{p_s^2}{2Q} + gk_BT\ln s - E\right] \\ &= \frac{1}{N!}\int \mathrm{d}p_s\mathrm{d}s\mathrm{d}\mathbf{p}'^N\mathrm{d}\boldsymbol{q}^N s^{3N}\delta\left[H_0\left(\mathbf{p}', \boldsymbol{q}\right) + \frac{p_s^2}{2Q} + gk_BT\ln s - E\right]\end{aligned} \tag{3.5.4-9}$$

其中,

$$H_0\left(\mathbf{p}', \boldsymbol{q}\right) \equiv \sum_{i=1}^{N}\frac{{\boldsymbol{p}'}_i^2}{2m_i} + V\left(\boldsymbol{q}\right) \tag{3.5.4-10}$$

利用 δ 函数的数学关系 (见附录 G.1.5): 当 δ 函数的变量为 s 的函数 $f(s)$ 时, 则有如下命题:

若 $\delta\left[f(s)\right] = \dfrac{\delta\left(s - s_0\right)}{f'(s)}$, 则 $f(s)$ 在 $s = s_0$ 处有根.　(3.5.4-11)

在式 (3.5.4-9) 中, 相当于 $f(s) = H_0\left(\mathbf{p}', \boldsymbol{q}\right) + \dfrac{p_s^2}{2Q} + gk_BT\ln s - E = gk_BT\ln s + X$, 其中,

$$X \equiv H_0\left(\mathbf{p}', \boldsymbol{q}\right) + \frac{p_s^2}{2Q} - E \tag{3.5.4-12}$$

它在 $s_0 = \mathrm{e}^{-X/(gk_BT)}$ 处有根. 所以

$$\delta\left[H_0\left(\mathbf{p}', \boldsymbol{q}\right) + \frac{p_s^2}{2Q} + gk_BT\ln s - E\right] = \frac{\delta\left(s - \mathrm{e}^{-X/(gk_BT)}\right)}{f'(s)}$$

$$= \frac{s}{gk_BT}\delta\left(s - \mathrm{e}^{-X/(gk_BT)}\right)$$

可见 Nosé 为何选择热浴的 "势能"$= gk_BT\ln s$. 于是配分函数 (见式 (3.5.4-9)) 可重写为

$$Q_{\mathrm{ext}} = \frac{1}{N!}\int \mathrm{d}p_s\mathrm{d}s\mathrm{d}\boldsymbol{p}'^N\mathrm{d}\boldsymbol{q}^N s^{3N}\frac{s}{gk_BT}\delta\left[s - \mathrm{e}^{-\left(H_0\left(\boldsymbol{p}',\boldsymbol{q}\right)+\frac{p_s^2}{2Q}-E\right)/(gk_BT)}\right] \tag{3.5.4-13}$$

先对变量 s 积分,

$$\begin{aligned} Q_{\mathrm{ext}} &= \frac{1}{N!gk_BT}\int \mathrm{d}p_s\mathrm{d}\boldsymbol{p}'^N\mathrm{d}\boldsymbol{q}^N\int \mathrm{d}s s^{3N+1}\delta\left[s - \mathrm{e}^{-\left(H_0\left(\boldsymbol{p}',\boldsymbol{q}\right)+\frac{p_s^2}{2Q}-E\right)/(gk_BT)}\right] \\ &= \frac{1}{N!gk_BT}\int \mathrm{d}p_s\mathrm{d}\boldsymbol{p}'^N\mathrm{d}\boldsymbol{q}^N\left[\mathrm{e}^{-\left(H_0\left(\boldsymbol{p}',\boldsymbol{q}\right)+\frac{p_s^2}{2Q}-E\right)/(gk_BT)}\right]^{3N+1} \end{aligned}$$

于是

$$Q_{\mathrm{ext}} = \frac{1}{N!gk_BT}\mathrm{e}^{\frac{E}{gk_BT}(3N+1)}\int \mathrm{d}p_s\mathrm{e}^{-\frac{p_s^2}{gk_BT2Q}(3N+1)}\int \mathrm{d}\boldsymbol{p}'^N\mathrm{d}\boldsymbol{q}^N\mathrm{e}^{-\frac{H_0\left(\boldsymbol{p}',\boldsymbol{q}\right)}{gk_BT}(3N+1)}. \tag{3.5.4-14}$$

这里对 p_s 积分是一个 Gauss 积分等于某个常数. 此时当选择参数 $g = 3N+1$ 时, 所有常数合并为 C. 于是得到配分函数

$$Q_{\mathrm{ext}} = C\frac{1}{N!}\int \mathrm{d}\boldsymbol{p}'^N\mathrm{d}\boldsymbol{q}^N\mathrm{e}^{-\frac{H_0\left(\boldsymbol{p}',\boldsymbol{q}\right)}{k_BT}} \tag{3.5.4-15}$$

可见扩展体系的微正则系综配分函数严格等价于真实物理体系的正则系综配分函数. 只差一个常系数, 不影响平衡时的分布函数, 后者为 $\rho\left(\boldsymbol{p}',\boldsymbol{q}\right) = \mathrm{e}^{-H_0\left(\boldsymbol{p}',\boldsymbol{q}\right)/(k_BT)}$. Nosé 在这里选择 $g = 3N+1$ 使得扩展体系的 "微正则系综" 配分函数在数学形式上严格等价于真实物理体系的 "正则系综" 配分函数. 为符号规范计, 令

$$\boldsymbol{q}' \equiv \boldsymbol{q} \equiv \{\boldsymbol{q}_i' \,| i = 1,\cdots,N\} \tag{3.5.4-16}$$

即

$$Q_{\mathrm{ext}} = C\frac{1}{N!}\int \mathrm{d}\boldsymbol{p}'^N\mathrm{d}\boldsymbol{q}'^N\mathrm{e}^{-H_0\left(\boldsymbol{p}',\boldsymbol{q}'\right)/(k_BT)} \tag{3.5.4-17}$$

平衡时的分布函数

$$\rho\left(\boldsymbol{p}',\boldsymbol{q}'\right) = \mathrm{e}^{-H_0\left(\boldsymbol{p}',\boldsymbol{q}'\right)/(k_BT)} \tag{3.5.4-18}$$

根据准遍态历经假设, 式 (3.5.4-18) 意味着: 只要体系服从式 (3.5.4-2)~(3.5.4-5) 那样的运动方程, 那么体系的任意力学量 $A\left(\boldsymbol{p}',\boldsymbol{q}'\right) \equiv A\left(\boldsymbol{p}_i/s,\boldsymbol{q}_i\right)$ 关于体系状态的时间平均值应当严格等于正则系综平均值, 即

$$\lim_{\tau\to\infty}\frac{1}{\tau}\int_0^{\tau}\mathrm{d}tA\left(\boldsymbol{p}/s,\boldsymbol{q}\right) = \langle A\left(\boldsymbol{p}/s,\boldsymbol{q}\right)\rangle_{\mathrm{ext}} = \langle A\left(\boldsymbol{p}',\boldsymbol{q}'\right)\rangle_{\mathrm{c}} \tag{3.5.4-19}$$

式 (3.5.4-19) 第一个等号表明扩展系综的系综平均值 $\langle\cdots\rangle_{\mathrm{ext}}$ 等于它的时间平均值, 而后者可以从对时间 t 的等间隔时间步长 Δt 取样得到. 式 (3.5.4-19) 中 $\langle\cdots\rangle_{\mathrm{c}}$ 表示正则系综

平均值, 根据式 (3.5.4-18) 它等于

$$\langle A(\boldsymbol{p}', \boldsymbol{q}')\rangle_{\mathrm{c}} = \frac{\displaystyle\int \mathrm{d}\boldsymbol{p}'^N \mathrm{d}\boldsymbol{q}'^N A(\boldsymbol{p}', \boldsymbol{q}')\, \mathrm{e}^{-H_0(\boldsymbol{p}', \boldsymbol{q}')/(k_B T)}}{\displaystyle\int \mathrm{d}\boldsymbol{p}'^N \mathrm{d}\boldsymbol{q}'^N \mathrm{e}^{-H_0(\boldsymbol{p}', \boldsymbol{q}')/(k_B T)}} \tag{3.5.4-20}$$

注意: 尽管 $\boldsymbol{p}' \equiv \boldsymbol{p}/s$, 似乎它不是粒子的动量. 但是上述积分后的值与积分变量的名称无关, 其中, $(\boldsymbol{p}', \boldsymbol{q}')$ 完全可以称为 $(\boldsymbol{p}, \boldsymbol{q})$, 于是 $H_0(\boldsymbol{p}', \boldsymbol{q}) = \sum_{i=1}^{N} \frac{\boldsymbol{p}'^2_i}{2m_i} + V(\boldsymbol{q})$ 就是 $H_0(\boldsymbol{p}, \boldsymbol{q}) = \sum_{i=1}^{N} \frac{\boldsymbol{p}_i^2}{2m_i} + V(\boldsymbol{q})$, 就是恒温体系的 Hamilton 量.

总之, 可见通过扩展体系的模拟可以得到实际物理体系的正则系综, (NVT) 系综. 注意扩展体系对应的相空间 Γ' 是 $\boldsymbol{p}'$ 和 $\boldsymbol{q}'$ 张成的.

从式 (3.5.4-12)~(3.5.4-15) 的演绎过程可以看到 Nosé 所以将热浴的势能形式设成 $gk_BT\ln s$ 是非常巧妙的; 式 (3.5.4-9)~(3.5.4-13) 巧妙地解决了 s 的积分问题. 这是走向正则分布的最困难的一步.

另外, 从平衡系综的分布函数 $\rho(x_1, x_2, \cdots)$ 来看, 实际物理体系的相空间变量只是扩展体系的相空间变量的子集 (少了 p_s, s). 一般地说, 从相空间 (x_1, x_2) 中的平衡分布函数 $\rho(x_1, x_2)$ 可以通过 "投影"求得相空间 (x_1) 中的平衡分布函数 $\rho(x_1)$, 即 $\rho(x_1) = \int \mathrm{d}x_2 \rho(x_1, x_2)$. 所以 Nosé 方法的本质是从扩展体系在相空间 $(\boldsymbol{p}, \boldsymbol{q}, p_s, s)$ 中的平衡分布函数 $\rho(\boldsymbol{p}, \boldsymbol{q}, p_s, s)$"投影" 到它的子空间 $(\boldsymbol{p}', \boldsymbol{q}')$ 中, 得到实际物理体系的平衡分布函数 $\rho(\boldsymbol{p}', \boldsymbol{q}')$.

2) 虚拟变量、真实变量

这里用不带撇的符号表示假想的扩展体系中的物理量, Nosé 称之为 "虚拟变量". 对应的带撇符号表示的物理量称为 "真实变量" (为了区别于数学上的实变量、虚变量, 故译此名.). 虚拟变量和真实变量之间的关系为

$$\boldsymbol{q}' \equiv \boldsymbol{q} \tag{3.5.4-21}$$

$$\boldsymbol{p}' \equiv \frac{\boldsymbol{p}}{s} \tag{3.5.4-22}$$

$$p'_s = \frac{p_s}{s} \tag{3.5.4-23}$$

$$s' = s \tag{3.5.4-24}$$

$$\Delta t' = \frac{\Delta t}{s} \tag{3.5.4-25}$$

s 也可以理解为对时间步长的一个标度因子. 既然模拟扩展体系的时间步长 $\Delta t'$(虚拟时间步长) 是等间隔的, 可见恒温体系的时间步长 Δt(真实时间步长) 在模拟中是涨落的, 不是恒定的. 这样造成的不方便可以用以下的时间平均来解决:

$$\lim_{\tau'\to\infty} \frac{1}{\tau'} \int_0^{\tau'} \mathrm{d}t' A\left(\frac{\boldsymbol{p}(t')}{s(t')}, \boldsymbol{r}(t')\right). \tag{3.5.4-26}$$

根据 $\Delta t'$ 与 Δt 的关系, 可以得到如下关于虚拟时间 $t(\tau)$ 与真实时间 $t'(\tau')$ 的关系:

$$\tau' = \int_0^{\tau'} \mathrm{d}t' = \int_0^{\tau} \mathrm{d}t \frac{1}{s(t)} \tag{3.5.4-27}$$

于是 "时间平均" 为

$$\lim_{\tau' \to \infty} \frac{\tau}{\tau'} \frac{1}{\tau} \int_0^{\tau} \mathrm{d}t \frac{1}{s(t)} A(\boldsymbol{p}/s, \boldsymbol{q}) = \frac{\lim\limits_{\tau \to \infty} \dfrac{1}{\tau} \displaystyle\int_0^{\tau} \mathrm{d}t \frac{1}{s(t)} A(\boldsymbol{p}/s, \boldsymbol{q})}{\lim\limits_{\tau \to \infty} \dfrac{1}{\tau} \displaystyle\int_0^{\tau} \mathrm{d}t \frac{1}{s(t)}} = \frac{\left\langle \dfrac{A(\boldsymbol{p}/s, \boldsymbol{q})}{s} \right\rangle}{\left\langle \dfrac{1}{s} \right\rangle} \tag{3.5.4-28}$$

这表明在真实时间中取样是一个 "加权" 平均. 将式 (3.5.4-28) 与式 (3.5.4-20) 比较就知道当变量 g 设为 $3N$ 时, 式 (3.5.4-28) 的加权平均就等于式 (3.5.4-19) 中的 $\langle A(\mathbf{p}', \boldsymbol{q}') \rangle_{\mathrm{c}}$. 总之虚拟时间取样, 应当 $g = 3N + 1$, 而用真实时间取样应当 $g = 3N$.

3) 体系的时间演化

根据上述可知扩展体系的分子动力学模拟依据的运动方程是式 (3.5.4-2)~(3.5.4-5), 那是虚拟变量的运动方程, 那是编写扩展体系分子动力学差分方程时的依据. 实际模拟中, 要按虚拟时间的等间隔求时间平均.

又可以从虚拟变量的运动方程 (3.5.4-2)~(3.5.4-5) 演绎得到真实变量的运动方程如下:

$$\underline{\underline{\frac{\mathrm{d}\boldsymbol{q}'_i}{\mathrm{d}t'}}} = s\frac{\mathrm{d}\boldsymbol{q}'_i}{\mathrm{d}t} = s\frac{\mathrm{d}\boldsymbol{q}_i}{\mathrm{d}t} = \frac{\boldsymbol{p}_i}{m_i s} = \underline{\underline{\frac{\boldsymbol{p}'_i}{m_i}}}$$

$$\underline{\underline{\frac{\mathrm{d}\boldsymbol{p}'_i}{\mathrm{d}t'}}} = s\frac{\mathrm{d}\boldsymbol{p}'_i}{\mathrm{d}t} = s\frac{\mathrm{d}(\boldsymbol{p}_i/s)}{\mathrm{d}t} = \frac{\mathrm{d}\boldsymbol{p}_i}{\mathrm{d}t} - \frac{1}{s}\boldsymbol{p}_i\frac{\mathrm{d}s}{\mathrm{d}t} = \underline{\underline{-\frac{\partial V}{\partial \boldsymbol{q}'_i} - \frac{p'_s s'}{Q}\boldsymbol{p}'_i}}$$

$$\underline{\underline{\frac{\mathrm{d}s'}{\mathrm{d}t'}}} = s\frac{\mathrm{d}s'}{\mathrm{d}t} = s\frac{\mathrm{d}s}{\mathrm{d}t} = s\frac{p_s}{Q} = \underline{\underline{s^2\frac{p'_s}{Q}}}$$

$$\begin{aligned} \underline{\underline{\frac{\mathrm{d}p'_s}{\mathrm{d}t'}}} &= s\frac{\mathrm{d}p'_s}{\mathrm{d}t} = s\frac{\mathrm{d}(p_s/s)}{\mathrm{d}t} = s\frac{\mathrm{d}p_s}{\mathrm{d}t} - \frac{1}{s}\frac{\mathrm{d}s}{\mathrm{d}t}p_s = \frac{1}{s'}\left\{\sum_{i=1}^{N}\frac{p'^2_s}{m_i} - gk_BT\right\} - \frac{1}{s}p_s\frac{\mathrm{d}s}{\mathrm{d}t} \\ &= \frac{1}{s'}\left\{\sum_{i=1}^{N}\frac{p'^2_s}{m_i} - gk_BT\right\} - \frac{p_s^2}{sQ} = \underline{\underline{\frac{1}{s'}\left\{\sum_{i=1}^{N}\frac{p'^2_s}{m_i} - gk_BT\right\} - \frac{s'p'^2_s}{Q}}} \end{aligned}$$

以上 4 个表达式中用双底线标出的部分就是 Nosé 方法中描述真实变量的运动方程, 即

$$\frac{\mathrm{d}\boldsymbol{q}'_i}{\mathrm{d}t'} = \frac{\boldsymbol{p}'_i}{m_i} \tag{3.5.4-29}$$

$$\frac{\mathrm{d}\boldsymbol{p}'_i}{\mathrm{d}t'} = -\frac{\partial V}{\partial \boldsymbol{q}'_i} - \frac{p'_s s'}{Q}\boldsymbol{p}'_i \tag{3.5.4-30}$$

$$\frac{\mathrm{d}s'}{\mathrm{d}t'} = s^2\frac{p'_s}{Q} \tag{3.5.4-31}$$

$$\frac{\mathrm{d}p'_s}{\mathrm{d}t'} = \frac{1}{s'}\left\{\sum_{i=1}^{N}\frac{p'^2_s}{m_i} - gk_BT\right\} - \frac{s'p'^2_s}{Q} \tag{3.5.4-32}$$

4) Nosé 动力学的科学意义

现在人们把 1984 年提出的 Nosé 方法称之为 "Nosé 动力学". Nosé 动力学原本试图寻找 (NVT) 体系应当遵循的运动方程. 但是它在方法论上的启示超出了它对恒温体系的处理. 发现新的科学概念的三大方法是：实验、形式理论和计算 (模拟), 而在模拟中能够完整地重现客观动态过程的就要靠分子动力学. Nosé 动力学的最有力的方法是扩展体系 Hamilton 量的做法, 不仅可用于恒温体系, 也可以启发延用到恒压体系或恒温–恒压体系. 开拓了通向其他统计系综的道路. Nosé 动力学的直接结果就是实现了正则分布. Nosé 动力学之后, 学术上才逐步明确要从根本原理上追求一个完美的分子动力学方法. 现在知道这就是运动方程要满足: 准遍态历经性、时间可逆性、相应的系综分布 (如若是 (NVT) 体系, 则应为正则分布), 还有我国数学家冯康同年提出的算法要满足辛几何的数学结构 (见 3.8 节). 寻找能够满足所有以上要求的算法是目前分子动力学学术研究的主要目标.

Nosé 动力学的困难在于：

(1) 因为是对虚拟时间等间距抽样得到正则分布, 所以在真实时间上就不是等间距, 于是给后续的模拟处理造成麻烦. 例如, 时间相关函数 $\langle A(0)\,B(t)\rangle$ 的计算就麻烦了, 尤其对非平衡过程的模拟带来困难.

(2) Nosé 的 Hamilton 量不满足 Hamilton 力学的辛几何结构, 所以无法采用目前在效率、稳定性上最好的辛算法.

(3) 简单体系不具有遍态历经性.

3.5.5　Hoover 动力学

美国的 W. G. Hoover 教授在 2005 年纪念 Nosé 教授的国际会议上说：Nosé 这 "两篇革命性的论文 …… 我花了好几个月才把它们弄懂 …… 它们改变了我的学术生涯." Hoover 透露他还是在多次当面请教 Nosé 之后才弄懂了 Nosé 动力学. Hoover 仔细分析了 Nosé 动力学的成功与困难, 使之改进成为后来称为的 "Nosé-Hoover 动力学[21,22]". 介绍如下：

回顾 Nosé 的运动方程 (见式 (3.5.4-2)~(3.5.4-5)) 为

$$\begin{cases} \dot{\boldsymbol{q}}_i = \dfrac{\boldsymbol{p}_i}{m_i s^2}, & \dot{\boldsymbol{p}}_i = \boldsymbol{F}_i(\boldsymbol{q}) \\ \dot{s} = \dfrac{p_s}{Q}, & \dot{p}_s = \dfrac{1}{s}\left\{\displaystyle\sum_{i=1}^{N} \dfrac{\boldsymbol{p}_i^2}{m_i s^2} - g k_B T\right\} \end{cases} \tag{3.5.5-1}$$

若取 $\mathrm{d}t_{\mathrm{old}} \equiv s\mathrm{d}t_{\mathrm{new}}$, 则式 (3.5.5-1) 变为

$$\dot{\boldsymbol{q}}_{i,\mathrm{n}} = \frac{\mathrm{d}\boldsymbol{q}_i}{\mathrm{d}t_{\mathrm{n}}} = \frac{\mathrm{d}\boldsymbol{q}_i}{\dfrac{1}{s}\mathrm{d}t_{\mathrm{o}}} = s\dot{\boldsymbol{q}}_{i,\mathrm{o}} = \frac{\boldsymbol{p}_i}{m_i s}, \quad \dot{\boldsymbol{p}}_{i,\mathrm{n}} = \frac{\mathrm{d}\boldsymbol{p}_i}{\mathrm{d}t_{\mathrm{n}}} = \frac{\mathrm{d}\boldsymbol{p}_i}{\dfrac{1}{s}\mathrm{d}t_{\mathrm{o}}} = s\dot{\boldsymbol{p}}_{i,\mathrm{o}} = s\boldsymbol{F}_i$$

$$\dot{s}_{\mathrm{n}} = \frac{\mathrm{d}s}{\mathrm{d}t_{\mathrm{n}}} = \frac{\mathrm{d}s}{\dfrac{1}{s}\mathrm{d}t_{\mathrm{o}}} = s\dot{s}_{\mathrm{o}} = s\frac{p_s}{Q}, \quad \dot{p}_{s,\mathrm{n}} = \frac{\mathrm{d}p_s}{\mathrm{d}t_{\mathrm{n}}} = \frac{\mathrm{d}p_s}{\dfrac{1}{s}\mathrm{d}t_{\mathrm{o}}} = s\dot{p}_{s,\mathrm{o}} = \sum_{i=1}^{N} \frac{\boldsymbol{p}_i^2}{m_i s^2} - g k_B T$$

其中, 下标 o 即 old, n 即 new. 总之,

$$\left\{\begin{array}{ll}\dot{\boldsymbol{q}}_i=\dfrac{\boldsymbol{p}_i}{m_i s}, & \dot{\boldsymbol{p}}_i=s\boldsymbol{F}_i(\boldsymbol{q}) \\ \dot{s}=s\dfrac{p_s}{Q}, & \dot{p}_s=\displaystyle\sum_{i=1}^{N}\frac{\boldsymbol{p}_i^2}{m_i s^2}-gk_BT\end{array}\right. \tag{3.5.5-2}$$

尽管 Nosé 证明在 Nosé 的运动方程下用 $\left\{\boldsymbol{q}_i,\dfrac{\boldsymbol{p}_i}{s}\right\}$作变量就可以得到严格的正则分布, 可是无论如何 s 是处理中麻烦的来源. Hoover 的贡献在于设法把 Nosé 的 s 变量去掉而又保留正则分布, 于是

(1) 把式 (3.5.5-2) 中第一个关于位置的方程改写, 先对位置求时间的二阶导数得到

$$\ddot{\boldsymbol{q}}_i=\frac{\dot{\boldsymbol{p}}_i}{m_i s}-\left(\frac{\boldsymbol{p}_i}{m_i s}\right)\frac{\dot{s}}{s}=\frac{\boldsymbol{F}_i(\boldsymbol{q})}{m_i}-\dot{\boldsymbol{q}}_i\frac{p_s}{Q} \tag{3.5.5-3}$$

定义

$$\zeta\equiv\frac{p_s}{Q} \tag{3.5.5-4}$$

于是

$$\ddot{\boldsymbol{q}}_i=\frac{\boldsymbol{F}_i}{m_i}-\zeta\dot{\boldsymbol{q}}_i \tag{3.5.5-5}$$

显然 ζ 的量纲或物理意义均如同摩擦系数. 将式 (3.5.5-5) 对时间求导, 并引用式 (3.5.5-5) 得到

$$\dot{\zeta}=\frac{\dot{p}_s}{Q}=\frac{1}{Q}\left\{\sum_{i=1}^{N}\frac{\boldsymbol{p}_i^2}{m_i s^2}-gk_BT\right\}$$

即

$$\dot{\zeta}=\frac{1}{Q}\left\{\sum_{i=1}^{N}m_i\dot{\boldsymbol{q}}_i^2-gk_BT\right\} \tag{3.5.5-6}$$

(2) 然后 Hoover 另起思路：还是把相空间维数设想为物理体系本身的 $g=3N$, 从通常的动量定义 $\boldsymbol{p}_i=m_i\dot{\boldsymbol{q}}_i$ 和从式 (3.5.5-5)、式 (3.5.5-6) 的物理思路出发, 构造以下运动方程, 只要使得最后满足正则分布即可：

$$\left\{\begin{array}{l}\dot{\boldsymbol{q}}_i=\dfrac{\boldsymbol{p}_i}{m_i} \\ \dot{\boldsymbol{p}}_i=\boldsymbol{F}_i(\boldsymbol{q})-\zeta\dot{\boldsymbol{q}}_i \\ \dot{\zeta}=\dfrac{1}{Q}\left\{\displaystyle\sum_{i=1}^{N}\frac{\boldsymbol{p}_i^2}{m_i}-gk_BT\right\}\end{array}\right. \tag{3.5.5-7}$$

式 (3.5.5-7) 称为 Hoover 运动方程. $\{\boldsymbol{q}_i,\boldsymbol{p}_i,\zeta\}$ 互为独立变量. 注意, 因为正是 Hoover 从这里开始另起思路, 所以这里的力方程 $\dot{\boldsymbol{p}}_i=\boldsymbol{F}_i(\boldsymbol{q})-\zeta\dot{\boldsymbol{q}}_i$ 与式 (3.5.5-5) 是不同的, 即这里的 ζ 不同于式 (3.5.5-4) 的 ζ. Hoover 从式 (3.5.5-7) 开始只是继承了以前的物理思想, 所以他的数学演绎只是从这里开始, 与此前的演绎没有关系! 此前的演绎只是启示.

正则分布的概率密度 f 为

$$f_{NVT}=c\mathrm{e}^{-\left\{\sum\limits_{i=1}^{N}\frac{\boldsymbol{p}_i^2}{2m_i}+V(\boldsymbol{q})+\frac{1}{2}Q\xi^2\right\}/k_BT} \tag{3.5.5-8}$$

这里 $\frac{1}{2}Q\zeta^2$ 为从热浴导入体系的动能. 它可从 Nosé 的 Hamilton 量式 (3.5.4-1) 来理解

$$\frac{p_s^2}{2Q}=\frac{1}{2}Q\left(\frac{p_s}{Q}\right)^2=\frac{1}{2}Q\zeta^2 \tag{3.5.5-9}$$

以下看看 Hoover 的运动方程 (3.5.5-7) 能不能满足正则分布密度函数 f_{NVT} 的要求? (为方便计, 下面略写下标 NVT) 现在考虑 (NVT) 平衡态, 所以相空间的概率密度函数 f 要服从 Liouville 定理, $\frac{\partial f}{\partial t}+\nabla\cdot(f\boldsymbol{v})=0$, 其中, $\boldsymbol{v}$ 为代表体系微观状态的相点在相空间中时间演化的 "流速", 即 $\boldsymbol{v}=\left(\dot{q}_1,\cdots,\dot{q}_g,\dot{p}_1,\cdots,\dot{p}_g,\dot{\zeta}\right)$(注: 这里的下标为自由度, 故位置、动量和下述对应的力均不用黑体字表示).

求证: 若体系服从 Hoover 的运动方程 $\dot{q}_i=\frac{p_i}{m_i}$, $\dot{p}_i=F_i(q)-\zeta\dot{q}_i$, $\dot{\zeta}=\frac{1}{Q}\left\{\sum\limits_{i=1}^{g}\frac{p_i^2}{m_i}-gk_BT\right\}$ (下标为自由度), 则其对应的正则分布的概率密度 $f_{NVT}=c\mathrm{e}^{-\left\{\sum\limits_{i=1}^{g}\frac{p_i^2}{2m_i}+V(q)+\frac{1}{2}Q\zeta^2\right\}/k_BT}$ 服从 Liouville 定理 $\frac{\partial f}{\partial t}+\nabla\cdot(f\boldsymbol{v})=0$.

证明

(1) 稳态时 $\frac{\partial f}{\partial t}=0$(何况现在是平衡态), 又此时的 Del 算符为 $\nabla=\left(\frac{\partial}{\partial q_1},\cdots,\frac{\partial}{\partial q_g},\frac{\partial}{\partial p_1},\cdots,\frac{\partial}{\partial p_g},\frac{\partial}{\partial\zeta}\right)$, 所以

$$\begin{aligned}\nabla\cdot(f\boldsymbol{v})&=\sum_{i=1}^{g}\frac{\partial}{\partial q_i}(f\dot{q}_i)+\sum_{i=1}^{g}\frac{\partial}{\partial p_i}(f\dot{p}_i)+\frac{\partial}{\partial\zeta}\left(f\dot{\zeta}\right)\\&=\sum_{i=1}^{g}f\left(\frac{\partial\dot{q}_i}{\partial q_i}+\frac{\partial\dot{p}_i}{\partial p_i}\right)+\sum_{i=1}^{g}\left(\dot{q}_i\frac{\partial f}{\partial q_i}+\dot{p}_i\frac{\partial f}{\partial p_i}\right)+f\frac{\partial\dot{\zeta}}{\partial\zeta}+\dot{\zeta}\frac{\partial f}{\partial\zeta}\end{aligned} \tag{3.5.5-10}$$

根据 Hoover 的运动方程 (3.5.5-7), 对式 (3.5.5-10) 中各项分析如下:

(i) 第一项中 $\frac{\partial\dot{q}_i}{\partial q_i}=0$ 和 $\frac{\partial\dot{p}_i}{\partial p_i}=\frac{\partial}{\partial p_i}\left(F_i-\zeta\frac{p_i}{m_i}\right)=-\frac{\zeta}{m_i}$, 于是第一项 $=-f\zeta\sum\limits_{i=1}^{g}\frac{1}{m_i}$.

(ii) 第二项: 因为 $\frac{\partial f}{\partial q_i}=\frac{\partial}{\partial q_i}\left\{c\mathrm{e}^{-\left\{\sum\limits_{i=1}^{g}\frac{p_i^2}{2m_i}+V(q)+\frac{1}{2}Q\zeta^2\right\}/k_BT}\right\}=-\frac{f}{k_BT}\frac{\partial V}{\partial q_i}=\frac{f}{k_BT}F_i$, 所以 $\sum\limits_{i=1}^{g}\dot{q}_i\frac{\partial f}{\partial q_i}=\frac{f}{k_BT}\sum\limits_{i=1}^{g}\left(\frac{p_i}{m_i}\right)F_i$. 另外, 因为

$$\frac{\partial f}{\partial p_i}=\frac{\partial}{\partial p_i}\left\{c\mathrm{e}^{-\left\{\sum\limits_{i=1}^{g}\frac{p_i^2}{2m_i}+V(q)+\frac{1}{2}Q\zeta^2\right\}/k_BT}\right\}=-\frac{f}{k_BT}\frac{\partial\left\{\sum\limits_{i=1}^{g}\frac{p_i^2}{2m_i}\right\}}{\partial p_i}=-\frac{fp_i}{k_BTm_i}$$

所以

$$\sum_{i=1}^{g}\dot{p}_i\frac{\partial f}{\partial p_i}=\sum_{i=1}^{g}(F_i-\zeta\dot{q}_i)\left(-\frac{fp_i}{k_BTm_i}\right)=\frac{f}{k_BT}\sum_{i=1}^{g}(-F_i+\zeta\dot{q}_i)\frac{p_i}{m_i}$$

于是第二项

$$\sum_{i=1}^{g}\left(\dot{q}_i\frac{\partial f}{\partial q_i}+\dot{p}_i\frac{\partial f}{\partial p_i}\right)=\frac{f}{k_BT}\sum_{i=1}^{g}\left(\frac{p_i}{m_i}\right)F_i+\frac{f}{k_BT}\sum_{i=1}^{g}(-F_i+\zeta\dot{q}_i)\frac{p_i}{m_i}$$
$$=\frac{f}{k_BT}\sum_{i=1}^{g}\left\{\frac{p_i}{m_i}F_i+(-F_i+\zeta\dot{q}_i)\frac{p_i}{m_i}\right\}$$

即 $\sum_{i=1}^{g}\left(\dot{q}_i\frac{\partial f}{\partial q_i}+\dot{p}_i\frac{\partial f}{\partial p_i}\right)=\frac{\zeta f}{k_BT}\sum_{i=1}^{g}\dot{q}_i\frac{p_i}{m_i}$.

(iii) 式 (3.5.5-10) 中第 3, 4 项 $=f\frac{\partial\dot{\zeta}}{\partial\zeta}+\dot{\zeta}\frac{\partial f}{\partial\zeta}$, 其中, $\frac{\partial\dot{\zeta}}{\partial\zeta}=0$. 又因为

$$\frac{\partial f}{\partial\zeta}=\frac{\partial}{\partial\zeta}\left\{ce^{-\left\{\sum_{i=1}^{g}\frac{p_i^2}{2m_i}+V(q)+\frac{1}{2}Q\zeta^2\right\}/k_BT}\right\}=-\frac{f}{k_BT}\frac{\partial\left\{\frac{1}{2}Q\zeta^2\right\}}{\partial\zeta}=-\frac{f}{k_BT}\zeta Q,$$

所以

$$\dot{\zeta}\frac{\partial f}{\partial\zeta}=\frac{1}{Q}\left(\sum_{i=1}^{g}\frac{p_i^2}{m_i}-gk_BT\right)\left(-\frac{f}{k_BT}\zeta Q\right)=-\frac{f\zeta}{k_BT}\left\{\sum_{i=1}^{g}\frac{p_i^2}{m_i}-gk_BT\right\}.$$

最后第 3,4 项等于 $-\frac{f\zeta}{k_BT}\left\{\sum_{i=1}^{g}\frac{p_i^2}{m_i}-gk_BT\right\}$.

将以上各式代入式 (3.5.5-10) 右边得到

$$\nabla\cdot(f\boldsymbol{v})=-f\zeta\sum_{i=1}^{g}\frac{1}{m_i}+\frac{\zeta f}{k_BT}\sum_{i=1}^{g}\dot{q}_i\frac{p_i}{m_i}-\frac{f\zeta}{k_BT}\left\{\sum_{i=1}^{g}\frac{p_i^2}{m_i}-gk_BT\right\}$$
$$=\frac{f\zeta}{k_BT}\left\{\sum_{i=1}^{g}\left[-\frac{k_BT}{m_i}+\dot{q}_i\frac{p_i}{m_i}-\frac{p_i^2}{m_i}\right]+gk_BT\right\} \qquad (3.5.5\text{-}11)$$

考虑到总动能 $\frac{1}{2}gk_BT=\sum_{i=1}^{g}\frac{p_i^2}{2m_i}$ 和能量均分定律意味着每个平方项的时间平均 $\left\langle\frac{p_i^2}{2m_i}\right\rangle_t=\frac{1}{2}k_BT$, 所以 $\nabla\cdot(f\boldsymbol{v})=0$, 进而服从 Liouville 定理. ■

这表示 Hoover 的运动方程 (3.5.5-7) 构成的概率密度可以满足按照时间 (对应于 Nosé 的 "真实时间") 等间距抽样而得到正则分布.

总的来说, Hoover 继承了 Nosé 的扩展 Hamilton 量的思想, 重新把 Nosé 的问题等价于另一个简单而直截了当的问题：即如果不从一个新的 Hamilton 量出发, 而是从式 (3.5.5-7) 的运动方程出发, 使得式 (3.5.5-7) 的 "摩擦系数"$\zeta(\boldsymbol{q},\boldsymbol{p})$ 能够产生正则分布系综. Hoover 的运动方程可以用 "实时间" 的等间距抽样得到正则分布, 这要比 Nosé 动力学方便得多. 这种方便对于非平衡过程的模拟尤其重要. 显然, Nosé 动力学的其他缺点在 Hoover 动力学中依然存在, 即不具有辛结构, 对简单体系不具有遍态历经性.

3.6 经典力学的算符方法

从 20 世纪 90 年代开始, 生命科学在整个世界科学界占据了 “指挥棒” 的地位, 几乎所有科学的基础研究项目经费如果不与生命科学挂钩就都难以为继, 当时一位法国朋友就为此对笔者叹过苦经. 化学领域中, 分子动力学模拟蛋白质结构、模拟蛋白质折叠行为成了时髦的科研课题. 可是在生命科学的指挥棒下, 分子动力学模拟蛋白质走过的一段道路却是不应该如此曲折、不平坦.

分子动力学模拟蛋白质结构从 20 世纪 80 年代就开始研究了 [9,10]. 不过长时间里研究者的思路局限在模拟时间不足, 也就是没有接近准遍态历经, 以为关键仅此而已. 1990~1995 年, 第一流关于生物分子结构的模拟文章采用的模拟时间大多数为 10~50ps. 仅仅到了 1997 年人们才觉悟到模拟时间低于 150 ps 的投稿连被审稿的资格也不给予了. 似乎蛋白质的分子动力学模拟时间要提高到纳秒级才行. 当时笔者对此预言颇有疑虑, 因为笔者对一个仅有 40 个原子的二糖分子作分子动力学模拟. 发现需要至少 1.5 ns 才能出现准遍态历经的迹象[23]. 从蛋白质与二糖分子原子个数的巨大差异可见当时的科学界对此过于乐观了.

无论如何, 人们似乎就只有指望计算机能力的提高, 等待新的强大计算机问世. 2003 年蛋白质的模拟时间达到了 300 ns, 问题还未见解决. 鉴于 “前程未卜”, 不少研究组开始退出竞争. 难道只是模拟时间不足的问题吗? 其实, 在生命科学的指挥棒明显失灵之前十多年数学家、物理学家的研究已经给我们带来了曙光. 只不过, 指挥者无动于衷. 可以公正地说, 如果不是局限在这根指挥棒的狭隘学术目光的话, 分子动力学模拟应该早就看到了光明.

给我们带来曙光的是中国数学家冯康 (1920~1993) 和日本物理学家能势修一, 他们的工作都是在 1984 年问世的. 鉴于工作的深度, 他们的深远影响都是在好几年之后才为同行认识, 更不要说从物理影响到化学, 以至更远的生命科学. 在 3.5.4 小节介绍过 Nosé 动力学时了解到: 过去的分子动力学模拟只能算是初等的, Nosé 启发我们要回答这样一个问题 —— 怎么样的分子动力学模拟才是一个好的方法? 他给出了部分答案, 即至少要严格满足统计系综的要求. 冯康站在更高的高度看到: 因为 Hamilton 正则方程内禀的辛几何对称性, 所以凡是服从 Hamilton 方程的力学体系, 在计算算法上至少也要满足辛几何对称性才行, 再一次提醒人们物质世界 (至少是无生命世界) 问题的最深层次考虑在物理, 物理的最深层次考虑在于对称性.

本节开始要具体从更基础的原理出发, 回答解决这个问题的曙光来自何处. 既然分子动力学在根本上是将经典力学用于描述原子核的运动, 所以要从经典力学开始, 看看在深层次上面经典力学的规律. 尽管 Hamilton 方程与 Newton 方程等价, 但是 Hamilton 方程开辟了揭示深层次经典力学规律的道路. 近年来的研究成果表明只有从深层次的基本性质入手, 从时间反演对称性 (即微观过程的可逆性) 和辛几何结构着手, 才能真正使得分子动力学方法的研究走上正道.

20 世纪二三十年代泛函分析、算符方法在量子力学上的成功经验启发人们反过来把它移植到经典力学上, 40 年代建立了经典力学的算符方法, 把 Hamilton 的经典力学推进了一步[24]. 由此看到时间反演对称性等价于时间演化算符的酉算符属性. 可见, 分子动力学模拟采用的数值积分方法都应当具备这些性质. 整个这一套理论将会把基于经典力学的分子动力学模拟的学术思考提高到一个新的高度[25~27].

这套经典力学的算符方法是 I. Prigogine 用来处理他的非平衡统计力学的基本工具之一. 不知何故, 量子力学处理化学、固体物理、基本粒子问题的做法被有些哲学家指责为孤立、片面看问题的 "还原论" 倾向, 而 Prigoginc 却被他们誉为能够整体、全面地看问题. 其实在本质上两者并非排斥, 而是一致的. 恰恰相反, Prigogine 的成名著作就说明他是 "还原论" 的一把好手, 他因此开扩了科学的视野[24]. Prigogine 更认为他的贡献 "...... 可以协调地纳入如经典力学或量子力学这样的理论框架中."

3.6.1 概率密度分布函数、Liouville 方程

讨论 N 个全同粒子组成的离域子体系, 系综中的每一个体系状态都对应于 Γ 相空间中的一个点, 即一个相点 $\{\boldsymbol{p},\boldsymbol{q}\}$, 其中, N 个粒子的位置向量的集合记为 $\boldsymbol{q}\equiv\{\boldsymbol{q}_1,\boldsymbol{q}_2,\cdots,\boldsymbol{q}_i,\cdots,\boldsymbol{q}_N\}$, 动量向量的集合记为 $\boldsymbol{p}\equiv\{\boldsymbol{p}_1,\boldsymbol{p}_2,\cdots,\boldsymbol{p}_i,\cdots,\boldsymbol{p}_N\}$. 在 $\{\boldsymbol{p},\boldsymbol{q}\}$ 处 h^{3N} 体积的相空间相当于一个体系微观状态. 再因为全同离域子体系, 则 Γ 相空间中一个相体积元所代表的体系微观状态数为

$$\mathrm{d}\Gamma\equiv\frac{\mathrm{d}\boldsymbol{p}\mathrm{d}\boldsymbol{q}}{h^{3N}N!}\equiv\frac{1}{h^{3N}N!}\prod_{i=1}^{N}\mathrm{d}\boldsymbol{p}_i\mathrm{d}\boldsymbol{q}_i \tag{3.6.1-1}$$

其中, $\mathrm{d}\boldsymbol{p}\mathrm{d}\boldsymbol{q}\equiv\prod_{i=1}^{N}\mathrm{d}\boldsymbol{p}_i\mathrm{d}\boldsymbol{q}_i$ 为相体积元体积. 设 t 时刻体系微观状态在 Γ 相空间的相体积元 $\mathrm{d}\Gamma$ 处出现的概率为

$$\mathrm{d}w\equiv f(\boldsymbol{q},\boldsymbol{p},t)\,\mathrm{d}\Gamma \tag{3.6.1-2}$$

$f(\boldsymbol{q},\boldsymbol{p},t)$ 称为 Γ 相空间中体系状态的**概率分布函数**, 简称**分布函数**, 表示 Γ 相空间中体系状态的概率密度. 体系处于平衡态时概率分布函数与时间无关, 而处于非平衡态时概率分布函数与时间有关. 概率分布函数在整个 Γ 相空间的积分就是总概率 1,

$$\int_{\Gamma}f(\boldsymbol{q},\boldsymbol{p},t)\,\mathrm{d}\Gamma=1 \tag{3.6.1-3}$$

t 时刻任意物理量 A 的平均值为

$$\langle A(t)\rangle=\int_{\Gamma}A(\boldsymbol{q},\boldsymbol{p})\,f(\boldsymbol{q},\boldsymbol{p},t)\,\mathrm{d}\Gamma \tag{3.6.1-4}$$

讨论是在 Γ 相空间中, 故这里谈及的状态均指体系的微观状态. $f(\boldsymbol{q},\boldsymbol{p},t)$ 代表了 Γ 相空间中状态的概率密度. 既然体系处于非平衡态, 则在 $\{\boldsymbol{p},\boldsymbol{q}\}$ 处状态的概率密度 $f(\boldsymbol{q},\boldsymbol{p},t)$ 当然是时间的函数, 它代表了状态的时间演化. 以下讨论概率密度 $f(\boldsymbol{q},\boldsymbol{p},t)$ 随时间变化的规律 ——Liouville 方程:

设 $\boldsymbol{v}$ 为 Γ 相空间中相点的速度, 所以

$$\boldsymbol{v}=\sum_{i=1}^{3N}\dot{q}_i\hat{\boldsymbol{q}}_i+\sum_{i=1}^{3N}\dot{p}_i\hat{\boldsymbol{p}}_i \tag{3.6.1-5}$$

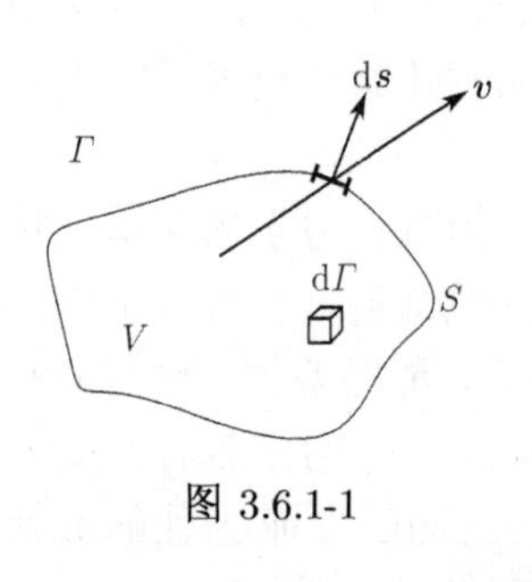

图 3.6.1-1

其中, $\hat{\boldsymbol{q}}_i$ 为第 i 个粒子的位置向量 $\boldsymbol{q}_i$ 方向上的单位向量, $\dot{q}_i$ 为 $\boldsymbol{q}_i$ 的模对于时间 t 的导数; $\hat{\boldsymbol{p}}_i$ 为第 i 个粒子动量向量 $\boldsymbol{p}_i$ 方向上的单位向量, $\dot{p}_i$ 为 $\boldsymbol{p}_i$ 的模对于时间 t 的导数. 考虑 Γ 相空间中的一个任意的固定区域 V(图 3.6.1-1):

$$\text{固定区域 } V \text{ 内状态点的增速} = \frac{\partial}{\partial t}\int_V f\mathrm{d}\Gamma \tag{3.6.1-6}$$

从固定区域 V 中流出的状态点速度

$$= \oint_S \mathrm{d}\boldsymbol{s}\cdot\boldsymbol{v}f = \int_V \mathrm{d}\Gamma\nabla\cdot(f\boldsymbol{v}) \tag{3.6.1-7}$$

根据惯例, 表面元 $\mathrm{d}\boldsymbol{s}$ 是个向量, 其方向约定为表面 S 的外法向, 其模为表面元的面积. $\boldsymbol{v}f$ 为 Γ 相空间中概率流向量, 单位时间通过 $\mathrm{d}\boldsymbol{s}$ 的状态数为 $\mathrm{d}\boldsymbol{s}\cdot\boldsymbol{v}f$. 式 (3.6.1-7) 第二步的根据是 Gauss 定理(见附录 C.1.1).

因为 Γ 相空间中不存在生成状态的 “源”, 也不存在消灭状态的 “黑洞”. 所以, 从区域 V 中流出的状态数等于流入区域 V 的状态数:

$$0 = \frac{\partial}{\partial t}\int_V f\mathrm{d}\Gamma + \int_V \mathrm{d}\Gamma\nabla\cdot(f\boldsymbol{v}) = \int_V \mathrm{d}\Gamma\left[\frac{\partial f}{\partial t} + \nabla\cdot(f\boldsymbol{v})\right]$$

因为此式对于任意选的区域 V 都要成立, 故必有

$$\frac{\partial f}{\partial t} + \nabla\cdot(f\boldsymbol{v}) = 0 \tag{3.6.1-8}$$

而 $\dfrac{\partial f}{\partial t} = -\nabla\cdot(f\boldsymbol{v}) = -\sum_{i=1}^{3N}\left[\dfrac{\partial(f\dot{q}_i)}{\partial q_i} + \dfrac{\partial(f\dot{p}_i)}{\partial p_i}\right] = -\sum_{i=1}^{3N}\left[\dot{q}_i\dfrac{\partial f}{\partial q_i} + \dot{p}_i\dfrac{\partial f}{\partial p_i}\right] - f\sum_{i=1}^{3N}\left[\dfrac{\partial\dot{q}_i}{\partial q_i} + \dfrac{\partial\dot{p}_i}{\partial p_i}\right]$. 右边第二个加和项为零. 再根据 Hamilton 正则方程, 得到

$$\frac{\partial f}{\partial t} = -\sum_{i=1}^{3N}\left[\frac{\partial f}{\partial q_i}\frac{\partial H}{\partial p_i} - \frac{\partial H}{\partial q_i}\frac{\partial f}{\partial p_i}\right] \tag{3.6.1-9}$$

最后借用力学中 Poisson 括号的定义, Γ 空间中 Poisson 括号为 $\{A,B\} \equiv \sum_{i=1}^{3N}\left[\dfrac{\partial A}{\partial q_i}\dfrac{\partial B}{\partial p_i} - \dfrac{\partial B}{\partial q_i}\dfrac{\partial A}{\partial p_i}\right]$, 其中, A, B 为任意力学量. 于是式 (3.6.1-9) 就可写为

$$\frac{\partial f}{\partial t} = -\{f, H\} \tag{3.6.1-10}$$

称为 **Liouville 方程**. 它代表了在 Γ 空间中分布函数或相密度 $f(\boldsymbol{q},\boldsymbol{p},t)$ 的时间演化规律. 既然是 f 对时间的偏导数, 它就隐含着指在 Γ 空间任意一个固定点处相密度 f 随时间的变化规律.

讨论

(1) 从以上的演绎过程可知 Liouville 方程只适用于保守系. 在保守系里, 势能才只与位置有关. 至于这个体系是否处于平衡态还是非平衡态, Liouville 方程都能适用.

(2) Liouville 方程是一阶微分方程, 所以只要已知一个初始条件就可以求出体系未来时刻的相密度 $f(\boldsymbol{q},\boldsymbol{p},t)$.

(3) 根据 $f(\boldsymbol{q}(t),\boldsymbol{p}(t),t)$, 于是全微分 $\dfrac{\mathrm{d}f}{\mathrm{d}t}=\dfrac{\partial f}{\partial t}+\sum\limits_{i=1}^{3N}\left[\dfrac{\partial f}{\partial \boldsymbol{q}_i}\dot{q}_i+\dfrac{\partial f}{\partial \boldsymbol{p}_i}\dot{p}_i\right]$. 再将 Hamilton 正则方程代入, 得到 $\dfrac{\mathrm{d}f}{\mathrm{d}t}=\dfrac{\partial f}{\partial t}+\{f,H\}$. 最后考虑到 Liouville 方程, 得到

$$\frac{\mathrm{d}f}{\mathrm{d}t}=0 \tag{3.6.1-11}$$

称为 **Liouville 定理**或 **Liouville-Poincaré 守恒律**, 表示无论体系的时间演化如何, 相密度 f 的“随流”时间导数为 0, 也就是相点的“局部”密度随时间保持不变. “随流”是指随同相点一起运动的观察者看到他所在处的现象. 相密度 f 这团“概率密度云”随时间在 Γ 相空间中漂流犹如一股不可压缩的流体一样. 只要是保守系, Liouville 定理是其中普适的经典力学规律.

式 (3.6.1-11) 中的全微分在物理上是“随流”的概念. 对应的 Liouville 方程 (3.6.1-10) 中的偏微分代表了在 Γ 空间中相密度 $f(\boldsymbol{q},\boldsymbol{p},t)$ 的时间演化规律. 既然是 f 对时间的偏导数, 它就隐含着表示在 Γ 空间任意一个固定点处相密度 f 随时间的变化规律.

(4) 若概率密度 $f(\boldsymbol{q},\boldsymbol{p},t)$ 不显含时间, 即 $\dfrac{\partial f}{\partial t}=0$(即 $f=f(\boldsymbol{q},\boldsymbol{p})$ 或 $\{f,H\}=0$), 则称该系综是稳定的, 一个**稳定系综**. 于是对于任意不显含时间的物理量 $A\equiv A(\boldsymbol{q},\boldsymbol{p})$, 其均值 $\langle A\rangle=\displaystyle\int_\Gamma \mathrm{d}\Gamma A(\boldsymbol{q},\boldsymbol{p})f(\boldsymbol{q},\boldsymbol{p})$ 满足 $\dfrac{\mathrm{d}\langle A\rangle}{\mathrm{d}t}=0$. 它代表稳定系综中, 这类不显含时间的物理量的平均值与时间无关. 这时的体系称为处于稳态或定态 (stationary state). 平衡态是稳态中的一种, 而稳态不见得是平衡态. 稳态时, 环境的宏观状态可以出现变化. 稳态体系只有当环境的宏观状态不变时它才处于平衡态.

3.6.2 经典 Liouville 算符、力学量的时间演化

尽管历史上量子力学是从经典力学的形式理论发展起来的, 但是量子力学的辉煌成功也反过来启示我们用量子力学的观点重新改造经典力学的形式理论, 如将经典力学量也改造成 Hermite 算符, 将经典的时间演化改造成酉算符 (参考任何一本《量子力学》即可). 所以现在介绍 Liouville 方程的另一形式 —— 经典 Liouville 算符.

定义 3.6.2-1

$$\mathrm{L}(\cdot)\equiv -\mathrm{i}\{(\cdot),H\} \tag{3.6.2-1a}$$

即 $\mathrm{iL}(\cdot)=\{(\cdot),H\}$ 或

$$\mathrm{L}(\cdot)\equiv -\mathrm{i}\sum_{i=1}^{3N}\left[\frac{\partial(\cdot)}{\partial q_i}\frac{\partial H}{\partial p_i}-\frac{\partial H}{\partial q_i}\frac{\partial(\cdot)}{\partial p_i}\right] \tag{3.6.2-1b}$$

于是 Liouville 方程 $\dfrac{\partial f}{\partial t}=-\{f,H\}$ (见式 (3.6.1-10)) 可改写为

$$\mathrm{i}\frac{\partial f}{\partial t}=\mathrm{L}f \tag{3.6.2-2}$$

讨论

(1) 式 (3.6.2-2) 与 Schrödinger 方程 $\mathrm{i}\hbar\dfrac{\partial \Psi}{\partial t}=\mathrm{H}\Psi$ 非常类似, 分布函数与波函数对应. 1838 年的 Liouville 方程孕育着在 1926 年出现的 Schrödinger 方程.

(2) 从两者的相似又看到：17 世纪 70 年代牛顿的力学以 “力” 为主线, 19 世纪 60 年代 Hamilton 继 Lagrange 之后把力学改变成以 “能量” 为主线. 这是非常重要的一步. 难道 Hamilton 仅仅是因为正则方程的对称形式, 而大胆舍弃直观的 “力”, 转而追求 “能量” 的吗？能量在当时人们眼中还是相当抽象的概念. Hamilton 在美学观点的驱动下把 “力” 学改造成 “能量” 学, 这竟然为 150 年之后, 今天的整个物理、化学科学奠定了理论基础.

历史说明, 人们往往相信直观, 而且对直观往往又认为是一种道不清、说不明的第六感. 实际上人们无一不是用先学到的知识作为判断后来知识真伪的判据, 心中的真伪判据 (即 “直观”) 从学龄前直到中学都是经典的 “直观”. 万一遇到实在用 “直观” 解释不了的时候, 就用了一个貌似正确的新概念, 如 “波粒二象性” 来调和. 到了高等量子力学就知道不需要波粒二象性这个概念了, 因为新的直观已经建立, 就如从算术到代数, 从代数到抽象代数一样.

既然如此, 就存在一个提高直观水平的问题. Hamilton 方程、Liouville 方程的出现又一次告诉我们, 科学每跨出关键的一步, 往往看似更加抽象, 实质上人们却在更为普遍的层次上用新的 “直观” 概念思考问题. “直观” 不是一成不变的. 一千年前, “负数” 还不是一个直观的概念, 现在却是路人皆知的了.

1) 经典 Liouville 算符的形式解

形式解就是解析解. 若经典 Liouville 算符 L 与时间无关且 $f(\boldsymbol{q},\boldsymbol{p},t=0)$ 已知, 则根据式 (3.6.2-2) 得到 $\left.\dfrac{\partial f}{\partial t}\right|_{t=0}=(-\mathrm{iL})\left.f\right|_{t=0}$. 再在被算符 $-\mathrm{iL}$ 作用 n 次后在 $t=0$ 处取值, 得到 $\left.\dfrac{\partial^n f}{\partial t^n}\right|_{t=0}=(-\mathrm{iL})^n\left.f\right|_{t=0}$. 然后, 将 $n=0\to\infty$ 次的等式加和得到

$$\mathrm{e}^{-\mathrm{iL}t}f(\boldsymbol{q},\boldsymbol{p},0)=\sum_{n=0}^{\infty}\frac{t^n}{n!}(-\mathrm{iL})^n\left.f\right|_{t=0}=\sum_{n=0}^{\infty}\frac{t^n}{n!}\left(\frac{\partial^n f}{\partial t^n}\right)_{t=0}=f(\boldsymbol{q},\boldsymbol{p},t)$$

于是

$$f(\boldsymbol{q},\boldsymbol{p},t)=\mathrm{e}^{-\mathrm{iL}t}f(\boldsymbol{q},\boldsymbol{p},0) \tag{3.6.2-3}$$

式 (3.6.2-3) 多么像量子力学态的时间演化.

2) 力学量的时间演化

任意力学量 $A\equiv A(\boldsymbol{q}(t),\boldsymbol{p}(t),t)$ 的时间演化可以写为

$$\frac{\mathrm{d}A}{\mathrm{d}t}=\frac{\partial A}{\partial t}+\sum_{i=1}^{3N}\left[\frac{\partial A}{\partial q_i}\dot{q}_i+\frac{\partial A}{\partial p_i}\dot{p}_i\right]=\frac{\partial A}{\partial t}+\sum_{i=1}^{3N}\left[\frac{\partial A}{\partial q_i}\frac{\partial H}{\partial p_i}-\frac{\partial A}{\partial p_i}\frac{\partial H}{\partial q_i}\right]$$

即

$$\frac{\mathrm{d}A}{\mathrm{d}t}=\frac{\partial A}{\partial t}+\{A,H\} \tag{3.6.2-4}$$

根据 $\mathrm{iL}(\cdot)=\{(\cdot),H\}$, 于是任意力学量 A 的时间演化规律服从

$$\frac{\mathrm{d}A}{\mathrm{d}t}=\frac{\partial A}{\partial t}+\mathrm{iL}A \tag{3.6.2-5}$$

3) 任意力学量 A 的平均值

任意力学量 A 的平均值 $\langle A\rangle$ 必满足方程

$$\frac{\mathrm{d}\langle A\rangle}{\mathrm{d}t}=\left\langle\frac{\mathrm{d}A}{\mathrm{d}t}\right\rangle \tag{3.6.2-6}$$

证明 根据任意物理量 A 的均值为 $\langle A\rangle=\int_{\Gamma}\mathrm{d}\Gamma A(\boldsymbol{q},\boldsymbol{p},t)f(\boldsymbol{q},\boldsymbol{p},t)$, 于是

$$\begin{aligned}\frac{\mathrm{d}}{\mathrm{d}t}\langle A\rangle&=\frac{\mathrm{d}}{\mathrm{d}t}\int_{\Gamma}\mathrm{d}\Gamma A(\boldsymbol{q},\boldsymbol{p},t)f(\boldsymbol{q},\boldsymbol{p},t)=\int_{\Gamma}\mathrm{d}\Gamma\left[\left(\frac{\mathrm{d}A}{\mathrm{d}t}\right)f+A\frac{\mathrm{d}f}{\mathrm{d}t}\right]\\&=\int_{\Gamma}\mathrm{d}\Gamma\left(\frac{\mathrm{d}A}{\mathrm{d}t}\right)f=\left\langle\frac{\mathrm{d}A}{\mathrm{d}t}\right\rangle\end{aligned}$$

上式演绎的第 3 步的根据是式 (3.6.1-11), 即相空间概率密度 f 的"随流"时间导数为 0. ■

4) 不显含时的物理量

若物理量 A 不显含时间, 即 $A=A(\mathbf{q}(t),\mathbf{p}(t))$ 或 $\dfrac{\partial A}{\partial t}=0$, 则从式 (3.6.2-5) 得到

$$\frac{\mathrm{d}A}{\mathrm{d}t}=\mathrm{iL}A \tag{3.6.2-7}$$

然后按照推导式 (3.6.2-3) 的办法同样得到

$$A(\boldsymbol{q}(t),\boldsymbol{p}(t))=\mathrm{e}^{\mathrm{iL}t}A(\boldsymbol{q}(0),\boldsymbol{p}(0)). \tag{3.6.2-8}$$

回顾以上演绎, 可知式 (3.6.2-8) 成立的条件是: 第一, 物理量 A 不显含时; 第二, 经典 Liouville 算符 L 与时间无关.

3.6.3 经典演化算符、时间反演对称性

现在考察三维 N 个粒子的体系 (不失普遍性, 假定质量均为 m), 其 Hamilton 量仅仅是广义动量 $\boldsymbol{p}\equiv\{\boldsymbol{p}_1(t),\cdots,\boldsymbol{p}_N(t)\}=\{p_1,\cdots,p_{3N}\}$ 和广义位置 $\boldsymbol{q}\equiv\{\boldsymbol{q}_1(t),\cdots,\boldsymbol{q}_N(t)\}=\{q_1,\cdots,q_{3N}\}$ 的函数, 即

$$H(\boldsymbol{p},\boldsymbol{q})=\sum_{j=1}^{N}\frac{\boldsymbol{p}_j^2}{2m_j}+U(\boldsymbol{q}) \tag{3.6.3-1}$$

所有粒子必须服从下列 Hamilton 正则方程:

$$\begin{cases}\dot{q}_i=\dfrac{\partial H}{\partial p_i}\\[2ex]\dot{p}_i=-\dfrac{\partial H}{\partial q_i}\end{cases} \tag{3.6.3-2}$$

体系中任意不显含时的动力学量 $A(\boldsymbol{q},\boldsymbol{p})$ 的时间演化方程为

$$\frac{\mathrm{d}A}{\mathrm{d}t}=\{A,H\}=\mathrm{iL}A \tag{3.6.3-3}$$

作为特例, 当 $A(\boldsymbol{q},\boldsymbol{p})=q_k$ 和 $A(\boldsymbol{q},\boldsymbol{p})=p_k$ 时, 有

$$\begin{cases}\dot{q}_k=\{q_k,H\},\\ \dot{p}_k=\{p_k,H\},\end{cases}\quad\forall k \tag{3.6.3-4}$$

以 $A(\boldsymbol{q},\boldsymbol{p})=p_k$ 为例验证之.

$$\dot{p}_k=\{p_k,H\}=\sum_{i=1}^{3N}\left\{\frac{\partial p_k}{\partial q_i}\frac{\partial H}{\partial p_i}-\frac{\partial H}{\partial q_i}\frac{\partial p_k}{\partial p_i}\right\}$$

$$=\sum_{i=1}^{3N}\left\{0\cdot\frac{\partial H}{\partial p_i}-\frac{\partial H}{\partial q_i}\delta_{ki}\right\}=-\frac{\partial H}{\partial q_k},\ 即\ \dot{p}_k=-\frac{\partial U}{\partial q_k}=F_k(\boldsymbol{q}).$$

定义一个 $6N$ 维的相空间向量 $\mathbf{x}\equiv[\mathbf{q},\mathbf{p}]^{\mathrm{T}}\equiv[q_1,\cdots,q_{3N},p_1,\cdots,p_{3N}]^{\mathrm{T}}$. Γ 相空间中的任意一点都是 $\mathbf{x}$ 的某个线性组合, 代表了体系的一个微观状态. $\mathbf{x}$ 可当作 “单位” 相点, 求得 $\mathbf{x}$ 的演化规律, 那么相空间中相点的演化规律也就得到了. 于是根据式 (3.6.1-4) 可以得到单位相点 $\mathbf{x}$ 的时间演化规律为

$$\frac{\mathrm{d}\mathbf{x}}{\mathrm{d}t}=\{\mathbf{x},H\}\tag{3.6.3-5}$$

根据 Liouville 算符

$$\mathtt{L}(\cdot)\equiv-\mathrm{i}\{(\cdot),H\}=-\mathrm{i}\sum_{i=1}^{3N}\left\{\frac{\partial(\cdot)}{\partial q_i}\frac{\partial H}{\partial p_i}-\frac{\partial H}{\partial q_i}\frac{\partial(\cdot)}{\partial p_i}\right\}=-\mathrm{i}\sum_{i=1}^{3N}\left\{\frac{\partial(\cdot)}{\partial q_i}\dot{q}_i+\dot{p}_i\frac{\partial(\cdot)}{\partial p_i}\right\}\tag{3.6.3-6}$$

故相点的时间演化 (见式 (3.6.3-5)) 又可写成与 Hamilton 正则方程等价的算符方程形式

$$\dot{\mathbf{x}}=\mathrm{i}\mathtt{L}\mathbf{x}=\{\mathbf{x},H\}\tag{3.6.3-7}$$

从式 (3.6.3-6) 可见 Liouville 算符 $\mathtt{L}$ 又可写为

$$\mathtt{L}=-\mathrm{i}\dot{\mathbf{x}}\cdot\nabla_{\mathbf{x}}\tag{3.6.3-8}$$

讨论

(1) Liouville 算符的 Hermite 性

求证 $\mathtt{L}^{\dagger}=\mathtt{L}$ (Hermite 性).　　(3.6.3-9)

证明　为简便计且不失普遍性, 以下用一维运动的单粒子体系作讨论, 它的相空间是二维的:

此时

$$\mathtt{L}=-\mathrm{i}\left\{\dot{q}\frac{\partial}{\partial q}+\dot{p}\frac{\partial}{\partial p}\right\}=-\mathrm{i}\left\{\frac{p}{m}\frac{\partial}{\partial q}+F(q)\frac{\partial}{\partial p}\right\}\tag{3.6.3-10}$$

引入相空间的正交归一集 $\{\phi_k(q,p)\}$, 即它们满足

$$\int\mathrm{d}q\mathrm{d}p\phi_j^*(q,p)\,\phi_k(q,p)=\delta_{jk}\tag{3.6.3-11}$$

假定当 $(q,p)\to\pm\infty$ 时 $\phi_k(q,p)\to 0$ 且该相空间是有界的 (请思考其物理意义). 根据式 (3.6.3-10), 故以 $\{\phi_k(q,p)\}$ 为基时, 算符 $\mathtt{L}$ 的矩阵元为

$$L_{kl}\equiv\langle\phi_k|\mathtt{L}|\phi_l\rangle=-\mathrm{i}\iint\mathrm{d}q\mathrm{d}p\phi_k^*(q,p)\left\{\frac{p}{m}\frac{\partial}{\partial q}+F(q)\frac{\partial}{\partial p}\right\}\phi_l(q,p)\tag{3.6.3-12}$$

交换指标 $k \leftrightarrow l$, 得到 $L_{lk} = -\mathrm{i}\iint \mathrm{d}q\mathrm{d}p\left\{\frac{p}{m}\phi_l^*\frac{\partial\phi_k}{\partial q} + F(q)\phi_l^*\frac{\partial\phi_k}{\partial p}\right\}$. 再取复共轭得到 $L_{lk}^* = \mathrm{i}\iint \mathrm{d}q\mathrm{d}p\left\{\frac{p}{m}\phi_l\frac{\partial\phi_k^*}{\partial q} + F(q)\phi_l\frac{\partial\phi_k^*}{\partial p}\right\}$. 再作分部积分, 利用 $\pm\infty$ 处基为零的相空间边界条件得到

$$\begin{aligned}
L_{lk}^* &= \mathrm{i}\int \mathrm{d}p\frac{p}{m}\int \mathrm{d}q\phi_l\frac{\partial\phi_k^*}{\partial q} + \mathrm{i}\int \mathrm{d}qF(q)\int \mathrm{d}p\phi_l\frac{\partial\phi_k^*}{\partial p}\\
&= \mathrm{i}\int \mathrm{d}p\frac{p}{m}\int \phi_l\mathrm{d}\phi_k^* + \mathrm{i}\int \mathrm{d}qF(q)\int \phi_l\mathrm{d}\phi_k^*\\
&= \mathrm{i}\int \mathrm{d}p\frac{p}{m}\left\{\phi_l\phi_k^*|_{-\infty}^{\infty} - \int \phi_k^*\mathrm{d}\phi_l\right\} + \mathrm{i}\int \mathrm{d}qF(q)\left\{\phi_l\phi_k^*|_{-\infty}^{\infty} - \int \phi_k^*\mathrm{d}\phi_l\right\}\\
&= -\mathrm{i}\int \mathrm{d}p\frac{p}{m}\int \phi_k^*\mathrm{d}\phi_l - \mathrm{i}\int \mathrm{d}qF(q)\int \phi_k^*\mathrm{d}\phi_l\\
&= -\mathrm{i}\int \mathrm{d}p\frac{p}{m}\int \mathrm{d}q\phi_k^*\frac{\partial\phi_l}{\partial q} - \mathrm{i}\int \mathrm{d}qF(q)\int \mathrm{d}p\phi_k^*\frac{\partial\phi_l}{\partial p}\\
&= -\mathrm{i}\iint \mathrm{d}q\mathrm{d}p\phi_k^*\left\{\frac{p}{m}\frac{\partial}{\partial q} + F(q)\frac{\partial}{\partial p}\right\}\phi_l
\end{aligned}$$

所以 $L_{lk}^* = L_{kl}$. 于是 Liouville 算符是 Hermite 算符. 同样, 可以推广证明 N 个三维粒子的 Liouville 算符 $\mathtt{L}$ (见式 (3.6.3-6)) 是 Hermite 算符. ■

(2) 经典微观状态的时间演化: 经典微观状态时间演化服从 $\frac{\mathrm{d}\mathbf{x}}{\mathrm{d}t} = \{\mathbf{x}, H\} = \mathrm{i}\mathtt{L}\mathbf{x}$. 它的解析解为

$$\mathbf{x}(t) = \mathrm{e}^{\mathrm{i}\mathtt{L}t}\mathbf{x}(0) \tag{3.6.3-13}$$

$\mathbf{x}(0) \equiv [\boldsymbol{q}(0)\,\boldsymbol{p}(0)]^{\mathrm{T}}$ 就是起始条件. 算符 $\mathrm{e}^{\mathrm{i}\mathtt{L}t}$ 称为经典传播子 (classical propagator), 与量子力学的传播子 $\mathrm{e}^{-\mathrm{i}Ht/\hbar}$ 对应. 传播子又称为**演化算符**.

记演化算符 $\mathtt{U}(t_1, t_2) \equiv \mathtt{U}(t_2 - t_1) \equiv \mathrm{e}^{\mathrm{i}\mathtt{L}(t_2 - t_1)}$, 即

$$\mathtt{U}(t) \equiv \mathrm{e}^{\mathrm{i}\mathtt{L}t} \tag{3.6.3-14}$$

于是

$$\mathbf{x}(t) = \mathtt{U}(t)\mathbf{x}(0) \tag{3.6.3-15}$$

因为 $\varGamma$ 相空间中的任意一点都是 $\mathbf{x}$ 的某个线性组合, 所以 $\mathbf{x}$ 的该线性组合代表体系的一个微观状态 $\varGamma$. 所以将式 (3.6.3-15) 的线性组合得到

$$\varGamma(t) = \mathtt{U}(t)\varGamma(0) = \mathrm{e}^{\mathrm{i}\mathtt{L}t}\varGamma(0) \tag{3.6.3-16}$$

其中, $\varGamma(0)$, $\varGamma(t)$ 分别表示时间为 0 和 t 的体系微观状态 $\varGamma$. 式 (3.6.3-16) 又可写为

$$\varGamma(t_2) = \mathtt{U}(t_2, t_1)\varGamma(t_1) \tag{3.6.3-17}$$

(3) 演化算符 $\mathtt{U}(t)$ 为酉算符.

求证:

$$\mathtt{U}^{\dagger}(t)\mathtt{U}(t) = 1 \tag{3.6.3-18}$$

证明　因为 $\mathtt{U}(t) \equiv \mathrm{e}^{\mathrm{i}\mathtt{L}t}$ 和 Liouville 算符的 Hermite 性, 故有 $\mathtt{U}^{\dagger}(t) = \mathrm{e}^{-\mathrm{i}\mathtt{L}^{\dagger}t} = \mathrm{e}^{-\mathrm{i}\mathtt{L}t}$. 所以

$$\mathtt{U}^{\dagger}(t)\,\mathtt{U}(t) = \mathrm{e}^{-\mathrm{i}\mathtt{L}t}\mathrm{e}^{\mathrm{i}\mathtt{L}t} = \mathtt{1}. \qquad \blacksquare$$

(4) 时间反演对称性：既然分子动力学模拟的算法是为了实现 Hamilton 体系运动方程的计算, 所以运动方程的基本性质, 包括辛结构 (见 3.8 节)、时间可逆性等都应当体现在算法中. 这里先介绍运动方程的时间反演对称性, 即时间可逆性, 然后证明时间反演对称性对应的演化算符必定是酉算符.

时间反演变换是指将变量 t 替换为 $-t$(记为 $t \to -t$). 于是 $\mathrm{d}t \to -\mathrm{d}t$, $q \to q$ 和 $p = m\dfrac{\mathrm{d}q}{\mathrm{d}t} \to -p$. 所以当时间反演后, Hamilton 正则方程的变化为 $\dot{q} = \dfrac{\partial H}{\partial p} \to -\dot{q} = -\dfrac{\partial H}{\partial p} \Leftrightarrow \dot{q} = \dfrac{\partial H}{\partial p}$, 同时 $\dot{p} = -\dfrac{\partial H}{\partial q} \to \dot{p} = -\dfrac{\partial H}{\partial q}$. 可见 Hamilton 正则方程在时间反演变换的前后形式不变, 这就是经典力学的**时间反演不变性**. 这意味着如果时间倒流, 则运动方程是一样的, 即如果体系从时间 $t = 0$ 的起始状态演化到时间 $t = t$ 的状态, 然后让时钟倒走 t(即时钟走一个 $-t$, 从 $t = t \to t = 0$), 体系根据相同的运动方程演化 (粒子速度方向相反、模不变), 显然体系要回复到原先 $t = 0$ 的起始状态. 根据式 (3.6.3-17) 的记法, 这两个过程分别为

过程 1　$\Gamma(t) = \mathtt{U}(t,0)\,\Gamma(0) = \mathtt{U}(t)\,\Gamma(0) = \mathrm{e}^{\mathrm{i}\mathtt{L}t}\Gamma(0)$　　(3.6.3-19)

过程 2　$\mathtt{U}(0,t)\,\Gamma(t) = \mathtt{U}(-t)\,\{\mathtt{U}(t)\,\Gamma(0)\}$　　(3.6.3-20)

因为 $\mathtt{U}(t)$ 是酉算符, 即 $\mathtt{U}^{\dagger}(t)\,\mathtt{U}(t) = 1$, 故 $\mathtt{U}^{\dagger}(t) = \mathtt{U}^{-1}(t) = \mathrm{e}^{-\mathrm{i}\mathtt{L}t} = \mathrm{e}^{\mathrm{i}\mathtt{L}(-t)} = \mathtt{U}(-t)$ 就代表“时间反演”这样的作用. 而 $\mathtt{U}(-t)\,\{\mathtt{U}(t)\,\Gamma(0)\} = \mathrm{e}^{-\mathrm{i}\mathtt{L}t}\left\{\mathrm{e}^{\mathrm{i}\mathtt{L}t}\Gamma(0)\right\} = \Gamma(0)$. 可见, 传播子的酉算符属性保证了时间反演对称性, 即**微观过程的可逆性**.

因为酉算符, 所以对应的行列式 $\det\{\mathtt{U}(t)\} = 1$. 从算符方程 $\Gamma(t) = \mathtt{U}(t)\,\Gamma(0)$ 的矩阵表示来看, 如果取的基可以使 $\mathtt{U}(t)$ 对应的矩阵是对角矩阵, 记此时它的对角元为 $u_1(t), u_2(t), \cdots$, 则

$$\det\{\mathtt{U}(t)\} = \prod_i u_i(t) = 1 \tag{3.6.3-21}$$

显然 $\det\{\mathtt{U}^{\dagger}(t)\} = \prod\limits_i u_i^*(t) = 1$. 因为 $\mathtt{U}^{\dagger}(t) = \mathtt{U}^{-1}(t)$, 故 $\mathtt{U}^{-1}(t) = \mathrm{diag}[1/u_1(t), 1/u_2(t), \cdots]$. 所以 $u_i^*(t) = 1/u_i(t)\,(\forall i)$, 进而 $|u_i(t)|^2 = 1(\forall i)$.

因为从 $\Gamma(t) = \mathtt{U}(t)\,\Gamma(0)$ 的矩阵表示来看, 所以 Jacobi 矩阵 $\mathtt{U}_{ij}(t) = \dfrac{\partial \Gamma_i(t)}{\partial \Gamma_j(0)}$ (其中, $\Gamma_i(t), \Gamma_j(0)$ 分别是列矩阵 $\Gamma(t), \Gamma(0)$ 的矩阵元). 只要是 Hamilton 体系, 这个 Jacobi 矩阵的行列式总是等于 1. 它意味着：在 Hamilton 运动方程的规定下, 相空间的体积元总是保持不变的. 可见, 演化算符的酉算符属性又与 Liouville 定理是自洽的.

3.6.4　Trotter 定理和经典演化算符的因子化

1) 演化算符 $\mathrm{e}^{\mathrm{i}\mathtt{L}t}$ 因子化的困难

式 (3.6.3-16) $\Gamma(t) = \mathtt{U}(t)\,\Gamma(0) = \mathrm{e}^{\mathrm{i}\mathtt{L}t}\Gamma(0)$ 给出了体系的微观状态的时间演化规律, 所以现在问题归结为如何从普适的 Liouville 算符 $\mathtt{L}$ 具体求算演化算符 $\mathtt{U}(t) = \mathrm{e}^{\mathrm{i}\mathtt{L}t}$. 根据

Liouville 算符的定义 (见式 (3.6.2-1a)), 即

$$\mathrm{L}(\cdot) \equiv -\mathrm{i}\{(\cdot), H\} \equiv -\mathrm{i}\sum_{i=1}^{3N}\left[\frac{\partial(\cdot)}{\partial q_i}\frac{\partial H}{\partial p_i} - \frac{\partial H}{\partial q_i}\frac{\partial(\cdot)}{\partial p_i}\right] \tag{3.6.4-1}$$

它由前后两部分组成, 分别定义为

$$\begin{cases} \mathrm{L}_1 \equiv -\mathrm{i}\displaystyle\sum_{i=1}^{3N}\left\{\frac{\partial H}{\partial p_i}\frac{\partial}{\partial q_i}\right\} \\ \mathrm{L}_2 \equiv -\mathrm{i}\displaystyle\sum_{i=1}^{3N}\left\{-\frac{\partial H}{\partial q_i}\frac{\partial}{\partial p_i}\right\} \end{cases} \tag{3.6.4-2}$$

即

$$\mathrm{L} = \mathrm{L}_1 + \mathrm{L}_2 \tag{3.6.4-3}$$

L_1 与 L_2 的对易子 (commutator) 为

$$[\mathrm{L}_1, \mathrm{L}_2] \equiv \mathrm{L}_1\mathrm{L}_2 - \mathrm{L}_2\mathrm{L}_1 \tag{3.6.4-4}$$

讨论

(1) 求证: $[\mathrm{L}_1, \mathrm{L}_2] \neq 0$, 即 L_1 与 L_2 不对易. (3.6.4-5)

证明 根据 L_1 与 L_2 的定义 (见式 (3.6.4-2)), 如果对于一维单粒子体系那么最简单的体系也能证明 $[\mathrm{L}_1, \mathrm{L}_2] \neq 0$, 那么复杂体系也就一定有 $[\mathrm{L}_1, \mathrm{L}_2] \neq 0$. 对于一维单粒子体系的情况, 式 (3.6.4-2) 成为

$$\begin{cases} \mathrm{L}_1 = -\mathrm{i}\dfrac{p}{m}\dfrac{\partial}{\partial q} \\ \mathrm{L}_2 = -\mathrm{i}F(q)\dfrac{\partial}{\partial p} \end{cases} \tag{3.6.4-6}$$

其中, $F(q)$ 为力. 对于任意函数 $f(q,p)$ 有

$$\mathrm{L}_2\mathrm{L}_1 f(q,p) = -F(q)\frac{\partial}{\partial p}\left[\frac{p}{m}\frac{\partial f}{\partial q}\right] = -\frac{1}{m}F(q)\frac{\partial f}{\partial q} - F(q)\frac{p}{m}\frac{\partial^2 f}{\partial q\partial p}$$

及

$$\mathrm{L}_1\mathrm{L}_2 f(q,p) = -\frac{p}{m}\frac{\partial}{\partial q}\left[F(q)\frac{\partial f}{\partial p}\right] = -\frac{p}{m}F'(q)\frac{\partial f}{\partial p} - F(q)\frac{p}{m}\frac{\partial^2 f}{\partial q\partial p}$$

可见对于任意函数 $f(q,p)$, 均有 $(\mathrm{L}_1\mathrm{L}_2 - \mathrm{L}_2\mathrm{L}_1)f(q,p) \neq 0$, 故 $[\mathrm{L}_1, \mathrm{L}_2] \neq 0$. ■

(2) 正因为 $[\mathrm{L}_1, \mathrm{L}_2] \neq 0$, 所以求算 $\mathrm{e}^{\mathrm{iL}t}$ 作用的困难在于不能把它分解为 $\mathrm{e}^{\mathrm{iL}_1 t}$ 与 $\mathrm{e}^{\mathrm{iL}_2 t}$ 的乘积 (尽管 $\mathrm{L} = \mathrm{L}_1 + \mathrm{L}_2$), 即所谓**因子化**的困难. 如果可以把 $\mathrm{e}^{\mathrm{iL}t}$ 近似地因子化分解, 那么问题就可以有一个简单解决的方法了, 就此可以分别求算 $\mathrm{e}^{\mathrm{iL}_1 t}$ 和 $\mathrm{e}^{\mathrm{iL}_2 t}$ 作用到 $\Gamma(t)$ 的结果, 最后解决问题.

(3) 求证:

$$\mathrm{e}^{\mathrm{iL}_1 t}\mathrm{e}^{\mathrm{iL}_2 t} \neq \mathrm{e}^{\mathrm{i}(\mathrm{L}_1+\mathrm{L}_2)t} \tag{3.6.4-7}$$

证明　因为 $\mathrm{L}=\mathrm{L}_1+\mathrm{L}_2$, 所以将 $\mathrm{e}^{\mathrm{iL}t}$ 作 Taylor 展开得到

$$\begin{aligned}\mathrm{e}^{\mathrm{iL}t}=\mathrm{e}^{\mathrm{i}(\mathrm{L}_1+\mathrm{L}_2)t}&=1+\mathrm{i}\left(\mathrm{L}_1+\mathrm{L}_2\right)t-\frac{1}{2}\left(\mathrm{L}_1+\mathrm{L}_2\right)^2t^2+O\left(t^3\right)\\&=1+\mathrm{i}\left(\mathrm{L}_1+\mathrm{L}_2\right)t+\frac{1}{2}\left[-\mathrm{L}_1^2-\mathrm{L}_2^2-\mathrm{L}_1\mathrm{L}_2-\mathrm{L}_2\mathrm{L}_1\right]t^2+O\left(t^3\right)\end{aligned}$$

而 $\mathrm{e}^{\mathrm{iL}_1t}=1+\mathrm{iL}_1t-\frac{1}{2}\mathrm{L}_1^2t^2+O\left(t^3\right)$, $\mathrm{e}^{\mathrm{iL}_2t}=1+\mathrm{iL}_2t-\frac{1}{2}\mathrm{L}_2^2t^2+O\left(t^3\right)$, 故

$$\begin{aligned}\mathrm{e}^{\mathrm{iL}_1t}\mathrm{e}^{\mathrm{iL}_2t}&=\left\{1+\mathrm{iL}_1t-\frac{1}{2}\mathrm{L}_1^2t^2+O\left(t^3\right)\right\}\left\{1+\mathrm{iL}_2t-\frac{1}{2}\mathrm{L}_2^2t^2+O\left(t^3\right)\right\}\\&=1+\mathrm{i}\left(\mathrm{L}_1+\mathrm{L}_2\right)t+\left[-\mathrm{L}_1\mathrm{L}_2-\frac{1}{2}\mathrm{L}_1^2-\frac{1}{2}\mathrm{L}_2^2\right]t^2+O\left(t^3\right)\end{aligned}$$

可见 $\mathrm{e}^{\mathrm{iL}_1t}\mathrm{e}^{\mathrm{iL}_2t}\neq\mathrm{e}^{\mathrm{i}(\mathrm{L}_1+\mathrm{L}_2)t}$. ■

2) Trotter 定理、演化算符的近似因子化

幸运的是数学中有一个 Trotter 定理可用来作经典演化算符的因子化. Trotter 定理说[28]

$$\mathrm{e}^{\mathrm{i}(\mathrm{L}_1+\mathrm{L}_2)t}=\lim_{M\to\infty}\left[\mathrm{e}^{\frac{\mathrm{iL}_2t}{2M}}\mathrm{e}^{\frac{\mathrm{iL}_1t}{M}}\mathrm{e}^{\frac{\mathrm{iL}_2t}{2M}}\right]^M \tag{3.6.4-8}$$

其中, M 是一个有界的数.

根据 Trotter 定理, 只要数 M 足够大, 就有以下近似式成立:

$$\mathrm{e}^{\mathrm{i}(\mathrm{L}_1+\mathrm{L}_2)t}\approx\left[\mathrm{e}^{\frac{\mathrm{iL}_2t}{2M}}\mathrm{e}^{\frac{\mathrm{iL}_1t}{M}}\mathrm{e}^{\frac{\mathrm{iL}_2t}{2M}}\right]^M \tag{3.6.4-9}$$

即

$$\mathrm{e}^{\mathrm{i}(\mathrm{L}_1+\mathrm{L}_2)t/M}\approx\mathrm{e}^{\frac{\mathrm{iL}_2t}{2M}}\mathrm{e}^{\frac{\mathrm{iL}_1t}{M}}\mathrm{e}^{\frac{\mathrm{iL}_2t}{2M}} \tag{3.6.4-10}$$

式 (3.6.4-9) 表示当 M 足够大时, 算符 $\mathrm{e}^{\mathrm{iL}t}=\mathrm{e}^{i(\mathrm{L}_1+\mathrm{L}_2)t}$ 近似地相当于用算符 $\mathrm{e}^{\frac{\mathrm{iL}_2t}{2M}}\mathrm{e}^{\frac{\mathrm{iL}_1t}{M}}\mathrm{e}^{\frac{\mathrm{iL}_2t}{2M}}$ 作用 M 次. 式 (3.6.4-10) 表示在较短时间 t/M 内的时间演化, 如果把式 (3.6.4-10) 解释为一步 $\Delta t=t/M$ 时间的演化, 那么就得到单个时间步长 Δt 的时间演化算符 (即**步进算符**) 的近似式

$$\mathrm{U}\left(\Delta t\right)\equiv\mathrm{e}^{\mathrm{iL}\Delta t}=\mathrm{e}^{i(\mathrm{L}_1+\mathrm{L}_2)\Delta t}\approx\mathrm{e}^{\mathrm{iL}_2\Delta t/2}\mathrm{e}^{\mathrm{iL}_1\Delta t}\mathrm{e}^{\mathrm{iL}_2\Delta t/2} \tag{3.6.4-11}$$

令

$$\tilde{\mathrm{U}}\left(\Delta t\right)\equiv\mathrm{e}^{\mathrm{iL}_2\Delta t/2}\mathrm{e}^{\mathrm{iL}_1\Delta t}\mathrm{e}^{\mathrm{iL}_2\Delta t/2}\approx\mathrm{U}\left(\Delta t\right) \tag{3.6.4-12}$$

这就是分子动力学模拟中的步进演化算符 $\mathrm{U}\left(\Delta t\right)$ 的近似表式.

3) 近似演化算符 $\tilde{\mathrm{U}}\left(\Delta t\right)$ 的性质

可以证明 $\tilde{\mathrm{U}}\left(\Delta t\right)$ 是酉算符, 即满足

$$\tilde{\mathrm{U}}^{\dagger}\left(\Delta t\right)=\tilde{\mathrm{U}}\left(-\Delta t\right)=\tilde{\mathrm{U}}^{-1}\left(\Delta t\right) \tag{3.6.4-13}$$

证明

$$\tilde{\mathrm{U}}\left(-\Delta t\right)\tilde{\mathrm{U}}\left(\Delta t\right)=\left[\mathrm{e}^{-\mathrm{iL}_2\Delta t/2}\mathrm{e}^{-\mathrm{iL}_1\Delta t}\mathrm{e}^{-\mathrm{iL}_2\Delta t/2}\right]\left[\mathrm{e}^{\mathrm{iL}_2\Delta t/2}\mathrm{e}^{\mathrm{iL}_1\Delta t}\mathrm{e}^{\mathrm{iL}_2\Delta t/2}\right]$$

$$= \mathrm{e}^{-\mathrm{iL}_2\Delta t/2}\mathrm{e}^{-\mathrm{iL}_1\Delta t}\left(\mathrm{e}^{-\mathrm{iL}_2\Delta t/2}\mathrm{e}^{\mathrm{iL}_2\Delta t/2}\right)\mathrm{e}^{\mathrm{iL}_1\Delta t}\mathrm{e}^{\mathrm{iL}_2\Delta t/2}$$
$$= \mathrm{e}^{-\mathrm{iL}_2\Delta t/2}\left(\mathrm{e}^{-\mathrm{iL}_1\Delta t}\mathrm{e}^{\mathrm{iL}_1\Delta t}\right)\mathrm{e}^{\mathrm{iL}_2\Delta t/2} = 1$$ ■

讨论

(1) 既然 $\tilde{\mathtt{U}}(\Delta t)$ 是酉算符, 所以也就维持了动力学过程的时间可逆性.

(2) $\tilde{\mathtt{U}}(\Delta t)$ 的精度为二阶, 即精确到 Δt^2. 原因是

$$\begin{aligned}
\tilde{\mathtt{U}}(\Delta t) =& \mathrm{e}^{\mathrm{iL}_2\Delta t/2}\mathrm{e}^{\mathrm{iL}_1\Delta t}\mathrm{e}^{\mathrm{iL}_2\Delta t/2}\\
=&\left[1+\mathrm{iL}_2\frac{\Delta t}{2}-\mathrm{L}_2^2\frac{\Delta t^2}{8}+O\left(\Delta t^3\right)\right]\left[1+\mathrm{iL}_1\Delta t-\frac{1}{2}\mathrm{L}_1^2\Delta t^2+O\left(\Delta t^3\right)\right]\\
&\times\left[1+\mathrm{iL}_2\frac{\Delta t}{2}-\mathrm{L}_2^2\frac{\Delta t^2}{8}+O\left(\Delta t^3\right)\right]\\
=&1+\mathrm{i}\left(\mathrm{L}_1+\mathrm{L}_2\right)\Delta t\\
&+\frac{1}{2}\left[-\mathrm{L}_1\mathrm{L}_2-\mathrm{L}_2\mathrm{L}_1-\frac{1}{4}\mathrm{L}_2^2-\frac{1}{2}\mathrm{L}_1^2-\frac{1}{4}\mathrm{L}_2^2\right]\Delta t^2+O\left(\Delta t^3\right)\\
=&1+\mathrm{iL}\Delta t-\frac{1}{2}\left(\mathrm{L}_1+\mathrm{L}_2\right)^2\Delta t^2+O\left(\Delta t^3\right)\\
=&1+\mathrm{iL}\Delta t-\frac{1}{2}\mathrm{L}^2\Delta t^2+O\left(\Delta t^3\right)
\end{aligned}$$

而 $O\left(\Delta t^3\right)$ 项不等于 $\mathtt{U}(\Delta t)=\mathrm{e}^{\mathrm{iL}\Delta t}$ 展开的三次项 $\frac{1}{3!}(\mathrm{iL})^3\Delta t^3$, 故为二阶精度, 即

$$\mathtt{U}(\Delta t)\equiv\mathrm{e}^{\mathrm{iL}\Delta t}=\mathrm{e}^{\mathrm{iL}_2\Delta t/2}\mathrm{e}^{\mathrm{iL}_1\Delta t}\mathrm{e}^{\mathrm{iL}_2\Delta t/2}+O\left(\Delta t^3\right)=\tilde{\mathtt{U}}(\Delta t)+O\left(\Delta t^3\right) \tag{3.6.4-14}$$

4) 因子化演化算符对相空间向量的作用

相空间向量 $\mathbf{x}\equiv[\mathbf{q},\mathbf{p}]^{\mathrm{T}}$ 代表的是体系微观状态的经典描述. 因子化演化算符 $\tilde{\mathtt{U}}(\Delta t)$ 对相空间向量的作用得到是什么呢? 先考虑 $\tilde{\mathtt{U}}(\Delta t)$ 对一维单粒子体系的二维相空间变量中的 q 的作用.

求证恒等式

$$\mathrm{e}^{c\frac{\partial}{\partial q}}g(q)=\sum_{k=0}^{\infty}\frac{1}{k!}c^k g^{(k)}(q)=g(q+c) \tag{3.6.4-15}$$

其中, c 为常数, $g^{(k)}$ 为 $g(q)$ 对 q 的 k 阶导数.

证明 根据算符指数的定义 $\mathrm{e}^{\mathtt{A}}\equiv\sum_{k=0}^{\infty}\frac{1}{k!}\mathtt{A}^k$, 故 $\mathrm{e}^{c\frac{\partial}{\partial q}}g(q)=\sum_{k=0}^{\infty}\frac{1}{k!}\left(c\frac{\partial}{\partial q}\right)^k g(q)=\sum_{k=0}^{\infty}\frac{1}{k!}c^k g^{(k)}(q)$. 而从函数 $g(q+c)$ 在 q 处的 Taylor 展开式可见 $\sum_{k=0}^{\infty}\frac{1}{k!}c^k g^{(k)}(q)=g(q+c)$, 故 $\mathrm{e}^{c\frac{\partial}{\partial q}}g(q)=g(q+c)$. ■

讨论 (1) 表达式 $\mathrm{e}^{c\frac{\partial}{\partial q}}g(q)=g(q+c)$ 说明算符 $\mathrm{e}^{c\frac{\partial}{\partial q}}$ 对函数 $g(q)$ 的作用相当于平移, 称为**平移算符**, 平移量 c (普遍表式见附录 C.1.2).

(2) 作为特例, 当 $g(q)=q$ 时, 因为二阶和二阶以上高阶导数都为零, 故式 (3.6.4-15) 简化为

$$\mathrm{e}^{c\frac{\partial}{\partial q}}q=q+c \tag{3.6.4-16}$$

(3) 同理,

$$e^{a\frac{\partial}{\partial p}}h(p)=h(p+a) \tag{3.6.4-17}$$

因为函数变量不同, 故 $e^{a\frac{\partial}{\partial p}}$ 对 q 或对 $g(q)$ 是没有作用的, 相当于恒等算符 1, 即 $e^{a\frac{\partial}{\partial p}}g(q)=g(q)$. 利用以上对平移算符的分析, 现在先讨论一维单粒子体系的二维相空间中 $\tilde{\mathrm{U}}(\Delta t)$ 对相空间变量 q, p 的作用. 根据式 (3.6.4-6), $\mathrm{L}_1=-\mathrm{i}\frac{p}{m}\frac{\partial}{\partial q}, \mathrm{L}_2=-\mathrm{i}F(q)\frac{\partial}{\partial p}$, 即对于一维单粒子体系,

$$\tilde{\mathrm{U}}(\Delta t)=e^{\mathrm{iL}_2\Delta t/2}e^{\mathrm{iL}_1\Delta t}e^{\mathrm{iL}_2\Delta t/2}=e^{\frac{\Delta t}{2}F(q)\frac{\partial}{\partial p}}e^{\Delta t\frac{p}{m}\frac{\partial}{\partial q}}e^{\frac{\Delta t}{2}F(q)\frac{\partial}{\partial p}} \tag{3.6.4-18}$$

所以 $\tilde{\mathrm{U}}(\Delta t)$ 对 q 的作用为

$$\tilde{\mathrm{U}}(\Delta t)q=e^{\mathrm{iL}_2\Delta t/2}e^{\mathrm{iL}_1\Delta t}e^{\mathrm{iL}_2\Delta t/2}q=e^{\frac{\Delta t}{2}F(q)\frac{\partial}{\partial p}}e^{\Delta t\frac{p}{m}\frac{\partial}{\partial q}}e^{\frac{\Delta t}{2}F(q)\frac{\partial}{\partial p}}q \tag{3.6.4-19}$$

式 (3.6.4-19) 中：算符 $e^{\frac{\Delta t}{2}F(q)\frac{\partial}{\partial p}}$ 只含对动量的导数, 故 $e^{\frac{\Delta t}{2}F(q)\frac{\partial}{\partial p}}q=q$. 而另一个算符 $e^{\Delta t\frac{p}{m}\frac{\partial}{\partial q}}$ 对 q 起平移作用, 平移量为 $\Delta t\frac{p}{m}$, 故 $e^{\Delta t\frac{p}{m}\frac{\partial}{\partial q}}q=q+\left(\Delta t\frac{p}{m}\right)$. 所以

$$\tilde{\mathrm{U}}(\Delta t)q=e^{\frac{\Delta t}{2}F(q)\frac{\partial}{\partial p}}\left(q+\Delta t\frac{p}{m}\right) \tag{3.6.4-20}$$

其中, 算符 $e^{\frac{\Delta t}{2}F(q)\frac{\partial}{\partial p}}$ 对 $\left(q+\frac{\Delta t}{m}p\right)$ 的作用分两部分：对 q 没有作用, 相当于恒等算符; 对 p 为平移作用, 平移量为 $\frac{\Delta t}{2}F(q)$. 所以 $\tilde{\mathrm{U}}(\Delta t)q=e^{\frac{\Delta t}{2}F(q)\frac{\partial}{\partial p}}\left(q+\Delta t\frac{p}{m}\right)=q+\frac{\Delta t}{m}\left(p+\frac{\Delta t}{2}F(q)\right)$, 即

$$\tilde{\mathrm{U}}(\Delta t)q=q+\frac{\Delta t}{m}p+\frac{\Delta t^2}{2m}F(q) \tag{3.6.4-21}$$

而将 $q(\Delta t)$ 在变量为零处作 Taylor 展开到二阶, 得到

$$q(\Delta t)=q(0)+\Delta t\dot{q}(0)+\frac{1}{2}\Delta t^2\ddot{q}(0)+\cdots=q(0)+\Delta t\frac{p(0)}{m}+\frac{1}{2}\Delta t^2\left.\frac{\dot{p}}{m}\right|_{t=0}+\cdots$$

即

$$q(\Delta t)=q(0)+\frac{\Delta t}{m}p(0)+\frac{\Delta t^2}{2m}F(q(0))+O\left(\Delta t^3\right) \tag{3.6.4-22}$$

式 (3.6.4-21) 实际上就是时间演化的一步 $\tilde{\mathrm{U}}(\Delta t)q(0)\approx q(\Delta t)$, 其中, q, p 实际上是起始条件 $(q(0), p(0))$. 所以

$$\tilde{\mathrm{U}}(\Delta t)q(0)\approx q(0)+\frac{\Delta t}{m}p(0)+\frac{\Delta t^2}{2m}F(q(0))+O\left(\Delta t^3\right) \tag{3.6.4-23}$$

同样, 一维单粒子体系中 $\tilde{\mathrm{U}}(\Delta t)$ 对 p 的作用为

$$\tilde{\mathrm{U}}(\Delta t)p=e^{\frac{\Delta t}{2}F(q)\frac{\partial}{\partial p}}e^{\Delta t\frac{p}{m}\frac{\partial}{\partial q}}e^{\frac{\Delta t}{2}F(q)\frac{\partial}{\partial p}}p \tag{3.6.4-24}$$

最右边的第一个算符 $e^{\frac{\Delta t}{2}F(q)\frac{\partial}{\partial p}}$ 把 p 平移到 $p+\frac{\Delta t}{2}F(q)$,

$$\tilde{\mathrm{U}}(\Delta t)p=e^{\frac{\Delta t}{2}F(q)\frac{\partial}{\partial p}}e^{\Delta t\frac{p}{m}\frac{\partial}{\partial q}}\left(p+\frac{\Delta t}{2}F(q)\right) \tag{3.6.4-25}$$

其中, 算符 $\mathrm{e}^{\Delta t \frac{p}{m} \frac{\partial}{\partial q}}$ 对 p 没有作用, 相当于恒等算符, 而对 q 相当于平移算符, 平移量为 $\Delta t \dfrac{p}{m}$. 把 $F(q)$ 平移到 $F\left(q + \Delta t \dfrac{p}{m}\right)$, 所以得到

$$\tilde{\mathrm{U}}(\Delta t)\, p = \mathrm{e}^{\frac{\Delta t}{2} F(q) \frac{\partial}{\partial p}} \left[p + \frac{\Delta t}{2} F\left(q + \Delta t \frac{p}{m}\right)\right] \tag{3.6.4-26}$$

最后一个算符 $\mathrm{e}^{\frac{\Delta t}{2} F(q) \frac{\partial}{\partial p}}$ 对 q 没有作用, 而对 p 相当于平移算符, 平移量为 $\dfrac{\Delta t}{2} F(q)$, 即

$$\begin{aligned}\tilde{\mathrm{U}}(\Delta t)\, p &= \left[p + \frac{\Delta t}{2} F(q)\right] + \frac{\Delta t}{2} F\left(q + \frac{\Delta t}{m}\left(p + \frac{\Delta t}{2} F(q)\right)\right) \\ &= p + \frac{\Delta t}{2} F(q) + \frac{\Delta t}{2} F\left(q + \frac{\Delta t}{m} p + \frac{\Delta t^2}{2m} F(q)\right) \\ &= p + \frac{\Delta t}{2}\left[F(q) + F\left(q + \frac{\Delta t}{m} p + \frac{\Delta t^2}{2m} F(q)\right)\right]\end{aligned}$$

这里有两项力, 第二项力的变量 $\left(q + \dfrac{\Delta t}{m} p + \dfrac{\Delta t^2}{2m} F(q)\right)$ 根据式 (3.6.4-22), 在二阶精度意义上正好就是 $q(\Delta t)$. 所以

$$\tilde{\mathrm{U}}(\Delta t)\, p = p(\Delta t) = p(0) + \frac{\Delta t}{2}\left[F(q(0)) + F(q(\Delta t))\right] \tag{3.6.4-27}$$

结合式 (3.6.4-22) $\tilde{\mathrm{U}}(\Delta t)\, q = q(\Delta t) = q(0) + \dfrac{\Delta t}{m} p(0) + \dfrac{\Delta t^2}{2m} F(q(0))$, 两式正好就是速度 Verlet 法的结果 (见式 (3.1.3-6))

$$\begin{cases} \boldsymbol{r}_i(\Delta t) = \boldsymbol{r}_i(0) + \Delta t \boldsymbol{v}_i(0) + \dfrac{\Delta t^2}{2m_i} \boldsymbol{F}_i(0) \\ \boldsymbol{v}_i(\Delta t) = \boldsymbol{v}_i(0) + \dfrac{\Delta t}{2m_i}\left[\boldsymbol{F}_i(0) + \boldsymbol{F}_i(\Delta t)\right] \end{cases} \tag{3.6.4-28}$$

不过, 现在的理论基础要更加严谨, 满足辛对称性和时间反演可逆性.

3.7 多重时间尺度积分的分子动力学模拟

物理体系中往往包括几种具有不同时间尺度的运动. 这些相互作用的本质决定了各种运动的时间尺度. 例如, 分子中的键长、键角、二面角这些内部运动的时间尺度相当短. 而分子间的短程强排斥作用的特征时间呈中等长度, 分子间的长程相互作用的特征时间比较长, 模拟数值算法中的时间步长就要受到最短特征时间的限制, 那么一定要走了好多步之后那些特征时间长的相互作用才会有明显的改变, 这样的计算就效率低. 如果数值积分算符能够根据各种运动的内禀时间尺度来处理, 使得慢的作用力不必像快的作用力那么频繁地计算. 通常快的作用力计算简单、价廉; 慢的作用力计算比较麻烦、费力. 那么计算效率就可以提高. 这种对于体系内的各种作用力区别对待的分子动力学模拟的方法称为**多重时间尺度积分** (multiple time scale integration) 的分子动力学模拟[25~27].

多分子体系的总势能可以写为分子内势能 U_{intra} 和分子间的势能 U_{inter} 之和

$$U = U_{\text{intra}} + U_{\text{inter}} \tag{3.7-1}$$

于是, 第 i 号原子受的力等于

$$\boldsymbol{F}_i = -\frac{\partial U}{\partial \boldsymbol{r}_i} = -\frac{\partial\left(U_{\text{intra}} + U_{\text{inter}}\right)}{\partial \boldsymbol{r}_i} \tag{3.7-2}$$

所以这个力来自两部分的贡献

$$\boldsymbol{F}_i = \boldsymbol{F}_i^{(\text{intra})} + \boldsymbol{F}_i^{(\text{inter})} \tag{3.7-3}$$

分子内相互作用贡献的力频率快, 分子间相互作用贡献的力频率慢, 两者之间的耦合比较弱. 通常, 分子内相互作用的计算要比分子间相互作用的计算简单得多.

多重时间尺度积分法的基本思想是根据这些作用的内禀时间尺度的不同, 对它们计算采用各自特征的时间步长区别对待.

这里用一维空间中运动的粒子来介绍, 看看如何把演化算符因子化. 一维空间中运动粒子的运动方程为

$$\begin{cases} \dot{x} = \dfrac{p}{m} \\ \dot{p} = F_{\text{fast}}(x) + F_{\text{slow}}(x) \end{cases} \tag{3.7-4}$$

其中, 有快慢两种作用力存在, $F_{\text{fast}}(x)$ 和 $F_{\text{slow}}(x)$. 为了使积分方案能够处理不同的时间尺度的运动, 将符合如下运动方程的体系称为**参考体系**:

$$\begin{cases} \dot{x} = \dfrac{p}{m} \\ \dot{p} = F_{\text{fast}}(x) \end{cases} \tag{3.7-5}$$

即没有慢作用的假想体系. 参考体系的 Liouville 算符为

$$\mathrm{L}_{\text{ref}} = -\mathrm{i}\left\{\dot{x}\frac{\partial}{\partial x} + \dot{p}\frac{\partial}{\partial p}\right\} = -\mathrm{i}\left\{\frac{p}{m}\frac{\partial}{\partial x} + F_{\text{fast}}(x)\frac{\partial}{\partial p}\right\} \tag{3.7-6}$$

根据 Trotter 定理, 这个参考体系关于一个时间步长 δt 的传播子为 (见式 (3.6.4-18))

$$\mathrm{e}^{\mathrm{iL}_{\text{ref}}\delta t} = \mathrm{e}^{\frac{\delta t}{2}F_{\text{fast}}(x)\frac{\partial}{\partial p}}\mathrm{e}^{\delta t\frac{p}{m}\frac{\partial}{\partial x}}\mathrm{e}^{\frac{\delta t}{2}F_{\text{fast}}(x)\frac{\partial}{\partial p}} \tag{3.7-7}$$

实际上, 由此可以得到速度 Verlet 法的一步 δt 的时间演化.

体系总的 Liouville 算符为

$$\mathrm{L} = \mathrm{L}_{\text{ref}} + \Delta\mathrm{L} \tag{3.7-8}$$

其中,

$$\Delta\mathrm{L} = -\mathrm{i}F_{\text{slow}}(x)\frac{\partial}{\partial p} \tag{3.7-9}$$

这样一步 δt 的总的传播子变成两部分的乘积, 一个是参考体系的传播子, 另一个是校正项 $\Delta\mathrm{L}$

$$\mathrm{e}^{\mathrm{iL}\Delta t} = \mathrm{e}^{\mathrm{i}\Delta\mathrm{L}\frac{\Delta t}{2}}\mathrm{e}^{\mathrm{iL}_{\text{ref}}\Delta t}\mathrm{e}^{\mathrm{i}\Delta\mathrm{L}\frac{\Delta t}{2}} \tag{3.7-10}$$

式 (3.7-10) 精度为二阶. 将传播子中间的因子 $\mathrm{e}^{\mathrm{iL}_{\text{ref}}\Delta t}$ 作因子化, 同时令 $\delta t \equiv \dfrac{\Delta t}{n}$($n$ 为整数), 这样就得到

$$\mathrm{e}^{\mathrm{iL}_{\text{ref}}\Delta t} = \left\{\mathrm{e}^{\frac{\delta t}{2}F_{\text{fast}}(x)\frac{\partial}{\partial p}}\mathrm{e}^{\delta t\frac{p}{m}\frac{\partial}{\partial x}}\mathrm{e}^{\frac{\delta t}{2}F_{\text{fast}}(x)\frac{\partial}{\partial p}}\right\}^n \tag{3.7-11}$$

再根据式 (3.7-9)、式 (3.7-10), 得到总传播子的因式化表达式

$$\begin{aligned}
\mathrm{e}^{\mathrm{iL}\Delta t} =& \mathrm{e}^{\frac{\Delta t}{2}F_{\mathrm{slow}}(x)\frac{\partial}{\partial p}}\mathrm{e}^{\mathrm{iL}_{\mathrm{ref}}\Delta t}\mathrm{e}^{\frac{\Delta t}{2}F_{\mathrm{slow}}(x)\frac{\partial}{\partial p}} \\
=& \mathrm{e}^{\frac{\Delta t}{2}F_{\mathrm{slow}}(x)\frac{\partial}{\partial p}}\left\{\mathrm{e}^{\frac{\delta t}{2}F_{\mathrm{fast}}(x)\frac{\partial}{\partial p}}\mathrm{e}^{\delta t\frac{p}{m}\frac{\partial}{\partial x}}\mathrm{e}^{\frac{\delta t}{2}F_{\mathrm{fast}}(x)\frac{\partial}{\partial p}}\right\}^{n}\mathrm{e}^{\frac{\Delta t}{2}F_{\mathrm{slow}}(x)\frac{\partial}{\partial p}}
\end{aligned} \tag{3.7-12}$$

这样就构成一个含有两种时间步长的传播子, 短的时间步长 δt 对快的力积分, 长的时间步长 Δt 对慢的力积分. 算法中慢的力更新的次数是快的力更新的次数的 $1/n$.

有的场合, 参考体系可以选择具有解析解的体系. 例如, 在路径积分的分子动力学方法研究有限温度的量子力学体系中就是这样做的.

再以一维运动的粒子为例. 只是现在的快力是一个简谐力 $F_{\mathrm{fast}}(x) = -m\omega^2 x$. 这个体系的运动方程为

$$\begin{cases} \dot{x} = \dfrac{p}{m} \\ \dot{p} = -m\omega^2 x + F_{\mathrm{slow}}(x) \end{cases} \tag{3.7-13}$$

于是参考体系的 Liouville 算符为

$$\mathrm{L}_{\mathrm{ref}} = -\mathrm{i}\left[\frac{p}{m}\frac{\partial}{\partial x} - m\omega^2 x\frac{\partial}{\partial p}\right] \tag{3.7-14}$$

这就是简谐振子的 Liouville 算符, 已经知道这个问题的解析解.

于是参考体系的传播子 $\mathrm{e}^{\mathrm{iL}_{\mathrm{ref}}\Delta t}$ 作用于相空间向量 $(x,p)^{\mathrm{T}}$ 的结果为

$$\mathrm{e}^{\mathrm{iL}_{\mathrm{ref}}\Delta t}\begin{bmatrix} x \\ p \end{bmatrix} = \begin{bmatrix} x\cos(\omega\Delta t) + \dfrac{p}{m\omega}\sin(\omega\Delta t) \\ p\cos(\omega\Delta t) - m\omega x\sin(\omega\Delta t) \end{bmatrix} \tag{3.7-15}$$

Liouville 算符的校正项为

$$\Delta\mathrm{L} = -\mathrm{i}F_{\mathrm{slow}}(x)\frac{\partial}{\partial p} \tag{3.7-16}$$

同样作因子化分解, 得到

$$\mathrm{e}^{\mathrm{iL}\Delta t} = \mathrm{e}^{\frac{\Delta t}{2}F_{\mathrm{slow}}(x)\frac{\partial}{\partial p}}\mathrm{e}^{\mathrm{iL}_{\mathrm{ref}}\Delta t}\mathrm{e}^{\frac{\Delta t}{2}F_{\mathrm{slow}}(x)\frac{\partial}{\partial p}} \tag{3.7-17}$$

考虑到

$$\mathrm{e}^{\mathrm{iL}_{\mathrm{ref}}\Delta t}g(x,p) = g\left(x\cos(\omega\Delta t) + \frac{p}{m\omega}\sin(\omega\Delta t), p\cos(\omega\Delta t) - m\omega x\sin(\omega\Delta t)\right) \tag{3.7-18}$$

于是总的演化算符作用到相空间向量 $(x,p)^{\mathrm{T}}$ 后得到

$$\begin{aligned}
&\mathrm{e}^{\mathrm{iL}\Delta t}\begin{bmatrix} x \\ p \end{bmatrix} \\
&= \mathrm{e}^{\frac{\Delta t}{2}F_{\mathrm{slow}}(x)\frac{\partial}{\partial p}}\mathrm{e}^{\mathrm{iL}_{\mathrm{ref}}\Delta t}\mathrm{e}^{\frac{\Delta t}{2}F_{\mathrm{slow}}(x)\frac{\partial}{\partial p}}\begin{bmatrix} x \\ p \end{bmatrix} = \mathrm{e}^{\frac{\Delta t}{2}F_{\mathrm{slow}}(x)\frac{\partial}{\partial p}}\mathrm{e}^{\mathrm{iL}_{\mathrm{ref}}\Delta t}\begin{bmatrix} x \\ p + \dfrac{\Delta t}{2}F_{\mathrm{slow}}(x) \end{bmatrix} \\
&= \mathrm{e}^{\frac{\Delta t}{2}F_{\mathrm{slow}}(x)\frac{\partial}{\partial p}}\begin{bmatrix} x\cos(\omega\Delta t) + \dfrac{p}{m\omega}\sin(\omega\Delta t) \\ p\cos(\omega\Delta t) - m\omega x\sin(\omega\Delta t) + \dfrac{\Delta t}{2}F_{\mathrm{slow}}\left(x\cos(\omega\Delta t) + \dfrac{p}{m\omega}\sin(\omega\Delta t)\right) \end{bmatrix}
\end{aligned}$$

$$=\begin{bmatrix} x\cos(\omega\Delta t)+\dfrac{1}{m\omega}\left(p+\dfrac{\Delta t}{2}F_{\text{slow}}(x)\right)\sin(\omega\Delta t) \\ \left(p+\dfrac{\Delta t}{2}F_{\text{slow}}(x)\right)\cos(\omega\Delta t)-m\omega x\sin(\omega\Delta t)+\dfrac{\Delta t}{2}F_{\text{slow}}\left(x\cos(\omega\Delta t)+\dfrac{1}{m\omega}\left(p+\dfrac{\Delta t}{2}F_{\text{slow}}(x)\right)\sin(\omega\Delta t)\right) \end{bmatrix} \tag{3.7-19}$$

于是可进一步简化为

$$\begin{cases} x(\Delta t)=x(0)\cos(\omega\Delta t)+\dfrac{1}{m\omega}\left(p(0)+\dfrac{\Delta t}{2}F_{\text{slow}}(x(0))\right)\sin(\omega\Delta t) \\ p(\Delta t)=\left(p(0)+\dfrac{\Delta t}{2}F_{\text{slow}}(x(0))\right)\cos(\omega\Delta t)-m\omega x(0)\sin(\omega\Delta t)+\dfrac{\Delta t}{2}F_{\text{slow}}(x(\Delta t)) \end{cases} \tag{3.7-20}$$

以上算法满足辛对称性和时间反演可逆性的要求.

3.8 Hamilton 体系的辛算法

从数学上看, 量子力学的数学结构是泛函分析. 在本节的讨论中将看到 Hamilton 力学的数学结构是辛几何学 (simplectic geometry)[29~32]. 关于辛几何的基础知识见附录 J. 既然分子动力学模拟体系中原子核的时间演化是基于经典力学的, 所以关于体系微观状态的时间演化的深层次规律也就与辛几何有关. 辛几何是相空间的几何学, 辛算法 (simplectic algorithm) 是实现辛几何的数值方法[30].

3.8.1 Hamilton 力学的辛结构

把 $\{\boldsymbol{q},\boldsymbol{p}\}$ 都记为列矩阵, $\mathbf{q}\equiv[q_1\ q_2\cdots\ q_s]^{\mathrm{T}}$, $\mathbf{p}\equiv[p_1\ p_2\cdots\ p_s]^{\mathrm{T}}$, s 为体系的自由度. 记列矩阵

$$\mathbf{z}\equiv\begin{bmatrix}\mathbf{p}\\ \mathbf{q}\end{bmatrix}\equiv[z_1\ \ \cdots\ \ z_s\ \ z_{s+1}\ \ \cdots\ \ z_{2s}]^{\mathrm{T}} \tag{3.8.1-1}$$

对于可分线性 Hamilton 体系的 Hamilton 量可以写为 $H(\mathbf{q},\mathbf{p})=\dfrac{1}{2}\mathbf{p}^{\mathrm{T}}\mathbf{T}\mathbf{p}+\dfrac{1}{2}\mathbf{q}^{\mathrm{T}}\mathbf{V}\mathbf{q}$, 动能部分按照惯例写在前面. Hamilton 量对 $\mathbf{z}$ 的导数为

$$\frac{\partial H}{\partial\mathbf{z}}=\left[\frac{\partial H}{\partial z_1}\ \cdots\ \frac{\partial H}{\partial z_{2s}}\right]^{\mathrm{T}}=\begin{bmatrix}\dfrac{\partial H}{\partial\mathbf{p}}\\ \dfrac{\partial H}{\partial\mathbf{q}}\end{bmatrix} \tag{3.8.1-2}$$

$\mathbf{z}$ 对时间的导数为

$$\dot{\mathbf{z}}=\begin{bmatrix}\dot{\mathbf{p}}\\ \dot{\mathbf{q}}\end{bmatrix}=[\dot{p}_1\ \ \cdots\ \ \dot{p}_s\ \ \dot{q}_1\ \ \cdots\ \ \dot{q}_s]^{\mathrm{T}} \tag{3.8.1-3}$$

根据附录 J: 单位辛矩阵 $\mathbf{J}\equiv\mathbf{J}_{2s}\equiv\begin{bmatrix}\mathbf{0} & \mathbf{1}_s\\ -\mathbf{1}_s & \mathbf{0}\end{bmatrix}$, $\mathbf{J}^2=-\mathbf{1}$, 其逆阵 $\mathbf{J}^{-1}=\mathbf{J}^{\mathrm{T}}=-\mathbf{J}=\begin{bmatrix}\mathbf{0} & -\mathbf{1}\\ \mathbf{1} & \mathbf{0}\end{bmatrix}$. 将式 (3.8.1-2) 被 $\mathbf{J}^{-1}$ 左乘得到

$$\mathbf{J}^{-1}\frac{\partial H}{\partial \mathbf{z}}=\begin{bmatrix}0 & -1\\ 1 & 0\end{bmatrix}\begin{bmatrix}\dfrac{\partial H}{\partial \mathbf{p}}\\ \dfrac{\partial H}{\partial \mathbf{q}}\end{bmatrix}=\begin{bmatrix}-\dfrac{\partial H}{\partial \mathbf{q}}\\ \dfrac{\partial H}{\partial \mathbf{p}}\end{bmatrix}=\begin{bmatrix}\dot{\mathbf{p}}\\ \dot{\mathbf{q}}\end{bmatrix}=\dot{\mathbf{z}}$$

这里的第 3 步是根据 Hamilton 正则方程 $\dot{p}_i=-\dfrac{\partial H}{\partial q_i},\dot{q}_i=\dfrac{\partial H}{\partial p_i}(\forall i)$, 故有运动方程

$$\dot{\mathbf{z}}=\mathbf{J}^{-1}\frac{\partial H}{\partial \mathbf{z}} \tag{3.8.1-4}$$

这就是 Hamilton 正则方程的辛几何表达式. 原来两个表达式 (每个 s 维) 的 Hamilton 正则方程 (见式 (1.2.2-4)), 在辛几何的框架下合并成一个 $2s$ 维的矩阵表达式.

讨论

已知保守系的 Hamilton 正则方程具有时间反演不变性 (见 1.2.2 小节). 那么从时间反演 $(t\to -t)$ 的变换下 $\mathrm{d}t\to-\mathrm{d}t$, $q\to q$, $p\to -p$, 即 $\dot{q}\to-\dot{q}$ 及 $\dot{p}\to\dot{p}$ 可见：对于保守系, 因为 $L\to L$ 和 $H\to H$, 所以从辛空间的构造看, Hamilton 正则方程的辛几何表式 $\dot{\mathbf{z}}=\mathbf{J}^{-1}\dfrac{\partial H}{\partial \mathbf{z}}$ 同样也具有时间反演不变性.

从具体变换来看, 时间反演之下, $LHS=\dot{\mathbf{z}}=\begin{bmatrix}\dot{\mathbf{p}}\\ \dot{\mathbf{q}}\end{bmatrix}\to\begin{bmatrix}\dot{\mathbf{p}}\\ -\dot{\mathbf{q}}\end{bmatrix}$. 对于保守系,

$$\begin{aligned}RHS=&\mathbf{J}^{-1}\frac{\partial H}{\partial \mathbf{z}}=\mathbf{J}^{-1}\frac{\partial H}{\partial\begin{bmatrix}\mathbf{p}\\ \mathbf{q}\end{bmatrix}}\to\mathbf{J}^{-1}\frac{\partial H}{\partial\begin{bmatrix}-\mathbf{p}\\ \mathbf{q}\end{bmatrix}}\\ =&\mathbf{J}^{-1}\begin{bmatrix}\dfrac{\partial H}{\partial(-\mathbf{p})}\\ \dfrac{\partial H}{\partial \mathbf{q}}\end{bmatrix}=\mathbf{J}^{-1}\begin{bmatrix}-\dfrac{\partial H}{\partial \mathbf{p}}\\ \dfrac{\partial H}{\partial \mathbf{q}}\end{bmatrix}=\begin{bmatrix}-\dfrac{\partial H}{\partial \mathbf{q}}\\ -\dfrac{\partial H}{\partial \mathbf{p}}\end{bmatrix}\end{aligned}$$

可见变换后的 $\begin{bmatrix}\dot{\mathbf{p}}\\ \dot{\mathbf{q}}\end{bmatrix}=\begin{bmatrix}-\dfrac{\partial H}{\partial \mathbf{q}}\\ \dfrac{\partial H}{\partial \mathbf{p}}\end{bmatrix}=\begin{bmatrix}0 & -1\\ 1 & 0\end{bmatrix}\begin{bmatrix}\dfrac{\partial H}{\partial \mathbf{p}}\\ \dfrac{\partial H}{\partial \mathbf{q}}\end{bmatrix}$, 还是 $\dot{\mathbf{z}}=\mathbf{J}^{-1}\dfrac{\partial H}{\partial \mathbf{z}}$, 不变.

3.8.2 正则变换的辛结构

当从正则变量 $\{\mathbf{q},\mathbf{p}\}$ 变换到另一组变量 $\{\mathbf{Q},\mathbf{P}\}$, 即从 $\mathbf{z}\equiv\begin{bmatrix}\mathbf{p}\\ \mathbf{q}\end{bmatrix}$ 线性变换到 $\mathbf{y}\equiv\begin{bmatrix}\mathbf{P}\\ \mathbf{Q}\end{bmatrix}\equiv[y_1\ y_2\cdots\ y_{2f}]^{\mathrm{T}}$ 为

$$\mathbf{y}=\mathbf{Mz} \tag{3.8.2-1}$$

即微分 $\mathrm{d}\mathbf{y}=\mathbf{M}\mathrm{d}\mathbf{z}$. 写成显式为 $\mathrm{d}y_\mu=\sum\limits_\nu M_{\mu\nu}\mathrm{d}z_\nu=\sum\limits_\nu\dfrac{\partial y_\mu}{\partial z_\nu}\mathrm{d}z_\nu$, 即

$$M_{\mu\nu}=\frac{\partial y_\mu}{\partial z_\nu} \tag{3.8.2-2}$$

而 $\dfrac{\partial H}{\partial z_\nu} = \sum_\mu \dfrac{\partial y_\mu}{\partial z_\nu}\dfrac{\partial H}{\partial y_\mu} = \sum_\nu M_{\mu\nu}\dfrac{\partial H}{\partial y_\mu}$, 即

$$\frac{\partial H}{\partial \mathbf{z}} = \boldsymbol{M}^{\mathrm{T}}\frac{\partial H}{\partial \mathbf{y}} \tag{3.8.2-3}$$

由式 (3.8.2-1) 对时间求导得到

$$\dot{\mathbf{y}} = \mathbf{M}\dot{\mathbf{z}} \tag{3.8.2-4}$$

同样,

$$\mathbf{J}^{-1}\frac{\partial H}{\partial \mathbf{y}} = \begin{bmatrix} \mathbf{0} & -\mathbf{1} \\ \mathbf{1} & \mathbf{0} \end{bmatrix}\begin{bmatrix} \dfrac{\partial H}{\partial \mathbf{P}} \\ \dfrac{\partial H}{\partial \mathbf{Q}} \end{bmatrix} = \begin{bmatrix} -\dfrac{\partial H}{\partial \mathbf{Q}} \\ \dfrac{\partial H}{\partial \mathbf{P}} \end{bmatrix} = \begin{bmatrix} \dot{\mathbf{P}} \\ \dot{\mathbf{Q}} \end{bmatrix} = \dot{\mathbf{y}} \tag{3.8.2-5}$$

从式 (3.8.2-4) 出发, 先后考虑到式 (3.8.1-4)、式 (3.8.2-3)、式 (3.8.2-5) 和 $\mathbf{J}^{-1} = -\mathbf{J}$ 得到

$$\dot{\mathbf{y}} = \mathbf{M}\dot{\mathbf{z}} = \mathbf{M}\left(\mathbf{J}^{-1}\frac{\partial H}{\partial \mathbf{z}}\right) = -\mathbf{MJ}\left(\mathbf{M}^{\mathrm{T}}\frac{\partial H}{\partial \mathbf{y}}\right) = \mathbf{J}^{-1}\frac{\partial H}{\partial \mathbf{y}} = -\mathbf{J}\frac{\partial H}{\partial \mathbf{y}}, \quad \forall \mathbf{M}$$

于是

$$\mathbf{MJM}^{\mathrm{T}} = \mathbf{J}, \quad \forall \mathbf{M} \tag{3.8.2-6}$$

这就表明 Hamilton 力学的正则变换符合辛几何结构. 通过线性变换 $\mathbf{y} = \mathbf{Mz}$, Hamilton 方程从变换前的形式 $\dot{\mathbf{z}} = \mathbf{J}^{-1}\dfrac{\partial H}{\partial \mathbf{z}}$, 变换到变换后的形式 $\dot{\mathbf{y}} = \mathbf{J}^{-1}\dfrac{\partial H}{\partial \mathbf{y}}$; 这种变换满足辛变换条件 $\mathbf{MJM}^{\mathrm{T}} = \mathbf{J}$. 这就是所谓 Hamilton 方程的辛变换不变性.

求证正则变换矩阵 $\mathbf{M}$ 的以下性质:

(1)
$$\mathbf{M}^{\mathrm{T}}\mathbf{JM} = \mathbf{J} \tag{3.8.2-7}$$

(2)
$$(\det \mathbf{M})^2 = 1 \tag{3.8.2-8}$$

证明

(1) $\mathbf{MJM}^{\mathrm{T}} = \mathbf{J}$ 两边被 $\mathbf{JM}$ 右乘, 考虑到 $\mathbf{J}^2 = -\mathbf{1}$(见附录式 (J.2-8)), 得 $\mathbf{MJM}^{\mathrm{T}}\mathbf{JM} = \mathbf{J}^2\mathbf{M} = -\mathbf{M}$. 再左乘 $\mathbf{JM}^{-1}$(因为 $\det \mathbf{M} \neq 0$, 故 $\mathbf{M}^{-1}$ 存在), 得到 $\mathbf{J}^2\mathbf{M}^{\mathrm{T}}\mathbf{JM} = -\mathbf{J}$, 即 $\mathbf{M}^{\mathrm{T}}\mathbf{JM} = \mathbf{J}$. ■

(2) 因为 $\mathbf{MJM}^{\mathrm{T}} = \mathbf{J}$, 故 $\det\left(\mathbf{MJM}^{\mathrm{T}}\right) = \det \mathbf{J} = \det\begin{bmatrix} \mathbf{0} & \mathbf{1} \\ -\mathbf{1} & \mathbf{0} \end{bmatrix} = 1$. 根据 $\det(\mathbf{AB}) = (\det \mathbf{A}) \cdot (\det \mathbf{B})$, 此式右边 $\det\left(\mathbf{MJM}^{\mathrm{T}}\right) = (\det \mathbf{M})(\det \mathbf{J})\left(\det \mathbf{M}^{\mathrm{T}}\right) = (\det \mathbf{M})\left(\det \mathbf{M}^{\mathrm{T}}\right) = (\det \mathbf{M})^2 = 1$. ■

3.8.3　线性 Hamilton 体系

Hamilton 体系代表了所有无耗散作用体系 (即保守系) 的真实物理过程, 所以它用的数值方法也需要无耗散的算法. 耗散的算法会导致体系总能量由于算法计算中能量误差的线性积累而呈线性变化, 最后导致系统长期时间演化行为模拟的失败. 一切解 Hamilton 方程的 “正确” 的离散算法都应当是辛变换的. 这样的算法就称为**辛算法**, 或称**辛差分格式**, 简称**辛格式**[30]. 所谓辛格式就是差分的上一步到下一步的映射, 即步进算符必须是辛映射的.

据上述, 体系的 Hamilton 正则方程 $\dot{p}_i = -\dfrac{\partial H}{\partial q_i}, \dot{q}_i = \dfrac{\partial H}{\partial p_i}(\forall i)$ 相当于 $\dot{\mathbf{z}} = \mathbf{J}^{-1}\dfrac{\partial H}{\partial \mathbf{z}}$, 其中, $\mathbf{z} \equiv \begin{bmatrix} \mathbf{p} \\ \mathbf{q} \end{bmatrix}$. 若体系 Hamilton 函数是 $\mathbf{z}$ 的二次型时, 则该体系称为线性 **Hamilton 体系**, 即 H 总能够写为

$$H(\mathbf{z}) = \frac{1}{2}\mathbf{z}^{\mathrm{T}}\mathbf{C}\mathbf{z} \tag{3.8.3-1}$$

且 $\mathbf{C}^{\mathrm{T}} = \mathbf{C}$. 于是

$$\begin{aligned}\dot{\mathbf{z}} \equiv &\frac{\mathrm{d}\mathbf{z}}{\mathrm{d}t} = \mathbf{J}^{-1}\frac{\partial H}{\partial \mathbf{z}} = \mathbf{J}^{-1}\frac{\partial}{\partial \mathbf{z}}\left(\frac{1}{2}\mathbf{z}^{\mathrm{T}}\mathbf{C}\mathbf{z}\right) \\ =&\frac{1}{2}\mathbf{J}^{-1}\left(\mathbf{C}\mathbf{z} + \left(\mathbf{z}^{\mathrm{T}}\mathbf{C}\right)^{\mathrm{T}}\right) = \mathbf{J}^{-1}\mathbf{C}\mathbf{z}. \text{ 令 } \mathbf{B} \equiv \mathbf{J}^{-1}\mathbf{C}\end{aligned}$$

故

$$\dot{\mathbf{z}} \equiv \frac{\mathrm{d}\mathbf{z}}{\mathrm{d}t} = \mathbf{B}\mathbf{z} \tag{3.8.3-2}$$

因为 $\mathbf{C}$ 是对称矩阵, 又根据 $\mathbf{J}^{\mathrm{T}} = \mathbf{J}^{-1} = -\mathbf{J}$ 得到

$$\begin{aligned}\mathbf{B}^{\mathrm{T}}\mathbf{J} + \mathbf{J}\mathbf{B} &= \left(\mathbf{J}^{-1}\mathbf{C}\right)^{\mathrm{T}}\mathbf{J} + \mathbf{J}\left(\mathbf{J}^{-1}\mathbf{C}\right) = -\left(\mathbf{J}\mathbf{C}\right)^{\mathrm{T}}\mathbf{J} + \mathbf{C} \\ &= -\mathbf{C}^{\mathrm{T}}\mathbf{J}^{\mathrm{T}}\mathbf{J} + \mathbf{C} = -\mathbf{C}\mathbf{J}^{-1}\mathbf{J} + \mathbf{C} = \mathbf{0}.\end{aligned}$$

所以 $\mathbf{B}$ 为无穷小辛矩阵 (见附录式 (J.2.3-9)), 进而 $\mathrm{e}^{\mathbf{B}}$ 为辛矩阵.

式 (3.8.3-2) 的解析解为

$$\int_{\mathbf{z}(0)}^{\mathbf{z}(t)} \mathrm{d}\mathbf{z}\mathbf{z}^{-1} = \int_0^t \mathrm{d}\tau\mathbf{B} = t\mathbf{B} = \ln\mathbf{z}(t) - \ln\mathbf{z}(0)$$

即

$$\mathbf{z}(t) = \mathrm{e}^{t\mathbf{B}}\mathbf{z}(0) \tag{3.8.3-3}$$

3.8.3.1 线性 Hamilton 体系的 Euler 中点辛格式

设时间步长为 Δt, 将式 (3.8.3-2) 写成差分 (由此引入误差) 得到线性 Hamilton 体系的一个 Euler 中点法的辛格式

$$\frac{\mathbf{z}_{m+1} - \mathbf{z}_m}{\Delta t} = \frac{1}{2}\mathbf{B}\left(\mathbf{z}_{m+1} + \mathbf{z}_m\right) \tag{3.8.3-4}$$

称为中点 **Euler 辛格式公式**. 将式 (3.8.3-4) 整理得到

$$\begin{cases}\mathbf{z}_{m+1} = \mathbf{F}_{\Delta t}\mathbf{z}_m \\ \mathbf{F}_{\Delta t} = \left(\mathbf{1} - \dfrac{\Delta t}{2}\mathbf{B}\right)^{-1}\left(\mathbf{1} + \dfrac{\Delta t}{2}\mathbf{B}\right)\end{cases} \tag{3.8.3-5}$$

也可表示为步进算符 $\mathbf{F}_{\Delta t} \equiv \phi\left(-\dfrac{\Delta t}{2}\mathbf{B}\right)$, 其中, $\phi(\lambda) \equiv \dfrac{1-\lambda}{1+\lambda}$. 根据附录式 (J.2.3-12), 因为 $-\dfrac{\Delta t}{2}\mathbf{B}$ 为无穷小辛矩阵且非奇异即 $\det\left(\mathbf{1} - \dfrac{\Delta t}{2}\mathbf{B}\right) \neq 0$, 故步进算符 $\mathbf{F}_{\Delta t} = \left(\mathbf{1} - \dfrac{\Delta t}{2}\mathbf{B}\right)^{-1}$

$\left(\mathbf{1}+\dfrac{\Delta t}{2}\mathbf{B}\right)$ 为辛矩阵, 故为辛格式.

实际上根据附录式 (J.2.3-13), 非奇异的 $\mathbf{A}$ 满足 $(\mathbf{1}+\mathbf{A})^{-1}(\mathbf{1}-\mathbf{A})=(\mathbf{1}-\mathbf{A})(\mathbf{1}+\mathbf{A})^{-1}$, 故

$$\mathbf{F}_{\Delta t}=\left(\mathbf{1}-\frac{\Delta t}{2}\mathbf{B}\right)^{-1}\left(\mathbf{1}+\frac{\Delta t}{2}\mathbf{B}\right)=\left(\mathbf{1}+\frac{\Delta t}{2}\mathbf{B}\right)\left(\mathbf{1}-\frac{\Delta t}{2}\mathbf{B}\right)^{-1} \tag{3.8.3-6}$$

3.8.3.2 可分、线性 Hamilton 体系的交叉显式辛格式

若体系的 Hamilton 函数 $H(\mathbf{q},\mathbf{p})=\mathbf{T}(\mathbf{p})+\mathbf{V}(\mathbf{q})$, 则该体系称为是可分的, 即总能量可分为动能和势能. 也就是式 (3.8.3-1) 中的

$$\mathbf{C}=\begin{bmatrix}\mathbf{T} & \mathbf{0}\\ \mathbf{0} & \mathbf{V}\end{bmatrix} \tag{3.8.3-7}$$

其中, $\mathbf{T}^{\mathrm{T}}=\mathbf{T}$ 且正定, $\mathbf{V}^{\mathrm{T}}=\mathbf{V}$.

可分线性 Hamilton 体系的 Hamilton 函数可以写为

$$H(\mathbf{q},\mathbf{p})=\frac{1}{2}[\mathbf{p}^{\mathrm{T}}\ \ \mathbf{q}^{\mathrm{T}}]\mathbf{C}\begin{bmatrix}\mathbf{p}\\ \mathbf{q}\end{bmatrix}=\frac{1}{2}[\mathbf{p}^{\mathrm{T}}\ \ \mathbf{q}^{\mathrm{T}}]\begin{bmatrix}\mathbf{T} & \mathbf{0}\\ \mathbf{0} & \mathbf{V}\end{bmatrix}\begin{bmatrix}\mathbf{p}\\ \mathbf{q}\end{bmatrix}=\frac{1}{2}[\mathbf{p}^{\mathrm{T}}\mathbf{T}\ \ \mathbf{q}^{\mathrm{T}}\mathbf{V}]\begin{bmatrix}\mathbf{p}\\ \mathbf{q}\end{bmatrix}$$

即

$$H(\boldsymbol{q},\boldsymbol{p})=\frac{1}{2}\mathbf{p}^{\mathrm{T}}\mathbf{T}\mathbf{p}+\frac{1}{2}\mathbf{q}^{\mathrm{T}}\mathbf{V}\mathbf{q} \tag{3.8.3-8}$$

可分的线性 Hamilton 体系的 $\mathbf{B}=\mathbf{J}^{-1}\mathbf{C}=\begin{bmatrix}\mathbf{0} & -\mathbf{1}\\ \mathbf{1} & \mathbf{0}\end{bmatrix}\begin{bmatrix}\mathbf{T} & \mathbf{0}\\ \mathbf{0} & \mathbf{V}\end{bmatrix}$, 即

$$\mathbf{B}=\begin{bmatrix}\mathbf{0} & -\mathbf{V}\\ \mathbf{T} & \mathbf{0}\end{bmatrix} \tag{3.8.3-9}$$

从式 (3.8.3-8) 得到

$$\dot{\mathbf{p}}=-\frac{\partial H}{\partial \mathbf{q}}=-\frac{\partial}{\partial \mathbf{q}}\left(\frac{1}{2}\mathbf{p}^{\mathrm{T}}\mathbf{T}\mathbf{p}+\frac{1}{2}\mathbf{q}^{\mathrm{T}}\mathbf{V}\mathbf{q}\right)=-\frac{1}{2}\frac{\partial}{\partial \mathbf{q}}(\mathbf{q}^{\mathrm{T}}\mathbf{V}\mathbf{q})=-\mathbf{V}\mathbf{q}$$

以及

$$\dot{\mathbf{q}}=\frac{\partial H}{\partial \mathbf{p}}=\frac{\partial}{\partial \mathbf{p}}\left(\frac{1}{2}\mathbf{p}^{\mathrm{T}}\mathbf{T}\mathbf{p}+\frac{1}{2}\mathbf{q}^{\mathrm{T}}\mathbf{V}\mathbf{q}\right)=\frac{1}{2}\frac{\partial}{\partial \mathbf{p}}(\mathbf{p}^{\mathrm{T}}\mathbf{T}\mathbf{p})=\mathbf{T}\mathbf{p}$$

故有

$$\begin{cases}\dot{\mathbf{p}}=-\mathbf{V}\mathbf{q}\\ \dot{\mathbf{q}}=\mathbf{T}\mathbf{p}\end{cases} \tag{3.8.3-10}$$

这里采用另一种节点的取法, 交叉法, 即动量 $\boldsymbol{p}$ 在整时刻 $m\Delta t$ 处取值, 而位置 q 在半时刻 $\left(m+\dfrac{1}{2}\right)\Delta t$ 处取值. 根据式 (3.8.3-10), 可以写出如下交叉差分式:

$$\begin{cases} \dot{\mathbf{p}} = -\mathbf{V}\mathbf{q} \to \dfrac{1}{\Delta t}(\mathbf{p}_{m+1} - \mathbf{p}_m) = -\mathbf{V}\mathbf{q}_{m+\frac{1}{2}} \\ \dot{\mathbf{q}} = \mathbf{T}\mathbf{p} \to \dfrac{1}{\Delta t}\left(\mathbf{q}_{m+\frac{3}{2}} - \mathbf{q}_{m+\frac{1}{2}}\right) = \mathbf{T}\mathbf{p}_{m+1} \end{cases} \tag{3.8.3-11}$$

即 $\begin{bmatrix} \mathbf{p}_{m+1} \\ -\Delta t\mathbf{T}\mathbf{p}_{m+1} + \mathbf{q}_{m+\frac{3}{2}} \end{bmatrix} = \begin{bmatrix} \mathbf{p}_m - \Delta t\mathbf{V}\mathbf{q}_{m+\frac{1}{2}} \\ \mathbf{q}_{m+\frac{1}{2}} \end{bmatrix}$, 其中, $\begin{bmatrix} \mathbf{p}_{m+1} \\ -\Delta t\mathbf{T}\mathbf{p}_{m+1} + \mathbf{q}_{m+\frac{3}{2}} \end{bmatrix} = \begin{bmatrix} \mathbf{1} & \mathbf{0} \\ -\Delta t\mathbf{T} & \mathbf{1} \end{bmatrix}\begin{bmatrix} \mathbf{p}_{m+1} \\ \mathbf{q}_{m+\frac{3}{2}} \end{bmatrix}$. 同理, $\begin{bmatrix} \mathbf{p}_m - \Delta t\mathbf{V}\mathbf{q}_{m+\frac{1}{2}} \\ \mathbf{q}_{m+\frac{1}{2}} \end{bmatrix} = \begin{bmatrix} \mathbf{1} & -\Delta t\mathbf{V} \\ \mathbf{0} & \mathbf{1} \end{bmatrix}\begin{bmatrix} \mathbf{p}_m \\ \mathbf{q}_{m+\frac{1}{2}} \end{bmatrix}$. 进而 $\begin{bmatrix} \mathbf{1} & \mathbf{0} \\ -\Delta t\mathbf{T} & \mathbf{1} \end{bmatrix}\begin{bmatrix} \mathbf{p}_{m+1} \\ \mathbf{q}_{m+\frac{3}{2}} \end{bmatrix} = \begin{bmatrix} \mathbf{1} & -\Delta t\mathbf{V} \\ \mathbf{0} & \mathbf{1} \end{bmatrix}\begin{bmatrix} \mathbf{p}_m \\ \mathbf{q}_{m+\frac{1}{2}} \end{bmatrix}$, 即

$$\begin{bmatrix} \mathbf{p}_{m+1} \\ \mathbf{q}_{m+\frac{3}{2}} \end{bmatrix} = \begin{bmatrix} \mathbf{1} & \mathbf{0} \\ -\Delta t\mathbf{T} & \mathbf{1} \end{bmatrix}^{-1}\begin{bmatrix} \mathbf{1} & -\Delta t\mathbf{V} \\ \mathbf{0} & \mathbf{1} \end{bmatrix}\begin{bmatrix} \mathbf{p}_m \\ \mathbf{q}_{m+\frac{1}{2}} \end{bmatrix} \tag{3.8.3-12}$$

令

$$\mathbf{w}_m \equiv \begin{bmatrix} \mathbf{p}_m \\ \mathbf{q}_{m+\frac{1}{2}} \end{bmatrix} \tag{3.8.3-13}$$

故 $\mathbf{w}_{m+1} = \begin{bmatrix} \mathbf{p}_{m+1} \\ \mathbf{q}_{m+\frac{3}{2}} \end{bmatrix}$. 对于每个时间步长 Δt, 从 $\mathbf{w}_m$ 到 $\mathbf{w}_{m+1}$ 的变换为

$$\mathbf{w}_{m+1} = \mathbf{F}_{\Delta t}\mathbf{w}_m \tag{3.8.3-14}$$

其中, 步进矩阵为

$$\mathbf{F}_{\Delta t} = \begin{bmatrix} \mathbf{1} & \mathbf{0} \\ -\Delta t\mathbf{T} & \mathbf{1} \end{bmatrix}^{-1}\begin{bmatrix} \mathbf{1} & -\Delta t\mathbf{V} \\ \mathbf{0} & \mathbf{1} \end{bmatrix} \tag{3.8.3-15}$$

根据式 (J.2.3-2), 既然 $\mathbf{T}^{\mathrm{T}} = \mathbf{T}$ 和 $\mathbf{V}^{\mathrm{T}} = \mathbf{V}$, 所以 $\begin{bmatrix} \mathbf{1} & \mathbf{0} \\ -\Delta t\mathbf{T} & \mathbf{1} \end{bmatrix}$ 和 $\begin{bmatrix} \mathbf{1} & -\Delta t\mathbf{V} \\ \mathbf{0} & \mathbf{1} \end{bmatrix}$ 均为辛矩阵. 再根据附录的式 (J.2.3-6) 和式 (J.2.3-8), 辛矩阵的逆也是辛矩阵, 辛矩阵之积也是辛矩阵, 所以步进矩阵 $\boldsymbol{F}_{\Delta t}$ 为辛矩阵. 这样就确定以上算法是辛算法.

3.8.4 线性 Hamilton 体系的基于 Padé 逼近的辛格式

既然线性 Hamilton 体系的时间演化轨迹 (或称 "相流") 为 $\mathbf{z}(t) = \mathrm{e}^{t\mathbf{B}}\mathbf{z}(0)$, 而求演化算符 $\mathrm{e}^{t\mathbf{B}}$ 的最简单的逼近方法是用有理 **Padé** 逼近

$$\mathrm{e}^x \sim \frac{n_{lm}(x)}{d_{lm}(x)} \equiv g_{lm}(x) \tag{3.8.4-1}$$

其中,

$$\begin{cases} n_{lm}(x) \equiv \displaystyle\sum_{k=0}^{m} \frac{(l+m-k)!m!}{(l+m)!k!(m-k)!}x^k \\ d_{lm}(x) \equiv \displaystyle\sum_{k=0}^{l} \frac{(l+m-k)!l!}{(l+m)!k!(l-k)!}(-x)^k \end{cases} \tag{3.8.4-2}$$

对每一对非负整数 l 和 m, $\dfrac{n_{lm}(x)}{d_{lm}(x)}$ 在原点的 Taylor 展开式为

$$\mathrm{e}^x - \frac{n_{lm}(x)}{d_{lm}(x)} = o\left(|x|^{m+l+1}\right), \quad |x| \to 0 \tag{3.8.4-3}$$

g_{lm} 称为对 e^x 的 $l+m$ 阶 Padé 逼近.

定理 3.8.4-1　设 $\mathbf{B}$ 是无穷小辛矩阵, 对于充分小的 $|t|$, 当且仅当 $l=m$ 时 $g_{lm}(t\mathbf{B})$ 为辛矩阵, 即 $g_{ll}(t\mathbf{B})$ 既是对 $\mathrm{e}^{t\mathbf{B}}$ 的 Padé 对角逼近, 又是辛矩阵[30].

表 3.8.4-1 列出了 $g_{ll}(x)$ 的表式, 用它们构造的差分格式都是辛格式.

表 3.8.4-1

(l,l)	$(0,0)$	$(1,1)$	$(2,2)$	$(3,3)$	$(4,4)$
$g_{ll}(x)$	$\dfrac{1}{1}$	$\dfrac{1+\frac{x}{2}}{1-\frac{x}{2}}$	$\dfrac{1+\frac{x}{2}+\frac{x^2}{12}}{1-\frac{x}{2}+\frac{x^2}{12}}$	$\dfrac{1+\frac{x}{2}+\frac{x^2}{10}+\frac{x^3}{120}}{1-\frac{x}{2}+\frac{x^2}{10}-\frac{x^3}{120}}$	$\dfrac{1+\frac{x}{2}+\frac{3x^2}{28}+\frac{x^3}{84}+\frac{x^4}{1680}}{1-\frac{x}{2}+\frac{3x^2}{28}-\frac{x^3}{84}+\frac{x^4}{1680}}$
精度	—	2 阶	4 阶	6 阶	8 阶

(1) 采用 $g_{11}(x)$ 称为 **(1,1)** 逼近, 这就是 Euler 中点格式.

$$\begin{cases} \mathbf{z}_{m+1} = \mathbf{z}_m + \dfrac{\Delta t}{2}\mathbf{B}(\mathbf{z}_{m+1}+\mathbf{z}_m) \\ \mathbf{F}_{\Delta t}^{(1,1)} = g_{11}(\Delta t\mathbf{B}) \\ g_{11}(\lambda) = \dfrac{1+(\lambda/2)}{1-(\lambda/2)} \end{cases} \tag{3.8.4-4}$$

此辛格式具有二阶精度, 即 $\mathbf{F}_{\Delta t}^{(1,1)} = g_{11}(\Delta t\mathbf{B}) = \left(\mathbf{1}-\dfrac{\Delta t\mathbf{B}}{2}\right)^{-1}\left(\mathbf{1}+\dfrac{\Delta t\mathbf{B}}{2}\right)$. 对于可分线性体系,

$$\mathbf{B} = \mathbf{J}_{2n}^{-1}\mathbf{C} = \begin{bmatrix} \mathbf{0} & -\mathbf{V} \\ \mathbf{T} & \mathbf{0} \end{bmatrix}$$

(2) 采用 $g_{22}(x)$ 称为 **(2,2) 逼近**, 此时

$$\begin{cases} \mathbf{z}_{m+1} = \mathbf{z}_m + \dfrac{\Delta t}{2}\mathbf{B}(\mathbf{z}_m+\mathbf{z}_{m+1}) + \dfrac{(\Delta t)^2}{12}\mathbf{B}^2(\mathbf{z}_m-\mathbf{z}_{m+1}) \\ \mathbf{F}_{\Delta t}^{(2,2)} = g_{22}(\Delta t\mathbf{B}) \\ g_{22}(\lambda) = \dfrac{1+(\lambda/2)+(\lambda^2/12)}{1-(\lambda/2)+(\lambda^2/12)} \end{cases} \tag{3.8.4-5}$$

此辛格式具有 4 阶精度.

(3) 采用 $g_{33}(x)$ 称为 **(3,3) 逼近**, 此时

$$\begin{cases} \mathbf{z}_{m+1} = \mathbf{z}_m + \dfrac{\Delta t}{2}\mathbf{B}(\mathbf{z}_m+\mathbf{z}_{m+1}) + \dfrac{(\Delta t)^2}{10}\mathbf{B}^2(\mathbf{z}_m-\mathbf{z}_{m+1}) \\ \qquad + \dfrac{(\Delta t)^3}{120}\mathbf{B}^3(\mathbf{z}_m+\mathbf{z}_{m+1}) \\ \mathbf{F}_{\Delta t}^{(3,3)} = g_{33}(\Delta t\mathbf{B}) \\ g_{33}(\lambda) = \dfrac{1+(\lambda/2)+(\lambda^2/10)+(\lambda^3/120)}{1-(\lambda/2)+(\lambda^2/10)-(\lambda^3/120)} \end{cases} \tag{3.8.4-6}$$

此辛格式具有 6 阶精度.

(4) 采用 $g_{44}(x)$ 称为 **(4,4) 逼近**, 此时

$$\left\{\begin{array}{l} \mathbf{z}_{m+1}=\mathbf{z}_m+\dfrac{\Delta t\mathbf{B}}{2}(\mathbf{z}_m+\mathbf{z}_{m+1})+\dfrac{3(\Delta t)^2\mathbf{B}^2}{28}(\mathbf{z}_m-\mathbf{z}_{m+1}) \\ \qquad +\dfrac{(\Delta t)^3\mathbf{B}^3}{84}(\mathbf{z}_m+\mathbf{z}_{m+1})+\dfrac{(\Delta t)^4\mathbf{B}^4}{1680}(\mathbf{z}_m-\mathbf{z}_{m+1}) \\ \mathbf{F}_{\Delta t}^{(4,4)}=g_{44}(h\mathbf{B}) \\ g_{44}(\lambda)=\dfrac{1+(\lambda/2)+(3\lambda^2/28)+(\lambda^3/84)+(\lambda^4/1680)}{1-(\lambda/2)+(3\lambda^2/28)-(\lambda^3/84)+(\lambda^4/1680)} \end{array}\right. \tag{3.8.4-7}$$

此辛格式具有 8 阶精度.

总之, 线性 Hamilton 体系的差分辛格式为

$$\mathbf{z}_{m+1}=g_{ll}(\Delta t\mathbf{B})\mathbf{z}_m,\quad l=1,2,\cdots \tag{3.8.4-8}$$

具有 $2l$ 阶精度.

3.8.5 非线性 Hamilton 体系的 Euler 中点辛格式

既然是非线性, 那么只能从普遍的 Hamilton 运动方程 (见式 (3.8.1-4)) 出发,

$$\dot{\mathbf{z}}=\mathbf{J}^{-1}\frac{\partial H}{\partial \mathbf{z}} \tag{3.8.5-1}$$

先从微分的式 (3.8.5-1) 得到差分式, 然后再看这个差分式是否符合辛格式. 记函数 $H_{\mathbf{z}}\equiv \dfrac{\partial H}{\partial \mathbf{z}}=\begin{bmatrix}\dfrac{\partial H}{\partial \mathbf{p}}\\ \dfrac{\partial H}{\partial \mathbf{q}}\end{bmatrix}$, 它是 Hamilton 量对 $\mathbf{z}$ 的导数. 现在式 (3.8.5-1) 的差分为

$$\frac{1}{\Delta t}(\mathbf{z}_{m+1}-\mathbf{z}_m)=\mathbf{J}^{-1}\frac{\partial H}{\partial \mathbf{z}}\left(\frac{\mathbf{z}_m+\mathbf{z}_{m+1}}{2}\right)=\mathbf{J}^{-1}H_{\mathbf{z}}\left(\frac{\mathbf{z}_m+\mathbf{z}_{m+1}}{2}\right) \tag{3.8.5-2}$$

即

$$\mathbf{z}_{m+1}=\mathbf{z}_m+\Delta t\mathbf{J}^{-1}H_z\left(\frac{\mathbf{z}_m+\mathbf{z}_{m+1}}{2}\right)$$

可见步进算符 $\mathbf{F}_{\Delta t}:\mathbf{z}_m\to\mathbf{z}_{m+1}$(含义 $\mathbf{z}_{m+1}=\mathbf{F}_{\Delta t}\mathbf{z}_m$) 是非线性的. 因为

$$\mathbf{z}_{m+1}=\mathbf{z}_m+\frac{\partial \mathbf{z}_{m+1}(\mathbf{z}_m)}{\partial \mathbf{z}_m}(\mathbf{z}_{m+1}-\mathbf{z}_m)+O(\mathbf{z}_{m+1}-\mathbf{z}_m) \tag{3.8.5-3}$$

将式 (3.8.5-2) 中的 $\mathbf{z}_{m+1}$ 对列矩阵 $\mathbf{z}_m$ 求偏导得到

$$\frac{\partial \mathbf{z}_{m+1}}{\partial \mathbf{z}_m}=\mathbf{1}+\frac{\Delta t}{2}\mathbf{J}^{-1}H_{\mathbf{zz}}\left(\frac{\mathbf{z}_m+\mathbf{z}_{m+1}}{2}\right)\left\{\frac{\partial \mathbf{z}_{m+1}}{\partial \mathbf{z}_m}+\mathbf{1}\right\} \tag{3.8.5-4}$$

这里 $H_{\mathbf{zz}}\left(\dfrac{\mathbf{z}_m+\mathbf{z}_{m+1}}{2}\right)$是函数 $H(\mathbf{z})$ 的 Hesse 矩阵在点 $\left(\dfrac{\mathbf{z}_m+\mathbf{z}_{m+1}}{2}\right)$ 处的取值. 根据附录式 (J.2.3-10), 若 $\mathbf{A}$ 为对称矩阵, 当且仅当 $\mathbf{B}=\mathbf{J}_{2n}\mathbf{A}$ 时, $\mathbf{B}$ 为无穷小辛矩阵. 现在

$H_{\mathbf{zz}}\left(\frac{\mathbf{z}_m+\mathbf{z}_{m+1}}{2}\right)$ 是对称矩阵, 又因为 $\mathbf{J}^{-1}$=$-\mathbf{J}$, 故 $-\frac{\Delta t}{2}\mathbf{J}^{-1}H_{zz}\left(\frac{\mathbf{z}_m+\mathbf{z}_{m+1}}{2}\right)\equiv\mathbf{B}$ 是无穷小辛矩阵. 根据附录式 (J.2.3-12), 若 $\mathbf{B}$ 为无穷小辛矩阵, 又为非奇异的, 则 $\mathbf{B}$ 的 Cayley 变换 $(\mathbf{1}+\mathbf{B})^{-1}(\mathbf{1}-\mathbf{B})$ 为辛矩阵. 现在如果选择步进算符为

$$\mathbf{F}_{\Delta t}=\left\{\mathbf{1}-\frac{\Delta t}{2}\mathbf{J}^{-1}H_{\mathbf{zz}}\left(\frac{\mathbf{z}_m+\mathbf{z}_{m+1}}{2}\right)\right\}^{-1}\left\{\mathbf{1}+\frac{\Delta t}{2}\mathbf{J}^{-1}H_{\mathbf{zz}}\left(\frac{\mathbf{z}_m+\mathbf{z}_{m+1}}{2}\right)\right\} \tag{3.8.5-5}$$

只要 Δt 足够小则可以保证 $-\frac{\Delta t}{2}\mathbf{J}^{-1}H_{\mathbf{zz}}\left(\frac{\mathbf{z}_m+\mathbf{z}_{m+1}}{2}\right)\equiv\mathbf{B}$ 是非奇异的, 于是 $\mathbf{F}_{\Delta t}$ 必为辛矩阵, 即算法为辛格式.

3.8.6 辛算法实例

Hamilton 体系的辛算法及其完整的理论框架是 1984 年我国数学家冯康 (图 3.8.6-1) 对世界科学的不朽贡献[30]. 他被誉为开创了 “一个理应受到重视而却长期被人忽略了的新领域”. 冯康去世后, 1997 年这项成果被追授为国家自然科学一等奖.

图 3.8.6-1 冯康 (1920~1993)

辛算法的差分方法被认为是目前最稳定、高效的计算方法, 适合用于 Hamilton 体系. 由于一切真实的、耗散可以忽略不计的物理过程都可表示为 Hamilton 体系, 所以冯康的贡献影响深远而广泛.

Hamilton 体系辛算法的有效性还通过多种实例与非辛格式的传统算法比较得到检验: 简谐振子、Duffing 振子 (非线性振子)、Huygens 振子、Cassini 振子、二维多晶格与准晶格定常流、Lissajous 图形、椭球面测地线、Kepler 运动等[30]. 检验所用的实例往往用已知解析解的简单例子, 而且只有这些貌似简单的实例才是最容易暴露算法毛病的严格考验. 貌似复杂的实例即使毛病暴露也经常无法识别. 以下列举几种实例来检验 Hamilton 体系辛算法的效果.

3.8.6.1 实例 1: 一维谐振子的相空间轨迹

一维谐振子的相空间轨迹有解析解, 应当是一个椭圆. 现在分别用传统的 (属于非辛格式的)Runge-Kutta 法和 Adams 法计算 3000 步, 结果分别如图 3.8.6-2 (a) 和 (b) 所示. Runge-Kutta 法的结果显示存在人为耗散, 于是轨道收缩. Adams 算法显示存在人为反耗散, 造成轨道发散. 同样的一维谐振子问题采用蛙跳法, 结果如图 3.8.6-2 (c) 所示. 在总共 10^7 步的头、中、末各取三段 1000 步的结果完全吻合, 呈现解析法所预示的椭圆形. 蛙跳法, 即二步中心差分法, 是传统算法中的一种. 可以证明对于线性问题蛙跳法属于辛格式, 对于非线性问题蛙跳法就不是辛格式, 而一维谐振子正好是一个线性问题.

3.8.6.2 实例 2: 一维弱非谐振子的相空间轨迹

一维弱非谐振子的相空间轨迹如图 3.8.6-3 所示. 因为加入的非线性项非常弱, 所以相空间的轨迹还是应当近于椭圆的. 图 3.8.6-3(a) 与 (b) 为同一个蛙跳法模拟在最初 1000

步时和第 9000~10000 步时取样的结果. 蛙跳法对于非线性方程不是辛算法, 用它模拟的最初 1000 步中轨迹显示失真, 到第 9000~10000 步时轨迹继续失真. 图 3.8.6-3 (c) 是用二阶辛算法的结果, 在总数为 1000 步的初、中、末三段结果完全吻合为一个拟椭圆形.

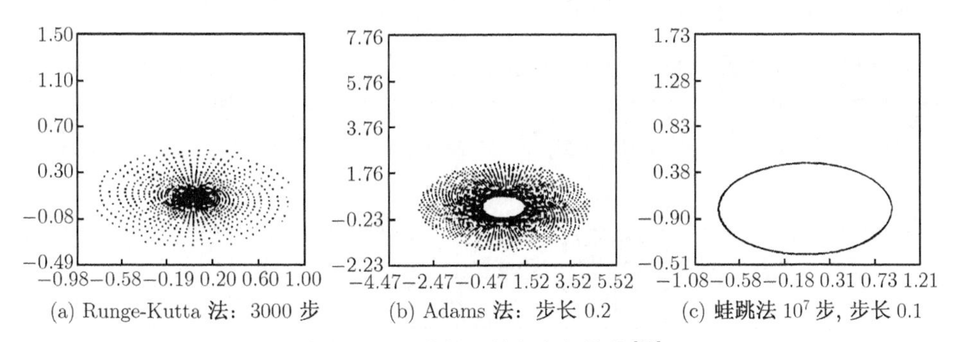

(a) Runge-Kutta 法：3000 步　(b) Adams 法：步长 0.2　(c) 蛙跳法 10^7 步, 步长 0.1

图 3.8.6-2　谐振子的相空间轨迹[30]

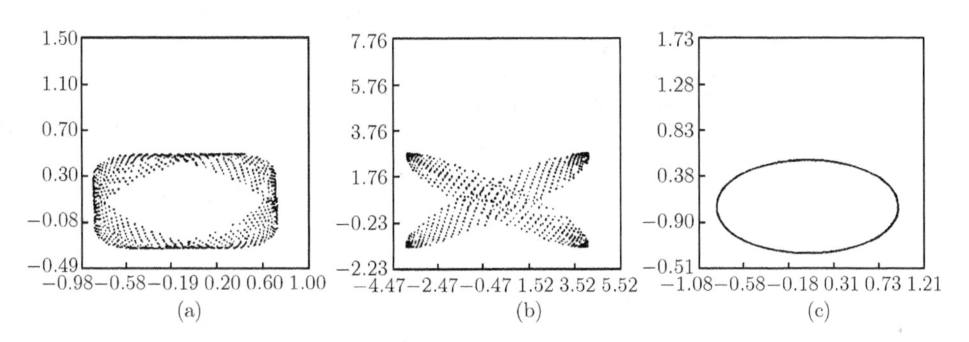

(a)　(b)　(c)

图 3.8.6-3　一维弱非谐振子的相空间轨迹

(a) 与 (b) 为同一个蛙跳法 (步长 0.2) 在最初 1000 步时和第 9000~10000 步时取样的结果;

(c) 为用二阶辛算法的结果 (步长 0.1, 1000 步)[30]

3.8.6.3　实例 3: Li_2 分子的经典轨迹法

过去, 任意化合物的分子振转光谱峰位的实验值和经典力学简正振动理论值的两者相符, 证明了原子核的运动符合经典力学理论. 所以可以将 Hamilton 力学用于 Li_2 分子, 计算这个分子中两个核的位置随时间的变化, 即所谓 “经典轨迹法”.

设原子核的位置分别为 x_1, x_2, 质量分别为 m_1, m_2, 折合质量 $\mu = \dfrac{m_1 m_2}{m_1 + m_2}$. 虽然任意化学键本质上是量子效应, 但是对于简单的双原子分子, 如 Li_2 分子等, 两个原子核之间的势能可以相当好地近似表为 Morse 函数

$$U(q) = D\left\{\mathrm{e}^{-2a(q-q_e)} - 2\mathrm{e}^{-a(q-q_e)}\right\} \tag{3.8.6-1}$$

总能量为 $H(q,p) = T(p) + U(q)$, 动能 $T(p) = \dfrac{p^2}{2\mu}$, 其中, 广义位置 (这里即键长)$q = x_1 + x_2$; 广义动量 $p = \mu\dfrac{\mathrm{d}q}{\mathrm{d}t}$. 该体系的 Hamilton 正则方程为

$$\begin{cases} \dfrac{\mathrm{d}p}{\mathrm{d}t} = -\dfrac{\partial U}{\partial q} = -f(q) \\ \dfrac{\mathrm{d}q}{\mathrm{d}t} = \dfrac{\partial T}{\partial p} = g(p) \end{cases} \tag{3.8.6-2}$$

Li_2 分子 $X^1\Sigma_g^+$ 态的参数: 解离能 $D = 8541\text{cm}^{-1}$, 平衡键长 $q_e = 2.67328\text{Å}$, $a = 0.867\text{Å}^{-1}$. 设初始状态为 $q(0) = q_e$, $p(0) = \sqrt{2\mu D} - 0.0001$, 步长 0.005, 分别用 Runge-Kutta(R-K) 法、辛算法模拟, 其 Li_2 分子的经典轨迹、能量和相轨道的结果如图 3.8.6-4 所示.

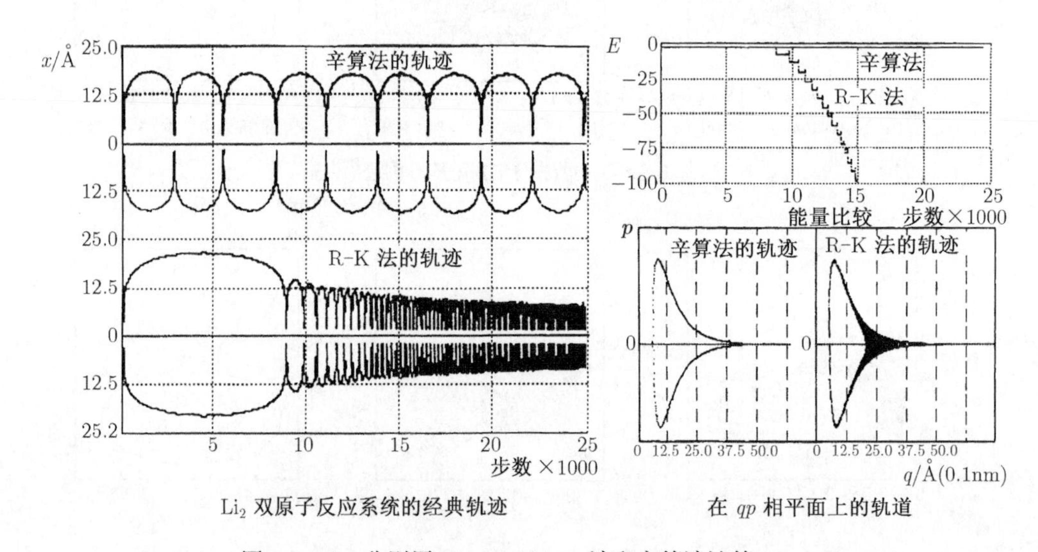

图 3.8.6-4　分别用 Runge-Kutta 法和辛算法计算 Li_2 分子的经典轨迹、能量和相轨道[30]

其中, 辛算法模拟长达 10^6 步时轨迹还保持振幅、周期性、总能量和相轨道都稳定的结果. 而用非辛的 Runge-Kutta 法模拟, 则在 5000 步之后振幅变小、周期变短; 10^4 步之后总能量急剧下降; 相空间轨迹沿 q 方向收缩, 5×10^4 步时已经面目全非. 这都不符合稳定 Li_2 分子振动运动的应有结果.

总之, 以上实例说明了在整体性、结构性和长期跟踪能力上辛算法的优越性. 一切传统的非辛算法, 无论精度高低均无例外地全然失效. 一切辛算法无论精度高低均无例外地过关, 均具有长期稳健的跟踪能力, 显示了压倒性的优越性.

辛算法保持了 Hamilton 体系的两个守恒律: ① 相空间体积的不变性 (即 Liouville-Poincaré 守恒律); ② 运动不变量, 如能量、动量、角动量的守恒.

辛算法能够在数值计算中保持辛变换的结构, 于是就会得到高的稳定性. 辛算法的差分方法被认为是目前最稳定、高效的计算方法, 最适合用于经典力学体系. 辛算法不含人为耗散性, 先天性地免于一切非 Hamilton 污染, 是 “干净” 的算法. 误差的长期累积造成非辛算法的 “蝴蝶效应”(图 3.8.6-5).

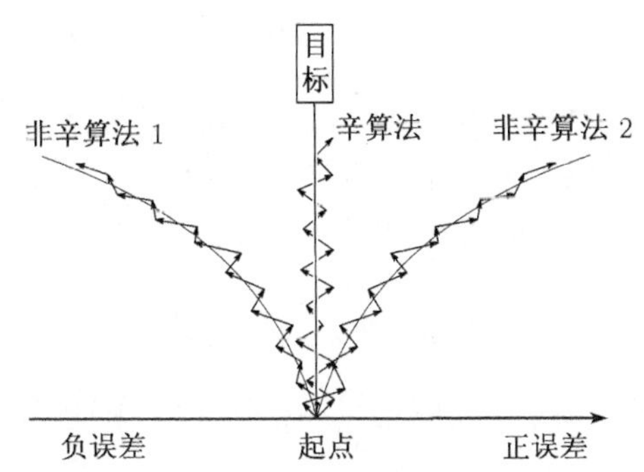

图 3.8.6-5　Hamilton 体系的辛算法和非辛算法的示意图

3.9　Poincaré 回归定理与分子动力学模拟

分子模拟的第一步就要构建处于稳定构象的分子模型. 既然分子动力学模拟可以得到分子体系的时间演化, 那么原则上应该可以用分子动力学模拟在一定的条件下沿着时间演化的轨迹寻找分子的各个构象, 从中找到概率最大者即最稳定构象. 在演化轨迹中微观状态 i 曾经出现的次数 n_i 占到时间演化轨迹所含微观状态总数 n_{tot} 的概率

$$p_i = \frac{n_i}{n_{\text{tot}}} \tag{3.9-1}$$

代表了这种微观状态的概率. 这是模拟的目标之一. 所以, 首先要看时间演化轨迹上微观状态重复出现的规律. 这就要介绍 Poincaré 回归定理.

3.9.1　Poincaré 回归定理

Poincaré 回归定理 (recurrence theorem)[33,34]　对于等能面内体积有限大的宏观体系, 假定其 Hamilton 量 $H(\boldsymbol{q},\boldsymbol{p})$ 有界, 则其 $|\boldsymbol{q}|$ 和 $|\boldsymbol{p}|$ 均有界. 若时间 $t=0$ 时体系从 Γ 相空间的某点 P_0 出发, 则体系在一有限的时间 T 内必然会经过 P_0 点的足够近的邻近点 P'_0, 其距离小于任意小的预设正数 ε, 即 $|P_0P'_0|<\varepsilon$.

因为从经典力学的观点看状态的重复出现相当于相点沿着演化轨迹出发绕过一圈后又回到原处, 然后又离开该处, 这是一个点与点的 “重逢” 问题. 在数学上表述点与点的 “重逢” 如同谈论两个实数的 “相等” 一样: 后者只能说两个实数之差小于任意设定的小正数 ε (计算机编程时必须遵守); 而前者的表述必须是该点回到了它的邻域, 即 $|P_0P'_0|<\varepsilon$.

证明　将以上表述画成图 3.9.1-1, 其中, 相点 P_0 从时间 $t_0=0$ 开始经过 t 到达 t', 相应的邻域为 ω_0, ω 和 ω'. 现在用反证法证明 Poincaré 回归定理.

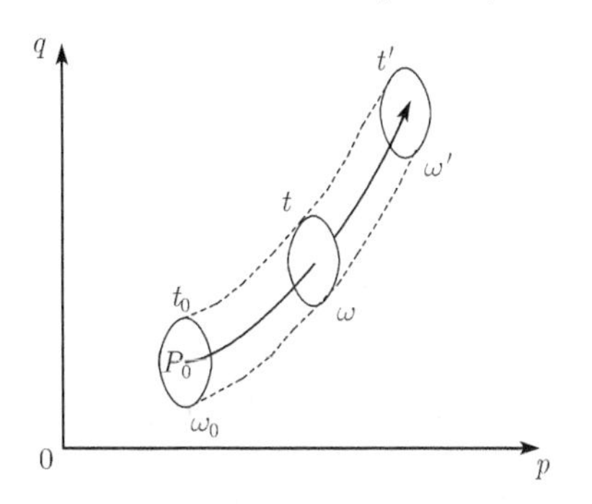

图 3.9.1-1　Poincaré 回归定理

若定理是错的, 则永远不会回到 P_0 的邻域 ω_0 内. 又若 $t-t_0$ 足够大, 使得 ω_0 内的相点均已流到 ω, 即两个邻域无交集

$$\omega\cap\omega_0=0$$

令 $\Omega_{tt'}(\omega)$ 为在 $t\to t'$ 时间内 ω 扫过的体积, $\Omega_{0t'}(\omega_0)$ 为在 $t_0\to t'$ 时间内 ω_0 扫过的体积, 则必有

$$\Omega_{tt'}(\omega) \subset \Omega_{0t'}(\omega_0)$$

现将时间从 $t_0 \to t = \infty$ 扫过的体积 $\Omega_{0\infty}(\omega_0)$ 内充以等密度 ρ 的点 (即等密度 “流体”). 因为 q, p 均有界, 故 $\Omega_{0\infty}(\omega_0)$ 也应当是有界的. 比较 $\Omega_{0\infty}(\omega_0)$ 与 $\Omega_{t\infty}(\omega)$ 两者: 因为 Liouville 定理, 系综是不可压缩的流体, 所以应当有

$$\Omega_{0\infty}(\omega_0) = \Omega_{t\infty}(\omega) \tag{3.9.1-1}$$

又若体系在无限长的时间内不会回到原状态 P_0 的邻域, 则必有

$$\Omega_{0\infty}(\omega_0) - \Omega_{t\infty}(\omega) \geqslant \omega_0 \tag{3.9.1-2}$$

这样式 (3.9.1-2) 与式 (3.9.1-1) 矛盾. 所以定理成立. ■

讨论

Poincaré 回归定理是 1890 年 H. Poincaré 提出的, 1919 年 Carathéodory 给出了严格证明. 因为 Poincaré 回归定理, 所以相点 P 经过一个时间 t_P (称为 Poincaré 回归时间或 Poincaré 周期) 后会与 P 邻域擦肩而过. 一般估计通常体系的 t_P 将大大长于宇宙寿命 (150 亿年, 即 5×10^{17}s)[33].

3.9.2　构象分析与 Poincaré 回归定理

分子动力学模拟的一个重要应用是构象分析, 找到在时间演化轨迹中各种微观状态出现概率 $\{p_i\}$. 所以分子动力学模拟与 Poincaré 回归类似也有一个构象的回归问题[35].

下面介绍势能面中的域:

势能面 Σ 中的每个局部极小点 c_i 周围邻域内的相点 $d_{ij}\,(j=1,2,\cdots)$, 当在距离 $\|c_i - d_{ij}\|\,(\forall j)$ 增大的过程中: 若对所有的相点 $d_{ij}\,(j=1,2,\cdots)$ 代表的分子结构分别作能量的几何优化, 优化后的相点均将汇聚到构象 c_i 点. 当相点 d_{ij} 离开 c_i 太远, 则几何优化后的相点将会到达另一个局部极小点 $c_k\,(k\neq i)$. 把所有将会汇聚到构象 c_i 点的相点 $d_{ij}\,(j=1,2,\cdots)$ 组成的集合称为 c_i 的域 R_i(region)[35].

可以证明整个位形空间 Γ_q 满足

$$\Gamma_q = \bigcup_i R_i \text{ 且 } R_i \cap R_i = \varnothing, \quad \forall i \neq j \tag{3.9.2-1}$$

这里 $\varnothing$ 代表空集.

证明　如果式 (3.9.2-1) 不成立, 则必有

$$\Gamma_q = \bigcup_i R_i + \bigcup_m P_m \tag{3.9.2-2}$$

其中, P_m 为位形空间中不存在局部极值点的区域, 称为坪区 (plateau). 式 (3.9.2-2) 虽然在数学上成立, 但是在物理上不能成立, 理由是既然坪区内不存在极值, 则其中处处 $\dfrac{\partial U}{\partial q_i} = 0$ (U 为势能, q_i 为核位置). 对于分子体系中现在所知的任何一种相互作用 (如 Lenard-Jones 势、Coulomb 势、Morse 势等) 势能与核位置的曲线中只有两处符合 $\dfrac{\partial U}{\partial q_i} = 0$,

那就是核的平衡位置处 (即平衡键长处) 和无穷远处. 前者已经包含在 $\{R_i\}$ 中, 而无穷远处不是实际模拟感兴趣的问题. 所以在排除无穷远处的情况下, 必有 $P_m = \varnothing$, $\forall m$, 即在有限远之内的势能面范围里不存在坪区. 此外 $R_i \cap R_i = \varnothing$, $\forall i \neq j$ 是显然的. 于是式 (3.9.2-1) 成立. ■

讨论

(1) Poincaré 回归是相点到相点的回归, 回归一次需要时间 t_{P}, 大于宇宙寿命. 而对于分子动力学的构象分析需要的是域到域的回归, 只要在分子动力学模拟中域能够回归, 那么每个域 (因而构象) 就不只出现一次. 因为域到域的回归相当于面与面的重叠, 当然要比点与点的重叠概率大得多. 实际上, 分子动力学模拟的经验说明域的回归时间 t_{R} 在 ps 数量级, 所以估计 $t_{\mathrm{R}}/t_{\mathrm{P}} \sim 10^{-29}$. 这样分子动力学模拟作构象分析才有可能.

(2) 式 (3.9.2-1) 的 $\varGamma_q = \bigcup_i R_i$ 和 $R_i \cap R_i = \varnothing, \forall i \neq j$ 表明: 所有的域天衣无缝地覆盖整个位形空间, 而且域之间没有覆盖. 于是再按照域的定义, 每个域内只含有而且必有一个局部极小点即构象. 于是寻找构象本质上就是寻找所有的域.

(3) 正因为式 (3.9.2-1) 成立, 就有依据设计一个如图 3.9.2-1 所示的方案用分子动力学模拟作构象分析[35], 寻找构象 $\{c_i\}$ 及其对应的概率 $\{p_i\}$.

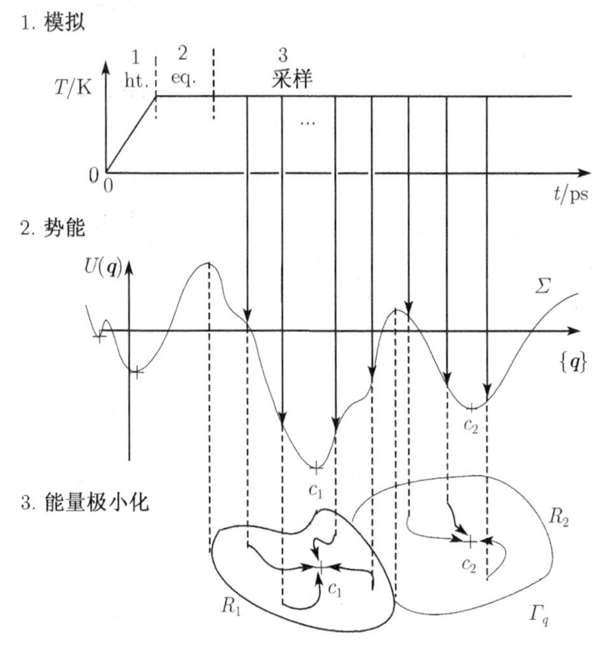

图 3.9.2-1 分子动力学构象分析的模拟方案

3.10 分子动力学方法的发展和近况

分子动力学方法在发展初期, 1957 年 Alder 和 Wainwright 发展了基于刚球势的分子动力学法. 1964 年 Rahman 利用 Lennard-Jono 势函数法对液态氩性质进行了模拟. 1971 年 Rahman 和 Stillinger 模拟水的具有分子团簇行为的性质[9,36,37]. 1977 年 Rychaert 等提出了约束动力学方法[12]. 1980 年恒压条件下的两个方法问世, 即 Andersen 法[13] 和 Parrinello-Rahman 法[14]. 1983 年 Gillan-Dixon 讨论了非平衡态的分子动力学方法. 1984 年 Nosé 提出恒温条件下严格统计系综的分子动力学方法[18]. 1985 年 Hoover 改进了 Nosé 动力学[22], 即所谓 Nosé-Hoover 动力学方法[21]. 1985 年 Car 和 Parrinello 提出了采用密度泛函理论的分子动力学方法[38], 这是第一个基于第一原理的分子动力学模拟. 1991 年 Cagin 和 Pettit 提出巨正则系综的分子动力学方法[39].

Nosé 对于恒温体系的考虑是: 只要额外加个自由度就可以使得模拟的抽样得到严格的正则系综[18,19], 而 Hoover 的改进使得能够在真实时间下作模拟[21,22]. Nosé 工作提出的问题启发了大家: 怎么样的分子动力学模拟才是一个好的方法? 他本人给出了这个问题的部分答案, 即至少要严格满足统计系综的要求. 以后逐步明白了一个好的分子动力学模拟应当满足: 严格的统计系综、准遍态历经、时间反演可逆性和满足辛几何的算法格式.

从 80 年代初开始, 蛋白质的模拟研究是分子动力学方法发展最重要的推动力. 由于在生命科学的指挥棒下只重视模拟对象蛋白质, 忽视形式理论, 轻视统计力学的基础作用, 一味把模拟结果不满意的根源归结为模拟时间不够、计算机能力的不足. 在 1997 年之前整整花了至少 10 年时间才觉得蛋白质的模拟时间要朝 ns 的方向走, 同时此类文章被审稿的资格抬高到模拟时间至少为 150ps. 实际上, 到 2005 年模拟时间达到 300ns, 结果还是不满意. 总之, 在蛋白质模拟领域分子动力学只当成现成的工具, 分子动力学方法本身没有得到本质的研究. 结果, 相当数目的研究者兴冲冲涌入, 几年后又败兴地退出这个领域. 生命科学这根指挥棒失灵了.

物理研究的经验说明, 越小的应用实例越容易暴露方法的局限性. 蛋白质模拟一下就把常规的分子动力学方法用在大体系, 所以更难寻找问题的源头, 于是陷入僵局. 分子动力学方法与蛋白质模拟两者, 前者是基础, 后者是应用目标. 这段历史充分证明: 不是所有的应用研究都能够促进基础研究发展的. 也应验了美国现代科研管理体系的奠基人、第二次世界大战时研制核弹的 Manhattan 工程项目的组织者 Vannevar Bush 教授(1890~1974)的断言: “基础研究一旦受命于不成熟的实际应用目标, 就会断送它的创造力.”

终于, 人们还是从 Nosé 的统计系综思想 (1984 年) 和冯康的辛算法思想 (1984 年) 中看到了分子动力学发展的曙光, 逐步从经典力学、统计力学的形式理论中明白过来, 认识到应当从 4 个方面来考虑: 准遍态历经性、时间可逆性、相应的系综分布和满足辛几何的数学结构. 准遍态历经性是 Gibbs 统计力学的要求. 时间可逆性和辛结构是 Hamilton 力学的要求. 相应的系综分布是当体系处于某种宏观约束条件下的统计力学要求.

Nosé 对于恒温体系的考虑是: 只要额外加个自由度就可以使得模拟的抽样得到正则系综, 而 Hoover 的改进使得能够在真实时间下作模拟. 不过, Nosé-Hoover 动力学的缺点是对于小体系或硬性体系不具有遍历性, 后来虽有改进使之具有遍历性, 可是 Nosé-Hoover 动力学本身不具有 Hamilton 结构的缺点还是继承下来了.

对于分子动力学模拟来说, 冯康的辛算法是与 Nosé 动力学同时期作出的关键贡献[30]. 3.8 节介绍的辛算法是好的分子动力学模拟方法的必要条件, 当然还不是充要条件.

Tuckerman, Martyna 和 Klein 等[25~27] 在应用经典力学算符理论的基础上, 将分子动力学模拟的理论建筑在更加完美的统一理论框架里, 使得分子动力学模拟的应用更加有依据.

辛算法稳定性好、力学结构守恒性好, 可是 Nosé-Hoover 动力学及其衍生方法都不具有 Hamilton 结构, 故辛算法用不上. 为此, Bond, Laird, Leimkuhler 研究出 Nosé-Poincaré 方法[40]. 可是这个方法将体系直接恒温却得不到正则分布. 后来 Leimkuhler 等提出采用多重热浴的 Nosé-Poincaré 方法, 既保持了辛结构, 又能够得到正则分布[41~43].

图 3.10-1 给出了分子动力学模拟在 Nosé、冯康之后朝向满足上述 4 方面要求上的部分研究进展. 所以, 人们认为 Nosé 扩展 Hamilton 量思想和冯康的辛算法带来了分子动力学研究的革命性变化.

曾经有人比较 Nosé-Hoover 链模拟与随机动力学模拟两者的遍历性, 认为相比起来随机动力学模拟的遍历性要比 Nosé-Hoover 的分子动力学模拟好[44].

分子动力学模拟起先作为统计力学中的一项计算方法出现在科学界. 随着它在化学领域的普遍应用, 已经成为分子模拟中的主要方法. 在模拟新化合物的化学行为, 模拟新的化学药物分子取得了广泛应用. 近年来模拟在固体材料领域也得到开展, 分子动力学模拟又成为材料科学研究的重要工具.

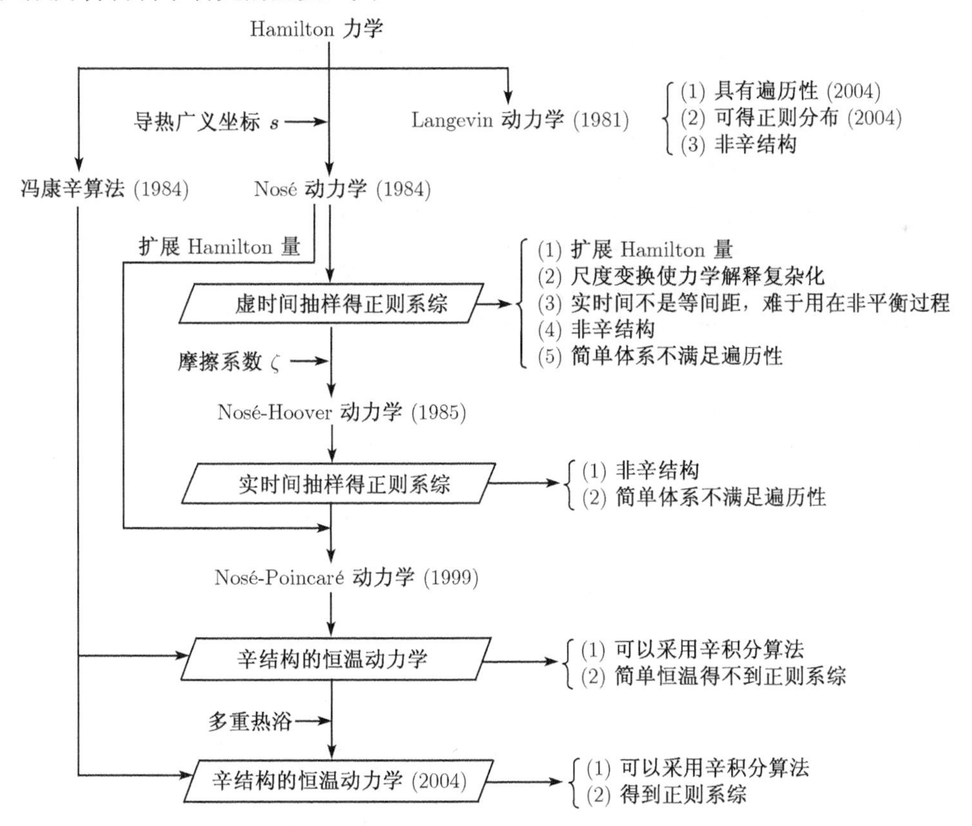

图 3.10-1 Nosé、冯康之后分子动力学方法研究的进展

参 考 文 献

[1] Verlet L. Phys Rev, 1967, 159: 98; 1968, 165: 201.

[2] Hockney R W. Methods Comput Phys, 1970, 9: 136.
[3] van Gunsteren W F, Berendsen H J C. Mol Phys, 1977, 34: 1977.
[4] Swope W C, Andersen H C, Berens P H, et al. Chem Phys, 1982, 76: 136.
[5] Barth E, Schlick T. J Chem Phys, 1998, 109: 1617.
[6] Bharucha-Reid A T. 马尔柯夫过程论初步及其应用. 上海: 上海科学技术出版社, 1979.
[7] Beeman D. J Comp Phys, 1976, 20: 130.
[8] Gear C W. Numerical Initial Value Problems in Ordinary Differential Equations. New Jersey: Prentice-Hall, 1971.
[9] van Gunsteren W F, Berendsen H J C. Angew Chem Int Ed Engl, 1990, 29: 992.
[10] Schlick T. Molecular Modeling and Simulation: An Interdisciplinary Guide. New York: Springer-Verlag, 2002.
[11] Homans S W. Prog in NMR Spect, 1990, 22: 55.
[12] Ryckaert J P, Ciccotti G, Berendsen H J C. J Comp Phys, 1977, 23: 327.
[13] Andersen H C. J Chem Phys, 1980, 72: 2384.
[14] Parrinello M, Rahman A. Phys Rev Lett, 1980, 45: 1196.
[15] Parrinello M, Rahman A. J Appl Phys, 1981, 52: 7182.
[16] Woodcock L V. Chem Phys Lett, 1971, 10: 257.
[17] Berendsen H J C, Postma J P M, van Gunsteren W F. J Chem Phys, 1984, 81: 3684.
[18] Nosé S. Mol Phys, 1984, 52: 255.
[19] Nosé S. J Chem Phys, 1984, 81: 511.
[20] Evans D J, Holian B L. J Chem Phys, 1985, 83: 4096.
[21] Hoover W G. Nosé-Hoover Nonequilibrium Dynamics and Statistical Mechanics, Symposium on Progress and Future Prospects in Molecular Dynamics in Memory of Prof. S. Nosé, Yokohama, Japan, 2006, 6 ~ 8.
[22] Hoover W G. Phys Rev A, 1985, 31: 1695.
[23] Chen M B. Unconstrained Temperature Programming Molecular Dynamics Simulation in Conformation Analysis of Oligosaccharides. Invited Lecture, The 4th Japan-China Symposium on Theoretical Chemistry, O-15, Kyoto, Japan. 1996, 41.
[24] Prigogine I. Nonequilibrium Statistical Mechanics, New York: John Wiley & Sons, 1962.
[25] Tuckerman M E, Berne B J, Martyna G J. J Chem Phys, 1992, 97: 1990.
[26] Martyna G J, Klein M L, Tuckerman M E. J Chem Phys, 1992, 97: 2635.
[27] Martyna G J, Tuckerman M E, Tobias D J, et al. Mol Phys, 1996, 87: 1117.
[28] Schulman L S. Techniques and Applications of Path Integration. New York: John Wiley & Sons, 1981.
[29] Arnold V I. Mathematical Methods of Classical Mechanics. Heidelberg: Springer-Verlag, 1978; 中译本: 齐民友译. 经典力学的数学方法. 第 4 版. 北京: 高等教育出版社, 1992 (中译本第 1 版).
[30] 冯康, 秦孟兆. 哈密尔顿系统的辛几何算法. 杭州: 浙江科学技术出版社, 2003.
[31] 姚伟岸, 钟万勰. 辛弹性力学. 北京: 高等教育出版社, 2002.
[32] Marsden J E, Ratiu T S. Introduction to Mechanics and Symmetry: A Basic Exposition of Classical Mechanical Systems. 2nd ed. New York: Springer-Verlag, 1999; 中译本: 王丽瑾, 刘学深等译. 洪佳林等校. 力学和对称性导论. 北京: 清华大学出版社, 2006.

[33] 李政道. 统计力学. 北京: 北京师范大学出版社, 1984.

[34] Jancel R. Foundations of Classical and Quantum Statistical Mechanics. Oxford: Pergamon Press, 1963.

[35] Chen M B. Molecular Dynamics for Flexible Molecules, Invited Lecture, The 5th Japan-China Symposium on Theoretical Chemistry, O-25, Hefei, China, 1999, 62, 63.

[36] Frenkel D, Smit B. Understanding molecular Simulation: From Algoriths to Application. London: Academic Press. 1996; 中译本: 汪文川等译. 分子模拟 —— 从算法到应用. 北京: 化学工业出版社, 2002.

[37] 川添良幸, 三上益弘, 大野かおる. コンピュータ・シミュレーションによる物质科学 —— 分子动力学とモンテカルロ法. 东京: 共立出版株式会社, 1996.

[38] Car R, Parrinello M. Phys Rev Lett, 1985, 55: 2471.

[39] Çagin T, Pettit B M. Mol Simulat, 1991, 6: 5.

[40] Bond S, Laird B, Leimkuhler B J Chem Phys, 1999, 151: 114.

[41] Laird B, Sturgeon J. J Chem Phys, 2000, 112: 3474.

[42] Laird B, Leimkuhler B. Phys Rev, 2003, E68: 16704.

[43] Barth E, Laird B, Leimkuhler B. J Chem Phys, 2003, 118: 5759.

[44] Probert M I J, Quigley D. 在 CCP5 Annual Meeting 上的报告, Cardiff, 2003; 在 CCP5 Annual Meeting 上的报告, Shefield, 2004.

第4章　Monte Carlo 模拟

“我是那种不愿作改进、雕琢, 而喜欢开创新东西的人. 开创的起点越简单越‘低’我越喜欢.”

—— 美籍波兰数学家、Monte Carlo 方法创建人 Stanislaw M. Ulam(1909~1984 年), 录自他的书 *Adventures of a Mathematician*, 第 290 页

本章将从关于随机变量的基础知识开始, 讨论定积分的数值求解问题. 不同于一般数值积分中的决定论方法, 这里介绍基于概率论的随机方法. 先介绍均匀随机抽样的直接抽样法, 引出定积分中的 Monte Carlo 方法, 然后介绍非均匀随机抽样的重要抽样法, 最后介绍 Metropolis 的 Monte Carlo 方法[1~9].

4.1　随机变量 —— 基础知识

4.1.1　随机变量的分布

记 X 为随机变量, 它的取值记为 x. X 取值在 x 到 $x+\mathrm{d}x$ 之间的概率记为 $P\{x<X<x+\mathrm{d}x\}$. 由随机变量 X 的分布可得到它在某个给定小区间取值的概率

$$\mathrm{d}G(x)\equiv g(x)\,\mathrm{d}x=P\{x<X<x+\mathrm{d}x\} \tag{4.1.1-1}$$

其中, $g(x)$ 称为随机变量 X 的**概率分布密度函数或分布密度函数**. 不失普遍性, 可设 $g(x)$ 是归一化的. 根据 $\dfrac{\mathrm{d}}{\mathrm{d}t}\displaystyle\int_a^t \mathrm{d}x\, f(x)=f(t)$, 可从式 (4.1.1-1) 得到

$$G(x)=\int_{-\infty}^{x} g(u)\,\mathrm{d}u \text{ 或 } \frac{\mathrm{d}G(x)}{\mathrm{d}x}=g(x) \tag{4.1.1-2}$$

$G(x)$ 称为随机变量 X 的**分布函数**. $G(x)$ 是一个在 $[0,1]$ 区间中的单调递增函数.

4.1.2　随机变量的期望值、方差和协方差

(1) 随机变量 X 的函数 $f(X)$ 的数学期望值 (expectation) 定义为该函数的**均值**, 即

$$E\{f(X)\}\equiv\int f(x)\,\mathrm{d}G(x)=\int f(x)\,g(x)\,\mathrm{d}x \tag{4.1.2-1}$$

(2) 若随机变量 X 在区间 $[a,b]$ 内呈均匀分布, 即 $\mathrm{d}G=\dfrac{\mathrm{d}x}{b-a}$, 则

$$E\{f(X)\}\equiv\int_a^b f(x)\,\mathrm{d}G(x)=\frac{1}{b-a}\int_a^b f(x)\,\mathrm{d}x \tag{4.1.2-2}$$

(3) 同理, 可以定义随机变量 X 的期望值就是 x 的平均值,

$$E\{X\} \equiv \int x\,\mathrm{d}G(x) = \int x\,g(x)\,\mathrm{d}x \tag{4.1.2-3}$$

(4) 随机变量 X 的**方差**(variance) 或随机变量 X 的函数 $f(X)$ 的方差可以分别定义为

$$\mathrm{var}\{X\} \equiv E\left\{(X - E\{X\})^2\right\} = \int (x - E\{X\})^2\,\mathrm{d}G = \int (x - E\{X\})^2\,g(x)\,\mathrm{d}x \tag{4.1.2-4}$$

$$\mathrm{var}\{f(X)\} \equiv E\left\{(f - E\{f\})^2\right\} = \int (f - E\{f\})^2\,\mathrm{d}G = \int (f - E\{f\})^2\,g(x)\,\mathrm{d}x \tag{4.1.2-5}$$

标准误差定义为方差的平方根, 如随机变量 X 的**标准误差 $\boldsymbol{\sigma}$** 定义为

$$\sigma \equiv \sqrt{\mathrm{var}\{X\}} \tag{4.1.2-6}$$

同样, 也可以定义随机变量函数 $f(X)$ 的标准误差.

(5) 可以把求期望值看成如下算符的作用:

$$E(\cdot) \equiv \int (\cdot)\,\mathrm{d}G(x) = \int (\cdot)\,g(x)\,\mathrm{d}x \tag{4.1.2-7}$$

求方差也可看成算符

$$\mathrm{var}(\cdot) \equiv E\left\{[(\cdot) - E(\cdot)]^2\right\} = \int [(\cdot) - E(\cdot)]^2\,\mathrm{d}G = \int [(\cdot) - E(\cdot)]^2\,g(x)\,\mathrm{d}x \tag{4.1.2-8}$$

的作用. 可见 $E(\cdot)$ 是线性算符, var$(\cdot)$ 是非线性算符.

性质 4.1.2-1

(1)
$$E\{cX + Y\} = cE\{X\} + E\{Y\} \tag{4.1.2-9}$$

(2)

$$\mathrm{var}\{cX + Y\} = c^2\mathrm{var}\{X\} + 2cE\{(X - E\{X\})(Y - E\{X\})\} + \mathrm{var}\{Y\} \tag{4.1.2-10}$$

$E\{(X - E\{X\})(Y - E\{Y\})\}$ 称为两个随机变量 X 和 Y 的**协方差**(covariance). 当随机变量 X 和 Y 互相独立时, 它们的协方差为零; 进而 $\mathrm{var}\{X+Y\} = \mathrm{var}\{X\} + \mathrm{var}\{Y\}$. 两个随机变量 X 和 Y 的协方差表征它们之间的相关性, 可以从负相关到零, 再到正相关.

4.2 直接抽样法

求解定积分 $I = \int_a^b \mathrm{d}x\, f(x)$ 的问题, 在被积函数 $f(x)$ 相当复杂时, 就只能采取数值积分的求法. 此类方法很多, 如用 Simpson 方法, 将积分区间 $2m$ 等分, $h \equiv \dfrac{b-a}{2m}$, 分点分别记为 $x_0, x_1, \cdots, x_{2m}$, 其中, 两个相邻分区的积分近似为 $\int_{x_0}^{x_2} \mathrm{d}x\, f(x) \simeq \dfrac{h}{3}[f(x_0) + 4f(x_1) + f(x_2)]$, 所以整个区间的积分

$$I = \int_a^b \mathrm{d}x\, f(x) = \int_{x_0}^{x_2} \mathrm{d}x\,(\cdot) + \int_{x_2}^{x_4} \mathrm{d}x\,(\cdot) + \cdots + \int_{x_{2(m-1)}}^{x_{2m}} \mathrm{d}x\,(\cdot)$$

$$\approx \frac{h}{3}\left[f(x_0)+4\sum_{i=1}^{m} f(x_{2i-1})+2\sum_{i=1}^{m-1} f(x_{2i})+f(x_{2m})\right] \tag{4.2-1}$$

这是一种决定论的算法. 但不是所有复杂的定积分问题的数值解都可以用决定论算法求解. 于是产生了以下求定积分$I=\int_a^b \mathrm{d}x\, f(x)$ 的 Monte Carlo 方法:

在 (a,b) 区域内均匀随机抽样得到 N 个点 $x_1,x_2,x_3,\cdots,x_N$, 求这些点上的被积函数的值 $f(x_1)$, $f(x_2)$, $f(x_3)$, $\cdots$, $f(x_N)$. 于是 $f(x)$ 在 $[a,\ b]$ 区域内的平均值

$$\langle f\rangle=\lim_{N\to\infty}\frac{1}{N}\sum_{i=1}^{N} f(x_i)=\frac{I}{b-a} \tag{4.2-2}$$

于是定积分

$$I=\lim_{N\to\infty}\frac{b-a}{N}\sum_{i=1}^{N} f(x_i) \tag{4.2-3}$$

式 (4.2-3) 就是概率论中著名的**大数定理**. 它是 Monte Carlo 方法的基础之一. 式 (4.2-3) 中的 $b-a$ 来自于积分区间的宽度. 实际计算中 N 取有限值,

$$I_N\equiv\frac{b-a}{N}\sum_{i=1}^{N} f(x_i) \tag{4.2-4}$$

当 N 趋于无穷大时, I_N 逼近精确值 I.

Monte Carlo 方法的另一个基础是概率论中的**中心极限定理**: 无论单个随机变量的分布如何, 很多个互相独立的随机变量之和的分布总是满足**Gauss分布**的, 即分布的概率密度函数为

$$p(x)=\frac{1}{\sigma\sqrt{2\pi}}\mathrm{e}^{-\frac{(x-\mu)^2}{2\sigma^2}} \tag{4.2-5}$$

其中, μ 为期望值 (即平均值), σ^2 为方差, σ 为标准差. Gauss 分布又称**正态分布**(normal distribution), 记为 $N(\mu,\sigma^2)$. 高斯分布只有两个特征, 峰位 μ 和体现峰宽的 σ.

定义 $y\equiv\dfrac{x-\mu}{\sigma}$, 则式 (4.2-5) 可以改写为如下归一化的密度函数, 即 $N(0,1)$ 分布:

$$p(y)=\frac{1}{\sqrt{2\pi}}\mathrm{e}^{-y^2/2} \tag{4.2-6}$$

而概率

$$P\{|y|<t_\alpha\}=\frac{1}{\sqrt{2\pi}}\int_{-t_\alpha}^{t_\alpha}\mathrm{d}y\,\mathrm{e}^{-y^2/2}\equiv 1-\alpha \tag{4.2-7}$$

表示折算后误差的绝对值 $|y|$ 小于 t_α 的概率为 $1-\alpha$, $1-\alpha$ 称为**置信水平**. 例如, 精度 2σ 的置信水平 (即概率) 为 0.9544(表 4.2-1).

表 4.2-1　Gauss 分布的置信水平 1−α

t_α	0.6745	1.0000	1.645	1.9606	2.0000	2.5756	3.0000
置信水平 $1-\alpha$	0.5000	0.6827	0.9000	0.9500	0.9545	0.9900	0.9973

当给定有限值 N 且 N 足够大的时候, 用式 (4.2-4) 多次计算定积分的估计值 I_N, 尽管每次给出的 I_N 值不同, 但它的分布还相当集中. 设 $\langle I\rangle$ 为 I_N 的期望值, 中心极限定理说明: 误差 $\varepsilon \equiv I_N - \langle I\rangle$ 是一个 Gauss 分布. 若将误差折算成随机变量 $Y \equiv \dfrac{\varepsilon}{\left(\sigma/\sqrt{N}\right)}$, 则 Y 服从 Gauss 分布 $N(0,1)$, 即概率

$$P\{|Y|<t_\alpha\} = P\left\{|I_N - \langle I\rangle| < \frac{t_\alpha \sigma}{\sqrt{N}}\right\} = \frac{1}{\sqrt{2\pi}}\int_{-t_\alpha}^{t_\alpha} \mathrm{d}y\,\mathrm{e}^{-y^2/2} = 1-\alpha \tag{4.2-8}$$

所以, Monte Carlo 方法的误差取决于 σ 和 N. Monte Carlo 方法的收敛是概率意义上的收敛. 所有统计问题的精度包括 Monte Carlo 方法要指明达到什么样的置信水平.

任意一个物理或化学问题当运用任何一种统计数学方法处理之后, 最后结果要落实到置信水平, 而不是其他如相关系数 r、方差比 F 之类的量. 相关系数 r 必须与样本数 N 一起, 才能够最后给出置信水平, 否则是无意义的. 同样, 方差比 F 必须与两个自由度 (即回归自由度 f_{R} 和残差自由度 f_{E}) 一起交代清楚, 即 $F(f_{\mathrm{R}}, f_{\mathrm{E}})$, 才能够最后给出置信水平, 否则也是无意义的. 这个问题将在 11.1 节内详述.

4.3 重要抽样法

上述 Monte Carlo 方法求定积分的特点是它在积分域内均匀随机抽样, 称为**直接抽样法**. 直接抽样完全不考虑被积函数的特点. 所以, 当被积函数 $f(x)$ 在积分区间内如果起伏很大的话, 直接抽样法在函数峰值左右取到的样本数目相对偏少, 于是求积分的误差就很大; 反之, 如果所有抽样点的函数值都接近的话, 方法就精度高. 所以对于提高抽样效率来说对于积分值贡献大的区域抽样要多取些, 被积函数值近于 0 的区域可以少取些点. 这就是所谓**重要性抽样法或重要抽样法**. 也就是要对函数的分布情况改变抽样的分布.

4.3.1 随机抽样法

均匀分布的随机数发生器通常在计算机内就可以获得, 其方法有平方取中法、乘同余法、乘加同余法等, 恕不详述. 它们都能产生一个在区间 $[0,1]$ 之间以相同概率出现的**随机数**. 这个数记为 $r \equiv \mathrm{rnd}\,[0,1]$

下面叙述如何从均匀分布的随机数 $r \equiv \mathrm{rnd}\,[0,1]$ 出发, 产生具有其他所需分布的随机数. 这里实际上是发出一系列的随机数, 有的序列是离散型的, 有的序列是连续型. 两种随机数序列的产生下面分别叙述:

1) 离散型随机数的直接抽样法

设离散型随机变量 X 当取值 $x_1, x_2, \cdots, x_n$ 时对应的概率为 $p_1, p_2, \cdots, p_n$, 即

$$X = \begin{pmatrix} x_1 & x_2 & \cdots & x_n \\ p_1 & p_2 & \cdots & p_n \end{pmatrix} \tag{4.3.1-1}$$

概率要满足归一化条件

$$1=\sum_{j=1}^{n}p_j \tag{4.3.1-2}$$

然后根据图 4.3.1-1 的原理, 就可以从均匀分布的随机数 $r\equiv \text{rnd}\,[0,1]$ 生成离散型随机变量 X 的取值:

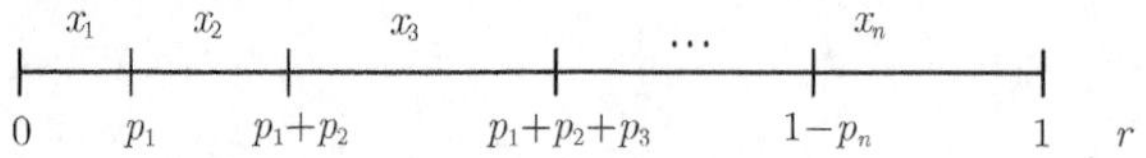

图 4.3.1-1

均匀抽样法是离散型随机数产生的基本方法.

2) 连续型随机数的直接抽样法

连续型随机数的直接抽样法又称**反函数法**. 这里不加证明地引入如下定理[1]:

定理 4.3.1-1 若随机变量 X 的分布函数 $G(x)$ 连续, 则随机数 $r\equiv G(x)$ 在区间 [0,1] 内均匀分布.

将 $r\equiv G(x)$ 等式两边均被 $G^{-1}(\cdot)$ 作用得到 $G^{-1}(r)=x$. 可见以上定理提供了连续型随机数的生成方法:

步骤 1 由分布的密度函数 $g(x)$ 的积分 $G(x)=\int_{-\infty}^{x}g(u)\,\mathrm{d}u$ 得到分布函数 $G(x)$.

步骤 2 令 $G(x)=r$, 然后从反函数 $G^{-1}(x)$ 求得 $G^{-1}(r)=x$. 该 x 的取值就能够符合密度函数 $g(x)$ 或符合分布函数 $G(x)$.

简言之, 满足指定的密度函数 $g(x)$ 的连续型随机变量 $\mathbf{X}$ 的抽样值 x 由以下方程决定:

$$r=\int_{-\infty}^{x}g(u)\,\mathrm{d}u \tag{4.3.1-3}$$

其中, $r\equiv \text{rnd}\,[0,1]$ 为 [0,1] 区间中的均匀随机数.

讨论

随机抽样法实例如下:

例 4.3.1-1 式 (4.2-3) 求定积分 $I=\int_a^b \mathrm{d}x\,f(x)$ 的做法, 就是在区间 $[a,b]$ 内呈均匀分布的随机变量,

$$g(x)=\frac{1}{b-a},\quad a\leqslant x\leqslant b \tag{4.3.1-4}$$

根据式 (4.3.1-3), 需要的随机数 $r=\int_a^x\frac{1}{b-a}\,\mathrm{d}u=\frac{x-a}{b-a}$. 所以

$$x=a+r(b-a) \tag{4.3.1-5}$$

从式 (4.3.1-5) 可见从均匀分布的 r 得到的随机变量 X 的取值 x 显然也是均匀分布的.

例 4.3.1-2 定积分问题 $I=\int_0^{\pi}f(\theta)\frac{\sin\theta}{2}\mathrm{d}\theta,(f(\theta)$ 为任意函数).

可以把上述积分中的密度函数看作 $g(\theta)=\dfrac{\sin\theta}{2}\,(0\leqslant\theta\leqslant\pi)$. 在满足指定分布密度

函数的条件下, 从式 (4.3.1-3)可计算连续型随机变量的抽样值 $r=\int_0^{\theta}\frac{\sin\theta'}{2}\,\mathrm{d}\theta'=\int_0^{\theta}\frac{1}{2}\,\mathrm{d}[-\cos\theta']=\frac{1-\cos\theta}{2}$, 即 $\cos\theta=1-2r$. 于是连续型随机变量 Θ 的抽样值 θ 为

$$\theta=\mathrm{Arccos}\,(1-2r) \tag{4.3.1-6}$$

从图 4.3.1-2 可见：原来的非均匀抽样问题对应于一个均匀抽样的问题. 于是就可以解决本节开始时希望做到的事：在被积函数起伏很大的定积分问题中, 被积函数大的区域抽样要多取些, 被积函数值近于 0 的区域可以少取些.

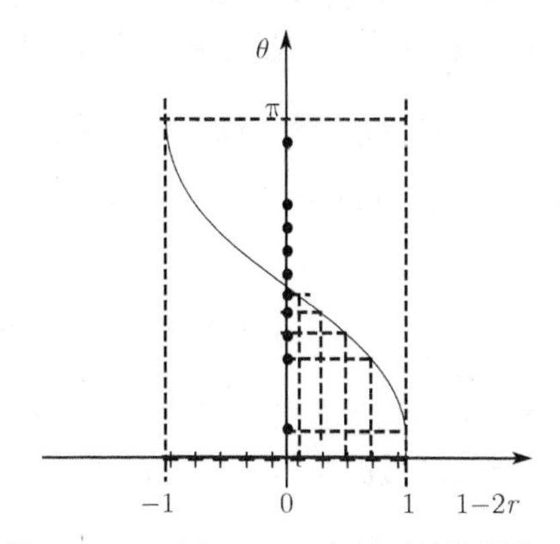

图 4.3.1-2 例 4.3.1-2 中得到的抽样值 θ

见式 (4.3.1-6), 将一个在某个密度函数分布下的非均匀抽样的问题 (圆点) 对应于一个均匀抽样 (横坐标轴上的十字点)

4.3.2 期望值估计法

期望值估计法(又称平均值法) 的原理就是数学中的变量代换

$$I=\int f\,(x)\mathrm{d}x=\int\left[\frac{f\,(x)}{g\,(x)}\right]g\,(x)\,\mathrm{d}x \tag{4.3.2-1}$$

变换后的等式右边 $g\,(x)\,\mathrm{d}x$ 是一个新的分布 (如 Boltzmann 分布). $g\,(x)$ 为分布的密度函数. 原来求算式 (4.3.2-1) 的定积分要求 $\mathrm{d}x$ 均匀抽样, 然后对抽样点处的 $f\,(x)$ 求值; 根据式 (4.3.1-3) 的做法, 现在也可以要求 $g\,(x)\,\mathrm{d}x$ 均匀抽样, 对抽样点处的 $\left[\frac{f\,(x)}{g\,(x)}\right]$ 求值. 当然, 此时就相当于对 $\mathrm{d}x$ 不均匀抽样, 即对这些不均匀分布的抽样点上的 $f\,(x)$ 求值.

计算步骤为

(1) 根据分布密度函数 $g\,(x)$ 产生随机点 x;

(2) 求出抽样点 x 处的 $\left[\frac{f\,(x)}{g\,(x)}\right]$ 函数值; 积分 $I=\int f\,(x)\mathrm{d}x$ 的值为

$$I=\frac{1}{N}\sum_{j=1}^{N}\left[\frac{f\,(x_j)}{g\,(x_j)}\right] \tag{4.3.2-2}$$

实际上, 在期望值估计法中通过这样的重要抽样选择 $g\,(x)$, 使得 $\left[\frac{f\,(x)}{g\,(x)}\right]$ 近似于常数, 从而保证 $\left[\frac{f\,(x)}{g\,(x)}\right]$ 的方差比 $f\,(x)$ 的方差小. 当 $f\,(x)$ 起伏很大时, 选择恰当的 $g\,(x)$ 可以使得前者的方差大大小于后者的.

期望值估计法是 Monte Carlo 方法中最基本和最常用的技术, 有利于提高计算速度和数值计算的稳定性. 期望值估计法的局限性在于：

(1) 需要有分布密度函数 $g(x)$ 的解析式, 但这不总是容易满足的. 如果只是 $g(x)$ 的数值解, 就会影响方法的适用性、计算速度和结果的准确性.

(2) 当分布密度函数 $g(x)$ 为 0 或趋于 0 的位置, 计算 $\left[\dfrac{f(x)}{g(x)}\right]$ 的方差就会趋于无穷大, 造成计算结果的不稳定.

4.4 Metropolis 的 Monte Carlo 方法

在研究中还经常遇到分布的密度函数很难归一化的场合. 例如, 在统计力学中求算平衡态中任意物理量的系综平均 $\langle B\rangle$, 要将其分布归一化就需求算体系的配分函数

$$\langle B\rangle = \int \mathrm{d}\boldsymbol{p}\,\mathrm{d}\boldsymbol{q}\,P(\boldsymbol{p},\boldsymbol{q})\,B(\boldsymbol{p},\boldsymbol{q}) \tag{4.4-1}$$

其中, $\int \mathrm{d}\boldsymbol{p}\mathrm{d}\boldsymbol{q}\,(\cdot) \equiv \int_{-\infty}^{\infty}\int_{-\infty}^{\infty}\int_{-\infty}^{\infty} \mathrm{d}p_{1,x}\mathrm{d}p_{1,y}\mathrm{d}p_{1,z}\int\cdots\int \mathrm{d}\boldsymbol{p}_2\cdots\mathrm{d}\boldsymbol{p}_N\int_{-\infty}^{\infty}\int_{-\infty}^{\infty}\int_{-\infty}^{\infty}\mathrm{d}q_{1,x}\cdot \mathrm{d}q_{1,y}\mathrm{d}q_{1,z}\int\cdots\int \mathrm{d}\boldsymbol{q}_2\cdots\mathrm{d}\boldsymbol{q}_N\,(\cdot)$, 积分在体系的相空间进行 (见式 (7.2-8)).

式 (4.4-1) 中, $B(\boldsymbol{p},\boldsymbol{q})$ 为体系处于状态 $(\boldsymbol{p},\boldsymbol{q})$ 时的物理量 B; $P(\boldsymbol{p},\boldsymbol{q})$ 为体系处于该状态的概率. 根据统计力学

$$P(\boldsymbol{p},\boldsymbol{q}) = \frac{\mathrm{e}^{-E(\boldsymbol{p},\boldsymbol{q})/k_BT}}{\displaystyle\int \mathrm{d}\boldsymbol{p}\,\mathrm{d}\boldsymbol{q}\,\mathrm{e}^{-E(\boldsymbol{p},\boldsymbol{q})/kT}} \tag{4.4-2}$$

式 (4.4-2) 的分母就是体系的配分函数

$$Q = \int \mathrm{d}\boldsymbol{p}\,\mathrm{d}\boldsymbol{q}\,\mathrm{e}^{-E(\boldsymbol{p},\boldsymbol{q})/k_BT} \tag{4.4-3}$$

分子就是 Boltzmann 因子, 取决于体系的能量 $E(\boldsymbol{p},\boldsymbol{q})$, 后者又是体系状态 $(\boldsymbol{p},\boldsymbol{q})$ 的函数. 无论如何, 以上各式均为定积分, 而且求算体系配分函数 Q 不是一件容易的事. 当然根据统计力学, 只要体系的配分函数得到, 就可以继而得到化学家感兴趣的热力学量. 1953 年, Metropolis 提出一种 Monte Carlo 方法解决以上问题 (图 4.4-1)[10].

Metropolis 方法的步骤如下:

步骤 1(始态) Metropolis 方法从任意的体系状态 $(\boldsymbol{p},\boldsymbol{q})$ 开始, 也就是从体系相空间中的任意一点开始 (暂称为 "老相点", 且体系能量为 $E_{\text{old}}(\boldsymbol{p},\boldsymbol{q})$. 此时设 k 为接受新相点的序号, j 为体系粒子的编号, 均设为 1.

步骤 2(改变体系状态, 并判断是否接受新状态) 将体系任意一个粒子的位置或动量改变就改变了体系状态, 称为**试探状态** $\left(\boldsymbol{q}_j^{(t)},\boldsymbol{p}_j^{(t)}\right)$, 即

$$\begin{cases} \boldsymbol{q}_j^{(t)} := \boldsymbol{q}_j^{(k)} + \Delta\boldsymbol{q} \\ \boldsymbol{p}_j^{(t)} := \boldsymbol{p}_j^{(k)} + \Delta\boldsymbol{p} \end{cases} \tag{4.4-4}$$

其中, $\boldsymbol{q}_j^{(k)}$ 为已经接受过 k 次新状态后的第 j 个粒子的位置, $\boldsymbol{p}_j^{(k)}$ 是该粒子的动量.

令试探状态的能量与老状态的能量差值为

$$\Delta E(\boldsymbol{p},\boldsymbol{q})=E_{\text{test}}(\boldsymbol{p},\boldsymbol{q})-E_{\text{old}}(\boldsymbol{p},\boldsymbol{q})$$

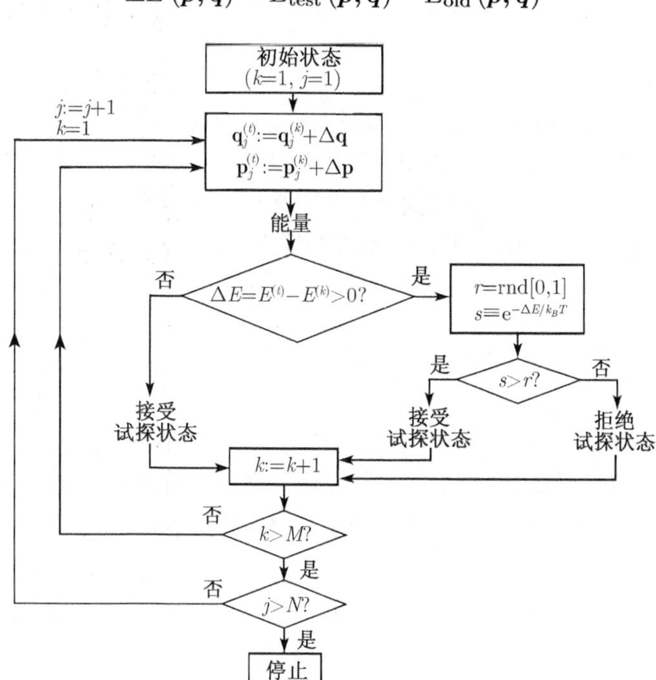

图 4.4-1 Metropolis 的 Monte Carlo 方法示意图

如果能量下降, 即 $e^{-\Delta E/k_BT}>1$, 则体系接受试探状态, 称为 "新状态". 否则, 如果能量上升 (即 $e^{-\Delta E/k_BT}<1$), 则将 Boltzmann 因子与随机数 $r\equiv \text{rnd}[0,1]$ 相比: 当 $s\equiv e^{-\Delta E/k_BT}$ 还能比 r 大, 则依然接受为新状态; 只有当 $e^{-\Delta E/k_BT}$ 小于时才拒绝试探状态, 停留在老状态.

接受了新状态后, 计算新状态时物理量 B(记为 B_j) 一般调节改变状态的步长 $\Delta\boldsymbol{q}$ 和 $\Delta\boldsymbol{p}$, 使得有 1/3~1/2 的试探步子可以接受为度.

原则上, 任意一个起始状态出发都可以达到平衡. 但是为了在有限的模拟时间内尽快达到平衡, 希望起始状态是在概率密度大的相空间区域.

步骤 3 重复步骤 2 改变过体系所有粒子的位置、动量, 直至接受新状态的数目达到预设的大整数 M,

$$\langle B\rangle=\frac{1}{M}\sum_{j=1}^{M}B_j \tag{4.4-5}$$

从定积分 (4.4-1) 和式 (4.4-2) 的考虑, 在整个积分区间中即整个相空间, 大部分区域内被积函数为 0. 所以必须采纳重要抽样法. Metropolis 的 Monte Carlo 方法是通过一个在相空间中的 "随机游动" 形成一个状态序列 (又称为 Markov 链) 来实现的. 产生一个服从 Boltzmann 分布的抽样. 于是根据式 (4.3.2-2), 得到式 (4.4-5).

记这个状态序列中的第 j 个状态为 $x_j\equiv(\boldsymbol{p},\boldsymbol{q})_j$, 这个状态序列为 $x_0\rightarrow x_1\rightarrow\cdots\rightarrow x_j\rightarrow x_{j+1}\rightarrow\cdots$, x_0 为起始状态. 由于本方法不是直接考虑式 (4.4-2) 中的 $P(\boldsymbol{p},\boldsymbol{q})$ 而

是比值 $\dfrac{P(x_{j+1})}{P(x_j)} = \mathrm{e}^{-\{E(x_{j+1})-E(x_j)\}/k_BT}$, 所以体系配分函数 $Q = \int \mathrm{d}\boldsymbol{p}\,\mathrm{d}\boldsymbol{q}\,\mathrm{e}^{-E(\boldsymbol{p},\boldsymbol{q})/k_BT}$ 不能用本方法直接得到, 于是也不能用 $F = -k_BT\ln Q$ 直接求算 Helmholtz 自由能 F 和熵 $S = \dfrac{U-F}{T}$.

以上介绍 Metropolis 的 Monte Carlo 法从式 (4.4-4) 可见是在整个相空间中对状态进行重要抽样, 它抽样得到的状态在相空间中形成了一条能产生正则分布的人为 "轨迹". 实际上, 仅仅在位形空间中进行重要抽样是经常采用的方法, 即只需改变 $\{\boldsymbol{q}_i\}$ 就可以. 这样的 MC 方法其抽样得到的状态形成在位形空间中的一条轨迹.

4.5 Monte Carlo 方法和分子动力学方法的比较

Monte Carlo(MC) 方法和分子动力学 (MD) 方法是分子模拟的两大方法, 两者都是应用非常广泛的方法. 但是, 针对不同的具体问题选用哪种方法, 需要根据两大方法的特点来定. 比较这两种模拟方法可以总结如下 (表 4.5-1):

表 4.5-1 Monte Carlo 方法和分子动力学方法的比较

	分子动力学模拟	Monte Carlo 模拟
原理	Boltzmann 的统计力学	Gibbs 的统计力学
时间演化	真实的轨迹	人为虚构的轨迹
对象	平衡、非平衡体系	主要用于平衡问题, 难于处理非平衡问题
内存	占用量大	占用量小
计算量	大	小
相空间搜索效率	低 (细致式搜索)	可高可低 (细致或粗放式搜索)
对象的粒子数	粒子数较少的体系	粒子数较多的体系

(1) 分子动力学方法实现了 Boltzmann 的统计力学思想, 而 MC 方法实现了 Gibbs 的统计力学思想. Boltzmann 的统计力学思想的基础是气体动理论, 也就是采用牛顿动力学分析气体分子的运动, 所以说分子动力学方法实现了 Boltzmann 的统计力学思想. 而 Gibbs 的统计力学思想是基于 Hamilton 力学基础上的系综, 即从相空间开始考虑问题, MC 方法尽管它不是在相空间中找一条真实轨迹, 而是找一条服从一定概率分布的 Markov 链从而求得平衡态时物理量的平均值. 所以说 MC 方法实现了 Gibbs 的统计力学思想.

(2) 尽管 MC 方法得到的状态序列是在相空间中的一条轨迹, 但是它与 MD 方法的时间演化轨迹有根本的区别: 后者只要模拟步长足够小, 那么它就逼近真实体系的时间演化, 从而下一步可以从时间演化轨迹得到体系的所有平衡性质和动态性质. 可是, Metropolis 的 MC 方法得到轨迹是一条人为的轨迹, 只不过它满足 Boltzmann 的概率分布, 进而可以实现物理量的时间平均就是了.

(3) 分子动力学方法因为能够得到时间演化, 所以无论平衡或非平衡的问题都能处理, 而 MC 方法擅长处理平衡态的问题, 难于处理非平衡态问题, 尽管 MC 方法一开始实际上是从处理非平衡问题产生的.

(4) MD 方法中计算能量是为了计算力, 这要花费了大量的计算时间, 而在 MC 方法中不需要计算力, 大大方便了计算.

(5) 根据特点 (1) 可见两者在搜索相空间上面有粗细之别. MC 方法搜索相空间既可以细致也可以粗放式的. 而后者能够实现相空间大范围的搜索, 所谓搜索效率高. MD 方法搜索相空间只能细致的, 速度慢. MD 中加大时间步长的做法只能适可而止, 太大的时间步长得到的 "轨迹" 就失去了它的物理意义. 所以在目前计算机能力的限制下, 分子中原子数目大于 400 左右的分子作 MD 要达到近于遍态历经, 或粗略地说达到结果重复, 估计需要模拟至少 100ns 才有希望. 从这点上说 MD 比 MC 细致.

所以, 高分子化合物目前还是用 MC 方法. 原子数目较多的生物小分子的构象分析采用 MC 方法也可以得到比较可信的结果.

当然, 如果目的在于求算一个平衡体系 (无论是恒温恒压体系、恒温恒容体系、还是其他系综代表的体系等) 的某个物理量, 那么 MC 并不是一个 "粗糙" 的方法.

如果目的是对化合物作构象分析, 那么 MC 经常能够快速得到相当可靠的结果. MD 尽管可以采用但有时嫌过分细致、效率太低.

MC 和 MD 方法的优缺点呈互补状, 故有时可以两者结合使用, 称为 "MC-MD 杂交方法". 例如, 模拟在溶剂中的一个溶质分子时, 对于溶剂分子就当作刚性的用 MC 处理, 而溶质分子用 MD 处理.

4.6 Rosenbluth 方法 —— 位形偏重的 Monte Carlo 法

这里讨论链状高聚物模拟的 Rosenbluth 方法[11,12]. 这是一种位形偏重的 Monte Carlo 方法. 每一个单体用图 4.6-1 中的一个点来表示, 也称为一个 "链节". 用一个三维格子来简单表示链的走向, 即 "格子模型". 1955 年的 Rosenbluth 方法是一种对高聚物作位形抽样的方法. 在 Rosenbluth 方法中, 考虑高聚物是一个单体接一个单体逐步接长的, 即在图 4.6-1 中一个点接一个点陆续接长. 设每接长一段可以在上下、左右、前后等 k 个可能的方向上选取. 向各个方向接长的概率不是随机的, 而是选最大 Boltzmann 因子的方向接下一个单体. 这就是第一步由偏重抽样产生链的位形, 使得可接受的位形是高概率的. 然后, 第二步通过乘以一个权重因子来校正上述的偏重.

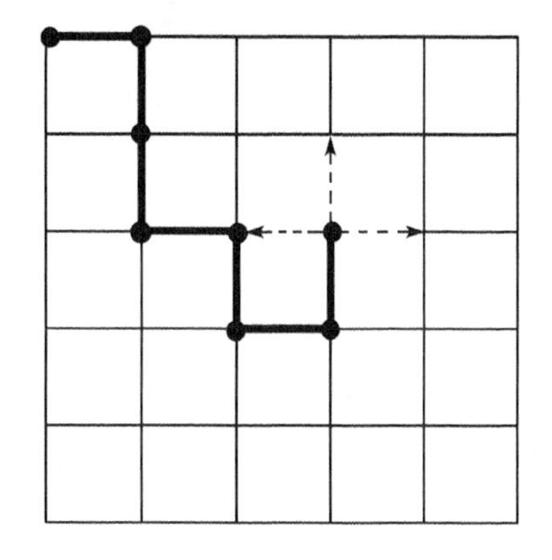

图 4.6-1 高聚物逐个接入单体 (Rosenbluth 法)

具体来说用下列步骤产生含有 l 个单体的高聚物的位形:

步骤 1 先有一个没有单体的三维空格子, 然后随机地在某个格点上填入第一个单体, 其势能记为 $u^{(1)}(n)$, "n" 指将生成的这条链的特定位形. 定义该单体的 **Rosenbluth 因子**为

$$w_1 \equiv k\mathrm{e}^{-\beta u^{(1)}(n)} \tag{4.6-1}$$

步骤 2　接下来的编号 $i=2,3,\cdots,l$ 单体的链接是在第 $i-1$ 个单体最近邻的所有 k 个可能位置 (如图 4.6-1 中的虚箭头所示) 中挑一个位置. 单体在第 j 个可能位置上与已经生成的 $1,2,\cdots,(i-1)$ 的总体能量记为 $u^{(j)}(n)$, 不包括尚未接上的链段. 挑第 i 号位置的概率为

$$P^{(i)}(n)=\frac{\mathrm{e}^{-\beta u^{(i)}(n)}}{w_i} \tag{4.6-2}$$

其中,

$$w_i \equiv \sum_{j=1}^{k}\mathrm{e}^{-\beta u^{(i)}(j)} \tag{4.6-3}$$

步骤 3　重复步骤 2 直至整条含有 l 个单体的高聚物由此产生生成. 由此产生的一个特定位形 n 的 **归一化 Rosenbluth因子**为

$$W(n)=\prod_{i=1}^{l}\frac{w_i}{k} \tag{4.6-4}$$

步骤 4　用以上步骤 1~3 产生大量的不同位形的高聚物链, 由下式求得由 M 条链构成的该高聚物体系中某个性质 A 的系综平均值:

$$\langle A\rangle_{\mathrm{R}}=\frac{\sum\limits_{n=1}^{M}W(n)A(n)}{\sum\limits_{n=1}^{M}W(n)} \tag{4.6-5}$$

讨论

(1) $\langle\cdots\rangle_{\mathrm{R}}$ 表示由 Rosenbluth 法产生的位形得到的平均值. Rosenbluth 法不能产生具有 Boltzmann 权重分布的链, 故称 **Rosenbluth 分布**. 在 Rosenbluth 分布中一个特定位形 n 的概率为

$$P(n)=\prod_{i=1}^{l}P^{(i)}(n)=\prod_{i=1}^{l}\frac{\mathrm{e}^{-\beta u^{(i)}(n)}}{w_i}=\frac{\mathrm{e}^{-\beta\sum\limits_{i=1}^{l}u^{(i)}(n)}}{\prod\limits_{i=1}^{l}w_i}$$

即

$$P(n)=k^{-l}\frac{\mathrm{e}^{-\beta U(n)}}{W(n)} \tag{4.6-6}$$

其中,

$$U(n)=\sum_{i=1}^{l}u^{(i)}(n) \tag{4.6-7}$$

为这条特定位形的链的总能量.

(2) 可以证明所有可能链的位形出现的概率 $P(n)$ 加和为 1, 即归一化成立:

$$\sum_{n=1}^{M}P(n)=1 \tag{4.6-8}$$

进一步, 可以从 Rosenbluth 分布中经过改造, 得到正确的系综分布来: 如果将 Rosenbluth 分布中一个特定位形 n 的概率 $P(n)$ 用 Rosenbluth 因子 $W(n)$ 加权, 那么式 (4.6-5) 改造为

$$\langle A \rangle_{\mathrm{R}'} = \frac{\sum_{n=1}^{M} A(n) W(n) P(n)}{\sum_{n=1}^{M} W(n) P(n)} \tag{4.6-9}$$

结合式 (4.6-4)、式 (4.6-6) 得到

$$\langle A \rangle_{\mathrm{R}'} = \frac{\sum_{n=1}^{M} A(n) W(n) P(n)}{\sum_{n=1}^{M} W(n) P(n)} = \frac{\sum_{n=1}^{M} A(n) \mathrm{e}^{-\beta U(n)}}{\sum_{n=1}^{M} \mathrm{e}^{-\beta U(n)}} = \langle A \rangle \tag{4.6-10}$$

从式 (4.6-10) 可见用 Rosenbluth 方法偏重抽样得到的概率 $P(n)$ 用 Rosenbluth 因子 $W(n)$ 校正后就可以得到正确的 Boltzmann 分布.

参 考 文 献

[1] 朱允伦. 模拟物理概论. 郑州: 河南科学技术出版社, 2000.

[2] Heermann D W. Computer Simulation Methods in Theoretical Physics. 2nd ed. Berlin: Springer-Verlag, 1990; 中译本: 秦克诚译. 理论物理学中的计算机模拟方法. 北京: 北京大学出版社, 1996.

[3] 马文淦. 计算物理学. 合肥: 中国科学技术大学出版社, 2001.

[4] 陈舜麟. 计算材料科学. 北京: 化学工业出版社, 2005.

[5] 吴兴惠, 项金钟. 现代材料计算与设计教程. 北京: 电子工业出版社, 2002.

[6] 川添良幸, 三上益弘, 大野かおる. コンピュータ・シミュレーションによる物质科学 —— 分子动力学とモンテカルロ法. 东京: 共立出版株式会社, 1996.

[7] Bharucha-Reid A T. 马尔柯夫过程论初步及其应用. 杨纪珂, 吴立德译. 上海: 上海科学技术出版社, 1979.

[8] Landau D P, Binder K. A Guide to Monte Carlo Simulations in Statistical Physics. Cambridge, England: Cambridge Univ Press, 2000.

[9] Binder K, Heermann D W. Monte Carlo Simulations in Statistical Physics. Berlin: Springer-Verlag, 1992; 中译本: 秦克诚译. 理论物理学中的蒙特卡罗模拟方法. 北京: 北京大学出版社, 1993.

[10] Metropolis N, Rosenbluth A W, Rosenbluth M N, et al. J Chem Phys, 1953, 21: 1087.

[11] Rosenbluth M N, Rosenbluth A W. J Chem Phys, 1955, 23: 356.

[12] Frenkel D, Smit B. Understanding molecular Simulation: From Algoriths to Application. London: Academic Press, 1996; 中译本: 汪文川等译. 分子模拟 —— 从算法到应用. 北京: 化学工业出版社, 2002.

第5章　相关函数

“理论的目的是使物理学家运用较少的或较简单的连接物理概念的假定关系，去力图‘理解’(以定律表达的) 经验事实.”

—— 录自吴大猷 (1907~2000) 的书《物理学的历史和哲学》，第 2 页. 他是中国物理学的奠基人之一，曾任台湾“中央研究院”院长

从微观上来看一个相倚子体系，由于组成的粒子之间存在相互作用，所以在不同空间位置的粒子的性质之间存在相互联系. 同样，同一粒子在不同时间前后的性质之间也可以存在相互联系，这些都称为**相关或关联** (correlation)，人们用相关函数来表征这样的联系. 有两种相关函数：空间相关函数和时间相关函数[1~5].

任何体系，从宏观来看，物质在空间位置的分布上可以是均匀的，也可以是非均匀的；而从微观上看由于分子的运动，物质在空间位置的分布上总是不均匀的. 描述物质的某种性质在空间位置上的分布就是**空间相关函数** (space correlation function, SCF). 空间相关函数表示在体系的某一空间位置处的某种性质通过粒子间的相互作用，对另外一个空间位置处的另一种 (或同一种) 性质造成影响的程度；体现了原因和结果 (或称**响应**) 在空间上的联系. **相关长度** (correlation length) 表征了这种联系的空间尺度. 化学家非常熟悉液体内“平均配位数”的概念，那实际上就是与空间相关函数有联系的概念.

另外还有一种相关关系是时间上的而不是空间上的，称为“时间相关”：体系在受到环境的某种作用，造成对体系某时刻的某个物理量与此后某时刻的另一个 (或同一个) 物理量之间的相互影响. 描述这种时间前后的两个物理量之间的相关关系可用**时间相关函数** (time correlation function, TCF)，它体现了原因和结果在时间上的联系. **相关时间** (correlation time) 就表征了这种联系的时间尺度.

因为对于空间相关函数可以是表达体系某处的一个物理量与另一处的同一物理量或另一个不同物理量之间的联系，于是与另一处的同一物理量的联系称为空间的**自相关函数**(auto-SCF)，而与另一处的不同物理量之间的联系称为空间的**交叉相关函数**(cross-SCF).

类似地，对于时间相关函数可以是表达体系某一时刻的一个物理量与此后另一时刻的同一物理量或另一个不同物理量之间的联系，于是类似地把前者称为时间的自相关函数，把后者称为时间的交叉相关函数.

这两种相关函数是描述、处理非平衡态体系或平衡态体系的重要工具，在分子模拟中有非常广泛的使用.

5.1　空间相关函数

设体系处于平衡态. 在体系某一点 $\boldsymbol{r}$ 处取一个满足宏观上足够小、微观上足够大的体积元 $\mathrm{d}\boldsymbol{r}$，其中，还有足够多的粒子，使得此体积元内的任意某物理量 A 可以看成是位

置 $\boldsymbol{r}$ 的连续函数 $A(\boldsymbol{r})$. 设 $\langle A(\boldsymbol{r})\rangle$ 为其系综平均值, 此位置 $\boldsymbol{r}$ 处该物理量的**涨落**为

$$\Delta A(\boldsymbol{r}) \equiv A(\boldsymbol{r}) - \langle A(\boldsymbol{r})\rangle \tag{5.1-1}$$

显然, 处于平衡态的体系里涨落的平均值为零,

$$\langle \Delta A(\boldsymbol{r})\rangle = \langle A(\boldsymbol{r}) - \langle A(\boldsymbol{r})\rangle\rangle = 0 \tag{5.1-2}$$

尽管如此, 涨落平方的系综平均值具有确定数值, 设为 a,

$$\left\langle (\Delta A(\boldsymbol{r}))^2 \right\rangle = \left\langle [A(\boldsymbol{r}) - \langle A(\boldsymbol{r})\rangle]^2 \right\rangle \equiv a \tag{5.1-3}$$

再假定在不存在外场的情况下, 则处于平衡态的体系应当是均匀的, 于是 a 的值与位置无关.

定义 5.1-1 考察体系内的某两个空间位置 $\boldsymbol{r}$ 和 $\boldsymbol{r}'$, 位置 $\boldsymbol{r}$ 处的物理量 $A(\boldsymbol{r})$ 和另一个位置 $\boldsymbol{r}'$ 处的另一个物理量 $B(\boldsymbol{r}')$ 的 "乘积" 的系综平均值

$$\langle A(\boldsymbol{r})\, B(\boldsymbol{r}')\rangle \equiv C_{AB}(\boldsymbol{r}, \boldsymbol{r}') \tag{5.1-4}$$

称为这两个物理量的**空间相关函数**. 空间相关函数 $C_{AB}(\boldsymbol{r}, \boldsymbol{r}')$ 描述空间某处 $\boldsymbol{r}$ 的物理量 A 和另一处 $\boldsymbol{r}'$ 的物理量 B 之间的相互联系. 至于 "乘积" 的具体含义, 取决于具体问题所要求表达的物理意义. 如果这两个物理量是向量或张量, 则该 "乘积" 一般应相应地取它们的向量标积或张量缩并, 从而反映在某个角度上平均化后的特征.

如果式 (5.1-4) 中两个物理量正好相同, 则称为空间的**自相关函数**, 即

$$\langle A(\boldsymbol{r})\, A(\boldsymbol{r}')\rangle \equiv C_{AA}(\boldsymbol{r}, \boldsymbol{r}') \tag{5.1-5}$$

空间自相关函数 $C_{AA}(\boldsymbol{r}, \boldsymbol{r}')$ 描述两个不同空间位置处的同一物理量 A 之间的相互联系.

粒子之间的空间相关尽管都来源于相互作用, 即一个地方的变动会牵动其邻近区域. 它们有的来源于微观粒子全同性引起的量子效应 (即**统计相关性**), 有的来源于通常的**动力学相关性**. 即使是独立子体系还存在统计相关性, 仍然会产生排斥的相关性 (Fermi 子体系) 或吸引的相关性 (Bose 子体系). 统计相关性和动力学相关性之间还会相互影响. 例如, 在金属中的自由电子, 由于自旋造成的统计相关性的存在使得两个电子之间的有效作用势不再是简单的 Coulomb 势, 而是一个较短程的、作用较弱的 Coulomb 赝势. 大多数化学问题讨论的是动力学相关性.

对于平衡态体系, 内部不会出现任何 "流", 所以只要没有外场存在, 那么它也是宏观均匀的体系. 关于空间相关函数 $C_{AB}(\boldsymbol{r}, \boldsymbol{r}')$, 既然体系是宏观均匀的, 那么只要这两点的相对位置一定, 则不论这两点在哪里空间相关函数 $C_{AB}(\boldsymbol{r}, \boldsymbol{r}')$ 应当不变. 因此, 空间相关函数 $C_{AB}(\boldsymbol{r}, \boldsymbol{r}')$ 只是向量 $\boldsymbol{r} - \boldsymbol{r}'$ 的函数, 即

$$\langle A(\boldsymbol{r})\, B(\boldsymbol{r}')\rangle = \langle A(\boldsymbol{r} - \boldsymbol{r}')\, B(0)\rangle \tag{5.1-6}$$

这在几何上相当于空间相关函数 $C_{AB}(\boldsymbol{r}, \boldsymbol{r}')$ 关于空间位置平移的不变性, 也就是平衡态体系的空间相关函数 $C_{AB}(\boldsymbol{r}, \boldsymbol{r}') \equiv \langle A(\boldsymbol{r})\, B(\boldsymbol{r}')\rangle$ 具有空间位置平移的不变性.

进一步, 如果体系又是各向同性的, 那么空间相关函数 $C_{AB}(\boldsymbol{r},\boldsymbol{r}')$ 与向量 $\boldsymbol{r}-\boldsymbol{r}'$ 的方向无关, 仅仅与两点间距 $|\boldsymbol{r}-\boldsymbol{r}'|$ 有关, 一般说来随着两点的距离 $|\boldsymbol{r}-\boldsymbol{r}'|$ 增大而减小. 如果在某个距离 ξ 内表征空间相关性的 $C_{AB}(\boldsymbol{r},\boldsymbol{r}')$ 值显著地大, 而大于 ξ 之后相关性相当小, 则长度 ξ 可作为空间相关范围的度量, 称之为**相关长度**. 相关长度代表着某处某个物理量所产生影响涉及的空间尺度.

对于任何两处都不存在空间相关的场合, 则相当于相关长度 $\xi=0$, 即

$$C_{AB}(\boldsymbol{r},\boldsymbol{r}')\equiv\langle A(\boldsymbol{r})B(\boldsymbol{r}')\rangle=\langle A(\boldsymbol{r})B(\boldsymbol{r})\rangle\delta(\boldsymbol{r}-\boldsymbol{r}') \tag{5.1-7}$$

作为特例, 在式 (5.1-1) 到式 (5.1-3) 中讨论物理量 A 涨落平方的系综平均值时, 若相关长度为零, 则相当于

$$C_{\Delta A\Delta A}(\boldsymbol{r},\boldsymbol{r}')\equiv\langle\Delta A(\boldsymbol{r})\Delta A(\boldsymbol{r}')\rangle=\left\langle(\Delta A(\boldsymbol{r}))^2\right\rangle=a\delta(\boldsymbol{r}-\boldsymbol{r}') \tag{5.1-8}$$

式 (5.1-8) 的概率论分析如下: 若 $\boldsymbol{r}$ 和 $\boldsymbol{r}'$ 两处的物理量 A 与 B 相互独立的话, 那么 $\boldsymbol{r}$ 处物理量 $A(\boldsymbol{r})$ 取值 A_i 的概率 $P_{A_i}(\boldsymbol{r})$ 与 $\boldsymbol{r}'$ 处物理量 $B(\boldsymbol{r}')$ 取值 B_j 的概率 $P_{B_j}(\boldsymbol{r}')$ 之间相互独立. 根据概率论中独立事件的关系, $A(\boldsymbol{r})$ 取值 A_i 而同时 $B(\boldsymbol{r}')$ 取值 B_j 的联合事件的发生概率 $P_{A_i,B_j}(\boldsymbol{r},\boldsymbol{r}')$ 应当等于

$$P_{A_i,B_j}(\boldsymbol{r},\boldsymbol{r}')=P_{A_i}(\boldsymbol{r})P_{B_j}(\boldsymbol{r}') \tag{5.1-9}$$

而相应的空间相关函数应当为

$$\begin{aligned}\langle A(\boldsymbol{r})B(\boldsymbol{r}')\rangle&=\sum_{i,j}A_i(\boldsymbol{r})B_j(\boldsymbol{r}')P_{A_i,B_j}(\boldsymbol{r},\boldsymbol{r}')\\&=\left\{\sum_i A_i(\boldsymbol{r})P_{A_i}(\boldsymbol{r})\right\}\left\{\sum_j B_j(\boldsymbol{r}')P_{B_j}(\boldsymbol{r}')\right\}\end{aligned}$$

既然二者不相关, 则

$$\langle A(\boldsymbol{r})B(\boldsymbol{r}')\rangle=\langle A(\boldsymbol{r})\rangle\langle B(\boldsymbol{r}')\rangle\delta(\boldsymbol{r}-\boldsymbol{r}') \tag{5.1-10}$$

5.1.1　位置的概率密度、动量的概率密度

设体系的 N 个全同粒子位置在 $\{r_i\to r_i+\mathrm{d}r_i\,|i=1\,(1)\,3N\}$ 且粒子动量在 $\{p_i\to p_i+\mathrm{d}p_i\,|i=1\,(1)\,3N\}$ 的概率, 即体系处于相空间体积元 $\mathrm{d}\varGamma\equiv\mathrm{d}^N\boldsymbol{r}\mathrm{d}^N\boldsymbol{p}=\mathrm{d}\boldsymbol{r}_1\mathrm{d}\boldsymbol{r}_2\cdots\mathrm{d}\boldsymbol{r}_N\times\mathrm{d}\boldsymbol{p}_1\mathrm{d}\boldsymbol{p}_2\cdots\mathrm{d}\boldsymbol{p}_N$ 中的概率为

$$\mathrm{d}W(\boldsymbol{r}_1,\boldsymbol{r}_2,\cdots,\boldsymbol{r}_N,\boldsymbol{p}_1,\boldsymbol{p}_2,\cdots,\boldsymbol{p}_N)=f_N(\boldsymbol{r}_1,\boldsymbol{r}_2,\cdots,\boldsymbol{r}_N,\boldsymbol{p}_1,\boldsymbol{p}_2,\cdots,\boldsymbol{p}_N)\,\mathrm{d}^N\boldsymbol{r}\mathrm{d}^N\boldsymbol{p} \tag{5.1.1-1}$$

其中, $f_N(\boldsymbol{r}_1,\boldsymbol{r}_2,\cdots,\boldsymbol{r}_N,\boldsymbol{p}_1,\boldsymbol{p}_2,\cdots,\boldsymbol{p}_N)$ 为概率密度. 根据统计力学, 式 (5.1.1-1) 又可写为

$$\mathrm{d}W(\boldsymbol{r}_1,\cdots,\boldsymbol{r}_N,\boldsymbol{p}_1,\cdots,\boldsymbol{p}_N)=\frac{1}{Q}\left(\frac{\mathrm{d}^N\boldsymbol{r}\mathrm{d}^N\boldsymbol{p}}{h^{3N}N!}\right)\mathrm{e}^{-E(\boldsymbol{r}_1,\cdots,\boldsymbol{r}_N,\boldsymbol{p}_1,\cdots,\boldsymbol{p}_N)/(k_BT)}$$

$$= \frac{\mathrm{e}^{-E(\boldsymbol{r}_1,\cdots,\boldsymbol{r}_N,\boldsymbol{p}_1,\cdots,\boldsymbol{p}_N)/(k_BT)}\mathrm{d}^N\boldsymbol{r}\mathrm{d}^N\boldsymbol{p}}{\iint \mathrm{e}^{-E(\boldsymbol{r}_1,\cdots,\boldsymbol{r}_N,\boldsymbol{p}_1,\cdots,\boldsymbol{p}_N)/(k_BT)}\mathrm{d}^N\boldsymbol{r}\mathrm{d}^N\boldsymbol{p}}$$

其中, Q 为体系的配分函数. 因为体系能量 $E = \dfrac{1}{2m}\sum\limits_i p_i^2 + \sum\limits_{i<j} u(\boldsymbol{r}_i - \boldsymbol{r}_j)$, 所以上式可改写为

$$\begin{aligned}
\mathrm{d}W(\boldsymbol{r}_1,\cdots,\boldsymbol{r}_N,\boldsymbol{p}_1,\cdots,\boldsymbol{p}_N) &= \frac{\mathrm{e}^{-\sum\limits_{i<j} u(\boldsymbol{r}_i-\boldsymbol{r}_j)/(k_BT)} \cdot \mathrm{e}^{-\sum\limits_i \boldsymbol{p}_i^2/(2mk_BT)}\mathrm{d}^N\boldsymbol{r}\mathrm{d}^N\boldsymbol{p}}{\int \mathrm{e}^{-\sum\limits_{i<j} u(\boldsymbol{r}_i-\boldsymbol{r}_j)/(k_BT)}\mathrm{d}^N\boldsymbol{r} \cdot \int \mathrm{e}^{-\sum\limits_i \boldsymbol{p}_i^2/(2mk_BT)}\mathrm{d}^N\boldsymbol{p}} \\
&= f_N(\boldsymbol{r}_1,\cdots,\boldsymbol{r}_N) f_N(\boldsymbol{p}_1,\cdots,\boldsymbol{p}_N)\mathrm{d}^N\boldsymbol{r}\mathrm{d}^N\boldsymbol{p}
\end{aligned}$$

于是

$$f_N(\boldsymbol{r}_1,\cdots,\boldsymbol{r}_N,\boldsymbol{p}_1,\cdots,\boldsymbol{p}_N) = f_N(\boldsymbol{r}_1,\cdots,\boldsymbol{r}_N) f_N(\boldsymbol{p}_1,\cdots,\boldsymbol{p}_N) \tag{5.1.1-2}$$

其中,

$$f_N(\boldsymbol{r}_1,\cdots,\boldsymbol{r}_N) = \frac{\mathrm{e}^{-\sum\limits_{i<j} u(\boldsymbol{r}_i-\boldsymbol{r}_j)/(k_BT)}}{\int \mathrm{e}^{-\sum\limits_{i<j} u(\boldsymbol{r}_i-\boldsymbol{r}_j)/(k_BT)}\mathrm{d}^N\boldsymbol{r}} \tag{5.1.1-3}$$

和

$$f_N(\boldsymbol{p}_1,\cdots,\boldsymbol{p}_N) = \frac{\mathrm{e}^{-\sum\limits_i p_i^2/(2mk_BT)}}{\int \mathrm{e}^{-\sum\limits_i p_i^2/(2mk_BT)}\mathrm{d}^N\boldsymbol{p}} \tag{5.1.1-4}$$

分别为位置的概率密度和动量的概率密度. 显然这两个概率密度是归一化的, 即

$$\int \mathrm{d}^N\boldsymbol{p} f_N(\boldsymbol{p}_1,\cdots,\boldsymbol{p}_N) = 1 \tag{5.1.1-5}$$

及

$$\int \mathrm{d}^N\boldsymbol{r} f_N(\boldsymbol{r}_1,\cdots,\boldsymbol{r}_N) = 1 \tag{5.1.1-6}$$

将式 (5.1.1-1) 对所有粒子的动量 $\mathrm{d}^N\boldsymbol{p}$ 积分得到位置的概率分布, 也就是体系的 N 个全同粒子位置处于 $\{r_i \to r_i + \mathrm{d}r_i \,|i = 1\,(1)\,3N\}$ 同时粒子动量可以处于任意值时体系出现的概率为

$$\begin{aligned}
\mathrm{d}W(\boldsymbol{r}_1,\cdots,\boldsymbol{r}_N) &= \int \mathrm{d}^N\boldsymbol{p}\mathrm{d}W(\boldsymbol{r}_1,\cdots,\boldsymbol{r}_N,\boldsymbol{p}_1,\cdots,\boldsymbol{p}_N) \\
&= \mathrm{d}^N\boldsymbol{r}\int \mathrm{d}^N\boldsymbol{p} f_N(\boldsymbol{r}_1,\cdots,\boldsymbol{r}_N,\boldsymbol{p}_1,\cdots,\boldsymbol{p}_N) \\
&= \mathrm{d}^N\boldsymbol{r}\int \mathrm{d}^N\boldsymbol{p} f_N(\boldsymbol{r}_1,\cdots,\boldsymbol{r}_N) f_N(\boldsymbol{p}_1,\cdots,\boldsymbol{p}_N) \\
&= f_N(\boldsymbol{r}_1,\cdots,\boldsymbol{r}_N)\mathrm{d}^N\boldsymbol{r}\int \mathrm{d}^N\boldsymbol{p} f_N(\boldsymbol{p}_1,\cdots,\boldsymbol{p}_N)
\end{aligned}$$

即

$$\mathrm{d}W(\boldsymbol{r}_1,\cdots,\boldsymbol{r}_N) = f_N(\boldsymbol{r}_1,\cdots,\boldsymbol{r}_N)\mathrm{d}^N\boldsymbol{r} \tag{5.1.1-7}$$

考虑到这是个全同粒子体系, 所以对 $f_N(\boldsymbol{r}_1, \boldsymbol{r}_2, \cdots, \boldsymbol{r}_N)$ 的 N 个变量作任意置换 (permutation, 用置换算符 P 表示) 之后, 位置的概率密度应当保持不变. 也就是, 概率密度 $f_N(\boldsymbol{r}_1, \boldsymbol{r}_2, \cdots, \boldsymbol{r}_N)$ 应该是变量 $\boldsymbol{r}_1, \boldsymbol{r}_2, \cdots, \boldsymbol{r}_N$ 的对称函数

$$\mathtt{P} f_N(\boldsymbol{r}_1, \boldsymbol{r}_2, \cdots, \boldsymbol{r}_N) = f_N(\boldsymbol{r}_{n_1}, \boldsymbol{r}_{n_2}, \cdots, \boldsymbol{r}_{n_N}) = f_N(\boldsymbol{r}_1, \boldsymbol{r}_2, \cdots, \boldsymbol{r}_N) \tag{5.1.1-8}$$

其中, 置换算符

$$\mathtt{P} \equiv \begin{pmatrix} 1 & 2 & \cdots & N \\ n_1 & n_2 & \cdots & n_N \end{pmatrix} \tag{5.1.1-9}$$

5.1.2　数密度及其涨落的空间相关函数

含有 N 个全同粒子体系的**数密度** $\rho(\boldsymbol{r})$ 指位置 $\boldsymbol{r}$ 处单位体积中的粒子个数, 即 $\rho(\boldsymbol{r})\,\mathrm{d}\boldsymbol{r}$ 为体积元 $\mathrm{d}\boldsymbol{r}$ 中的粒子个数. $\rho(\boldsymbol{r})$ 可表为

$$\rho(\boldsymbol{r}) = \sum_{i=1}^{N} \delta(\boldsymbol{r} - \boldsymbol{r}_i) \tag{5.1.2-1}$$

可以从经典力学意义上理解式 (5.1.2-1) 的含义：位置 $\boldsymbol{r}$ 代表宏观上的一个点, 可以设想成一个极小的体积元. Dirac δ 函数 $\delta(\boldsymbol{r} - \boldsymbol{r}_i)$ 表示当第 i 号粒子的位置 $\boldsymbol{r}_i$ 进入 $\boldsymbol{r}$ 处的体积元, 则对该点的数密度 (单位体积中的粒子数) 的贡献为 $\dfrac{1}{\mathrm{d}\boldsymbol{r}}$, 否则为零. 再对所有粒子加和自然就得到 $\boldsymbol{r}$ 处的数密度.

考虑到体系的 N 个全同粒子位置处于 $\{r_i \to r_i + \mathrm{d}r_i \,| i = 1\,(1)\,3N\}$ 同时粒子动量处于任意值时体系出现的概率为 $\mathrm{d}W(\boldsymbol{r}_1, \boldsymbol{r}_2, \cdots, \boldsymbol{r}_N)$ (见式 (5.1.1-7)), 所以体系数密度 $\rho(\boldsymbol{r})$ 的系综平均值为

$$\langle\rho(\boldsymbol{r})\rangle = \int \mathrm{d}^N\boldsymbol{r}\rho(\boldsymbol{r})\, f_N(\boldsymbol{r}_1, \cdots, \boldsymbol{r}_N) = \int \mathrm{d}^N\boldsymbol{r} \sum_{i=1}^{N} \delta(\boldsymbol{r} - \boldsymbol{r}_i) f_N(\boldsymbol{r}_1, \cdots, \boldsymbol{r}_N) \tag{5.1.2-2}$$

因为 $f_N(\boldsymbol{r}_1, \boldsymbol{r}_2, \cdots, \boldsymbol{r}_N)$ 是其变量的对称函数, 故式 (5.1.2-2) 加和中的每一项的积分都相同. 于是

$$\langle\rho(\boldsymbol{r})\rangle = N \int \mathrm{d}\boldsymbol{r}_1 \delta(\boldsymbol{r} - \boldsymbol{r}_1) \int \mathrm{d}\boldsymbol{r}_2 \cdots \mathrm{d}\boldsymbol{r}_N f_N(\boldsymbol{r}_1, \boldsymbol{r}_2, \cdots, \boldsymbol{r}_N) \tag{5.1.2-3}$$

引入定义

$$f_1(\boldsymbol{r}_1) \equiv V \int \mathrm{d}\boldsymbol{r}_2 \cdots \mathrm{d}\boldsymbol{r}_N f_N(\boldsymbol{r}_1, \boldsymbol{r}_2, \cdots, \boldsymbol{r}_N) \tag{5.1.2-4}$$

它类似于量子化学中的一阶约化密度矩阵. 于是

$$\langle\rho(\boldsymbol{r})\rangle = N \int \mathrm{d}\boldsymbol{r}_1 \delta(\boldsymbol{r} - \boldsymbol{r}_1) \frac{1}{V} f_1(\boldsymbol{r}_1) = \frac{N}{V} f_1(\boldsymbol{r}) = \rho f_1(\boldsymbol{r}) \tag{5.1.2-5}$$

其中, $\rho \equiv N/V$, 即平均数密度. $f_1(\boldsymbol{r})$ 的物理意义是：不论其他粒子的分布如何, 有一个粒子出现在 $\boldsymbol{r}$ 处的概率密度再乘以体系体积. 显然, 对于均匀体系, 这个概率密度与位置无关且等于 $1/V$, 即对于均匀系,

$$\int \mathrm{d}\boldsymbol{r}_2 \cdots \mathrm{d}\boldsymbol{r}_N f_N(\boldsymbol{r}_1, \boldsymbol{r}_2, \cdots, \boldsymbol{r}_N) = \frac{1}{V} \tag{5.1.2-6}$$

或 $f_1(\boldsymbol{r})=1$.

现在讨论数密度的空间相关性.

$$
\begin{aligned}
\langle\rho(\boldsymbol{r})\rho(\boldsymbol{r}')\rangle &= \int \mathrm{d}^N\boldsymbol{r}\rho(\boldsymbol{r})\rho(\boldsymbol{r}')f_N(\boldsymbol{r}_1,\cdots,\boldsymbol{r}_N)\\
&= \int \mathrm{d}\boldsymbol{r}_1\cdots\mathrm{d}\boldsymbol{r}_N\sum_{i=1}^{N}\sum_{j=1}^{N}\delta(\boldsymbol{r}-\boldsymbol{r}_i)\delta(\boldsymbol{r}'-\boldsymbol{r}_j)f_N(\boldsymbol{r}_1,\cdots,\boldsymbol{r}_N)\\
&= \int \mathrm{d}\boldsymbol{r}_1\cdots\mathrm{d}\boldsymbol{r}_N\left\{\sum_{i=1}^{N}\delta(\boldsymbol{r}-\boldsymbol{r}_i)\delta(\boldsymbol{r}'-\boldsymbol{r}_i)\right.\\
&\quad\left.+\sum_{i=1}^{N}\sum_{\substack{j=1\\(i\neq j)}}^{N}\delta(\boldsymbol{r}-\boldsymbol{r}_i)\delta(\boldsymbol{r}'-\boldsymbol{r}_j)\right\}f_N(\boldsymbol{r}_1,\cdots,\boldsymbol{r}_N)
\end{aligned}
$$

同理, 得到

$$
\begin{aligned}
\langle\rho(\boldsymbol{r})\rho(\boldsymbol{r}')\rangle &= \rho\delta(\boldsymbol{r}-\boldsymbol{r}')+N(N-1)\int \mathrm{d}\boldsymbol{r}_1\mathrm{d}\boldsymbol{r}_2\delta(\boldsymbol{r}-\boldsymbol{r}_1)\delta(\boldsymbol{r}'-\boldsymbol{r}_2)\\
&\quad\times\int \mathrm{d}\boldsymbol{r}_3\cdots\mathrm{d}\boldsymbol{r}_Nf_N(\boldsymbol{r}_1,\boldsymbol{r}_2,\cdots,\boldsymbol{r}_N)
\end{aligned}
\tag{5.1.2-7}
$$

引入定义

$$
f_2(\boldsymbol{r}_1,\boldsymbol{r}_2)\equiv V^2\int \mathrm{d}\boldsymbol{r}_3\cdots\mathrm{d}\boldsymbol{r}_Nf_N(\boldsymbol{r}_1,\boldsymbol{r}_2,\cdots,\boldsymbol{r}_N)
\tag{5.1.2-8}
$$

(这其实类似于量子化学中的二阶约化密度矩阵.) 式 (5.1.2-8) 右边的积分表示：若体系中有两个粒子其位置同时分别在 $\boldsymbol{r}$ 和 $\boldsymbol{r}'$ 处时, 这样的体系出现的概率密度, 而不论这两个粒子的动量如何以及其他粒子的位置如何、动量如何. 如果粒子之间运动互相独立, 则体系出现这种情况的概率密度应当为 $1/V^2$, 即独立子体系的 $f_2(\boldsymbol{r}_1,\boldsymbol{r}_2)=1$. 这样式 (5.1.2-7) 可改写为

$$
\langle\rho(\boldsymbol{r})\rho(\boldsymbol{r}')\rangle=\rho\delta(\boldsymbol{r}-\boldsymbol{r}')+\frac{N(N-1)}{V^2}\int \mathrm{d}\boldsymbol{r}_1\mathrm{d}\boldsymbol{r}_2\delta(\boldsymbol{r}-\boldsymbol{r}_1)\delta(\boldsymbol{r}'-\boldsymbol{r}_2)f_2(\boldsymbol{r}_1,\boldsymbol{r}_2)
$$

即

$$
\langle\rho(\boldsymbol{r})\rho(\boldsymbol{r}')\rangle=\rho\delta(\boldsymbol{r}-\boldsymbol{r}')+\rho^2f_2(\boldsymbol{r},\boldsymbol{r}')
\tag{5.1.2-9}
$$

表示粒子数密度 $\rho(\boldsymbol{r})$ 的空间自相关函数.

讨论

(1) 若两点的距离 $|\boldsymbol{r}-\boldsymbol{r}'|$ 很大, 则可以认为这两点是相互独立的, 即

$$
\lim_{|\boldsymbol{r}_1-\boldsymbol{r}_2|\to\infty}f_2(\boldsymbol{r}_1,\boldsymbol{r}_2)=1
\tag{5.1.2-10}
$$

(2) 若为均匀体系, 则由空间平移对称性得到

$$
f_2(\boldsymbol{r}_1,\boldsymbol{r}_2)=f_2(\boldsymbol{r}_1-\boldsymbol{r}_2)
\tag{5.1.2-11}
$$

若为各向同性的均匀体系, 则进一步有

$$
f_2(\boldsymbol{r}_1,\boldsymbol{r}_2)=f_2(|\boldsymbol{r}_1-\boldsymbol{r}_2|)
\tag{5.1.2-12}
$$

(3) 均匀体系数密度涨落的空间自相关函数: 因为均匀体系的数密度涨落为

$$\Delta\rho(\boldsymbol{r}) \equiv \rho(\boldsymbol{r}) - \rho \tag{5.1.2-13}$$

其中, $\rho \equiv N/V$ 为均匀系的平均数密度. 所以数密度涨落的空间自相关函数为

$$\langle \Delta\rho(\boldsymbol{r})\,\Delta\rho(\boldsymbol{r}')\rangle = \langle \rho(\boldsymbol{r})\,\rho(\boldsymbol{r}')\rangle - \rho^2 \tag{5.1.2-14}$$

再根据式 (5.1.2-9) 和式 (5.1.2-11) 得到

$$\langle \Delta\rho(\boldsymbol{r})\,\Delta\rho(\boldsymbol{r}')\rangle = \rho\delta(\boldsymbol{r}-\boldsymbol{r}') - \rho^2\left[f_2(\boldsymbol{r}-\boldsymbol{r}') - 1\right] \tag{5.1.2-15}$$

5.2 正则系综中的空间相关函数

有 N 个粒子的 (N,V,T) 离域子体系, 体系配分函数 Q 的经典极限为

$$Q_{\mathrm{CL}} = \frac{1}{N!h^{3N}}\int \mathrm{d}\boldsymbol{r}\mathrm{d}\boldsymbol{p}\mathrm{e}^{-\beta E} \tag{5.2-1}$$

其中, 位置的体积元 $\mathrm{d}\boldsymbol{r} \equiv \mathrm{d}\boldsymbol{q} \equiv \mathrm{d}\boldsymbol{q}_1\mathrm{d}\boldsymbol{q}_2\cdots\mathrm{d}\boldsymbol{q}_N$、动量的体积元 $\mathrm{d}\boldsymbol{p} \equiv \mathrm{d}\boldsymbol{p}_1\mathrm{d}\boldsymbol{p}_2\cdots\mathrm{d}\boldsymbol{p}_N$. 因为体系能量

$$E = \frac{1}{2m}\sum_{i=1}^{N} p_i^2 + U_N + \sum_{i=1}^{N}\varepsilon_{\mathrm{int},i} \tag{5.2-2}$$

其中, 第一项为总动能, 第二项 U_N 为 N 个粒子之间的势能, 第三项为粒子内部运动能量的总和. 考虑粒子内部运动时, $\varGamma$ 空间积分变量 $(\boldsymbol{q},\boldsymbol{p})$ 中应当增添粒子内部运动的变量 $(\boldsymbol{q}_{\mathrm{int}},\boldsymbol{p}_{\mathrm{int}})$, 这些变量的积分得到粒子的内部运动配分函数 q_{int}. 所以将式 (5.2-2) 代入式 (5.2-1) 得到

$$\begin{aligned} Q_{\mathrm{CL}} = \frac{1}{N!h^{3N}}&\int \mathrm{e}^{-\beta\frac{1}{2m}\sum\limits_{i=1}^{N}\left(p_{x,i}^2+p_{y,i}^2+p_{z,i}^2\right)}\mathrm{d}p_{x,1}\mathrm{d}p_{y,1}\mathrm{d}p_{z,1}\cdots\mathrm{d}p_{x,N}\mathrm{d}p_{y,N}\mathrm{d}p_{z,N} \\ &\times\int \mathrm{e}^{-\beta U_N(\boldsymbol{r}_1,\boldsymbol{r}_2,\cdots,\boldsymbol{r}_N)}\mathrm{d}\boldsymbol{r}_1\mathrm{d}\boldsymbol{r}_2\cdots\mathrm{d}\boldsymbol{r}_N\cdot(q_{\mathrm{int}})^N \end{aligned}$$

定义**位形积分**(configuration integral)

$$Z_N \equiv \int \mathrm{e}^{-\beta U_N(\boldsymbol{r}_1,\boldsymbol{r}_2,\cdots,\boldsymbol{r}_N)}\mathrm{d}\boldsymbol{r}_1\mathrm{d}\boldsymbol{r}_2\cdots\mathrm{d}\boldsymbol{r}_N \tag{5.2-3}$$

继而得到

$$\begin{aligned} Q_{\mathrm{CL}} &= \frac{1}{N!h^{3N}}\left[\int_{-\infty}^{\infty}\mathrm{d}p_{x,1}\mathrm{e}^{-\beta\frac{p_{x,i}^2}{2m}}\right]^{3N}\cdot Z_N\cdot(q_{\mathrm{int}})^N \\ &= \frac{(2\pi mk_BT)^{3N/2}}{N!h^{3N}}Z_N(q_{\mathrm{int}})^N \end{aligned} \tag{5.2-4}$$

定义粒子的**热波长**为

$$\varLambda \equiv \left(\frac{h^2}{2\pi mk_BT}\right)^{1/2} \tag{5.2-5}$$

所以离域子体系的体系配分函数的经典极限为

$$Q_{\mathrm{CL}}=\frac{Z_N}{N!\Lambda^{3N}}\cdot(q_{\mathrm{int}})^N \tag{5.2-6}$$

也可以用平动子的配分函数 q_{tr} 表示为

$$Q_{\mathrm{CL}}=\frac{Z_N}{V^N}\cdot\left(\frac{q_{tr}^N}{N!}\right)\cdot q_{\mathrm{int}}^N \tag{5.2-7}$$

对应的定域子体系的体系配分函数经典极限为

$$Q_{\mathrm{CL}}=\frac{Z_N}{\Lambda^{3N}}\cdot(q_{\mathrm{int}})^N \tag{5.2-8}$$

(1) 该体系处于如下状态: 1 号粒子位置在 $\boldsymbol{r}_1\to\boldsymbol{r}_1+\mathrm{d}\boldsymbol{r}_1$ 之间且动量在 $\boldsymbol{p}_1\to\boldsymbol{p}_1+\mathrm{d}\boldsymbol{p}_1$ 之间、2 号粒子位置在 $\boldsymbol{r}_2\to\boldsymbol{r}_2+\mathrm{d}\boldsymbol{r}_2$ 之间且动量在 $\boldsymbol{p}_2\to\boldsymbol{p}_2+\mathrm{d}\boldsymbol{p}_2$ 之间、$\cdots$、第 N 号子位置在 $\boldsymbol{r}_N\to\boldsymbol{r}_N+\mathrm{d}\boldsymbol{r}_N$ 之间且动量在 $\boldsymbol{p}_N\to\boldsymbol{p}_N+\mathrm{d}\boldsymbol{p}_N$ 之间. 该状态出现的概率为

$$P_N\mathrm{d}\boldsymbol{r}_1\mathrm{d}\boldsymbol{p}_1\cdots\mathrm{d}\boldsymbol{r}_N\mathrm{d}\boldsymbol{p}_N=\frac{\left(\dfrac{\mathrm{d}\boldsymbol{r}_1\mathrm{d}\boldsymbol{p}_1\cdots\mathrm{d}\boldsymbol{r}_N\mathrm{d}\boldsymbol{p}_N}{h^{3N}}\right)\mathrm{e}^{-E/(k_BT)}}{Q_{\mathrm{loc}}} \tag{5.2-9}$$

可见此时实际上把粒子当成可识别粒子来处理, 于是分母的配分函数应当是定域子的配分函数 Q_{loc}.

(2) 如果进一步考虑体系处于如下状态: 1 号粒子位置在 $\boldsymbol{r}_1\to\boldsymbol{r}_1+\mathrm{d}\boldsymbol{r}_1$, 2 号粒子位置在 $\boldsymbol{r}_2\to\boldsymbol{r}_2+\mathrm{d}\boldsymbol{r}_2\cdots\cdots$ 一直到第 n 号粒子 (且 $n<N$) 的位置在 $\boldsymbol{r}_n\to\boldsymbol{r}_n+\mathrm{d}\boldsymbol{r}_n$, 而其余粒子处于任意位置; 同时所有粒子都处于任意动量时, 这种状态出现的概率是多少呢? 显然, 只要将式 (5.2-9) 对第 $n+1$ 号一直到第 N 号粒子的位置以及对所有粒子的动量变量积分就行, 即这种状态出现的概率是

$$P_n\mathrm{d}\boldsymbol{r}_1\cdots\mathrm{d}\boldsymbol{r}_n=\mathrm{d}\boldsymbol{r}_1\cdots\mathrm{d}\boldsymbol{r}_n\int\cdots\int P_N\mathrm{d}\boldsymbol{r}_{n+1}\cdots\mathrm{d}\boldsymbol{r}_N\mathrm{d}\boldsymbol{p}_1\cdots\mathrm{d}\boldsymbol{p}_N \tag{5.2-10}$$

若代入能量表达式且不计粒子的内部运动, 则

$$\begin{aligned}P_n\mathrm{d}\boldsymbol{r}_1\cdots\mathrm{d}\boldsymbol{r}_n=&\frac{1}{h^{3N}Q_{\mathrm{loc}}}\mathrm{d}\boldsymbol{r}_1\cdots\mathrm{d}\boldsymbol{r}_n\int\cdots\int\mathrm{e}^{-\left[\frac{1}{2m}\sum\limits_{i=1}^{N}p_i^2+U_N\right]\Big/(k_BT)}\\&\times\mathrm{d}\boldsymbol{r}_{n+1}\cdots\mathrm{d}\boldsymbol{r}_N\mathrm{d}\boldsymbol{p}_1\cdots\mathrm{d}\boldsymbol{p}_N\end{aligned} \tag{5.2-11}$$

其中, 动量变量的积分同三维平动子中叙述的一样, 故

$$P_n\mathrm{d}\boldsymbol{r}_1\cdots\mathrm{d}\boldsymbol{r}_n=\frac{1}{\Lambda^{3N}Q_{\mathrm{loc}}}\mathrm{d}\boldsymbol{r}_1\cdots\mathrm{d}\boldsymbol{r}_n\int\cdots\int\mathrm{e}^{-U_N/(k_BT)}\mathrm{d}\boldsymbol{r}_{n+1}\cdots\mathrm{d}\boldsymbol{r}_N$$

再考虑到式 (5.2-7) 或式 (5.2-8) 得到

$$P_n\mathrm{d}\boldsymbol{r}_1\cdots\mathrm{d}\boldsymbol{r}_n=\mathrm{d}\boldsymbol{r}_1\cdots\mathrm{d}\boldsymbol{r}_n\frac{1}{Z_N}\int\cdots\int\mathrm{e}^{-U_N/(k_BT)}\mathrm{d}\boldsymbol{r}_{n+1}\cdots\mathrm{d}\boldsymbol{r}_N \tag{5.2-12}$$

式 (5.2-12) 实际上不仅对全同的定域子体系适用, 也适用于全同的离域子体系.

(3) 再进一步考虑体系处于如下状态：有一个子位置、动量分别在 $\boldsymbol{r}_1 \to \boldsymbol{r}_1 + \mathrm{d}\boldsymbol{r}_1$ 与 $\boldsymbol{p}_1 \to \boldsymbol{p}_1 + \mathrm{d}\boldsymbol{p}_1$, 一个子位置、动量分别在 $\boldsymbol{r}_2 \to \boldsymbol{r}_2 + \mathrm{d}\boldsymbol{r}_2$ 与 $\boldsymbol{p}_2 \to \boldsymbol{p}_2 + \mathrm{d}\boldsymbol{p}_2, \cdots$ 一直到有一个子 (且 $n < N$) 的位置、动量分别在 $\boldsymbol{r}_n \to \boldsymbol{r}_n + \mathrm{d}\boldsymbol{r}_n$ 与 $\boldsymbol{p}_n \to \boldsymbol{p}_n + \mathrm{d}\boldsymbol{p}_n$, 而其余粒子处于任意位置和任意动量时, 该状态出现的概率又是怎样的呢？只要将 $P_N \mathrm{d}\boldsymbol{r}_1 \mathrm{d}\boldsymbol{p}_1 \cdots \mathrm{d}\boldsymbol{r}_N \mathrm{d}\boldsymbol{p}_N$ 对第 $n+1$ 号一直到第 N 号粒子的位置、动量变量积分就行, 即

$$P_n \mathrm{d}\boldsymbol{r}_1 \mathrm{d}\boldsymbol{p}_1 \cdots \mathrm{d}\boldsymbol{r}_n \mathrm{d}\boldsymbol{p}_n = \mathrm{d}\boldsymbol{r}_1 \mathrm{d}\boldsymbol{p}_1 \cdots \mathrm{d}\boldsymbol{r}_n \mathrm{d}\boldsymbol{p}_n \underset{n+1,\cdots,N}{\int \cdots \int} P_N \mathrm{d}\boldsymbol{r}_{n+1} \mathrm{d}\boldsymbol{p}_{n+1} \cdots \mathrm{d}\boldsymbol{r}_N \mathrm{d}\boldsymbol{p}_N \tag{5.2-13}$$

5.3 时间相关函数

时间相关函数用来描述前后不同时刻的两个物理量之间的相关关系, 体现了原因和结果在时间上的联系. **相关时间**表征这种联系的时间尺度. 对于体系的任意两个力学量 $B(t)$ 和 $C(t)$, 其**时间相关函数**$\langle B(0)\, C(t)\rangle$ 定义为

$$\langle B(0)\, C(t)\rangle \equiv \lim_{T\to\infty} \frac{1}{T} \int_0^T \mathrm{d}\tau\, B(\tau)\, C(\tau + t) \tag{5.3-1}$$

这里 T, τ 和 t 都是时间变量. $B(t)$ 和 $C(t)$ 的乘积可以是各种乘积 (包括标量积、张量积), 取决于具体问题中观察者从哪个角度看它们之间的相关性. 此定义实际上是时间平均值, 但是根据系综平均值的假设, 时间相关函数也可以理解为系综平均.

$B(t)$ 和 $C(t)$ 也可以是同一个力学量,

$$\langle B(0)\, B(t)\rangle \equiv \lim_{T\to\infty} \frac{1}{T} \int_0^T \mathrm{d}\tau\, B(\tau)\, B(\tau + t) \tag{5.3-2}$$

称为**时间自相关函数**(auto-TCF). 式 (5.3-2) 的时间平均也可以理解为一种系综平均.

时间相关函数是非平衡统计力学的基本概念之一, 它表述物质运动在时间先后上的相互关系. 所有弛豫、输运和涨落行为的表述都离不开时间相关函数.

时间相关函数具有如下性质：

(1) 由于任意物理量在本质上必须是实数, 所以时间相关函数必定是实数.

(2)
$$\lim_{t\to\infty} \langle B(0)\, C(t)\rangle = 0 \tag{5.3-3}$$

即两个时间间隔无穷远的事件自然就不相关了.

5.3.1 非平衡定态时的时间相关函数

非平衡定态时的时间相关函数除了上述性质外, 还有如下性质：

(1) 时间平移不变性. 只要非平衡态体系处于定态, 则两个不同时刻的物理量之间的相关应当只与这两个时刻的时间间隔长度有关, 而与在什么时间测量这两个量没有关系. 换言之, 与时间的零点选择没有关系, 即对任意 τ 值均有

$$\langle B(t_1)\, C(t_2)\rangle = \langle B(t_1 - \tau)\, C(t_2 - \tau)\rangle$$

即

$$\langle B(t_1) C(t_2)\rangle = \langle B(t_1 - t_2) C(0)\rangle \tag{5.3.1-1}$$

这就是**时间平移不变性**.

对于近平衡态因为很容易就可进入定态; 至于平衡态, 显然也满足时间平移不变性. 为什么平衡态还有必要讨论时间相关呢? 因为所谓平衡态是指在宏观尺度上体系各处的同一物理量都不随时间变化, 可是从微观尺度上看由于物理量的涨落, 所以还有时间相关函数的概念.

(2) 非平衡定态时,

$$\left\langle \dot{B}(t)\, C(0) \right\rangle = -\left\langle B(t)\, \dot{C}(0) \right\rangle \tag{5.3.1-2}$$

(这里 "·" 指对时间的一阶导数).

证明 因为定态, 故有时间平移不变性 $\langle B(t)C(0)\rangle = \langle B(0)C(-t)\rangle$. 将等式两边对时间求偏导, 得到 $\left\langle \dot{B}(t)C(0) \right\rangle = -\left\langle B(0)\dot{C}(-t) \right\rangle = -\left\langle B(t)\dot{C}(0) \right\rangle$, 其中, 第二步演绎又利用了时间平移. ■

作为特例, 有

$$\left\langle \dot{B}(0)C(0) \right\rangle = -\left\langle B(0)\dot{C}(0) \right\rangle \tag{5.3.1-3}$$

和

$$\left\langle \dot{B}(0)B(0) \right\rangle = 0 \tag{5.3.1-4}$$

5.3.2 平衡态时间自相关函数的性质

平衡态时的时间自相关函数 $C_{BB}\,(t_1,t_2) \equiv \langle B(t_1)\, B(t_2)\rangle$ 具有如下性质:

(1) 时间平移不变性.

$$C_{BB}\,(t_1,t_2) \equiv \langle B(t_1)\, B(t_2)\rangle = \langle B(0)\, B(t_2-t_1)\rangle = \langle B(0)\, B(\tau)\rangle \equiv C_{BB}\,(\tau) \tag{5.3.2-1}$$

即只与时间间隔 $\tau \equiv t_2 - t_1$ 有关.

(2)
$$C_{BB}\,(0) > 0. \tag{5.3.2-2}$$

理由是

$$C_{BB}\,(0) = \langle B(t_1)\, B(t_1)\rangle = \left\langle B(t_1)^2 \right\rangle > 0$$

(3) 对于任意时间 τ, $C_{BB}\,(\tau)$ 的绝对值不可能大于 $C_{BB}\,(0)$, 即

$$-C_{BB}\,(0) < C_{BB}\,(\tau) < C_{BB}\,(0) \tag{5.3.2-3}$$

证明 因为

$$\left\langle \{B(t_1) \pm B(t_2)\}^2 \right\rangle = \left\langle B^2(t_1) \right\rangle + \left\langle B^2(t_2) \right\rangle \pm 2\,\langle B(t_1)\, B(t_2)\rangle = 2\,\{C_{BB}\,(0) \pm C_{BB}\,(\tau)\} \geqslant 0$$

故有

$$-C_{BB}\,(0) < C_{BB}\,(\tau) < C_{BB}\,(0)$$ ■

(4)
$$C_{BB}\,(-\tau) = C_{BB}\,(\tau)\ (\tau\text{的偶函数}) \tag{5.3.2-4}$$

证明

$$C_{BB}\,(-\tau) = \langle B(t_1)B(t_1-\tau)\rangle = \langle B(t_1+\tau)B(t_1)\rangle = \langle B(t_1)B(t_1+\tau)\rangle = C_{BB}\,(\tau)$$ ■

从物理上看：当体系处于平衡态时，物理量 $B(t)$ 影响以后时刻的 $B(t+\tau)$ 和它依赖与以前时刻 $B(t-\tau)$ 的影响程度应当是一样的，即

$$\langle B(t)\,B(t+\tau)\rangle = \langle B(t)\,B(t-\tau)\rangle$$

或

$$\langle B(0)\,B(t)\rangle = \langle B(0)\,B(-t)\rangle \tag{5.3.2-5}$$

同样得到式 (5.3.2-4).

(5) $C_{BB}(\tau)$ 的相关时间：存在一个表征平衡态的时间自相关函数 $C_{BB}(\tau)$ 的**特征时间**τ_B，又称为**相关时间**. 其定义为

$$\lim_{\tau \gg \tau_B} C_{BB}(\tau) = 0 \tag{5.3.2-6}$$

因为当 $C_{BB}(\tau) \equiv \langle B(t)B(t+\tau)\rangle$ 中的时间间隔 τ 足够大时 $B(t)$ 与 $B(t+\tau)$ 之间的相关消失，两者趋于统计独立. 于是 $\lim\limits_{\tau \gg \tau_B} C_{BB}(\tau) = \lim\limits_{\tau \gg \tau_B} \langle B(t)B(t+\tau)\rangle = \langle B(t)\rangle \langle B(t+\tau)\rangle$，其中，不失普遍性可以假设平均值 $\langle B(t)\rangle = 0$. 倘若 $\langle B(t)\rangle \neq 0$，则可以令 $B(t)$ 是已经扣除平均值之后的物理量. 特征时间 τ_B 的存在表明只有在 $|\tau| < \tau_B$ 的场合下平衡态的 $C_{BB}(\tau)$ 才显著地不为零.

5.3.3 时间相关函数的应用

(1) 时间相关函数是非平衡统计力学的基本表述工具之一，所有弛豫、输运和涨落行为的表述都离不开时间相关函数.

(2) 无论分子自身的结构或者分子之间的相互作用都是一个动态过程，这就要经常使用时间相关函数这个描述动态关系的重要手段，在大量纷乱的数据中勾勒出体系的动态特征. 例如，通过分子动力学模拟就可以得到分子体系微观状态的时间演化过程. 而该体系的一切性质无论它处于平衡态还是非平衡态都可以从中得到. 求算这些性质或描述整个动态过程的特征就要用时间相关函数.

(3) 由将要在第 6 章介绍的 Green-Kubo 线性响应理论可以看到：所有一切输运性质、及弱外场 (无论电场、磁场还是声场) 与分子体系相互作用过程所涉及的一切行为的计算都与时间相关函数有关.

(4) 即使是平衡态的体系，其内部微观结构还是一个动态过程，同样也要用时间相关函数.

讨论

(1) 因果性和相关性[6]：要区分**因果性**(causality) 和相关性这两个不同的概念. **相关性**(correlation) 又称为关联性. 有因果性的相关，也有不是因果性的相关. 经常出现把非因果性的相关关系当作是因果关系，造成不应有的误解. 判别一个具体问题中几种因素统计数学上的相关，到底属于因果性还是非因果性造成的，关键在于科学理论对这个具体问题的理解到什么程度而定.

化学、材料科学领域人们常说的 “定量构效关系”(QSAR 或 QSPR, 见第 11 章) 等一类建立在利用统计数学揭示的统计模型在本质上是一种相关关系，一般不代表因果关系. 这方面造成的误解已经流传甚广. 尽管统计数学家连连发出忠告，似乎收效不大[7].

(2) 何谓因果性[6]? 根据现代物理科学的深入, 人们逐渐倾向这样的意见: 因果性是一个含义有欠明晰的哲学用语. 现代物理、化学早就运用了更加精密和确切的形式理论来描述研究对象的状态及其演化规律. 也就是, 对于物质体系, 有了运动方程, 因果关系自然包含在内. 现代物理科学的演化理论已经超越了 "因果性" 这个词描述的能力范畴, 从而这个词在慢慢淡出, 在那些因为种种因素还不能用形式理论表达的学科里这个词还继续 "残存" 着.

参 考 文 献

[1] 龚昌德. 热力学与统计物理学. 北京: 高等教育出版社, 1982.
[2] McQuarrie D A. Statistical Mechanics. New York: Harper & Row, 1976.
[3] Friedman H L. A Course in Statistical Mechanics. Englewood Cliffs: Prentice-Hall, Inc, 1985.
[4] 林宗涵. 热力学与统计物理学 (北京大学物理学丛书). 北京: 北京大学出版社, 2007.
[5] 苏汝铿. 统计物理学. 第二版. 北京: 高等教育出版社, 2004.
[6] 关洪. 原子论的历史与现状 (北京大学物理学丛书). 北京: 北京大学出版社, 2006.
[7] Huff D, Geis I. How to Lie with Statistics. New York: W. W. Norton & Company, 1982; 第一个中译本: 怎能用统计撒谎. 沈恩杰, 马世宽译. 北京: 中国统计出版社, 1986; 第二个中译本: 统计陷阱. 廖颖林译. 上海: 财经大学出版社, 2003.

第 6 章　近平衡态的量子统计理论

“化学是一种量子效应，或是一组量子效应.”

—— 录自美国理论化学家 L. C. Pauling (1901~1994 年) 的文章 (New Scientist, 1985, 108 (No.1481): 54, 55.); 他是 1954 年诺贝尔化学奖、1962 年诺贝尔和平奖得主

当体系处于非平衡态的时候, 内部就会出现各种不均匀性, 如果是流体一般还有流动出现. 所以在非平衡态下, 体系的性质既与空间位置有关, 也与时间有关.

当处于平衡态的体系受到外场作用, 则体系随之偏离平衡态到达非平衡态的范围, 其内部一般都存在温度梯度、化学势梯度或电势梯度等, 于是造成体系内能量、粒子或电荷等的迁移, 这类过程称为 “输运过程”. 与此有关的性质称为 “输运性质”. 输运性质表征在单位时间内通过单位截面的某个物理量, 如导热系数就是在单位时间内通过单位截面的热量; 平动扩散系数就是在单位时间内通过单位截面的粒子数; 电导率就是在单位时间内通过单位截面的电子数; ……

在外场较弱的情况下, 体系仅仅处在离开平衡态不远的线性非平衡态区域, 又称为**近平衡态**. 此时**外力** $\boldsymbol{X}$ (即如温度梯度、浓度梯度或电势梯度等) 造成的 “**流**” J (即相应的热流、扩散流或电流等) 之间呈线性关系, $J = LX$, 比例系数 L 称为**动力学系数**(即相应的导热系数、扩散系数或电导率的负数), 又称为**输运性质**(实际上本章介绍的输运性质还包括反应速度常数、振转光谱、核磁共振谱等).

从另外的角度看, 处于非平衡态的体系都有一种趋于平衡的倾向, 这种过程称为**弛豫过程**. 此过程中的 “流” 一定会受到**阻尼**即**耗散**的影响. 例如, 扩散流通过流动中摩擦的阻尼作用而出现机械能转化为热能的耗散作用, 电流通过电阻的热效应而出现耗散. 所以表征输运过程的输运性质在耗散过程中体现为耗散性质.

显然, 从物质是原子、分子构成的角度来看, 即使体系处于平衡态的时候, 体系内部各处的性质有涨落存在. 这种在平衡态造成涨落的物质原因在非平衡态时当然依然存在, 不过此时它们以输运性质或耗散性质体现出来. 所以研究非平衡态的过程离不开讨论涨落、弛豫和耗散.

为此, 先介绍解决非平衡问题的理论工具 —— 密度算符和量子统计系综[1~6]. 1927 年, J. von Neumann 把量子力学的语言从讨论纯态推广到混合态, 即把纯粹系综推广到混合系综. 大量处于相同的宏观条件下、性质完全相同而各处于某一量子态、并各自独立的体系的集合称为**混合系综**; **纯粹系综**是指所有这样的体系都处于同一量子态. 然后, 介绍 Green-Kubo 的线性响应理论, 把在弱外场作用下引起的响应与物质内在的相应性质联系起来, 得到各种的输运性质、波谱等, 即得到各种涨落–耗散关系, 其中, 涨落必须用第 5 章中介绍的时间相关函数来表达, 而后者可以用第 3 章中介绍的分子动力学模拟来取得.

6.1 密度算符

6.1.1 纯态和混合态

先介绍量子统计力学的一个基本问题, 即量子力学中的纯态和混合态. 过去讨论体系的量子状态都是可以用 Hilbert 空间中的向量来表示的, 现在特称为**纯态**. 两个纯态 $|\psi_1\rangle$ 和 $|\psi_2\rangle$ 叠加得到的态, 即

$$|\psi\rangle \equiv |\psi_1\rangle c_1 + |\psi_2\rangle c_2 \tag{6.1.1-1}$$

仍然是 Hilbert 空间中的向量, 故还是纯态. 现在将纯态的概念作如下推广: 体系处于**混合态**, 即体系并不处于一个确定的状态中, 而是可以处于一系列的纯态 $\{\Psi_k : k = 1(1)\infty\}$, 对应出现的概率为 $\{w_k : k = 1(1)\infty\}$. 总概率满足

$$\sum_k^{\text{all}} w_k = 1 \tag{6.1.1-2}$$

不失普遍性, 可以认为 $\{\Psi_k : k = 1(1)\infty\}$ 是已经归一化的、互相线性无关的 (这里尚未要求这组纯态 $\{\Psi_k\}$ 是某一特定 Hermite 算符的本征态集, 也未要求已经正交化).

可见, 体系处于纯态的情况仅仅是处于混合态的一种特例. 式 (6.1.1-1) 中态的叠加是 "相干叠加", 得到的还是纯态; 而形成混合态的是 "不相干叠加".

先求物理量 A 在混合态时的平均值. 在混合态中, 求一个物理量的平均值实际上通过两次平均, 即第一次是 "量子平均", 求出 A 在每一个纯态 $|\Psi_k\rangle$ 时的平均值 $\langle \Psi_k |\mathtt{A}| \Psi_k\rangle$; 第二次是 "统计平均", 求各量子平均以不同概率出现时的平均值, 即

$$\langle A\rangle = \sum_k^{\text{all}} w_k \langle \Psi_k |\mathtt{A}| \Psi_k\rangle \tag{6.1.1-3}$$

定义**密度算符**为

$$\boldsymbol{\rho} \equiv \sum_k^{\text{all}} |\Psi_k\rangle w_k \langle \Psi_k| \tag{6.1.1-4}$$

以下为了说明任意物理量的平均值 $\langle A\rangle$ 与表象无关. 为普遍计, 这里考虑其本征值为混合谱的变量, 即本征值既可能离散也可能连续的任意变量 $\boldsymbol{x} \equiv \{\cdots \boldsymbol{x} \cdots \boldsymbol{x}' \cdots\}$. 在 Hilbert 空间中取对应它的一组正交归一本征向量集 $\{\cdots |\boldsymbol{x}\rangle \cdots |\boldsymbol{x}'\rangle \cdots\}$. 其**封闭关系**为

$$\mathop{\mathsf{S}}_{\boldsymbol{x}} |\boldsymbol{x}\rangle \langle \boldsymbol{x}| = \mathtt{1} \tag{6.1.1-5}$$

其中, $\mathtt{1}$ 为恒等算符. 由于变量 $\boldsymbol{x}$ 可能是连续的, 也可能是离散的, 所以对 $\boldsymbol{x}$ 加和的符号用 $\mathop{\mathsf{S}}_{\boldsymbol{x}}(\cdot\cdot)$, 它兼有 $\sum_{\boldsymbol{x}}(\cdot\cdot)$ 和 $\int \mathrm{d}\boldsymbol{x}\,(\cdot\cdot)$ 的功能. 封闭关系式非常有用.

令在 $|\boldsymbol{x}\rangle$ 表象中, 密度算符和物理量 A 对应的算符 $\mathtt{A}$ 的矩阵元分别为

$$\langle \boldsymbol{x} |\boldsymbol{\rho}| \boldsymbol{x}'\rangle \equiv \rho(\boldsymbol{x}; \boldsymbol{x}') \equiv (\mathrm{\rho})_{\boldsymbol{x}\boldsymbol{x}'} \tag{6.1.1-6a}$$

和

$$\langle \boldsymbol{x} | \mathtt{A} | \boldsymbol{x}' \rangle \equiv A(\boldsymbol{x};\boldsymbol{x}') \equiv (\mathbf{A})_{\boldsymbol{x}\boldsymbol{x}'} \tag{6.1.1-6b}$$

其中, ρ、$\mathbf{A}$ 分别是密度算符 $\boldsymbol{\rho}$ 和算符 $\mathtt{A}$ 对应的矩阵表示. 据此, 式 (6.1.1-3) 可改写为

$$\begin{aligned}\langle A \rangle &= \sum_k^{\text{all}} w_k \langle \Psi_k | \left(\mathsf{S}_{\boldsymbol{x}} |\boldsymbol{x}\rangle \langle \boldsymbol{x}| \right) \mathtt{A} \left(\mathsf{S}_{\boldsymbol{x}'} |\boldsymbol{x}'\rangle \langle \boldsymbol{x}'| \right) |\Psi_k\rangle \\ &= \mathsf{S}_{\boldsymbol{x}} \mathsf{S}_{\boldsymbol{x}'} \sum_k^{\text{all}} w_k \langle \Psi_k | \boldsymbol{x}\rangle \langle \boldsymbol{x}| \mathtt{A} |\boldsymbol{x}'\rangle \langle \boldsymbol{x}' | \Psi_k\rangle \\ &= \mathsf{S}_{\boldsymbol{x}} \mathsf{S}_{\boldsymbol{x}'} \langle \boldsymbol{x}'| \left(\sum_k^{\text{all}} |\Psi_k\rangle w_k \langle \Psi_k| \right) |\boldsymbol{x}\rangle \langle \boldsymbol{x}| \mathtt{A} |\boldsymbol{x}'\rangle = \mathsf{S}_{\boldsymbol{x}} \mathsf{S}_{\boldsymbol{x}'} \rho(\boldsymbol{x}';\boldsymbol{x}) A(\boldsymbol{x};\boldsymbol{x}')\end{aligned}$$

可见任意物理量的平均值 $\langle A \rangle$ 就是密度算符 $\boldsymbol{\rho}$ 和算符 $\mathtt{A}$ 的矩阵表示 ρ, $\mathbf{A}$ 乘积的迹 (离散集为求对角元之和, 连续集则为沿对角线积分)

$$\langle A \rangle = \mathrm{tr}(\rho \mathbf{A}) = \mathrm{tr}(\boldsymbol{A}\rho) \tag{6.1.1-7}$$

或记为 $\mathrm{tr}(\rho\mathbf{A}) \equiv \mathrm{tr}(\rho\mathtt{A})$, $\mathrm{tr}(\mathbf{A}\rho) \equiv \mathrm{tr}(\mathbf{A}\rho)$. 尽管起先推导是在 $|\boldsymbol{x}\rangle$ 表象中开始的, 但最后平均值 $\langle A \rangle$ 与采用的表象无关. 密度算符 $\boldsymbol{\rho}$ 又称**统计算符**. 经典统计力学中的物理量 $A(\boldsymbol{q},\boldsymbol{p})$、相空间积分 $\int \mathrm{d}\Gamma(\cdot)$ 和 $\int \mathrm{d}\Gamma A(\boldsymbol{q},\boldsymbol{p}) \rho(\boldsymbol{q},\boldsymbol{p})$ 分别对应于量子统计力学中的算符 $\mathtt{A}$, $\mathrm{tr}(\cdot)$ 和 $\langle A \rangle = \mathrm{tr}(\rho\mathbf{A})$.

6.1.2　密度算符的性质

密度算符 $\boldsymbol{\rho}$ 具有如下性质:

(1) $\mathrm{tr}\boldsymbol{\rho} = 1$;　(6.1.2-1)

(2) $\boldsymbol{\rho}^\dagger = \boldsymbol{\rho}$, 即 Hermite 性;　(6.1.2-2)

(3) $\boldsymbol{\rho} \geqslant 0$, 表示密度算符是**正算符**, 即密度算符的本征值均为非负值;　(6.1.2-3)

(4) $\mathrm{tr}\boldsymbol{\rho}^2 \leqslant 1$, 等号仅在纯态时成立.　(6.1.2-4)

证明

(1) 任取 $|\mathbf{x}\rangle$ 表象, 利用密度算符 $\boldsymbol{\rho}$ 的定义式 (6.1.1-4) 和封闭关系式 (6.1.1-5) 得到

$$\mathrm{tr}\boldsymbol{\rho} = \mathsf{S}_{\boldsymbol{x}} \langle \boldsymbol{x}| \boldsymbol{\rho} |\boldsymbol{x}\rangle = \mathsf{S}_{\boldsymbol{x}} \sum_k^{\text{all}} \langle \boldsymbol{x} | \Psi_k\rangle w_k \langle \Psi_k | \boldsymbol{x}\rangle = \sum_k^{\text{all}} w_k \langle \Psi_k| \left(\mathsf{S}_{\boldsymbol{x}} |\boldsymbol{x}\rangle \langle \boldsymbol{x}| \right) |\Psi_k\rangle = \sum_k^{\text{all}} w_k = 1 \quad \blacksquare$$

可见密度算符 $\boldsymbol{\rho}$ 迹等于 1 直接来自总概率为 1 的式 (6.1.1-2).

$$(2)\ \boldsymbol{\rho}^\dagger = \left(\sum_k^{\text{all}} |\Psi_k\rangle w_k \langle \Psi_k| \right)^\dagger = \sum_k^{\text{all}} (\langle \Psi_k|)^\dagger w_k^* (|\Psi_k\rangle)^\dagger = \sum_k^{\text{all}} |\Psi_k\rangle w_k \langle \Psi_k| = \boldsymbol{\rho} \quad \blacksquare$$

推导中采用了乘积 Hermite 共轭的等式 $(\mathbf{ABC})^\dagger = \mathbf{C}^\dagger \mathbf{B}^\dagger \mathbf{A}^\dagger$ 且概率 w_k 为实数.

(3) 设密度算符 $\boldsymbol{\rho}$ 的本征方程为

$$\boldsymbol{\rho} |\lambda\rangle = |\lambda\rangle \lambda \tag{6.1.2-5}$$

所以, 本征向量 $\{|\lambda\rangle\}$ 对应的本征值为

$$\lambda = \langle\lambda|\,\boldsymbol{\rho}\,|\lambda\rangle = \sum_{k}^{\text{all}} \langle\lambda\,|\Psi_k\rangle\, w_k\, \langle\Psi_k|\,\lambda\rangle = \sum_{k}^{\text{all}} w_k\, |\langle\Psi_k|\,\lambda\rangle|^2 \geqslant 0 \qquad \blacksquare$$

最后一步的根据是因为 $|\langle\Psi_k|\,\lambda\rangle|^2$ 和 w_k 都是正实数. 既然所有本征值 $\lambda \geqslant 0$, 则密度算符 $\boldsymbol{\rho}$ 是正算符.

(4) 任取 $|\boldsymbol{x}\rangle$ 表象, 利用密度算符 $\boldsymbol{\rho}$ 的定义式 (6.1.1-4) 和封闭关系式 (6.1.1-5) 得到

$$\begin{aligned}
\text{tr}\boldsymbol{\rho}^2 &= \mathop{\mathsf{S}}_{\boldsymbol{x},\,\boldsymbol{x}'} \langle\boldsymbol{x}|\,\boldsymbol{\rho}\,|\boldsymbol{x}'\rangle\,\langle\boldsymbol{x}'|\,\boldsymbol{\rho}\,|\boldsymbol{x}\rangle = \mathop{\mathsf{S}}_{\boldsymbol{x},\,\boldsymbol{x}'} \sum_{k}^{\text{all}} \langle\boldsymbol{x}\,|\Psi_k\rangle\, w_k\, \langle\Psi_k|\,\boldsymbol{x}'\rangle \sum_{l}^{\text{all}} \langle\boldsymbol{x}'\,|\Psi_l\rangle\, w_l\, \langle\Psi_l|\,\boldsymbol{x}\rangle \\
&= \sum_{k,l}^{\text{all}} w_k w_l\, \langle\Psi_l|\left(\mathop{\mathsf{S}}_{\boldsymbol{x}} |\boldsymbol{x}\rangle\,\langle\boldsymbol{x}|\right)|\Psi_k\rangle\,\langle\Psi_k|\left(\mathop{\mathsf{S}}_{\boldsymbol{x}'} |\boldsymbol{x}'\rangle\,\langle\boldsymbol{x}'|\right)|\Psi_l\rangle \\
&= \sum_{k,l}^{\text{all}} w_k w_l\, \langle\Psi_l|\,\Psi_k\rangle\,\langle\Psi_k|\,\Psi_l\rangle = \sum_{k,l}^{\text{all}} w_k w_l \delta_{kl} = \sum_{k}^{\text{all}} w_k^2 \leqslant 1 \qquad \blacksquare
\end{aligned}$$

以上最后一步的根据是因为 $0 \leqslant w_k \leqslant 1$ 和总概率为 1 的式 (6.1.1-2). 同时, 当体系处于纯态时所有的概率 w_k 中只有一个为 1、其余均为 0, 故式 (6.1.2-4) 中等号仅在体系处于纯态时成立.

6.1.3 量子 Liouville 方程

以上将体系随时间的变化均体现在状态 $\{|\Psi_k(t)\rangle\}$ 上, 而认为算符、概率 $\{w_k\}$ 与时间无关, 这种量子力学形式称为 **Schrödinger绘景** (picture). 若将体系随时间的变化都体现在物理量算符 $\{\mathtt{A}(t)\}$ 上, 而状态与时间无关 (包括 $\{|\Psi_k\rangle\}$ 与概率 $\{w_k\}$), 则这种形式称为 **Heisenberg 绘景**. 两种绘景在描述系综平均上是等价的, 也是相通的, 下面分别以上标 "S", "H" 表示之.

于是将 Schrödinger 绘景下的密度算符 $\boldsymbol{\rho}$ 记为

$$\boldsymbol{\rho}^{\text{S}}(t) = \sum_{k}^{\text{all}} |\,\Psi_k(t)\rangle\, w_k\, \langle\Psi_k(t)| \tag{6.1.3-1}$$

每个纯态 $\Psi_k(t)$ 随时间的变化服从 **Schrödinger 方程**

$$\text{i}\hbar\frac{\partial}{\partial t}|\,\Psi_k(t)\rangle = \mathtt{H}\,|\,\Psi_k(t)\rangle \tag{6.1.3-2}$$

这里 Hamilton 算符 $\mathtt{H}$ 是 Hermite 的, 即 $\mathtt{H}^\dagger = \mathtt{H}$. 将式 (6.1.3-2) 两边取 Hermite 共轭得到

$$-\text{i}\hbar\frac{\partial}{\partial t}\langle\Psi_k(t)| = \langle\Psi_k(t)|\,\mathtt{H} \tag{6.1.3-3}$$

根据式 (6.1.3-1), 得到

$$\text{i}\hbar\frac{\partial}{\partial t}\boldsymbol{\rho}^{\text{S}}(t) - \text{i}\hbar\frac{\partial}{\partial t}\left\{\sum_{k}^{\text{all}} |\,\Psi_k(t)\rangle\, w_k\, \langle\Psi_k(t)|\right\}$$

$$
\begin{aligned}
&= \sum_{k}^{\text{all}} \left\{ \left(\mathrm{i}\hbar \frac{\partial}{\partial t} \left| \Psi_k(t) \right\rangle \right) w_k \left\langle \Psi_k(t) \right| - \left| \Psi_k(t) \right\rangle w_k \left(-\mathrm{i}\hbar \frac{\partial}{\partial t} \left\langle \Psi_k(t) \right| \right) \right\} \\
&= \sum_{k}^{\text{all}} \left\{ \mathtt{H} \left| \Psi_k(t) \right\rangle w_k \left\langle \Psi_k(t) \right| - \left| \Psi_k(t) \right\rangle w_k \left\langle \Psi_k(t) \right| \mathtt{H} \right\} \\
&= \mathtt{H}\boldsymbol{\rho}^{\mathrm{S}} - \boldsymbol{\rho}^{\mathrm{S}}\mathtt{H} = \left[\mathtt{H}, \boldsymbol{\rho}^{\mathrm{S}}(t) \right]
\end{aligned}
$$

以上演绎中的第三步采用了式 (6.1.3-2) 和式 (6.1.3-3). 最后一步引用了任意两个算符的对易子的定义 $[\mathtt{A},\mathtt{B}] \equiv \mathtt{AB} - \mathtt{BA}$. 于是得到表达混合态体系状态的密度算符服从以下式子:

$$
\mathrm{i}\hbar \frac{\partial \boldsymbol{\rho}^{\mathrm{S}}(t)}{\partial t} = \left[\mathtt{H}, \boldsymbol{\rho}^{\mathrm{S}}(t) \right] \tag{6.1.3-4}
$$

它称为**量子Liouville 方程**, 也称为 **von Neumann 方程**, 是密度算符的运动方程. 显然, 将纯态情况下的 Schrödinger 方程推广到混合态情况时, 就是 von Neumann 方程. 密度算符虽然称为 "算符", 它实际上表示体系的状态, 而不是代表物理量的算符. 密度算符的矩阵表示称为**密度矩阵**, 密度矩阵中的 "密度" 一词是历史形成的, 不必深究.

在 Heisenberg 绘景下, 密度算符 $\boldsymbol{\rho}$ 记为

$$
\boldsymbol{\rho}^{\mathrm{H}} = \sum_{k}^{\text{all}} \left| \Psi_k \right\rangle w_k \left\langle \Psi_k \right| \tag{6.1.3-5}
$$

它是不随时间变化的量. Heisenberg 绘景下描述的是算符随时间的变化

$$
\mathrm{i}\hbar \frac{\partial \mathtt{A}^{\mathrm{H}}(t)}{\partial t} = -\left[\mathtt{H}, \mathtt{A}^{\mathrm{H}}(t) \right] \tag{6.1.3-6}
$$

称为 **Heisenberg 方程**.

如果将 Schrödinger 绘景和 Heisenberg 绘景下的量子态、算符分别记为 $\left|\Psi^{\mathrm{S}}(t)\right\rangle, \left|\Psi^{\mathrm{H}}\right\rangle$ 和 $\mathtt{A}^{\mathrm{S}}, \mathtt{A}^{\mathrm{H}}(t)$, 则它们之间有关系式

$$
\mathtt{A}^{\mathrm{H}}(t) = \mathrm{e}^{\mathrm{i}t\mathtt{H}/\hbar} \mathtt{A}^{\mathrm{S}} \mathrm{e}^{-\mathrm{i}t\mathtt{H}/\hbar} \tag{6.1.3-7}
$$

Hamilton 量是一样的, 即

$$
\mathtt{H}^{\mathrm{H}} = \mathtt{H}^{\mathrm{S}} \tag{6.1.3-8}
$$

故可略去它的上标

$$
\langle A \rangle = \left\langle \Psi^{\mathrm{S}}(t) \left| \mathtt{A}^{\mathrm{S}} \right| \Psi^{\mathrm{S}}(t) \right\rangle = \left\langle \Psi^{\mathrm{H}} \left| \mathtt{A}^{\mathrm{H}}(t) \right| \Psi^{\mathrm{H}} \right\rangle \tag{6.1.3-9}
$$

两个绘景得到相同的平均值, 即对客观世界的表述是相同的.

体系达到定态时, $\dfrac{\partial \boldsymbol{\rho}}{\partial t} = 0$, 故 $[\mathtt{H}, \boldsymbol{\rho}] = 0$, 即密度算符是 H 的显函数 $\boldsymbol{\rho} = \boldsymbol{\rho}(\mathtt{H})$, 它们具有共同的本征向量.

6.2 Green-Kubo 线性响应理论

化学家通常遇到的情况是：测量体系的任何物理化学性质，总是将盛有处于热平衡体系的容器放到测量仪器内，用某种外场作用，如电、磁、光或声场等，然后测量体系的**响应**. 化学家就是通过测量这些响应来分析化学问题的. 除强激光外，多半这些外场属于弱外场，即施加外场之后体系能量变化远小于平衡体系的总能量. 体系受外场作用后就随之稍许偏离平衡态，进入**近平衡状态**. 近平衡态是指接近平衡态的非平衡状态，其中，响应与外场呈线性关系. 显然，近平衡态的处理是物理化学实验中经常会遇到的理论问题. 近平衡态的理论处理属于**非平衡统计力学**.

非平衡统计力学是个很大的理论体系，包括非平衡的所有情况. 考虑到化学中的实际需要，故这里仅限于介绍处理近平衡体系的量子统计理论 —— 线性响应理论 (linear response theory). 以后将在 9.2 节应用 Green-Kubo 线性响应理论导出弱电磁场作用下分子通过它的电偶极矩吸收入射光的谱密度 (即分子的红外光谱)，这样就可以通过分子动力学模拟手段得到红外光谱. 同样近平衡态体系的其他性质也可以在线性响应理论的框架下得到解决 (图 6.2-1).

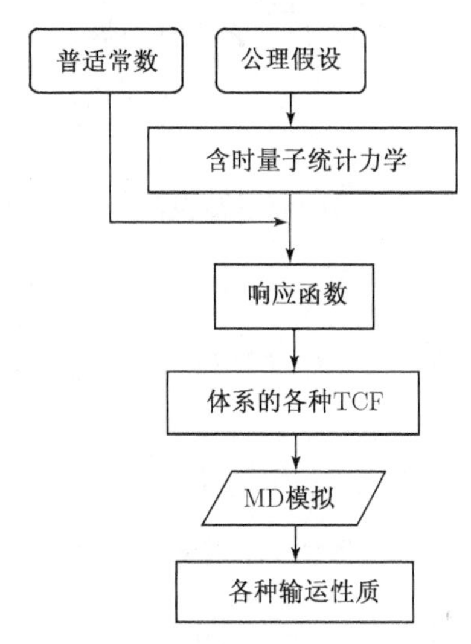

图 6.2-1 通过 Green-Kubo 的线性响应理论得到近平衡态体系的各种输运性质的示意图

TCF：时间相关函数; MD：分子动力学模拟

6.2.1 微扰法处理

Green-Kubo 线性响应理论是处理近平衡体系的量子统计理论框架. 它从与 Schrödinger 方程等价的量子 Liouville 方程出发，经微扰处理，求出体系任一动力学量系综平均值随时间的变化，即它的时间演化过程[6~10].

设施加外场前 (时间 $t<0$)，体系的总能量算符和密度算符分别为 $\mathtt{H}_0$ 和 $\boldsymbol{\rho}_0$; 在时间 $t=0$ 开始对体系施加外场，此后体系的总能量算符和密度算符分别为 $\mathtt{H}$ 和 $\boldsymbol{\rho}$. 它们分别服从量子 Liouville 方程

$$\mathrm{i}\hbar\frac{\partial\boldsymbol{\rho}_0}{\partial t}=[\mathtt{H}_0,\boldsymbol{\rho}_0] \tag{6.2.1-1}$$

和

$$\mathrm{i}\hbar\frac{\partial\boldsymbol{\rho}(t)}{\partial t}=[\mathtt{H}(t),\boldsymbol{\rho}(t)] \tag{6.2.1-2}$$

假定施加的外场是一个弱外场, 也就是施加后体系能量的增量 $\mathtt{H}'(t)$ 相对于 $\mathtt{H}_0$ 来说是小量, 它引起的密度算符的增量 $\boldsymbol{\rho}'(t)$ 相对于 $\boldsymbol{\rho}_0$ 也是小量, 即

$$\begin{cases} \mathtt{H}(t) = \mathtt{H}_0 + \mathtt{H}'(t) \\ \boldsymbol{\rho}(t) = \boldsymbol{\rho}_0 + \boldsymbol{\rho}'(t) \end{cases} \tag{6.2.1-3}$$

将式 (6.2.1-3) 代入式 (6.2.1-2) 展开得到

$$\mathrm{i}\hbar\frac{\partial\{\boldsymbol{\rho}_0 + \boldsymbol{\rho}'(t)\}}{\partial t} = [\mathtt{H}, \boldsymbol{\rho}] = [\mathtt{H}_0, \boldsymbol{\rho}_0] + [\mathtt{H}_0, \boldsymbol{\rho}'] + [\mathtt{H}', \boldsymbol{\rho}_0] + [\mathtt{H}', \boldsymbol{\rho}'] \tag{6.2.1-4}$$

根据式 (6.2.1-1), 再略去二阶小量 $[\mathtt{H}', \boldsymbol{\rho}']$, 近似得到

$$\mathrm{i}\hbar\frac{\partial\boldsymbol{\rho}'(t)}{\partial t} = [\mathtt{H}_0, \boldsymbol{\rho}'(t)] + [\mathtt{H}', \boldsymbol{\rho}_0] \tag{6.2.1-5}$$

在没有施加外场的时候密度算符的增量 $\boldsymbol{\rho}'(t)$ 时应当为零, 即有初始条件

$$\boldsymbol{\rho}'(t=0) = 0 \tag{6.2.1-6}$$

这个一阶常微分算符方程有一个初始条件, 所以它的解 $\boldsymbol{\rho}'(t)$ 必定是唯一的, 如下:

$$\boldsymbol{\rho}'(t) = (\mathrm{i}\hbar)^{-1}\int_0^t \mathrm{d}\tau\, \mathrm{e}^{-\mathrm{i}\mathtt{H}_0(t-\tau)/\hbar}[\mathtt{H}'(\tau), \boldsymbol{\rho}_0]\,\mathrm{e}^{\mathrm{i}\mathtt{H}_0(t-\tau)/\hbar} \tag{6.2.1-7}$$

式 (6.2.1-7) 验证如下: 首先它显然满足初始条件. 再将它代入式 (6.2.1-5). 利用公式 (见附录式 (D.2-24)) $\dfrac{\mathrm{d}}{\mathrm{d}y}\displaystyle\int_{p(y)}^{q(y)}\mathrm{d}x\, f(x,y) = \int_{p(y)}^{q(y)}\mathrm{d}x\,\frac{\partial}{\partial y}f(x,y) + f(q(y),y)\frac{\mathrm{d}q}{\mathrm{d}y} - f(p(y),y)\frac{\mathrm{d}p}{\mathrm{d}y}$ 以及 $\mathtt{H}_0$ 与 $\mathrm{e}^{\mathrm{i}\mathtt{H}_0(t-\tau)/\hbar}$ 对易, 就得到式 (6.2.1-7).

$\boldsymbol{\rho}'(t)$ 求得后, 就可以从密度算符 $\boldsymbol{\rho}(t)$ 求出该体系任意力学量 B(对应的算符为 $\mathtt{B}$) 在任意时刻 t 的系综平均值 $\langle B(t)\rangle$

$$\begin{aligned} \langle B(t)\rangle &= \mathrm{tr}\,(\boldsymbol{\rho}(t)\,\mathtt{B}) = \mathrm{tr}\,\{(\boldsymbol{\rho}_0 + \boldsymbol{\rho}'(t))\,\mathtt{B}\} \\ &= \langle B(0)\rangle + (\mathrm{i}\hbar)^{-1}\int_0^t \mathrm{d}\tau\,\mathrm{tr}\left\{\mathrm{e}^{-\mathrm{i}\mathtt{H}_0(t-\tau)/\hbar}[\mathtt{H}'(\tau), \boldsymbol{\rho}_0]\,\mathrm{e}^{\mathrm{i}\mathtt{H}_0(t-\tau)/\hbar}\mathtt{B}\right\} \end{aligned} \tag{6.2.1-8}$$

微扰前力学量 B 的系综平均值为 $\langle B(0)\rangle = \mathrm{tr}\,(\boldsymbol{\rho}_0\mathtt{B})$. 式 (6.2.1-8) 对于任意形式的弱外场都适用. 以上演绎唯一引入的近似就是弱外场近似; 略去二阶小项 $[\mathtt{H}', \boldsymbol{\rho}']$.

6.2.2 限定弱外场形式为 $\mathtt{H}'(t) = -\boldsymbol{F}(t)\cdot\boldsymbol{A}$ 的讨论

以下对弱外场引起的能量增量形式限定在

$$\mathtt{H}'(t) = -\boldsymbol{F}(t)\cdot\boldsymbol{A} \tag{6.2.2-1}$$

的情况作讨论, 其中, 限定体系性质 $\boldsymbol{A} \equiv \boldsymbol{A}(\boldsymbol{q}, \boldsymbol{p})$ 只是体系相空间变量位置 $\boldsymbol{q} \equiv \{\boldsymbol{q}_i\}$ 和动量 $\boldsymbol{p} \equiv \{\boldsymbol{p}_i\}$ 的函数, 而不是时间的显函数; 外场 $\boldsymbol{F}(t)$ 只是时间的函数, 而与 $\boldsymbol{p}$ 和 $\boldsymbol{q}$ 无关. 其实这种限定形式包括的范围相当大, 物质在电磁场作用下的行为都在此类. 外场为

电场或磁场时, 性质 $\boldsymbol{A}$ 分别为体系的电偶极矩和磁矩. 大部分物理化学测量、谱学都在此讨论范围内. 将式 (6.2.2-1) 代入式 (6.2.1-8), 得到

$$\langle B(t)\rangle = \langle B(0)\rangle + (\mathrm{i}\hbar)^{-1}\int_0^t \mathrm{d}\tau\, \boldsymbol{F}(\tau)\cdot \mathrm{tr}\left\{\boldsymbol{\rho}_0\left[\boldsymbol{A}, \mathtt{B}(t-\tau)\right]\right\}$$

这里运用了 Heisenberg 绘景 $\mathtt{B}(t) = \mathrm{e}^{\mathrm{i}\mathtt{H}_0 t/\hbar}\mathtt{B}\mathrm{e}^{-\mathrm{i}\mathtt{H}_0 t/\hbar}$. 进而, 施加弱电磁场后力学量 B 的变化

$$\langle \Delta B(t)\rangle \equiv \langle B(t)\rangle - \langle B(0)\rangle = \int_0^t \mathrm{d}\tau\, \boldsymbol{F}(\tau)\cdot \varPhi_{BA}(t-\tau) \tag{6.2.2-2}$$

其中, 定义**响应函数**为

$$\varPhi_{BA}(t) \equiv -(\mathrm{i}\hbar)^{-1}\,\mathrm{tr}\left\{\boldsymbol{\rho}_0\left[\mathtt{B}(t), \boldsymbol{A}\right]\right\} = -(\mathrm{i}\hbar)^{-1}\left\langle\left[\mathtt{B}(t), \boldsymbol{A}\right]\right\rangle_0 \tag{6.2.2-3}$$

其中, 响应函数 $\varPhi_{BA}$ 的第一个下标 B 为响应, 第二个下标 A 为外力所作用的 “内因”; $\langle\cdots\rangle_0$ 指热平衡时的系综平均值 $\mathrm{tr}\{\boldsymbol{\rho}_0\cdots\}$. 响应函数表征体系在外场作用下产生的弛豫、输运和涨落行为, 是物质的内在性质. 在响应函数是 Dirac δ 函数的特例下, 弛豫响应消失, 只有瞬时效应. 注意式 (6.2.2-3) 还不能用到经典场合, 原因在于此时对易子趋于 0, Planck 常量近于 0. 于是陷入经典场合时的响应函数 $[\varPhi_{BA}]_{\mathrm{CL}} = 0/0$ 的困境. 杰出的日本统计物理学家久保亮五 (Ryogo Kubo) 巧妙地解决了这个困难.

6.2.3 Kubo 变换

设算符 $\mathtt{A}(t)$ 不是温度 T 的显函数, 又 $\beta \equiv 1/(k_B T)$. 令

$$\mathtt{S}(\beta) \equiv \mathrm{e}^{\beta\mathtt{H}_0}\left[\mathtt{A}(t), \mathrm{e}^{-\beta\mathtt{H}_0}\right] \tag{6.2.3-1}$$

显然式 (6.2.3-1) 满足 $\lim\limits_{\beta\to 0}\mathtt{S}(\beta) = 0$. 将式 (6.2.3-1) 对 β 求偏导, 得到 $\dfrac{\partial}{\partial\beta}\mathtt{S}(\beta) = -\mathrm{e}^{\beta\mathtt{H}_0}$ $\left[\mathtt{A}(t), \mathtt{H}_0\right]\mathrm{e}^{-\beta\mathtt{H}_0}$. 再将后者两边变量 β 换成 λ, 对 λ 作 0 到 β 的定积分,

$$\int_0^\beta \mathrm{d}\lambda \frac{\partial}{\partial\lambda}\mathtt{S}(\lambda) = \mathtt{S}(\beta) - \mathtt{S}(0) = -\int_0^\beta \mathrm{d}\lambda\, \mathrm{e}^{\lambda\mathtt{H}_0}\left[\mathtt{A}(t), \mathtt{H}_0\right]\mathrm{e}^{-\lambda\mathtt{H}_0}$$

于是证得

$$\left[\mathtt{A}(t), \mathrm{e}^{-\beta\mathtt{H}_0}\right] = -\mathrm{e}^{-\beta\mathtt{H}_0}\int_0^\beta \mathrm{d}\lambda\, \mathrm{e}^{\lambda\mathtt{H}_0}\left[\mathtt{A}(t), \mathtt{H}_0\right]\mathrm{e}^{-\lambda\mathtt{H}_0} \tag{6.2.3-2}$$

称为 **Kubo 的算符恒等式**. 定义任意力学量 $A(t)$ 的 **Kubo 变换**为

$$\tilde{\mathtt{A}}(t) \equiv \frac{1}{\beta}\int_0^\beta \mathrm{d}\lambda\, \mathrm{e}^{\lambda\mathtt{H}_0}\mathtt{A}(t)\mathrm{e}^{-\lambda\mathtt{H}_0} \tag{6.2.3-3}$$

于是算符 $\dot{\mathtt{A}}(t)$ 的 Kubo 变换为

$$\tilde{\dot{\mathtt{A}}}(t) = \frac{1}{\beta}\int_0^\beta \mathrm{d}\lambda\, \mathrm{e}^{\lambda\mathtt{H}_0}\dot{\mathtt{A}}(t)\mathrm{e}^{-\lambda\mathtt{H}_0} \tag{6.2.3-4}$$

其中, $\dot{\mathtt{A}}(t) \equiv \dfrac{\partial}{\partial t}\mathtt{A}(t)$. 根据 Heisenberg 方程 $\mathrm{i}\hbar\dot{\mathtt{A}}(t) = \left[\mathtt{A}(t), \mathtt{H}_0\right]$, 可将 Kubo 算符恒等式写为

$\left[\mathtt{A}(t), \mathrm{e}^{-\beta \mathrm{H}_0}\right] = -\mathrm{i}\hbar\beta\mathrm{e}^{-\beta\mathrm{H}_0}\dot{\tilde{\mathtt{A}}}(t)$. 再考虑到平衡时的密度算符 $\boldsymbol{\rho}_0 = \dfrac{\mathrm{e}^{-\beta\mathrm{H}_0}}{\mathrm{tr}\left\{\mathrm{e}^{-\beta\mathrm{H}_0}\right\}}$, 所以总有

$$[\mathtt{A}(t), \boldsymbol{\rho}_0] = -\mathrm{i}\hbar\beta\boldsymbol{\rho}_0\dot{\tilde{\mathtt{A}}}(t). \tag{6.2.3-5}$$

又考虑到恒有 $\mathrm{tr}\left\{C\left[B,D\right]\right\} = \mathrm{tr}\left\{CBD - CDB\right\} = \mathrm{tr}\left\{CBD - BCD\right\} = \mathrm{tr}\left\{\left[C,B\right]D\right\}$, 故可将响应函数 (见式 (6.2.2-3)) 改写为

$$\varPhi_{BA}(t) \equiv -\left(\mathrm{i}\hbar\right)^{-1}\mathrm{tr}\left\{\boldsymbol{\rho}_0\left[\mathtt{B}(t), \boldsymbol{A}\right]\right\} = -\left(\mathrm{i}\hbar\right)^{-1}\mathrm{tr}\left\{\left[\boldsymbol{\rho}_0, \mathtt{B}(t)\right]\boldsymbol{A}\right\} = \left(\mathrm{i}\hbar\right)^{-1}\mathrm{tr}\left\{\mathrm{i}\hbar\beta\boldsymbol{\rho}_0\dot{\tilde{\mathtt{B}}}(t)\boldsymbol{A}\right\}$$

即

$$\varPhi_{BA}(t) = \beta\left\langle\dot{\tilde{\mathtt{B}}}(t)\boldsymbol{A}\right\rangle_0 \tag{6.2.3-6}$$

这样 Kubo 就解决了经典极限时 0/0 的困难.

讨论

(1) 响应函数满足性质:

(i) $$\varPhi_{BA}(t\to\infty) = 0 \tag{6.2.3-7}$$

(ii) $$\varPhi_{BA}(-t) = \varPhi_{AB}(t) \tag{6.2.3-8}$$

后者将时间反演与因果的倒易性联系起来了.

(2) 从式 (6.2.3-3) 可以求证: 算符 $\mathtt{A}(t)$ 的 Kubo 变换 $\tilde{\mathtt{A}}(t)$ 实际上就是算符 $\mathtt{A}(t)$ 的经典极限,

$$\lim_{\beta\to 0}\tilde{\mathtt{A}}(t) = \mathtt{A}(t) \tag{6.2.3-9}$$

证明　因为式 (6.2.3-3), 所以算符 $\tilde{\mathtt{A}}$ 的矩阵元 $\left(\tilde{\mathbf{A}}\right)_{nn'} = \left\langle n\left|\tilde{\mathtt{A}}\right|n'\right\rangle = \dfrac{1}{\beta}\displaystyle\int_0^\beta \mathrm{d}\lambda\cdot$ $\left\langle n\left|\mathrm{e}^{\lambda\mathrm{H}_0}\mathtt{A}\mathrm{e}^{-\lambda\mathrm{H}_0}\right|n'\right\rangle$. 这里记 $\{|n\rangle\}$, $\{\varepsilon_n\}$ 分别为算符 H_0 的本征向量及对应的本征值. 继而

$$\left(\tilde{\mathbf{A}}\right)_{nn'} = \frac{1}{\beta}\int_0^\beta \mathrm{d}\lambda\,\mathrm{e}^{\lambda(\varepsilon_n-\varepsilon_{n'})}\left\langle n\left|\mathtt{A}\right|n'\right\rangle = \frac{(\mathbf{A})_{nn'}}{\beta}\int_0^\beta \mathrm{d}\lambda\,\mathrm{e}^{\lambda(\varepsilon_n-\varepsilon_{n'})} = \frac{(\mathbf{A})_{nn'}}{\beta}\frac{\mathrm{e}^{\beta(\varepsilon_n-\varepsilon_{n'})}-1}{(\varepsilon_n-\varepsilon_{n'})}$$

它的经典极限

$$\lim_{\beta\to 0}\left(\tilde{\mathbf{A}}\right)_{nn'} = \lim_{\beta\to 0}\frac{(\mathbf{A})_{nn'}}{\beta}\frac{1}{(\varepsilon_n-\varepsilon_{n'})}\left\{\left[1+\beta\left(\varepsilon_n-\varepsilon_{n'}\right)+\frac{1}{2!}\beta^2\left(\varepsilon_n-\varepsilon_{n'}\right)^2+\cdots\right]-1\right\}$$

即 $\lim\limits_{\beta\to 0}\left(\tilde{\mathbf{A}}\right)_{nn'} = (\mathbf{A})_{nn'}, \forall n, n'$, 所以 $\lim\limits_{\beta\to 0}\tilde{\mathtt{A}}(t) = \mathtt{A}(t)$. ■

(3) 经典场合下的响应函数: 综上所述, 响应函数的量子力学解 $\varPhi_{BA}(t) = -\left(\mathrm{i}\hbar\right)^{-1}\cdot$ $\left\langle\left[\mathtt{B}(t), \boldsymbol{A}\right]\right\rangle_0$(见式 (6.2.2-3)), 经过 Kubo 变换得到 $\varPhi_{BA}(t) = \beta\left\langle\dot{\tilde{\mathtt{B}}}(t)\boldsymbol{A}\right\rangle_0$(见式 (6.2.3-6)), 其中, 算符 $\dot{\tilde{\mathtt{B}}}(\mathtt{t})$ 根据式 (6.2.3-9), 它的经典极限为 $\lim\limits_{\beta\to 0}\dot{\tilde{\mathtt{B}}}(t) = \dot{\mathtt{B}}(t)$. 因此, 经典场合时的响应函数为

$$\left.\varPhi_{BA}(t)\right|_{\mathrm{CL}} = \beta\left\langle\dot{\mathtt{B}}(t)\boldsymbol{A}(0)\right\rangle_0 \tag{6.2.3-10}$$

从中可见求解近平衡态时体系对弱外场的响应函数实际上只需要对热平衡态求系综平均就行. 再代入式 (6.2.2-2) 得到

$$\langle \Delta B(t) \rangle = \beta \int_0^t \mathrm{d}\tau \, \boldsymbol{F}(\tau) \cdot \left\langle \boldsymbol{A}(0) \dot{\mathrm{B}}(t-\tau) \right\rangle \tag{6.2.3-11}$$

这里略记 $\langle \cdots \rangle_0$ 中的下标. 从式 (6.2.3-11) 可见求 $\langle \Delta B(t) \rangle$ 的问题可归结为求解力学量 $\boldsymbol{A}$ 和 $\dot{\mathrm{B}}$ 之间的时间相关函数 $\left\langle \boldsymbol{A}(0)\dot{\mathrm{B}}(t) \right\rangle$. 实际上, 所有弛豫、输运和涨落行为的表述都离不开时间相关函数. 时间相关函数是非平衡统计力学的基本工具之一. 关于时间相关函数详见 5.3 节.

注意到用分子动力学作计算机模拟实验, 原则上可以得到任意两个力学量的时间相关函数, 因此也就可以由式 (6.2.3-11) 求得 $\langle \Delta B(t) \rangle$. 这是一个非常宽阔的领域. 人们过去熟悉依据统计热力学可以通过配分函数求得体系的任意热力学性质. 现在依据非平衡统计力学中的线性响应理论, 可以通过时间相关函数求得近平衡态体系中任意一个动力学性质的变化.

值得指出, 线性响应理论中的 "线性" 只是指微扰处理时省略二阶小量的意思, 所以它能够处理弱外场作用之下的所有非平衡过程中的问题.

6.3 线性响应理论的应用

根据 6.2 节介绍的线性响应理论, 可以从式 (6.2.3-11) 通过模拟时间相关函数 $\langle \boldsymbol{A}(0)\dot{\mathrm{B}}(t) \rangle$ 来求得在施加弱外场后力学量 B 的变化值 $\langle \Delta B(t) \rangle$. 以下仅仅列举了一些用线性响应理论计算此类性质的表式, 用以说明其应用范围之广[11,12]:

(1) 平动扩散系数

$$D = \frac{1}{3} \int_0^\infty \mathrm{d}t \, \langle \boldsymbol{v}_c(0) \cdot \boldsymbol{v}_c(t) \rangle \tag{6.3-1}$$

这里 $\boldsymbol{v}_c(t)$ 为 t 时刻分子质心的速度向量 (详见 8.1 节).

(2) 化学反应速度常数

$$k_\tau = \frac{1}{k_B T} \int_0^\infty \mathrm{d}t \, \mathrm{e}^{-\mathrm{i}\omega t} \left\langle \dot{N}(0) \dot{N}(t) \right\rangle \tag{6.3-2}$$

这里 $\dot{N}(t)$ 为 t 时刻的粒子数 $N(t)$ 关于时间的导数.

(3) 红外光谱的谱密度

$$I(\omega) = \frac{1}{2\pi} \int_\infty^{-\infty} \mathrm{d}t \, \mathrm{e}^{-\mathrm{i}\omega t} \langle \boldsymbol{M}(0) \cdot \boldsymbol{M}(t) \rangle \tag{6.3-3}$$

这里 $\boldsymbol{M}(t)$ 为 t 时刻体系的电偶极矩向量. 只要把谱密度 $I(\omega)$ 中的变量从角频率变换成波数就得到整个红外光谱的理论值, 所有的峰位、峰形的信息全部在内了. 将在应用篇的第 9 章分子光谱的模拟中介绍代表整个红外光谱式 (6.3-3) 是怎么从第一原理演绎得到的.

(4) 电导率张量

$$\sigma_{\mu\nu} = \frac{1}{k_B T} \int_0^\infty \mathrm{d}t \, \mathrm{e}^{-\mathrm{i}\omega t} \left\langle \tilde{J}_\nu(0) J_\mu(t) \right\rangle \tag{6.3-4}$$

这里 J_μ 为 μ 方向的电流密度, $\tilde{J}_\nu \equiv \dfrac{1}{\beta}\int_0^\beta \mathrm{d}\lambda\, \mathrm{e}^{\lambda H} J_\nu \mathrm{e}^{-\lambda H}$ 是 J_ν 的 Kubo 变换.

(5) 热导率

$$K = \frac{1}{3Vk_BT^2}\int_0^\infty \mathrm{d}t\ \langle \boldsymbol{S}(0)\cdot\boldsymbol{S}(t)\rangle \tag{6.3-5}$$

这里 $\boldsymbol{S}(t)$ 为 t 时刻的**热流**向量, 单位时间通过单位截面的热量.

(6) 剪向黏度

$$\eta = \frac{1}{Vk_BT}\int_0^\infty \mathrm{d}t\ \langle J^{xy}(0)\,J^{xy}(t)\rangle \tag{6.3-6a}$$

体黏度

$$\eta_v = \frac{1}{Vk_BT}\int_0^\infty \mathrm{d}t\frac{1}{9}\sum_a\sum_b\left\langle J^{aa}(0)\,J^{bb}(t)\right\rangle \tag{6.3-6b}$$

这里 V 为体系体积. 张量 $J^{ab}(t)$ 定义为

$$J^{ab} \equiv \sum_j \frac{p_{ja}p_{jb}}{m_j} + \sum_j R_{ja}F_{jb} - \left\langle J^{ab}\right\rangle,\quad a,b=1,2,3 \tag{6.3-6c}$$

其中, R_{ja} 是 j 号分子位置在笛卡儿坐标中的 a 分量; p_{ja} 为对应的动量分量; F_{ja} 是作用在 j 号分子上的力在笛卡儿坐标中的 a 分量; m_j 是 j 号分子的质量; 而均值 $\langle J^{ab}\rangle$ 是体系压强 P、内能 E 和体系粒子数的函数

$$\left\langle J^{ab}\right\rangle = V\delta_{ab}\left\{P + \frac{\partial P}{\partial N}(N-\langle N\rangle) + \frac{\partial P}{\partial E}(E-\langle E\rangle)\right\} \tag{6.3-6d}$$

(7) 核磁共振中的磁化率张量

$$\chi_{\mu\nu}(\omega) = \frac{1}{\mathrm{i}\omega Vk_BT}\int_0^\infty \mathrm{d}t\,\mathrm{e}^{-\mathrm{i}\omega t}\left\langle \tilde{\dot{\mathbf{M}}}_\nu(0)\,\dot{\mathbf{M}}_\mu(t)\right\rangle \tag{6.3-7}$$

这里 $\dot{\mathbf{M}}_\mu(t)$ 为 t 时刻体系的总磁矩向量 $\mathbf{M}_\mu(t)$ 的时间导数; $\tilde{\dot{\mathbf{M}}}_\nu(\mathbf{0})$ 为 $\dot{\mathbf{M}}_\nu(0)$ 的 Kubo 变换.

(8) 液体中的摩擦系数

$$\zeta = \frac{1}{3k_BT}\int_0^\tau \mathrm{d}t\ \langle \boldsymbol{F}(0)\cdot\boldsymbol{F}(t)\rangle \tag{6.3-8}$$

这里 $\boldsymbol{F}(t)$ 为 t 时刻分子受周围总的作用力.

(9) 电极化率

$$\alpha(\omega) = \frac{1}{3Vk_BT}\left\langle M^2\right\rangle - \frac{\mathrm{i}\omega}{3Vk_BT}\int_0^\infty \mathrm{d}t\,\mathrm{e}^{-\mathrm{i}\omega t}\langle \boldsymbol{M}(0)\cdot\boldsymbol{M}(t)\rangle \tag{6.3-9}$$

这与 Clausius-Mossotti 公式 $\dfrac{\varepsilon(\omega)-1}{\varepsilon(\omega)+2} = \dfrac{4\pi\alpha(\omega)}{3}$ 密切有关. 这里 $\boldsymbol{M}(t)$ 为 t 时刻体系的总电偶极矩向量, ω 为角频率, $\varepsilon(\omega)$ 为介电常量, V 为体系体积.

仅仅通过以上列举的表式无疑可以看到: 那么多化学上非常重要的行为都可以在量子统计力学的基础上统一归结为求解某个力学量 $\boldsymbol{A}$ 和 $\boldsymbol{B}$ 之间的时间相关函数 $\langle\boldsymbol{A}(0)\boldsymbol{B}(t)\rangle$. 体会到量子理论与化学联系之范围与深度均超出了通常的认识.

参 考 文 献

[1] 喀兴林. 高等量子力学. 北京: 高等教育出版社, 1999.

[2] 倪光炯, 陈苏卿. 高等量子力学. 上海: 复旦大学出版社, 2000.

[3] 章立源, 林宗涵, 包科达. 量子统计物理学. 北京: 北京大学出版社, 1987.

[4] Zubalev D N. 非平衡统计热力学. 李沅柏, 郑哲洙译. 北京: 高等教育出版社, 1982.

[5] 彭桓武, 徐锡申. 理论物理基础. 北京: 北京大学出版社, 1998.

[6] McQuarric D A. Statistical Mechanics. New York: Harper & Row, 1976.

[7] Green M S. J Chem Phys, 1952, 20:1281; 1954, 22: 398.

[8] Kubo R. Rep Prog Phys, 1966, 29: 255.

[9] 霍裕平, 郑久仁. 非平衡态统计理论. 北京: 科学出版社, 1987.

[10] Kubo R, Toda M, Hashitsume N. Statistical Physics II-Nonequilibrium Statistical Mechanics. Berlin: Springer-Verlag, 1985.

[11] Zwanzig R. Ann Rev Phys Chem, 1965, 16: 67.

[12] Gopal E S R. Statistical Mechanics and Properties of Matter-Theory and Applications. Chichester: Ellis Horwood Ltm, 1974.

应 用 篇

第7章 热 化 学

"起先, 量子化学成功地准确计算了各种分子性质, 这标志着 Dirac 开创的时代的第一阶段; 下一阶段现在刚刚开始, 在这一阶段里化学自身的一些 (有别于物理的) 基本概念将经历一场从 (老概念) 崩溃、(概念的) 重新定义到 (概念) 统一化的变革."

—— 美国理论化学家 Robert G. Parr 在 1975 年的断言. 他率先明确提出用第一原理统一化学概念, 创立了严格的电负性和绝对硬度的概念. 录自他和杨伟涛教授的书 *Density-Functional Theory of Atoms and Molecules*, 第 11.4 节

热化学性质是计算化学反应平衡行为的基本依据, 所以它是分子模拟的重要内容. 计算热化学性质的理论依据是统计热力学, 只要得到分子的配分函数, 则所有的热力学性质都可以求得. 热化学性质包括内能、焓、熵、Helmholtz 自由能和 Gibbs 自由能, 以及随之涉及的定容热容、定压热容等.

化合物的**生成焓**是指在反应进行的温度及 1atm 压力下, 由最稳定的单质合成 1mol 该分子物质时的化学反应热 (温度未作规定). 当温度为 25 °C 时, 相应的生成焓称为**标准生成焓**.

本章首先要计算气态分子的热力学性质, 利用统计热力学中关于近独立子体系的理论就能够解决. 热化学中涉及熵的性质, 如熵 S、Helmholtz 自由能 F 和 Gibbs 自由能 G, 是不能直接模拟得到的. 因为它涉及是否能够达到准遍态历经的问题. 可是对于化学平衡问题, 自由能的计算是非常重要的. 这里将介绍自由能计算中的热力学微扰法和热力学积分法.

7.1 热化学性质的统计热力学原理

鉴于统计热力学的篇幅相当大, 所以这里介绍的只是一个梗概. 进一步的详细讨论要参考统计热力学的有关著作 [1~5].

7.1.1 子的配分函数和体系微观状态总数

气态化学物质一般都可以用独立子模型来处理. 体系总能量

$$E=\sum_{i=1}^{N}\varepsilon_i \tag{7.1.1-1}$$

其中, N 是体系的粒子总数, ε_i 是第 i 号粒子的能量. 独立子体系中, 粒子的能谱结构不受其他粒子的影响, 这样就可以直接使用量子力学理想模型的解, 如三维平动子、直线刚性转子、一维简谐振子等模型. 设法把真实分子的总能量 ε 分解为各种运动方式的能量之和, 即分解成该分子质心的平动能 $\varepsilon_{\rm tr}$, 绕质心的转动能 $\varepsilon_{\rm rot}$, 该分子内部的振动能 $\varepsilon_{\rm vib}$,

分子内电子运动的能量 $\varepsilon_{\mathrm{el}}$ 等项之和, 如有外场 (如外电场) 则还要加上与外场的作用能 $\varepsilon_{\mathrm{ext}}$ 等,

$$\varepsilon=\varepsilon_{\mathrm{tr}}+\varepsilon_{\mathrm{rot}}+\varepsilon_{\mathrm{vib}}+\varepsilon_{\mathrm{el}}+\varepsilon_{\mathrm{ext}} \tag{7.1.1-2}$$

对于每一种运动方式, 粒子的配分函数都可以表为

$$q=\sum_{j}^{\text{level}} g_j \mathrm{e}^{-\varepsilon_j\beta}=\sum_{k}^{\text{state}} \mathrm{e}^{-\varepsilon_k\beta} \tag{7.1.1-3}$$

其中, $\beta\equiv\dfrac{1}{k_BT}$, T 为温度, 对该种运动的能级 j 加和, g_j 为该能级的简并度, ε_j 为该能级的粒子能量, 其中又可写成对量子状态 k 的加和, ε_k 为该量子状态的粒子能量. 粒子的配分函数就是粒子有效状态的总数, 有效程度的折算率就是 Boltzmann 因子 $\mathrm{e}^{-\varepsilon_j\beta}$. 每个能级凭其有效状态数 $g_j\mathrm{e}^{-\varepsilon_j\beta}$ 在有效状态总数 q 中所占的比例来绝对平均分配所有的粒子数 N. 处于第 j 个能级上的粒子数为

$$n_j=N\frac{g_j\mathrm{e}^{-\varepsilon_j\beta}}{q} \tag{7.1.1-4}$$

对于这样 N 个全同离域子的体系, 体系微观状态的总数为

$$\varOmega=\prod_{j}^{\text{level}}\frac{g_j^{n_j}}{n_j!} \tag{7.1.1-5}$$

这里对粒子能级累乘. 理由是若每个粒子都是可分辨的, 则每个粒子在该能级里都有 g_j 种选择, 于是 n_j 个粒子在此能级中可以产生 $g_j^{n_j}$ 种 "花样". 可是实际上是全同粒子, 所以上面计算的微观状态数多算了 $n_i!$ 倍要扣除. 再运用 Stirling 近似公式: 只要整数 N 不太小就有 $\ln N!\approx N\ln N-N$, 再因为式 (7.1.1-4) 和式 (7.1.1-1), 所以式 (7.1.1-5) 可改写为

$$\varOmega\approx\prod_{j}^{\text{level}}\left(\frac{g_j\mathrm{e}}{n_j}\right)^{n_j}=\prod_{j}^{\text{level}}\left(\frac{q}{(N/\mathrm{e})}\mathrm{e}^{\varepsilon_j\beta}\right)^{n_j}=\frac{q^{\sum\limits_j n_j}}{(N/\mathrm{e})^{\sum\limits_j n_j}}\mathrm{e}^{\sum\limits_j n_j\varepsilon_j\beta}$$

即

$$\varOmega\approx\frac{q^N}{N!}\mathrm{e}^{E/k_BT} \tag{7.1.1-6}$$

讨论

$\beta\equiv1/(k_BT)$ 的物理含义要比温度 T 深刻, 从分布的角度统一了正温度与负温度. 说明分布决定温度, 于是温度的概念不再局限在宏观领域.

7.1.2 平动、振动、转动的配分函数

分子的热力学性质本质上是分子各种运动的体现. 分子的运动包括分子质心的平动运动、分子绕其质心的转动、分子内原子之间的振动运动和分子中电子的运动, 如果还有外加的电磁场那么还需考虑分子在电磁场中的运动. 在通常化学研究的温度范围内电子处于基态, 难以激发到高的电子能级. 所以这里就讨论分子的平动、振动和转动三种运动

方式, 这是将来讨论它们各自对体系宏观热力学性质贡献的依据. 讨论这三种运动的基础是对三维平动子、一维简谐振子和刚性转子的讨论.

(1) 三维平动子的配分函数: 三维平动子的能量可根据三维 $a \times b \times c$ 矩形盒子内 Schrödinger 方程的解得到[6]

$$\varepsilon_{\rm tr} = \frac{h^2}{8m}\left\{\frac{n_x^2}{a^2} + \frac{n_y^2}{b^2} + \frac{n_z^2}{c^2}\right\} \tag{7.1.2-1}$$

其中, 三个方向上的平动量子数 $n_x, n_y, n_z = 1\,(1)\,\infty$. 可见平动有零点能, 只是太小而予不计. 于是三维平动子的配分函数为

$$\begin{aligned} q_{\rm tr} &= \sum_{n_x,n_y,n_z}^{\infty} {\rm e}^{-\beta\frac{h^2}{8m}\left\{\frac{n_x^2}{a^2}+\frac{n_y^2}{b^2}+\frac{n_z^2}{c^2}\right\}} \\ &= \left(\sum_{n_x=1}^{\infty} {\rm e}^{-\beta\frac{h^2n_x^2}{8ma^2}}\right)\left(\sum_{n_y=1}^{\infty} {\rm e}^{-\beta\frac{h^2n_y^2}{8mb^2}}\right)\left(\sum_{n_z=1}^{\infty} {\rm e}^{-\beta\frac{h^2n_z^2}{8mc^2}}\right) \equiv q_xq_yq_z \end{aligned} \tag{7.1.2-2}$$

在三个平动自由度方向因子化, 如其中,

$$q_x \equiv \sum_{n_x=1}^{\infty} {\rm e}^{-\beta\frac{h^2n_x^2}{8ma^2}} \tag{7.1.2-3}$$

令 $\alpha_x^2 \equiv \dfrac{\beta h^2}{8ma^2}$, 常温下 $\alpha_x^2 \approx 10^{-16}$(量纲为一), 极小. 所以式 (7.1.2-3) 中加和可以作为连续变量的积分处理,

$$q_x \approx \int_0^{\infty} {\rm d}n_x {\rm e}^{-\alpha_x^2n_x^2} = \frac{\sqrt{\pi}}{2\alpha_x} = \sqrt{2\pi mk_BT}\frac{a}{h} \tag{7.1.2-4}$$

这里运用了 Gauss 积分公式 (见附录式 (D.2-11)). 于是

$$q_{\rm tr} = \left(\frac{2\pi mk_BT}{h^2}\right)^{3/2} abc = \frac{V}{\varLambda^3} \tag{7.1.2-5}$$

其中,

$$\varLambda \equiv \left(\frac{h^2}{2\pi mk_BT}\right)^{1/2} \tag{7.1.2-6}$$

称为该平动子的 de Broglie 热波长.

(2) 一维简谐振子的配分函数: 一维简谐振子的能级可从 Schrödinger 方程的解得到[6]:

$$\varepsilon_v = \left(v + \frac{1}{2}\right)h\nu, \quad \forall v = 0\,(1)\,\infty \tag{7.1.2-7}$$

其中, 振子频率 $\nu = \dfrac{\omega}{2\pi} = \dfrac{1}{2\pi}\sqrt{\dfrac{f}{\mu}}$, v 为振动量子数, μ 为折合质量, ω 为角频率, f 为力常数. 可见振动运动有零点能 $h\nu/2$; 所有振动量子态都是非简并的. 根据式 (7.1.1-3), 得到一维简谐振子的配分函数

$$q_{\rm vib} = \sum_{v=0}^{\infty} {\rm e}^{-\beta\varepsilon_v} = {\rm e}^{-h\nu\beta/2}\sum_{v=0}^{\infty} {\rm e}^{-vh\nu\beta} \tag{7.1.2-8}$$

若温度足够高, 使得振动能级充分开放, 则可利用公式 $\sum_{n=0}^{\infty} x^n = \frac{1}{1-x}\ (|x|<1)$ 得到

$$q_{\text{vib}} = \frac{\mathrm{e}^{-h\nu\beta/2}}{1-\mathrm{e}^{-h\nu\beta}} \tag{7.1.2-9}$$

这就是经典极限时的一维简谐振子的配分函数. 注意它的能量零标在振动基态 $v=0$ 以下 $h\nu/2$ 处. 如果将能量零标改设在振动基态处, 则简谐振子能级为 $\varepsilon_v = vh\nu$. 此时经典极限时的一维简谐振子的配分函数应为

$$q_{\text{vib}} = \frac{1}{1-\mathrm{e}^{-h\nu\beta}} \tag{7.1.2-10}$$

(3) 刚性转子的配分函数: 刚性转子的讨论先从直线刚性转子开始, 然后推广到三维刚性转子. 根据 Schrödinger 方程关于直线刚性转子的解[6], 直线刚性转子的转动能级为

$$\varepsilon_{\text{rot}} \equiv \varepsilon_J = J(J+1)\frac{\hbar^2}{2I} \tag{7.1.2-11}$$

其中, 转动量子数 $J=0\,(1)\,\infty$, $\hbar \equiv h/(2\pi)$, I 为该直线刚性转子的转动惯量 (对于双原子分子 $I=\mu r_0^2$, $\mu = \frac{m_1 m_2}{m_1+m_2}$ 为折合质量, r_0 为平衡键长). 转动能级的简并度 $g_J = 2J+1$; 同时转动运动没有零点能.

因为转子的配分函数 q_{rot} 是有效转动状态数之和. 所以尽管是刚性转子, 对于具体的分子必须考虑其旋转过程中是否有重复的微观状态出现. 若有, 则不能重复计算. 故要在转子配分函数的表达式里引入**对称数 $\boldsymbol{\sigma}$**(表 7.1.2-1). 于是实际分子转动的配分函数应为 $q_{\text{rot}} = \frac{1}{\sigma}\sum_{J=0}^{\infty} g_J \mathrm{e}^{-\beta\varepsilon_J}$, 即

$$q_{\text{rot}} = \frac{1}{\sigma}\sum_{J=0}^{\infty}(2J+1)\,\mathrm{e}^{-J(J+1)\frac{\hbar^2}{2Ik_BT}} \tag{7.1.2-12}$$

表 7.1.2-1 不同分子的对称数 σ

分子	O_2	NH_3	CH_4	$H_2C{=\!=}CH_2$	SO_3	C_6H_6
对称群	C_{2v}	C_{3v}	T_d	D_{2h}	D_{3h}	D_{6h}
对称轴	C_2	C_3	C_3, C_4	$2C_2$	C_3, C_{2v}	C_6, C_{2v}
对称数 σ	2	3	12	4	6	12

分子转动能级间隔的量级在 $\frac{\hbar^2}{2I}$ 左右, 一般其能量相当于温度在 $10 \sim 10^2$K. 当 $\frac{\hbar^2}{2Ik_BT} \ll 1$ (室温时一般均能满足) 时称为经典极限. 此时对于粒子的动能而言离散的转动能级间隔显得相当小, 可以当作连续谱来处理, 于是分子转动配分函数的经典极限为

$$\begin{aligned}
q_{\text{rot}}\big|_{\text{CL}} &\approx \frac{1}{\sigma}\int_0^{\infty}(2J+1)\,\mathrm{e}^{-J(J+1)\frac{\hbar^2}{2Ik_BT}}\,\mathrm{d}J = \frac{1}{\sigma}\int_0^{\infty}\mathrm{e}^{-J(J+1)\frac{\hbar^2}{2Ik_BT}}\,\mathrm{d}\left[J(J+1)\right] \\
&= \frac{1}{\sigma}\left(-\frac{2Ik_BT}{\hbar^2}\right)\int_0^{\infty}\mathrm{d}\left[\mathrm{e}^{-J(J+1)\frac{\hbar^2}{2Ik_BT}}\right]
\end{aligned}$$

即

$$q_{\text{rot}}|_{\text{CL}} = \frac{2Ik_BT}{\sigma\hbar^2} \tag{7.1.2-13}$$

光谱学中令 $B \equiv \frac{\hbar^2}{2I}$, 称为**转动常数**. 故直线刚性转子配分函数的经典极限即高温极限为

$$q_{\text{rot}}|_{\text{CL}} = \frac{k_BT}{\sigma B} \tag{7.1.2-14}$$

直线刚性转子实际上是个二维问题, 适用于线型分子. 而对于其他形状分子的转动运动就是一个三维刚性转子的问题了. 把它的配分函数 $q_{\text{rot}}|_{\text{CL}} = \frac{1}{\sigma}\cdot\frac{2Ik_BT}{\hbar^2}$ 推广到三维, 得到三维刚性转子的配分函数的经典极限为

$$q_{\text{rot}}|_{\text{CL}} = \frac{1}{\sigma}\cdot\left(\frac{2k_BT}{\hbar^2}\right)^{3/2}\sqrt{I_AI_BI_C} \tag{7.1.2-15}$$

其中, I_A, I_B, I_C 分别为分子三个转动主轴的转动惯量. 定义三个**转动常数**(单位: cm^{-1})

$$A \equiv \frac{\hbar^2}{2I_Ahc},\quad B \equiv \frac{\hbar^2}{2I_Bhc},\quad C \equiv \frac{\hbar^2}{2I_Chc} \tag{7.1.2-16}$$

它们可以从转动光谱测量到.

以上内容小结见表 7.1.2-2.

表 7.1.2-2 分子各种运动的配分函数及其经典极限

运动	特征温度 Θ	子的配分函数	(当 $T \gg \theta$ 时) 子的配分函数
平动	10^{-17}K	$q_{\text{tr}} = \left(\sum\limits_{n_x=1}^{\infty} e^{-\beta\frac{h^2n_x^2}{8ma^2}}\right)^3$	$q_{\text{tr}}\|_{\text{CL}} = \left(\frac{2\pi mk_BT}{h^2}\right)^{3/2}V$
转动	2K (含氢) 40K (不含氢)	$q_{\text{rot}} = \frac{1}{\sigma}\sum\limits_{J=0}^{\infty}(2J+1)\,e^{-J(J+1)\frac{\hbar^2}{2Ik_BT}}$	$q_{\text{rot}}\|_{\text{CL}} = \frac{1}{\sigma}\cdot\frac{2Ik_BT}{\hbar^2}$ (线型) $q_{\text{rot}}\|_{\text{CL}} = \frac{1}{\sigma}\cdot\left(\frac{2k_BT}{\hbar^2}\right)^{3/2}\sqrt{I_AI_BI_C}$
振动	300K	$q_{\text{vib}} = \sum\limits_{v=0}^{\infty} e^{-(v+1/2)h\nu/(k_BT)}$	$q_{\text{vib}}\|_{\text{CL}} = e^{-\frac{1}{2}h\nu\beta}\left(1-e^{-h\nu\beta}\right)^{-1}$
电子	更高	$q_{\text{el}} = g_0$(电子基态简并度)	—

7.1.3 多原子分子的配分函数

根据以上叙述可以推广到多原子分子的场合. 多原子分子的运动可以分解为它质心的平动运动、绕质心的转动运动、它内部的多个简正振动运动和电子的运动, 且在相当不错的近似下可以认为这些运动之间是相互独立的. 这样就是一个近独立子体系. 故多原子分子的能量为各种运动能量之和

$$\varepsilon = \varepsilon_{\text{tr}} + \varepsilon_{\text{rot}} + \varepsilon_{\text{vib}} + \varepsilon_{\text{el}} \tag{7.1.3-1}$$

多原子分子的配分函数

$$q = \sum_{i}^{\text{state}} e^{-\varepsilon/(k_BT)} \tag{7.1.3-2}$$

其中, 对微观状态的加和意味着对于相应的运动量子数的加和

$$\sum_i^{\text{state}} (\cdot\cdot) = \sum_{el}\sum_{v}\sum_{J}\sum_{n} (\cdot\cdot) \tag{7.1.3-3}$$

其中, el, v, J 和 n 分别为电子、振动、转动和平动运动的量子数. 所以分子的配分函数可写为

$$\begin{aligned} q &= \sum_i^{\text{state}} \mathrm{e}^{-\varepsilon\beta} = \sum_{el}\sum_{v}\sum_{J}\sum_{n} \mathrm{e}^{-(\varepsilon_{\text{el}}+\varepsilon_{\text{vib}}+\varepsilon_{\text{rot}}+\varepsilon_{\text{tr}})\beta} \\ &= \left(\sum_{el} \mathrm{e}^{-\varepsilon_{\text{el}}\beta}\right)\left(\sum_{v} \mathrm{e}^{-\varepsilon_{\text{vib}}\beta}\right)\left(\sum_{J} \mathrm{e}^{-\varepsilon_{\text{rot}}\beta}\right)\left(\sum_{n} \mathrm{e}^{-\varepsilon_{\text{tr}}\beta}\right) \end{aligned} \tag{7.1.3-4}$$

即

$$q = q_{\text{el}} q_{\text{vib}} q_{\text{rot}} q_{\text{tr}} \tag{7.1.3-5}$$

其中, 等式右边的各种运动的配分函数分别等于式 (7.1.3-4) 右边括号中对应的每一项, 如 $q_{\text{el}} = \sum_{\text{el}} \mathrm{e}^{-\varepsilon_{\text{el}}\beta}$ 等. 可见能量的加和性与配分函数的乘积性对应. 若具体问题还涉及其他作用, 如电磁场中分子的能量, 需要相应地多加一项能量

$$\varepsilon = \varepsilon_{\text{el}} + \varepsilon_{\text{vib}} + \varepsilon_{\text{rot}} + \varepsilon_{\text{tr}} + \varepsilon_{\text{other}} \tag{7.1.3-6}$$

这样它的配分函数也要多加了一项

$$q = q_{\text{el}} q_{\text{vib}} q_{\text{rot}} q_{\text{tr}} q_{\text{other}} \tag{7.1.3-7}$$

多原子分子的振动运动要拆解为简正振动 (详见 9.1 节), 此时分子总的振动能量为

$$\varepsilon_{\text{vib}} = \sum_{i=1}^{3N-6} \varepsilon_i = \sum_{i=1}^{3N-6} \left(v_i + \frac{1}{2}\right) h\nu_i \tag{7.1.3-8}$$

这里是对各简正振动模式加和. 根据独立运动配分函数的乘积性, 分子总的振动配分函数为

$$q_{\text{vib}} = \prod_{i=1}^{3N-6} (q_{\text{vib}})_i \tag{7.1.3-9}$$

其中, $(q_{\text{vib}})_i$ 为第 i 种简正振动模的配分函数.

对于单组分的气体体系, 可作为全同的近独立子处理. 所以无论分子的内部结构多么复杂, 都可以从分子的配分函数 q 求得气体体系的配分函数 Q

$$Q = \frac{q^N}{N!} \tag{7.1.3-10}$$

其中, N 为体系的分子数.

7.2 配分函数与热力学量

设 (NVT) 的全同粒子体系, 体系的配分函数为

$$Q \equiv \sum_{j}^{\text{level}} \varOmega_j \mathrm{e}^{-E_j/k_B T} \tag{7.2-1}$$

其中, 对体系的能级加和, 第 j 个能级的能量 E_j, 简并度 $\varOmega_j$. 经典极限时,

$$Q = \frac{1}{N! h^{3N}} \iint \mathrm{d}\boldsymbol{p}\mathrm{d}\boldsymbol{q} \mathrm{e}^{-E(\boldsymbol{p},\boldsymbol{q})/k_B T} \tag{7.2-2}$$

其中, $1/N!$ 为全同离域子体系的校正因子, 动量 $\boldsymbol{p} \equiv \{\boldsymbol{p}_1, \boldsymbol{p}_2, \cdots, \boldsymbol{p}_N\}$, 位置 $\boldsymbol{q} \equiv \{\boldsymbol{q}_1, \boldsymbol{q}_2, \cdots, \boldsymbol{q}_N\}$. 对于保守体系 (即非耗散体系), 体系的总能量 $E(\boldsymbol{p},\boldsymbol{q})$ 等于动能 $T(\boldsymbol{p})$ 与势能 $U(\boldsymbol{q})$ 之和,

$$E(\boldsymbol{p},\boldsymbol{q}) = T(\boldsymbol{p}) + U(\boldsymbol{q}) \tag{7.2-3}$$

于是式 (7.2-2) 可写为

$$Q = \frac{1}{N!}\left\{\frac{1}{h^{3N}}\int \mathrm{d}\boldsymbol{p}\mathrm{e}^{-T(\boldsymbol{p})/k_B T}\right\}\int \mathrm{d}\boldsymbol{q}\mathrm{e}^{-U(\boldsymbol{q})/k_B T} = \frac{1}{N!} q^N(T) \int \mathrm{d}\boldsymbol{q}\mathrm{e}^{-U(\boldsymbol{q})/k_B T} \tag{7.2-4}$$

其中,

$$q(T) \equiv \left\{\frac{1}{h^{3N}}\int \mathrm{d}\boldsymbol{p}\mathrm{e}^{-T(\boldsymbol{p})/k_B T}\right\}^{1/N} \tag{7.2-5}$$

代表一个子的动能对体系配分函数 Q 的贡献.

该体系任意物理量 $B(\boldsymbol{p},\boldsymbol{q})$ 的系综平均值为

$$\langle B \rangle \equiv \sum_{j}^{\text{level}} \varOmega_j B_j(\boldsymbol{p},\boldsymbol{q}) P_j \tag{7.2-6}$$

其中, 该能级中一个量子态出现的概率

$$P_j = \frac{\mathrm{e}^{-E_j(\boldsymbol{p},\boldsymbol{q})/k_B T}}{Q} \tag{7.2-7}$$

经典极限时, 该物理量 $B(\boldsymbol{p},\boldsymbol{q})$ 的系综平均值为

$$\langle B \rangle = \iint \mathrm{d}\boldsymbol{p}\mathrm{d}\boldsymbol{q} B(\boldsymbol{p},\boldsymbol{q}) P(\boldsymbol{p},\boldsymbol{q}) \tag{7.2-8}$$

其中, 微观状态 $(\boldsymbol{p},\boldsymbol{q})$ 出现的概率

$$P(\boldsymbol{p},\boldsymbol{q}) = \frac{\mathrm{e}^{-E(\boldsymbol{p},\boldsymbol{q})/(k_B T)}}{Q} \tag{7.2-9}$$

这是一个很有用的式子, 表示体系处于某个宏观状态时任意物理量 B 的系综平均值等于对那一个宏观状态所含有的所有微观状态的该物理量的取值 $B(\boldsymbol{p},\boldsymbol{q})$ 作平均. 实际

证明只有这样的理论值才能与实验值作比较. 当式 (7.2-8) 中的 B 是体系能量时, 体系内能

$$\langle E\rangle = \iint \mathrm{d}\boldsymbol{p}\mathrm{d}\boldsymbol{q} E(\boldsymbol{p},\boldsymbol{q}) P(\boldsymbol{p},\boldsymbol{q}) \tag{7.2-10}$$

可以证明以下关系式成立:

(1) 体系内能

$$\langle E\rangle = \frac{1}{Q}\sum_j E_j \mathrm{e}^{-\beta E_j} = -\left(\frac{\partial \ln Q}{\partial \beta}\right)_{N,V} = k_B T^2 \left(\frac{\partial \ln Q}{\partial T}\right)_{N,V} \tag{7.2-11}$$

证明 因为 $\langle E\rangle = \sum_j^{\text{state}} E_j P_j = \sum_j^{\text{state}} E_j \dfrac{\mathrm{e}^{-\beta E_j}}{Q}$, 又考虑到 $Q = \sum_j^{\text{state}} \mathrm{e}^{-\beta E_j}$, 所以

$$\left(\frac{\partial \ln Q}{\partial \beta}\right)_{N,V} = \frac{1}{Q}\left(\frac{\partial Q}{\partial \beta}\right)_{N,V} = \frac{1}{Q}\sum_j (-E_j)\,\mathrm{e}^{-\beta E_j} = -\langle E\rangle$$

再根据 $\partial\beta = \partial\left(\dfrac{1}{k_B T}\right) = -\dfrac{1}{k_B T^2}\partial T$, 所以得到式 (7.2-11). ■

(2) Helmholtz 自由能

$$F = -k_B T \ln Q \tag{7.2-12}$$

证明 令 $f \equiv -k_B T \ln Q$, 于是引用式 (7.2-11) 得到

$$-\left[\frac{\partial}{\partial\beta}\left(-\frac{f}{k_B T}\right)\right]_{N,V} = -\left[\frac{\partial \ln Q}{\partial \beta}\right]_{N,V} = \langle E\rangle = k_B T^2 \left[\frac{\partial}{\partial T}\left(-\frac{f}{k_B T}\right)\right]_{N,V} \tag{7.2-13}$$

根据热力学, 粒子数固定的体系, 它的 Helmholtz 自由能的增量 $\mathrm{d}F = -S\mathrm{d}T - p\mathrm{d}V$. 所以

$$\begin{aligned} k_B T^2 \left[\frac{\partial}{\partial T}\left(-\frac{F}{k_B T}\right)\right]_{N,V} &= -k_B T^2 \left[\frac{\left(\dfrac{\partial F}{\partial T}\right)_{N,V}}{k_B T} + F\left(\frac{\partial\left(\dfrac{1}{k_B T}\right)}{\partial T}\right)_{N,V}\right] \\ &= -k_B T^2 \left[\frac{-S}{k_B T} - \frac{F}{k_B T^2}\right] = F + ST = E \end{aligned}$$

再将上式和式 (7.2-13) 相加, 得到 $k_B T^2 \left[\dfrac{\partial}{\partial T}\left(\dfrac{f-F}{k_B T}\right)\right]_{N,V} = 0$, 即 $\left[\dfrac{\partial (f-F)}{\partial T}\right]_{N,V} = \dfrac{f-F}{T}$. 那么, F 和 f 之间是什么关系呢? 如果体系温度 T 趋于 0K, 则体系必定处于基态 E_0. 令 Ω_0 为体系基态的简并度, 所以体系配分函数为 $\lim\limits_{T\to 0} Q = \lim\limits_{T\to 0}\sum_k^{\text{level}} \Omega_k \mathrm{e}^{-\beta E_k} = \Omega_0 \mathrm{e}^{-\beta E_0}$. 同时 $f_0 \equiv \lim\limits_{T\to 0} f = \lim\limits_{T\to 0}[-k_B T \ln Q] = -k_B T \ln \Omega_0 + E_0$. 又因为 $T \to 0$K 时, $F = E_0 - TS_0$, 所以与上式相比, 可见只要规定 0K 时的熵 $S_0 \equiv k_B \ln \Omega_0$, 则 $f = F$. 于是得到式 (7.2.12). ■

从统计力学上看, $\Omega_0 = 1$ 相当于 $S_0 = 0$; $\Omega_0 > 1$ 相当于 $S_0 > 0$. 这样就理解了 Nerst 的热力学第三定律的意义, 了解了所谓理想晶体和残余熵的含义.

(3) 压强的均值

$$\langle p \rangle = k_B T \left(\frac{\partial \ln Q}{\partial V} \right)_{N,T} \tag{7.2-14}$$

证明 因为压强的均值 $\langle p \rangle = \dfrac{1}{Q} \sum_j p_j \mathrm{e}^{-\beta E_j}$ 以及 $\left(\dfrac{\partial Q}{\partial V} \right)_{N,T} = \sum_j \mathrm{e}^{-\beta E_j} (-\beta) \cdot \left(\dfrac{\partial E_j}{\partial V} \right)_{N,T} = \beta \sum_j p_j \mathrm{e}^{-\beta E_j}$. 这里第二步是根据热力学关系 $\left(\dfrac{\partial U}{\partial V} \right)_{N,T} = -p$. 所以 $\langle p \rangle = \dfrac{1}{Q\beta} \left(\dfrac{\partial Q}{\partial V} \right)_{N,V} = \dfrac{1}{\beta} \left(\dfrac{\partial \ln Q}{\partial V} \right)_{N,V}$, 得到式 (7.2-14). ■

(4) 熵

$$\langle S \rangle = \frac{\langle E \rangle}{T} + k_B \ln Q = k_B T \left(\frac{\partial \ln Q}{\partial T} \right)_{N,V} + k_B \ln Q = k_B \left[\frac{\partial (T \ln Q)}{\partial T} \right]_{N,V} \tag{7.2-15}$$

证明 根据热力学 $F = U - TS$ 以及热力学和统计力学的对应关系: 熵 $S \Leftrightarrow \langle S \rangle$ 和内能 $U \Leftrightarrow \langle E \rangle$, 于是

$$\begin{aligned} \langle S \rangle &= \frac{\langle E \rangle - (-k_B T \ln Q)}{T} = \frac{\langle E \rangle}{T} + k_B \ln Q \\ &= k_B T \left(\frac{\partial \ln Q}{\partial T} \right)_{N,V} + k_B \ln Q = k_B \left[\frac{\partial (T \ln Q)}{\partial T} \right]_{N,V} \end{aligned}$$ ■

讨论

从头算的量子化学方法给出的是基态总能量 $E_{0\mathrm{K}}$, 它代表 0K 时真空中的、没有振动运动的分子体系的电子能量和 "核–核" 之间相互作用能量两项之和:

$$E_{0\mathrm{K}} = E_{el} + E_{nn} \tag{7.2-16}$$

改变分子中的核位置 $\{\boldsymbol{q}_i\}$ 就可以用从头算的量子化学方法得到 0K 时的势能面. 再作简正振动分析就可以得到简正振动模的振动频率 $\{\nu_i\}$. 然后, 计算平动、转动和振动运动对温度 T 时的热力学量的贡献.

7.3 半经验方法中的热力学量

这里指的半经验方法是指量子化学半经验方法, 如 MINDO/3, MNDO, AM1 和 PM3 法等. 它们都包括在 MOPAC 程序包内. 鉴于量子化学半经验方法的广泛使用, 故以下以 MOPAC 为例介绍量子化学半经验方法计算热力学量的原理[7].

完整的从头算方法中, 计算量极大地花费在大量双电子积分和单电子积分中. 为了简化计算, 不同程度地将部分积分值采用某个同样物理意义或物理意义接近的实验量代替, 这就导致各种量子化学半经验方法的诞生. MOPAC 中这些参数的取得是将最后计算得到的标准摩尔生成焓计算值与实验值的拟合误差最小为依据的. 注意, 半经验方法参数

的取得不是拟合到 0K 时稳定结构时的能量 $E_{0\mathrm{K}}$ 值, 而是拟合到 25°C, 1atm 时生成焓的值. 于是 MOPAC 中得到的 E_{SCF} 实际上就是 298.15 K 时的生成焓. 同样, 各种半经验量子化学方法得到的力常数、简正振动频率等指的都是 298.15 K 条件, 而不是 0K. 计算得到的零点能 E_{zero} 也不是真正的零点能.

因为 E_{SCF} 实际上就是 25°C 时的生成焓, 所以

$$\begin{aligned} E_{\mathrm{SCF}} = & \left[E_{0\mathrm{K}} + E_{\mathrm{zero}} + E_{\mathrm{vib}(0\to 298.15)} + E_{\mathrm{rot}} + E_{\mathrm{tr}} + pV\right] \\ & + \sum_i [-(\text{原子的电子能量})+(\text{原子的生成 } \Delta H)] \end{aligned} \tag{7.3-1}$$

温度 T(单位为 K) 时的生成焓 ΔH 计算可以根据

$$\Delta H = E_{\mathrm{SCF}} + (H_T - H_{298.15}) \tag{7.3-2}$$

其中, E_{SCF} 是 25°C 时的生成焓, 就是在半经验计算的 *.out 文件中列出的 "heat of formation"; H_T 是体系从 0K 升温到 T(单位为 K) 过程中焓的增值, $H_{298.15}$ 是体系从 0K 升温到 298.15 K 过程中焓的增值. H_T 和 $H_{298.15}$ 的计算分别如下:

定义

$$C_1 \equiv \frac{hc}{k_B T} \tag{7.3-3}$$

$$\text{波数 } w_i \equiv \frac{\nu_i}{c} \quad (\text{单位: cm}^{-1}) \tag{7.3-4}$$

$$\text{Boltzmann 因子 } b_i \equiv \mathrm{e}^{-h\nu_i/(k_B T)} = \mathrm{e}^{-hcw_i/(k_B T)} = \mathrm{e}^{-C_1 w_i} \tag{7.3-5}$$

$$A \equiv \frac{h}{8\pi^2 I_A c}, \quad B \equiv \frac{h}{8\pi^2 I_B c}, \quad C \equiv \frac{h}{8\pi^2 I_C c} \quad (\text{单位: cm}^{-1}) \tag{7.3-6}$$

于是分子的各种运动方式对热力学量的贡献如下 (以下能量、焓单位均为 cal·mol^{-1}; 熵的单位为 cal·mol^{-1}·K^{-1}, M 为分子量)[1,3,7]:

(1) 分子振动的贡献:

$$\boldsymbol{q}_{\mathrm{vib}} = \prod_i \frac{1}{1-\mathrm{e}^{-h\nu_i/(k_B T)}} = \prod_i \frac{1}{1-b_i} \tag{7.3-7}$$

$$E_{\mathrm{zero}} = \frac{N_{\mathrm{A}} hc}{2 \times 4.184 \cdot 10^7} \sum_i w_i = 1.429573 \sum_i w_i \tag{7.3-8}$$

$$E_{\mathrm{vib(0\to T)}} = N_{\mathrm{A}} hc \sum_i \frac{w_i \mathrm{e}^{-h\nu_i/(k_B T)}}{1-\mathrm{e}^{-h\nu_i/(k_B T)}} = \frac{Rhc}{k_B} \prod_i \frac{b_i}{1-b_i} \tag{7.3-9}$$

$$\begin{aligned} S_{\mathrm{vib}} &= \frac{Rhc}{k_B T} \sum_i \frac{w_i \mathrm{e}^{-h\nu_i/(k_B T)}}{1-\mathrm{e}^{-h\nu_i/(k_B T)}} - R \sum_i \ln\left(1-\mathrm{e}^{-h\nu_i/(k_B T)}\right) \\ &= RC_1 \sum_i \frac{w_i b_i}{1-b_i} - R \sum_i \ln(1-b_i) \end{aligned} \tag{7.3-10}$$

$$C_{\mathrm{vib}} = R\left(\frac{hc}{k_B T}\right)^2 \sum_i \frac{w_i^2 \mathrm{e}^{-h\nu_i/(k_B T)}}{\left(1-\mathrm{e}^{-h\nu_i/(k_B T)}\right)^2} = RC_1^2 \sum_i \frac{w_i^2 b_i}{(1-b_i)^2} \tag{7.3-11}$$

(2) 分子转动的贡献. 线型分子:

$$q_{\mathrm{rot}} = \frac{8\pi^2 I k_B T}{\sigma h^2} = \frac{1}{\sigma A C_1} \tag{7.3-12}$$

$$E_{\mathrm{rot}} = RT \tag{7.3-13}$$

$$S_{\mathrm{rot}} = R\ln\left(\frac{1}{\sigma A C_1}\right) + R \tag{7.3-14}$$

$$C_{\mathrm{rot}} = R \tag{7.3-15}$$

非线型分子:

$$q_{\mathrm{rot}} = \frac{1}{\sigma}\sqrt{\frac{\pi}{ABCC_1^3}} \tag{7.3-16}$$

$$E_{\mathrm{rot}} = \frac{3RT}{2} \tag{7.3-17}$$

$$S_{\mathrm{rot}} = \frac{R}{2}\ln\left[\frac{\pi}{\sigma^2 ABC}\left(\frac{k_B T}{hc}\right)^3\right] + \frac{3R}{2} \tag{7.3-18}$$

$$C_{\mathrm{rot}} = \frac{3R}{2} \tag{7.3-19}$$

(3) 分子平动的贡献:

$$q_{\mathrm{tr}} = \left(\frac{2\pi M k_B T}{N_{\mathrm{A}} h^2}\right)^{3/2} = \frac{1}{h^3}\left(2\pi M k_B T \times 1.66054 \cdot 10^{-24}\right)^{1/2} \tag{7.3-20}$$

$$E_{\mathrm{tr}} = \frac{3RT}{2} \tag{7.3-21}$$

$$H_{\mathrm{tr}} = \frac{3RT}{2} + pV = \frac{5RT}{2} \tag{7.3-22}$$

$$S_{\mathrm{tr}} = \frac{5}{2}R\ln T + \frac{3}{2}R\ln M - R\ln p - 2.31482$$

即

$$S_{\mathrm{tr}} = 0.993608\,(5\ln T + 3\ln M) - 2.31482 \quad (p = 1\mathrm{atm}) \tag{7.3-23}$$

$$C_{\mathrm{tr}} = \frac{5R}{2} \tag{7.3-24}$$

MOPAC 程序包中,

$$H_{\mathrm{vib}} = E_{\mathrm{vib}(0\to\mathrm{T})} \tag{7.3-25}$$

注意: 零点能 E_{zero} 未包含在 H_{vib} 中, 而且波数 w_i 不是从 0K 的力常数计算出来的. 温度 T(单位为 K) 和 298.15K 时的焓值分别为

$$H_T = H_{\mathrm{vib}} + H_{\mathrm{rot}} + H_{\mathrm{tr}} \tag{7.3-26}$$

和

$$H_{298.15} = H_{\mathrm{vib}} + H_{\mathrm{rot}} + H_{\mathrm{tr}} \quad (T = 298.15\mathrm{K}) \tag{7.3-27}$$

H_T 或 $H_{298.15}$ 中的

$$H_{\text{vib}} = E_{\text{vib}(0\to T)} = (E_{\text{vib}} - E_{\text{zero}}) + E_{\text{rot}} + (E_{\text{tr}} + pV) \tag{7.3-28}$$

只是这里的简正振动频率是根据 298.15 K 的力常数而不是从 0K 的力常数计算出来的.

温度 TK 时的生成焓 ΔH 计算可以根据

$$\Delta H = E_{\text{SCF}} + (H_T - H_{298.15}) \tag{7.3-29}$$

注意: 零点能 E_{zero} 已经包括在 E_{SCF} 中了, 见式 (7.3-1). 相应的生成内能为

$$\Delta U = \Delta H - R(T - 298.15) \tag{7.3-30}$$

Gibbs 生成自由能为

$$\Delta G = [\Delta H - \Delta(TS)]_{\text{被研究的状态}} - [\Delta H - \Delta(TS)]_{\text{参考态}} \tag{7.3-31}$$

7.4 自由能的模拟

7.4.1 自由能模拟的困难[8]

将正则系综体系的配分函数简记为

$$Q = C\iint \mathrm{d}\boldsymbol{q}\mathrm{d}\boldsymbol{p}\mathrm{e}^{-E(\boldsymbol{q},\boldsymbol{p})/RT} \tag{7.4.1-1}$$

其中, C 为余下的常系数. 所以 Helmholtz 自由能

$$F = -k_BT\ln Q = k_BT\ln\left(\frac{1}{C\iint \mathrm{d}\boldsymbol{q}\mathrm{d}\boldsymbol{p}\mathrm{e}^{-E(\boldsymbol{q},\boldsymbol{p})/RT}}\right) \tag{7.4.1-2}$$

因为总有

$$\iint \mathrm{d}\boldsymbol{q}\mathrm{d}\boldsymbol{p}\mathrm{e}^{-E(\boldsymbol{q},\boldsymbol{p})/k_BT}\mathrm{e}^{E(\boldsymbol{q},\boldsymbol{p})/k_BT} = \text{常数 } C' \tag{7.4.1-3}$$

它实际上就是该体系所处的宏观状态在相空间中占有的体积. 所以

$$\begin{aligned} F &= k_BT\ln\left(\frac{\iint \mathrm{d}\boldsymbol{q}\mathrm{d}\boldsymbol{p}\mathrm{e}^{-E(\boldsymbol{q},\boldsymbol{p})/k_BT}\mathrm{e}^{E(\boldsymbol{q},\boldsymbol{p})/k_BT}}{C'C\iint \mathrm{d}\boldsymbol{q}\mathrm{d}\boldsymbol{p}\mathrm{e}^{-E(\boldsymbol{q},\boldsymbol{p})/k_BT}}\right) \\ &= k_BT\ln\left(\frac{\iint \mathrm{d}\boldsymbol{q}\mathrm{d}\boldsymbol{p}\mathrm{e}^{-E(\boldsymbol{q},\boldsymbol{p})/k_BT}\mathrm{e}^{E(\boldsymbol{q},\boldsymbol{p})/k_BT}}{\iint \mathrm{d}\boldsymbol{q}\mathrm{d}\boldsymbol{p}\mathrm{e}^{-E(\boldsymbol{q},\boldsymbol{p})/k_BT}}\right) + C'' \end{aligned} \tag{7.4.1-4}$$

其中, C'' 为某常数. 根据式 (7.2-9) 和式 (7.2-8), 把 $\mathrm{e}^{E(\boldsymbol{q},\boldsymbol{p})/RT}$ 当成某物理量, 于是式 (7.4.1-4) 中的

$$\frac{\iint \mathrm{d}\boldsymbol{q}\mathrm{d}\boldsymbol{p}\mathrm{e}^{-E(\boldsymbol{q},\boldsymbol{p})/k_BT}\mathrm{e}^{E(\boldsymbol{q},\boldsymbol{p})/k_BT}}{\iint \mathrm{d}\boldsymbol{q}\mathrm{d}\boldsymbol{p}\mathrm{e}^{-E(\boldsymbol{q},\boldsymbol{p})/k_BT}}$$

$$= \iint \mathrm{d}\boldsymbol{q}\mathrm{d}\boldsymbol{p}\left(\frac{\mathrm{e}^{-E(\boldsymbol{q},\boldsymbol{p})/k_BT}}{\iint \mathrm{d}\boldsymbol{q}\mathrm{d}\boldsymbol{p}\mathrm{e}^{-E(\boldsymbol{q},\boldsymbol{p})/k_BT}}\right)\mathrm{e}^{E(\boldsymbol{q},\boldsymbol{p})/k_BT} = \left\langle \mathrm{e}^{E(\boldsymbol{q},\boldsymbol{p})/k_BT}\right\rangle \tag{7.4.1-5}$$

于是 Helmholtz 自由能

$$F = k_BT\ln\iint \mathrm{d}\boldsymbol{p}\mathrm{d}\boldsymbol{q}\mathrm{e}^{E(\boldsymbol{q},\boldsymbol{p})/k_BT}p(\boldsymbol{p},\boldsymbol{q}) + C'' = k_BT\ln\left\langle \mathrm{e}^{E(\boldsymbol{q},\boldsymbol{p})/k_BT}\right\rangle + C'' \tag{7.4.1-6}$$

讨论

(1) 式 (7.4.1-6) 说明了一个重要的问题: Helmholtz 自由能 F 的模拟是相当困难的. 原因在于 F 的计算直接与系综平均 $\langle \mathrm{e}^{E(\boldsymbol{q},\boldsymbol{p})/k_BT}\rangle$ 有关, 无论用 Monte Carlo 模拟还是分子动力学模拟, Boltzmann 因子 $\mathrm{e}^{-E(\boldsymbol{q},\boldsymbol{p})/k_BT}$ 大的位形出现的概率大, 但是按照式 (7.4.1-6) 恰恰就是在那些位形时物理量 $\mathrm{e}^{E(\boldsymbol{q},\boldsymbol{p})/k_BT}$ 的取值却反比例地小, 抵消了 $\mathrm{e}^{-E(\boldsymbol{q},\boldsymbol{p})/k_BT}$ 的作用.

求算式 (7.4.1-6) 中的系综平均即积分, 实际上要遍历对应于那个宏观状态的整个相空间体积. 这就要求一定满足准遍态历经条件, 而这是一个困难的要求. 可见 Helmholtz 自由能的模拟极难准确, 不能直接从模拟得到. 近年来, 这方面计算化学主要是要解决系综平均的收敛问题, 而不是在方法本身的演绎上, 即在允许的时间内近于满足准遍态历经的所谓 "抽样" 问题.

不仅 Helmholtz 自由能直接与相空间体积有关, 而且熵、Gibbs 自由能也与直接与相空间体积有关, 同样的困难也出现在实验领域, 尽管有 Nernst 的热力学第三定律, 但是具体体系绝对熵的实验测量还是难以做到的.

(2) 在求算自由能增量上目前主要有热力学微扰法 (thermodynamic perturbation) 和热力学积分法 (thermodynamic integration) 两种 [8]. 其他的方法, 如在物理化学上可以设计一个合适的热力学循环, 根据 Hess 定理和热力学函数是状态函数的特点, 从已知反应的热力学数据求得未知反应的热力学数据, 这里就不再叙述了. 虽然, 化学反应的恒压平衡常数 K_p 是从 Gibbs 自由能的增量 ΔG 来求得的, $\Delta G = -RT\ln K_p$, 但是因为恒压时 $\Delta G = \Delta F + p\Delta V$, 可见计算 ΔG 的困难与 ΔF 的困难是相同的. 所以以下讨论的计算方法都是在正则系综下求 Helmholtz 自由能, 其他系综的方程推导见文献 [1],[2].

7.4.2 热力学微扰法

设体系从宏观始态 0 变化到宏观终态 1, 其 Helmholtz 自由能的增值为

$$\Delta F = F_1 - F_0 = -k_BT\ln\frac{Q_1}{Q_0} \tag{7.4.2-1}$$

根据式 (7.4.1-1), 得到

$$\Delta F = -k_BT\ln\frac{\iint \mathrm{d}\boldsymbol{p}\mathrm{d}\boldsymbol{q}\mathrm{e}^{-H_1(\boldsymbol{p},\boldsymbol{q})/k_BT}}{\iint \mathrm{d}\boldsymbol{p}\mathrm{d}\boldsymbol{q}\mathrm{e}^{-H_0(\boldsymbol{p},\boldsymbol{q})/k_BT}}$$

$$= -k_BT\ln\frac{\iint \mathrm{d}\boldsymbol{p}\mathrm{d}\boldsymbol{q}\left\{\mathrm{e}^{-[H_1(\boldsymbol{p},\boldsymbol{q})-H_0(\boldsymbol{p},\boldsymbol{q})]/k_BT}\right\}\mathrm{e}^{-H_0(\boldsymbol{p},\boldsymbol{q})/k_BT}}{\iint \mathrm{d}\boldsymbol{p}\mathrm{d}\boldsymbol{q}\mathrm{e}^{-H_0(\boldsymbol{p},\boldsymbol{q})/k_BT}} \tag{7.4.2-2}$$

在这里思路分为如下两条:

(1) 把式 (7.4.2-2) 中的 $\mathrm{e}^{-[H_1(\boldsymbol{p},\boldsymbol{q})-H_0(\boldsymbol{p},\boldsymbol{q})]/k_BT}$ 看成某个物理量, 于是根据式 (7.2-8) 得到

$$\frac{\iint \mathrm{d}\boldsymbol{p}\mathrm{d}\boldsymbol{q}\left\{\mathrm{e}^{-[H_1(\boldsymbol{p},\boldsymbol{q})-H_0(\boldsymbol{p},\boldsymbol{q})]/k_BT}\right\}\mathrm{e}^{-H_0(\boldsymbol{p},\boldsymbol{q})/k_BT}}{\iint \mathrm{d}\boldsymbol{p}\mathrm{d}\boldsymbol{q}\mathrm{e}^{-H_0(\boldsymbol{p},\boldsymbol{q})/k_BT}} = \left\langle \mathrm{e}^{-[H_1(\boldsymbol{p},\boldsymbol{q})-H_0(\boldsymbol{p},\boldsymbol{q})]/k_BT}\right\rangle_0 \tag{7.4.2-3}$$

$\langle\cdots\rangle_0$ 表示对那个宏观始态 0 的系综平均. 于是

$$\Delta F = -k_BT\ln\left\langle \mathrm{e}^{-[H_1(\boldsymbol{p},\boldsymbol{q})-H_0(\boldsymbol{p},\boldsymbol{q})]/k_BT}\right\rangle_0 \tag{7.4.2-4}$$

记

$$\Delta H \equiv H_1 - H_0 \tag{7.4.2-5}$$

这里 ΔH 为两个体系的 Hamilton 量之差. 将此 ΔH 看作微扰, Helmholtz 自由能之差取决于这个微扰的函数 $\mathrm{e}^{-\Delta H/RT}$ 的系综均值,

$$\Delta F = -k_BT\ln\left\langle \mathrm{e}^{-\Delta H/k_BT}\right\rangle_0 \tag{7.4.2-6}$$

故本方法称为热力学微扰法.

(2) 从式 (7.4.2-2) 又可以得到

$$\begin{aligned}\Delta F &= k_BT\ln\frac{\iint \mathrm{d}\boldsymbol{p}\mathrm{d}\boldsymbol{q}\mathrm{e}^{-H_0(\boldsymbol{p},\boldsymbol{q})/k_BT}}{\iint \mathrm{d}\boldsymbol{p}\mathrm{d}\boldsymbol{q}\mathrm{e}^{-H_1(\boldsymbol{p},\boldsymbol{q})/k_BT}}\\ &= k_BT\ln\frac{\iint \mathrm{d}\boldsymbol{p}\mathrm{d}\boldsymbol{q}\left\{\mathrm{e}^{-[H_0(\boldsymbol{p},\boldsymbol{q})-H_1(\boldsymbol{p},\boldsymbol{q})]/k_BT}\right\}\mathrm{e}^{-H_1(\boldsymbol{p},\boldsymbol{q})/k_BT}}{\iint \mathrm{d}\boldsymbol{p}\mathrm{d}\boldsymbol{q}\mathrm{e}^{-H_1(\boldsymbol{p},\boldsymbol{q})/k_BT}}\end{aligned}$$

再根据式 (7.2-8), 得到

$$\frac{\iint \mathrm{d}\boldsymbol{p}\mathrm{d}\boldsymbol{q}\left\{\mathrm{e}^{-[H_0(\boldsymbol{p},\boldsymbol{q})-H_1(\boldsymbol{p},\boldsymbol{q})]/k_BT}\right\}\mathrm{e}^{-H_1(\boldsymbol{p},\boldsymbol{q})/k_BT}}{\iint \mathrm{d}\boldsymbol{p}\mathrm{d}\boldsymbol{q}\mathrm{e}^{-H_1(\boldsymbol{p},\boldsymbol{q})/k_BT}} = \left\langle \mathrm{e}^{-[H_0(\boldsymbol{p},\boldsymbol{q})-H_1(\boldsymbol{p},\boldsymbol{q})]/k_BT}\right\rangle_1$$

其中, $\langle\cdots\rangle_1$ 表示对那个宏观终态 1 的系综平均. 于是

$$\Delta F = k_BT\ln\left\langle \mathrm{e}^{-[H_0(\boldsymbol{p},\boldsymbol{q})-H_1(\boldsymbol{p},\boldsymbol{q})]/k_BT}\right\rangle_1 \tag{7.4.2-7}$$

现在下面的问题是如何近似求解式 (7.4.2-4) 和式 (7.4.2-7). Zwanzig 的方法如下[9]:

(1) 先解式 (7.4.2-4)：根据 Taylor 展开：$e^x = 1 + x + \frac{x^2}{2!} + \cdots + \frac{x^n}{n!} + \cdots$ 得到 $e^{-(H_1-H_0)/k_BT} = 1 - \frac{(H_1-H_0)}{k_BT} + \frac{(H_1-H_0)^2}{2!(k_BT)^2} - \cdots$. 代入式 (7.4.2-4) 得到

$$\Delta F = -k_BT\ln\left[1 - \frac{1}{k_BT}\langle H_1 - H_0\rangle_0 + \frac{1}{2!(k_BT)^2}\left\langle (H_1-H_0)^2\right\rangle_0 - \cdots\right] \tag{7.4.2-8}$$

根据 Taylor 展开 $\ln(1+x) = x - \frac{x^2}{2} + \frac{x^3}{3} - \frac{x^4}{4} + \cdots + (-1)^{n-1}\frac{x^n}{n} + \cdots, \forall -1 < x \leqslant 1$ 得到

$$\begin{aligned}\Delta F = -k_BT\Bigg\{&-\frac{\langle H_1-H_0\rangle_0}{k_BT} + \frac{\langle (H_1-H_0)^2\rangle_0}{2(k_BT)^2}\\ &-\frac{1}{2}\left[\left(\frac{\langle H_1-H_0\rangle_0}{k_BT}\right)^2 - \frac{\langle H_1-H_0\rangle_0\langle (H_1-H_0)^2\rangle_0}{2(k_BT)^3} + \left(\frac{\langle (H_1-H_0)^2\rangle_0}{2(k_BT)^2}\right)^2\right]\Bigg\}\end{aligned}$$

上式整理后得到

$$\Delta F = \langle H_1 - H_0\rangle_0 - \frac{1}{2k_BT}\left\langle [(H_1-H_0) - \langle H_1-H_0\rangle_0]^2\right\rangle_0 + \cdots \tag{7.4.2-9}$$

(2) 同理求解式 (7.4.2-7), 得到

$$\Delta F = \langle H_1 - H_0\rangle_1 + \frac{1}{2k_BT}\left\langle [(H_1-H_0) - \langle H_1-H_0\rangle_1]^2\right\rangle_1 + \cdots \tag{7.4.2-10}$$

将式 (7.4.2-9) 和式 (7-4-2-10) 相加, 得到 Helmholtz 自由能的增值为

$$\begin{aligned}\Delta F = \frac{1}{2}[\langle\Delta H\rangle_0 + \langle\Delta H\rangle_1] - \frac{1}{4k_BT}\Big\{&\left\langle(\Delta H - \langle\Delta H\rangle_0)^2\right\rangle_0\\ &- \left\langle(\Delta H - \langle\Delta H\rangle_1)^2\right\rangle_1\Big\} + \cdots\end{aligned} \tag{7.4.2-11}$$

讨论

(1) 式 (7.4.2-4) 的意义在于：两个体系的自由能之差可以根据其中一个体系模拟得到的系综平均值来求得. 这个系综平均值可以从 Monte Carlo 模拟得到, 也可以从分子动力学模拟得到. 因为式 (7.4.2-1) 是严格的, 所以原则上, 热力学微扰法可以用来从任意一个参考状态的系综对任意微扰 ΔH 来计算自由能的增量.

实际上的计算机模拟, 取样只能历经相空间可及区域中的一小部分. 于是, 在模拟该宏观参考态的时候不能指望对 $e^{-\Delta H/RT}$ 贡献大的相空间区域也有足够的抽样. 所以, 热力学微扰法的实际应用只限于某些模拟, 其中, 模拟参考体系时最经常取样的相空间区域正好就是对系综平均 $\langle e^{-\Delta H/RT}\rangle$ 贡献最重要的区域, 即热力学微扰法只可用于微弱扰动的场合.

(2) 多步热力学微扰法 (MSTP)： 通常当采用热力学微扰法来计算自由能增量超过 k_BT 的量级时, 取样的不足将造成计算结果出问题. 讨论如下：当 $|H_1 - H_0| \gg k_BT$ 时, 就可能出现这样的情况：对宏观态 0 作系综平均 $\langle\cdots\rangle_0$ 时取样的相空间 $\varGamma_0$ 有可能与对

宏观态 1 作系综平均 $\langle\cdots\rangle_1$ 时取样的相空间 Γ_1 相距甚远, 没有重叠部分, 即 $\Gamma_0 \cap \Gamma_1 = \varnothing$. 如果用式 (7.4.2-4) 与式 (7.4.2-7) 分别模拟得到的结果不符合, 则表明两个相空间相距甚远, 造成取样不足, 模拟 ΔF 就不准. 于是就得用 "多步热力学微扰法", 也就是为在 H_0 与 H_1 之间的几个 Hamilton 量 $\{H_{\lambda_i}\}$, 每个都给它产生一个系综. 把一个过大的扰动拆解为几个小微扰. 使得相空间 Γ_0 与 Γ_{λ_0} 有重叠, Γ_{λ_0} 与 $\Gamma_{\lambda_1}, \cdots$, 直到 Γ_{λ_n} 与 Γ_1 有重叠. 于是 Helmholtz 自由能增量的计算为

$$\Delta F = F_1 - F_0 = -k_B T \sum_{i=0}^{n-1} \ln \left\langle \mathrm{e}^{-\left(H_{\lambda_{i+1}} - H_{\lambda_i}\right)/k_B T} \right\rangle_{\lambda_i} \tag{7.4.2-12}$$

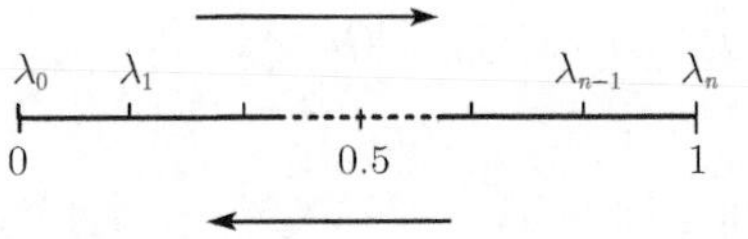

其中, $\lambda_0 = 0$, $\lambda_n = 1$. 同样方向反过来算, 若细心安排应该也能得到同样的结果[10], 即

$$\Delta F = F_1 - F_0 = -k_B T \sum_{i=0}^{n-1} \ln \left\langle \mathrm{e}^{\left(H_{\lambda_{i-1}} - H_{\lambda_i}\right)/k_B T} \right\rangle_{\lambda_i} \tag{7.4.2-13}$$

可是, 正向和反向实际上用的是同一组系综, 即使取样不合适也能得到相同结果. 所以建议反向计算时用另一组不同的系综[11], 或者在同样取样量的条件下采用所谓**倍宽取样技术**(double wide sampling)[12], 即 (表 7.4.2-1)

$$\begin{aligned}\Delta F = F_1 - F_0 = &-k_B T \sum_{i=0}^{n-1} \ln \left\langle \mathrm{e}^{-\left(H_{\lambda_{i+1/2}} - H_{\lambda_i}\right)/k_B T} \right\rangle_{\lambda_i} \\ &+ k_B T \sum_{i=1}^{n} \ln \left\langle \mathrm{e}^{-\left(H_{\lambda_i} - H_{\lambda_{i-1/2}}\right)/k_B T} \right\rangle_{\lambda_i}\end{aligned} \tag{7.4.2-14}$$

表 7.4.2-1

正向	$H_{\lambda_{i+1/2}} - H_{\lambda_i}$	$0.5-0$	$1.5-1$	$2.5-2$	$\cdots$	$(n-1.5)-(n-2)$	$(n-0.5)-(n-1)$
反向	$H_{\lambda_i} - H_{\lambda_{i-1/2}}$	$1-0.5$	$2-1.5$	$3-2.5$	$\cdots$	$(n-1)-(n-1.5)$	$n-(n-0.5)$

7.4.3　热力学积分法

计算自由能增量的热力学积分法[8], 其原理是将体系从始态沿着一条路径积分到达终态. 将体系的 Hamilton 量中设置一个耦合参数 λ, 当 $\lambda = 0$ 时相当于始态的 Hamilton 量, 记为 $H(\lambda = 0)$; 当 $\lambda = 1$ 时相当于终态的 Hamilton 量, 记为 $H(\lambda = 1)$. 热力学积分的重要之处在于沿着积分路径 Hamilton 量不见得要求能在物理上描述本体系. 热力学积分法求自由能如下:

$$\Delta F = F(\lambda = 1) - F(\lambda = 0) = \int_0^1 \mathrm{d}\lambda \left(\frac{\partial F}{\partial \lambda}\right) \tag{7.4.3-1}$$

而

$$\frac{\partial F(\lambda)}{\partial \lambda} = -\frac{RT}{Q(\lambda)}\frac{\partial Q(\lambda)}{\partial \lambda} = \frac{\iint \mathrm{d}\boldsymbol{p}\mathrm{d}\boldsymbol{q}\frac{\partial H(\lambda)}{\partial \lambda}\mathrm{e}^{-H(\lambda)/RT}}{\iint \mathrm{d}\boldsymbol{p}\mathrm{d}\boldsymbol{q}\mathrm{e}^{-H(\lambda)/RT}} = \left\langle \frac{\partial H(\lambda)}{\partial \lambda} \right\rangle_{\lambda} \tag{7.4.3-2}$$

于是, 热力学积分法的基本方程为

$$\Delta F = F(\lambda = 1) - F(\lambda = 0) = \int_0^1 \mathrm{d}\lambda \left\langle \frac{\partial H(\lambda)}{\partial \lambda} \right\rangle_{\lambda} \tag{7.4.3-3}$$

这里假定体系从 $\lambda = 0$ 变动到 $\lambda = 1$ 的过程是可逆过程. 只要整个分子模拟期间耦合参数 λ 是缓慢变化的, 于是式 (7.4.3-3) 可写成加和式

$$\Delta F = F(\lambda = 1) - F(\lambda = 0) \approx \sum_i \left\langle \frac{\partial H(\lambda)}{\partial \lambda} \right\rangle_{\lambda_i} \Delta\lambda_i \tag{7.4.3-4}$$

这称为**缓变近似**(slow growth approximation). 这里涉及多个位形的系综平均, 故称为**多位形热力学积分法**(multi-configuration thermodynamic integration, MCTI)[13]. 在最简单的情况下, 这里可以只用一个位形的系综平均, 则称为**单位形热力学积分法** (single-configuration thermodynamic integration, SCTI).

因为各个位形的系综平均先可以算出来, 所以积分点的个数大为减少. 这个方法可以用作系综平均值计算的统计分析和系统误差分析, 提供了度量 ΔF 计算误差的办法. 在 SCTI 中, 有必要采用正向积分和反向积分来得到系统误差. 不过, 在 MCTI 中, 就没有必要这样做了. 另外, 不是所有的系综都要相同大小, 积分起来沿着积分途径分布的统计误差是均匀的. MCTI 的另一个优点是容易做到先前求得的数据留到后续来使用.

有限差分的热力学积分法是把热力学微扰法与热力学积分法结合起来形成的[14]. 每个积分点处的被积函数用热力学微扰法求得. 有些实例说明, 这样的做法可以使得自由能增量计算中的收敛加快.

Hamilton 量的形式通常是代表不同相互作用的项的之和. 这样热力学积分法就可以将 ΔF 表为各种相互作用贡献的加和[15~17]. 可是, 因为只有总的自由能才只是状态的函数, 所以这样分解成各种作用项的贡献之和的做法一定是意义模糊的. 分解得到的各种贡献项不是状态函数, 它们取决于具体的积分路径[18,19]. 唯一严格的做法是把自由能分解为内能和熵两项贡献[20~22].

参 考 文 献

[1] McQuarrie D A. Statistical Mechanics. New York: Harper & Row, 1976.

[2] Reichl L E. A Modern Course in Statistical Physics. Austin: University of Texas Press, 1980; 中译本: 黄昀等译. 统计物理现代教程 (上, 下册). 北京: 北京大学出版社, 1983.

[3] 唐有祺. 统计力学——及其在物理化学中的应用. 北京: 科学出版社, 1964.

[4] Friedman H L. A Course in Statistical Mechanics. Englewood Cliffs: Prentice-Hall, Inc, 1985.

[5] 高执棣, 郭国霖. 统计热力学导论. 北京: 北京大学出版社, 2004.

[6] 徐光宪, 黎乐民. 量子化学——基本原理与从头计算法 (上册). 第二版. 北京: 科学出版社, 2008.

[7] Stewart J J P. MOPAC Manual. 6th ed. United States Air Force Academy, 080840, USA, October. 1990.

[8] Schleyer P von R, et al. Encyclopedia of Computational Chemistry. Vol. 1~5. Chichester: John Wiley & Sons, 1998, 1036~1061, 1083~1089.

[9] Zwanzig R W. J Chem Phys, 1954, 22: 1420.

[10] Mitchell, M J, McCammon J A. J Comput Chem, 1991, 12: 271.

[11] Jorgensen W L, Ravimohan C. J Chem Phys, 1985, 83: 3050.

[12] Postma J P M, Berendsen H J C, Haak J R. Faraday Symp Chem Soc, 1982, 17: 55.

[13] Straatsma T P, McCammon J A. J Chem Phys, 1991, 95: 1175.

[14] Mezei M. J Chem Phys, 1987, 86: 7084.

[15] Prevost M, Wodak S J, Tidor B, et al. Proc Natl Acad Sci USA, 1991, 88: 10880.

[16] Dang L X, Merz K M, Kollman P A. J Am Chem Soc, 1989, 111: 8505.

[17] Singh U C. Proc Natl Acad Sci USA, 1988, 85: 4280.

[18] Mark A E, van Gunsteren W F. J Mol Biol, 1994, 240: 167.

[19] Zacharias M, Straatsma T P. Mol Simul, 1995, 14: 417.

[20] Brooks C L. Int. J. Quantum Chem. Quantum Biol. Symp, 1988, 15: 221.

[21] Brooks C L. *In*: Catlow C R A. Computer Modelling of Fluid Polymers and Solids. Dordrecht: Kluwer Academic, 1990, 289.

[22] Brooks C L. J Am Chem Soc, 1990, 112: 3307.

第8章　输运性质

“典型化学家高于一切的愿望是理解为什么一种物质和其他物质行为不同;而物理学家则通常期望寻找出超出特定物质的规律.”

——D. R. Herschbach, 美国物理化学家, 1986 年 Nobel 化学奖得主

有一类物理化学性质表示体系某处在单位时间内通过单位截面的某个物理量, 它们称为**输运性质**. 例如, 平动扩散系数就是在单位时间内通过单位截面的粒子数; 导热系数就是在单位时间内通过单位截面的热量; 电导率就是在单位时间内通过单位截面的电子数; …… 对于任意非平衡态体系, 任意从非平衡态趋向平衡态的弛豫过程来说, 输运性质是表征该体系或过程的重要性质.

第 6 章曾经过介绍近平衡态的量子统计理论中的 Green-Kubo 线性响应理论, 结果表明在弱外场的情况下所有输运性质包括反应速度常数、振转光谱、核磁共振谱等都能够用时间相关函数来表达 (见 6.3 节). 这里, 将从其他途径求解扩散、导热和导电的问题, 得到同样的结果[1~6].

8.1　扩　　散

现在讨论扩散问题是因为它代表了一类涨落现象, 有其广泛的科学意义, 而涨落、弛豫和混沌又是非平衡过程的三个重要现象.

扩散是英国植物学家 R. Brown 在 1827 年观察水中花粉粒子的运动发现的. **Brown 运动** 长期以来没有实际应用价值, 可是关于它的研究 (J. B. Perrin, 1908 年) 却在确立物质是否由原子、分子所构成的科学真理上起着决定性的作用, 解决了历时两千年的争论.

实际上, 没有一个自然现象是永远找不到应用价值的. 第二次世界大战期间, 用气体扩散法把 $^{235}UF_6$ 从 $^{238}UF_6$ 分离出来是当时美国的重点工程, 曾经消耗全国 1/10 的电力. 直至今日用离心机分离 $^{235}U-^{238}U$ 同位素、用离子交换法分离 $^{6}Li-^{7}Li$ 等同位素都是敏感技术. 20 世纪后期, 膜分离已经成为重要的一类分离方法, 用于各类分离工程, 包括街头的饮用水自动售卖机.

8.1.1　Einstein 的扩散理论

Brown 仔细观察水中花粉粒子的运动, 确信这 “既不是液体的流动, 也不是液体的不断蒸发而引起的, 而是属于粒子本身的运动”. 不过花粉粒子本身又是怎么自己会运动的呢? 19 世纪 80 年代有人猜想这是由于花粉粒子受到周围水分子不断撞击造成的. 可是当时分子还是个从未证明过的假想概念, 是当时最有争议的问题. 唯能论和原子论两派争论激烈, 可是缺乏关于分子、原子的实验证据.

为了证明体系中单个粒子的存在, 爱因斯坦认识到只有从少粒子体系的行为着手, 因为粒子数少的体系, 涨落现象就相对明显 (从 $1/\sqrt{N}$ 就可以看出), 因此有可能从涨落现

象来证明物质由分子构成的假说.

1905 年, Einstein 首先为 Brown 运动提出了正确的理论分析. 以下介绍 Einstein 的扩散理论[3,4].

Einstein 用无规行走模型来描述花粉粒子的运动. 以下考虑一维扩散问题:

(1) 令扩散开始时 $(t=0)$, 一个 Brown 粒子的位置在 $x(0)=0$ 处.

(2) 然后这个粒子逐次受到外来的碰撞事件; 假设两次相继的碰撞之间的平均时间间隔为 τ^*, 撞击一次后粒子移动的平均距离为 l. 因为是一维问题, 故粒子受撞一次位移 $\Delta x=+l$ 或 $\Delta x=-l$, 两个方向位移的概率相同.

(3) 假定这个粒子逐次受到的碰撞事件互相独立, 即所谓 "一维无规行走" 模型.

(4) 在 t 时刻, 粒子位置为 $x(t)$. 从开始以来, 该粒子已经受到的碰撞次数为 $n=t/\tau^*$. 设 n_+ 为从开始以来该粒子在正 x 方向受的碰撞总次数, n_- 为从开始以来该粒子在负 x 方向受的碰撞总次数. 又设 $m=n_+-n_-$. 所以在 t 时刻, 粒子的位置 $x(t)=ml$.

当 n 给定时, 不同的走法总数为 2^n 种. 当 n_+ 与 n_- 给定时, 不同的走法总数为 $\dfrac{n!}{n_+!n_-!}=\dfrac{n!}{n_+!(n-n_+)!}$. 所以, 在经过 n 次碰撞后造成离出发点距离为 $x=ml=(n_+-n_-)l$ 的那一种事件发生的概率应当为

$$p_n(m)=\frac{n!}{2^n n_+!(n-n_+)!}=\frac{n!}{2^n\left[\dfrac{1}{2}(n+m)\right]!\left[\dfrac{1}{2}(n-m)\right]!} \tag{8.1.1-1}$$

其中, $n\gg m\gg 1$. 关于大数阶乘的 Stirling 近似公式为 $n!\approx\sqrt{2n\pi}(n/\mathrm{e})^n$, 即

$$\ln(n!)\approx\frac{1}{2}\ln(2n\pi)+n\ln n-n \tag{8.1.1-2}$$

将式 (8.1.1-1) 取自然对数, 然后利用式 (8.1.1-2) 得到

$$\begin{aligned}\ln(p_n(m))=&-n\ln 2+\left[\frac{1}{2}\ln(2n\pi)+n\ln n-n\right]\\&-\left[\frac{1}{2}\ln\left(2\pi\frac{n+m}{2}\right)+\frac{n+m}{2}\ln\left(\frac{n+m}{2}\right)-\frac{n+m}{2}\right]\\&-\left[\frac{1}{2}\ln\left(2\pi\frac{n-m}{2}\right)+\frac{n-m}{2}\ln\left(\frac{n-m}{2}\right)-\frac{n-m}{2}\right]\\=&\left(n+\frac{1}{2}\right)\ln n-n\ln 2-\frac{1}{2}\ln(2\pi)-\frac{n+m+1}{2}\ln\left(\frac{n+m}{2}\right)\\&-\frac{n+m-1}{2}\ln\left(\frac{n-m}{2}\right)\end{aligned}$$

再利用级数近似式: $\ln(1+x)\approx x-x^2/2+\cdots$ 进一步简化得到

$$\ln(p_n(m))\approx\frac{n}{2}\ln n-\left(\frac{n-1}{2}\right)\ln 2-\frac{1}{2}\ln(2\pi)-\frac{m^2}{2n}$$

即

$$p_n(m)=c(n)\,\mathrm{e}^{-\frac{m^2}{2n}} \tag{8.1.1-3}$$

概率函数应当归一化, 即 $\int_{-\infty}^{\infty} \mathrm{d}m p_n(m) = 1$. 于是可以求得系数 $c(n)$,

根据 Gauss 公式 $\int_{-\infty}^{\infty} \mathrm{d}x \mathrm{e}^{-\alpha x^2} = (\pi/\alpha)^{1/2}$, $\int_{-\infty}^{\infty} \mathrm{d}m p_n(m) = \int_{-\infty}^{\infty} \mathrm{d}m c \mathrm{e}^{-\frac{m^2}{2n}} = c\int_{-\infty}^{\infty} \mathrm{d}m \mathrm{e}^{-\frac{m^2}{2n}} = c\sqrt{2n\pi}$. 于是

$$p_n(m) = (2n\pi)^{-1/2} \mathrm{e}^{-\frac{m^2}{2n}} \tag{8.1.1-4}$$

继而求得 m 和 m^2 的期望值为

$$\langle m \rangle = \int_{-\infty}^{\infty} \mathrm{d}m m p_n(m) = 0 \tag{8.1.1-5}$$

和

$$\langle m^2 \rangle = \int_{-\infty}^{\infty} \mathrm{d}m m^2 p_n(m) = n \tag{8.1.1-6}$$

式 (8.1.1-6) 的证明如下：$\langle m^2 \rangle = \int_{-\infty}^{\infty} \mathrm{d}m m^2 p_n(m) = \int_{-\infty}^{\infty} \mathrm{d}m m^2 (2n\pi)^{-1/2} \mathrm{e}^{-\frac{m^2}{2n}}$. 令 $\alpha \equiv \frac{1}{2n}$, 再根据积分公式 $\int_0^{\infty} \mathrm{d}x x^n \mathrm{e}^{-\alpha x^2} = \frac{1}{2\alpha^{(n+1)/2}}\Gamma\left(\frac{n+1}{2}\right)$ 和 Gamma 函数的性质 ($\Gamma(n+1) = n\Gamma(n)$ 和 $\Gamma(1/2) = \sqrt{\pi}$) 继续化简得到

$$\langle m^2 \rangle = \frac{2}{\sqrt{2n\pi}} \frac{1}{2\alpha^{3/2}} \Gamma\left(\frac{3}{2}\right) = n$$ ■

根据式 (8.1.1-5) 和式 (8.1.1-6) 可进一步得到

(1)
$$\langle x(t) \rangle = \langle ml \rangle = l \langle m \rangle = 0 \tag{8.1.1-7}$$

(2)
$$\langle x^2(t) \rangle = \left\langle (ml)^2 \right\rangle = l^2 \langle m^2 \rangle = l^2 n = \frac{l^2}{\tau^*} t \tag{8.1.1-8}$$

令

$$D \equiv \frac{l^2}{2\tau^*} \tag{8.1.1-9}$$

得到粒子位移平方的均值为

$$\langle x^2(t) \rangle = 2Dt \tag{8.1.1-10}$$

这就是 Einstein 用无规行走模型得到关于一维扩散问题的解.

讨论

1906 年波兰物理学家 M. V. Smoluchowski 独立地从严格的概率论出发完成了 Brown 运动的理论, 得到了与 Einstein 无规行走模型相同的结果. 更重要的是, 因为概率论已经在 20 世纪 30 年代被建立在公理化的基础上, 所以 Smoluchowski 的这项工作开辟了让非平衡态统计力学坐落在演绎的基础上 (至少是半唯象的基础上). 这样的意义就非同小可, 就像吴大猷特别注意到的: “*爱因斯坦十分强调不可能存在一种‘归纳的理论’, 一切物理理论必定建立在演绎的基础上*”[7]. 实际上, 扩散的唯象理论, 即 Fick 第二定律可以从 Smoluchowski 的概率论理论得到, 而且从中明确了扩散过程可以用 Markov 过程来描述.

限于本书篇幅, 关于 Smoluchowski 理论请见统计物理书中关于 Chapman-Kolmogoroff 方程即 Smoluchowski 方程的叙述[5,6].

8.1.2　Langevin 方程求解 Brown 运动

这里从另一个角度来分析一维扩散问题[3,4]：分析一个质量为 m 的 Brown 粒子在 x 方向的运动, 于是在垂直方向的重力、浮力均可不计. Brown 粒子在 x 方向的运动受到两种力：一是它受到周围粒子随机的撞击力 $\boldsymbol{R}$ 在 x 方向的分量 R_x; 二是它的运动受到的摩擦力在 x 方向的分量 $-\gamma\dot{x}$, γ 为摩擦系数, 故

$$m\frac{\mathrm{d}^2x}{\mathrm{d}t^2}=-\gamma\dot{x}+R_x \tag{8.1.2-1}$$

式 (8.1.2-1) 称为一维 Langevin 方程.

注意到$x\dfrac{\mathrm{d}x}{\mathrm{d}t}=\dfrac{1}{2}\dfrac{\mathrm{d}\left(x^2\right)}{\mathrm{d}t}$ 且 $\dfrac{1}{2}\dfrac{\mathrm{d}}{\mathrm{d}t}\left\{\dfrac{\mathrm{d}\left(x^2\right)}{\mathrm{d}t}\right\}=\dfrac{\mathrm{d}}{\mathrm{d}t}\left\{x\dfrac{\mathrm{d}x}{\mathrm{d}t}\right\}=x\dfrac{\mathrm{d}^2x}{\mathrm{d}t^2}+\left(\dfrac{\mathrm{d}x}{\mathrm{d}t}\right)^2$, 于是用 x 乘以式 (8.1.2-1) 两边得到

$$m\left\{\frac{1}{2}\frac{\mathrm{d}}{\mathrm{d}t}\left[\frac{\mathrm{d}\left(x^2\right)}{\mathrm{d}t}\right]-\left(\frac{\mathrm{d}x}{\mathrm{d}t}\right)^2\right\}=-\gamma\left\{\frac{1}{2}\frac{\mathrm{d}\left(x^2\right)}{\mathrm{d}t}\right\}+xR_x \tag{8.1.2-2}$$

对式 (8.1.2-2) 两边取系综平均, 得到

$$\frac{1}{2}\frac{\mathrm{d}^2}{\mathrm{d}t^2}\left\langle mx^2\right\rangle-\left\langle m\left(\frac{\mathrm{d}x}{\mathrm{d}t}\right)^2\right\rangle=-\frac{1}{2}\gamma\frac{\mathrm{d}}{\mathrm{d}t}\left\langle x^2\right\rangle+\left\langle xR_x\right\rangle \tag{8.1.2-3}$$

R_x是x方向随机力, xR_x可正可负, 对处于不同位置的Brown粒子求系综平均得到 $\langle xR_x\rangle=0$. 再根据能量均分定理 $\left\langle\dfrac{1}{2}m\left(\dfrac{\mathrm{d}x}{\mathrm{d}t}\right)^2\right\rangle=\dfrac{1}{2}k_BT$. 所以整理式 (8.1.2-3) 得到

$$\frac{\mathrm{d}^2}{\mathrm{d}t^2}\left\langle x^2\right\rangle+\frac{\gamma}{m}\frac{\mathrm{d}}{\mathrm{d}t}\left\langle x^2\right\rangle-\frac{2k_BT}{m}=0 \tag{8.1.2-4}$$

这是关于 $\langle x^2\rangle$ 的二阶微分方程, 可以用变量代换法解. 令 $y\equiv\dfrac{\mathrm{d}\left\langle x^2\right\rangle}{\mathrm{d}t}$, $a_1=\dfrac{\gamma}{m}$, $a_2=\dfrac{2k_BT}{m}$, 把该方程改写为 $\dfrac{\mathrm{d}y}{\mathrm{d}t}+a_1y-a_2=0$. 又令 $u\equiv y-\dfrac{a_2}{a_1}$, 得到 $\dfrac{\mathrm{d}u}{\mathrm{d}t}+a_1u=0$. 于是可以得到式 (8.1.2-4) 的通解为

$$\left\langle x^2\right\rangle=\frac{2k_BT}{\gamma}t+C_1\mathrm{e}^{-\frac{\gamma}{m}t}+C_2 \tag{8.1.2-5}$$

其中, C_1, C_2 分别为积分常数. 若把 Brown 粒子看成半径为 r_0 的球状粒子, 则利用它在黏度为 $\boldsymbol{\eta}$ 的液体中摩擦系数的 Stokes 公式

$$\gamma=6\pi r_0\eta \tag{8.1.2-6}$$

设 Brown 粒子的质量密度为 ρ, 故其质量 $m=\rho\dfrac{4\pi}{3}r_0^3$. 于是式 (8.1.2-5) 中的

$$\frac{\gamma}{m}=\frac{6\pi r_0\eta}{\rho\dfrac{4\pi}{3}r_0^3}=\frac{9\eta}{2\rho r_0^2}\sim10^7\mathrm{s}^{-1}$$

可见即使在 $t < 10^{-6}$s 时, 式 (8.1.2-5) 中的第二项还是可以略计, 略去之后可见 $C_2 = \left\langle x^2 \right\rangle_{t=0}$. 于是不失普遍性可以把 x 的坐标原点取为起始 $t=0$ 时 Brown 粒子的位置. 这样 $C_2 = \left\langle x^2 \right\rangle_{t=0} = 0$, 继而式 (8.1.2-5) 变为

$$\left\langle x^2 \right\rangle = \frac{2k_BT}{\gamma} t = 2Dt \tag{8.1.2-7}$$

其中,

$$D = \frac{k_BT}{\gamma} \tag{8.1.2-8}$$

此结果与 Einstein 的无规行走模型的结果一致 (见式 (8.1.1-10)).

讨论

(1) 1908 年, J. Perrin通过测量黄藤粒子水悬浮液中粒子运动位移的实验, 利用式 (8.1.2-7) 研究了水平方向黄藤粒子的运动: 每隔一段时间 τ 测量一次粒子的位移, 在 $t = \xi\tau$ 时间内共测量了 ξ 次, 设这 ξ 次的位移分别为 $\Delta x_1, \Delta x_2, \cdots, \Delta x_\xi$. 于是在时间 t 内总的位移为

$$x = \sum_{i=1}^{\xi} \Delta x_i \tag{8.1.2-9}$$

继而

$$x^2 = \sum_{i=1}^{\xi} (\Delta x_i)^2 + \sum_{\substack{i,j \\ (i \neq j)}} \Delta x_i \Delta x_j$$

和

$$\left\langle x^2 \right\rangle = \sum_{i=1}^{\xi} \left\langle (\Delta x_i)^2 \right\rangle + \sum_{\substack{i,j \\ (i \neq j)}} \langle \Delta x_i \Delta x_j \rangle \tag{8.1.2-10}$$

若时间间隔 τ 足够长, 则两次相继测量位移的事件可以认为互为独立事件, 于是 $\langle \Delta x_i \Delta x_j \rangle = 0$ 且

$$\left\langle x^2 \right\rangle \approx \sum_{i=1}^{\xi} \left\langle (\Delta x_i)^2 \right\rangle = \xi \left\langle (\Delta x_i)^2 \right\rangle \tag{8.1.2-11}$$

于是

$$\left\langle (\Delta x_i)^2 \right\rangle = 2D\tau \tag{8.1.2-12}$$

再结合球形粒子的 $D = \dfrac{k_BT}{\gamma} = \dfrac{k_BT}{6\pi r_0 \eta}$, 可以预期 $\left\langle (\Delta x_i)^2 \right\rangle$ 的测量值应当正比于时间间隔 τ、温度 T, 反比于粒子半径 r_0、黏度 η, 而与粒子的质量无关. Perrin 的实验证明了以上预期, 同时测量到 Boltzmann 常量为 $k_B = 1.215 \times 10^{-23}\ \mathrm{J \cdot K^{-1}}$, 接近目前的标准值 $k_B = 1.38 \times 10^{-23} \mathrm{J \cdot K^{-1}}$.

(2) Perrin 第一次在实验上证明原子、分子的存在, 最终确立原子论的科学地位. 将两千多年前, 希腊人、中国人关于原子的猜测从思辨水平提升到科学证实的水平. 结束了在19、20 世纪交接之际曾经在科学家之间发生过的一场大论战: 物质到底是原子还是能量组成的. L. Boltzmann 是原子论阵营的 "主帅", 唯能论那边的 "主帅" 是 F. W. Ostwald. 可惜, 如果 J. B. Perrin 的扩散实验提前两年完成, 统计力学的奠基人 L. Boltzmann 在1906 年自杀的事件也许可以避免. 1908 年 Perrin 扩散实验一发表, Ostwald 立刻宣布放

弃唯能论, 承认原子论. 次年 Ostwald 因其在化学平衡、反应速度和催化反应的贡献获诺贝尔化学奖. 有人评论：科学家认错比较爽快.

(3) Perrin 工作的实质在于, 通过两个实验分别证明了两个理论公式的正确性：一个是测量悬浮液水平方向粒子的运动, 证实了 Einstein 理论的式 (8.1.2-7); 另一个是测量悬浮液垂直方向粒子的浓度分布证实了 Boltzmann 提出的沉降平衡理论公式

$$\frac{c(z)}{c(z=0)} = \mathrm{e}^{-\frac{mgz}{k_B T}} \tag{8.1.2-13}$$

这里 $c(z)$ 和 $c(z=0)$ 表示悬浮液中不同高度 z 处微粒的浓度. 于是在实验上最终确立原子、分子的存在. Perrin 并不是真的看到了水 "分子". 他的实验安排非常巧妙：因为水分子太小, 显微镜无法看到, 所以必须要通过一个 "中介粒子" 来间接看到水分子的运动. 这种中介粒子既要尺寸足够大到能被显微镜看到, 又要质量足够小到被水分子撞击之后还有足以被观测到的位移. 于是就选择了藤黄或乳香微粒.

显然, Perrin 的成功包括了实验和理论两方面, 其中, 演绎法起了相当关键的作用. 长期以来, 多数人只承认演绎法在数学上的创造力, 不承认演绎法在物质科学上的创造力, 或者把演绎法置于归纳法之下. 他们相信 "眼见为实".

原子论的最终确立说明了：科学上确立一件东西的客观存在, 不能单凭 "眼见为实". 历史上, 从科学发展初期总结出来的 "眼见为实" 原则, 事实上越来越被科学的现代发展证明是一种狭隘的目光. 从 1827 年的 Brown 到 1905 年的 Einstein, 有众多实验围绕 Brown 运动, 但是没有一个好的理论来指导, 于是实验带有很大的盲目性, 不知道应该测量哪个物理量. Einstein 理论把 Brown 运动设想成醉汉的无规行走模型. 而 Boltzmann 的沉降平衡是他整个统计力学形式理论的一个局部应用问题. 两者指明了实验的方向, 解决了两千年来科学的关键难题之一 —— 原子是否真的存在.

8.1.3 从扩散的唯象规律出发

设数密度 $\rho(\boldsymbol{r},t)$ 表示 t 时刻、$\boldsymbol{r}$ 处单位溶液体积内溶质的粒子数, 即数密度. 又设 $\boldsymbol{v}$ 为溶质粒子的速度. 扩散实验的唯象规律表明：溶液中的某一点 $\boldsymbol{r}$ 处, 在单位时间内通过单位截面积的溶质粒子数 $\rho\boldsymbol{v}$ 正比于该处的浓度梯度 $\nabla\rho(\boldsymbol{r})$ 且方向相反, 即

$$\rho\boldsymbol{v} = -D\nabla\rho \tag{8.1.3-1}$$

比例系数 D 称为**扩散系数**, 确切地说称为**平动扩散系数**. 式 (8.1.3-1) 称为 **Fick 第一定律**[1].

另一方面, 单位时间内, 流入溶液中某一微体积的溶质粒子数 $\dfrac{\partial\rho}{\partial t}$ 必须等于流出的粒子数 $\nabla\cdot(\rho v)$, 即满足粒子数守恒方程

$$\frac{\partial\rho}{\partial t} + \nabla\cdot(\rho\boldsymbol{v}) = 0 \tag{8.1.3-2}$$

根据式 (8.1.3-1), 式 (8.1.3-2) 可写为 $\dfrac{\partial\rho}{\partial t} + \nabla\cdot(-D\nabla\rho) = \dfrac{\partial\rho}{\partial t} - D\nabla\cdot\nabla\rho = 0$, 即

$$\frac{\partial\rho(\boldsymbol{r},t)}{\partial t} = D\nabla^2\rho(\boldsymbol{r},t) \tag{8.1.3-3}$$

式 (8.1.3-3) 称为 **Fick 第二定律**, 它表示溶液中任意一处溶质数密度随时间的增速正比于数密度的散度, 比例系数为平动扩散系数.

假设起始时 ($t=0$) 所有 N 个溶质粒子全在位置 $\boldsymbol{r}_0$ 处, 即微分方程 (8.1.3-3) 满足起始条件

$$\rho(\boldsymbol{r},0)=N\delta(\boldsymbol{r}-\boldsymbol{r}_0) \tag{8.1.3-4}$$

一阶微分方程有一个起始条件, 那么肯定有唯一的确定解. 再设 $G(\boldsymbol{r},t)\,\mathrm{d}\boldsymbol{r}$ 为 t 时刻在微体积 $\mathrm{d}\boldsymbol{r}$ 内出现溶质粒子的概率. 于是溶质粒子出现的概率密度

$$G(\boldsymbol{r},t)=\frac{\rho(\boldsymbol{r},t)}{N} \tag{8.1.3-5}$$

故从式 (8.1.3-3), 式 (8.1.3-4) 得到概率密度 $G(\boldsymbol{r},t)$ 的微分方程及其起始条件

$$\frac{\partial G(\boldsymbol{r},t)}{\partial t}=D\nabla^2 G(\boldsymbol{r},t) \tag{8.1.3-6a}$$

其起始条件为

$$G(\boldsymbol{r},0)=\delta(\boldsymbol{r}-\boldsymbol{r}_0) \tag{8.1.3-6b}$$

8.1.4　Fourier 变换法解扩散方程

现在用 Fourier 变换法求解描述扩散行为的微分方程 (8.1.3-6a), 起始条件为式 (8.1.3-6b). 三维 Fourier 变换及其逆变换见附录 I 的式 (I.3-1a) 和式 (I.3-3a). 设 $\bar{G}(\boldsymbol{k},t)$ 为对概率密度 $G(\boldsymbol{r},t)$ 的位置变量 $\boldsymbol{r}$ 作的 Fourier 变换, 则

$$\bar{G}(\boldsymbol{k},t)\equiv\left(\frac{1}{2\pi}\right)^{3/2}\int_{\Omega}\mathrm{d}\boldsymbol{r}\,\mathrm{e}^{-\mathrm{i}\boldsymbol{k}\cdot\boldsymbol{r}}G(\boldsymbol{r},t)$$

其 Fourier 逆变换 $G(\boldsymbol{r},t)=\left(\frac{1}{2\pi}\right)^{3/2}\int_{\Omega^{-1}}\mathrm{d}\boldsymbol{k}\,\mathrm{e}^{\mathrm{i}\boldsymbol{k}\cdot\boldsymbol{r}}\bar{G}(\boldsymbol{k},t)$. 将微分方程 (8.1.3-6a) 和它的起始条件式 (8.1.3-6b) 分别作 Fourier 变换.

先求 $G(\boldsymbol{r},t)$ 的梯度和散度. 因为 $\nabla G(\boldsymbol{r},t)=\left(\frac{1}{2\pi}\right)^{3/2}\int_{\Omega^{-1}}\mathrm{d}\boldsymbol{k}\,(-\mathrm{i}\boldsymbol{k})\,\mathrm{e}^{-\mathrm{i}\boldsymbol{k}\cdot\boldsymbol{r}}\bar{G}(\boldsymbol{k},t)$ 和 $\nabla^2 G(\boldsymbol{r},t)\equiv\nabla\cdot\nabla G(\boldsymbol{r},t)=\left(\frac{1}{2\pi}\right)^{3/2}\int_{\Omega^{-1}}\mathrm{d}\boldsymbol{k}\mathrm{e}^{-\mathrm{i}\boldsymbol{k}\cdot\boldsymbol{r}}\left[-k^2\bar{G}(\boldsymbol{k},t)\right]$, 于是

$$-k^2\bar{G}(\boldsymbol{k},t)=\mathcal{F}\left[\nabla^2 G(\boldsymbol{r},t)\right] \tag{8.1.4-1}$$

所以式 (8.1.3-6a) 两边的 Fourier 变换得到 $\frac{\partial}{\partial t}\bar{G}(\boldsymbol{k},t)=-Dk^2\bar{G}(\boldsymbol{k},t)$. 它的起始条件式 (8.1.3-6b) 的 Fourier 变换为

$$\bar{G}(\boldsymbol{k},0)=\mathcal{F}\left[G(\boldsymbol{r},0)\right]=\left(\frac{1}{2\pi}\right)^{3/2}\int_{\Omega}\mathrm{d}\boldsymbol{r}\,\mathrm{e}^{-\mathrm{i}\boldsymbol{k}\cdot\boldsymbol{r}}\delta(\boldsymbol{r}-\boldsymbol{r}_0)=\left(\frac{1}{2\pi}\right)^{3/2}\mathrm{e}^{-\mathrm{i}\boldsymbol{k}\cdot\boldsymbol{r}_0}$$

于是, 在变换后的像空间 Ω^{-1} 内扩散方程及其起始条件的形式分别为

$$\frac{\partial}{\partial t}\bar{G}(\boldsymbol{k},t)=-Dk^2\bar{G}(\boldsymbol{k},t) \tag{8.1.4-2a}$$

和

$$\bar{G}(\boldsymbol{k},0)=\left(\frac{1}{2\pi}\right)^{3/2}\mathrm{e}^{-\mathrm{i}\boldsymbol{k}\cdot\boldsymbol{r}_0} \tag{8.1.4-2b}$$

对式 (8.1.4-2a) 积分 $\int_{\bar{G}(\boldsymbol{k},0)}^{\bar{G}(\boldsymbol{k},t)}\frac{\mathrm{d}\bar{G}(\boldsymbol{k},t)}{\bar{G}(\boldsymbol{k},t)}=\int_0^t\mathrm{d}t\left(-Dk^2\right)$, 得到

$$\bar{G}(\boldsymbol{k},t)=\bar{G}(\boldsymbol{k},0)\,\mathrm{e}^{-Dk^2t}=\left(\frac{1}{2\pi}\right)^{3/2}\mathrm{e}^{-\mathrm{i}\boldsymbol{k}\cdot\boldsymbol{r}_0}\mathrm{e}^{-Dk^2t} \tag{8.1.4-3}$$

再对上式作 Fourier 逆变换, 得到概率密度

$$\begin{aligned}G(\boldsymbol{r},t)&=\mathcal{F}^{-1}\left[\bar{G}(\boldsymbol{k},t)\right]=\left(\frac{1}{2\pi}\right)^{3/2}\int_{\Omega^{-1}}\mathrm{d}\boldsymbol{k}\mathrm{e}^{\mathrm{i}\boldsymbol{k}\cdot\boldsymbol{r}}\left[\left(\frac{1}{2\pi}\right)^{3/2}\mathrm{e}^{-\mathrm{i}\boldsymbol{k}\cdot\boldsymbol{r}_0}\mathrm{e}^{-Dk^2t}\right]\\&=\left(\frac{1}{2\pi}\right)^{3}\int_{\Omega^{-1}}\mathrm{d}\boldsymbol{k}\,\mathrm{e}^{\mathrm{i}\boldsymbol{k}\cdot(\boldsymbol{r}-\boldsymbol{r}_0)}\mathrm{e}^{-Dk^2t}\end{aligned}$$

作变换

$$\boldsymbol{K}\equiv\boldsymbol{k}-\mathrm{i}\frac{\boldsymbol{r}-\boldsymbol{r}_0}{2Dt} \tag{8.1.4-4}$$

故 $\mathrm{d}\boldsymbol{K}=\mathrm{d}\boldsymbol{k}$ 且 $\boldsymbol{K}\cdot\boldsymbol{K}=\left(\boldsymbol{k}-\mathrm{i}\frac{\boldsymbol{r}-\boldsymbol{r}_0}{2Dt}\right)\cdot\left(\boldsymbol{k}-\mathrm{i}\frac{\boldsymbol{r}-\boldsymbol{r}_0}{2Dt}\right)=k^2-\frac{\left|\boldsymbol{r}-\boldsymbol{r}_0\right|^2}{4D^2t^2}-\mathrm{i}\frac{\boldsymbol{k}\cdot(\boldsymbol{r}-\boldsymbol{r}_0)}{Dt}$, 即

$$\mathrm{i}\boldsymbol{k}\cdot(\boldsymbol{r}-\boldsymbol{r}_0)-Dk^2t=-DK^2t-\frac{\left|\boldsymbol{r}-\boldsymbol{r}_0\right|^2}{4Dt} \tag{8.1.4-5}$$

所以

$$G(\boldsymbol{r},t)=\left(\frac{1}{2\pi}\right)^{3}\int_{\Omega^{-1}}\mathrm{d}\boldsymbol{k}\,\mathrm{e}^{\mathrm{i}\boldsymbol{k}\cdot(\boldsymbol{r}-\boldsymbol{r}_0)}\mathrm{e}^{-Dk^2t}=\left(\frac{1}{2\pi}\right)^{3}\mathrm{e}^{-\frac{|\boldsymbol{r}-\boldsymbol{r}_0|^2}{4Dt}}\int_{\Omega^{-1}}\mathrm{d}\boldsymbol{K}\,\mathrm{e}^{-DK^2t} \tag{8.1.4-6}$$

考虑到三维空间 Ω 的如下定积分:

$$\int_{\Omega}\mathrm{d}\boldsymbol{r}\,\mathrm{e}^{-ar^2}=\int_0^{2\pi}\mathrm{d}\phi\int_0^{\pi}\mathrm{d}\theta\sin\theta\int_0^{\infty}\mathrm{d}r\,r^2\mathrm{e}^{-ar^2}=4\pi\int_0^{\infty}\mathrm{d}r\,r^2\mathrm{e}^{-ar^2} \tag{8.1.4-7}$$

又根据附录 D 的 Gauss 积分公式 (见式 (D.2-12)) $G_3=\int_0^{\infty}x^2\mathrm{e}^{-ax^2}\mathrm{d}x=\frac{\sqrt{\pi}}{4a^{3/2}}$, 所以

$$\int_{\Omega}\mathrm{d}\boldsymbol{r}\,\mathrm{e}^{-ar^2}=\left(\frac{\pi}{a}\right)^{3/2} \tag{8.1.4-8}$$

所以式 (8.1.4-6) 中的积分为

$$\int_{\Omega^{-1}}\mathrm{d}\boldsymbol{K}\,\mathrm{e}^{-DK^2t}=\left(\frac{\pi}{Dt}\right)^{3/2} \tag{8.1.4-9}$$

于是

$$G(\boldsymbol{r},t)=\left(\frac{1}{2\pi}\right)^{3}\left(\frac{\pi}{Dt}\right)^{3/2}\mathrm{e}^{-\frac{|\boldsymbol{r}-\boldsymbol{r}_0|^2}{4Dt}} \tag{8.1.4-10}$$

这就是溶质粒子扩散运动概率密度 $G(\boldsymbol{r},t)$, 它是唯象理论 Fick 第二定律的解[1].

8.1.5 粒子位移平方的平均值

有了粒子出现的概率密度 $G(\boldsymbol{r},t)$, 那么就可以求出任意物理量 $A(\boldsymbol{r})$ 的系综平均值

$$\langle A\rangle=\int_{\Omega}\mathrm{d}\boldsymbol{r}\,A(\boldsymbol{r})G(\boldsymbol{r},t) \tag{8.1.5-1}$$

作为特例, Brown 运动中粒子位移平方的系综平均值

$$\left\langle|\boldsymbol{r}-\boldsymbol{r}_0|^2\right\rangle=\int_{\Omega}\mathrm{d}\boldsymbol{r}\;|\boldsymbol{r}-\boldsymbol{r}_0|^2G(\boldsymbol{r},t)=\left(\frac{1}{2\pi}\right)^3\left(\frac{\pi}{Dt}\right)^{3/2}\int_{\Omega}\mathrm{d}\boldsymbol{r}\;|\boldsymbol{r}-\boldsymbol{r}_0|^2\mathrm{e}^{-\frac{|\boldsymbol{r}-\boldsymbol{r}_0|^2}{4Dt}} \tag{8.1.5-2}$$

将式 (8.1.5-2) 积分变量作平动变换, $\boldsymbol{r}-\boldsymbol{r}_0\rightarrow\boldsymbol{r}$, 得到

$$\int_{\Omega}\mathrm{d}\boldsymbol{r}\;|\boldsymbol{r}-\boldsymbol{r}_0|^2\mathrm{e}^{-\frac{|\boldsymbol{r}-\boldsymbol{r}_0|^2}{4Dt}}=\int_{\Omega}\mathrm{d}\boldsymbol{r}\,r^2\,\mathrm{e}^{-\frac{r^2}{4Dt}}=4\pi\int_0^{\infty}\mathrm{d}r\,r^4\mathrm{e}^{-\frac{r^2}{4Dt}}$$

代入式 (8.1.5-2), 得到

$$\left\langle|\boldsymbol{r}-\boldsymbol{r}_0|^2\right\rangle=\left(\frac{1}{2\pi}\right)^3\left(\frac{\pi}{Dt}\right)^{3/2}4\pi\int_0^{\infty}\mathrm{d}r\,r^4\mathrm{e}^{-\frac{r^2}{4Dt}}=\left(\frac{1}{2\pi}\right)^3\left(\frac{\pi}{Dt}\right)^{3/2}4\pi\frac{3\sqrt{\pi}}{8\left(\dfrac{1}{4Dt}\right)^{5/2}},$$

即

$$\left\langle|\boldsymbol{r}-\boldsymbol{r}_0|^2\right\rangle=6Dt \tag{8.1.5-3}$$

实际上, 原始起点位置是不重要的, 可以设为 0. 于是

$$\left\langle r^2\right\rangle=6Dt \tag{8.1.5-4}$$

这就是 1905 年 Einstein 和 Smoluchowski 分别在理论上证明的公式, 它预言了 Brown 运动粒子位移的规律, 也就是式 (8.1.2-7). 只不过后者是一维空间的结果, 式 (8.1.5-4) 是三维空间的结果[1].

8.1.6 速度的自时间相关函数[1,2]

从粒子的初始位置 $\boldsymbol{r}_0$, t 时刻的位置 $\boldsymbol{r}(t)$ 与其速度 $\boldsymbol{v}(t)$ 的关系 $\boldsymbol{r}(t)-\boldsymbol{r}_0=\int_0^t\mathrm{d}t'\,\boldsymbol{v}(t')$ 得到 $|\boldsymbol{r}(t)-\boldsymbol{r}_0|^2=\int_0^t\mathrm{d}t'\int_0^t\mathrm{d}t''\,\boldsymbol{v}(t')\cdot\boldsymbol{v}(t'')$. 再对大量粒子求系综平均, 就可以从式 (8.1.5-3) 得到

$$\left\langle|\boldsymbol{r}(t)-\boldsymbol{r}_0|^2\right\rangle=\int_0^t\mathrm{d}t'\int_0^t\mathrm{d}t''\,\langle\boldsymbol{v}(t')\cdot\boldsymbol{v}(t'')\rangle=6Dt \tag{8.1.6-1}$$

$\langle\boldsymbol{v}(t')\cdot\boldsymbol{v}(t'')\rangle$ 代表粒子前一时刻的速度和它自身后一时刻速度之间的相关程度, 故称速度的自时间相关函数. 只要这个系综是处于稳态的, 由于经典力学运动方程的时间反演对称性, 总有时间平移的不变性, 即 $\langle\boldsymbol{v}(t')\cdot\boldsymbol{v}(t'')\rangle$ 与时间原点的选取无关:

$$\langle\boldsymbol{v}(t')\cdot\boldsymbol{v}(t'')\rangle=\langle\boldsymbol{v}(t'-t'')\cdot\boldsymbol{v}(0)\rangle=\langle\boldsymbol{v}(t''-t')\cdot\boldsymbol{v}(0)\rangle \tag{8.1.6-2}$$

现在讨论式 (8.1.6-1) 的二重积分问题. 令新的时间变量

$$\begin{cases} \tau \equiv t'' - t' \\ \zeta \equiv t'' + t' \end{cases} \tag{8.1.6-3}$$

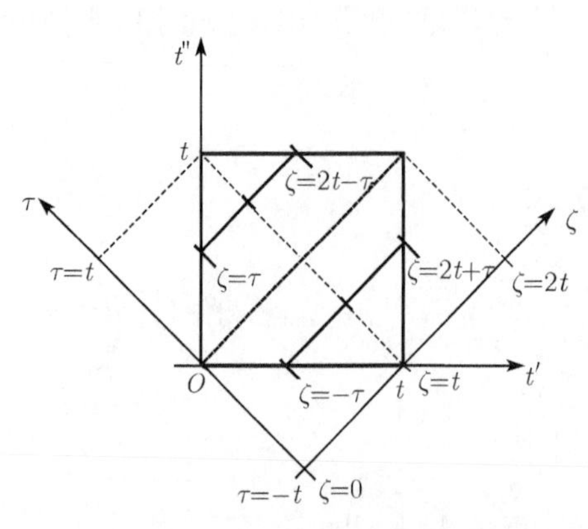

图 8.1.6-1　式 (8.1.6-1) 中的积分限

t' 和 t'' 的变化范围均为 $0 \to t$, 故新变量的变化范围为 $\tau: -t \to t, \zeta: 0 \to 2t$, 如图 8.1.6-1 所示. 原来 t' 和 t'' 的积分范围 (粗黑正方形), 引入新的变量后可以分成上下两个直角三角形的积分区域. 在下面的直角三角形中, 变量变化范围为 $\tau: -t \to 0, \zeta: -\tau \to 2t+\tau$ (从几何关系就可以看出来). 在上面的直角三角形中, 变量变化范围为 $\tau: 0 \to t, \zeta: \tau \to 2t-\tau$.

变量变换前后的体积元与其 Jacobi 行列式为

$$\mathrm{d}\tau\mathrm{d}\zeta = \left\| \begin{matrix} \dfrac{\partial\tau}{\partial t'} & \dfrac{\partial\tau}{\partial t''} \\ \dfrac{\partial\zeta}{\partial t'} & \dfrac{\partial\zeta}{\partial t''} \end{matrix} \right\| \mathrm{d}t'\mathrm{d}t'' = \left\| \begin{matrix} -1 & 1 \\ 1 & 1 \end{matrix} \right\| \mathrm{d}t'\mathrm{d}t'' = 2\mathrm{d}t'\mathrm{d}t'' \tag{8.1.6-4}$$

所以, 式 (8.1.6-1) 中的积分可以写为

$$\begin{aligned}
&\int_0^t \mathrm{d}t' \int_0^t \mathrm{d}t'' \langle \boldsymbol{v}(t') \cdot \boldsymbol{v}(t'') \rangle = \int_0^t \mathrm{d}t' \int_0^t \mathrm{d}t'' \langle \boldsymbol{v}(0) \cdot \boldsymbol{v}(t''-t') \rangle \\
&= \frac{1}{2}\left\{ \int_{-t}^0 \mathrm{d}\tau \int_{-\tau}^{2t+\tau} \mathrm{d}\zeta \langle \boldsymbol{v}(0) \cdot \boldsymbol{v}(\tau) \rangle + \int_0^t \mathrm{d}\tau \int_\tau^{2t-\tau} \mathrm{d}\zeta \langle \boldsymbol{v}(0) \cdot \boldsymbol{v}(\tau) \rangle \right\} \\
&= \frac{1}{2}\left\{ \int_{-t}^0 \mathrm{d}\tau\, (2t+2\tau) \langle \boldsymbol{v}(0) \cdot \boldsymbol{v}(\tau) \rangle + \int_0^t \mathrm{d}\tau\, (2t-2\tau) \langle \boldsymbol{v}(0) \cdot \boldsymbol{v}(\tau) \rangle \right\} \\
&= \int_{-t}^0 \mathrm{d}\tau\, (t+\tau) \langle \boldsymbol{v}(0) \cdot \boldsymbol{v}(\tau) \rangle + \int_0^t \mathrm{d}\tau\, (t-\tau) \langle \boldsymbol{v}(0) \cdot \boldsymbol{v}(\tau) \rangle
\end{aligned}$$

其中, 第一项积分可以再用变量变换 $\tau' \equiv -\tau$. 于是

$$\begin{aligned}
\int_{-t}^0 \mathrm{d}\tau\, (t+\tau) \langle \boldsymbol{v}(0) \cdot \boldsymbol{v}(\tau) \rangle &= -\int_t^0 \mathrm{d}\tau'\, (t-\tau') \langle \boldsymbol{v}(0) \cdot \boldsymbol{v}(-\tau') \rangle \\
&= \int_0^t \mathrm{d}\tau\, (t-\tau) \langle \boldsymbol{v}(0) \cdot \boldsymbol{v}(-\tau) \rangle
\end{aligned}$$

最后, 式 (8.1.6-1) 可以改写为

$$\begin{aligned}
D &= \frac{1}{6t} \left\langle |\boldsymbol{r}(t) - \boldsymbol{r}_0|^2 \right\rangle = \frac{1}{6t} \int_0^t \mathrm{d}t' \int_0^t \mathrm{d}t'' \langle \boldsymbol{v}(t') \cdot \boldsymbol{v}(t'') \rangle \\
&= \frac{1}{6} \int_0^t \mathrm{d}\tau \left(1 - \frac{\tau}{t}\right) \{ \langle \boldsymbol{v}(0) \cdot \boldsymbol{v}(-\tau) \rangle + \langle \boldsymbol{v}(0) \cdot \boldsymbol{v}(\tau) \rangle \}
\end{aligned}$$

由于时间位移的不变性 $\langle \boldsymbol{v}(0)\cdot\boldsymbol{v}(-\tau)\rangle = \langle \boldsymbol{v}(0)\cdot\boldsymbol{v}(\tau)\rangle$. 故有

$$D = \frac{1}{3}\int_0^t \mathrm{d}\tau \left(1-\frac{\tau}{t}\right)\langle \boldsymbol{v}(0)\cdot\boldsymbol{v}(\tau)\rangle. \tag{8.1.6-5}$$

通常速度自时间相关函数 $\langle \boldsymbol{v}(0)\cdot\boldsymbol{v}(\tau)\rangle$ 随时间 τ 而衰变, 只要衰变足够快, 同时时间 t 选得足够长 (这在通常实验中是满足的), 于是 $D = \lim\limits_{t\to\infty}\frac{1}{3}\int_0^t \mathrm{d}\tau\left(1-\frac{\tau}{t}\right)\langle \boldsymbol{v}(0)\cdot\boldsymbol{v}(\tau)\rangle$, 即

$$D = \frac{1}{3}\int_0^\infty \mathrm{d}\tau\,\langle \boldsymbol{v}(0)\cdot\boldsymbol{v}(\tau)\rangle \tag{8.1.6-6}$$

式 (8.1.6-6) 就是通常模拟中据以计算**平动扩散系数** D 的公式[1,2,8]. 其前提是只要满足 Fick 第一、二定律的那些所谓 "正常" 的扩散过程就可以, 也就是该过程在微观上足够慢, 空间尺度变化上足够平滑就适用.

讨论

(1) 分子的扩散系数: 以上讨论的溶质粒子是单个粒子, 是没有自身结构的. 而现在讨论分子体系, 它由多个粒子构成具有结构的体系, 显然只要把式 (8.1.6-6) 中的粒子平动速度 $\boldsymbol{v}(t)$ 改成分子体系质心的平动速度 $\boldsymbol{v}_c(t)$ 就行, 即

$$D = \frac{1}{3}\int_0^\infty \mathrm{d}\tau\,\langle \boldsymbol{v}_c(0)\cdot\boldsymbol{v}_c(\tau)\rangle \tag{8.1.6-7}$$

可以采用式 (8.1.6-7) 通过分子动力学模拟来求算分子的平动扩散系数 D.

(2) 对分子体系的另外一种考虑如下: 根据式 (8.1.6-1), 对于单个粒子 $\left\langle |\boldsymbol{r}(t)-\boldsymbol{r}_0|^2\right\rangle = 6Dt$. 所以, 分子体系就需要对组成该分子体系的所有 N 个原子加和平均

$$\frac{1}{N}\sum_{i=1}^{N}\left\langle |\boldsymbol{r}_i(t)-\boldsymbol{r}_0|^2\right\rangle = 6Dt \tag{8.1.6-8}$$

即 $D = \frac{1}{6N}\frac{\mathrm{d}}{\mathrm{d}t}\sum\limits_{i=1}^{N}\left\langle |\boldsymbol{r}_i(t)-\boldsymbol{r}_0|^2\right\rangle$. 实际上测量扩散系数的时间间隔对于分子平动运动而言极长, 所以要取时间 $t\to\infty$ 的极限, 于是

$$D = \frac{1}{6N}\lim_{t\to\infty}\frac{\mathrm{d}}{\mathrm{d}t}\sum_{i=1}^{N}\left\langle |\boldsymbol{r}_i(t)-\boldsymbol{r}_0|^2\right\rangle \tag{8.1.6-9}$$

实际分子模拟时也能采用此式.

(3) 系综平均值$\left\langle |\boldsymbol{r}(t)-\boldsymbol{r}_0|^2\right\rangle$ 的模拟见图 8.1.6-2(a). 同样, 普遍的时间自相关函数 $\langle A(0)\,A(t)\rangle$ 的模拟见图 8.1.6-2(b), 把图 8.1.6-2(b) 稍作改动就可以模拟更普遍的时间相关函数 $\langle A(0)\,B(t)\rangle$.

(4) 平动扩散系数表征分子质心平动运动的快慢. 与之相对应的是**转动扩散系数**, 它表征分子绕质心转动运动的快慢[1]. 这里不再赘述.

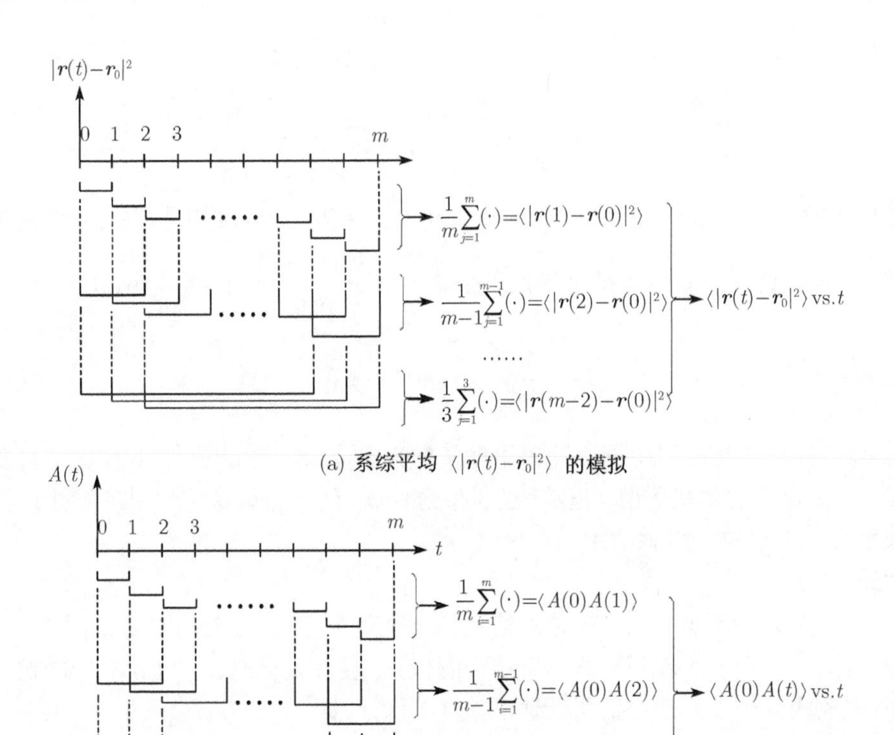

(a) 系综平均 $\langle|\boldsymbol{r}(t)-\boldsymbol{r}_0|^2\rangle$ 的模拟

(b) 时间自相关函数 $\langle A(0)A(t)\rangle$ 的模拟

图 8.1.6-2

8.2　金属电导率

金属的导电性是由于金属中自由电子的运动造成的. 在外电场的作用下, 自由电子获得定向的运动, 造成电荷的输运, 这就是宏观上表现出来的电流. 金属中的自由电子可以当作稀薄气体来处理, 所以根据统计力学关于**单组分的Boltzmann 输运方程**[1]

$$\frac{\partial f}{\partial t}+\boldsymbol{v}\cdot\nabla_{\boldsymbol{r}}f+\frac{\boldsymbol{X}}{m}\cdot\nabla_{\boldsymbol{v}}f=\Gamma^{(+)}-\Gamma^{(-)}\equiv\left(\frac{\partial f}{\partial t}\right)_{\text{Coll.}}\tag{8.2-1}$$

其中, $f(\boldsymbol{r},\boldsymbol{v},t)$ 为该单粒子的分布函数, m 为其质量; $\Gamma^{(+)}$, $\Gamma^{(-)}$ 分别代表撞入项和撞出项, 这两项之差 $\left(\frac{\partial f}{\partial t}\right)_{\text{Coll.}}$ 表示碰撞作用对单粒子分布函数的时间变化率的贡献. 在本例中,

(1) 自由电子在外电场 $\boldsymbol{E}$ 中受到的外力为

$$\boldsymbol{X}=-e\boldsymbol{E}\tag{8.2-2}$$

(2) 外电场 $\boldsymbol{E}$ 是均匀的. 体系的温度也是均匀的.

(3) 金属接上均匀外电场之后, 电子的统计分布函数 f 偏离它原先的平衡分布 $f_e(\boldsymbol{r},\boldsymbol{v})$. 但是, 由于碰撞作用使分布函数力图向平衡分布 f_e 恢复. 过了一定时间之后, 这两种相反的因素相互抵消, 使体系又处于稳态. 电子的分布函数达到一个非平衡的稳态的分布函数 $f(\boldsymbol{r},\boldsymbol{v},t)$, 所以

$$\frac{\partial f}{\partial t}=0 \tag{8.2-3}$$

8.2.1 弛豫时间法

现在讨论单组分 Boltzmann 输运方程的碰撞项. 当撤去外电场的瞬间之后, 由于碰撞作用电子的单粒子分布函数 f 将回到平衡分布 f_e. 这个过程相当于一个弛豫过程. 令弛豫时间为 τ. 若外电场 $\boldsymbol{E}$ 不是太强, 则分布函数 f 偏离平衡分布 f_e 很小. 于是在弱外场下可以假设

$$f=f_e+\varphi(\boldsymbol{v}). \tag{8.2.1-1}$$

第二项 φ 只是电子速度 $\boldsymbol{v}$ 的函数. 由于偏离量 φ 很小, 可以唯象地假定该弛豫过程恢复平衡的速度为

$$\left[\frac{\partial(f-f_e)}{\partial t}\right]_{\text{Coll.}}=-\frac{f-f_e}{\tau(\boldsymbol{v})} \tag{8.2.1-2}$$

(称为**弛豫时间近似**)[3].

讨论

(1) 式 (8.2.1-2) 就是假定该弛豫过程的分布函数偏离量以指数速度下降, 原因如下: 将式 (8.2.1-2) 积分:

$$\int_{t=0}^{t=t}\frac{\partial[f(\boldsymbol{r},\boldsymbol{v},t)-f_e(\boldsymbol{r},\boldsymbol{v})]}{f-f_e}=\int_0^t-\frac{\mathrm{d}t}{\tau} \tag{8.2.1-3}$$

所以 $f(\boldsymbol{r},\boldsymbol{v},t)-f_e=[f(\boldsymbol{r},\boldsymbol{v},0)-f_e]\,\mathrm{e}^{-t/\tau}$.

(2) 弛豫时间 $\tau(\boldsymbol{v})$ 表示 f 趋向 f_e 的快慢. f 是通过碰撞作用而趋向 f_e 的, 所以弛豫时间 τ 与电子的 "平均自由飞行时间" $l/|\boldsymbol{v}|$ 直接有关. 可以认为, τ 与飞行的方向无关. 有时, 人们假定 $\tau=A|\boldsymbol{v}|^s$, 令其中, $A>0$, 常数 $s>-7$.

8.2.2 分布函数偏离量 φ

从单组分的 Boltzmann 输运方程 (8.2-1), 根据式 (8.2.3) 和弛豫时间近似的式 (8.2.1-2), 得到

$$\boldsymbol{v}\cdot\nabla_{\boldsymbol{r}}f+\frac{\boldsymbol{X}}{m}\cdot\nabla_v f=-\frac{f-f_e}{\tau}=-\frac{\varphi}{\tau} \tag{8.2.2-1}$$

因为外电场是均匀的, 温度梯度为 0, 所以又能假设单粒子分布函数 f 与粒子的位置无关, 即

$$\nabla_{\boldsymbol{r}}f=\boldsymbol{0} \tag{8.2.2-2}$$

再根据式 (8.2-2), 外力 $\boldsymbol{X}=-e\boldsymbol{E}$, 代入式 (8.2.2-1) 得到

$$-\frac{e\boldsymbol{E}}{m}\cdot\nabla_{\boldsymbol{v}}f=-\frac{\varphi}{\tau} \tag{8.2.2-3}$$

考虑到

$$\nabla_{\boldsymbol{v}}f=\frac{\partial f}{\partial\varepsilon}\nabla_{\boldsymbol{v}}\varepsilon=\frac{\partial f}{\partial\varepsilon}m\boldsymbol{v}\approx\frac{\partial f_e}{\partial\varepsilon}m\boldsymbol{v} \tag{8.2.2-4}$$

代入式 (8.2.2-3), 得到分布函数偏离平衡的量

$$\varphi = e\tau\left(\frac{\partial f_e}{\partial \varepsilon}\right)\boldsymbol{E}\cdot\boldsymbol{v} \tag{8.2.2-5}$$

8.2.3　平衡分布函数

电子在平衡态的分布为 Fermi-Dirac 分布 (图 8.2.3-1), 即

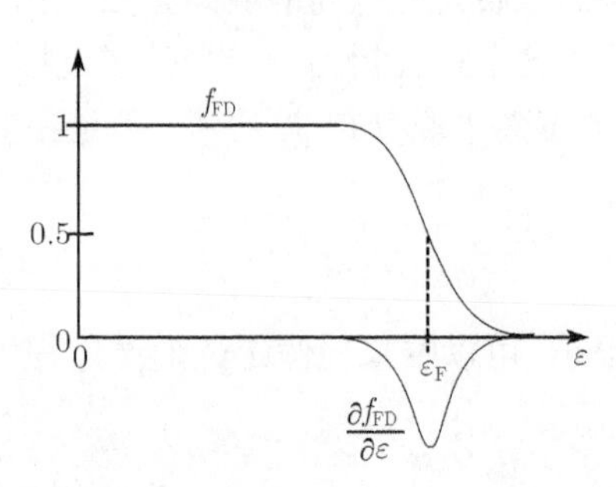

图 8.2.3-1　Fermi-Dirac 分布

$$f_{\mathrm{FD}}(\varepsilon) = \frac{1}{1+\mathrm{e}^{(\varepsilon-\varepsilon_{\mathrm{F}})\beta}} \tag{8.2.3-1}$$

其中, Fermi 能量ε_{F} 指体系基态时单电子占有态的最高能量, $\beta \equiv 1/(k_B T)$. 可见 $f_{\mathrm{FD}}(\varepsilon)$ 表示单电子自旋量子态的占有概率.

注意：Fermi-Dirac 分布 $f_{\mathrm{FD}}(\varepsilon)$ 是指电子按照自旋量子态的分布, 而上述 f_e 为电子的速度分布. 所以要建立 f_{FD} 与 f_e 为电子之间的联系.

因为 μ 空间中相体积元 $\mathrm{d}\boldsymbol{r}\mathrm{d}\boldsymbol{p}$ 内的量子态 (不考虑自旋, 即 "空间量子态") 的数目为 $\frac{\mathrm{d}^3\boldsymbol{r}\mathrm{d}^3\boldsymbol{p}}{h^3}$; $\frac{\mathrm{d}^3\boldsymbol{p}}{h^3}$ 为 $\boldsymbol{r}$ 处单位体积内电子动量为 $\boldsymbol{p}\to\boldsymbol{p}+\mathrm{d}\boldsymbol{p}$ 的空间量子态的数目; $2\frac{\mathrm{d}^3\boldsymbol{p}}{h^3}$ 为 $\boldsymbol{r}$ 处单位体积内电子动量为 $\boldsymbol{p}\to\boldsymbol{p}+\mathrm{d}\boldsymbol{p}$ 之间 "自旋量子态" 的数目. 所以在 $\boldsymbol{r}$ 处单位体积内电子动量为 $\boldsymbol{p}\to\boldsymbol{p}+\mathrm{d}\boldsymbol{p}$ (即电子速度在 $\boldsymbol{v}\to\boldsymbol{v}+\mathrm{d}\boldsymbol{v}$) 之间的电子数目为 $f_{\mathrm{FD}}(\varepsilon)\cdot 2\frac{\mathrm{d}^3\boldsymbol{p}}{h^3}$. 因为这里都是考虑平衡体系的情况, 所以 $f_{\mathrm{FD}}(\varepsilon)\cdot 2\frac{\mathrm{d}\boldsymbol{p}}{h^3} = f_e(\boldsymbol{r},\boldsymbol{v})\,\mathrm{d}\boldsymbol{v}$. 再考虑到 $\mathrm{d}\boldsymbol{p}\equiv \mathrm{d}^3\boldsymbol{p} = m^3\mathrm{d}^3\boldsymbol{v}\equiv m^3\mathrm{d}\boldsymbol{v}$, 故得到

$$f_e(\boldsymbol{r},\boldsymbol{v}) = \frac{2m^3}{h^3}f_{\mathrm{FD}}(\varepsilon) \tag{8.2.3-2}$$

求证: $\left(\frac{\partial f_e}{\partial \varepsilon}\right) = -\frac{2m^3}{h^3}\frac{\delta(\varepsilon-\varepsilon_{\mathrm{F}})}{1+\mathrm{e}^{-\beta\varepsilon_{\mathrm{F}}}}$　　(8.2.3-3)

证明　从图 8.2.3-1 可见 Fermi-Dirac 分布对于粒子能量 ε 的偏导 $\left(\frac{\partial f_{\mathrm{FD}}}{\partial \varepsilon}\right)$ 近于位于 ε_{F} 的 Dirac 函数 $-\delta(\varepsilon-\varepsilon_{\mathrm{F}})$. 故令两者的关系为

$$\left(\frac{\partial f_{\mathrm{FD}}}{\partial \varepsilon}\right) = a(\varepsilon)\,\delta(\varepsilon-\varepsilon_{\mathrm{F}}) \tag{8.2.3-4}$$

其中, $a(\varepsilon)$ 待定. 根据式 (8.2.3-1),

$$a(\varepsilon)\,\delta(\varepsilon-\varepsilon_{\mathrm{F}}) = \left(\frac{\partial f_{\mathrm{FD}}}{\partial \varepsilon}\right) = \frac{\partial}{\partial \varepsilon}\left(\frac{1}{1+\mathrm{e}^{(\varepsilon-\varepsilon_{\mathrm{F}})\beta}}\right) = \frac{-\beta\mathrm{e}^{(\varepsilon-\varepsilon_{\mathrm{F}})\beta}}{\left[1+\mathrm{e}^{(\varepsilon-\varepsilon_{\mathrm{F}})\beta}\right]^2}$$

将等式两边积分 $\int_0^\infty \mathrm{d}\varepsilon\,(\cdot)$, 得到

$$\int_0^\infty \mathrm{d}\varepsilon\frac{-\beta\mathrm{e}^{(\varepsilon-\varepsilon_{\mathrm{F}})\beta}}{\left[1+\mathrm{e}^{(\varepsilon-\varepsilon_{\mathrm{F}})\beta}\right]^2} = \int_0^\infty \mathrm{d}\varepsilon\, a(\varepsilon)\,\delta(\varepsilon-\varepsilon_{\mathrm{F}}) = a(\varepsilon_{\mathrm{F}})$$

于是

$$a(\varepsilon_{\mathrm{F}})=\int_0^\infty \mathrm{d}\varepsilon\frac{-\beta \mathrm{e}^{(\varepsilon-\varepsilon_{\mathrm{F}})\beta}}{\left[1+\mathrm{e}^{(\varepsilon-\varepsilon_{\mathrm{F}})\beta}\right]^2}=-\int_0^\infty \frac{\mathrm{d}\left[\mathrm{e}^{(\varepsilon-\varepsilon_{\mathrm{F}})\beta}\right]}{\left[1+\mathrm{e}^{(\varepsilon-\varepsilon_{\mathrm{F}})\beta}\right]^2}=\left.\frac{1}{1+\mathrm{e}^{(\varepsilon-\varepsilon_{\mathrm{F}})\beta}}\right|_0^\infty=-\frac{1}{1+\mathrm{e}^{-\beta\varepsilon_{\mathrm{F}}}}$$

代入式 (8.2.3-4) 得到

$$\left(\frac{\partial f_{\mathrm{FD}}}{\partial\varepsilon}\right)=-\frac{1}{1+\mathrm{e}^{-\beta\varepsilon_{\mathrm{F}}}}\delta(\varepsilon-\varepsilon_{\mathrm{F}}) \tag{8.2.3-5}$$

再引用式 (8.2.3-2) 得到

$$\frac{\partial f_e}{\partial\varepsilon}=\frac{2m^3}{h^3}\frac{\partial f_{\mathrm{FD}}}{\partial\varepsilon}=-\frac{2m^3}{h^3}\frac{\delta(\varepsilon-\varepsilon_{\mathrm{F}})}{1+\mathrm{e}^{-\beta\varepsilon_{\mathrm{F}}}}$$ ■

讨论

通常温度下金属的 Fermi 能量 $\varepsilon_{\mathrm{F}}\gg k_BT$($\varepsilon_{\mathrm{F}}$ 约为 3~5 eV, 室温的 k_BT 为 0.025 eV), 于是式 (8.2.3-5) 就可以改写为

$$\left(\frac{\partial f_{\mathrm{FD}}}{\partial\varepsilon}\right)=-\delta(\varepsilon-\varepsilon_{\mathrm{F}}) \tag{8.2.3-6}$$

8.2.4 电流密度

非平衡稳态时, 在 $\boldsymbol{r}$ 处单位体积内电子速度在 $\boldsymbol{v}\to\boldsymbol{v}+\mathrm{d}\boldsymbol{v}$ 之间的电子数目为 $f(\boldsymbol{r},\boldsymbol{v})\,\mathrm{d}\boldsymbol{v}$. 于是单位时间内通过单位截面的电子数为 $\boldsymbol{v}f(\boldsymbol{r},\boldsymbol{v})\,\mathrm{d}\boldsymbol{v}$, 每个电子的电量为 $-e$. 再对所有速度积分得到电流密度

$$\boldsymbol{j}=\int(-e)\,\boldsymbol{v}f(\boldsymbol{r},\boldsymbol{v})\,\mathrm{d}\boldsymbol{v} \tag{8.2.4-1}$$

引用弱外场近似的式 (8.2.1-1) 得到

$$\boldsymbol{j}=-e\int\boldsymbol{v}(f_e+\varphi)\,\mathrm{d}\boldsymbol{v} \tag{8.2.4-2}$$

从 Fermi-Dirac 分布 f_{FD}, $f_e=\dfrac{2m^3}{h^3}f_{\mathrm{FD}}$ 和 $\varepsilon=\dfrac{1}{2}mv^2$ 可见: 平衡时电子的速度分布 f_e 是速度 $\boldsymbol{v}$ 的偶函数, 从而 $\boldsymbol{v}f_e$ 是速度 $\boldsymbol{v}$ 的奇函数. 所以 $\displaystyle\int\boldsymbol{v}f_e(\cdot)\,\mathrm{d}\boldsymbol{v}$ 类积分必为零. 其物理意义为平衡时正向运动的电子的概率一定等于反向运动的电子的概率. 于是式 (8.2.4-2) 的电流密度可以写为

$$\boldsymbol{j}=-e\int\boldsymbol{v}\varphi\mathrm{d}\boldsymbol{v} \tag{8.2.4-3}$$

根据式 (8.2.2-5), 得到 $\boldsymbol{j}=-e\displaystyle\int\boldsymbol{v}\left[e\tau\left(\frac{\partial f_e}{\partial\varepsilon}\right)\boldsymbol{E}\cdot\boldsymbol{v}\right]\mathrm{d}\boldsymbol{v}$, 再整理为

电流密度

$$\boldsymbol{j}=-e^2\int\left(\frac{\partial f_e}{\partial\varepsilon}\right)\tau\boldsymbol{v}\boldsymbol{v}\cdot\boldsymbol{E}\mathrm{d}\boldsymbol{v} \tag{8.2.4-4}$$

8.2.5　电导率张量

将式 (8.2.4-4) 对照唯象上的 Ohm 定律, 即电流密度 $\boldsymbol{j} = \overleftrightarrow{\boldsymbol{\sigma}} \cdot \boldsymbol{E}$, $\overleftrightarrow{\boldsymbol{\sigma}}$ 为**电导率张量**. 于是

$$\overleftrightarrow{\boldsymbol{\sigma}} = e^2 \int \left(-\frac{\partial f_e}{\partial \varepsilon}\right) \tau \boldsymbol{v}\boldsymbol{v} \mathrm{d}\boldsymbol{v} \tag{8.2.5-1}$$

电导率张量 $\overleftrightarrow{\boldsymbol{\sigma}}$ 的各分量为

$$\sigma_{ij} = e^2 \int \left(-\frac{\partial f_e}{\partial \varepsilon}\right) \tau v_i v_j \mathrm{d}\boldsymbol{v}, \quad i, j = 1, 2, 3 \tag{8.2.5-2}$$

考虑到

(1) 弛豫时间 τ 表示单粒子分布函数 f 通过碰撞作用趋向 f_e 的快慢. 它与电子的"平均自由飞行时间" 有关, 与速度 $\boldsymbol{v}$ 的方向无关. 粒子能量 ε 与粒子速度 v 的平方成正比. 所以式 (8.2.5-2) 中 $\left(-\dfrac{\partial f_e}{\partial \varepsilon}\right)\tau$ 内只是 $|\boldsymbol{v}|$ 的函数, 而与 $\boldsymbol{v}$ 的方向无关. 因此这部分对矢量 $\boldsymbol{v}$ 的积分为 $\displaystyle\int (\cdot)\, \mathrm{d}\boldsymbol{v} = \int_0^\infty (\cdot) 4\pi v^2 \mathrm{d}v$, 另外, 并矢 $\boldsymbol{v}\boldsymbol{v}$ 的分量部分还是要先对矢量 $\boldsymbol{v}$ 的方位角 $\Omega_{\boldsymbol{v}}$ 积分;

(2) 由于 $\varepsilon = \dfrac{1}{2} m v^2$, 所以 $v^2 \mathrm{d}v = \dfrac{\sqrt{2\varepsilon}}{m^{3/2}} \mathrm{d}\varepsilon$;

(3) 式 (8.2.3-2) 表明速度分布 $f_e(\boldsymbol{r}, \boldsymbol{v}) = \dfrac{2m^3}{h^3} f_{\mathrm{FD}}(\varepsilon)$, 于是得到

$$\begin{aligned}
\sigma_{ij} &= e^2 \int \left(-\frac{\partial f_e}{\partial \varepsilon}\right) \tau v_i v_j v^2 \mathrm{d}v \mathrm{d}\Omega_v \\
&= e^2 \int_0^\infty \mathrm{d}\varepsilon \frac{\sqrt{2\varepsilon}}{m^{3/2}} \left[\left(-\frac{\partial f_e}{\partial \varepsilon}\right) \tau \cdot 4\pi \cdot \left(\frac{1}{4\pi} \int_{\Omega_v} v_i v_j \mathrm{d}\Omega_v\right)\right] \\
&= e^2 \int_0^\infty \mathrm{d}\varepsilon \frac{\sqrt{2\varepsilon}}{m^{3/2}} \left[\frac{2m^3}{h^3} \left(-\frac{\partial f_{\mathrm{FD}}}{\partial \varepsilon}\right) \tau \cdot 4\pi \cdot \overline{v_i v_j}\right]
\end{aligned}$$

其中,

$$\overline{v_i v_j} \equiv \frac{1}{4\pi} \int_{\Omega_v} v_i v_j \mathrm{d}\Omega_v \tag{8.2.5-3a}$$

即

$$\overline{\boldsymbol{v}\boldsymbol{v}} \equiv \frac{1}{4\pi} \int_{\Omega_v} \boldsymbol{v}\boldsymbol{v} \mathrm{d}\Omega_v \tag{8.2.5-3b}$$

表示物理量 $v_i v_j$ 在等能面上的角平均值. 令

$$D(\varepsilon) \equiv \frac{m^{3/2}\sqrt{2\varepsilon}}{\hbar^3 \pi^2} \tag{8.2.5-4}$$

于是

$$\sigma_{ij} = e^2 \int \mathrm{d}\varepsilon \left(-\frac{\partial f_{\mathrm{FD}}}{\partial \varepsilon}\right) \tau D(\varepsilon) \overline{v_i v_j} \tag{8.2.5-5}$$

室温左右金属的 Fermi 能量 $\varepsilon_{\mathrm{F}} \gg k_B T$, 于是根据式 (8.2.3-6)$\left(\dfrac{\partial f_{\mathrm{FD}}}{\partial \varepsilon}\right) = -\delta(\varepsilon - \varepsilon_{\mathrm{F}})$ 得到

$$\sigma_{ij} = e^2 \int \mathrm{d}\varepsilon \delta(\varepsilon - \varepsilon_{\mathrm{F}}) \tau D(\varepsilon) \overline{v_i v_j} = \left[e^2 \tau D(\varepsilon) \overline{v_i v_j}\right]_{\varepsilon = \varepsilon_{\mathrm{F}}}$$

即

$$\sigma_{ij} = e^2 \tau(\varepsilon_{\mathrm{F}}) D(\varepsilon_{\mathrm{F}}) \overline{v_i v_j}^{\mathrm{F}} \tag{8.2.5-6}$$

$\overline{v_i v_j}^{\mathrm{F}}$ 表示在 Fermi 面上对 $v_i v_j$ 求角平均值. 自由电子的等能面是球面, 很容易求角平均值. 式 (8.2.5-6) 也等价于

电导率张量

$$\overleftrightarrow{\boldsymbol{\sigma}} = e^2 \tau(\varepsilon_{\mathrm{F}}) D(\varepsilon_{\mathrm{F}}) \overline{\boldsymbol{vv}}^{\mathrm{F}} \tag{8.2.5-7}$$

其中, $\tau(\varepsilon_{\mathrm{F}})$ 为 Fermi 面上电子的弛豫时间, $\overline{\boldsymbol{vv}}^{\mathrm{F}}$ 为并矢 $\boldsymbol{vv}$ 在 Fermi 面上的角平均 (当然也是个张量). 以上关于金属导电的经典非平衡统计理论表明, 电导率完全受 Fermi 面上电子的行为决定的, 并不与深能级上的电子有关. 这类似于化学反应的前线轨道理论.

8.2.6 并矢 $\boldsymbol{vv}$ 的 Fermi 面角平均

式 (8.2.5-7) 表明电导率张量 $\overleftrightarrow{\boldsymbol{\sigma}}$ 与并矢 $\boldsymbol{vv}$ 的 Fermi 面角平均 $\overline{\boldsymbol{vv}}^{\mathrm{F}}$ 有关. 以下求证各向同性导体的

$$\overline{\boldsymbol{vv}}^{\mathrm{F}} = \frac{2\varepsilon_{\mathrm{F}}}{3m} \overleftrightarrow{\mathbf{1}} = \frac{v_{\mathrm{F}}^2}{3} \overleftrightarrow{\mathbf{1}} \tag{8.2.6-1a}$$

(v_{F} 为 Fermi 面上电子的速度, 即 $\varepsilon_{\mathrm{F}} = \dfrac{1}{2} m v_{\mathrm{F}}^2$) 即它的分量

$$\overline{v_i v_j}^{\mathrm{F}} = \frac{2\varepsilon_{\mathrm{F}}}{3m} \delta_{ij} \tag{8.2.6-1b}$$

证明

(1) 根据式 (8.2.5-3) $\overline{v_i v_j} \equiv \dfrac{1}{4\pi} \displaystyle\int_{\Omega_v} v_i v_j \mathrm{d}\Omega_v$,

$$\overline{v_i v_j}^{\mathrm{F}} \equiv \frac{1}{4\pi} \int_{(\mathrm{Fermi}\,面)} v_i v_j \sin\theta \mathrm{d}\theta \mathrm{d}\phi, \quad \forall i, j = x, y, z \tag{8.2.6-2}$$

各向同性导体的 Fermi 面是球面, 所以

$$\overline{v_i v_j}^{\mathrm{F}} = \overline{v_j v_i}^{\mathrm{F}} \tag{8.2.6-3}$$

(2) 对角项: 设 Fermi 面上的电子速度为 $\boldsymbol{v}_{\mathrm{F}}$, x 方向上的速度为

$$v_x = (v_{\mathrm{F}} \sin\theta) \sin\phi \tag{8.2.6-4a}$$

y 方向上的速度为

$$v_y = (v_{\mathrm{F}} \sin\theta) \cos\phi \tag{8.2.6-4b}$$

z 方向上的速度为

$$v_z = v_{\mathrm{F}} \cos\theta \tag{8.2.6-4c}$$

所以

$$\begin{aligned}\overline{v_xv_x}^{\mathrm{F}} &= \frac{1}{4\pi}\int_{(\mathrm{Fermi}\,面)} v_x^2\sin\theta\mathrm{d}\theta\mathrm{d}\phi = \frac{1}{4\pi}\int_{-1}^{1}\mathrm{d}\cos\theta\int_0^{2\pi}\mathrm{d}\phi\left(v_{\mathrm{F}}\sin\theta\sin\phi\right)^2\\&= \frac{v_{\mathrm{F}}^2}{4\pi}\int_{-1}^{1}\mathrm{d}\cos\theta\left(1-\cos^2\theta\right)\int_0^{2\pi}\mathrm{d}\phi\sin^2\phi\\&= \frac{v_{\mathrm{F}}^2}{4\pi}\left(x-\frac{x^3}{3}\right)\Big|_{-1}^{1}\int_0^{2\pi}\mathrm{d}\phi\frac{1}{2}\left(1-\cos 2\phi\right)\\&= \frac{v_{\mathrm{F}}^2}{4\pi}\cdot\frac{4}{3}\cdot\left\{\frac{1}{2}\int_0^{2\pi}\mathrm{d}\phi-\frac{1}{4}\int_0^{2\pi}\mathrm{d}\sin 2\phi\right\} = \frac{v_{\mathrm{F}}^2}{3}\end{aligned}$$

Fermi 面上的动能即 $\varepsilon_{\mathrm{F}}=\frac{1}{2}mv_{\mathrm{F}}^2$, 所以 $v_{\mathrm{F}}^2=\frac{2\varepsilon_{\mathrm{F}}}{m}$. 进而

$$\overline{v_xv_x}^{\mathrm{F}} = \frac{2\varepsilon_{\mathrm{F}}}{3m} \tag{8.2.6-5}$$

同理,

$$\begin{aligned}\overline{v_yv_y}^{\mathrm{F}} &= \frac{1}{4\pi}\int_{(\mathrm{Fermi}\,面)} v_y^2\sin\theta\mathrm{d}\theta\mathrm{d}\phi = \frac{1}{4\pi}\int_{-1}^{1}\mathrm{d}\cos\theta\int_0^{2\pi}\mathrm{d}\phi\left(v_{\mathrm{F}}\sin\theta\cos\phi\right)^2\\&= \frac{v_{\mathrm{F}}^2}{4\pi}\int_{-1}^{1}\mathrm{d}\cos\theta\left(1-\cos^2\theta\right)\int_0^{2\pi}\mathrm{d}\phi\cos^2\phi\\&= \frac{v_{\mathrm{F}}^2}{4\pi}\left(x-\frac{x^3}{3}\right)\Big|_{-1}^{1}\int_0^{2\pi}\mathrm{d}\phi\frac{1}{2}\left(1+\cos 2\phi\right)\\&= \frac{v_{\mathrm{F}}^2}{4\pi}\cdot\frac{4}{3}\cdot\left\{\frac{1}{2}\int_0^{2\pi}\mathrm{d}\phi+\frac{1}{4}\int_0^{2\pi}\mathrm{d}\sin 2\phi\right\} = \frac{v_{\mathrm{F}}^2}{3} = \frac{2\varepsilon_{\mathrm{F}}}{3m}\end{aligned}$$

和

$$\overline{v_xv_x}^{\mathrm{F}} = \overline{v_yv_y}^{\mathrm{F}} = \overline{v_zv_z}^{\mathrm{F}} = \frac{2\varepsilon_{\mathrm{F}}}{3m} \tag{8.2.6-6}$$

(3) 非对角项:

$$\begin{aligned}\overline{v_xv_y}^{\mathrm{F}} &= \frac{1}{4\pi}\int_{(\mathrm{Fermi}\,面)} v_xv_y\sin\theta\mathrm{d}\theta\mathrm{d}\phi\\&= \frac{1}{4\pi}\int_{-1}^{1}\mathrm{d}\cos\theta\int_0^{2\pi}\mathrm{d}\phi\left(v_{\mathrm{F}}\sin\theta\sin\phi\right)\left(v_{\mathrm{F}}\sin\theta\cos\phi\right)\\&= \frac{v_{\mathrm{F}}^2}{4\pi}\int_{-1}^{1}\mathrm{d}\cos\theta\left(1-\cos^2\theta\right)\int_0^{2\pi}\mathrm{d}\phi\sin\phi\cos\phi\\&= \frac{v_{\mathrm{F}}^2}{4\pi}\left(x-\frac{x^3}{3}\right)\Big|_{-1}^{1}\int_0^{2\pi}\mathrm{d}\phi\frac{1}{2}\sin 2\phi\\&= \frac{v_{\mathrm{F}}^2}{4\pi}\cdot\frac{4}{3}\cdot\left\{-\frac{1}{4}\int_0^{2\pi}\mathrm{d}\cos 2\phi\right\} = 0\end{aligned}$$

同理, 得到

$$\overline{v_yv_z}^{\mathrm{F}} = \overline{v_zv_x}^{\mathrm{F}} = 0 \tag{8.2.6-7}$$

最后, 证得式 (8.2.6-1a) 和式 (8.2.6-1b). ■

8.2.7 小结

根据上述,

(1) 电导率张量

$$\overleftrightarrow{\boldsymbol{\sigma}}=e^{2}\tau\left(\varepsilon_{\mathrm{F}}\right)D\left(\varepsilon_{\mathrm{F}}\right)\overline{\boldsymbol{v}\boldsymbol{v}}^{\mathrm{F}}$$

(2) 各向同性导体时, 并矢 $\boldsymbol{v}\boldsymbol{v}$ 在 Fermi 面上的角平均 $\overline{\boldsymbol{v}\boldsymbol{v}}^{\mathrm{F}}$ 为

$$\overline{\boldsymbol{v}\boldsymbol{v}}^{\mathrm{F}}=\frac{2\varepsilon_{\mathrm{F}}}{3m}\overleftrightarrow{\mathbf{1}}$$

(3) 式 (8.2.5-4) 定义的

$$D\left(\varepsilon\right)\equiv\frac{m^{3/2}\sqrt{2\varepsilon}}{\hbar^{3}\pi^{2}}$$

所以对于各向同性的金属导体电导率张量为

$$\overleftrightarrow{\boldsymbol{\sigma}}=e^{2}\tau\left(\varepsilon_{\mathrm{F}}\right)D\left(\varepsilon_{\mathrm{F}}\right)\overline{\boldsymbol{v}\boldsymbol{v}}^{\mathrm{F}}=e^{2}\tau\left(\varepsilon_{\mathrm{F}}\right)\frac{m^{3/2}\sqrt{2\varepsilon_{\mathrm{F}}}}{\hbar^{3}\pi^{2}}\cdot\frac{2\varepsilon_{\mathrm{F}}}{3m}\overleftrightarrow{\mathbf{1}} \tag{8.2.7-1}$$

根据关于固体中自由电子气的论述(见式 (10.5.1-12)), 自由电子气的 Fermi 能量 $\varepsilon_{\mathrm{F}}=\left(\dfrac{6\pi^{2}}{g}\right)^{2/3}\dfrac{\hbar^{2}\rho^{2/3}}{2m}$, 自旋简并度 $g=2$, 于是可以得到自由电子气的密度

$$\rho=\frac{1}{3\pi^{2}}\left(\frac{2m\varepsilon_{\mathrm{F}}}{\hbar^{2}}\right)^{3/2} \tag{8.2.7-2}$$

最后, 金属的电导率张量

$$\overleftrightarrow{\boldsymbol{\sigma}}=e^{2}\tau\left(\varepsilon_{\mathrm{F}}\right)\frac{\rho}{m}\overleftrightarrow{\mathbf{1}} \tag{8.2.7-3}$$

8.3 热 传 导

这里讨论金属的导热问题. 金属的导热是由于金属中自由电子传输动能造成的.

8.3.1 分布函数

金属中的自由电子可以当作稀薄气体处理, 类似于 8.2 节, 根据单组分的 Boltzmann 输运方程

$$\frac{\partial f}{\partial t}+\boldsymbol{v}\cdot\nabla_{r}f+\frac{\boldsymbol{X}}{m}\cdot\nabla_{\boldsymbol{v}}f=\left(\frac{\partial f}{\partial t}\right)_{\mathrm{Coll.}} \tag{8.3.1-1}$$

当稳态时, $\dfrac{\partial f}{\partial t}=0$. 本例中, 外力 $\boldsymbol{X}=0$. 在没有温度梯度的情况下, 自由电子是按照平衡态的单粒子分布函数 f_e 分布的. 可是在温度梯度 $\nabla_{\boldsymbol{r}}T$ 为定值的情况下, 体系处于稳态, 即单粒子分布函数 $f\left(\boldsymbol{r},\boldsymbol{v},t\right)$ 达到稳定, 即 $\dfrac{\partial f}{\partial t}=0$ 或 $f=f\left(\boldsymbol{r},\boldsymbol{v}\right)$. 当温度梯度不大时, 则分布函数 f 偏离 f_e 很小, 即处于近平衡的稳态. 这时

$$f=f_e+\varphi\ \text{而}\ \varphi\ll f_e \tag{8.3.1-2}$$

除了温度梯度使得分布函数偏离平衡的因素之外,还有一个相反的因素,即由于粒子间的碰撞使体系从非平衡的近平衡状态趋近于平衡态. 对于这第二种因素引入唯象的**弛豫时间近似**: 假设这种趋近是指数型的, 即

$$\left(\frac{\partial f}{\partial t}\right)_{\text{Coll.}}=-\frac{f-f_e}{\tau} \tag{8.3.1-3}$$

于是式 (8.3.1-1) 在无外力、近平衡稳态、指数型弛豫近似之下, 可以写为

$$\boldsymbol{v}\cdot\nabla_{\boldsymbol{r}}f=-\frac{f-f_e}{\tau} \tag{8.3.1-4a}$$

即

$$f=f_e-\tau\boldsymbol{v}\cdot\nabla_{r}f \tag{8.3.1-4b}$$

分布函数的梯度可写为

$$\nabla_{\boldsymbol{r}}f=\frac{\partial f}{\partial\left(\dfrac{\varepsilon-\varepsilon_{\mathrm{F}}}{k_BT}\right)}\nabla_{\boldsymbol{r}}\left(\frac{\varepsilon-\varepsilon_{\mathrm{F}}}{k_BT}\right)=T\frac{\partial f}{\partial\varepsilon}\nabla_{\boldsymbol{r}}\left(\frac{\varepsilon-\varepsilon_{\mathrm{F}}}{T}\right) \tag{8.3.1-5}$$

考虑到此时 $f\approx f_e$, 所以得到 $\nabla_{\boldsymbol{r}}f\approx T\dfrac{\partial f_e}{\partial\varepsilon}\nabla_{\boldsymbol{r}}\left(\dfrac{\varepsilon-\varepsilon_{\mathrm{F}}}{T}\right)=T\dfrac{\partial f_e}{\partial\varepsilon}\left[-\dfrac{\varepsilon}{T^2}\nabla_{\boldsymbol{r}}T-\nabla_{\boldsymbol{r}}\left(\dfrac{\varepsilon_{\mathrm{F}}}{T}\right)\right]$,
即

$$\nabla_{\boldsymbol{r}}f=\frac{\partial f_e}{\partial\varepsilon}\left[-\varepsilon\nabla_{\boldsymbol{r}}\ln T-T\nabla_{\boldsymbol{r}}\left(\frac{\varepsilon_{\mathrm{F}}}{T}\right)\right] \tag{8.3.1-6}$$

代入式 (8.3.1-4b) 得到

$$f=f_e+\tau\boldsymbol{v}\cdot\frac{\partial f_e}{\partial\varepsilon}\left[\varepsilon\nabla_{\boldsymbol{r}}\ln T+T\nabla_{\boldsymbol{r}}\left(\frac{\varepsilon_{\mathrm{F}}}{T}\right)\right] \tag{8.3.1-7}$$

可见该体系分布函数偏离平衡态的量为

$$\varphi=\tau\frac{\partial f_e}{\partial\varepsilon}\boldsymbol{v}\cdot\left[\varepsilon\nabla_{\boldsymbol{r}}\ln T+T\nabla_{\boldsymbol{r}}\left(\frac{\varepsilon_{\mathrm{F}}}{T}\right)\right] \tag{8.3.1-8}$$

8.3.2　电流密度为零的约束

在 $\boldsymbol{r}$ 处单位时间内通过单位截面的子数为 $\boldsymbol{v}f(\boldsymbol{r},\boldsymbol{v})\,\mathrm{d}\boldsymbol{v}$, 一个电子携带电量 $-e$, 于是在 $\boldsymbol{r}$ 处单位时间内通过单位截面的电量 (即 "电流密度") 为

$$\boldsymbol{j}=\int(-e)\,\boldsymbol{v}f(\boldsymbol{r},\boldsymbol{v})\,\mathrm{d}\boldsymbol{v} \tag{8.3.2-1}$$

根据式 (8.3.1-2), 同时考虑到实际上在不存在外电场的近平衡态时各处电流密度均为零,于是

$$\boldsymbol{0}=\boldsymbol{j}=\int(-e)\,\boldsymbol{v}f(\boldsymbol{r},\boldsymbol{v})\,\mathrm{d}\boldsymbol{v}=\int(-e)\,\boldsymbol{v}\,(f_e+\varphi)\,\mathrm{d}v$$

当平衡态时, 各处电流密度亦均为零 $\boldsymbol{0}=\displaystyle\int(-e)\,\boldsymbol{v}f_e\mathrm{d}\boldsymbol{v}$, 所以从 "电流密度为零" 这个约束条件得到

$$\boldsymbol{0}=\int(-e)\,\boldsymbol{v}\varphi\mathrm{d}\boldsymbol{v} \tag{8.3.2-2}$$

将式 (8.3.1-8) 的 φ 代入, 得到

$$\mathbf{0}=e\int\left\{\tau\left(-\frac{\partial f_e}{\partial\varepsilon}\right)\left[\varepsilon\nabla_{\boldsymbol{r}}\ln T+T\nabla_{\boldsymbol{r}}\left(\frac{\varepsilon_{\mathrm{F}}}{T}\right)\right]\right\}\cdot\boldsymbol{v}\boldsymbol{v}\mathrm{d}\boldsymbol{v} \tag{8.3.2-3}$$

式 (8.3.2-3) 花括号内：第一, 因为从 τ 的物理含义来看 τ 只是 $|\boldsymbol{v}|$ 的函数; 第二, 从粒子能量 ε 与粒子速度 $\boldsymbol{v}$ 的平方 v^2 成正比来看 ε 也只是 $|\boldsymbol{v}|$ 的函数, 所以式 (8.3.2-3) 花括号内只是 $|\boldsymbol{v}|$ 的函数, 与 $\boldsymbol{v}$ 的方向无关. 因此式 (8.3.2-3) 花括号内对矢量 $\boldsymbol{v}$ 的积分为 $\int(\cdot)\,\mathrm{d}\boldsymbol{v}=\int_0^\infty(\cdot)4\pi v^2\mathrm{d}v$ 类型. 但是并矢 $\boldsymbol{v}\boldsymbol{v}$ 部分还与角分布有关, 所以要先对矢量 $\boldsymbol{v}$ 的方位角 $\Omega_{\boldsymbol{v}}$ 积分, 于是得到

$$\begin{aligned}\mathbf{0}=&e\int_0^\infty\left\{\tau\left(-\frac{\partial f_e}{\partial\varepsilon}\right)\left[\varepsilon\nabla_{\boldsymbol{r}}\ln T+T\nabla_{\boldsymbol{r}}\left(\frac{\varepsilon_{\mathrm{F}}}{T}\right)\right]\right\}4\pi\\&\times\left\{\frac{1}{4\pi}\int_{\Omega_v}\boldsymbol{v}\boldsymbol{v}\mathrm{d}\Omega_v\right\}v^2\mathrm{d}v\end{aligned} \tag{8.3.2-4}$$

考虑到

(1) 根据式 (8.2.3-2) $f_e(\boldsymbol{r},\boldsymbol{v})=\dfrac{2m^3}{h^3}f_{\mathrm{FD}}(\varepsilon)$, 所以有 $-\dfrac{\partial f_e}{\partial\varepsilon}=-\dfrac{2m^3}{h^3}\dfrac{\partial f_{\mathrm{FD}}}{\partial\varepsilon}$.

(2) 式 (8.3.2-4) 方括号内 $\nabla_{\boldsymbol{r}}\ln T$ 和 $T\nabla_{\boldsymbol{r}}\left(\dfrac{\varepsilon_{\mathrm{F}}}{T}\right)$ 两项都与粒子能量 ε 无关, 而是由外部温度分布决定的. 所以如果将对速度的积分改换成对粒子能量的积分, 那么这两项都可以与积分无关. 由于 $\varepsilon=\dfrac{1}{2}mv^2$, 所以 $v^2\mathrm{d}v=\dfrac{\sqrt{2\varepsilon}}{m^{3/2}}\mathrm{d}\varepsilon$.

(3) 式 (8.3.2-4) 的第二个花括号就是式 (8.2.5-3b), 即并矢 $\overline{\boldsymbol{v}\boldsymbol{v}}$ 的角平均. 在 8.2 节中, 运用室温左右下金属的 Fermi 能量 $\varepsilon_{\mathrm{F}}\gg kT$ 的条件, 根据式 (8.2.3-6) $\left(\dfrac{\partial f_{\mathrm{FD}}}{\partial\varepsilon}\right)=-\delta(\varepsilon-\varepsilon_{\mathrm{F}})$, 于是求得并矢 $\boldsymbol{v}\boldsymbol{v}$ 在 Fermi 面上的角平均为 $\overline{\boldsymbol{v}\boldsymbol{v}}^{\mathrm{F}}=\dfrac{2\varepsilon_{\mathrm{F}}}{3m}\overset{\leftrightarrow}{1}=\dfrac{v_{\mathrm{F}}^2}{3}\overset{\leftrightarrow}{1}$ (见式 (8.2.6-1a)). 其实, 只要满足各向同性的条件就可以同样演绎得到在任意球形等能面上并矢 $\boldsymbol{v}\boldsymbol{v}$ 的角平均为

$$\overline{\boldsymbol{v}\boldsymbol{v}}=\frac{2\varepsilon}{3m}\overset{\leftrightarrow}{1}=\frac{v^2}{3}\overset{\leftrightarrow}{1} \tag{8.3.2-5}$$

(4) 同样引入定义 (见式 (8.2.5-4))

$$D(\varepsilon)\equiv\frac{m^{3/2}\sqrt{2\varepsilon}}{\hbar^3\pi^2} \tag{8.3.2-6}$$

于是, 式 (8.3.2-4) 可以改写为

$$\begin{aligned}\mathbf{0}&=e\int_0^\infty\left\{\tau\left(-\frac{\partial f_e}{\partial\varepsilon}\right)\left[\varepsilon\nabla_{\boldsymbol{r}}\ln T+T\nabla_{\boldsymbol{r}}\left(\frac{\varepsilon_{\mathrm{F}}}{T}\right)\right]\right\}4\pi\cdot\frac{v^2}{3}\overset{\leftrightarrow}{1}v^2\mathrm{d}v\\&=\left[\int_0^\infty\left(-\frac{\partial f_{\mathrm{FD}}}{\partial\varepsilon}\right)\tau\frac{v^2}{3}\varepsilon D(\varepsilon)\,\mathrm{d}\varepsilon\right]\nabla_{\boldsymbol{r}}\ln T\end{aligned}$$

$$+\left[\int_0^\infty \left(-\frac{\partial f_{\mathrm{FD}}}{\partial \varepsilon}\right)\tau \frac{v^2}{3} D(\varepsilon)\,\mathrm{d}\varepsilon\right] T\nabla_{\boldsymbol{r}}\left(\frac{\varepsilon_{\mathrm{F}}}{T}\right) \tag{8.3.2-7}$$

定义

$$L_n \equiv \int_0^\infty \left(-\frac{\partial f_{\mathrm{FD}}}{\partial \varepsilon}\right)\tau \frac{v^2}{3}\varepsilon^n D(\varepsilon)\,\mathrm{d}\varepsilon, \quad n=0,1,2,\cdots \tag{8.3.2-8}$$

所以从电流密度为零的约束得来的式 (8.3.2-7) 可改写为 $\mathbf{0} = L_1\nabla_{\boldsymbol{r}}\ln T + L_0 T\nabla_{\boldsymbol{r}}\left(\frac{\varepsilon_{\mathrm{F}}}{T}\right)$, 即

$$T\nabla_{\boldsymbol{r}}\left(\frac{\varepsilon_{\mathrm{F}}}{T}\right) = -\frac{L_1}{L_0}\nabla_{\boldsymbol{r}}\ln T \tag{8.3.2-9}$$

8.3.3 热流

在 $\boldsymbol{r}$ 处单位时间内通过单位截面的子数为 $\boldsymbol{v}f(\boldsymbol{r},\boldsymbol{v})\,\mathrm{d}\boldsymbol{v}$, 一个粒子携带能量 ε, 于是在 $\boldsymbol{r}$ 处单位时间内通过单位截面的能量 (即**热流**) 为

$$\boldsymbol{q} = \int \varepsilon \boldsymbol{v} f(\boldsymbol{r},\boldsymbol{v})\,\mathrm{d}\boldsymbol{v} \tag{8.3.3-1}$$

根据式 (8.3.1-7), 得到

$$\boldsymbol{q} = \int \varepsilon \boldsymbol{v}(f_e+\varphi)\,\mathrm{d}\boldsymbol{v} = \int \varepsilon \boldsymbol{v} f_e \mathrm{d}\boldsymbol{v} + \int \varepsilon \boldsymbol{v}\varphi \mathrm{d}\boldsymbol{v} \tag{8.3.3-2}$$

由气体分子速度分布可知平衡分布 f_e 是速度向量 $\boldsymbol{v}$ 的偶函数, 于是 $\boldsymbol{v}f_e$ 是速度向量 $\boldsymbol{v}$ 的奇函数. 于是式 (8.3.3-2) 第一项 $\int$(奇函数)$\mathrm{d}\boldsymbol{v}=0$(速度积分从 $-\infty$ 积到 $+\infty$). 引用式 (8.3.1-8), 式 (8.3.2-2) 可写为

$$\begin{aligned}\boldsymbol{q} &= \int \varepsilon \boldsymbol{v}\left\{\tau\frac{\partial f_e}{\partial \varepsilon}\boldsymbol{v}\cdot\left[\varepsilon\nabla_{\boldsymbol{r}}\ln T + T\nabla_{\boldsymbol{r}}\left(\frac{\varepsilon_{\mathrm{F}}}{T}\right)\right]\right\}\mathrm{d}\boldsymbol{v}\\ &= \int \varepsilon\tau\boldsymbol{v}\boldsymbol{v}\cdot\left(\frac{\partial f_e}{\partial \varepsilon}\right)\left[\varepsilon\nabla_{\boldsymbol{r}}\ln T + T\nabla_{\boldsymbol{r}}\left(\frac{\varepsilon_{\mathrm{F}}}{T}\right)\right]\mathrm{d}\boldsymbol{v}\end{aligned} \tag{8.3.3-3}$$

按照与式 (8.3.2-3) 和式 (8.3.2-4) 的考虑一样: 第一, 因为弛豫时间 τ 只是 $|\boldsymbol{v}|$ 的函数; 第二, 粒子能量 ε 也只是 $|\boldsymbol{v}|$ 的函数, 所以式 (8.3.3-3)内对于只是 $|\boldsymbol{v}|$ 的函数又与 $\boldsymbol{v}$ 方向无关的部分对矢量 $\boldsymbol{v}$ 的积分属于 $\int(\cdot)\,\mathrm{d}v = \int_0^\infty(\cdot)4\pi v^2\mathrm{d}v$ 类型. 而并矢 $\boldsymbol{v}\boldsymbol{v}$ 部分还与角分布有关, 需先对矢量 $\boldsymbol{v}$ 的方向角 $\Omega_{\boldsymbol{v}}$ 积分. 于是得到

$$\boldsymbol{q} = \int_0^\infty \left\{\varepsilon\tau\left(-\frac{\partial f_e}{\partial \varepsilon}\right)\left[\varepsilon\nabla_{\boldsymbol{r}}\ln T + T\nabla_{\boldsymbol{r}}\left(\frac{\varepsilon_{\mathrm{F}}}{T}\right)\right]\right\}4\pi\cdot\left\{\frac{1}{4\pi}\int_{\Omega_v}\boldsymbol{v}\boldsymbol{v}\mathrm{d}\Omega_{\boldsymbol{v}}\right\}v^2\mathrm{d}v$$

同样再考虑到: ① $-\frac{\partial f_e}{\partial \varepsilon} = -\frac{2m^3}{h^3}\frac{\partial f_{\mathrm{FD}}}{\partial \varepsilon}$; ② $v^2\mathrm{d}v = \frac{\sqrt{2\varepsilon}}{m^{3/2}}\mathrm{d}\varepsilon$; ③ $D(\varepsilon) \equiv \frac{m^{3/2}\sqrt{2\varepsilon}}{\hbar^3\pi^2}$ 得到

$$\boldsymbol{q} = \int_0^\infty \varepsilon\tau\overline{\boldsymbol{v}\boldsymbol{v}}\cdot\left(\frac{\partial f_{\mathrm{FD}}}{\partial \varepsilon}\right)\left[\varepsilon\nabla_{\boldsymbol{r}}\ln T + T\nabla_{\boldsymbol{r}}\left(\frac{\varepsilon_{\mathrm{F}}}{T}\right)\right]D(\varepsilon)\,\mathrm{d}\varepsilon$$

再引用式 (8.3.2-5) $\overline{\boldsymbol{v}\boldsymbol{v}} = \dfrac{2\varepsilon}{3m}\overleftrightarrow{1} = \dfrac{v^2}{3}\overleftrightarrow{1}$, 得到

$$
\begin{aligned}
\boldsymbol{q} &= -\left[\int_0^\infty \left(-\frac{\partial f_{\mathrm{FD}}}{\partial \varepsilon}\right) \tau \frac{v^2}{3} \varepsilon^2 D(\varepsilon)\, \mathrm{d}\varepsilon\right] \nabla_{\boldsymbol{r}} \ln T \\
&\quad - \left[\int_0^\infty \left(-\frac{\partial f_{\mathrm{FD}}}{\partial \varepsilon}\right) \tau \frac{v^2}{3} \varepsilon D(\varepsilon)\, \mathrm{d}\varepsilon\right] T \nabla_{\boldsymbol{r}} \left(\frac{\varepsilon_{\mathrm{F}}}{T}\right) \\
&= -L_2 \nabla_{\boldsymbol{r}} \ln T - L_1 T \nabla_{\boldsymbol{r}} \left(\frac{\varepsilon_{\mathrm{F}}}{T}\right)
\end{aligned}
$$

再根据从 “电流密度为零” 得来的式 (8.3.2-9) $T\nabla_{\boldsymbol{r}}\left(\dfrac{\varepsilon_{\mathrm{F}}}{T}\right) = -\dfrac{L_1}{L_0}\nabla_{\boldsymbol{r}}\ln T$, 整理得到

$$
\boldsymbol{q} = -\left(L_2 + \frac{L_1^2}{L_0}\right) \nabla_{\boldsymbol{r}} \ln T = -\left(\frac{L_2 L_0 - L_1^2}{L_0 T}\right) \nabla_{\boldsymbol{r}} T \tag{8.3.3-4}
$$

这就是关于金属中热传导问题的经典非平衡统计理论的结果. 将它与唯象的 Fourier 导热定律

$$
\boldsymbol{q} = -\lambda \nabla_{\boldsymbol{r}} T \tag{8.3.3-5}
$$

比较, 最后得到导热系数 λ,

$$
\lambda = \frac{L_2 L_0 - L_1^2}{L_0 T} \tag{8.3.3-6}
$$

至此, 导热系数的计算就归结为计算 $L_n (n = 0, 1, 2)$ 问题.

8.3.4 Sommerfeld 展开定理[9]

计算 L_n 的式 (8.3.2-8) 属于 $\displaystyle\int_0^\infty \left(-\frac{\partial f_{\mathrm{FD}}}{\partial \varepsilon}\right) \varphi(\varepsilon)\, \mathrm{d}\varepsilon$ 一类的积分, 其中, $\varphi(\varepsilon)$ 为 ε 的某个任意函数. 考虑到 Fermi-Dirac 分布函数 (见式 (8.2.3-1))

$$
f_{\mathrm{FD}}(\varepsilon) = \frac{1}{1 + \mathrm{e}^{(\varepsilon - \varepsilon_{\mathrm{F}})\beta}} \tag{8.3.4-1}
$$

可以证明: 对于任意函数 $\varphi(0)$, 只要满足 $\varphi(0) = 0$ 且在 $\varepsilon = \varepsilon_{\mathrm{F}}$ 处连续可微, 则总能作如下近似:

$$
\begin{aligned}
\int_0^\infty \frac{\partial \varphi(\varepsilon)}{\partial \varepsilon} f_{\mathrm{FD}}(\varepsilon)\, \mathrm{d}\varepsilon &= \varphi(\varepsilon_{\mathrm{F}}) + \frac{\pi^2}{6}\beta^{-2}\varphi^{(2)}(\varepsilon_{\mathrm{F}}) + \frac{7\pi^4}{360}\beta^{-4}\varphi^{(4)}(\varepsilon_{\mathrm{F}}) \\
&\quad + \frac{31\pi^6}{15120}\beta^{-6}\varphi^{(6)}(\varepsilon_{\mathrm{F}}) + \cdots
\end{aligned}
$$

或

$$
\begin{aligned}
\int_0^\infty \varphi(\varepsilon)\left(-\frac{\partial f_{\mathrm{FD}}}{\partial \varepsilon}\right) \mathrm{d}\varepsilon &= \varphi(\varepsilon_{\mathrm{F}}) + \frac{\pi^2}{6}\beta^{-2}\varphi^{(2)}(\varepsilon_{\mathrm{F}}) + \frac{7\pi^4}{360}\beta^{-4}\varphi^{(4)}(\varepsilon_{\mathrm{F}}) \\
&\quad + \frac{31\pi^6}{15120}\beta^{-6}\varphi^{(6)}(\varepsilon_{\mathrm{F}}) + \cdots
\end{aligned} \tag{8.3.4-2}
$$

其中, $\varphi^{(n)}(\varepsilon_{\mathrm{F}}) \equiv \left.\dfrac{\partial^n \varphi(\varepsilon)}{\partial \varepsilon^n}\right|_{\varepsilon = \varepsilon_{\mathrm{F}}}$. 式 (8.3.4-2) 称为 **Sommerfeld 展开定理**.

证明

(1) 积分

$$I \equiv \int_0^\infty \frac{\partial \varphi(\varepsilon)}{\partial \varepsilon} f_{\mathrm{FD}}(\varepsilon)\,\mathrm{d}\varepsilon = f_{\mathrm{FD}}(\varepsilon)\varphi(\varepsilon)\big|_0^\infty - \int_0^\infty \varphi(\varepsilon)\frac{\partial f_{\mathrm{FD}}(\varepsilon)}{\partial \varepsilon}\mathrm{d}\varepsilon$$
$$= \int_0^\infty \varphi(\varepsilon)\left(-\frac{\partial f_{\mathrm{FD}}(\varepsilon)}{\partial \varepsilon}\right)\mathrm{d}\varepsilon \tag{8.3.4-3}$$

而

$$\frac{\partial f_{\mathrm{FD}}(\varepsilon)}{\partial \varepsilon} = \frac{\partial}{\partial \varepsilon}\left(\frac{1}{1+\mathrm{e}^{(\varepsilon-\varepsilon_{\mathrm{F}})\beta}}\right) = \frac{-\beta \mathrm{e}^{(\varepsilon-\varepsilon_{\mathrm{F}})\beta}}{\left(1+\mathrm{e}^{(\varepsilon-\varepsilon_{\mathrm{F}})\beta}\right)^2} = \frac{-\beta}{\left(1+\mathrm{e}^{(\varepsilon-\varepsilon_{\mathrm{F}})\beta}\right)\left(1+\mathrm{e}^{-(\varepsilon-\varepsilon_{\mathrm{F}})\beta}\right)} \tag{8.3.4-4}$$

可见 $\dfrac{\partial f_{\mathrm{FD}}}{\partial \varepsilon}$ 是关于 $\varepsilon-\varepsilon_{\mathrm{F}}$ 的偶函数. 从图 8.2.3-1 也可见 $\dfrac{\partial f_{\mathrm{FD}}}{\partial \varepsilon}$ 也只有在 ε_{F} 附近才不为零. 所以, 可以在 ε_{F} 附近对 $\varphi(\varepsilon)$ 作 Taylor 展开

$$\varphi(\varepsilon) = \varphi(\varepsilon_{\mathrm{F}}) + \sum_{n=1}^{\infty}\frac{1}{n!}\varphi^{(n)}(\varepsilon_{\mathrm{F}})(\varepsilon-\varepsilon_{\mathrm{F}})^n \tag{8.3.4-5}$$

(2) 根据式 (8.3.4-3), 利用 $\dfrac{\partial f_{\mathrm{FD}}}{\partial \varepsilon}$ 是关于 $\varepsilon-\varepsilon_{\mathrm{F}}$ 的偶函数及只有在 ε_{F} 附近才不为零的性质, 可以将积分下限拓展到 $-\infty$

$$I = -\int_0^\infty \varphi(\varepsilon)\frac{\partial f_{\mathrm{FD}}(\varepsilon)}{\partial \varepsilon}\mathrm{d}\varepsilon = -\int_{-\infty}^\infty \varphi(\varepsilon)\frac{\partial f_{\mathrm{FD}}(\varepsilon)}{\partial \varepsilon}\mathrm{d}\varepsilon \tag{8.3.4-6}$$

将式 (8.3.4-5) 代入式 (8.3.4-6), 得到

$$I = -\varphi(\varepsilon_{\mathrm{F}})\int_{-\infty}^\infty \frac{\partial f_{\mathrm{FD}}(\varepsilon)}{\partial \varepsilon}\mathrm{d}\varepsilon - \sum_{\substack{n=1\\(\text{奇数项})}}^{\infty}\frac{\varphi^{(n)}(\varepsilon_{\mathrm{F}})}{n!}\int_{-\infty}^\infty (\varepsilon-\varepsilon_{\mathrm{F}})^n\frac{\partial f_{\mathrm{FD}}(\varepsilon)}{\partial \varepsilon}\mathrm{d}\varepsilon$$
$$- \sum_{\substack{n=2\\(\text{偶数项})}}^{\infty}\frac{\varphi^{(n)}(\varepsilon_{\mathrm{F}})}{n!}\int_{-\infty}^\infty (\varepsilon-\varepsilon_{\mathrm{F}})^n\frac{\partial f_{\mathrm{FD}}(\varepsilon)}{\partial \varepsilon}\mathrm{d}\varepsilon \tag{8.3.4-7}$$

(3) 式 (8.3.4-7) 中的第一个积分 $I_1 = \displaystyle\int_{-\infty}^\infty \frac{\partial f_{\mathrm{FD}}(\varepsilon)}{\partial \varepsilon}\mathrm{d}\varepsilon = f_{\mathrm{FD}}\big|_{-\infty}^\infty = -1.$

(4) 式 (8.3.4-7) 中的第二个积分 $I_2 = \displaystyle\int_{\substack{-\infty\\n=\mathrm{odd}}}^\infty (\varepsilon-\varepsilon_{\mathrm{F}})^n\frac{\partial f_{\mathrm{FD}}(\varepsilon)}{\partial \varepsilon}\mathrm{d}\varepsilon = 0$. 其原因在于 $\dfrac{\partial f_{\mathrm{FD}}}{\partial \varepsilon}$ 是关于 $\varepsilon-\varepsilon_{\mathrm{F}}$ 的偶函数, 而 $(\varepsilon-\varepsilon_{\mathrm{F}})^n$ 在当 n 为奇数时为 $\varepsilon-\varepsilon_{\mathrm{F}}$ 的奇函数. 所以整个被积函数是关于 $\varepsilon-\varepsilon_{\mathrm{F}}$ 的奇函数, 故在 $-\infty\to\infty$ 间的积分为零.

(5) 式 (8.3.4-7) 中的第三个积分, 利用式 (8.3.4-4) 得到

$$I_3 = \int_{\substack{-\infty\\n=\mathrm{even}}}^\infty (\varepsilon-\varepsilon_{\mathrm{F}})^n\frac{\partial f_{\mathrm{FD}}(\varepsilon)}{\partial \varepsilon}\mathrm{d}\varepsilon = \int_{\substack{-\infty\\n=\mathrm{even}}}^\infty \frac{-\beta(\varepsilon-\varepsilon_{\mathrm{F}})^n\mathrm{e}^{(\varepsilon-\varepsilon_{\mathrm{F}})\beta}}{\left(1+\mathrm{e}^{(\varepsilon-\varepsilon_{\mathrm{F}})\beta}\right)^2}\mathrm{d}\varepsilon$$
$$= -\beta^{-n}\int_{\substack{-\infty\\n=\mathrm{even}}}^\infty \frac{x^n\mathrm{e}^x}{(1+\mathrm{e}^x)^2}\mathrm{d}x$$

上式的最后一步引入了新变量 $x \equiv (\varepsilon - \varepsilon_{\mathrm{F}})\beta$. 现在, 由于被积函数是 x 的偶函数, 故积分限可改成 $0 \to \infty$. 再作分部积分得到

$$\begin{aligned} I_3 &= -2\beta^{-n} \int_{\substack{0 \\ n=\text{even}}}^{\infty} \frac{x^n \mathrm{e}^x}{(1+\mathrm{e}^x)^2} \mathrm{d}x = 2\beta^{-n} \int_{\substack{0 \\ n=\text{even}}}^{\infty} x^n \mathrm{d}\left(\frac{1}{1+\mathrm{e}^x}\right) \\ &= 2\beta^{-n} \left\{ \left. \frac{x^n}{1+\mathrm{e}^x} \right|_0^{\infty} - n \int_{\substack{0 \\ n=\text{even}}}^{\infty} \frac{x^{n-1}}{1+\mathrm{e}^x} \mathrm{d}x \right\} \end{aligned}$$

即

$$I_3 = -2n\beta^{-n} \int_{\substack{0 \\ n=\text{even}}}^{\infty} \frac{x^{n-1}}{1+\mathrm{e}^x} \mathrm{d}x \tag{8.3.4-8}$$

利用级数展开式 $\dfrac{1}{1-x} = \sum\limits_{k=0}^{\infty} x^k$, 即 $\dfrac{1}{1+\mathrm{e}^x} = \mathrm{e}^{-x}\left[\dfrac{1}{1-(-\mathrm{e}^{-x})}\right] = \mathrm{e}^{-x}\sum\limits_{k=0}^{\infty}(-\mathrm{e}^{-x})^k = \mathrm{e}^{-x}\sum\limits_{k=0}^{\infty}(-1)^k \mathrm{e}^{-kx}$; 再代入式 (8.3.4-8) 得到 $I_3 = -2n\beta^{-n}\sum\limits_{k=0}^{\infty}(-1)^k \int_{\substack{0 \\ n=\text{even}}}^{\infty} x^{n-1}\mathrm{e}^{-(k+1)x}\mathrm{d}x$. 再引用积分公式 $\int_0^{\infty} x^n \mathrm{e}^{-ax}\mathrm{d}x = \dfrac{n!}{a^{n+1}}$ 求得

$$I_3 = 2n!\beta^{-n} \sum_{k=0}^{\infty} \frac{(-1)^{k+1}}{(k+1)^n} \tag{8.3.4-9}$$

再将加和项拆成偶数项之和与奇数项之和, 即

$$\begin{aligned} I_3 &= 2n!\beta^{-n} \left\{ -\sum_{\substack{k=0 \\ \text{even } k}}^{\infty} \frac{1}{(k+1)^n} + \sum_{\substack{k=1 \\ \text{odd } k}}^{\infty} \frac{1}{(k+1)^n} \right\} = 2n!\beta^{-n} \left\{ -\sum_{\substack{l=1 \\ \text{odd } l}}^{\infty} \frac{1}{l^n} + \sum_{\substack{l=2 \\ \text{even } l}}^{\infty} \frac{1}{l^n} \right\} \\ &= 2n!\beta^{-n} \left\{ -\sum_{l=1}^{\infty} \frac{1}{l^n} + 2\sum_{\substack{l=2 \\ \text{even } l}}^{\infty} \frac{1}{l^n} \right\} = 2n!\beta^{-n} \left\{ -\sum_{l=1}^{\infty} \frac{1}{l^n} + \frac{2}{2^n}\sum_{l=1}^{\infty} \frac{1}{l^n} \right\} \\ &= -2n!\beta^{-n}\left(1-2^{1-n}\right)\sum_{l=1}^{\infty}\frac{1}{l^n} \end{aligned}$$

于是

$$I_3 = -2n!\beta^{-n}\left(1-2^{1-n}\right)\zeta(n) \tag{8.3.4-10}$$

其中, $\zeta(n) \equiv \sum\limits_{l=1}^{\infty} \dfrac{1}{l^n}$ 称为 Riemann ζ 函数 (图 8.3.4-1).

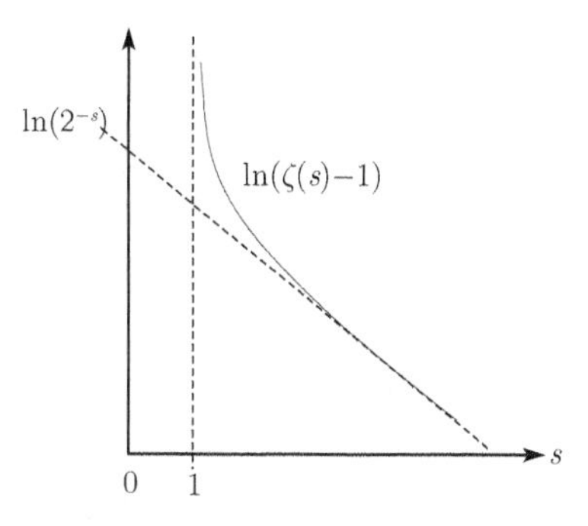

图 8.3.4-1 Riemann ζ 函数 $\zeta(s)$[10]

可以证明 Riemann ζ 函数 (表 8.3.4-1)

$$\zeta(s) \equiv \sum_{l=1}^{\infty} \frac{1}{l^s} = \frac{1}{\Gamma(s)} \int_0^{\infty} \frac{x^{s-1}}{\mathrm{e}^x - 1} \mathrm{d}x \tag{8.3.4-11}$$

表 8.3.4-1

s	1	3/2	2	5/2	4	6	8	10
$\zeta(s)$	∞	2.612	$\dfrac{\pi^2}{6}$	1.314	$\dfrac{\pi^4}{90}$	$\dfrac{\pi^6}{945}$	$\dfrac{\pi^8}{9450}$	$\dfrac{\pi^{10}}{93555}$

现在回到式 (8.3.4-6) 和式 (8.3.4-7), 其中, 3 个积分式已经分别证明等于 -1, 0 和式 (8.3.4-10), 所以式 (8.3.4-7) 的积分为

$$
\begin{aligned}
I=\int_0^{\infty}\frac{\partial\varphi(\varepsilon)}{\partial\varepsilon}f_{\mathrm{FD}}(\varepsilon)\,\mathrm{d}\varepsilon&=\varphi(\varepsilon_{\mathrm{F}})+2\sum_{\substack{n=2\\\text{(even terms)}}}^{\infty}\varphi^{(n)}(\varepsilon_{\mathrm{F}})\beta^{-n}\left(1-2^{1-n}\right)\zeta(n)\\
&=\varphi(\varepsilon_{\mathrm{F}})+2\sum_{r=1}^{\infty}\left(1-2^{1-2r}\right)\beta^{-2r}\zeta(2r)\varphi^{(2r)}(\varepsilon_{\mathrm{F}})\\
&=\varphi(\varepsilon_{\mathrm{F}})+\beta^{-2}\zeta(2)\varphi^{(2)}(\varepsilon_{\mathrm{F}})+2\left(1-2^{-3}\right)\beta^{-4}\zeta(4)\varphi^{(4)}(\varepsilon_{\mathrm{F}})\\
&\quad+2\left(1-2^{-5}\right)\beta^{-6}\zeta(6)\varphi^{(6)}(\varepsilon_{\mathrm{F}})+\cdots
\end{aligned}
$$

再将 Riemann ζ 函数 $\zeta(s)$ 的数值代入得到

$$
\begin{aligned}
I=\int_0^{\infty}\frac{\partial\varphi(\varepsilon)}{\partial\varepsilon}f_{\mathrm{FD}}(\varepsilon)\,\mathrm{d}\varepsilon&=\varphi(\varepsilon_{\mathrm{F}})+\frac{\pi^2}{6}\beta^{-2}\varphi^{(2)}(\varepsilon_{\mathrm{F}})+\frac{7\pi^4}{360}\beta^{-4}\varphi^{(4)}(\varepsilon_{\mathrm{F}})\\
&\quad+\frac{31\pi^6}{15120}\beta^{-6}\varphi^{(6)}(\varepsilon_{\mathrm{F}})+\cdots
\end{aligned}
$$

■

8.3.5　金属导热系数的具体表式

假定弛豫时间

$$\tau=A\,|\boldsymbol{v}|^{s}\tag{8.3.5-1}$$

其中, $A>0$, 常数 $s>-7$. 电子速度的模 $|\boldsymbol{v}|=\sqrt{\dfrac{2\varepsilon}{m}}$, m 为电子质量, 即 $\tau=A\left(\dfrac{2\varepsilon}{m}\right)^{s/2}$. 基于这个假定, 就可以通过式 (8.3.3-6) 求导热系数. 为此先从式 (8.3.2-8) 求 $L_n(n=0,1,2,\cdots)$, 如下:

(1) $L_n\equiv\displaystyle\int_0^{\infty}\left(-\frac{\partial f_{\mathrm{FD}}}{\partial\varepsilon}\right)\tau\frac{v^2}{3}\varepsilon^nD(\varepsilon)\,\mathrm{d}\varepsilon=\int_0^{\infty}\left(-\frac{\partial f_{\mathrm{FD}}}{\partial\varepsilon}\right)A\left(\frac{2\varepsilon}{m}\right)^{s/2}\frac{2\varepsilon}{3m}\varepsilon^nD(\varepsilon)\,\mathrm{d}\varepsilon.$

再根据 $D(\varepsilon)$ 的表达式 (式 (8.2.5-4)) 得到 $L_n=\displaystyle\int_0^{\infty}\left(-\frac{\partial f_{\mathrm{FD}}}{\partial\varepsilon}\right)A\left(\frac{2\varepsilon}{m}\right)^{s/2}\frac{2\varepsilon}{3m}\varepsilon^n\cdot\left[\frac{m^{3/2}\sqrt{2\varepsilon}}{\hbar^3\pi^2}\right]\mathrm{d}\varepsilon$. 最后整理得到

$$L_n=\frac{A}{m}\left(\frac{2}{m}\right)^{s/2}\frac{(2m)^{3/2}}{3\hbar^3\pi^2}\int_0^{\infty}\left(-\frac{\partial f_{\mathrm{FD}}}{\partial\varepsilon}\right)\varepsilon^{n+\frac{1}{2}(s+3)}\mathrm{d}\varepsilon\tag{8.3.5-2}$$

如果采用最粗糙的低温近似 $\left(\dfrac{\partial f_{\mathrm{FD}}}{\partial\varepsilon}\right)=-\delta(\varepsilon-\varepsilon_{\mathrm{F}})$(见式 (8.2.3-6)), 再根据式 (8.2.7-2) 自由电子气的密度 $\rho=\dfrac{1}{3\pi^2}\left(\dfrac{2m\varepsilon_{\mathrm{F}}}{\hbar^2}\right)^{3/2}$, 求得 $L_n=\dfrac{\rho A}{m}\varepsilon_{\mathrm{F}}^{n+\frac{s}{2}}$. 最后代入式 (8.3.3-6) 求得导

热系数 $\lambda=0$. 可见, 说明以上处理的近似过分了, 必须对 Fermi-Dirac 分布函数的能量偏导 $\left(\dfrac{\partial f_{\mathrm{FD}}}{\partial\varepsilon}\right)$ 作更为准确的近似. 为此, 引用 Sommerfeld 展开定理 (见式 (8.3.4-2)), 即

$$\int_{\varepsilon_0}^{\infty}\varphi(\varepsilon)\left(-\frac{\partial f_{\mathrm{FD}}}{\partial\varepsilon}\right)\mathrm{d}\varepsilon=\varphi(\varepsilon_{\mathrm{F}})+\frac{\pi^2}{6}\beta^{-2}\varphi^{(2)}(\varepsilon_{\mathrm{F}})+\frac{7\pi^4}{360}\beta^{-4}\varphi^{(4)}(\varepsilon_{\mathrm{F}})+\cdots$$

取上式的前两项改写式(8.3.5-2) $L_n=\dfrac{A}{m}\left(\dfrac{2}{m}\right)^{s/2}\dfrac{(2m)^{3/2}}{3\hbar^3\pi^2}\displaystyle\int_0^{\infty}\left(-\frac{\partial f_{\mathrm{FD}}}{\partial\varepsilon}\right)\varepsilon^{n+\frac{1}{2}(s+3)}\mathrm{d}\varepsilon$ 中的积分项, 即相当于其中 $\varphi(\varepsilon)=\varepsilon^{n+\frac{1}{2}(s+3)}$. 所以

$$\begin{aligned}
&\int_0^{\infty}\left(-\frac{\partial f_{\mathrm{FD}}}{\partial\varepsilon}\right)\varepsilon^{n+\frac{1}{2}(s+3)}\mathrm{d}\varepsilon\\
&=\varepsilon_{\mathrm{F}}^{n+\frac{1}{2}(s+3)}+\frac{\pi^2}{6}\beta^{-2}\varepsilon_{\mathrm{F}}^{n+\frac{1}{2}(s-1)}\left[n+\frac{1}{2}(s+3)\right]\left[n+\frac{1}{2}(s+1)\right]+\cdots\\
&=\varepsilon_{\mathrm{F}}^{n+\frac{1}{2}(s+3)}\left\{1+\frac{\pi^2}{6}(\varepsilon_{\mathrm{F}}\beta)^{-2}\left[n+\frac{1}{2}(s+3)\right]\left[n+\frac{1}{2}(s+1)\right]+\cdots\right\}
\end{aligned}$$

于是

$$\begin{aligned}
L_n&=\frac{A}{m}\left(\frac{2}{m}\right)^{s/2}\frac{(2m)^{3/2}}{3\hbar^3\pi^2}\varepsilon_{\mathrm{F}}^{n+\frac{1}{2}(s+3)}\\
&\quad\times\left\{1+\frac{\pi^2}{6}(\varepsilon_{\mathrm{F}}\beta)^{-2}\left[n+\frac{1}{2}(s+3)\right]\left[n+\frac{1}{2}(s+1)\right]+\cdots\right\}\\
&=\frac{A}{m}\left(\frac{2\varepsilon_{\mathrm{F}}}{m}\right)^{s/2}\frac{(2m\varepsilon_{\mathrm{F}})^{3/2}}{3\hbar^3\pi^2}\varepsilon_{\mathrm{F}}^{n}\\
&\quad\times\left\{1+\frac{\pi^2}{6}(\varepsilon_{\mathrm{F}}\beta)^{-2}\left[n+\frac{1}{2}(s+3)\right]\left[n+\frac{1}{2}(s+1)\right]+\cdots\right\}
\end{aligned}$$

根据自由电子气的电子速度 $v_{\mathrm{F}}=\left(\dfrac{2\varepsilon_{\mathrm{F}}}{m}\right)^{1/2}$, 电子密度 $\rho=\dfrac{(2m\varepsilon_{\mathrm{F}})^{3/2}}{3\hbar^3\pi^2}$ 且 $\tau=A|\boldsymbol{v}|^s$ (见式 (8.3.5-1), 即 $\tau(\varepsilon_{\mathrm{F}})=Av_{\mathrm{F}}^s$), 所以可以进一步简化 L_n 为

$$L_n=\frac{\rho}{m}\tau(\varepsilon_{\mathrm{F}})\varepsilon_{\mathrm{F}}^{n}\left\{1+\frac{\pi^2}{6}(\varepsilon_{\mathrm{F}}\beta)^{-2}\left[n+\frac{1}{2}(s+3)\right]\left[n+\frac{1}{2}(s+1)\right]+\cdots\right\}$$
$$\forall n=0,1,2,\cdots$$

或

$$L_n\approx\frac{\rho}{m}\tau(\varepsilon_{\mathrm{F}})\varepsilon_{\mathrm{F}}^{n}\left\{1+\frac{\pi^2}{6}(\varepsilon_{\mathrm{F}}\beta)^{-2}\left[n+\frac{1}{2}(s+3)\right]\left[n+\frac{1}{2}(s+1)\right]\right\}$$
$$\forall n=0,1,2,\cdots$$

令

$$a\equiv\frac{\pi^2}{6}(\varepsilon_{\mathrm{F}}\beta)^{-2}\tag{8.3.5-3}$$

于是

$$L_n \approx \frac{\rho}{m}\tau\left(\varepsilon_{\mathrm{F}}\right)\varepsilon_{\mathrm{F}}^n\left\{1+a\left[n+\frac{1}{2}(s+3)\right]\left[n+\frac{1}{2}(s+1)\right]\right\}, \quad \forall n=0,1,2,\cdots \tag{8.3.5-4}$$

现在得到

$$L_0=\frac{\rho}{m}\tau\left(\varepsilon_{\mathrm{F}}\right)\left\{1+\frac{a}{4}(s+3)(s+1)\right\} \tag{8.3.5-5a}$$

$$L_1=\frac{\rho}{m}\tau\left(\varepsilon_{\mathrm{F}}\right)\varepsilon_{\mathrm{F}}\left\{1+\frac{a}{4}(s+5)(s+3)\right\} \tag{8.3.5-5b}$$

和

$$L_2=\frac{\rho}{m}\tau\left(\varepsilon_{\mathrm{F}}\right)\varepsilon_{\mathrm{F}}^2\left\{1+\frac{a}{4}(s+7)(s+5)\right\} \tag{8.3.5-5c}$$

最后代入式 (8.3.3-6) 得到导热系数

$$\begin{aligned}
\lambda &= \frac{L_2L_0-L_1^2}{L_0T}\\
&= \frac{\rho\tau\left(\varepsilon_{\mathrm{F}}\right)\varepsilon_{\mathrm{F}}^2}{mT}\cdot\frac{\left[1+\frac{a}{4}(s+7)(s+5)\right]\left[1+\frac{a}{4}(s+3)(s+1)\right]-\left[1+\frac{a}{4}(s+5)(s+3)\right]^2}{\left[1+\frac{a}{4}(s+3)(s+1)\right]}
\end{aligned}$$

将第二项分数化简, 再引用式 (8.3.5-3) 得到

$$\lambda=\frac{\rho\tau\left(\varepsilon_{\mathrm{F}}\right)}{3mT}\cdot\left(\pi k_BT\right)^2\cdot\left\{\frac{1-\frac{1}{24}\left(\frac{\pi k_BT}{\varepsilon_{\mathrm{F}}}\right)^2(s+5)(s+3)}{1+\frac{1}{24}\left(\frac{\pi k_BT}{\varepsilon_{\mathrm{F}}}\right)^2(s+3)(s+1)}\right\} \tag{8.3.5-6}$$

通常温度下, 金属的 $\varepsilon_{\mathrm{F}}\gg k_BT$, 于是式 (8.3.5-6) 花括号内的值几近于 1, 所以金属的导热系数

$$\lambda=\frac{1}{3m}\rho\tau\left(\varepsilon_{\mathrm{F}}\right)\pi^2k_B^2T \tag{8.3.5-7}$$

讨论

(1) 以上关于金属热导率的理论从经典非平衡统计理论出发, 也运用了量子统计理论的方法. 该理论表明, 热导率和电导率一样取决于 Fermi 面上电子的行为, 与深能级上的电子无关. 20 世纪 20 年代在金属理论中产生 Fermi 面的概念, 到了 50 年代在化学理论中产生了类似的前线轨道的概念.

(2) 小结:

金属的导热系数 $\lambda=\frac{1}{3m}\rho\tau\left(\varepsilon_{\mathrm{F}}\right)\pi^2k_B^2T$

金属的电导率张量 $\overleftrightarrow{\boldsymbol{\sigma}}=e^2\tau\left(\varepsilon_{\mathrm{F}}\right)\frac{\rho}{m}\overleftrightarrow{\mathbf{1}}$ (见式 (8.2.7-3))

所以两者之比是个常量, 即

$$\frac{\lambda}{\sigma_{ii}T}=\frac{\pi^2k_B^2}{3e^2}=2.44\cdot10^{-8}\mathrm{W}\cdot\Omega\cdot\mathrm{K}^{-2} \tag{8.3.5-8}$$

式 (8.3.5-8) 由 Sommerfeld 于 1928 年导出, 与实验相符 (表 8.3.5-1). 此前, 1853 年 Wiedemann 和 Franz 实验测得金属的 λ/σ 与温度成正比且与金属的种类无关 (**Wiedemann-**

Franz 定律), $\frac{\lambda}{\sigma T}$ 称为 **Lorentz 数**.

表 8.3.5-1 金属 Lorentz 数的实验值 (单位: $10^{-8}\mathrm{W}\cdot\Omega\cdot\mathrm{K}^{-2}$)

金属	Ag	Au	Cd	Cu	Ir	Mo	Pb	Pt	Sn	W	Zn
0°C	2.31	2.35	2.42	2.23	2.49	2.61	2.47	2.51	2.52	3.04	2.31
100°C	2.37	2.40	2.43	2.33	2.49	2.79	2.56	2.60	2.49	3.20	2.23

可见, Sommerfeld 的量子统计理论对金属导热机理的认识上, 显然要比在 Wiedemann-Franz 实验对金属导热的认识大大推进了一步. 从这里读者可以再一次具体领会第一原理的重要作用, 又一次体会到感性认识与理性认识的具体差别.

参 考 文 献

[1] McQuarrie D A. Statistitcal Mechanics. New York: Harper & Row, 1976.

[2] Kubo R, Toda M, Hashitsume N. Statistitcal Physics II: Nonequilibrium Statistitcal Mechanics. Berlin: Springer-Verlag, 1985.

[3] 林宗涵. 热力学与统计物理学. 北京: 北京大学出版社, 2007.

[4] 苏汝铿. 统计物理学. 第二版. 北京: 高等教育出版社, 2004.

[5] Balescu R. 非平衡态统计力学. 龚少明译. 上海: 复旦大学出版社, 1989.

[6] Reichl L E. A Modern Course in Statistical Physics. Austin: University of Texas Press, 1980; 中译本: 黄昀等译. 统计物理现代教程 (上册). 北京: 北京大学出版社, 1983.

[7] 吴大猷. 物理学的历史和哲学. 金吾伦, 胡新和译. 北京: 中国大百科全书出版社, 1997.

[8] Zwanzig R. Ann Rev Phys Chem, 1965, 16: 67.

[9] Kubo R. Statistical Mechanics: An Advanced Course with Problems and Solutions. Amsterdam: North-Holland, 1965, 231~233.

[10] Arfken G. Mathematical Methods for Physicists. 2nd ed. New York: Academic Press, 1970. 282, 285, 460.

第 9 章　分子光谱的模拟

“有两种伟大的事物, 我们越是经常、越是执著地思考它们, 我们心中就越是充满永远新鲜、有增无减的赞叹和敬畏: 我们头上的灿烂星空, 我们心中的道德法则.”

—— 录自 I. Kant(1724~1804 年) 的《实践理性批判》, 德国古典哲学的创立者, 提出太阳系起源星云说

本章介绍分子振转光谱和电子光谱的模拟, 其中的振转光谱仅限于讨论电磁波与分子电偶极矩相互作用产生的振转光谱, 即红外光谱. 从机理来看, 红外光谱涉及的是分子振动和转动能级的跃迁, 故称为**振转光谱**. 振转光谱的模拟中介绍简正振动分析和 Green-Kubo 的线性响应理论两种方法. 简正振动分析中还介绍了从内坐标出发的简正振动分析法, 即 GF 矩阵法. Green-Kubo 的线性响应理论方法 (理论部分见第 6 章) 实际上是通过分子动力学模拟求得时间相关函数来计算红外光谱的.

9.1　分子的振动

目前振转光谱有两种基于第一原理的计算方法:

(1) 简正振动分析法[1~4]: 用量子力学得到分子势能, 然后从势能对核位置的二阶导数即 Hesse 矩阵, 作振动分析得到各个简正振动模. 这就是简正振动分析法的思路. 如何在内坐标中实现简正振动分析, 那就是 GF 矩阵法.

在 3.1 节介绍分子动力学原理的时候就讲到, 分子动力学模拟普适性的依据是, 分子中原子核运动服从经典力学原理. 而这条原理的证明实际上就是通过经典力学对分子振动运动作简正振动分析实现的, 由此得到的红外光谱谱线峰位与实验值无一例外地一致. 可见简正振动分析在科学上的地位. 简正振动分析只能得到红外谱的峰位和每个振动模涉及的各个原子的相对振动位置, 不能得到整个红外谱曲线.

(2) 线性响应理论: 用第 6 章中介绍的量子统计力学的 Green-Kubo 线性响应理论[5~7], 电偶极矩$\boldsymbol{M}(t)$ 的自时间相关函数的 Fourier 变换就得到振转光谱的谱密度

$$I(\omega)=\frac{1}{2\pi}\int_{\infty}^{-\infty}\mathrm{d}t\,\mathrm{e}^{-\mathrm{i}\omega t}\,\langle \boldsymbol{M}(0)\cdot\boldsymbol{M}(t)\rangle \tag{9.1-1}$$

不但得到了红外谱的峰位, 而是得到了整个波段的红外谱曲线. 以下先介绍简正振动分析方法[1~4].

9.1.1　简正振动

令分子体系有 N 个原子, m_j 为第 j 个原子的质量. 令 $X_1, X_2, \cdots, X_{3N}$ 为所有原子在直角坐标系的 $3N$ 个分量. 令 $x_1, x_2, \cdots, x_{3N}$ 为原子离开平衡位置的位移, 将其写为列

矩阵

$$\mathbf{x} \equiv [x_1\, x_2\, \cdots\, x_{3N}]^{\mathrm{T}} \tag{9.1.1-1}$$

其中, 上标 "T" 表示矩阵转置. 体系所有核的总动能为

$$T = \frac{1}{2}\sum_{k=1}^{3N} m_k \dot{x}_k^2 = \frac{1}{2}\dot{\mathbf{x}}^{\mathrm{T}}\mathbf{m}\dot{\mathbf{x}} \tag{9.1.1-2}$$

其中, $\dot{x}_k \equiv \dfrac{\mathrm{d}x_k}{\mathrm{d}t}$, $\forall k = 1(1)3N$, 质量矩阵$\mathbf{m}$ 定义为如下的 $3N \times 3N$ 维的对角矩阵:

$$\mathbf{m} \equiv \mathrm{diag}(m_1, m_1, m_1, m_2, m_2, m_2, \cdots, m_N, m_N, m_N,) \tag{9.1.1-3}$$

引入如下定义的质量加权位移坐标分量:

$q_i \equiv m_i^{1/2} x_i$, $\forall i = 1\,(1)\,3N$, 即

$$\mathbf{q} \equiv \mathbf{m}^{1/2}\mathbf{x} \tag{9.1.1-4}$$

所以, 式 (9.1.1-2) 原子核总的动能可写为

$$T = \frac{1}{2}\sum_{k=1}^{3N} \dot{q}_k^2 = \frac{1}{2}\dot{\mathbf{q}}^{\mathrm{T}}\dot{\mathbf{q}} \tag{9.1.1-5}$$

同样, 分子体系的势能可以在平衡位置对质量加权位移坐标 $\{q_i\}$ 作 Taylor 展开

$$U = U_0 + \sum_{i=1}^{3N}\left(\frac{\partial U}{\partial q_i}\right)_0 q_i + \frac{1}{2!}\sum_{i=1}^{3N}\sum_{j=1}^{3N}\left(\frac{\partial^2 U}{\partial q_i \partial q_j}\right)_0 q_i q_j + O\left(q^3\right) \tag{9.1.1-6}$$

不失普遍性, 可令平衡时势能 $U_0 = 0$. 再因为平衡位置处势能对于位移的所有一阶导数为 0, 故

$$U = \frac{1}{2}\sum_{i=1}^{3N}\sum_{j=1}^{3N}\left(\frac{\partial^2 U}{\partial q_i \partial q_j}\right)_0 q_i q_j = \frac{1}{2}\mathbf{q}^{\mathrm{T}}\mathbf{F}_q\mathbf{q} \tag{9.1.1-7}$$

其中, $\mathbf{F}_q$ 的矩阵元定义为

$$(\mathbf{F}_q)_{ij} \equiv \left(\frac{\partial^2 U}{\partial q_i \partial q_j}\right)_0 \equiv f_{ij} \quad (\text{即 Hesse 矩阵}) \tag{9.1.1-8}$$

显然

$$\mathbf{F}_q^{\mathrm{T}} = \mathbf{F}_q \tag{9.1.1-9}$$

求算分子的势能是个需要量子力学解决的问题, 但是一旦势能得到, 则原子核的位置问题是一个能够用经典力学解决的问题: 因为符合保守系条件, 故体系的 Lagrange 函数

$$L \equiv T - U \tag{9.1.1-10}$$

服从以下 Lagrange 方程 (见式 (1.2.1-4)):

$$\frac{\mathrm{d}}{\mathrm{d}t}\left(\frac{\partial L}{\partial \dot{q}_j}\right) - \frac{\partial L}{\partial q_j} = 0, \quad \forall j = 1(1)3N \tag{9.1.1-11}$$

将式 (9.1.1-5)、式 (9.1.1-7) 和式 (9.1.1-10) 代入得到

$$\ddot{q}_j + \sum_{i=1}^{3N} q_i f_{ij} = 0, \quad \forall j = 1\,(1)\,3N \tag{9.1.1-12}$$

对于振动运动之类的周期性问题可以设方程的解具有如下形式:

$$q_j = q_j^0 \cos(\omega t + \phi) \tag{9.1.1-13}$$

其中, 振幅 q_j^0, 角频率 ω 和相角 ϕ 待定. 于是 $\dot{q}_j = -q_j^0 \omega \sin(\omega t + \phi)$, $\ddot{q}_j = -q_j^0 \omega^2 \cos(\omega t + \phi)$, 进而得到 $-q_j^0 \omega^2 + \sum_{i=1}^{3N} q_i^0 f_{ij} = 0$, 即

$$\sum_{i=1}^{3N} q_i^0 \left(f_{ij} - \omega^2 \delta_{ij}\right) = 0, \quad \forall j \tag{9.1.1-14}$$

式 (9.1.1-14) 是一组 $3N$ 个方程的联立线性方程组, 可以用来求解 $\{q_i^0\}$. 线性代数告知: 式 (9.1.1-14) 只有当如下的系数行列式等于 0 时, 才有 $\{q_i^0\}$ 不全为 0 的解 (只有这样才是有物理意义的解):

$$\det\left|f_{ij} - \omega^2 \delta_{ij}\right| = 0 \tag{9.1.1-15a}$$

即

$$\begin{vmatrix} & \vdots & \\ \cdots & f_{ij} - \omega^2 \delta_{ij} & \cdots \\ & \vdots & \end{vmatrix}_{3N \times 3N} = 0 \tag{9.1.1-15b}$$

称为**久期行列式**. 展开行列式得到 ω^2 的幂函数, 最高次为 $\left(\omega^2\right)^{3N}$. 故有 $3N$ 个解 $\left\{\omega_k^2 \,|k = 1\,(1)\,3N\right\}$. 对于每一个 ω_k^2, 代入式 (9.1.1-14) 得到一组解 $\left\{q_{i,k}^0 \,|i = 1\,(1)\,3N\right\}$, 这就是在振动角频率为 ω_k 时一组质量加权位移的振幅, 也就是现在可以确定各个原子振幅的比例, 尽管还不能确定振幅的绝对值. 不过, 至此上述理论已经对分子的振动给出了相当清楚的描述了.

通常附加一个振幅的**归一化条件**, 即

$$\sum_{i=1}^{3N} \left(q_{i,k}^0\right)^2 = 1, \quad \forall k \tag{9.1.1-16}$$

约定**质量加权振幅**归一化以前称为 $\left\{q_{i,k}^0\right\}$, 归一化之后称为 $\{L_{ik} \,|i = 1\,(1)\,3N\}$.

讨论

(1) 可见每一个振动角频率为 ω_k, 就有一组 $\{L_{ik} \,|i = 1\,(1)\,3N\}$ 的质量加权振幅, 它们代表着此时所有原子以相同的频率在振动. 每一种这样的振动称为一种**简正振动模(式)**或称**振动模**.

(2) 实际上, 在 $3N$ 个解 $\left\{\omega_k^2 \,|k = 1\,(1)\,3N\right\}$ 中有 6 个解是零解 $\omega_k = 0$. 对应着 3 个平动、3 个转动自由度 (线型分子时转动只有 2 个). 只有 $3N - 6$ 个解是非零解 (线型分子时为 $3N - 5$).

(3) 既然式 (9.1.1-12) 这个二阶微分方程具有特解

$$q_j = L_{jk}\cos(\omega_k t + \phi) \tag{9.1.1-17}$$

所以特解的任意线性组合是该微分方程的通解, 即

$$q_j = \sum_{k=1}^{3N-6} C_k L_{jk}\cos(\omega_k t + \phi), \quad \forall j = 1\,(1)\,3N-6 \tag{9.1.1-18}$$

(4) 根据对角化之前的势能, 式 (9.1.1-7)$U = \dfrac{1}{2}\mathbf{q}^{\mathrm{T}}\mathbf{F}_q\mathbf{q}$, 矩阵 $\mathbf{F}_q$ 不是对角矩阵, 加和里面有 $q_iq_j(i \neq j)$ 之类的交叉项, 即用 $\mathbf{q}$ 表示的运动粒子之间存在相互作用势能, 是相倚子体系. 所以采用质量加权位移坐标 $\mathbf{q}$ 只是理论形式简化了. 还没有把复杂的分子振动运动化解成为互为独立的 "子运动". 但是经过式 (9.1.1-12) 到式 (9.1.1-18) 的处理得到的**简正振动振幅**$\{L_{ik}\,|i = 1\,(1)\,3N\}$, 同一个 ω_k 的归一化加权位移振幅 L_{ik} 只与 ω_k 有关, 而与其他角频率 $\omega'_k\,(\neq \omega_k)$ 无关. 尽管 ω_k 和其他 ω'_k 的振幅其实都散布在同一组原子上, 现在希望在采用 "简正振动" 的坐标形式后, 分子体系的所有原子的振动运动能够分割成为几个互为独立的 "子运动".

既然是整个运动分割成为几个独立运动, 于是总的势能应当是子运动的势能之和. 回顾普通物理中的简谐振子, 设其力常数 k, 位移 x, 振幅 x_0, 质量 m, 则在回复力 $F = kx$ 作用下做功变成的势能为 $\mathrm{d}U = F\mathrm{d}x = kx\mathrm{d}x$, 故势能 $U = \displaystyle\int_0^U \mathrm{d}U = \int_0^{x_0} F\mathrm{d}x = \int_0^{x_0} kx\mathrm{d}x = \dfrac{1}{2}kx_0^2$ 且知道该简谐振子的频率 $\nu = \dfrac{1}{2\pi}\sqrt{\dfrac{k}{m}}$, 即角频率 ω 满足 $\omega^2 = \dfrac{k}{m}$. 于是简谐振子的势能为

$$U = \frac{1}{2}kx_0^2 = \frac{1}{2}\omega^2\left(\sqrt{m}x_0\right)^2 = \frac{1}{2}\omega^2 q_0^2 \tag{9.1.1-19}$$

其中, $q_0 \equiv \sqrt{m}x_0$ 为质量加权的振幅. 例如, 在一个只有两个独立简谐振动的体系中将角频率、简正坐标分别记为 ω_1, ω_2 和 Q_1, Q_2. 于是, 体系总的势能应当为两个简谐振子的势能和

$$U = U_1 + U_2 = \frac{1}{2}\omega_1^2 Q_1^2 + \frac{1}{2}\omega_2^2 Q_2^2$$

将此例子推广：如果采用简正坐标后体系的势能表式中没有 $Q_iQ_j\,(i \neq j)$ 之类的交叉乘积项, 即

$$U = \frac{1}{2}\sum_k \omega_k^2 Q_k^2 = \frac{1}{2}\mathbf{Q}^{\mathrm{T}}\mathbf{\Lambda}\mathbf{Q}, \tag{9.1.1-20}$$

其中, $\mathbf{Q}$ 称为**简正坐标**,

$$\mathbf{Q} \equiv [Q_1\ Q_2 \cdots Q_{3N}]^{\mathrm{T}} \tag{9.1.1-21}$$

则矩阵 $\mathbf{\Lambda}$ 必须是对角矩阵, 即

$$\mathbf{\Lambda} \equiv \mathrm{diag}\left(\omega_1^2, \cdots, \omega_k^2, \cdots, \omega_{3N}^2\right) \tag{9.1.1-22}$$

式 (9.1.1-20) 表示的势能中没有 $Q_iQ_j\,(i \neq j)$ 之类的交叉项, 在物理上体现为多个相互独立运动的简谐振子体系.

现在假设在**质量加权位移坐标q**和**简正坐标Q**之间有如下联系：

$$\mathbf{q}_{3N\times 1} \equiv \left(\mathbf{L}_q\right)_{3N\times 3N} \mathbf{Q}_{3N\times 1} \tag{9.1.1-23}$$

其中, 系数矩阵 $\mathbf{L}_q$ 待定, 即

$$\mathbf{Q} = \mathbf{L}_q^{-1}\mathbf{q} \tag{9.1.1-24}$$

于是势能 U(式 (9.1.1-7)) 可作如下改写：

$$U = \frac{1}{2}\mathbf{q}^{\mathrm{T}}\mathbf{F}_q\mathbf{q} = \frac{1}{2}\left(\mathbf{L}_q\mathbf{Q}\right)^{\mathrm{T}}\mathbf{F}_q\left(\mathbf{L}_q\mathbf{Q}\right) = \frac{1}{2}\mathbf{Q}^{\mathrm{T}}\left(\mathbf{L}_q^{\mathrm{T}}\mathbf{F}_q\mathbf{L}_q\right)\mathbf{Q}$$

选取待定的矩阵 $\mathbf{L}_q$ 使得势能 U 具备式 (9.1.1-20) 的形式 $U = \dfrac{1}{2}\mathbf{Q}^{\mathrm{T}}\boldsymbol{\Lambda}\mathbf{Q}$ 且 $\boldsymbol{\Lambda}$ 是对角矩阵. 所以要求

$$\mathbf{L}_q^{\mathrm{T}}\mathbf{F}_q\mathbf{L}_q = \boldsymbol{\Lambda} \in \mathrm{diag} \tag{9.1.1-25}$$

即要求 $\mathbf{L}_q$ 能够使 $\mathbf{F}_q$ 对角化. 据式 (9.1.1-9) 可知 $\mathbf{F}_q$ 是实对称矩阵, 而能够使实对称矩阵对角化的必定是正交矩阵. 所以 $\mathbf{L}_q$ 满足

$$\mathbf{L}_q^{\mathrm{T}}\mathbf{L}_q = \mathbf{L}_q\mathbf{L}_q^{\mathrm{T}} = \mathbf{1}_{3N} \tag{9.1.1-26}$$

正交矩阵的逆就是它的转置矩阵, 即

$$\mathbf{L}_q^{\mathrm{T}} = \mathbf{L}_q^{-1} \tag{9.1.1-27}$$

将 $\mathbf{L}_q$ 左乘式 (9.1.1-25) 两边, 即 $\mathbf{L}_q(.)$, 得到

$$\mathbf{F}_q\mathbf{L}_q = \mathbf{L}_q\boldsymbol{\Lambda} \tag{9.1.1-28}$$

这是一个典型的矩阵形式的本征方程. 对角矩阵 $\boldsymbol{\Lambda}$ 由本征值构成, 其中, 第 k 个本征值 ω_k^2 对应的本征向量就是 $\mathbf{L}_q$ 的第 k 个列矩阵 $\boldsymbol{l}_q$,

$$\underset{\mathbf{F}_q}{\left[\quad\right]}\ \underset{\mathbf{L}_q}{\left[\cdots\ \overset{k}{l_{q,k}}\ \cdots\right]} = \underset{\mathbf{L}_q}{\left[\cdots\ \overset{k}{l_{q,k}}\ \cdots\right]}\ \underset{\boldsymbol{\Lambda}}{\left[\begin{matrix} \ddots & & 0 \\ & \overset{k}{\omega_k^2} & \\ 0 & & \ddots \end{matrix}\right]} \tag{9.1.1-29}$$

用简正坐标表达的总动能：根据式 (9.1.1-23)$\mathbf{q} = \mathbf{L}_q\mathbf{Q}$, 其关于时间的导数为 $\dot{\mathbf{q}} = \mathbf{L}_q\dot{\mathbf{Q}}$. 所以总动能 (式 (9.1.1-5)) 可表为 $T = \dfrac{1}{2}\dot{\mathbf{q}}^{\mathrm{T}}\dot{\mathbf{q}} = \dfrac{1}{2}\left(\mathbf{L}_q\dot{\mathbf{Q}}\right)^{\mathrm{T}}\left(\mathbf{L}_q\dot{\mathbf{Q}}\right) = \dfrac{1}{2}\dot{\mathbf{Q}}^{\mathrm{T}}\mathbf{L}_q^{\mathrm{T}}\mathbf{L}_q\dot{\mathbf{Q}}$. 考虑到 $\mathbf{L}_q$ 的正交性, 得到

$$T = \frac{1}{2}\dot{\mathbf{Q}}^{\mathrm{T}}\dot{\mathbf{Q}} \tag{9.1.1-30}$$

讨论

(1) 简正振动分析在本质上是把一个存在相互作用的多粒子振动体系等效地“折合”成

为多个**准粒子**组成的体系, 其中, 准粒子的振动运动却是相互独立的. 如何描述这种准粒子呢? 一种简正振动模 **Q** 就是一个准粒子. 这种 "折合" 就是简正振动分析.

在 "折合" 前, 可以看到体系的振动运动是: 粒子坐标是直观的一个一个, 可是它们各自的运动是相互牵连的, 非常复杂的, 难以解答. 可是 "折合" 之后, 看到体系的振动运动是: 折合后的准粒子图像不是直观的, 它要用涉及所有粒子位置线性组合而成的某种所谓**简正坐标**来表示; 可是以这样对准粒子的复杂描述作代价换来的却是对运动描述的极大简化, 这些准粒子之间完全不存在一点相互作用, 最后达到解答问题的目的.

折合前是描述简单的粒子在做复杂的运动, 折合后换来的是描述复杂的准粒子在做简单的运动. 这种解决问题的做法在科学上是经常采用的诀窍, 也可以认为是一种 "平均场" 的做法. 很多理论都可以看成是某种平均场方法. 例如, 气体中的 van der Waals 气体状态方程; 求解原子、分子体系 Schrödinger 方程的 Hartree-Fock 自洽场方法; 复杂振动问题中的简正振动分析; 原子、分子磁学中的 Weiss 平均场方法; 电子密度泛函理论中的 Kohn-Sham 轨道和固体物理中的声子理论等.

(2) 以上分析只是说明简正振动分析前后的两种描述分子振动的方式是等价的, 并没有说哪种描述方法会被自然界优先采纳. 可是, 惊人的是实验证明自然界恰恰采纳了简正振动分析之后的那种描述形式, 即通过红外光谱实验测量得到的峰位与这种 "折合" 之后的分析结果无一例外地吻合; 也就是说实验测量到的是本征方程(见式 (9.1.1-28)) 所代表的简正振动图像, 却不是那种每一根键在振动的直观图像. 直观的单根键振动的图像只有在实验红外谱图的指纹区内才可以近似地看到, 那是一种个别现象, 不是普遍规律.

那么自然界的这种行为是否唯独在分子振动的问题中存在呢? 实验证明不是的. 恰恰相反, 在自然界中其他所有领域里, 无论是宏观世界还是微观世界, 从天文测量到原子测量, 实验测量得到的竟然都是某种 "本征方程" 的本征值. 那是一种普遍的规律.

难怪爱因斯坦要惊呼: "最不可思议的是这个世界竟然是那样地有规律! " 人们将自然界中的普遍规律尊称为**第一原理**. 这是理科学生特有的精神享受, 没有什么比它更奇妙、更普遍的了.

(3) 从数学上说, 解本征方程有两个途径: 一种途径是看作求解一个代数问题, 即求解诸如式 (9.1.1-28) 那样的矩阵方程, 即把一个已知的对称矩阵 $\mathbf{F}_q$ 对角化, 得到的结果是本征向量的集合 $\mathbf{L}_q$ 和本征值的集合 $\mathbf{\Lambda}$. 另一种途径是看作求解一个几何问题, 即解一个本征方程相当于求解一个高维空间中一个椭球的所有主轴的方向及其长度, 主轴方向就是本征向量, 主轴的长度就是本征值. 两种途径或看法各有用处, 如第 11 章介绍统计数学中的主成分法、偏最小二乘法时, 从几何看法的角度似乎更直观、更容易理解.

9.1.2 GF 矩阵法[2]

9.1.1 小节实际上介绍了在直角坐标系中分子的简正振动分析. 但是分子结构的表示经常用内坐标, 所以希望用内坐标来求简正振动. N 个原子构成的分子体系有 $3N-6$ 个内坐标, 即键长 $\{r_i\}$, 键角 $\{\alpha_i\}$, 二面角 $\{\theta_i\}$. 考虑在平衡位置附近的振动, 将所有内坐标的变动 $\Delta r_i, \Delta\alpha_i, \Delta\theta_i$ 记为 $\{R_k|k=1,2,\cdots,3N-6\}$, 即如下列矩阵:

$$\mathbf{R} \equiv [R_1\, R_2\ \cdots\ R_m]^{\mathrm{T}} \tag{9.1.2-1}$$

其中, $m=3N-6$(当线型分子时 $m=3N-5$). 平衡位置附近的位移在直角坐标系中记为 $\{x_i|i=1,2,\cdots,3N\}$. 用 $\{x_i\}$ 展开 $\{R_k|k=1,2,\cdots,3N-6\}$ 得到

$$R_k=\sum_{i=1}^{3N}B_i^k x_i+\frac{1}{2}\sum_{i,j=1}^{3N}B_{ij}^k x_i x_j+\cdots \tag{9.1.2-2}$$

若为微小振幅, 则二次项及更高次项可略去只留第一项, $R_k\approx\sum\limits_{i=1}^{3N}B_i^k x_i$, 即如下矩阵式:

$$\mathbf{R}_{m\times 1}=\mathbf{B}_{m\times 3N}\mathbf{x}_{3N\times 1}, \tag{9.1.2-3a}$$

或

$$(\mathbf{B})_{ij}=\frac{\partial R_i}{\partial x_j} \tag{9.1.2-3b}$$

一般说来, 变换矩阵 $\mathbf{B}$ 不是方阵, 这样就无法求逆矩阵. 为了解决这个困难, 把内坐标列矩阵 $\mathbf{R}$ 补上 6 个坐标, 即 3 个平动和 3 个转动. 这 6 个坐标的具体形式如何不会影响下面的推导. 到了最后再剔去这 6 个坐标就是了. 所以变换矩阵 $\mathbf{B}$ 就成了方阵, 列矩阵 $\mathbf{R}_{(3N-6)\times 1}$ 变成了列矩阵 $\mathbf{R}_{3N\times 1}$. 于是有

位移

$$\mathbf{x}=\mathbf{B}^{-1}\mathbf{R} \tag{9.1.2-4}$$

对应的速度为

$$\dot{\mathbf{x}}=\mathbf{B}^{-1}\dot{\mathbf{R}} \tag{9.1.2-5}$$

总动能可以改写为 $T=\frac{1}{2}\dot{\mathbf{x}}^{\mathrm{T}}\mathbf{m}\dot{\mathbf{x}}=\frac{1}{2}\left(\mathbf{B}^{-1}\dot{\mathbf{R}}\right)^{\mathrm{T}}\mathbf{m}\left(\mathbf{B}^{-1}\dot{\mathbf{R}}\right)=\frac{1}{2}\dot{\mathbf{R}}^{\mathrm{T}}\left\{\left(\mathbf{B}^{-1}\right)^{\mathrm{T}}\mathbf{m}\left(\mathbf{B}^{-1}\right)\right\}\dot{\mathbf{R}}$, 即

$$T=\frac{1}{2}\dot{\mathbf{R}}^{\mathrm{T}}\mathbf{G}^{-1}\dot{\mathbf{R}} \tag{9.1.2-6}$$

其中,

$$\mathbf{G}^{-1}\equiv\left(\mathbf{B}^{-1}\right)^{\mathrm{T}}\mathbf{m}\left(\mathbf{B}^{-1}\right) \tag{9.1.2-7}$$

线性代数中, 对于任意非奇异矩阵 $\mathbf{a}$, $\mathbf{b}$, 恒有等式 $\left(\mathbf{a}^{-1}\right)^{\mathrm{T}}=\left(\mathbf{a}^{\mathrm{T}}\right)^{-1}$ 和 $(\mathbf{ab})^{-1}=\mathbf{b}^{-1}\mathbf{a}^{-1}$, 所以

$$\mathbf{G}^{-1}\equiv\left(\mathbf{B}^{-1}\right)^{\mathrm{T}}\mathbf{m}\left(\mathbf{B}^{-1}\right)=\left(\mathbf{B}^{\mathrm{T}}\right)^{-1}\left(\mathbf{m}^{-1}\right)^{-1}\mathbf{B}^{-1}=\left(\mathbf{B}\mathbf{m}^{-1}\mathbf{B}^{\mathrm{T}}\right)^{-1}$$

于是

$$\mathbf{G}=\mathbf{B}\mathbf{m}^{-1}\mathbf{B}^{\mathrm{T}} \tag{9.1.2-8}$$

直角坐标系中的势能 根据式 (9.1.1-4), 可以将式 (9.1.1-7) 的体系势能作如下改写: $U=\frac{1}{2}\mathbf{q}^{\mathrm{T}}\mathbf{F}_q\mathbf{q}=\frac{1}{2}\left(\mathbf{m}^{1/2}\mathbf{x}\right)^{\mathrm{T}}\mathbf{F}_q\left(\mathbf{m}^{1/2}\mathbf{x}\right)=\frac{1}{2}\mathbf{x}^{\mathrm{T}}\left\{\left(\mathbf{m}^{1/2}\right)^{\mathrm{T}}\mathbf{F}_q\mathbf{m}^{1/2}\right\}\mathbf{x}$. 因为 $\mathbf{m}$ 是对角矩阵, 故 $\mathbf{m}^{1/2}$ 也是对角矩阵. 引入定义:

$$\mathbf{F}_x\equiv\mathbf{m}^{1/2}\mathbf{F}_q\mathbf{m}^{1/2} \tag{9.1.2-9}$$

故直角坐标系中的势能为

$$U = \frac{1}{2}\mathbf{x}^{\mathrm{T}}\mathbf{F}_x\mathbf{x} \tag{9.1.2-10a}$$

其中, Hesse 矩阵

$$(\mathbf{F}_x)_{ij} = \left(\frac{\partial^2 U}{\partial x_i \partial x_j}\right)_0 \tag{9.1.2-10b}$$

内坐标系中的势能 根据式 (9.1.2-4) 可将式 (9.1.2-10a) 改写为

$$U = \frac{1}{2}\mathbf{x}^{\mathrm{T}}\mathbf{F}_x\mathbf{x} = \frac{1}{2}\left(\mathbf{B}^{-1}\mathbf{R}\right)^{\mathrm{T}}\mathbf{F}_x\left(\mathbf{B}^{-1}\mathbf{R}\right) = \frac{1}{2}\mathbf{R}^{\mathrm{T}}\left(\mathbf{B}^{-1}\right)^{\mathrm{T}}\mathbf{F}_x\mathbf{B}^{-1}\mathbf{R}$$

引入定义

$$\mathbf{F} \equiv \left(\mathbf{B}^{-1}\right)^{\mathrm{T}}\mathbf{F}_x\mathbf{B}^{-1} \tag{9.1.2-11}$$

故内坐标系中的势能为

$$U = \frac{1}{2}\mathbf{R}^{\mathrm{T}}\mathbf{F}\mathbf{R} \tag{9.1.2-12}$$

在式 (9.1.2-4) 中. 曾经为了避免变换矩阵 $\mathbf{B}$ 不是方阵带来的困难, 在内坐标列阵后面添加了 6 个坐标, 使得列矩阵 $\mathbf{R}_{(3N-6)\times 1}$ 变成了列矩阵 $\mathbf{R}_{3N\times 1}$. 现在要证明添加坐标的具体形式不会影响后续的推导.

证明 由于添加 6 个坐标, 新的变换矩阵实际上由两块组成, 即 $\mathbf{B} \equiv \begin{bmatrix} \mathbf{B}' \\ \mathbf{B}'' \end{bmatrix}_{3N\times 3N}$, 其中, $(3N-6)\times 3N$ 阶矩阵 $\mathbf{B}'$ 才是联系内坐标和直角位移坐标的真正的变换矩阵. 因此式 (9.1.2-7) 变为

$$\mathbf{G} = \begin{bmatrix} \mathbf{B}' \\ \mathbf{B}'' \end{bmatrix}\mathbf{m}^{-1}[(\mathbf{B}')^{\mathrm{T}}(\mathbf{B}'')^{\mathrm{T}}] = \begin{bmatrix} \mathbf{B}'\mathbf{m}^{-1}(\mathbf{B}')^{\mathrm{T}} & \mathbf{B}'\mathbf{m}^{-1}(\mathbf{B}'')^{\mathrm{T}} \\ \mathbf{B}''\mathbf{m}^{-1}(\mathbf{B}')^{\mathrm{T}} & \mathbf{B}''\mathbf{m}^{-1}(\mathbf{B}'')^{\mathrm{T}} \end{bmatrix}$$

其中, 只要剔去与最后 6 个坐标对应的行指标、列指标的矩阵元就余下真正需要的关系式 $\mathbf{G}' = \mathbf{B}'\mathbf{m}^{-1}(\mathbf{B}')^{\mathrm{T}}$. 所以起先添加的 6 个坐标的具体形式不会影响推导. ■

用内坐标来表达简正坐标 根据式 (9.1.2-3a)、式 (9.1.1-4) 和式 (9.1.1-23), 内坐标列矩阵为

$$\mathbf{R} = \mathbf{B}\mathbf{x} = \mathbf{B}\mathbf{m}^{-1/2}\mathbf{q} = \mathbf{B}\mathbf{m}^{-1/2}\mathbf{L}_q\mathbf{Q} \tag{9.1.2-13}$$

其中, $\mathbf{Q}$ 为简正坐标列矩阵. 令

$$\mathbf{L} \equiv \mathbf{B}\mathbf{m}^{-1/2}\mathbf{L}_q \tag{9.1.2-14}$$

于是内坐标

$$\mathbf{R} = \mathbf{L}\mathbf{Q} \text{ 即 } \mathbf{Q} = \mathbf{L}^{-1}\mathbf{R} \tag{9.1.2-15}$$

同时,

(1) 动能: 根据式 (9.1.2-6) 和式 (9.1.2-15) 得到 $T = \frac{1}{2}\dot{\mathbf{R}}^{\mathrm{T}}\mathbf{G}^{-1}\dot{\mathbf{R}} = \frac{1}{2}\left(\mathbf{L}\dot{\mathbf{Q}}\right)^{\mathrm{T}}\mathbf{G}^{-1}\left(\mathbf{L}\dot{\mathbf{Q}}\right) = \frac{1}{2}\dot{\mathbf{Q}}^{\mathrm{T}}\mathbf{L}^{\mathrm{T}}\mathbf{G}^{-1}\mathbf{L}\dot{\mathbf{Q}}$. 再根据式 (9.1.1-30) 得知

$$\mathbf{L}^{\mathrm{T}}\mathbf{G}^{-1}\mathbf{L} = \mathbf{1} \tag{9.1.2-16}$$

将式 (9.1.2-16) 被 $(\mathbf{L}^{\mathrm{T}})^{-1}(\cdot)\mathbf{L}^{-1}$ 作用得到

$$LHS = (\mathbf{L}^{\mathrm{T}})^{-1}(\mathbf{L}^{\mathrm{T}}\mathbf{G}^{-1}\mathbf{L})\mathbf{L}^{-1} = \mathbf{G}^{-1}$$

$$RHS = (\mathbf{L}^{\mathrm{T}})^{-1}(\mathbf{1})\mathbf{L}^{-1} = (\mathbf{L}^{\mathrm{T}})^{-1}\mathbf{L}^{-1} = \left(\mathbf{L}\mathbf{L}^{\mathrm{T}}\right)^{-1}$$

所以得到

$$\mathbf{G} = \mathbf{L}\mathbf{L}^{\mathrm{T}} \tag{9.1.2-17}$$

(2) 势能：根据式 (9.1.2-12) 和式 (9.1.2-15), $U = \frac{1}{2}\mathbf{R}^{\mathrm{T}}\mathbf{F}\mathbf{R} = \frac{1}{2}(\mathbf{L}\mathbf{Q})^{\mathrm{T}}\mathbf{F}(\mathbf{L}\mathbf{Q}) = \frac{1}{2}\mathbf{Q}^{\mathrm{T}}\mathbf{L}^{\mathrm{T}}\mathbf{F}\mathbf{L}\mathbf{Q}$. 但是又根据式 (9.1.1-20), 要求无交叉项, 于是

$$\mathbf{L}^{\mathrm{T}}\mathbf{F}\mathbf{L} = \mathbf{\Lambda} \in \mathrm{diag} \tag{9.1.2-18}$$

将式 (9.1.2-18) 两边均被 $\mathbf{L}(.)$ 作用, 得到 $\mathbf{L}\mathbf{L}^{\mathrm{T}}\mathbf{F}\mathbf{L} = \mathbf{L}\mathbf{\Lambda}$. 再考虑到式 (9.1.2-17) 得到

$$\mathbf{G}\mathbf{F}\mathbf{L} = \mathbf{L}\mathbf{\Lambda} \tag{9.1.2-19}$$

称为内坐标的久期方程, 其中, $\mathbf{\Lambda}$ 为对角矩阵.

宫泽 (Miyazawa) 法[2] 式 (9.1.2-19) 貌似本征方程. 但是因为 $\mathbf{GF}$ 一般不是对称矩阵, 所以难以求解. 所以要先化为对称矩阵的本征方程形式. 这就要用宫泽提出的方法: 从矩阵 $\mathbf{G}$ 的本征方程出发,

$$\mathbf{G}\mathbf{A} = \mathbf{A}\mathbf{T} \tag{9.1.2-20}$$

其中, $\mathbf{A}$ 是本征向量矩阵, $\mathbf{T}$ 是对角化的本征值矩阵. 因为 $\mathbf{G}$ 是对称的实矩阵, 所以本征向量矩阵 $\mathbf{A}$ 是正交矩阵, 即满足

$$\mathbf{A}\mathbf{A}^{\mathrm{T}} = \mathbf{A}^{\mathrm{T}}\mathbf{A} = \mathbf{1}, \text{ 即 } \mathbf{A}^{-1} = \mathbf{A}^{\mathrm{T}} \tag{9.1.2-21}$$

于是 $\mathbf{G} = \mathbf{A}\mathbf{T}\mathbf{A}^{\mathrm{T}} = \left(\mathbf{A}\mathbf{T}^{1/2}\right)(\mathbf{T}^{1/2}\mathbf{A}^{\mathrm{T}}) = \left(\mathbf{A}\mathbf{T}^{1/2}\right)\left(\mathbf{A}\mathbf{T}^{1/2}\right)^{\mathrm{T}}$. 设

$$\mathbf{W} \equiv \mathbf{A}\mathbf{T}^{1/2} \tag{9.1.2-22}$$

得到

$$\mathbf{G} = \mathbf{W}\mathbf{W}^{\mathrm{T}} \tag{9.1.2-23}$$

代入式 (9.1.2-19) 得到 $\mathbf{W}\mathbf{W}^{\mathrm{T}}\mathbf{F}\mathbf{L} = \mathbf{L}\mathbf{\Lambda}$. 再将此式两边被 $\mathbf{W}^{-1}(\cdot)$ 作用, 得到

$$\mathbf{W}^{\mathrm{T}}\mathbf{F}\mathbf{L} = \mathbf{W}^{-1}\mathbf{L}\mathbf{\Lambda} \tag{9.1.2-24}$$

式 (9.1.2-24) 左边 $= \mathbf{W}^{\mathrm{T}}\mathbf{F}(\mathbf{1})\mathbf{L} = \mathbf{W}^{\mathrm{T}}\mathbf{F}(\mathbf{W}\mathbf{W}^{-1})\mathbf{L} = \mathbf{W}^{\mathrm{T}}\mathbf{F}\mathbf{W}(\mathbf{W}^{-1}\mathbf{L})$, 而右边 $= (\mathbf{W}^{-1}\mathbf{L})\mathbf{\Lambda}$. 所以 $\mathbf{W}^{\mathrm{T}}\mathbf{F}\mathbf{W}(\mathbf{W}^{-1}\mathbf{L}) = (\mathbf{W}^{-1}\mathbf{L})\mathbf{\Lambda}$. 再设

$$\mathbf{C} \equiv \mathbf{W}^{-1}\mathbf{L} \tag{9.1.2-25a}$$

和

$$\mathbf{H} \equiv \mathbf{W}^{\mathrm{T}}\mathbf{F}\mathbf{W} \tag{9.1.2-25b}$$

于是

$$\mathbf{H}\mathbf{C} = \mathbf{C}\boldsymbol{\Lambda} \tag{9.1.2-26}$$

$\mathbf{H}$ 是对称矩阵; $\boldsymbol{\Lambda}$ 是对角矩阵, 它是本征值矩阵.

这样就最后得到 GF 矩阵法解分子振动运动的方法, 其思路归纳如图 9.1.2-1.

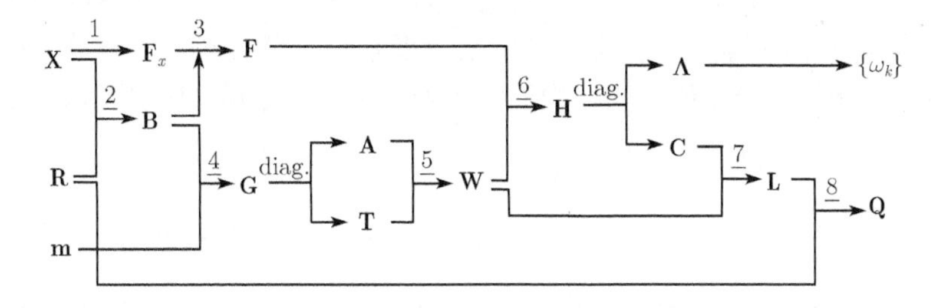

图 9.1.2-1

$\underline{1}$ $(\mathbf{F}_x)_{ij} = \dfrac{\partial^2 U}{\partial x_i \partial x_j}$　$\underline{2}$ $(\mathbf{B})_{ij} = \dfrac{\partial R_i}{\partial x_j}$　$\underline{3}$ $\mathbf{F} = (\mathbf{B}^{-1})^{\mathrm{T}}\mathbf{F}_x\mathbf{B}^{-1}$　$\underline{4}$ $\mathbf{G} = \mathbf{B}\mathbf{m}^{-1}(\mathbf{B})^{\mathrm{T}}$

$\underline{5}$ $\mathbf{W} \equiv \mathbf{A}\mathbf{T}^{1/2}$　$\underline{6}$ $\mathbf{H} \equiv \mathbf{W}^{\mathrm{T}}\mathbf{F}\mathbf{W}$　$\underline{7}$ $\mathbf{L} = \mathbf{W}\mathbf{C}$　$\underline{8}$ $\mathbf{Q} = \mathbf{L}^{-1}\mathbf{R}$

至于为什么实验上测到的红外光谱谱线的频率就是简正振动频率 $\{\omega_k\}$, 这个问题实质上涉及量子力学的一个基本假定: 实验中测得某物理量的值就是它所对应的算符的本征值(参见 9.1.1 节的讨论). 表 9.1.2-1 总结了在采用各种位移坐标和简正坐标时的总动能和总势能的表式.

表 9.1.2-1　采用各种位移坐标和简正坐标时的总动能和总势能 *

	位移	动能	势能
直角位移坐标	$\mathbf{x}$	$T = \frac{1}{2}\dot{\mathbf{x}}^{\mathrm{T}}\mathbf{m}\dot{\mathbf{x}}$	
质量加权位移坐标	$\mathbf{q} = \mathbf{m}^{1/2}\mathbf{x}$	$T = \frac{1}{2}\dot{\mathbf{q}}^{\mathrm{T}}\dot{\mathbf{q}}$	$U = \frac{1}{2}\mathbf{q}^{\mathrm{T}}\mathbf{F}_q\mathbf{q}$
内坐标	$\mathbf{R}$	$T = \frac{1}{2}\dot{\mathbf{R}}^{\mathrm{T}}\mathbf{G}^{-1}\dot{\mathbf{R}}$	$U = \frac{1}{2}\mathbf{R}^{\mathrm{T}}\mathbf{F}\mathbf{R}$
简正坐标	$\mathbf{Q} = \mathbf{L}_q^{-1}\mathbf{q}$ $= \mathbf{L}^{-1}\mathbf{R}$	$T = \frac{1}{2}\dot{\mathbf{Q}}^{\mathrm{T}}\dot{\mathbf{Q}}$	$U = \frac{1}{2}\mathbf{Q}^{\mathrm{T}}\boldsymbol{\Lambda}\mathbf{Q}$

注: $(\mathbf{F}_q)_{ij} \equiv \left(\dfrac{\partial^2 U}{\partial q_i \partial q_j}\right)_0$; $(\mathbf{F}_x)_{ij} = \left(\dfrac{\partial^2 U}{\partial x_i \partial x_j}\right)_0$; $\mathbf{L}_q$ 是 $\mathbf{F}_q\mathbf{L}_q = \mathbf{L}_q\boldsymbol{\Lambda}$ 的本征向量集; $(\mathbf{B})_{ij} = \dfrac{\partial R_i}{\partial x_j}$; $\mathbf{L} \equiv \mathbf{B}\mathbf{m}^{-1/2}\mathbf{L}_q$; $\mathbf{G} = \mathbf{B}\mathbf{m}^{-1}(\mathbf{B})^{\mathrm{T}}$; $\mathbf{F} \equiv (\mathbf{B}^{-1})^{\mathrm{T}}\mathbf{F}_x\mathbf{B}^{-1}$.

9.2　Green-Kubo 线性响应理论模拟分子振转光谱

现在应用第 6 章介绍的 Green-Kubo 线性响应理论讨论极性分子在交变外电场作用下吸收能量的过程, 也就是红外谱段的分子振转光谱模拟的问题[6~8]. 量子力学中的

Fermi 黄金规则(Fermi's golden rule) 说明从始态 $|i\rangle$ 到终态 $|f\rangle$ 的跃迁概率为[6]

$$P_{i\to f}(t)=\left|(i\hbar)^{-1}\int_0^t \mathrm{d}\tau e^{\mathrm{i}(E_f-E_i)\tau/\hbar}\left\langle f\left|\mathrm{H}'(\tau)\right|i\right\rangle\right|^2 \tag{9.2-1}$$

其中, E_i 和 E_f 分别为始态和终态的能量. 分子在余弦交变外电场 $\boldsymbol{E}$ 作用下能量增量为

$$\mathrm{H}'(t)=-\boldsymbol{E}(t)\cdot\boldsymbol{M}=-E_0\cos(\omega t)\hat{\boldsymbol{E}}_0\cdot\boldsymbol{M}$$

其中, $\boldsymbol{M}$ 为分子的电偶极矩, ω 为外电场 $\boldsymbol{E}(t)$ 的角频率, E_0 为电场强度的振幅, $\hat{\boldsymbol{E}}_0$ 为电场强度的单位向量 (可以验证: 在电磁场中的偶极分子, 其中, 外电场与分子电偶极矩的作用能量要比外磁场与分子磁矩的作用能量大两个以上数量级. 所以可以略去磁相互作用的能量). 于是跃迁速度等于

$$W_{i\to f}(t)=\frac{\mathrm{d}P_{i\to f}(t)}{\mathrm{d}t}=\frac{\pi E_0^2}{2\hbar^2}\left|\left\langle f\left|\hat{\boldsymbol{E}}_0\cdot\boldsymbol{M}\right|i\right\rangle\right|^2\left\{\delta\left(\omega_{fi}+\omega\right)+\delta\left(\omega_{fi}-\omega\right)\right\} \tag{9.2-2}$$

其中, $\omega_{fi}\equiv\left(E_f-E_i\right)/\hbar$. 考虑到体系处于分布为 $\{p_i\}$ 的混合态, p_i 为体系处于始态 $|i\rangle$ 的概率. 所以, 单位时间内外场给予体系的能量为

$$\begin{aligned}-\frac{\mathrm{d}}{\mathrm{d}t}E_{\mathrm{rad}}&=\sum_i p_i\sum_f\hbar\omega_{fi}W_{i\to f}(t)\\&=\frac{\pi E_0^2}{2\hbar}\sum_{i,f}p_f\omega_{if}\left|\left\langle i\left|\hat{\boldsymbol{E}}_0\cdot\boldsymbol{M}\right|f\right\rangle\right|^2\delta\left(\omega_{fi}+\omega\right)\\&\quad+\frac{\pi E_0^2}{2\hbar}\sum_{i,f}p_i\omega_{fi}\left|\left\langle f\left|\hat{\boldsymbol{E}}_0\cdot\boldsymbol{M}\right|i\right\rangle\right|^2\delta\left(\omega_{fi}-\omega\right)\end{aligned} \tag{9.2-3}$$

由于对 i 或 f 加和实际上是对同一个态集合求和, 这里第二项加和指标已作交换. 再整理后得到

$$-\frac{\mathrm{d}}{\mathrm{d}t}E_{\mathrm{rad}}=\frac{\pi E_0^2}{2\hbar}\sum_{i,f}(p_i-p_f)\omega_{fi}\left|\left\langle f\left|\hat{\boldsymbol{E}}_0\cdot\boldsymbol{M}\right|i\right\rangle\right|^2\delta\left(\omega_{fi}-\omega\right) \tag{9.2-4}$$

由于微扰前体系处于热平衡, $p_f=p_i\,\mathrm{e}^{-\beta\hbar\omega_{fi}}$, 又因为余弦电磁场的能量通量 $|\boldsymbol{S}|=\dfrac{cnE_0^2}{8\pi}$, c 光速, n 折射率. 所以吸收截面为

$$\alpha(\omega)=-\frac{\mathrm{d}E_{\mathrm{rad}}}{\mathrm{d}t}\Big/|\mathbf{S}|=\frac{4\pi\omega}{\hbar cn}\left(1-\mathrm{e}^{-\beta\hbar\omega}\right)\sum_{i,f}p_i\left|\left\langle f\left|\hat{\boldsymbol{E}}_0\cdot\boldsymbol{M}\right|i\right\rangle\right|^2\delta\left(\omega_{fi}-\omega\right) \tag{9.2-5}$$

这里利用 δ 函数的性质把因子 $\omega(1-\mathrm{e}^{-\beta\hbar\omega})$ 提出来. 进而得到体系对外场的吸收峰形即谱密度$I(\omega)$

$$I(\omega)=\frac{3\hbar cn\,\alpha(\omega)}{4\pi\omega\left(1-\mathrm{e}^{-\beta\hbar\omega}\right)}=3\sum_{i,f}p_i\left|\left\langle f\left|\hat{\boldsymbol{E}}_0\cdot\boldsymbol{M}\right|i\right\rangle\right|^2\delta\left(\omega_{fi}-\omega\right)$$

再利用等式 $\delta(x)=\dfrac{1}{2\pi}\displaystyle\int_{\infty}^{-\infty}\mathrm{d}t\,\mathrm{e}^{\mathrm{i}xt}$, 又考虑到 $|i\rangle$ 和 $|f\rangle$ 都是 H_0 的本征态、封闭关系

$\sum_f |f\rangle\langle f| = 1$, 再假设体系是各向同性的, 整理得到

$$I(\omega) = \frac{1}{2\pi}\int_{\infty}^{-\infty} \mathrm{d}t\, \mathrm{e}^{-\mathrm{i}\omega t}\langle \boldsymbol{M}(0)\cdot\boldsymbol{M}(t)\rangle \tag{9.2-6}$$

式 (9.2-6) 表明极性分子的各向同性体系在外电场作用下, 其吸收光谱取决于体系总的分子电偶极矩$\boldsymbol{M}(t)$ 的自相关函数 $\langle \boldsymbol{M}(0)\cdot\boldsymbol{M}(t)\rangle$, 它可用分子动力学模拟得到. 实际上, 分子动力学模拟过程中通常只是模拟一个溶质分子, 所以此时 $\boldsymbol{M}(t)$ 是一个分子的电偶极矩. 在可见–红外的能量区域内, 吸收光谱体现分子振动–转动运动能级的跃迁.

例如, 根据以上线性响应理论, 用分子动力学模拟自相关函数 $\langle \boldsymbol{M}(0)\cdot\boldsymbol{M}(t)\rangle$, 最后得到液态水的红外光谱, 相对于气态水的谱线漂移与实验值符合得很好 (表 9.2-1), 其中, ν_1 谱线漂移的计算值可用来校正实验值, 原因是这里的实验值实际上是两个部分重叠峰位的平均值.

表 9.2-1 气态、液态水红外谱峰位的实验值和计算值 [9,10]

简正振动方式		ν_2	ν_1	ν_3
气态水谱线实验值/cm^{-1}		1595.0	3651.7	3755.8
液态水谱线漂移/cm^{-1}	计算值	$+(70\pm5)$	$-(193\pm5)$	-205
	实验值	$+50$	-167	-266

近年来, 计算机技术迅速发展. 使得过去形式理论的解析解通过分子动力学方法可得到体系的时间演化过程. 原则上能够求出各种时间相关函数, 继而求出体系的各种输运性质 (平动扩散系数、转动扩散系数、导热系数、电导率)、红外吸收光谱、Raman 谱、中子散射行为等. 因此, 人们正在逐步摆脱凭唯象公式计算物理化学性质的现状, 走向运用统一的形式理论实现化学问题的计算. 这种计算不只限于给出数值解, 而且能够理解这些过程的物理意义, 在理解过程中形成新的科学概念, 或取代原来的粗糙概念.

讨论

线性响应理论法和 GF 矩阵法模拟的比较. 简正振动分析能够得到红外谱的峰位, 一个振动模对应一个峰位, 和每个振动模所涉及原子的相对振动位置. 简正振动分析不能得到红外谱曲线. GF 矩阵法是 9.1.1 小节简正振动分析的延伸, 在用内坐标的情况下就要用 GF 矩阵法实现简正振动分析.

线性响应理论是一个范围大得多的理论, 只要是弱的外场作用于热平衡的体系那么这个体系在外场中的响应就可以求得. 目前看来化学中只有强激光对物质的作用不能用线性响应理论处理, 或者任意外场与体系的作用能量在经典意义上无法表为 $\mathrm{H}'(t) = -\boldsymbol{F}(t)\cdot\boldsymbol{A}$ 形式的场合暂时也不在本书的讨论范围内. 分子的振转光谱只是线性响应理论的一个应用实例.

根据线性响应理论的分子动力学模拟可以得到整个振转光谱曲线, 峰位、强度都在其内. 当然因为整个光谱曲线是所有振动模吸收峰加和的包络线, 所以如果只要求算峰位那么选用简正振动分析方法更为方便, 且避免了再把邻近重叠的两个峰进一步区分开来的麻烦.

9.3　分子的电子光谱模拟

通过分子的电子光谱模拟, 可以在分子的电子结构的层面上理解发光过程. 各种官能团、不同位置上的取代基如何通过电子状态的改变影响发光 (或吸收) 的性能. 这里包括了解在整个紫外 — 可见光区域内包括分子的哪些状态之间的跃迁, 每个跃迁的贡献即所谓 "振子强度". 每个跃迁的贡献据含时微扰理论的结论, 直接和始态 $|0\rangle$、终态 $|m\rangle$ 之间电偶极矩算符 $\boldsymbol{\mu}$ 的矩阵元即与跃迁矩 $\boldsymbol{R} \equiv \langle 0 |\boldsymbol{\mu}| m\rangle$ 有关. 每个跃迁成分知道后, 整个波数范围内的吸收 (或发射) 就都可以搞清楚. 如最大吸收波长 $\lambda_{\max}$, 最大吸收峰峰高的对数 $\lg\varepsilon$.

分子在紫外 — 可见光区域的发光 (或吸收) 的原因是分子的电子状态之间的跃迁. 理论上研究分子发光和分子吸收光的过程是几乎相同的, 均归结为研究分子体系的电子状态及状态之间转化的过程. 这些过程可以用半经验的量子理论来处理. 也就是, 分子体系用量子力学处理, 而光辐射场用经典处理[11]. Einstein 曾经在这方面做了开创性的工作. 也可以进一步对辐射场也量子化, 这样得求助于量子场论或量子电动力学. 这里介绍半经验的量子理论处理, 即含时微扰理论加上半经典形式的辐射场[11] 的办法来模拟气体分子对光吸收造成的电子光谱.

9.3.1　跃迁的含时微扰理论

从含时 Schrödinger 方程出发,

$$\mathrm{i}\hbar\frac{\partial}{\partial t}\left|\Psi(q,\ t)\right\rangle = \mathtt{H}\ \left|\Psi(q,\ t)\right\rangle \tag{9.3.1-1}$$

其中, $\mathtt{H} = \mathtt{H}_0 + \mathtt{H}'$. $\mathtt{H}_0$ 为未照光即未受微扰时体系的总能量算符, 照光时体系 Hamilton 量增加 $\mathtt{H}'$, 即 $\mathtt{H}'$ 是外场对体系的微扰. 无微扰时, 体系状态由 $\mathtt{H}_0$ 的定态 Schrödinger 方程决定

$$\mathtt{H}_0\left|\psi_n\right\rangle = E_n\left|\psi_n\right\rangle \tag{9.3.1-2}$$

先解未扰动时的含时 Schrödinger 方程

$$\mathrm{i}\hbar\frac{\partial}{\partial t}\left|\psi_n^0(q,\ t)\right\rangle = \mathtt{H}\left|\psi_n^0(q,\ t)\right\rangle \tag{9.3.1-3}$$

其解为

$$\left|\psi_n^0(q,\ t)\right\rangle = \left|\psi_n(q)\right\rangle \mathrm{e}^{-\mathrm{i}tE_n/\hbar} \tag{9.3.1-4}$$

可以用扰动前的完备集 $\left\{\left|\psi_n^0(q,\ t)\right\rangle\right\}$ 来展开扰动后的态 $\left|\Psi(q,\ t)\right\rangle$

$$\left|\Psi(q,\ t)\right\rangle = \sum_n c_n(t)\left|\psi_n^0(q,\ t)\right\rangle \tag{9.3.1-5}$$

从 $\left|\Psi(q,\ t)\right\rangle$ 的归一化条件得到展开系数 $\{c_n(t)\}$ 须满足条件

$$\sum_n \left|c_n(t)\right|^2 = 1 \tag{9.3.1-6}$$

将式 (9.3.1-5) 代入式 (9.3.1-1) 得到 $(\mathrm{H}_0+\mathrm{H}')\sum_n c_n|\psi_n^0\rangle = \mathrm{i}\hbar\sum_n\left\{\left(\frac{\partial c_n}{\partial t}\right)|\psi_n^0\rangle + c_n\frac{\partial}{\partial t}|\psi_n^0\rangle\right\}$, 即 $\sum_n c_n\mathrm{H}_0|\psi_n^0\rangle + \sum_n c_n\mathrm{H}'|\psi_n^0\rangle = \mathrm{i}\hbar\sum_n\left\{\left(\frac{\partial c_n}{\partial t}\right)|\psi_n^0\rangle + c_n\frac{\partial}{\partial t}|\psi_n^0\rangle\right\}$. 再引用式 (9.3.1-3) 得到 $\sum_n c_n\mathrm{H}'|\psi_n^0\rangle = \mathrm{i}\hbar\sum_n\left(\frac{\partial c_n}{\partial t}\right)|\psi_n^0\rangle$. 再利用 $\{|\psi_n^0\rangle\}$ 的归一化关系, 将等式两边被 $\langle\psi_m^0|(\cdot)$ 作用得到

$$\mathrm{i}\hbar\frac{\partial c_m}{\partial t} = \sum_n \langle\psi_m^0|\mathrm{H}'|\psi_n^0\rangle c_n, \quad \forall m \tag{9.3.1-7}$$

至此演绎还是严格的, 未引入任何近似. 可是非常难解, 故引入**微扰参数**λ, H' 换成 $\lambda\mathrm{H}'$. λ 在 0~1 任意变动, 0 相当于未扰动体系, 1 相当于微扰体系. 于是式 (9.3.1-7) 可写为

$$\mathrm{i}\hbar\frac{\partial c_m}{\partial t} = \lambda\sum_n \langle\psi_m^0|\mathrm{H}'|\psi_n^0\rangle c_n \tag{9.3.1-8}$$

目的在于求展开系数 $\{c_n\}$ 继而求得 $|\Psi(q,t)\rangle$. 为此将 $c_m(t)$ 展开成 λ 的幂级数

$$c_m(t) = c_m^{(0)}(t) + \lambda c_m^{(1)}(t) + \lambda^2 c_m^{(2)}(t) + \cdots \tag{9.3.1-9}$$

代入式 (9.3.1-8) 得到

$$\mathrm{i}\hbar\left\{\frac{\partial c_m^{(0)}}{\partial t} + \lambda\frac{\partial c_m^{(1)}}{\partial t} + \lambda^2\frac{\partial c_m^{(2)}}{\partial t} + \cdots\right\} = \lambda\sum_n\langle\psi_m^0|\mathrm{H}'|\psi_n^0\rangle\left\{c_n^{(0)} + \lambda c_n^{(1)}(t) + \lambda^2 c_n^{(2)} + \cdots\right\}.$$

因为微扰参数 λ 可以任意变动, 故依次比较等式两边的 $\lambda^0, \lambda, \lambda^2\cdots$ 次项的系数, 得到

$$\begin{cases} \mathrm{i}\hbar\dfrac{\partial c_m^{(0)}}{\partial t} = 0 \\ \mathrm{i}\hbar\dfrac{\partial c_m^{(1)}}{\partial t} = \sum\limits_n \langle\psi_m^0|\mathrm{H}'|\psi_n^0\rangle c_n^{(0)} \\ \mathrm{i}\hbar\dfrac{\partial c_m^{(2)}}{\partial t} = \sum\limits_n \langle\psi_m^0|\mathrm{H}'|\psi_n^0\rangle c_n^{(1)} \\ \qquad\cdots \end{cases} \tag{9.3.1-10}$$

式 (9.3.1-10) 是一组微分方程组, 需有初始条件才能有解. 设光照之前 $(t<0)$ 体系处于 $|\psi_k\rangle$ 态, 即

$$|\Psi(q,t=0)\rangle = \sum_n c_n(0)|\psi_n^0(q,0)\rangle = \sum_n c_n(0)|\psi_n(q)\rangle = |\psi_k\rangle$$

故

$$\begin{cases} c_k(0) = 1 \\ c_n(0) = 0, \quad \forall n \neq k \end{cases} \tag{9.3.1-11}$$

再根据式 (9.3.1-9) 得到 $\begin{cases} 1 = c_k(0) = c_k^{(0)}(0) + \lambda c_k^{(1)}(0) + \lambda^2 c_k^{(2)}(0) + \cdots \\ 0 = c_n(0) = c_n^{(0)}(0) + \lambda c_n^{(1)}(0) + \lambda^2 c_n^{(2)}(0) + \cdots, \quad \forall n \neq k \end{cases}$, 此

式应该对于任意 λ 均成立, 故有

$$\begin{cases} \begin{cases} c_k^{(0)}(0) = 1 \\ c_k^{(1)}(0) = c_k^{(2)}(0) = \cdots = 0 \end{cases} \\ c_n^{(0)}(0) = c_n^{(1)}(0) = c_n^{(2)}(0) = \cdots = 0, \quad \forall n \neq k \end{cases} \tag{9.3.1-12}$$

这样微分方程组式 (9.3.1-10) 的每一个方程都有了初始条件, 于是可以求解

(1) 零阶项 $\left\{c_m^{(0)}\right\}$ 的解：根据式 (9.3.1-10) 中的

$$\mathrm{i}\hbar\frac{\partial c_m^{(0)}}{\partial t} = 0, \quad \forall m \tag{9.3.1-13}$$

将式 (9.3.1-13) 对时间 t 积分. 设积分常数为 $\alpha_m^{(0)}$, 故

$$c_m^{(0)}(t) = \alpha_m^{(0)}, \quad \forall m \tag{9.3.1-14}$$

$\alpha_m^{(0)}$ 与时间无关, 故从上式和初始条件式 (9.3.1-12), 得到各零阶系数

$$\begin{cases} c_k^{(0)}(t) = 1 \\ c_n^{(0)}(t) = 0, \quad \forall n \neq k \end{cases} \tag{9.3.1-15}$$

(2) 一阶项 $\left\{c_m^{(1)}\right\}$ 的解：根据式 (9.3.1-10), 式 (9.3.1-15) 得到

$$\mathrm{i}\hbar\frac{\partial c_m^{(1)}}{\partial t} = \left\langle \psi_m^0 \left| \mathrm{H}' \right| \psi_k^0 \right\rangle, \quad \forall m \tag{9.3.1-16}$$

可见等式右边都是已知的, 积分后再引用初始条件 (9.3.1-12) 求得一阶系数 $\left\{c_m^{(1)}\right\}$. 同理, 求得二阶系数、三阶系数等. 通常对于单光子过程求到一阶系数就可以了, 而多光子过程则需高阶系数. 注意, 到现在还没有限定微扰 Hamilton 量 H' 的形式.

根据式 (9.3.1-4) 和式 (9.3.1-16) 得到

$$\mathrm{i}\hbar\frac{\partial c_m^{(1)}}{\partial t} = \left\langle \psi_m \mathrm{e}^{-\mathrm{i}tE_m/\hbar} \left| \mathrm{H}' \right| \psi_k \mathrm{e}^{-\mathrm{i}tE_k/\hbar} \right\rangle = \mathrm{e}^{\mathrm{i}t(E_m - E_k)/\hbar} \left\langle \psi_m \left| \mathrm{H}' \right| \psi_k \right\rangle$$

即

$$\mathrm{i}\hbar\frac{\partial c_m^{(1)}}{\partial t} = \mathrm{e}^{\mathrm{i}\omega_{mk}t} H'_{mk} \tag{9.3.1-17}$$

其中, $\omega_{mk} \equiv (E_m - E_k)/\hbar$; $H'_{mk} \equiv \langle \psi_m | \mathrm{H}' | \psi_k \rangle$. 再将式 (9.3.1-17) 积分, 利用初始条件式 (9.3.1-12) 中的 $c_m^{(1)}(0) = 0$, $\forall m$得到 $c_m(t) = c_m^{(0)} + c_m^{(1)} + \cdots \approx c_m^{(1)} = \dfrac{1}{\mathrm{i}\hbar}\displaystyle\int_0^t \mathrm{d}\tau \mathrm{e}^{\mathrm{i}\omega_{mk}\tau} H'_{mk}(\tau)$. 进而

$$c_m(t) = \frac{1}{\mathrm{i}\hbar}\int_{-\infty}^{\infty} \mathrm{d}\tau \mathrm{e}^{\mathrm{i}\omega_{mk}\tau} H'_{mk}(\tau) \tag{9.3.1-18}$$

式 (9.3.1-18) 最后一步的理由是在 $\tau < 0$ 时还没有照光, 故必定 $H'_{mk}(\tau) = 0$; $\tau > t$ 时 $H'_{mk}(\tau)$ 也为零. 根据 Fourier 变换的定义 (见附录 I)：$H'_{mk}(\tau)$ 的 Fourier 变换为

$$H'_{mk}(\omega) \equiv \int_{-\infty}^{\infty} \mathrm{d}\tau \mathrm{e}^{\mathrm{i}\omega\tau} H'_{mk}(\tau) \tag{9.3.1-19}$$

于是展开系数

$$c_m = \frac{1}{\mathrm{i}\hbar} H'_{mk}(\omega_{mk}), \qquad \forall m \tag{9.3.1-20}$$

因为题设起始在 $|k\rangle$ 态, 所以在 $0 \to t$ 时间内的照射造成从 $|k\rangle$ 态跃迁到 $|m\rangle$ 态的概率为

$$\rho_{mk} = |c_m|^2 = \frac{1}{\hbar^2} |H'_{mk}(\omega_{mk})|^2, \quad \forall m \tag{9.3.1-21}$$

进而从 $|k\rangle$ 态到 $|m\rangle$ 态跃迁速度为

$$W_{mk} = \frac{\rho_{mk}}{t} = \frac{1}{\hbar^2 t} |H'_{mk}(\omega_{mk})|^2, \quad \forall m \tag{9.3.1-22}$$

快速的发光过程相当于垂直跃迁, 涉及的核的几何位置实际上是电子基态时对应的核位置. 如果电子激发态的弛豫时间长, 则电子激发态的核位置就会与电子基态的核位置不同, 这样就不能用垂直跃迁来考虑. 这里考虑的仅仅是垂直跃迁的情况.

9.3.2 半经典的辐射理论

(1) 对单色偏振光的吸收. 这里先考虑 $+z$ 方向传播的单色偏振入射光, 设其电场在 x 方向偏振 (采用经典形式)

$$\boldsymbol{E} = \boldsymbol{i} E_x^0 \cos(\omega t + \phi) \tag{9.3.2-1}$$

其中, 相位角 $\phi = 2\pi \frac{z}{\lambda}$; ω, λ 分别为入射光的角频率和波长. 因为波长远大于分子的尺寸, 故在通常分子尺度的范围内电场强度的变化非常小, 于是相位角可当作零看待.

光场是电磁波, 既有电场也有磁场. 电场与分子的电偶极矩 $\boldsymbol{\mu}$ 作用, 磁场与分子的磁偶极矩作用. 前者的作用能量远比后者的更负, 可见压倒优势的是电相互作用, 而不是磁相互作用. 这样, 电偶极矩不为零的分子与电磁场的相互作用能量可写为

$$\mathtt{H}'(t) = -\boldsymbol{\mu} \cdot \boldsymbol{E} = -\mu_x E_x^0 \cos\omega t = -\frac{\mu_x E_x^0}{2} \left(\mathrm{e}^{\mathrm{i}\omega t} + \mathrm{e}^{-\mathrm{i}\omega t}\right) \tag{9.3.2-2}$$

其中, μ_x 为分子电偶极矩的 x 分量. 于是式 (9.3.1-17) 中的微扰矩阵元

$$H'_{mk}(t) \equiv \langle \psi_m | \mathtt{H}'(t) | \psi_k \rangle = -\frac{E_x^0}{2} \left(\mathrm{e}^{\mathrm{i}\omega t} + \mathrm{e}^{-\mathrm{i}\omega t}\right) X_{mk} \tag{9.3.2-3}$$

其中, 矩阵元

$$X_{mk} \equiv \langle \psi_m | \mu_x | \psi_k \rangle \equiv \langle m | \mu_x | k \rangle \tag{9.3.2-4}$$

为 $|k\rangle$ 态到 $|m\rangle$ 态的跃迁电偶极矩 $\boldsymbol{R}_{mk} \equiv \langle m | \boldsymbol{\mu} | k \rangle$ 在 x 方向的分量. 根据式 (9.3.1-18) 和式 (9.3.2-3) 得到

$$\begin{aligned} c_m(t) &= \frac{1}{\mathrm{i}\hbar} \left(-\frac{1}{2} E_x^0 X_{mk}\right) \int_0^t \mathrm{d}\tau \left\{\mathrm{e}^{\mathrm{i}(\omega_{mk}+\omega)\tau} + \mathrm{e}^{\mathrm{i}(\omega_{mk}-\omega)\tau}\right\} \\ &= \frac{1}{2\hbar} E_x^0 X_{mk} \left\{ \frac{\left[\mathrm{e}^{\mathrm{i}(\omega_{mk}+\omega)t} - 1\right]}{\omega_{mk}+\omega} + \frac{\left[\mathrm{e}^{\mathrm{i}(\omega_{mk}-\omega)t} - 1\right]}{\omega_{mk}-\omega} \right\} \end{aligned} \tag{9.3.2-5}$$

从式 (9.3.2-5) 可见只有在 $\omega = \pm\omega_{mk}$ 的条件下 $|c_m(t)|^2$ 值达到最大, 否则其他 ω 时 $|c_m(t)|^2$ 均很小, 而且式 (9.3.2-5) 花括号内的两项都是属于 $\frac{\mathrm{e}^{\mathrm{i}at} - 1}{a}$ 的形式, 运用 L'Hospital 法则得到

$$\lim_{a\to 0} \frac{\mathrm{e}^{\mathrm{i}at} - 1}{a} = \lim_{a\to 0} \frac{\mathrm{i}t\mathrm{e}^{\mathrm{i}at}}{1} = \mathrm{i}t \tag{9.3.2-6}$$

实际上最关心的是发生吸收附近的情况, 即当 $\omega \to \omega_{mk}$ 的情况, 所以此时式 (9.3.2-5) 为

$$c_m(t) = \frac{1}{2\hbar} E_x^0 X_{mk} \left\{ \frac{\left[\mathrm{e}^{\mathrm{i}(\omega_{mk}+\omega)t} - 1\right]}{2\omega_{mk}} + \frac{\left[\mathrm{e}^{\mathrm{i}(\omega_{mk}-\omega)t} - 1\right]}{\omega_{mk} - \omega} \right\}$$

其中, 第一项因为 $\left|\mathrm{e}^{\mathrm{i}(\omega_{mk}+\omega)t}\right| = 1$, 故不随 t 变大而增大. 而第二项 $\lim\limits_{a\to 0} \{\cdot\cdot\} = \mathrm{i}t$, 随 t 变大而增大. 所以上式在 $\omega \to \omega_{mk}$ 且 t 较大的条件下, 以第二项为主. 于是略去第一项得到

$$c_m(t) = \frac{1}{2\hbar} E_x^0 X_{mk} \frac{\left[\mathrm{e}^{\mathrm{i}(\omega_{mk}-\omega)t} - 1\right]}{\omega_{mk} - \omega}$$

令 $\theta \equiv (\omega_{mk} - \omega)t$. 因为 $\mathrm{e}^{\mathrm{i}\theta} - 1 = \mathrm{e}^{\mathrm{i}\theta/2}\left(\mathrm{e}^{\mathrm{i}\theta/2} - \mathrm{e}^{-\mathrm{i}\theta/2}\right) = 2\mathrm{i}\mathrm{e}^{\mathrm{i}\theta/2}\sin(\theta/2)$, 于是

$$c_m(t) = \frac{1}{2\hbar} E_x^0 X_{mk} \frac{2\mathrm{i}\mathrm{e}^{\mathrm{i}\theta/2}\sin(\theta/2)}{\omega_{mk} - \omega} \tag{9.3.2-7}$$

进而, 从 $|k\rangle$ 态到 $|m\rangle$ 态的跃迁概率为

$$\rho_{mk} = |c_m|^2 = \frac{1}{\hbar^2}\left(E_x^0 X_{mk}\right)^2 \frac{\sin^2\{(\omega_{mk} - \omega)t/2\}}{(\omega_{mk} - \omega)^2} \tag{9.3.2-8}$$

再将电场振幅 E_x^0 与电磁场的能量密度 ρ_z(这里电磁波的传播方向为 z) 联系起来, 在 Gauss 制下, 电磁场的能量流 (即 Poynting 向量, 单位时间内流过单位截面的能量) 为

$$\boldsymbol{S} = \frac{c}{4\pi} \boldsymbol{E} \times \boldsymbol{B} \tag{9.3.2-9}$$

电磁波的电场强度 $\boldsymbol{E}$ 与磁感应强度 $\boldsymbol{B}$ 垂直且 $|\boldsymbol{E}| = |\boldsymbol{B}|$. 在本例的分析中, 即 $E_x = B_y$. 本例中的能量流的模为 $|\boldsymbol{S}| = \dfrac{c}{4\pi} E_x B_y = \dfrac{c}{4\pi} E_x^2$. 又因为是余弦交变电场, 故 $|\boldsymbol{S}|$ 的平均值为 $\langle|\boldsymbol{S}|\rangle = \dfrac{c}{4\pi}\left\langle E_x^2\right\rangle = \dfrac{c}{8\pi}\left(E_x^0\right)^2$. 设能量流穿过的截面积为 A, 故能量密度为

$$\rho_z = \frac{\langle|\boldsymbol{S}|\rangle At}{A(ct)} = \frac{\langle|\boldsymbol{S}|\rangle}{c} = \frac{1}{8\pi}\left(E_x^0\right)^2 \tag{9.3.2-10}$$

代入式 (9.3.2-8) 得到

$$\rho_{mk} = \frac{8\pi}{\hbar^2} \rho_z X_{mk}^2 \frac{\sin^2\{(\omega_{mk} - \omega)t/2\}}{(\omega_{mk} - \omega)^2} \tag{9.3.2-11}$$

考虑到 $\omega_{mk} = \dfrac{1}{\hbar}\left(E_m^0 - E_k^0\right)$, 式 (9.3.2-11) 可改写为

$$\rho_{mk} = 8\pi\rho_z X_{mk}^2 \frac{\sin^2\left\{\dfrac{\pi t}{h}\left[\left(E_m^0 - E_k^0\right) - h\nu\right]\right\}}{\left\{\left(E_m^0 - E_k^0\right) - h\nu\right\}^2} \tag{9.3.2-12}$$

这是单色偏振光下从 $|k\rangle$ 态到 $|m\rangle$ 态的跃迁概率.

(2) 对全色偏振光的吸收. 现在要推广到全色偏振光的情况：设 $u(\nu)$ 为频率处于 $\nu \to \nu + \mathrm{d}\nu$ 之间的能量密度. 于是, 全部频率的能量密度应为 $\rho_z = \int_0^\infty \mathrm{d}\nu u(\nu)$. 进而, 全

色偏振光情况下从 $|k\rangle$ 态到 $|m\rangle$ 态的跃迁概率应为

$$\rho_{mk} = 8\pi X_{mk}^2 \int_0^\infty \mathrm{d}\nu u(\nu) \frac{\sin^2\left\{\frac{\pi t}{h}\left[\left(E_m^0 - E_k^0\right) - h\nu\right]\right\}}{\left\{\left(E_m^0 - E_k^0\right) - h\nu\right\}^2} \tag{9.3.2-13}$$

$\dfrac{\sin^2(xt)}{x^2}$ 类的函数形如图 9.3.2-1 所示, 在 $x \to 0$ 处值很大, 其他地方的值很小. 又令 $\Delta E \equiv E_m^0 - E_k^0$, 故式 (9.3.2-13) 可写为

$$\begin{aligned}
\rho_{mk} &\approx 8\pi X_{mk}^2 u(\nu_{mk}) \int_{-\infty}^\infty \mathrm{d}\nu \frac{\sin^2\left\{\frac{\pi t}{h}[\Delta E - h\nu]\right\}}{\{\Delta E - h\nu\}^2} \\
&= 8\pi X_{mk}^2 u(\nu_{mk}) \int_{-\infty}^\infty \mathrm{d}\left\{\frac{\pi t}{h}(\Delta E - h\nu)\right\} \cdot \left[-\frac{(\pi t/h)^2}{\pi t}\right] \frac{\sin^2\left\{\frac{\pi t}{h}(\Delta E - h\nu)\right\}}{\left\{\frac{\pi t}{h}(\Delta E - h\nu)\right\}^2}
\end{aligned}$$

再令 $x \equiv \dfrac{\pi t}{h}(\Delta E - h\nu)$, 于是 $\rho_{mk} = 8\pi X_{mk}^2 u(\nu_{mk}) \left(-\dfrac{\pi t}{h^2}\right) \displaystyle\int_{-\infty}^\infty \mathrm{d}x \frac{\sin^2 x}{x^2}$. 考虑到 $\displaystyle\int_{-\infty}^\infty \mathrm{d}x \frac{\sin^2 x}{x^2} = -\pi$, 整理得到

$$\rho_{mk} = \frac{2\pi}{\hbar^2} X_{mk}^2 u_x(\nu_{mk}) t \tag{9.3.2-14}$$

式 (9.3.2-14) 是指 x 方向平面偏振的全色光下体系从 $|k\rangle$ 态到 $|m\rangle$ 态的跃迁概率, 故将 $u(\nu_{mk})$ 添加下标 x.

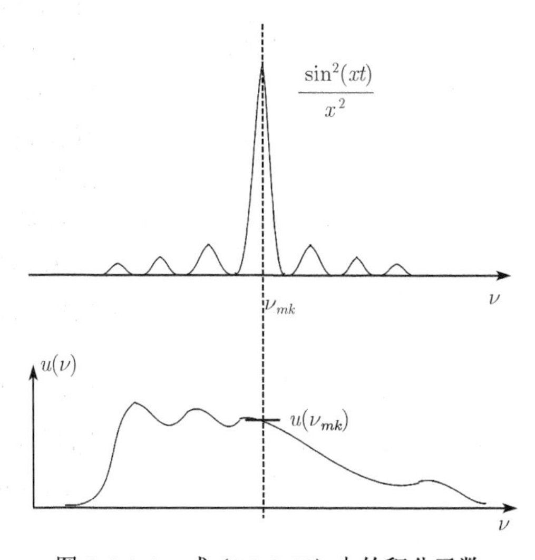

图 9.3.2-1 式 (9.3.2-13) 中的积分函数

(3) 对各向同性全色光的吸收. 实验中往往采用各向同性的全色光, 故现在要将 x 偏振全色光的跃迁概率表式进一步推广到各向同性的全色光的情况：显然式 (9.3.2-14) 中, ① 能量密度的频率分布函数 $u_x = u_y = u_z = \dfrac{1}{3}u$; ② 跃迁电偶极矩 $\boldsymbol{R}_{mk}$ 在 x 方向的分

量 X_{mk} 要换成跃迁电偶极矩 $\boldsymbol{R}_{mk}$. 于是在各向同性全色光情况下从 $|k\rangle$ 态到 $|m\rangle$ 态的跃迁概率为

$$\rho_{mk}=\frac{2\pi}{3\hbar^2}R_{mk}^2u\left(\nu_{mk}\right)t \tag{9.3.2-15}$$

进而在各向同性全色光情况下从 $|k\rangle$ 态到 $|m\rangle$ 态的跃迁速度为

$$W_{mk}=\frac{2\pi}{3\hbar^2}R_{mk}^2u\left(\nu_{mk}\right)=B_{k\to m}u\left(\nu_{mk}\right) \tag{9.3.2-16}$$

其中,

$$B_{k\to m}\equiv\frac{2\pi}{3\hbar^2}R_{mk}^2 \tag{9.3.2-17}$$

称为 **Einstein吸收系数**. 它表示一个原子或分子受到在频率 ν_{mk} 处的能量密度分布函数为 $u\left(\nu_{mk}\right)$ 的照射后, 从态 $|k\rangle$ 到态 $|m\rangle$ 的跃迁速度为 $B_{k\to m}u\left(\nu_{mk}\right)$.

(4) 实验中的消光系数. 实验中, 气体样品对光吸收有 Lambert 定律, 其微分形式为

$$-\mathrm{d}I_\nu=k_\nu I_\nu\mathrm{d}l \tag{9.3.2-18}$$

它表示频率处于 $\nu\to\nu+\mathrm{d}\nu$ 的入射光强度 I_ν(单位时间通过单位截面的能量) 因被极薄一层的气体介质吸收所造成的减弱 $-\mathrm{d}I_\nu$, 应当正比于介质厚度 $\mathrm{d}l$, 也正比于入射光的强度 I_ν. 比例系数 k_ν 称为**吸收系数**, 单位 cm^{-1}. 将式 (9.3.2-18) 对厚度积分得到

$$I_\nu=I_\nu^0\mathrm{e}^{-k_\nu l}, \tag{9.3.2-19}$$

其中, l 为样品厚度, I_ν^0 为该频率段的入射光强度. 这就是 **Lambert定律**. 实验中经常把式 (9.3.2-19) 写成以 10 为底的指数形式, 即

$$I_\nu=I_\nu^0 10^{-A_\nu l} \tag{9.3.2-20}$$

可见

$$A_\nu=\frac{1}{\ln 10}k_\nu \tag{9.3.2-21}$$

A_ν 称为**消光系数**(extinction coefficient).

在稀溶液的情况下, 如果只是溶液中的溶质对光有吸收, 可见这可以与气体对光吸收同等看待. Beer 发现此时消光系数 A_ν 与溶液的摩尔浓度 C 成正比,

$$A_\nu=\varepsilon_\nu C \tag{9.3.2-22}$$

比例常数 ε_ν 称为**摩尔消光系数**(molar extinction coefficient), 代入式 (9.3.2-20) 得到

$$I_\nu=I_\nu^0 10^{-\varepsilon_\nu Cl} \tag{9.3.2-23}$$

称为**Beer-Lambert 定律**. 从式 (9.3.2-21) 和式 (9.3.2-22) 又可得到

$$k_\nu=\ln 10\varepsilon_\nu C \tag{9.3.2-24}$$

其实, 标准状态下的气体就相当于摩尔浓度 $C=\dfrac{1}{22.4}\mathrm{mol}\cdot\mathrm{L}^{-1}\,(\equiv C_0)$ 的稀溶液. 这样稀

溶液和气体两种情况可以统一起来了.

(5) 从消光系数求振子强度实验值: 根据从量子的辐射理论得到的式 (9.3.2-16), 那是一个原子或分子从态 $|k\rangle$ 到态 $|m\rangle$ 的跃迁速度. 现在设 N_n 为单位体积的介质中处于始态 $|k\rangle$ 的原子或分子的个数, 即介质的数密度. 于是, 单位体积的介质在单位时间内由于态 $|k\rangle$ 到态 $|m\rangle$ 的跃迁而吸收的光能量, 即吸收的光强度为

$$I_{abs} = N_n B_{k\to m} u(\nu_{mk}) h\nu_{km} \tag{9.3.2-25}$$

其中, $h\nu_{km}$ 为一次跃迁所吸收的能量. 该吸收的光强度在经典电动力学的理论中可以得到为

$$I_{abs} = N_n \pi f \frac{e^2}{m_e} u(\nu_{mk}) \tag{9.3.2-26}$$

其中, f 称为**振子强度**. 可见根据量子理论的式 (9.3.2-25), 得到经典电动力学中该吸收的振子强度应该为

$$f_{km} = \frac{h m_e \nu_{km}}{\pi e^2} B_{k\to m} \tag{9.3.2-27}$$

现在要把式 (9.3.2-18) 中代表实验中光强度的减弱 $-\mathrm{d}I_\nu$ 与 Einstein 吸收系数 $B_{k\to m}$ 联系起来: 因为光的能量密度为 $u(\nu)$, 所以频率处于 $\nu \to \nu + \mathrm{d}\nu$ 的光强度 I_ν 应该等于

$$I_\nu = cu(\nu)\,\mathrm{d}\nu \tag{9.3.2-28}$$

其中, c 为光速. 因为当频率处于 $\nu \to \nu + \mathrm{d}\nu$ 的光通过单位截面和厚度 $\mathrm{d}l$ 的样品时, 共有 $N_n\mathrm{d}l$ 个分子与光作用. 对于单色光, 每个分子单位时间内吸收光子从始态 $|k\rangle$ 到态 $|m\rangle$ 的跃迁概率为 $B_{k\to m}u(\nu_{mk})$; 故对于全色光每个分子在单位时间内吸收光子从始态 $|k\rangle$ 跃迁到 $|m\rangle$ 态的概率为 $\frac{\mathrm{d}B_{k\to m}}{\mathrm{d}\nu}u(\nu)\,\mathrm{d}\nu = u(\nu)\,\mathrm{d}B_{k\to m}$, 所以单位截面的这一薄层 $\mathrm{d}l$ 吸收的光子数为 $(N_n\mathrm{d}l)\,u(\nu)\,\mathrm{d}B_{k\to m}$, 进而吸收的能量为

$$-\mathrm{d}I_\nu = h\nu\,(N_n\mathrm{d}l)\,u(\nu)\,\mathrm{d}B_{k\to m} \tag{9.3.2-29}$$

把式 (9.3.2-29)、式 (9.3.2-28) 代入式 (9.3.2-18) 得到

$$\mathrm{d}B_{k\to m} = \frac{ck_\nu}{N_n h\nu}\mathrm{d}\nu \tag{9.3.2-30}$$

再对频率积分得到

$$B_{k\to m} = \frac{c}{N_n h}\int_0^\infty \frac{k_\nu}{\nu}\mathrm{d}\nu \tag{9.3.2-31}$$

记 $\tilde{\nu}$ 为波数, 式 (9.3.2-31) 亦可写为对波数的积分式

$$B_{k\to m} = \frac{c}{N_n h}\int_0^\infty \frac{k_\nu}{\tilde{\nu}}\mathrm{d}\tilde{\nu} \tag{9.3.2-32}$$

对于气体吸收光谱中的吸收系数 k_ν 都是校正到标准状态的, 所以 N_n, c, h 均为常数, 如

$$N_n = 2.69\times 10^{19}\text{分子}\cdot\mathrm{cm}^{-3} \tag{9.3.2-33}$$

因为积分中的被积函数只有在吸收峰 $\tilde{\nu}_{km}$ 处才是重要的, 故式 (9.3.2-32) 可近似写为

$$B_{k\to m} \approx \frac{c}{N_n h\tilde{\nu}_{km}}\int_0^\infty k_\nu \mathrm{d}\tilde{\nu} \tag{9.3.2-34}$$

将式 (9.3.2-34) 代入式 (9.3.2-27) 且考虑到频率与波数的关系 $\nu_{km} = c\tilde{\nu}_{km}$, 得到

$$f_{km} = \frac{c^2 m_e}{N_n \pi e^2}\int_0^\infty k_\nu \mathrm{d}\tilde{\nu} \tag{9.3.2-35}$$

再根据式 (9.3.2-24) 得到振子强度

$$f_{km} = C\ln 10\frac{c^2 m_e}{N_n \pi e^2}\int_0^\infty \varepsilon_\nu \mathrm{d}\tilde{\nu} \tag{9.3.2-36}$$

从实验摩尔消光系数可以通过式 (9.3.2-36) 求得振子强度的实验值 (对于气体只要把其中 $C = C_0$ 即可).

(6) 振子强度的理论值: 回顾式 (9.3.2-16) 给出了各向同性全色光情况下从 $|k\rangle$ 态到 $|m\rangle$ 态的跃迁速度 $W_{mk} = \dfrac{2\pi}{3\hbar^2}R_{mk}^2 u(\nu_{mk})$, 其中, $|k\rangle$ 态到 $|m\rangle$ 态的跃迁电偶极矩$\boldsymbol{R}_{mk} \equiv \langle m|\boldsymbol{\mu}|k\rangle = \left\langle m\left|\sum_i q_i \boldsymbol{r}_i\right|k\right\rangle$. 因为 $q_i = -e$, 所以

$$\boldsymbol{R}_{mk} = -e\left\langle m\left|\sum_i \boldsymbol{r}_i\right|k\right\rangle = -e\boldsymbol{Q}_{mk} \tag{9.3.2-37}$$

其中, $\boldsymbol{Q}_{mk} \equiv \left\langle m\left|\sum_i \boldsymbol{r}_i\right|k\right\rangle$. 如果终态 $|m\rangle$ 是简并的, 简并度 g_m. 假设 $|k\rangle$ 态到各个终态的跃迁电偶极矩都相等, 即

$$\boldsymbol{R}_{mk} = \boldsymbol{R}_{m'k} = \boldsymbol{R}_{m''k} = \cdots \tag{9.3.2-38}$$

则单位时间内从 $|k\rangle$ 态跃迁到整个终态能级的概率为

$$W_{mk} = \frac{2\pi}{3\hbar^2}g_m R_{mk}^2 u(\nu_{mk}) = \frac{2\pi e^2}{3\hbar^2}g_m Q_{mk}^2 u(\nu_{mk}) \tag{9.3.2-39}$$

令**偶极强度**(dipole strength)

$$D_{mk} \equiv Q_{mk}^2 = \left|\left\langle m\left|\sum_i \boldsymbol{r}_i\right|k\right\rangle\right|^2 \tag{9.3.2-40}$$

它的量纲 $[D_{mk}] = \mathrm{L}^2$ 且 $D_{mk} = D_{km}$. 现在把式 (9.3.2-16) 的第二步理解为 $|k\rangle$ 态跃迁到整个终态能级的速度, 所以式 (9.3.2-39) 可写为 $W_{mk} = \dfrac{2\pi e^2}{3\hbar^2}g_m D_{mk} u(\nu_{mk}) = B_{k\to m}u(\nu_{mk})$. 于是得到终态 $|m\rangle$ 是简并时的 Einstein 吸收系数

$$B_{k\to m} = \frac{2\pi e^2}{3\hbar^2}g_m D_{mk} \tag{9.3.2-41}$$

将式 (9.3.2-41) 代入式 (9.3.2-27) 得到振子强度

$$f_{km} = \frac{4\pi m_e \nu_{km}}{3\hbar} g_m D_{mk} \tag{9.3.2-42}$$

这样就可以从理论上的矩阵元 $Q_{mk} \equiv \left\langle m \middle| \sum_i \boldsymbol{r}_i \middle| k \right\rangle$ 通过式 (9.3.2-42) 求得振子强度的理论值, 并且可以将此与式 (9.3.2-36) 得到的振子强度实验值比较.

通过分子的电子光谱的模拟, 可以在电子结构的层面上理解分子的发光过程. 各种官能团、不同位置上的取代基如何通过电子状态的改变影响发光 (或吸收) 的性能. 这里包括了解在整个紫外 — 可见光区域内分子的哪些电子状态之间的跃迁, 每个跃迁对振子强度的贡献. 每个跃迁成分知道后, 整个波数范围内的整个吸收曲线就都可以搞清楚, 由此得到最大吸收波长 $\lambda_{\max}$, 吸收峰高等.

通过有可能成为电致发光的有机分子的电子光谱的计算, 剖析其中发光的规律性, 从而提高电致发光器件的性能, 主动地、更加理性地分析问题, 获得更好的新型电致发光材料.

参 考 文 献

[1] Wilson Jr E B, Decius J C, Cross P C. Molecular Vibrations, the Theory of Infrared and Raman Vibrational Spectra. New York: McGraw Hill, 1955.

[2] 梁映秋, 赵文运. 分子振动和振动光谱. 北京: 北京大学出版社, 1990.

[3] 吴国祯. 分子振动光谱学: 原理与研究. 北京: 清华大学出版社, 2001.

[4] 徐亦庄. 分子光谱理论. 北京: 清华大学出版社, 1988.

[5] Kubo R. Rep Prog Phys, 1966, 29: 255.

[6] McQuarrie D A. Statistitcal Mechanics. New York: Harper & Row, 1976.

[7] Zubalev D N. 非平衡统计热力学. 李沅柏, 郑哲洙译. 北京: 高等教育出版社, 1982, 132~149.

[8] Zwanzig R. Annu Rev Phys Chem, 1965, 16: 67.

[9] Herzberg G. Infrared and Raman Spectra of Polyatomic Molecules. Van Nostrand-Reinhold, 1945: 171.

[10] 陈敏伯, 高岀. 线性响应理论及谱密度. 化学通报, 1999, (2): 41.

[11] 徐光宪, 黎乐民. 量子化学 —— 基本原理和从头计算法 (上册). 北京: 科学出版社, 1980.

[12] Krasovitskii B M, Bolotin B M. Organic Luminescent Materials. New York: VCH, 1988.

第10章　固 体 材 料

“计算化学家的时代即将到来. 到时, 若不是上千也有成百的化学家, 为了化学中日益增多的许多细节问题将走向计算机, 而不是实验室.”

—— 美国理论化学家 R. S. Mulliken(1896~1986, 分子轨道理论的创立者) 在 1966 年获诺贝尔化学奖演说中的预言

10.1　晶格、倒易晶格

根据 Hohenberg-Kohn 第一定理所奠定的原理：结构决定了多电子体系基态的一切物理化学性质. 由此出发, 对于晶体体系, 首先要掌握描述晶体结构的方法[1,2]. 为此, 不失普遍性, 可以考虑单原子晶体的结构描述. 为方便计, 按照惯例, 本章形式理论中向量符号采用与矩阵相同的 Times New Roman 正黑体.

晶体物质的特征首先就是其中的平移对称性. 对于单原子晶体, 其中, 每个格点上只有一个原子. 平衡时的格点位置称为**格矢**$\mathbf{n}$(lattice vector)

$$\mathbf{n}=\sum_{i=1}^{I}n_i\mathbf{a}_i,\quad n_i=0,\pm1,\pm2,\cdots \tag{10.1-1}$$

其中, I 为晶格的维度, I =1, 2 和 3 时分别称为一维晶格、二维晶格和三维晶格. 对于三维晶格, $(\mathbf{a}_1,\mathbf{a}_2,\mathbf{a}_3)$ 为晶格的**基向量**, 基向量围成的体积称为**原胞**(primitive cell), 即格矢 $\mathbf{n}=(n_1,n_2,n_3)$ 决定了任意格点的位置. 晶格原点处的格矢 $\mathbf{n}=\mathbf{0}\equiv(0,0,0)$. 原胞的体积为

$$V=(\mathbf{a}_1\mathbf{a}_2\mathbf{a}_3)\equiv(\mathbf{a}_1\times\mathbf{a}_2)\cdot\mathbf{a}_3=(\mathbf{a}_2\times\mathbf{a}_3)\cdot\mathbf{a}_1=(\mathbf{a}_3\times\mathbf{a}_1)\cdot\mathbf{a}_2 \tag{10.1-2}$$

原子在格点附近做热运动. 设原子位置为

$$\mathbf{r}_{\mathbf{n}}(t)=\mathbf{n}+\mathbf{u}_{\mathbf{n}}(t) \tag{10.1-3}$$

其中, $\mathbf{u}_{\mathbf{n}}$ 为 $\boldsymbol{n}$ 格点处原子的热位移, 对于小振动问题是个小量. $\mathbf{u}_{\mathbf{n}}(t)$ 也就是 $\mathbf{u}_{n_1,n_2,n_3}(t)$.

与三维晶格原胞对应的是它的**倒易晶格**(reciprocal lattice), 设倒易晶格的基向量为 $(\mathbf{b}_1,\mathbf{b}_2,\mathbf{b}_3)$, 其定义为

$$\mathbf{a}_i\cdot\mathbf{b}_j=2\pi\delta_{ij} \tag{10.1-4}$$

即

$$\mathbf{b}_1\equiv\frac{2\pi}{V}(\mathbf{a}_2\times\mathbf{a}_3),\quad \mathbf{b}_2\equiv\frac{2\pi}{V}(\mathbf{a}_3\times\mathbf{a}_1),\quad \mathbf{b}_3\equiv\frac{2\pi}{V}(\mathbf{a}_1\times\mathbf{a}_2) \tag{10.1-5}$$

倒易晶格的格矢 $\mathbf{G}$ 称为**倒格矢**(reciprocal lattice vector)

$$\mathbf{G}=\sum_{i=1}^{3}h_i\mathbf{b}_i,\quad h_i=0,\pm1,\pm2,\cdots \tag{10.1-6}$$

可以证明三维晶格中有如下性质:

性质 10.1-1 倒易晶格中的原胞体积 $V^* = (\mathbf{b}_1\mathbf{b}_2\mathbf{b}_3) \equiv (\mathbf{b}_1 \times \mathbf{b}_2)\cdot\mathbf{b}_3$ 与“正”晶格中的原胞体积 V 之间满足

$$V^* = \frac{(2\pi)^3}{V} \tag{10.1-7}$$

性质 10.1-2 $\mathbf{G}\cdot\mathbf{n} = 2\pi\mu, \quad \mu = 0, \pm1, \pm2, \cdots.$ (10.1-8)

证明 (1) 根据式 (10.1-5), $V^* = (\mathbf{b}_1 \times \mathbf{b}_2)\cdot\mathbf{b}_3 = \dfrac{(2\pi)^3}{V^3}\{(\mathbf{a}_2 \times \mathbf{a}_3) \times (\mathbf{a}_3 \times \mathbf{a}_1)\}\cdot(\mathbf{a}_1 \times \mathbf{a}_2)$. 根据向量公式 $(\mathbf{a}\times\mathbf{b})\times\mathbf{c} = (\mathbf{a}\cdot\mathbf{c})\mathbf{b} - (\mathbf{b}\cdot\mathbf{c})\mathbf{a}$ 得 $(\mathbf{a}_2 \times \mathbf{a}_3)\times(\mathbf{a}_3 \times \mathbf{a}_1) = \{\mathbf{a}_2\cdot(\mathbf{a}_3 \times \mathbf{a}_1)\}\mathbf{a}_3 - \{\mathbf{a}_3\cdot(\mathbf{a}_3 \times \mathbf{a}_1)\}\mathbf{a}_2 = V\mathbf{a}_3$, 进而

$$V^* = (\mathbf{b}_1 \times \mathbf{b}_2)\cdot\mathbf{b}_3 = \frac{(2\pi)^3}{V^3}V\mathbf{a}_3\cdot(\mathbf{a}_1 \times \mathbf{a}_2) = \frac{(2\pi)^3}{V^2}(\mathbf{a}_1 \times \mathbf{a}_2)\cdot\mathbf{a}_3 = \frac{(2\pi)^3}{V}$$

即式 (10.1.7). ■

(2) 在基向量 $\mathbf{a}_1, \mathbf{a}_2, \mathbf{a}_3$ 上取三点 $\dfrac{\mathbf{a}_1}{h_1}, \dfrac{\mathbf{a}_2}{h_2}, \dfrac{\mathbf{a}_3}{h_3}$, 即图 10.1-1 中的 A, B, C 点. 显然平面 ABC 就是 **Miller指数为**$(h_1h_2h_3)$ 的晶面族中最靠近原点 O 的晶面. 从图 10.1-1 可知向量 $\mathbf{CA} = \mathbf{OA} - \mathbf{OC} = \dfrac{\mathbf{a}_1}{h_1} - \dfrac{\mathbf{a}_3}{h_3}$, $\mathbf{CB} = \mathbf{OB} - \mathbf{OC} = \dfrac{\mathbf{a}_2}{h_2} - \dfrac{\mathbf{a}_3}{h_3}$. 考虑到式 (10.1-4) 和式 (10.1-6), 于是

$$\mathbf{G}\cdot\mathbf{CA} = (h_1\mathbf{b}_1 + h_2\mathbf{b}_2 + h_3\mathbf{b}_3)\cdot\left(\frac{\mathbf{a}_1}{h_1} - \frac{\mathbf{a}_3}{h_3}\right) = h_1\mathbf{b}_1\cdot\frac{\mathbf{a}_1}{h_1} - h_3\mathbf{b}_3\cdot\frac{\mathbf{a}_3}{h_3} = 0$$

$$\mathbf{G}\cdot\mathbf{CB} = (h_1\mathbf{b}_1 + h_2\mathbf{b}_2 + h_3\mathbf{b}_3)\cdot\left(\frac{\mathbf{a}_2}{h_2} - \frac{\mathbf{a}_3}{h_3}\right) = h_2\mathbf{b}_2\cdot\frac{\mathbf{a}_2}{h_2} - h_3\mathbf{b}_3\cdot\frac{\mathbf{a}_3}{h_3} = 0$$

可见晶面 ABC 与倒格矢 $\mathbf{G}$ 正交. 再因为平面 ABC 就是 Miller 指数为 $(h_1h_2h_3)$ 的晶面族中最靠近原点 O 的晶面, 所以这一组晶面族的面间距 $d_{h_1h_2h_3}$ 就是原点 O 到平面 ABC 的距离, 这一组晶面族的法线方向就是 $\mathbf{G}$, 所以

$$d_{h_1h_2h_3} = \frac{\mathbf{a}_1}{h_1}\cdot\frac{\mathbf{G}}{|\mathbf{G}|} = \frac{\mathbf{a}_1}{h_1}\cdot\frac{(h_1\mathbf{b}_1 + h_2\mathbf{b}_2 + h_3\mathbf{b}_3)}{|h_1\mathbf{b}_1 + h_2\mathbf{b}_2 + h_3\mathbf{b}_3|} = \frac{2\pi}{|\mathbf{G}|}$$

设晶面族 $(h_1h_2h_3)$ 中离原点距离为 $\mu d_{h_1h_2h_3}$ 的那个晶面上任意一点的位置向量为 $\boldsymbol{x}$, 其中, μ 为整数. 可见必有 $\mathbf{x}\cdot\dfrac{\mathbf{G}}{|\mathbf{G}|} = \mu d_{h_1h_2h_3}$. 而该晶面上任意格点的位置一定可以表为正格矢 $\mathbf{n} = n_1\mathbf{a}_1 + n_2\mathbf{a}_2 + n_3\mathbf{a}_3$, 所以 $\mu d_{h_1h_2h_3} = \mathbf{n}\cdot\dfrac{\mathbf{G}}{|\mathbf{G}|}$. 再因为 $d_{h_1h_2h_3} = \dfrac{2\pi}{|\mathbf{G}|}$, 所以 $\mu 2\pi = \mathbf{n}\cdot\mathbf{G}$, 即式 (10.1-8). ■

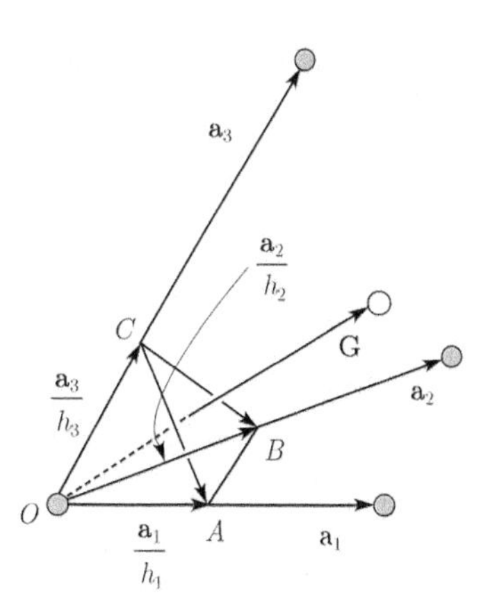

图 10.1-1 离原点最近的晶面

可见正格矢**n** 与倒格矢 **G** 满足式 (10.1-8); 反之, 如果两个向量满足式 (10.1-8), 只要其中一个是正格矢, 则另一个必定是倒格矢.

10.2 晶格动力学

对于化学问题来说, 讨论晶格动力学的重要意义在于寻找晶体所有理化性质的微观根源[1~4]. 一个处于宏观平衡态的晶体体系, 晶体所有的运动状态中, 除了占据晶体格点的粒子的内部运动之外, 就只有晶格的振动运动对其热力学性质有贡献. 那就是晶格动力学的研究范围. 晶格动力学研究晶格的振动, 得到整个晶体的振动状态. 于是该晶体的所有热力学性质就可以通过统计热力学方法求得. 研究晶格动力学的意义还不限于热力学性质. 晶格振动也是研究固体宏观性质和微观过程联系的重要基础. 晶体的力学性质、电学性质、光学性质、超导电性、磁性、相变等问题的研究都与晶格振动有关[1~4].

10.2.1 晶格的运动方程

晶体中所有原子的动能可写成如下矩阵式:

$$T = \frac{1}{2}\sum_{\mathbf{n}} \dot{\mathbf{u}}_{\mathbf{n}}^{\mathrm{T}} \mathbf{M} \dot{\mathbf{u}}_{\mathbf{n}} \tag{10.2.1-1}$$

式 (10.2.1-1) 中将向量 $\mathbf{u_n}$ 写成格矢 $\mathbf{n}$ 所指原胞中所有原子的位移依次排成的列矩阵. 设 S 为晶体一个原胞中粒子的自由度, 于是

$$\mathbf{u_n} \equiv \left[u_{\mathbf{n},1}, u_{\mathbf{n},2}, \cdots, u_{\mathbf{n},s}, \cdots, u_{\mathbf{n},S}\right]^{\mathrm{T}} \tag{10.2.1-2}$$

$\mathbf{M}$ 为该原胞中的所有原子的质量依次排成的 $S \times S$ 对角矩阵, 即 $\mathbf{M} \equiv \mathrm{diag}(m_1, m_1, m_1, m_2, m_2, m_2, \cdots)$, 称为**质量矩阵**. 式 (10.2.1-1) 中最后对晶体的所有原胞加和. 记 $\mathbf{u} \equiv \{\mathbf{u_n}\}$. 设 $U(\mathbf{u})$ 为晶体的势能. 于是, 晶体的 Lagrange 函数为

$$L = T - U = \frac{1}{2}\sum_{\mathbf{n}} \dot{\mathbf{u}}_{\mathbf{n}}^{\mathrm{T}} \mathbf{M} \dot{\mathbf{u}}_{\mathbf{n}} - U(\mathbf{u}) \tag{10.2.1-3}$$

设 $\mathbf{f}_{\mathbf{n}}^{\mathrm{ext}}$ 为 $\mathbf{n}$ 原胞所受的外力 (即 $\mathbf{f}_{\mathbf{n}}^{\mathrm{ext}} \equiv \left[\cdots, f_{\mathbf{n},s}^{\mathrm{ext}}, \cdots\right]^{\mathrm{T}}$). 根据 Lagrange 方程 (式 (1.2.1-6)) 得到

$$\frac{\mathrm{d}}{\mathrm{d}t}\left(\frac{\partial L}{\partial \dot{u}_{\mathbf{n},s}}\right) - \frac{\partial L}{\partial u_{\mathbf{n},s}} = f_{\mathbf{n},s}^{\mathrm{ext}} \quad \forall \mathbf{n}; s = 1, \cdots, S \tag{10.2.1-4a}$$

即矩阵方程

$$\frac{\mathrm{d}}{\mathrm{d}t}\left(\frac{\partial L}{\partial \dot{\mathbf{u}}_{\mathbf{n}}}\right) - \frac{\partial L}{\partial \mathbf{u}_{\mathbf{n}}} = \mathbf{f}_{\mathbf{n}}^{\mathrm{ext}}, \quad \forall \mathbf{n} \tag{10.2.1-4b}$$

当位移量相当小, 可以用简谐近似; 即在平衡位形处晶体势能对位移的 Taylor 展开只要取到二阶项就足够准确了,

$$U(\mathbf{u}) = U(\mathbf{0}) + \sum_{\mathbf{n},s} \left.\frac{\partial L}{\partial u_{\mathbf{n},s}}\right|_{\mathbf{n}=\mathbf{0}} u_{\mathbf{n},s} + \frac{1}{2!}\sum_{\mathbf{n},\mathbf{n}',s,s'} \left.\frac{\partial^2 L}{\partial u_{\mathbf{n},s}\partial u_{\mathbf{n}',s'}}\right|_{\mathbf{n}=\mathbf{0}} u_{\mathbf{n},s} u_{\mathbf{n}',s'} + \cdots \tag{10.2.1-5}$$

同时, 平衡位形处一定满足一阶项为零. 零阶项 $U(\mathbf{0})$ 即平衡位形时晶体势能可以取为能量零点, 不影响运动方程的得到. 所以晶体的 Lagrange 函数可写为

$$L = \frac{1}{2}\sum_{\mathbf{n}} \dot{\mathbf{u}}_{\mathbf{n}}^{\mathrm{T}} \mathbf{M} \dot{\mathbf{u}}_{\mathbf{n}} - \frac{1}{2!}\sum_{\mathbf{n},\mathbf{n}',s,s'} \left.\frac{\partial^2 U}{\partial u_{\mathbf{n},s}\partial u_{\mathbf{n}',s'}}\right|_{\mathbf{n}=\mathbf{0}} u_{\mathbf{n},s} u_{\mathbf{n}',s'}$$

即

$$L=\frac{1}{2}\sum_{\mathbf{n}}\dot{\mathbf{u}}_{\mathbf{n}}^{\mathrm{T}}\mathbf{M}\dot{\mathbf{u}}_{\mathbf{n}}+\frac{1}{2}\sum_{\mathbf{n},\mathbf{n}'}\mathbf{u}_{\mathbf{n}}^{\mathrm{T}}\mathbf{K}_{\mathbf{n}-\mathbf{n}'}\mathbf{u}_{\mathbf{n}'} \tag{10.2.1-6}$$

其中, 对指标 s 和 s' 的加和已经体现在矩阵的乘积中了. 矩阵 $\mathbf{K}$ 的定义为它的矩阵元

$$(\mathbf{K})_{\mathbf{n},s;\mathbf{n}',s'}\equiv-\left.\frac{\partial^2U(\mathbf{u})}{\partial u_{\mathbf{n},s}\partial u_{\mathbf{n}',s'}}\right|_{\mathbf{n}=\mathbf{0}} \tag{10.2.1-7}$$

矩阵 $\mathbf{K}$ 称为晶格的刚度矩阵或称 $\mathbf{K}$ 矩阵, 表征晶体的线弹性, 即广义力常数. 矩阵 $\mathbf{K}$ 为 $S\times S$ 阶矩阵. 因为晶体的平移对称性和二阶导数的对称性, 矩阵 $\mathbf{K}$ 的矩阵元并不取决于 $\mathbf{n}$ 与 $\mathbf{n}'$, 而是只取决于两个单胞的间隔 $\mathbf{n}-\mathbf{n}'$, 即式 (10.2.1-7) 可写为

$$\mathbf{K}_{\mathbf{n}-\mathbf{n}'}\equiv-\left.\frac{\partial^2U(\mathbf{u})}{\partial\mathbf{u}_{\mathbf{n}}\partial\mathbf{u}_{\mathbf{n}'}}\right|_{\mathbf{n}=\mathbf{0}} \tag{10.2.1-8}$$

且

$$\mathbf{K}_{\boldsymbol{n}}=\mathbf{K}_{-\boldsymbol{n}}^{\mathrm{T}} \tag{10.2.1-9}$$

(对矩阵的求导参见附录 B.2 节.)

将式 (10.2.1-6) 代入式 (10.2.1-4b) 得到

$$\mathbf{M}\ddot{\mathbf{u}}_{\mathbf{n}}-\sum_{\mathbf{n}'}\mathbf{K}_{\mathbf{n}-\mathbf{n}'}\mathbf{u}_{\mathbf{n}'}=\mathbf{f}_{\mathbf{n}}^{\mathrm{ext}},\quad\forall\mathbf{n} \tag{10.2.1-10}$$

这就是晶体中格点的运动方程. 当晶体不受外力时 (所谓**自由晶格**), 则 $\mathbf{f}_{\mathbf{n}}^{\mathrm{ext}}=\mathbf{0}$(这里 $\mathbf{0}$ 为 $S\times1$ 阶列矩阵), 格点运动方程为

$$\mathbf{M}\ddot{\mathbf{u}}_{\mathbf{n}}-\sum_{\mathbf{n}'}\mathbf{K}_{\mathbf{n}-\mathbf{n}'}\mathbf{u}_{\mathbf{n}'}=\mathbf{0},\quad\forall\mathbf{n} \tag{10.2.1-11}$$

根据无限大晶格的平移对称性, 有关系式

$$\sum_{\mathbf{n}'}\mathbf{K}_{\mathbf{n}-\mathbf{n}'}\mathbf{u}_{\mathbf{n}'}=\sum_{\mathbf{n}'}\mathbf{K}_{\mathbf{n}'}\mathbf{u}_{\mathbf{n}-\mathbf{n}'} \tag{10.2.1-12}$$

10.2.2 一维单原子晶格

现在讨论最简单的晶体 —— 在不受外力情况下的一维单原子晶格 (图 10.2.2-1).

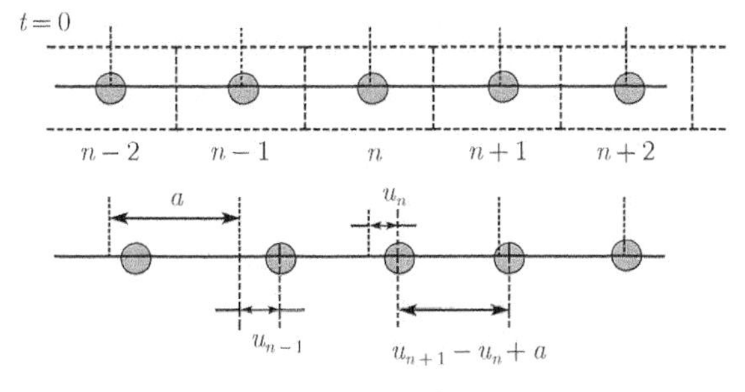

图 10.2.2-1 一维单原子晶格

10.2.2.1 **一维单原子晶格的运动方程**

可以假定：其中每个原子只能在沿着链长的纵向上运动且只有最近邻原子之间才存在相互作用, 记为 V. 设此一维晶格的原胞长度为 a. 位移向量在本例中实际上是标量, 即 $\mathbf{u_n} = u_n$. 体系的势能

$$U = \cdots + V(u_n - u_{n-1} + a) + V(u_{n+1} - u_n + a) + \cdots \qquad (10.2.2\text{-}1)$$

式 (10.2.2-1) 只写出与第 n 个原胞有关的势能量, 其中, V 为相邻原子之间的势能. 在简谐近似之下, 相邻原子之间的力 f 与该两个原子的相对位移 δ 的关系为 $f = -\dfrac{\mathrm{d}U}{\mathrm{d}\delta} \approx -k\delta$, 对应的势能为 $U = \dfrac{1}{2}k\delta^2$, 其中, k 为**力常数**. 从图 10.2.2-1 可见

(1) 第 n 与第 $n-1$ 个原子之间的位移 $\delta_{n,n-1} = u_n - u_{n-1}$, 它们之间的弹性力 $f_{n,n-1} = -k(u_n - u_{n-1})$, 对应的势能 $V(u_n - u_{n-1} + a) = \dfrac{1}{2}k(u_n - u_{n-1})^2$.

(2) 第 $n+1$ 与第 n 个原子之间的位移 $\delta_{n+1,n} = u_{n+1} - u_n$, 它们之间的弹性力 $f_{n+1,n} = -k(u_{n+1} - u_n)$, 对应的势能 $V(u_{n+1} - u_n + a) = \dfrac{1}{2}k(u_{n+1} - u_n)^2$.

于是式 (10.2.2-1) 可写为

$$U = \cdots + \frac{1}{2}k\left\{2u_n^2 + u_{n-1}^2 + u_{n+1}^2 - 2u_n u_{n-1} - 2u_{n+1}u_n\right\} + \cdots \qquad (10.2.2\text{-}2)$$

式 (10.2.2-2) 中未写明的 “…” 部分均与 u_n 无关. 根据式 (10.2.1-7) 和式 (10.2.2-2), 可求得 K 矩阵

$$\mathbf{K}_{-1} = -\frac{\partial^2 U}{\partial u_n \partial u_{n+1}} = -\frac{\partial}{\partial u_n}\{ku_{n+1} - ku_n\} = k$$

$$\mathbf{K}_1 = -\frac{\partial^2 U}{\partial u_n \partial u_{n-1}} = k$$

和

$$\mathbf{K}_0 = -\frac{\partial^2 U}{\partial u_n^2} = -2k \qquad (10.2.2\text{-}3)$$

其中, k 为力常数. 因为假设最近邻原子之间才存在相互作用, 所以其他 $|n| > 1$ 的矩阵元 $\mathbf{K}_n = 0$. 根据式 (10.2.1-10) 可以写出本例的晶格运动方程

$$M\ddot{u}_n - \sum_{n'} \mathbf{K}_{n-n'} u'_n = f_n^{\text{ext}}, \quad \forall n$$

即

$$M\ddot{u}_n - k(u_{n-1} - 2u_n + u_{n+1}) = f_n^{\text{ext}}, \quad \forall n \qquad (10.2.2\text{-}4)$$

这里运用了式 (10.2.2-3) 和 $\sum\limits_{\mathbf{n}'} \mathbf{K_{n-n'}u_{n'}} = \sum\limits_{\mathbf{n}'} \mathbf{K_{n'}u_{n-n'}}$, M 为原子质量.

当不受外力时, $f_n^{\text{ext}} = 0$, 则

$$M\ddot{u}_n = k(u_{n-1} - 2u_n + u_{n+1}), \quad \forall n \qquad (10.2.2\text{-}5)$$

讨论

从另一个角度也可以同样得到式 (10.2.2-5): 根据物理图像直接看出, 第 n 号原子受到来自左、右两方的力, 两者都是简谐振子形变后产生的力, 合力就是 $M\ddot{u}_n = k(u_{n+1} - u_n) - k(u_n - u_{n-1})$. 这个角度看问题虽然简单清晰地, 但是难以推广到普遍解. 这里的式 (10.2.2-5) 来自从 Lagrange 力学原理得出的晶格运动的普遍方程 (见式 (10.2.1-10)).

10.2.2.2 一维单原子晶格运动方程的解

若一维链共有 N 个原子, 则式 (10.2.2-5) 实际上是 N 个联立方程组. 由于方程是线性的, 所以其解可以用复数形式, 而其实部或虚部都代表方程的实解. 从物理上看在整个晶格不受外力时, 各个原子在其平衡位置附近做热运动. 又在式 (10.2.1-6) 中因位移量小而把晶格的势能项近似取为二次型, 显然可将上式的解设为一个振幅为 A, 角频率为 ω 的简谐振动

$$u_{n,q} = A\mathrm{e}^{\mathrm{i}(\omega t - naq)} \tag{10.2.2-6}$$

其中, A, ω 和 q 待定. 将式 (10.2.2-6) 代入式 (10.2.2-5) 得到

$$M(\mathrm{i}\omega)^2 A\mathrm{e}^{\mathrm{i}(\omega t - naq)} - k\left(A\mathrm{e}^{\mathrm{i}(\omega t-(n+1)aq)} - 2A\mathrm{e}^{\mathrm{i}(\omega t - naq)} + A\mathrm{e}^{\mathrm{i}(\omega t-(n-1)aq)}\right) = 0, \quad \forall n$$

于是

$$-M\omega^2 - k\left(\mathrm{e}^{-\mathrm{i}aq} - 2 + \mathrm{e}^{\mathrm{i}aq}\right) = 0, \quad \forall n$$

即

$$\omega = 2\sqrt{\frac{k}{M}}\left|\sin\left(\frac{aq}{2}\right)\right|, \quad \forall n \tag{10.2.2-7}$$

式 (10.2.2-7) 与 n 无关, 可见 N 个联立方程组归结为一个方程. 只要式 (10.2.2-6) 中的 ω 和 q 满足式 (10.2.2-7), 这样的 $u_{n,q}$ 就是方程的解. 角频率 ω 和波矢 q 之间的函数关系 $\omega(q)$ 称为**色散关系**(dispersion law). 式 (10.2.2-7) 就是一维原子链的色散关系 (图 10.2.2-2).

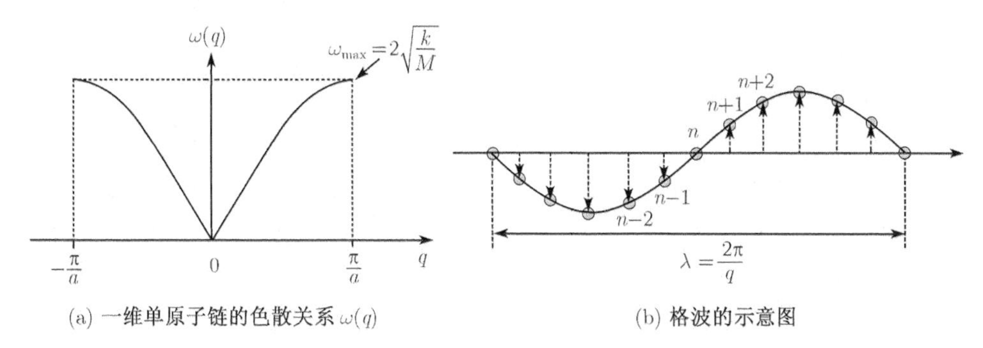

(a) 一维单原子链的色散关系 $\omega(q)$　　(b) 格波的示意图

图 10.2.2-2

为清晰起见, 这里把应该在纵向上的原子位移 $u_{n,q}$ 画成了垂直于链的横向.

讨论

(1) 从式 (10.2.2-6) 可见 naq 是第 n 个原子振动的相位角. 当第 n 个原子与第 n' 个原子的相位角之差 $naq - n'aq$ 为 2π 的整数倍时, $u_{n,q} = u_{n',q}$. 这相当于若第 n 个原子与

第 n' 个原子之间的距离为

$$na - n'a = \frac{2\pi}{q}s, \quad s \text{ 为整数} \tag{10.2.2-8}$$

时, 它俩的振动位移相同. 也就是整个晶格中的所有原子的振动之间存在固定的相位角关系, 其角频率为 ω, 这样的平面波称为**格波**(lattice wave). 显然, $s = 1$ 时的两个原子之间的距离就是波长 λ. 于是, 波长

$$\lambda = \frac{2\pi}{q} \tag{10.2.2-9}$$

且波的相速度 $v_p = \lambda\nu$, 其中, 频率 $\nu = \dfrac{\omega}{2\pi}$. 故有相速度

$$v_p = \frac{\omega}{q} \tag{10.2.2-10}$$

(2) 一个 q 值对应一种角频率 ω, 即一种格波, 故有关系式 $\omega(q) = \omega(-q)$.

(3) 从式 (10.2.2-6) 又可见, 若 $aq' = aq + m2\pi$ 且 m 为整数, 则 $u_{n,q} = u_{n,q'}$. 所以, 可以把 aq 限制在如下范围内讨论：$-\pi < aq \leqslant \pi$, 即 $-\dfrac{\pi}{a} < q \leqslant \dfrac{\pi}{a}$. 这个范围称为**第一 Brillouin 区**. 其他的 q 值不产生新的格波.

(4) 从色散关系式 (10.2.2-7) 可见当 $|q| \to \dfrac{\pi}{a}$, 即 $\sin\left(\dfrac{aq}{2}\right) = \pm 1$ 时, 达到最大角频率

$$\omega_{\max} = 2\sqrt{\frac{k}{M}} \tag{10.2.2-11}$$

当 $|q| \ll \dfrac{\pi}{a}$ 时 $\left(\text{相当于波长 } \lambda = \dfrac{2\pi}{q} \gg a\right)$,

$$\omega = a\sqrt{\frac{k}{M}}\,|q| \tag{10.2.2-12}$$

这就是所谓**长波极限**的行为, 类似于连续介质波. 可见一维晶格的长波极限就是它的弹性波. 物理上凡是波速与频率有关的现象都称为**色散**. $|q|$ 很小的时候, $\omega/|q| =$ 常数, 表明没有色散. 声波是典型的无色散波.

10.2.2.3　Born-von Kármán 边界条件

以上对于一维单原子晶格的讨论, 实际上是对无限长的一维单原子晶格的讨论. 这样才能每个原子都服从同样的运动方程 (10.2.2-6), 但实际上晶体是有限大的, 处在表面上 (对一维晶格来说是两端上) 的原子所受到的作用与内部原子不同, 其运动方程应有不同, 这样问题就变复杂了. 为简化这一问题, 需要引入 Born-von Kármán 周期性边界条件.

设想在有限晶体之外还有无穷多个完全相同的晶体块, 互相平行堆积充满整个空间, 在各个晶体块内的原子的运动情况应当是相同的. 对于一个含 N 个原胞的一维单原子晶格, **Born-von Kármán周期性边界条件**可表为

$$u_n = u_{N+n} \tag{10.2.2-13}$$

于是任意一个原子都应服从同一个运动方程 (10.2.2-6). 这个条件相当于头尾相连的一个有限长的链. 只要 N 很大, 则在环状链上每个原子的运动仍然可以看作它在无限长一维直线晶格上的运动一样. 因为格波的形式为 $u_n = A\mathrm{e}^{\mathrm{i}(\omega t - naq)}$(见式 (10.2.2-6)), 则施加的周期性条件 (10.2.2-13) 相当于要求

$$\mathrm{e}^{-\mathrm{i}(Naq)} = 1 \tag{10.2.2-14}$$

即

$$q = \frac{2\pi l}{Na} \tag{10.2.2-15}$$

其中, l 为整数. 已经知道必有 $-\frac{\pi}{a} < q \leqslant \frac{\pi}{a}$, 所以整数 l 只能在 $-\frac{N}{2} < l \leqslant \frac{N}{2}$ 范围内 (因 N 很大不必区分是偶数还是奇数), 总共有 N 个不同的整数值. 每个 q 值对应一个格波, 故有 N 个不同的格波. 也就是整条链的自由度总数. 可见周期性边界条件的施加, 迫使格波限制在其波矢 q 只能取离散的数值, 两两相隔 $\frac{2\pi}{Na}$. 这与量子力学处理一维晶格的结果相同, 也可以说, 周期性边界条件使得晶格中原子运动方程 (见式 (10.2.2-6)) 的解 (即格波) 有别于通常连续介质波的解.

以上结论可以推广到三维复式晶格: 晶体的每一种振动运动就是一种格波, 即一种振动模式; 每个格波由其角频率 ω 与波矢 q 来表征. 设晶体有 N 个原胞, 每个原胞内有 n 个原子. 整个三维晶体有 $3nN$ 个自由度:

(1) 原胞内原子共有 $3n$ 个自由度, 于是存在 $3n$ 个格波频率支, 其中, 3 支是声学支, 其余 $3n-3$ 个格波为光学支 (见 10.2.3 小节).

(2) 格波波矢 q 的总数等于晶体内原胞的总数 N. 整个晶体的格波 (即振动模式) 的总数为 $3nN$, 正好就是晶体内所有原子运动的自由度总数.

10.2.3 一维复式晶格

一维复式晶格也称为一维双原子聚合链, 它是由两种原子等距离相间构成的一维晶格 (图 10.2.3-1).

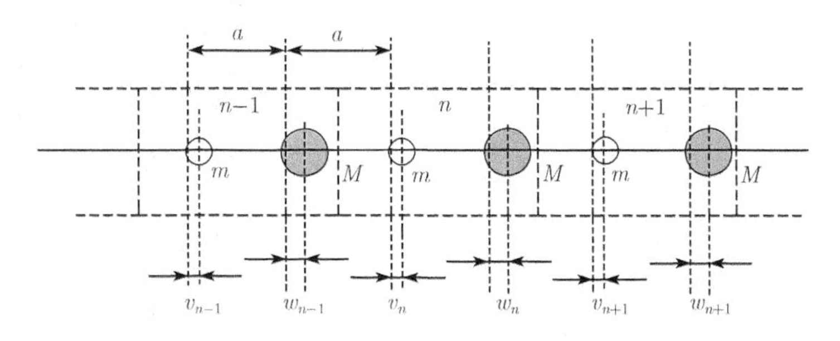

图 10.2.3-1 一维双原子复式晶格

10.2.3.1 一维复式晶格的运动方程

设相邻原子的平衡间距都为 a, 同样假设粒子只能做纵向运动, 相互作用只发生在相邻原子之间, 又设相邻原子之间的势能为 V. 因为一个单胞有两个不同的粒子, 所以位移

向量为

$$\mathbf{u}_n = [v_n, w_n]^{\mathrm{T}} \tag{10.2.3-1}$$

其中, v_n, w_n 分别代表第 n 个单胞中白色、灰色两种粒子的位移, 其质量分别记为 m, M 且令 $m < M$. 晶体势能为

$$\begin{aligned} U = &\cdots + V(w_{n-1} - v_{n-1} + a) + V(v_n - w_{n-1} + a) + V(w_n - v_n + a) \\ &+ V(v_{n+1} - w_n + a) + V(w_{n+1} - v_{n+1} + a) + \cdots \end{aligned} \tag{10.2.3-2}$$

式 (10.2.3-2) 只写出与第 n 个单胞有关的量. 采用与一维单原子晶格同样的办法在简谐近似之下, 可以得到式 (10.2.1-7) 的各个 K 矩阵

$$\mathbf{K}_0 = \begin{bmatrix} -2k & k \\ k & -2k \end{bmatrix}, \quad \mathbf{K}_1 = \mathbf{K}_{-1}^{\mathrm{T}} = \begin{bmatrix} 0 & k \\ 0 & 0 \end{bmatrix} \tag{10.2.3-3}$$

其中, k 为力常数. 再代入格点运动方程 (10.2.1-10) 得到

$$\mathbf{M}\ddot{\mathbf{u}}_n - (\mathbf{K}_1\mathbf{u}_{n-1} + \mathbf{K}_0\mathbf{u}_n + \mathbf{K}_{-1}\mathbf{u}_{n+1}) = \mathbf{f}_n^{\mathrm{ext}}, \quad \forall n \tag{10.2.3-4}$$

其中, 对角矩阵 $\mathbf{M} \equiv \mathrm{diag}(m, M)$. 这就是一维复式晶格中的格点运动方程. 这里运用了关系式

$$\sum_{\mathbf{n}'} \mathbf{K}_{\mathbf{n}-\mathbf{n}'}\mathbf{u}_{\mathbf{n}'} = \sum_{\mathbf{n}'} \mathbf{K}_{\mathbf{n}'}\mathbf{u}_{\mathbf{n}-\mathbf{n}'}$$

在不受外力的场合下, 一维复式晶格的格点运动方程为

$$\mathbf{M}\ddot{\mathbf{u}}_n - (\mathbf{K}_1\mathbf{u}_{n-1} + \mathbf{K}_0\mathbf{u}_n + \mathbf{K}_{-1}\mathbf{u}_{n+1}) = \mathbf{0}, \quad \forall n \tag{10.2.3-5}$$

讨论

式 (10.2.3-3) 的由来如下：根据式 (10.2.1-8)$\mathbf{K}_{\mathbf{n}-\mathbf{n}'} = -\left.\dfrac{\partial^2 U(\mathbf{u})}{\partial \mathbf{u}_{\mathbf{n}} \partial \mathbf{u}_{\mathbf{n}'}}\right|_{\mathbf{n}=\mathbf{0}}$, 对于本例一维复式晶格的 K 矩阵指标 $\mathbf{n}$ 变为标量 n, 导数是在平衡位置取值, 即 $\mathbf{K}_{-1} = -\left.\dfrac{\partial^2 U(\mathbf{u})}{\partial \mathbf{u}_n \partial \mathbf{u}_{n+1}}\right|_{\mathrm{eq.}}$, $\mathbf{K}_0 = -\left.\dfrac{\partial^2 U(\mathbf{u})}{\partial \mathbf{u}_n \partial \mathbf{u}_n}\right|_{\mathrm{eq.}}$ 和 $\mathbf{K}_1 = -\left.\dfrac{\partial^2 U(\mathbf{u})}{\partial \mathbf{u}_{n+1} \partial \mathbf{u}_n}\right|_{\mathrm{eq.}}$, 显然其余 $|m| > 1$ 的 $\mathbf{K}_m = \mathbf{0}$. 对于列矩阵的求导参见附录 B.2 节, 以其中的 $\mathbf{K}_{-1}$ 为例.

$$\begin{aligned} \mathbf{K}_{-1} &= -\left.\frac{\partial^2 U}{\partial \mathbf{u}_n \partial \mathbf{u}_{n+1}}\right|_{\mathrm{eq.}} = -\left\{\frac{\partial}{\partial \mathbf{u}_n}\left[\frac{\partial U}{\partial \mathbf{u}_{n+1}}\right]\right\}_{\mathrm{eq.}} = -\left\{\frac{\partial}{\partial \mathbf{u}_n}\left[\frac{\partial U}{\partial v_{n+1}} \quad \frac{\partial U}{\partial w_{n+1}}\right]\right\}_{\mathrm{eq.}} \\ &= -\begin{bmatrix} \dfrac{\partial^2 U}{\partial v_n \partial v_{n+1}} & \dfrac{\partial^2 U}{\partial v_n \partial w_{n+1}} \\ \dfrac{\partial^2 U}{\partial w_n \partial v_{n+1}} & \dfrac{\partial^2 U}{\partial w_n \partial w_{n+1}} \end{bmatrix}_{\mathrm{eq.}} \end{aligned}$$

根据简谐近似, 式 (10.2.3-2) 中的各项势能在平衡位置附近有

$$V(w_{n-1} - v_{n-1} + a) = \frac{1}{2}k(w_{n-1} - v_{n-1})^2, \quad V(v_n - w_{n-1} + a) = \frac{1}{2}k(v_n - w_{n-1})^2$$

$$V\left(w_n-v_n+a\right)=\frac{1}{2}k\left(w_n-v_n\right)^2,\quad V\left(v_{n+1}-w_n+a\right)=\frac{1}{2}k\left(v_{n+1}-w_n\right)^2$$

和

$$V\left(w_{n+1}-v_{n+1}+a\right)=\frac{1}{2}k\left(w_{n+1}-v_{n+1}\right)^2 \tag{10.2.3-6}$$

于是得到

$$\frac{\partial^2 U}{\partial v_n\partial v_{n+1}}=\frac{\partial}{\partial v_n}\left(\frac{\partial U}{\partial v_{n+1}}\right)=\frac{\partial}{\partial v_n}\left\{k\left(v_{n+1}-w_n\right)-k\left(w_{n+1}-v_{n+1}\right)\right\}=0$$

$$\frac{\partial^2 U}{\partial v_n\partial w_{n+1}}=\frac{\partial}{\partial v_n}\left(\frac{\partial U}{\partial w_{n+1}}\right)=\frac{\partial}{\partial v_n}\left\{k\left(w_{n+1}-v_{n+1}\right)\right\}=0$$

$$\frac{\partial^2 U}{\partial w_n\partial v_{n+1}}=\frac{\partial}{\partial w_n}\left(\frac{\partial U}{\partial v_{n+1}}\right)=\frac{\partial}{\partial w_n}\left\{k\left(v_{n+1}-w_n\right)-k\left(w_{n+1}-v_{n+1}\right)\right\}=-k$$

$$\frac{\partial^2 U}{\partial w_n\partial w_{n+1}}=\frac{\partial}{\partial w_n}\left(\frac{\partial U}{\partial w_{n+1}}\right)=\frac{\partial}{\partial w_n}\left\{k\left(w_{n+1}-v_{n+1}\right)\right\}=0$$

所以

$$\mathbf{K}_{-1}=-\begin{bmatrix}\dfrac{\partial^2 U}{\partial v_n\partial v_{n+1}} & \dfrac{\partial^2 U}{\partial v_n\partial w_{n+1}}\\ \dfrac{\partial^2 U}{\partial w_n\partial v_{n+1}} & \dfrac{\partial^2 U}{\partial w_n\partial w_{n+1}}\end{bmatrix}_{\text{eq.}}=\begin{bmatrix}0 & 0\\ k & 0\end{bmatrix}$$

同理, 可得到

$$\begin{aligned}\mathbf{K}_0&=-\left.\frac{\partial^2 U}{\partial \mathbf{u}_n\partial \mathbf{u}_n}\right|_{\text{eq.}}=-\left\{\frac{\partial}{\partial \mathbf{u}_n}\left[\frac{\partial U}{\partial v_n}\quad \frac{\partial U}{\partial w_n}\right]\right\}_{\text{eq.}}\\&=-\begin{bmatrix}\dfrac{\partial^2 U}{\partial v_n\partial v_n} & \dfrac{\partial^2 U}{\partial v_n\partial w_n}\\ \dfrac{\partial^2 U}{\partial w_n\partial v_n} & \dfrac{\partial^2 U}{\partial w_n\partial w_n}\end{bmatrix}_{\text{eq.}}=\begin{bmatrix}-2k & k\\ k & -2k\end{bmatrix}\end{aligned}$$

$$\begin{aligned}\mathbf{K}_1&=-\left.\frac{\partial^2 U}{\partial \mathbf{u}_{n+1}\partial \mathbf{u}_n}\right|_{\text{eq.}}=-\left\{\frac{\partial}{\partial \mathbf{u}_{n+1}}\left(\frac{\partial U}{\partial \mathbf{u}_n}\right)\right\}_{\text{eq.}}=-\left\{\frac{\partial}{\partial \mathbf{u}_{n+1}}\left[\frac{\partial U}{\partial v_n}\quad \frac{\partial U}{\partial w_n}\right]\right\}_{\text{eq.}}\\&=-\begin{bmatrix}\dfrac{\partial^2 U}{\partial v_{n+1}\partial v_n} & \dfrac{\partial^2 U}{\partial v_{n+1}\partial w_n}\\ \dfrac{\partial^2 U}{\partial w_{n+1}\partial v_n} & \dfrac{\partial^2 U}{\partial w_{n+1}\partial w_n}\end{bmatrix}_{\text{eq.}}=\mathbf{K}_{-1}^{\mathrm{T}}\end{aligned}$$

这样就得到了式 (10.2.3-3).

10.2.3.2 一维复式晶格运动方程的解

这里讨论不受外力的一维双原子复式晶格的运动方程 (见式 (10.2.3-5)), 即

$$\mathbf{M}\ddot{\mathbf{u}}_n-\left(\mathbf{K}_1\mathbf{u}_{n-1}+\mathbf{K}_0\mathbf{u}_n+\mathbf{K}_{-1}\mathbf{u}_{n+1}\right)=\mathbf{0},\quad \forall n$$

其中, $\mathbf{K}_0 = \begin{bmatrix} -2k & k \\ k & -2k \end{bmatrix}$, $\mathbf{K}_1 = \mathbf{K}_{-1}^{\mathrm{T}} = \begin{bmatrix} 0 & k \\ 0 & 0 \end{bmatrix}$. 故

$$\begin{bmatrix} m & 0 \\ 0 & M \end{bmatrix}\begin{bmatrix} \ddot{v}_n \\ \ddot{w}_n \end{bmatrix} = \begin{bmatrix} 0 & k \\ 0 & 0 \end{bmatrix}\begin{bmatrix} v_{n-1} \\ w_{n-1} \end{bmatrix} + \begin{bmatrix} -2k & k \\ k & -2k \end{bmatrix}\begin{bmatrix} v_n \\ w_n \end{bmatrix} + \begin{bmatrix} 0 & 0 \\ k & 0 \end{bmatrix}\begin{bmatrix} v_{n+1} \\ w_{n+1} \end{bmatrix}, \quad \forall n$$

即联立方程

$$\begin{cases} m\ddot{v}_n = k\left(w_{n-1} - 2v_n + w_n\right) \\ M\ddot{w}_n = k\left(v_n - 2w_n + v_{n+1}\right) \end{cases} \quad \forall n \tag{10.2.3-7}$$

同样, 把式 (10.2.3-7) 改写为 $m\ddot{v}_n = k\left(w_n - v_n\right) - k\left(v_n - w_{n-1}\right)$ 和 $M\ddot{w}_n = k(v_{n+1} - w_n) - k\left(w_n - v_n\right)$ 就可以在物理上与图 10.2.3-1 非常直观地联系起来.

基于与式 (10.2.2-6) 的同样理由, 可将式 (10.2.3-7) 的解设为简谐振动,

$$\begin{cases} v_n = A\mathrm{e}^{\mathrm{i}[\omega t - (2n+1)aq]}, \\ w_n = B\mathrm{e}^{\mathrm{i}[\omega t - (2n+2)aq]}, \end{cases} \quad \forall n \tag{10.2.3-8}$$

其中, 振幅 A, B, 角频率 ω 待定. 与 10.2.2 小节中的分析相同, q 为波矢. 将式 (10.2.3-8) 代入式 (10.2.3-7) 得到

$$\begin{cases} -m\omega^2 A = k\left(\mathrm{e}^{\mathrm{i}aq} + \mathrm{e}^{-\mathrm{i}aq}\right)B - 2kA \\ -M\omega^2 B = k\left(\mathrm{e}^{\mathrm{i}aq} + \mathrm{e}^{-\mathrm{i}aq}\right)A - 2kB \end{cases}$$

即

$$\begin{cases} \left(2k - m\omega^2\right)A - \left(2k\cos\left(aq\right)\right)B = 0 \\ -\left(2k\cos\left(aq\right)\right)A + \left(2k - M\omega^2\right)B = 0 \end{cases} \tag{10.2.3-9}$$

该联立方程只有在系数行列式为零时才具有振幅 A、B 不同时为零的所谓 “非零解”, 于是得到久期行列式

$$\begin{vmatrix} 2k - m\omega^2 & -2k\cos\left(aq\right) \\ -2k\cos\left(aq\right) & 2k - M\omega^2 \end{vmatrix} = 0 \tag{10.2.3-10}$$

由此解得两种格波

$$\begin{cases} \omega_-^2 = \dfrac{k}{mM}\left\{(m+M) - \sqrt{m^2 + M^2 + 2mM\cos\left(2aq\right)}\right\} \\ \omega_+^2 = \dfrac{k}{mM}\left\{(m+M) + \sqrt{m^2 + M^2 + 2mM\cos\left(2aq\right)}\right\} \end{cases} \tag{10.2.3-11}$$

可见一维双原子复式晶格有两支色散关系 (图 10.2.3-2).

讨论

(1) 一维单原子晶格的例子中, 只有一支色散关系；与之不同, 现在的一维双原子复式晶格有两支色散关系.

(2) 从式 (10.2.3-11) 可见一维双原子复式晶格中波矢 q 的讨论范围只需限制在

$$-\frac{\pi}{2a} < q \leqslant \frac{\pi}{2a} \tag{10.2.3-12}$$

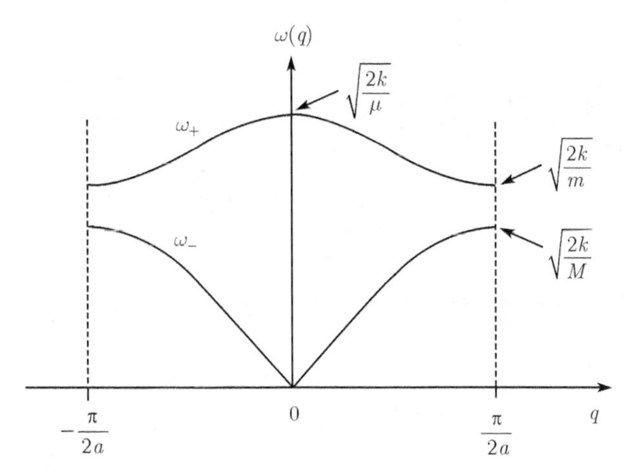

图 10.2.3-2 一维双原子复式晶格的两支色散关系

即所谓**第一 Brillouin 区**. 在这个范围内任意一个波矢 q 对应两个格波, 其他波矢 q 不提供不同的格波

(3) 从式 (10.2.3-11) 又可见当 $q=\pm\frac{\pi}{2a}$ 时, ω_- 达到极大值且 ω_+ 达到极小值

$$(\omega_-)_{\max}=\sqrt{\frac{k}{mM}}\left\{(m+M)-(M-m)\right\}^{1/2}=\sqrt{\frac{2k}{M}} \tag{10.2.3-13a}$$

$$(\omega_+)_{\min}=\sqrt{\frac{k}{mM}}\left\{(m+M)+(M-m)\right\}^{1/2}=\sqrt{\frac{2k}{m}} \tag{10.2.3-13b}$$

因为 $m<M$, 所以 $(\omega_-)_{\max}<(\omega_+)_{\min}$. ω_+ 支的格波可以用光来激发, 称为光学支. $q\to 0$ 时, ω_- 趋于零, 这支 ω_- 称为**声学支**. 可以用超声波激发.

(4) 声学支: 根据式 (10.2.3-11),

$$\begin{aligned}\omega_-^2&=\frac{k(m+M)}{mM}\left\{1-\sqrt{1-\frac{2mM\left[1-\cos(2aq)\right]}{(m+M)^2}}\right\}\\&=\frac{k(m+M)}{mM}\left\{1-\sqrt{1-\frac{4mM\sin^2(aq)}{(m+M)^2}}\right\}\end{aligned}$$

通常可以满足 $\frac{4mM\sin^2(aq)}{(m+M)^2}<1$; 根据近似公式 $(1-x)^{1/2}=1-\frac{x}{2}-\frac{x^2}{8}-\cdots(x\ll 1)$,

$$\omega_-^2\approx\frac{k(m+M)}{mM}\left\{\frac{2mM\sin^2(aq)}{(m+M)^2}\right\}=\frac{2k}{(m+M)}\sin^2(aq)$$

即

$$\omega_-\approx\sqrt{\frac{2k}{(m+M)}}\left|\sin(aq)\right| \tag{10.2.3-14}$$

对比式 (10.2.2-7) 可见与一维单原子晶格的色散关系是相同的.

(5) 光学支：

$$\omega_+^2 = \frac{k(m+M)}{mM}\left\{1+\sqrt{1-\frac{2mM[1-\cos(2aq)]}{(m+M)^2}}\right\}$$
$$= \frac{k(m+M)}{mM}\left\{1+\sqrt{1-\frac{4mM\sin^2(aq)}{(m+M)^2}}\right\}$$

在 $\dfrac{4mM\sin^2(aq)}{(m+M)^2}<1$ 条件下, 利用上述近似公式得到

$$\omega_+^2 \approx \frac{2k(m+M)}{mM}\left\{1-\frac{mM\sin^2(aq)}{(m+M)^2}\right\} \tag{10.2.3-15}$$

当 $q\to 0$ 时, ω_+ 达到极大值

$$(\omega_+)_{\max} = \sqrt{\frac{2k}{\mu}} \tag{10.2.3-16}$$

其中, 这两个原子的折合质量 $\mu \equiv \dfrac{mM}{m+M}$. 此时声学支 $\omega_- \to 0$.

(6) 振幅: 将式 (10.2.3-11) 中的 ω_-^2 和 ω_+^2 代入式 (10.2.3-9) 分别得到

$$\left(\frac{B}{A}\right)_- = \frac{2k-m\omega_-^2}{2k\cos(aq)} \overset{\text{或}}{=} \frac{2k\cos(aq)}{2k-M\omega_-^2} \tag{10.2.3-17}$$

$$\left(\frac{B}{A}\right)_+ = \frac{2k-m\omega_+^2}{2k\cos(aq)} \overset{\text{或}}{=} \frac{2k\cos(aq)}{2k-M\omega_+^2} \tag{10.2.3-18}$$

声学支　在式 (10.2.3-17) 中, 因为 $\omega_-^2<\dfrac{2k}{M}$ 且第一 Brillouin 区内 $\cos(aq)>0$, 所以 $\left(\dfrac{B}{A}\right)_->0$. 这表示在声学支时相邻原子的振幅符号相同, 即是沿着相同方向振动的. 声学支代表原胞质心的振动 (图 10.2.3-3).

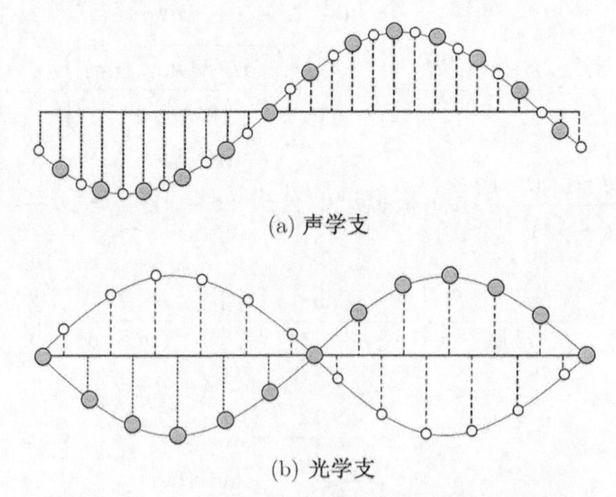

(a) 声学支

(b) 光学支

图 10.2.3-3　一维双原子复式晶格中格波的示意图

注意: 为清晰计, 这里把在纵向上的原子位移 $\{v_n, w_n\}$ 均画成了垂直于链的横向

光学支 在式 (10.2.3-18) 中：因为 $\omega_+^2 > \dfrac{2k}{m}$ 且第一 Brillouin 区内 $\cos(aq) > 0$, 所以 $\left(\dfrac{B}{A}\right)_+ < 0$. 这表示在光学支时相邻原子的振幅符号相反, 即是沿着相反方向振动的. 当 $q \to 0$ 时 (即波长 λ 大时), $\cos(aq) \approx 1$, 且此时光学支 $\omega_+ \approx \sqrt{\dfrac{2k}{\mu}}$; 故 $\left(\dfrac{B}{A}\right)_+ \approx -\dfrac{m}{M}$. 此式意味着：长波长时的光学支 $mA + MB \approx 0$, 原胞的质心几近不动; 即光学支代表原胞中两个原子作相对的振动 (图 10.2.3-3).

(7) 式 (10.2.3-10) 在本质上与分子轨道理论中的久期行列式完全一样.

10.2.4 晶格的简正振动、声子

无论晶体还是分子体系, 作为一个多体体系, 由于体系内各个组成粒子之间的相互作用, 体系的总势能总是含有两两粒子位置乘积的交叉项, 于是作为真实粒子之间运动不是独立的. 但是人们往往通过某种方法 “折合” 成为一组等效的**准粒子**, 使得体系总势能的表式不出现交叉项, 总能量能够表述成对角矩阵的形式, 即总能量等于这些准粒子的能量之和. 这样就表明准粒子之间是相互独立地运动的.

尽管, 在理论形式上抽象了, 牺牲了直观性, 可是提高了解决问题的能力. 正如代数比算术抽象, 可是解决问题的能力却大为提高了. 所谓总能量能够表述成对角矩阵的形式, 也就是问题归结为代数上解本征方程. 这种解法相当于几何上求高维椭球的主轴的长度和方向. 世界上所有可被实验测量的物理量竟然如此有规律：它们各自都有对应的 “本征方程”, 实验测量得到的量竟然都是那些本征方程的本征值, 尽管那些可测量的物理量分别属于各个看起来风马牛不相及的领域.

在晶体中, 如本节以前所介绍的, 晶体中所有原子的振动表现为晶格中的格波. 一般而言, 格波不是简谐的 (因为相互作用有非谐的成分), 只有在小振动问题时, 格波才可近似为简谐波, 这时, 各格波之间的相互作用可以忽略, 这时的格波才能认为是相互独立的. 每一个独立的振动模式对应微观的一个振动态 ($\mathbf{q}$), 这就是声子(phonon). 声子就是晶格振动中的简谐振子的能量量子 $\varepsilon = \left(n(\mathbf{q}) + \dfrac{1}{2}\right)\hbar\omega(\mathbf{q})$. 对于一般的晶格振动问题, 格波不是独立子模型. 还需要找出简正振动模式, 那才是真正的独立子. 以下先以一维单原子晶格为例分析其中的简正振动, 然后再讨论普遍的情况.

10.2.4.1 一维单原子晶格的简正振动

晶格的小振动问题中, 每个原子的振动运动应当兼有时间的周期性和格点的周期性, 所以格点 n 在 t 时刻的位移可表为

$$u_n(t) = \sum_q A_q(t)\,\mathrm{e}^{\mathrm{i}naq} \tag{10.2.4-1}$$

其中,

$$A_q(t) \equiv A\mathrm{e}^{-\mathrm{i}\omega t} \tag{10.2.4-2}$$

从以上所述, 格点的周期性是 Born-von Kármán 边界条件造成的 (见式 (10.2.2-14)、式

(10.2.2-15))：波矢 $q=\dfrac{2\pi l}{Na}$, 其中, N 为原胞数, l 为整数, 只能在 $-\dfrac{N}{2}<l\leqslant\dfrac{N}{2}$ 范围内, 即

$$l=-\left(\frac{N}{2}\right)+1,-\left(\frac{N}{2}\right)+2,\cdots,\frac{N}{2},\quad 共\ N\ 个\ q\ 值$$

1) 状态空间的完备集

式 (10.2.4-1) 在数学上看是离散型 Fourier 展开或变换, 在物理上看是用**状态空间**(即**波矢空间或 $\boldsymbol{q}$ 空间**)的一组简谐波 $\left\{\mathrm{e}^{\pm\mathrm{i}na|q|}\right\}$ 来展开位置空间 (即 "真实空间") 的格波. 这组简谐波具有如下性质:

(1) $\left\{\mathrm{e}^{\mathrm{i}naq}\right\}$ 关于变量 n 的正交性, 即

$$\sum_q \mathrm{e}^{\mathrm{i}\left(n-n'\right)aq}=N\delta_{nn'} \tag{10.2.4-3a}$$

(2) $\left\{\mathrm{e}^{\mathrm{i}naq}\right\}$ 关于变量 q 的正交性, 即

$$\sum_n \mathrm{e}^{\mathrm{i}\left(q-q'\right)na}=N\delta_{qq'} \tag{10.2.4-3b}$$

证明

(1) 当 $n=n'$ 时, 式 (10.2.4-3a) 为遍历所有 q 值加和, 共 N 个, 故成立. 当 $n\neq n'$ 时, 令整数 $s=n-n'$, 则

$$\sum_q \mathrm{e}^{\mathrm{i}\left(n-n'\right)aq}=\sum_q \mathrm{e}^{\mathrm{i}saq}=\sum_{l=-N/2+1}^{N/2}\mathrm{e}^{\mathrm{i}sa2\pi l/Na}=\sum_{l=-N/2+1}^{-1}\mathrm{e}^{\mathrm{i}2\pi sl/N}+\sum_{l=0}^{N/2}\mathrm{e}^{\mathrm{i}2\pi sl/N} \tag{10.2.4-4}$$

其中, 若令 $l'\equiv l+N$, 则

$$\sum_{l=-N/2+1}^{-1}\mathrm{e}^{\mathrm{i}2\pi sl/N}=\sum_{l'=N/2+1}^{N-1}\mathrm{e}^{\mathrm{i}2\pi s\left(l'-N\right)/N}=\sum_{l'=N/2+1}^{N-1}\mathrm{e}^{\mathrm{i}2\pi sl'/N}$$

代入式 (10.2.4-4) 得到

$$\begin{aligned}\sum_q \mathrm{e}^{\mathrm{i}\left(n-n'\right)aq}&=\sum_{l'=N/2+1}^{N-1}\mathrm{e}^{\mathrm{i}2\pi sl'/N}+\sum_{l=0}^{N/2}\mathrm{e}^{\mathrm{i}2\pi sl/N}=\sum_{l'=0}^{N-1}\mathrm{e}^{\mathrm{i}2\pi sl'/N}\\&=\sum_{l'=0}^{\infty}\mathrm{e}^{\mathrm{i}2\pi sl'/N}-\sum_{l'=N}^{\infty}\mathrm{e}^{\mathrm{i}2\pi sl'/N}\\&=\frac{1}{1-\mathrm{e}^{\mathrm{i}2\pi s/N}}-\frac{\mathrm{e}^{\mathrm{i}2\pi s}}{1-\mathrm{e}^{\mathrm{i}2\pi s/N}}=\frac{1-\mathrm{e}^{\mathrm{i}2\pi s}}{1-\mathrm{e}^{\mathrm{i}2\pi s/N}}=0\end{aligned}$$

故式 (10.2.4-3a) 成立.

(2) 当 $q=q'$ 时, 式 (10.2.4-3b) 为遍历所有 n 值加和, 共 N 个, 故成立. 当 $q\neq q'$ 时, 令 $q-q'\equiv\Delta q\equiv\dfrac{2\pi}{Na}l(l$ 为某整数), 则

$$\begin{aligned}\sum_n \mathrm{e}^{\mathrm{i}\left(q-q'\right)na}&=\sum_{n=1}^{N}\mathrm{e}^{\mathrm{i}\Delta qan}=\sum_{n=1}^{\infty}\mathrm{e}^{\mathrm{i}\Delta qan}-\sum_{n=N+1}^{\infty}\mathrm{e}^{\mathrm{i}\Delta qan}\\&=\frac{\mathrm{e}^{\mathrm{i}\Delta qa}}{1-\mathrm{e}^{\mathrm{i}\Delta qa}}-\frac{\mathrm{e}^{\mathrm{i}\Delta qa(N+1)}}{1-\mathrm{e}^{\mathrm{i}\Delta qa}}=\frac{\mathrm{e}^{\mathrm{i}\Delta qa}\left(1-\mathrm{e}^{\mathrm{i}\Delta qaN}\right)}{1-\mathrm{e}^{\mathrm{i}\Delta qa}}\end{aligned}$$

而 $1-\mathrm{e}^{\mathrm{i}\Delta qaN}=1-\mathrm{e}^{\mathrm{i}\left(\frac{2\pi}{Na}l\right)aN}=0$, 故式 (10.2.4-3b) 成立. ■

讨论

(1) $\sum\limits_{q}\mathrm{e}^{\mathrm{i}\left(n-n'\right)aq}=N\delta_{nn'}$ 表明如果要对状态求和, 即 $\sum\limits_{q}(\cdot\cdot)$, 那只要看一个格点就可以了, 因为一个格点的独立状态总数就是 N.

(2) $\sum\limits_{n}\mathrm{e}^{\mathrm{i}\left(q-q'\right)na}=N\delta_{qq'}$ 表明如果要对格点求和, 即 $\sum\limits_{n}(\cdot\cdot)$, 那只要看一个状态就可以了.

(3) 式 (10.2.4-3a)、式 (10.2.4-3b) 这两个正交关系可以写成如下的正交归一关系式:

$$\sum_{n}\left(\frac{1}{\sqrt{N}}\mathrm{e}^{\mathrm{i}qna}\right)\cdot\left(\frac{1}{\sqrt{N}}\mathrm{e}^{\mathrm{i}q'na}\right)^{*}=\delta_{qq'} \tag{10.2.4-5a}$$

$$\sum_{q}\left(\frac{1}{\sqrt{N}}\mathrm{e}^{\mathrm{i}qna}\right)\cdot\left(\frac{1}{\sqrt{N}}\mathrm{e}^{\mathrm{i}qn'a}\right)^{*}=\delta_{nn'} \tag{10.2.4-5b}$$

所以 $\left\{\frac{1}{\sqrt{N}}\mathrm{e}^{\mathrm{i}qna}\right\}$ 这组函数可用作基函数来展开有格点周期性的任意函数.

2) 将位移变换到状态空间

现在将格点 n 在 t 时刻的位移 $u_n(t)$ 用 $\left\{\frac{1}{\sqrt{N}}\mathrm{e}^{\mathrm{i}qna}\middle|q\right\}$ 正交归一函数集展开,

$$u_n(t)=\frac{1}{\sqrt{N}}\sum_{q}w_q(t)\,\mathrm{e}^{\mathrm{i}naq} \tag{10.2.4-6}$$

其中, $w_q(t)$ 为展开系数. 这个展开是在状态空间 (即 q 空间) 展开的.

讨论

(1) 式 (10.2.4-6) 的复共轭为

$$u_n^{*}(t)=\frac{1}{\sqrt{N}}\sum_{q}w_q^{*}(t)\,\mathrm{e}^{-\mathrm{i}naq} \tag{10.2.4-7}$$

(2) 因为物理上位移 $u_n(t)$ 必须是实的, 故

$$w_q^{*}(t)=w_{-q}(t) \tag{10.2.4-8}$$

(3) 求证

$$\sum_{n}u_n^2(t)=\sum_{q}\left|w_q(t)\right|^2 \tag{10.2.4-9}$$

证明 根据式 (10.2.4-6),

$$\begin{aligned}\sum_{n}u_n^2(t)&=\sum_{n}\left(\frac{1}{\sqrt{N}}\sum_{q}w_q(t)\,\mathrm{e}^{\mathrm{i}naq}\right)\left(\frac{1}{\sqrt{N}}\sum_{q'}w_{q'}(t)\,\mathrm{e}^{\mathrm{i}naq'}\right)\\&=\frac{1}{N}\sum_{q,q'}w_q(t)\,w_{q'}(t)\left(\sum_{n}\mathrm{c}^{\mathrm{i}na\left(q+q'\right)}\right)\\&=\sum_{q,q'}w_q(t)\,w_{q'}(t)\,\delta_{q,-q'}=\sum_{q}w_q(t)\,w_{-q}(t)=\sum_{q}\left|w_q(t)\right|^2\end{aligned}$$ ■

式 (10.2.4-9) 的意义: "位移平方和" 在真实的位置空间中为 $\sum_{n} u_n^2(t)$, 经过 Fourier 变换到状态空间后的 "位移平方和" 形式为 $\sum_{q} |w_q(t)|^2$, 两者是相等的, 即 "位移平方和" 在离散 Fourier 变换下具有不变性.

令质量加权位移

$$Q_q(t) \equiv \sqrt{m} w_q(t) \tag{10.2.4-10}$$

则

$$u_n(t) = \frac{1}{\sqrt{Nm}} \sum_q Q_q(t) \mathrm{e}^{\mathrm{i}naq} \tag{10.2.4-11}$$

这里的 $\{Q_q(t)\}$ 就是一维单原子晶格的**简正坐标**(normal coordinates), 即**正则坐标**, 将要看到在这样的坐标表示之下势能表式中的交叉项消失了.

3) 一维单原子晶格的总能量

显然, 一维单原子晶格总的动能、势能分别为

$$T = \frac{1}{2} \sum_n m \dot{u}_n^2 \tag{10.2.4-12}$$

$$U = \frac{1}{2} k \sum_n (u_{n+1} - u_n)^2 \tag{10.2.4-13}$$

它的 Hamilton 量

$$H = T + U = \sum_n \left\{ \frac{1}{2} m \dot{u}_n^2 + \frac{1}{2} k (u_{n+1} - u_n)^2 \right\} \tag{10.2.4-14}$$

势能 U 中的 $2u_{n+1}u_n$ 就是交叉项, 格点 $n+1$ 与格点 n 的相互作用就体现在这里, 这是一个相倚子体系. 通过式 (10.2.4-11) 变换后的势能为

$$\begin{aligned}
U &= \frac{1}{2} k \sum_n (u_{n+1} - u_n)^2 = \frac{k}{2Nm} \sum_{n,q,q'} Q_q Q'_q \left(\mathrm{e}^{\mathrm{i}(n+1)aq} - \mathrm{e}^{\mathrm{i}naq} \right) \left(\mathrm{e}^{\mathrm{i}(n+1)aq'} - \mathrm{e}^{\mathrm{i}naq'} \right) \\
&= \frac{k}{2Nm} \sum_{q,q'} Q_q Q_{q'} \left\{ \mathrm{e}^{\mathrm{i}a(q+q')} - \mathrm{e}^{\mathrm{i}aq} - \mathrm{e}^{\mathrm{i}aq'} + 1 \right\} \sum_n \mathrm{e}^{\mathrm{i}na(q+q')} \\
&= \frac{k}{2m} \sum_{q,q'} Q_q Q_{q'} \left\{ \mathrm{e}^{\mathrm{i}a(q+q')} - \mathrm{e}^{\mathrm{i}aq} - \mathrm{e}^{\mathrm{i}aq'} + 1 \right\} \delta_{q,-q'} \\
&= \frac{k}{2m} \sum_q Q_q Q_{-q} \left\{ 2 - \mathrm{e}^{\mathrm{i}aq} - \mathrm{e}^{-\mathrm{i}aq} \right\} \\
&= \frac{k}{m} \sum_q Q_q Q_{-q} \left\{ 1 - \cos(aq) \right\}
\end{aligned}$$

根据一维单原子晶格运动方程的解, 格波的角频率 $\omega_q^2 = \dfrac{2k}{m}\{1 - \cos(aq)\}$, 所以得到

$$U = \frac{1}{2} k \sum_n (u_{n+1} - u_n)^2 = \frac{1}{2} \sum_q \omega_q^2 Q_q Q_{-q} \tag{10.2.4-15}$$

表面上看这里还包含交叉项 Q_qQ_{-q}. 但是从物理上看: q 代表前进的简谐波, $-q$ 代表后退的简谐波. 晶格的周期性边界条件使得每一个振动态 q 的前进波总是一一对应地伴随着一个后退的振动态 $-q$. 也就是, 在数学上因为 $w_q^*(t) = w_{-q}(t)$(见式 (10.2.4-8)) 和 $Q_q(t) \equiv \sqrt{m}w_q(t)$(见式 (10.2.4-10)), 所以

$$Q_q^*(t) = Q_{-q}(t) \tag{10.2.4-16}$$

于是式 (10.2.4-15) 实际上可改写为

$$U = \frac{1}{2}\sum_q \omega_q^2 |Q_q|^2 \tag{10.2.4-17}$$

可见变换后交叉项消除了.

通过式 (10.2.4-11) 变换后的动能为

$$\begin{aligned}
T &= \frac{1}{2}\sum_n m\dot{u}_n^2 = \frac{1}{2}\sum_n m\left(\frac{1}{\sqrt{Nm}}\sum_q \dot{Q}_q \mathrm{e}^{\mathrm{i}naq}\right)\left(\frac{1}{\sqrt{Nm}}\sum_{q'} \dot{Q}_{q'} \mathrm{e}^{\mathrm{i}naq'}\right) \\
&= \frac{1}{2N}\sum_{n,q,q'} \dot{Q}_q\dot{Q}_{q'}\mathrm{e}^{\mathrm{i}na(q+q')} = \frac{1}{2}\sum_{q,q'} \dot{Q}_q\dot{Q}_{q'}\delta_{q,-q'} = \frac{1}{2}\sum_q \dot{Q}_q\dot{Q}_{-q}
\end{aligned}$$

同理, 因为 $Q_{-q} = Q_q^*$, 故

$$T = \frac{1}{2}\sum_q \left|\dot{Q}_q\right|^2 \tag{10.2.4-18}$$

于是, Hamilton 量 $H = T + U = \frac{1}{2}\sum_q \left(\left|\dot{Q}_q\right|^2 + \omega_q^2 |Q_q|^2\right)$, 即

$$H = \frac{1}{2}\sum_q \left(|P_q|^2 + \omega_q^2 |Q_q|^2\right) \tag{10.2.4-19}$$

其中, $P_q = \dot{Q}_q$. 加和的每一项 $\frac{1}{2}\left(|P_q|^2 + \omega_q^2 |Q_q|^2\right)$ 就是一个简谐振子. 于是原来式 (10.2.4-14) 的相倚子体系就变成了多个相互独立的简谐振子构成的体系, 两者是等价的. 尽管前者是直观的, 后者较为抽象, 但是因为后者的 Hamilton 量不含交叉项, 是对角化的, 所以它代表了本征方程的解, 于是恰恰就是后者才是实验能够观察到的, 直观的前者却不是实验上直接测量到的.

10.2.4.2 晶格简正振动的普遍解

从 10.2.4.1 小节可见, 在一维单原子晶格的特例中, 寻找简正振动模式的方法在数学上体现为离散型 Fourier 变换. 现在可以推广到普遍的情况, 用同样方法讨论当晶体不受外力时求自由晶格的运动方程 (见式 (10.2.1-11))

$$\mathbf{M}\ddot{\mathbf{u}}_{\mathbf{n}}(t) - \sum_{\mathbf{n}'} \boldsymbol{K}_{\mathbf{n}-\mathbf{n}'}\mathbf{u}_{\mathbf{n}'}(t) = \mathbf{0}, \quad \forall \mathbf{n} \tag{10.2.4-20}$$

的普遍解. 这个方程的解就是该晶体中驻波的叠加, 每一种驻波代表了自由晶格热振动的一个简正振动模. 一个简正振动模就是晶格原子在平衡位置附近以一个固定频率的振动

运动. 以下先用离散型 Fourier 变换把真实空间 (10.2.4-20) 中的变量 $\mathbf{n}=(n_1,n_2,n_3)$ 变换到波数空间中的变量波矢 $\mathbf{q}\equiv(q_1,q_2,q_3)$(见附录 I.2), 然后用卷积关系得到

$$\mathbf{M}\ddot{\bar{\mathbf{u}}}(\mathbf{t},\mathbf{q})-\bar{\mathbf{K}}(\mathbf{q})\,\bar{\mathbf{u}}(\mathbf{t},\mathbf{q})=\mathbf{0},\quad\forall\mathbf{q}\tag{10.2.4-21}$$

其中,

$$\bar{\mathbf{K}}(\mathbf{q})\equiv\mathcal{F}_{\mathbf{n}\to\mathbf{q}}[\mathbf{K}_{\mathbf{n}}]\equiv\sum_{\mathbf{n}}\mathrm{e}^{-\mathrm{i}\mathbf{q}\cdot\mathbf{n}}\mathbf{K}_{\mathbf{n}}\tag{10.2.4-22}$$

$$\bar{\mathbf{u}}(t,\mathbf{q})\equiv\mathcal{F}_{\mathbf{n}\to\mathbf{q}}[\mathbf{u}_{\mathbf{n}}(t)]\equiv\sum_{\mathbf{n}}\mathrm{e}^{-\mathrm{i}\mathbf{q}\cdot\mathbf{n}}\mathbf{u}_{\mathbf{n}}(t)\tag{10.2.4-23}$$

再用连续型 Fourier 变换把式 (10.2.4-21) 中的时间变量 t 变换到角频率变量 ω, 并且运用微分的变换关系 $\mathcal{F}_{t\to\omega}\left[\ddot{\bar{\mathbf{u}}}(\mathbf{t},\mathbf{q})\right]=(\mathrm{i}\omega)^2\,\bar{\mathbf{U}}(\omega,\mathbf{q})$(见附录 I 的式 (I.1-7a)), 得到在角频率–波数空间的晶格运动方程

$$\left(\omega^2\mathbf{M}+\bar{\mathbf{K}}(\mathbf{q})\right)\bar{\mathbf{U}}(\omega,\mathbf{q})=\mathbf{0},\quad\forall\mathbf{q}\tag{10.2.4-24}$$

其中,

$$\bar{\mathbf{U}}(\omega,\mathbf{q})\equiv\mathcal{F}_{t\to\omega}\left[\bar{\mathbf{u}}(t,\mathbf{q})\right]\equiv\int_{-\infty}^{\infty}\mathrm{d}t\,\mathrm{e}^{-\mathrm{i}\omega t}\bar{\mathbf{u}}(t,\mathbf{q})\tag{10.2.4-25}$$

$\mathbf{M},\bar{\mathbf{K}}(\mathbf{q})$ 均为 $S\times S$ 阶矩阵, $\bar{\mathbf{U}}(\omega,\mathbf{p})$ 为 $S\times1$ 阶列矩阵. 可见自由晶格的运动方程 (见式 (10.2.4-20)) 经过两次 Fourier 变换 (一次离散型, 一次连续型) 从 “时间 — 真实空间” 域的二阶微分方程变成了简单的角频率–波数空间域的矩阵方程 (见式 (10.2.4-24)), 即一组线性联立方程. 显然, 该线性联立方程只有在满足下列条件下才能有非零解 (即不全为零的解):

$$\det\left(\omega^2\mathbf{M}+\bar{\mathbf{K}}(\mathbf{q})\right)=0,\quad\forall\mathbf{q}\tag{10.2.4-26}$$

等式左边称为久期行列式. 可见, 从式 (10.2.4-26)$S\times S$ 阶行列式的解可以得到 S 个简正振动角频率的解 $\{\omega_s(\mathbf{q})\,|s=1,2,\cdots,S\}$. 这种角频率 ω 与波矢 $\boldsymbol{q}$ 的色散定律又可称为**晶格振动谱或格波谱**. 这 S 个线性独立运动又称为**色散支**. S 个色散支可分为两类: $\omega_s(\mathbf{0})=0$ 的**声学支**和 $\omega_s(\mathbf{0})\neq0$ 的**光学支**. 对于 I 维晶格, 可以证明: 有 I 个声学支, $S-I$ 个光学支.

对于有限大晶格, 晶格的特征振动频率为离散型的, 记为 $\{\omega_{\mathbf{q},s}\}$, 也就是久期行列式 (见式 (10.2.4-26)) 只能在 $\omega=\pm\omega_{\mathbf{q},s}$ 时才能有非零解.

讨论

(1) 方程 (10.2.4-26) 的求解在实际计算上就是矩阵的对角化. 这就意味着: 尽管真实粒子之间运动不是独立的. 但是, 人们总是可以通过某种方法 “折合” 成为一组等效的准粒子 (简正振动模), 使得体系总能量总是可以表为这些准粒子的能量之和, 不出现它们之间的相互作用势能 (即交叉项). 这样就表明准粒子之间是严格、相互独立地运动的.

(2) 真实粒子的相倚子图像和准粒子的独立子图像: 至此, 人们对于整个晶体或分子体系的振动运动可以从两个角度看: 一个图像是, 这个体系由多个真实粒子加上它们之间复杂的相互作用构成的; 这是一个相倚子图像. 这个体系的振动是其中多个化学键各自的振动构成的, 而这些单根化学键的振动之间不是独立的, 是互相纠缠、牵连的. 另一

个图像是, 把这个体系所有单根化学键的振动重新组合成为等效的一组准粒子 (即简正振动模) 的振动, 于是这个体系就可以看作由多个准粒子构成的, 而准粒子之间是严格独立运动的. 这是一个独立子图像. 两个图像, 前者直观, 后者抽象.

或许可以认为：两种图像只不过是人们作为旁观者对自然界的分析, 不见得是自然界自己的选择. 往往不由自主地偏爱直观图像, 认为直观更可靠, 更应该是自然界自己的选择.

自然界自己到底怎么选择的呢？红外光谱实验给出了答案：只有在相当窄的所谓指纹区的波数范围内才看得到那些单根化学键振动的大致不变的峰位, 而且即使在指纹区, 不同化合物的某一种键 (如羟基) 的振动频率还有不小的变化范围. 分析化学就是凭此鉴定有机化合物的. 在指纹区外, 找不到峰位与单根化学键振动的简单对应关系. 可是, 如果从简正振动的角度来看, 实验上测到的红外光谱峰位竟然无一不是简正振动模的频率. 不管这些峰是否在指纹区, 也不管是哪种化合物, 都无例外.

这说明：尽管两种图像对于描述自然界来说是等价的, 可是自然界偏偏 “主动” 地挑选了简正振动这种抽象的独立子图像, 展现在测量者面前. 反倒把直观的相倚子图像地隐藏起来. 直观的图像却是实验上直接测量不到的.

同样的事情, 在天体运行、声学、力学共振、量子现象里都出现, 遍及所有的自然现象, 都与本征方程有关. 只不过在红外光谱的领域, 化学家对本征方程普遍性的理解应当尤其深刻.

10.3 晶体的热力学函数[5,6]

体系的 Helmholtz 自由能为

$$F = U - TS \tag{10.3-1}$$

它与体系配分函数 Q 的关系为

$$F = -k_B T \ln Q \tag{10.3-2}$$

配分函数又是体系的有效状态数之和

$$Q = \sum_i^{\text{状态}} \mathrm{e}^{-\varepsilon_i/k_B T} = \sum_j^{\text{能级}} g_j \mathrm{e}^{-\varepsilon_j/k_B T} \tag{10.3-3}$$

其中, g_j 为体系能级的简并度.

晶格能量在简谐振动的近似下, 然后如同简正振动分析一样, 在选取简正坐标之后, 各种简正振动之间互为独立运动, 于是 $3N-6 \approx 3N$ 个振子的总振动能量就是各振子能量之和,

$$E_{\text{vib}} = \sum_{i=1}^{3N} \left(v_i + \frac{1}{2}\right) h\nu_i \tag{10.3-4}$$

其中, i 为振子编号, v_i 和 ν_i 分别为它的振动量子数和振动频率.

对于其中第 i 种简正振动模, 根据量子力学得到振动能级为 $\left\{ \left(v + \frac{1}{2}\right) h\nu_i | v = \right.$

$0,1,2,\cdots\Big\}$, 简并度为 1. 故对于该种简正振动子的配分函数为 $q_i=\sum_{v=0}^{\infty}\mathrm{e}^{-\left(v+\frac{1}{2}\right)h\nu_i/k_BT}=\mathrm{e}^{-\frac{1}{2}h\nu_i/k_BT}\sum_{v=0}^{\infty}\mathrm{e}^{-vh\nu_i/k_BT}$, 其中, 第二项是一个无穷等比级数, 相邻项之比恒为 $\mathrm{e}^{-h\nu_i/k_BT}$. 根据无穷等比级数之和公式 (见附录式 (D.3-4)), 得到

$$q_i=\frac{\mathrm{e}^{-\frac{1}{2}h\nu_i/k_BT}}{1-\mathrm{e}^{-h\nu_i/k_BT}} \tag{10.3-5}$$

晶体能量 E 实际上含有两部分, 振动能 E_{vib} 和静态能量 E_0

$$E=E_0+E_{\mathrm{vib}} \tag{10.3-6}$$

后者 E_0 为当每个格点上的粒子都处于平均位置 (即所谓**静态晶格**) 时的晶体能量. 以下分析时选 E_0 为能量零点.

3N 个简正振子体系的总的振动配分函数为

$$Q_{\mathrm{vib}}=\prod_{i=1}^{3N}q_i=\prod_{i}^{3N}\frac{\mathrm{e}^{-\frac{1}{2}h\nu_i/k_BT}}{1-\mathrm{e}^{-h\nu_i/k_BT}} \tag{10.3-7}$$

即

$$\ln Q_{\mathrm{vib}}=-\frac{E_{\mathrm{zero}}}{k_BT}-\sum_{i}^{3N}\ln\left(1-\mathrm{e}^{-h\nu_i/k_BT}\right) \tag{10.3-8}$$

其中, 零点能$E_{\mathrm{zero}}\equiv\sum_{i}^{3N}\frac{1}{2}h\nu_i$. 于是根据式 (10.3-2), 该体系的振动 Helmholtz 自由能为

$$F=E_{\mathrm{zero}}+k_BT\sum_{i}^{3N}\ln\left(1-\mathrm{e}^{-h\nu_i/k_BT}\right) \tag{10.3-9}$$

如果固体发生形变, 则粒子平均位置的移动要使静态能量 E_0 和频率 $\{\nu_i\}$ 都有变动. 在简单的情况下, 假定将固体体积 V 的各向同性变化作为形变的唯一形式. 这样 E_0, $\{\nu_i\}$ 都只是体积 V 的函数. 根据热力学, 涉及体积、温度变化的热力学行为都可以从以 (V,T) 为自变量的 Helmholtz 自由能 $F(V,T)$ 导出, 如熵

$$S=-\left(\frac{\partial F}{\partial T}\right)_V \tag{10.3-10}$$

于是, 振动对内能的贡献

$$U=F-T\left(\frac{\partial F}{\partial T}\right)_V=E_{\mathrm{zero}}+k_BT\sum_{i}^{3N}\frac{(h\nu_i/k_BT)}{\mathrm{e}^{h\nu_i/k_BT}-1} \tag{10.3-11}$$

进而, 导出定容热容

$$C_V=\left(\frac{\partial U}{\partial T}\right)_V=k_B\sum_{i}^{3N}\frac{\left(\frac{h\nu_i}{k_BT}\right)^2\mathrm{e}^{h\nu_i/k_BT}}{\left(\mathrm{e}^{h\nu_i/k_BT}-1\right)^2} \tag{10.3-12}$$

高温下 ($k_BT \gg h\nu_i$), 令 $x \equiv \dfrac{h\nu_i}{k_BT}$, 将式 (10.3-11) 中加和项展开得到

$$\sum_i^{3N} \frac{x}{\mathrm{e}^x - 1} = \sum_i^{3N} \frac{x}{x + x^2 + \cdots} \approx \sum_i^{3N} \frac{1}{1 + x} \approx 3N$$

于是, 高温下体系内能为

$$U|_{\text{H.T.}} \approx E_{\text{zero}} + 3Nk_BT \tag{10.3-13}$$

对应的定容热容为

$$C_V|_{\text{H.T.}} = 3Nk_B$$

这符合能量均分定律: 一个振动自由度有两个平方项, 每个平方项能量分摊到 $\dfrac{1}{2}k_BT$. 这就是实验得到的 **Dulong-Petit定律**: 室温下, 绝大多数元素晶体的摩尔定容比热为 $3R$.

压力

$$p = -\left(\frac{\partial F}{\partial V}\right)_T = -\left(\frac{\partial E_0}{\partial V}\right)_T - \sum_i^{3N} \frac{h\nu_i}{\mathrm{e}^{h\nu_i/k_BT} - 1}\left(\frac{\partial \ln \nu_i}{\partial V}\right)_T \tag{10.3-14}$$

对于晶体, $3N$ 个简正振动模是个很大的数目, 所以可以假设简正振动频率 ν 是连续分布的. 令 $g(\nu)\,\mathrm{d}\nu$ 为振动频率在 $\nu \to \nu + \mathrm{d}\nu$ 之间的简正振子数, 简正振动频率的分布函数 $g(\nu)$ 又称**声谱**. 于是

$$\int_0^\infty g(\nu)\,\mathrm{d}\nu = 3N \tag{10.3-15}$$

相应地, 式 (10.3-8) 可改写为

$$\ln Q_{\text{vib}} = -\beta E_{\text{zero}} - \int_0^\infty g(\nu) \ln\left(1 - \mathrm{e}^{-\beta h\nu}\right) \mathrm{d}\nu \tag{10.3-16}$$

进而, 晶体体系振动的 Helmholtz 自由能(见式 (10.3-9))、内能 (见式 (10.3-11)) 和定容热容 (见式 (10.3-12)) 分别可以改写为

$$F_{\text{vib}} = E_{\text{zero}} + k_BT \int_0^\infty g(\nu) \ln\left(1 - \mathrm{e}^{-\beta h\nu}\right) \mathrm{d}\nu \tag{10.3-17}$$

$$U_{\text{vib}} = E_{\text{zero}} + \int_0^\infty g(\nu) \frac{h\nu}{\mathrm{e}^{\beta h\nu} - 1} \mathrm{d}\nu \tag{10.3-18}$$

$$C_V = \left(\frac{\partial U_{\text{vib}}}{\partial T}\right)_V = k_B \int_0^\infty g(\nu) \frac{(\beta h\nu)^2 \mathrm{e}^{\beta h\nu}}{\left(\mathrm{e}^{\beta h\nu} - 1\right)^2} \mathrm{d}\nu \tag{10.3-19}$$

10.4 晶体热容的统计理论

10.4.1 晶体热容的实验事实

关于晶体热容的两个基本实验事实是

(1) 在室温附近, 绝大多数固体的摩尔热容接近 $3R$, 即 $6\ \mathrm{cal{\cdot}K^{-1}{\cdot}mol^{-1}}$, 称为 Dulong-Petit 定律(1819 年).

(2) 在低温下热容随温度降低而急剧降低, $T = 0\text{K}$ 时热容降到 0, 一般符合经验的“立方律公式”

$$C_V = \gamma T + \alpha T^3 \tag{10.4.1-1}$$

其中, α, γ 均为常数. 凡是绝缘体, 均有 $\gamma = 0$; 金属热容则一般包含 T 的线性项. 故认为线性项代表传导电子的贡献, 而 T^3 项代表晶格振动的贡献.

10.4.2　晶体热容的 Einstein 模型

1907 年, Einstein 提出晶体热容的理论模型[7,8]. 他首先假设 N 个原子组成的晶体可以看成是 $3N$ 个独立的一维简谐振子组成的; 这些振子的环境相同, 故设它们的振动频率 ν 也相同, 设为 ν_0. 这就相当于式 (10.3-15) 中的简正振动频率的分布函数 $g(\nu)$ 为

$$g(\nu) = 3N\delta(\nu - \nu_0) \tag{10.4.2-1}$$

于是将此代入式 (10.3-17)~(10.3-19) 得到 Einstein 晶体体系的振动 Helmholtz 自由能、内能和定容热容分别为

$$F_{\text{vib}} = E_{\text{zero}} + 3Nk_BT\ln\left(1 - \mathrm{e}^{-h\nu/k_BT}\right) \tag{10.4.2-2}$$

$$U_{\text{vib}} = E_{\text{zero}} + \frac{3Nh\nu_0}{\mathrm{e}^{h\nu_0/k_BT} - 1} \tag{10.4.2-3}$$

$$C_V = \left(\frac{\partial U_{\text{vib}}}{\partial T}\right)_V = 3Nk_B\left(\frac{h\nu_0}{k_BT}\right)^2 \frac{\mathrm{e}^{h\nu_0/k_BT}}{\left(\mathrm{e}^{h\nu_0/k_BT} - 1\right)^2} \tag{10.4.2-4}$$

其中, 零点能

$$E_{\text{zero}} \equiv \sum_i^{3N} \frac{1}{2}h\nu_i = \frac{3}{2}Nh\nu_0 \tag{10.4.2-5}$$

令

$$\Theta_{\text{E}} \equiv \frac{h\nu_0}{k_B} \tag{10.4.2-6}$$

称为 **Einstein特征温度**, 则 Einstein 模型的晶体定容热容为

$$C_V = 3Nk_B\left(\frac{\Theta_{\text{E}}}{T}\right)^2 \frac{\mathrm{e}^{\Theta_{\text{E}}/T}}{(\mathrm{e}^{\Theta_{\text{E}}/T} - 1)^2} \tag{10.4.2-7}$$

应用 L'Hospital 法则可得极限 $\lim\limits_{x\to 0}\dfrac{x^2\mathrm{e}^x}{(\mathrm{e}^x - 1)^2} = 1$, 可见在温度足够高时, $C_V = 3Nk_B$, 与 Dulong-Petit 定律一致. 低温下, 总的看来, Einstein 模型在经典统计力学的基础上引入量子效应之后, 尽管粗略, 但还是把低温时热容随温度的变化机理相当不错地勾勒出来了. 低温低到特征温度 $\Theta_{\text{E}} = h\nu_0/k_B$ 以下时, 振子的所有能级对振子不是非常自由地开放, 而是相当多数振子只处于振动的低能态. 于是内蕴的能量也减少, 所以热容下降. 换言之, 低温时振子不能充分自由地进入振动的高能态. 显然, 不考虑量子效应是无法理解低温时候的热容行为的. 当然, 低温下 Einstein 模型的热容值所以与实验值还有出入 (图 10.4.2-1). 显然是因为 Einstein 模型的简正振动分布函数还过于简单 (图 10.4.2-2).

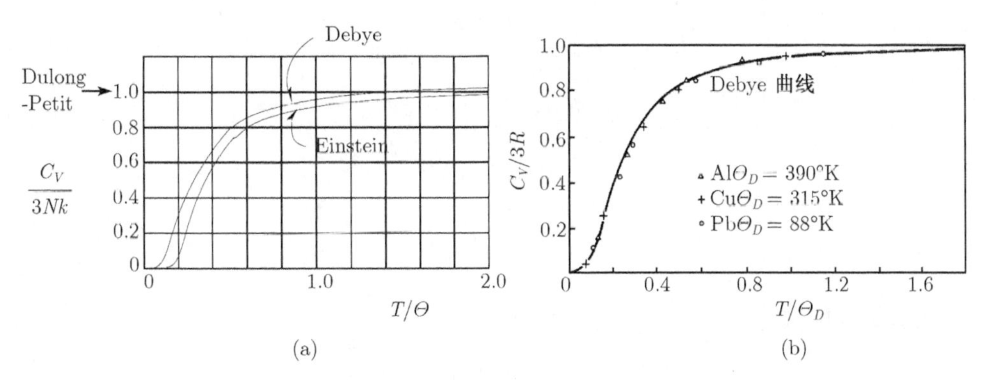

图 10.4.2-1 晶体热容的 Einstein 模型、Debye 模型与实验值[8]

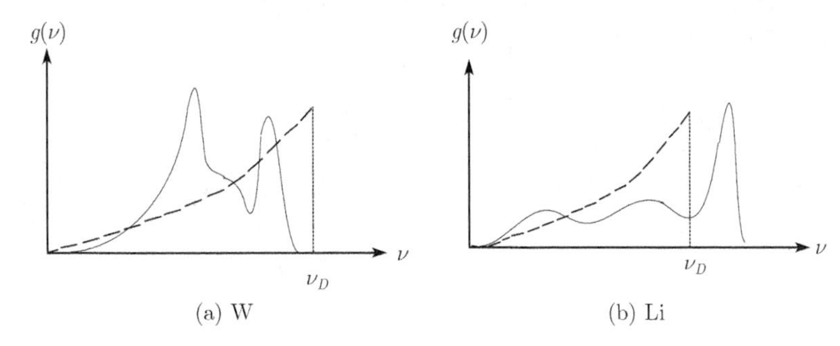

图 10.4.2-2 钨、锂的 Debye 频谱 (虚线) 与实验频谱 (实线, 拟合弹性数据)[5]

10.4.3 晶体热容的 Debye 模型

Einstein 模型的晶体, 其中, 简正振动只有一种振动频率, 尽管大体勾勒出低温下晶体热容随温度变化的立方律公式, 但是与实验值还是有些出入. 于是, 1912 年 Debye 把固体当作连续弹性介质, 改进了 Einstein 模型[6,9]. 他根据各向同性介质中存在的弹性波的频率分布, 再假定晶体的简正振动频率分布函数 $g(\nu)$ 有一个最高的截止频率 ν_D(图 10.4.2-2) 且分布函数为

$$g(\nu) = B\nu^2 \tag{10.4.3-1}$$

其中, ν_{D} 称为 Debye 频率; B 为待定常数, 满足式 (10.3-15) 的条件. 所以

$$3N = \int_0^{\infty} g(\nu)\,\mathrm{d}\nu = \int_0^{\nu_{\mathrm{D}}} B\nu^2 \mathrm{d}\nu = B\frac{\nu_{\mathrm{D}}^3}{3}$$

从而 $B = \dfrac{9N}{\nu_{\mathrm{D}}^3}$. 于是 Debye 模型的简正频率分布函数为

$$g(\nu) = \frac{9N}{\nu_{\mathrm{D}}^3}\nu^2 \tag{10.4.3-2}$$

将式 (10.4.3-2) 分别代入式 (10.3-16), 式 (10.3-18) 和式 (10.3-19) 得到 Debye 模型晶体的 $\ln Q_{\mathrm{vib}}$, 内能和定容热容为

$$\ln Q_{\mathrm{vib}} = -\beta E_{\mathrm{zero}} - \frac{9N}{\nu_{\mathrm{D}}^3}\int_0^{\nu_{\mathrm{D}}} \nu^2 \ln\left(1 - \mathrm{e}^{-\beta h\nu}\right) \mathrm{d}\nu \tag{10.4.3-3}$$

$$U_{\text{vib}} = E_{\text{zero}} + \frac{9N}{\nu_{\text{D}}^3}\int_0^{\nu_{\text{D}}} \frac{h\nu^3}{\mathrm{e}^{\beta h\nu}-1}\mathrm{d}\nu \tag{10.4.3-4}$$

$$C_V = \frac{9Nk_B}{\nu_{\text{D}}^3}\int_0^{\nu_{\text{D}}} (\beta h)^2 \frac{\mathrm{e}^{\beta h\nu}}{\left(\mathrm{e}^{\beta h\nu}-1\right)^2}\nu^4\mathrm{d}\nu \tag{10.4.3-5}$$

令

$$\Theta_{\text{D}} \equiv \frac{h\nu_{\text{D}}}{k_B} \tag{10.4.3-6}$$

称为 **Debye 特征温度**. 令

$$x \equiv \frac{h\nu}{k_B T}, \quad u \equiv \frac{h\nu_{\text{D}}}{k_B T} = \frac{\Theta_{\text{D}}}{T} \tag{10.4.3-7}$$

将式 (10.4.3-3) 中的积分变量从 ν 改为 x, ν 从 $0 \to \nu_{\text{D}}$ 时, x 从 $0 \to u$ 且 $\mathrm{d}x = h\beta\mathrm{d}\nu$, 作积分变量变换, 再分部积分得到

$$\begin{aligned}
\ln Q_{\text{vib}} &= -\beta E_{\text{zero}} - \frac{3N}{\nu_{\text{D}}^3}\int_0^{\nu_{\text{D}}} \ln\left(1-\mathrm{e}^{-\beta h\nu}\right)\mathrm{d}\nu^3 \\
&= -\beta E_{\text{zero}} - \frac{3N}{\nu_{\text{D}}^3}\left\{\ln\left(1-\mathrm{e}^{-\beta h\nu}\right)\nu^3\Big|_0^{\nu_{\text{D}}} - \int_0^{\nu_{\text{D}}} \nu^3 \mathrm{d}\ln\left(1-\mathrm{e}^{-\beta h\nu}\right)\right\} \\
&= -\beta E_{\text{zero}} - 3N\ln\left(1-\mathrm{e}^{-u}\right) + \frac{3N}{u^3}\int_0^u \frac{x^3}{\mathrm{e}^x-1}\mathrm{d}x
\end{aligned}$$

令

$$D(u) \equiv \frac{3}{u^3}\int_0^u \frac{x^3}{\mathrm{e}^x-1}\mathrm{d}x \tag{10.4.3-8}$$

称为 **Debye函数**. 故

$$\ln Q_{\text{vib}} = -\beta E_{\text{zero}} - 3N\ln\left(1-\mathrm{e}^{-u}\right) + ND(u) \tag{10.4.3-9}$$

代入式 (10.3-2), 得到 Debye 模型晶体的 Helmholtz 自由能为

$$F = -k_B T\ln Q_{\text{vib}} = E_{\text{zero}} + 3Nk_B T\ln\left(1-\mathrm{e}^{-u}\right) - Nk_B T D(u) \tag{10.4.3-10}$$

接着, 对式 (10.4.3-4)、式 (10.4.3-5) 作同样的积分变换分别得到
内能

$$U_{\text{vib}} = E_{\text{zero}} + 3Nk_B T D(u) \tag{10.4.3-11}$$

定容热容

$$\begin{aligned}
C_V &= \frac{9Nk_B}{u^3}\int_0^u \frac{\mathrm{e}^x x^4}{\left(\mathrm{e}^x-1\right)^2}\mathrm{d}x = -\frac{9Nk_B}{u^3}\int_0^u x^4\mathrm{d}\left(\frac{1}{\mathrm{e}^x-1}\right) \\
&= -\frac{9Nk_B}{u^3}\left\{\frac{x^4}{\mathrm{e}^x-1}\Big|_0^u - \int_0^u \frac{4x^3}{\mathrm{e}^x-1}\mathrm{d}x\right\}
\end{aligned}$$

再应用 L'Hospital 法则, 得到

$$C_V = 3Nk_B\left\{4D(u) - \frac{3u}{\mathrm{e}^u-1}\right\} \tag{10.4.3-12}$$

现在看看 Debye 模型在低温下的行为. 因为低温下近似有

$$\int_0^u \mathrm{d}x \frac{x^3}{\mathrm{e}^x-1} \approx \int_0^\infty \mathrm{d}x \frac{x^3}{\mathrm{e}^x-1} = \frac{\pi^4}{15} \tag{10.4.3-13}$$

这里的积分利用了 Riemann 的 ζ 函数

$$\zeta(s) \equiv \frac{1}{\Gamma(s)} \int_0^\infty \mathrm{d}x \frac{x^{s-1}}{\mathrm{e}^x-1} \tag{10.4.3-14}$$

其中, Gamma 函数 $\Gamma(n+1) = n!$, n 为整数; 而 $\Gamma(4) = 3! = 6$(见附录 D.2 节). 所以

$$D(u) = \frac{\pi^4}{5u^3} = \frac{\pi^4}{5}\left(\frac{T}{\Theta_D}\right)^3 \tag{10.4.3-15}$$

于是 Debye 模型在低温下晶体总的振动能和定容热容分别为

$$U_{\text{vib}} = E_{\text{zero}} + \frac{3\pi^4}{5} N k_B \frac{T^4}{\Theta_{\text{D}}^3} \tag{10.4.3-16}$$

和

$$C_V = \frac{12\pi^4}{5} N k_B \frac{T^3}{\Theta_{\text{D}}^3} \tag{10.4.3-17}$$

式 (10.4.3-17) 称为 **Debye的低温极限公式**. 再进一步,

$$\frac{C_V}{3Nk_B} = \frac{4\pi^4}{5} \frac{T^3}{\Theta_{\text{D}}^3} = 77.93 \frac{T^3}{\Theta_{\text{D}}^3} \tag{10.4.3-18}$$

式 (10.4.3-18) 称为 **Debye立方律公式**, 与实验的立方律公式 (见式 (10.4.1-1)) 结果非常一致.

讨论

(1) 低温下, Einstein 模型与实验值不符合是因为把晶体看成是单一的简正振动频率, 粗糙了些. 于是, Debye 把固体当作连续弹性介质也在常理之中, 所以就可以套用各向同性连续弹性介质中弹性波的频率分布 (见式 (10.4.3-1)). 果然, 结果相当不错 (图 10.4.2-1(b)).

(2) 物理模型与数学模型：牛津大学的物理学家 D. Deutsch 认为：科学的价值在于理解这个世界, 而不在于知道多少实验事实. 他说："理解并不取决于知道许多事实, 而是依赖于正确的概念、正确的解释和正确的理论. 一个相对简单而有一般性的理论可以覆盖无穷多的难以理解的事实. …… 预言事物或描述事物, 不论多么准确, 也和理解不是一回事. "[10]

从晶体热容理论看到, 唯象的立方律公式 (见式 (10.4.1-1)) 也可以"预见"低温下的晶体热容, 单单从数值的精确度来说, 还要比 Einstein 的谐振子模型好一些. 但是从"理解"的深度来看, Einstein 模型远胜过唯象的立方律公式. Einstein 理论揭示了晶格振动蓄能的本质, 使得人们掌握理解晶体热容的物理实在. 5 年之后发展为更准确、更完善的 Debye 模型. 如果仅仅为了数值上的准确度, 无论怎么改进立方律公式的唯象准确度, 也对热容本质的理解无济于事. 问题的症结在于：唯象的立方律公式仅仅是一个数学模型, 而 Einstein 谐振子模型却是物理模型. 科学的价值在于理解, 只有物理模型才能通向正确的理解. 正确理解就能准确预言, 貌似"准确"的预言 (如立方律公式) 无法导致正确的理解.

10.4.4　Grüneisen 定律[5,11,12]

根据 Debye 模型, 可以进一步得到固体的状态方程: 从 Debye 模型晶体的 Helmholtz 自由能 (见式 (10.4.3-10)) 求得压力

$$p=-\left(\frac{\partial F}{\partial V}\right)_T=-\frac{\mathrm{d}E_{\mathrm{zero}}}{\mathrm{d}V}-3Nk_BT\frac{\mathrm{e}^{-u}}{1-\mathrm{e}^{-u}}\left(\frac{\partial u}{\partial V}\right)_T+Nk_BT\frac{\partial D(u)}{\partial V}\left(\frac{\partial u}{\partial V}\right)_T \tag{10.4.4-1}$$

右边第一项中的零点能不是温度的函数, 故不是偏导数. 再根据定积分的微分公式 (见附录式 (D.2-24)) 和 Debye 函数的定义 (见式 (10.4.3-8)) 可以得到

$$\frac{\partial D(u)}{\partial V}=\frac{3}{\mathrm{e}^{u}-1}-\frac{3}{u}D(u) \tag{10.4.4-2}$$

代入式 (10.4.4-1) 得到

$$p=-\frac{\mathrm{d}E_{\mathrm{zero}}}{\mathrm{d}V}-\frac{3Nk_BT}{u}D(u)\left(\frac{\partial u}{\partial V}\right)_T \tag{10.4.4-3}$$

又因为式 (10.4.3-11), 故压力又可写为

$$\begin{aligned}p&=-\frac{\mathrm{d}E_{\mathrm{zero}}}{\mathrm{d}V}-\frac{1}{u}\left(\frac{\partial u}{\partial V}\right)_T(U_{\mathrm{vib}}-E_{\mathrm{zero}})\\&=-\frac{\mathrm{d}E_{\mathrm{zero}}}{\mathrm{d}V}-\frac{1}{\nu_D}\frac{\mathrm{d}\nu_{\mathrm{D}}}{\mathrm{d}V}(U_{\mathrm{vib}}-E_{\mathrm{zero}})\end{aligned} \tag{10.4.4-4}$$

其中, E_{zero}, $\dfrac{\mathrm{d}E_{\mathrm{zero}}}{\mathrm{d}V}$ 和 ν_{D} 只与体积 V 有关, 故第二项应为全导数.

已知恒压体膨胀系数 α 和恒温压缩系数 κ 的定义分别为

$$\alpha\equiv\frac{1}{V}\left(\frac{\partial V}{\partial T}\right)_p \tag{10.4.4-5}$$

$$\kappa\equiv-\frac{1}{V}\left(\frac{\partial V}{\partial p}\right)_T \tag{10.4.4-6}$$

又从物态方程 $p=p(T,V)$ 可知恒有

$$\mathrm{d}p=\left(\frac{\partial p}{\partial T}\right)_V\mathrm{d}T+\left(\frac{\partial p}{\partial V}\right)_T\mathrm{d}V \tag{10.4.4-7}$$

于是根据隐函数微分的乘积 -1 规则(见附录式 (D.1.2-2)) 得到

$$\left(\frac{\partial p}{\partial T}\right)_V=-\left(\frac{\partial p}{\partial V}\right)_T\left(\frac{\partial V}{\partial T}\right)_p=\frac{\alpha}{\kappa} \tag{10.4.4-8}$$

注意到压力表达式 (见式 (10.4.4-4)) 中的 E_{zero}, $\dfrac{\mathrm{d}E_{\mathrm{zero}}}{\mathrm{d}V}$ 和 ν_{D} 与温度无关, 所以

$$\frac{\alpha}{\kappa}=-\left(\frac{\partial p}{\partial T}\right)_V=-\frac{1}{\nu_{\mathrm{D}}}\frac{\mathrm{d}\nu_{\mathrm{D}}}{\mathrm{d}V}\left(\frac{\partial(U_{\mathrm{vib}}-E_{\mathrm{zero}})}{\partial T}\right)_V=-\frac{1}{\nu_{\mathrm{D}}}\frac{\mathrm{d}\nu_{\mathrm{D}}}{\mathrm{d}V}C_V=-\frac{\mathrm{dln}\nu_{\mathrm{D}}}{\mathrm{dln}V}\frac{C_V}{V} \tag{10.4.4-9}$$

令

$$\gamma \equiv \frac{\mathrm{dln}\nu_{\mathrm{D}}}{\mathrm{dln}V} \tag{10.4.4-10}$$

称为晶体的 **Grüneisen系数**. 于是得到如下的 **Grüneisen定律**:

$$\frac{\alpha}{C_V} = -\gamma \frac{\kappa}{V} \tag{10.4.4-11}$$

一般情况下, 晶体的压缩系数 κ 随温度变化甚微, 而 Grüneisen 系数 γ 又显然只是体积 V 的函数. 可见 Grüneisen 定律表明: Debye 模型晶体的 α/C_V 值几乎与温度无关.

10.5 自由电子气模型

10.5.1 固体的自由电子气模型

固体的自由电子气模型又称 Thomas-Fermi 模型, 是在量子力学理论出现的 1927 年由 L. H. Thomas 和 E. Fermi 独立创造的[13,14], 它是现代电子密度泛函理论的前身. 现在学习它对于理解密度泛函理论具有重要意义. 固体的自由电子气模型又是理解金属材料导电性的理论.

(1) 因为材料中电子是处于大量荷有正电荷的原子核周围运动的. 如果原子核对电子的势场起伏相当平稳, 如金属中的情况. 于是可以设想金属固体中的电子在整个材料的体积中犹如 "气体" 一样自由运动. 故称**自由电子气或均匀电子气**. 理论分析就从此开始.

考虑在体积 V 内的 N 个电子为自由质点. 根据经典统计力学, 该固体中动量为 $p \to p + \mathrm{d}p$ 的电子的量子状态数目 $D(p)\,\mathrm{d}p$ 等于相体积除以 h^3, 这里 h 为 Planck 常量, 即

$$D(p)\,\mathrm{d}p = \frac{1}{h^3}\int_V \mathrm{d}\boldsymbol{q}\, p^2 \mathrm{d}p \sin\theta \mathrm{d}\theta \mathrm{d}\phi = \frac{4\pi V}{h^3} p^2 \mathrm{d}p \tag{10.5.1-1}$$

一个电子的能量 $\varepsilon = \dfrac{p^2}{2m}$, m 为电子质量. 所以 $\mathrm{d}\varepsilon = \dfrac{p}{m}\mathrm{d}p$ 或 $\mathrm{d}p = \dfrac{m}{p}\mathrm{d}\varepsilon = \dfrac{m}{\sqrt{2m\varepsilon}}\mathrm{d}\varepsilon$. 该固体中动量处于 $p \to p + \mathrm{d}p$ 的电子数目也就是对应的能量处于 $\varepsilon \to \varepsilon + \mathrm{d}\varepsilon$ 的电子状态数目 $D(\varepsilon)\,\mathrm{d}\varepsilon$, 即

$$D(p)\,\mathrm{d}p = D(\varepsilon)\,\mathrm{d}\varepsilon = \frac{4\pi V m}{h^3}\sqrt{2m\varepsilon}\mathrm{d}\varepsilon \tag{10.5.1-2}$$

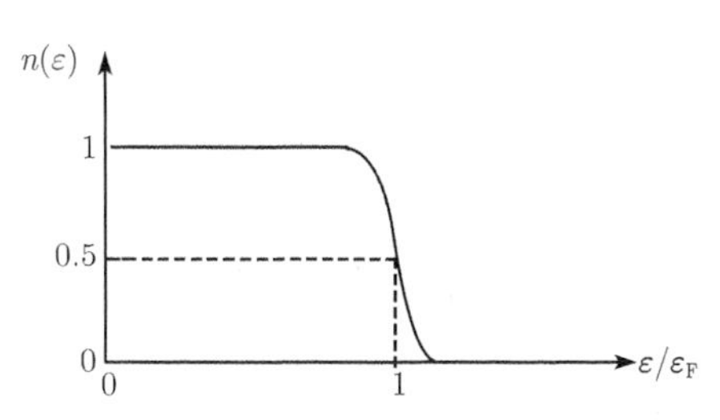

图 10.5.1-1 Fermi-Dirac 分布函数 $n(\varepsilon)$ 和 Fermi 能量 ε_{F}

(2) Fermi-Dirac 分布. 设 $n(\varepsilon)$ 为能量为 ε 处的电子状态被电子占有的概率, 即 **Fermi-Dirac分布函数**(图 10.5.1-1):

$$n(\varepsilon) = \frac{1}{1 + \mathrm{e}^{(\varepsilon - \varepsilon_{\mathrm{F}})/k_B T}} \tag{10.5.1-3}$$

其中, ε_{F} 称为 **Fermi 能量**, 是指一个电子处于 Fermi 能级的能量. 金属铜的 ε_{F}=1.1×10^{-18} J=6.88 eV. 相当于铜的 Fermi 温度 $T_{\mathrm{F}} \equiv \varepsilon_{\mathrm{F}}/k_B = 8.1 \times 10^4\,\mathrm{K}$. 温度 T 趋于 0K 时, Fermi-

Dirac 分布函数趋于 1 减阶跃函数(见附录式 (G.2.1-1))

$$\lim_{T\to 0} n(\varepsilon) = 1 - \eta(\varepsilon - \varepsilon_{\mathrm{F}}) \tag{10.5.1-4}$$

Fermi 能量实际上反映了自旋半奇数粒子的量子状态的填充规律. 电子自旋 1/2, 这个规律就是 **Pauli不相容原理**, 致使电子的一个**空间状态**最多被两个电子占有且其自旋必定相反. 也就是 Fermi 子的空间状态是二重简并的, 即 $g = 2$.

(3) 电子数、电子密度: 该固体体系的电子数为

$$N = g\int_0^\infty \mathrm{d}\varepsilon\, D(\varepsilon)\, n(\varepsilon) \tag{10.5.1-5}$$

体系的电子总能量

$$E = g\int_0^\infty \mathrm{d}\varepsilon\, \varepsilon D(\varepsilon)\, n(\varepsilon) \tag{10.5.1-6}$$

将态密度 $D(\varepsilon)$ 和 Fermi-Dirac 分布函数 $n(\varepsilon)$ 和代入得到电子数为

$$N = g\int_0^\infty \mathrm{d}\varepsilon \left\{\frac{4\pi V m}{h^3}\sqrt{2m\varepsilon}\right\}\left\{\frac{1}{1+\mathrm{e}^{(\varepsilon-\varepsilon_{\mathrm{F}})/k_B T}}\right\}$$

温度 0K 情况下, 采用式 (10.5.1-4) 得到

$$N \approx g\int_0^{\varepsilon_{\mathrm{F}}} \mathrm{d}\varepsilon\, \frac{4\pi V m}{h^3}\sqrt{2m\varepsilon} = \frac{2\pi V g}{h^3}(2m)^{3/2}\int_0^{\varepsilon_{\mathrm{F}}} \mathrm{d}\varepsilon\, \varepsilon^{1/2} = \frac{2\pi V g}{h^3}(2m)^{3/2}\frac{2}{3}\varepsilon_{\mathrm{F}}^{3/2}$$

即

$$N = \frac{4\pi V g}{3h^3}(2m\varepsilon_{\mathrm{F}})^{3/2} \tag{10.5.1-7}$$

具有 Fermi 能量 ε_{F} 的电子, 其动量的模 p_{F} 称为 **Fermi动量**, 即

$$\varepsilon_{\mathrm{F}} = \frac{p_{\mathrm{F}}^2}{2m} \tag{10.5.1-8}$$

所以电子数为

$$N = \frac{4\pi V g}{3h^3}p_{\mathrm{F}}^3 \tag{10.5.1-9}$$

电子密度 $\rho \equiv \dfrac{N}{V}$, 所以金属电子气的密度为

$$\rho = \frac{4\pi g}{3h^3}p_{\mathrm{F}}^3 \tag{10.5.1-10}$$

即

$$p_{\mathrm{F}} = \left(\frac{3\rho h^3}{4\pi g}\right)^{1/3} \tag{10.5.1-11}$$

根据式 (10.5.1-11), $\varepsilon_{\mathrm{F}} = \dfrac{p_{\mathrm{F}}^2}{2m} = \dfrac{1}{2m}\left(\dfrac{3\rho h^3}{4\pi g}\right)^{2/3}$, 再整理得到 Fermi 能量与均匀电子气密度的关系

$$\varepsilon_{\mathrm{F}} = \left(\frac{6\pi^2}{g}\right)^{2/3}\frac{\hbar^2\rho^{2/3}}{2m} \tag{10.5.1-12}$$

从式 (10.5.1-6) 可求算温度 0K 时体系的电子总能量

$$
\begin{aligned}
E &= g\int_0^{\infty} \mathrm{d}\varepsilon\, \varepsilon D(\varepsilon)\, n(\varepsilon) \approx g\int_0^{\varepsilon_{\mathrm{F}}} \mathrm{d}\varepsilon\, \varepsilon D(\varepsilon) = g\int_0^{\varepsilon_{\mathrm{F}}} \mathrm{d}\varepsilon\, \varepsilon \left\{\frac{4\pi V m}{h^3}\sqrt{2m\varepsilon}\right\} \\
&= \frac{2\pi V g}{h^3}(2m)^{3/2}\int_0^{\varepsilon_{\mathrm{F}}} \mathrm{d}\varepsilon\, \varepsilon^{3/2} = \frac{2\pi V g}{h^3}(2m)^{3/2}\frac{2}{5}\varepsilon_{\mathrm{F}}^{5/2}
\end{aligned}
$$

考虑到式 (10.5.1-7), 最后得到体系的电子总能量

$$
E = \frac{3}{5}N\varepsilon_{\mathrm{F}} \tag{10.5.1-13}
$$

(4) 均匀电子气的压强 p: 现在进一步求算均匀电子气的压强 p. 当同样总数的电子受到压缩, 则因为式 (10.5.1-12) 可见电子密度 ρ 增大导致 Fermi 能量 ε_{F} 的增大, 然后使得体系总能量 E 提高 (式 (10.5.1-13)). 所以需要外部加入能量. 这样从热力学关系, 该均匀电子气的**压强** p 可以如下求得:

$$
\begin{aligned}
p &= -\left(\frac{\partial E}{\partial V}\right)_c = -\frac{3}{5}N\left(\frac{\partial \varepsilon_{\mathrm{F}}}{\partial V}\right)_c = -\frac{3}{5}N\left[\frac{\partial}{\partial V}\left\{\left(\frac{6\pi^2}{g}\right)^{2/3}\frac{\hbar^2\rho^{2/3}}{2m}\right\}\right]_c \\
&= -\frac{3}{5}N\left(\frac{6\pi^2}{g}\right)^{2/3}\frac{\hbar^2}{2m}\frac{\partial \rho^{2/3}}{\partial \rho}\cdot\frac{\partial \rho}{\partial V}
\end{aligned}
$$

(上面第三步演绎的根据是式 (10.5.1-12).) 再根据电子密度 $\rho \equiv \dfrac{N}{V}$, 故 $\dfrac{\partial \rho}{\partial V} = -\dfrac{N}{V^2}$. 最后整理得到均匀电子气的压强

$$
p = \left(\frac{6\pi^2}{g}\right)^{2/3}\frac{\hbar^2}{5m}\rho^{5/3} \tag{10.5.1-14}
$$

或

$$
p = \frac{2}{5}\varepsilon_{\mathrm{F}}\rho \tag{10.5.1-15}
$$

这时温度 0K, 可见自由电子气的压强不是来自于粒子的热运动, 而是来自粒子空间状态的简并性质, 故称**简并压**.

10.5.2 金属材料的压缩系数 κ

当材料受到外部压力时, 增加单位外压力 $\mathrm{d}p$ 会造成材料体积的相对缩小 $-\dfrac{\mathrm{d}V}{V}$, 所以定义**压缩系数**为

$$
\kappa \equiv -\frac{1}{V}\left(\frac{\partial V}{\partial p}\right) \tag{10.5.2-1}
$$

体弹性模量定义为

$$
K \equiv \frac{1}{\kappa} \tag{10.5.2-2}
$$

尽管各种金属的硬度可以相差很大, 可是从表 10.5.2-1 可见它们的弹性模量 K 却差不多在同一数量级 10^{10} Pa, 约 10^5 atm. 从量子理论来看, 原子中外层电子占了材料的绝大部分体积, 各种材料抵抗压缩的能力其基本原因就在于原子外层电子的 Fermi 简并压. 从式 (10.5.1-14) 知道自由电子模型的电子气压强为 $p = \left(\dfrac{6\pi^2}{g}\right)^{2/3}\dfrac{\hbar^2}{5m}\rho^{5/3} \equiv a\left(\dfrac{N}{V}\right)^{5/3}$, 即 $\left(\dfrac{p}{a}\right)^{3/5} = \dfrac{N}{V}$ 或 $V = Na^{3/5}p^{-3/5}$. 将后者代入式 (10.5.2-1), 得到压缩系数

$$\kappa = \frac{3}{5p} \tag{10.5.2-3}$$

和体弹性模量

$$K = \frac{5}{3}p \tag{10.5.2-4}$$

表 10.5.2-1 若干种金属的体弹性模量 K 的实验值

金属	Li	Na	K	Al	Fe	Cu	Ag	Au
$K/(10^{10})$ Pa	1.21	0.83	0.40	7.8	16.7	16.1	10.4	16.9

金属中电子简并压的估算如下:

(1) 定义 **Fermi 温度**

$$\Theta_{\mathrm{F}} \equiv \frac{\varepsilon_{\mathrm{F}}}{k_B} \tag{10.5.2-5}$$

一个原子占据的空间约 $(3\text{Å})^3$=$27{\cdot}10^{-30}$ m^3. 于是, 1 m^3 体积内的原子数 $= \dfrac{1}{27\cdot 10^{-30}} = 3.7\cdot 10^{28}$. 若每个原子提供一个电子作为 "自由电子", 所以 $\rho = 3.7\cdot 10^{28}\text{m}^{-3}$. 再根据式 (10.5.1-12) 进一步得到 Fermi 温度 $\Theta_F = \left(\dfrac{6\pi^2}{g}\right)^{2/3}\dfrac{\hbar^2\rho^{2/3}}{2mk_B} = 4.8\cdot 10^4\,\text{K}$. 可见室温情况下金属的自由电子可以看成温度近于 0 K 的情况来处理.

(2) 根据式 (10.5.1-15), 简并压强

$$p = \frac{2}{5}\varepsilon_{\mathrm{F}}\rho = \frac{2}{5}k_B\Theta_{\mathrm{F}}\rho = 9.8\times 10^9\,\text{Pa} \approx 10^5\,\text{atm}$$

继而 $K = \dfrac{5}{3}p \approx 10^{10}\,\text{Pa}$, 此估算与表 10.5.2-1 中的体弹性模量实验值的数量级一致. 综上所述, 金属材料力学性质在本质上是由金属内自由电子作为 Fermi 子气体的简并作用造成的.

10.6 晶体结构的建模

这里讨论有机化合物晶体结构的模拟[15]. 目的是如何在仅仅已知该化合物结构式的前提下, 用理论方法模拟、预计出该化合物在热力学和动力学意义上允许存在的晶体结构 (包括晶格参数、空间群及原子位置).

为此就需要知道不同晶型在不同温度时的自由能, 还有分子不同构象的变化及其动力学因素 (晶体的成核、成长过程, 与温度、溶剂种类、杂质的影响等). 正因为晶体结构与结晶条件有关, 有可能长期 "冻结" 在亚稳状态, 出现多种空间群结构的晶体, 称为**多晶型** (polymorph) 的现象. 目前这方面还有很多问题不清楚. 虽然有人提出几个气相或熔融体中生长晶体的模型, 但是还是无法讨论分子水平上的晶体模拟. 所以尽管自由能还是模拟考虑的最后依据, 但是不能够简单地用自由能最低为判据来模拟得到实际出现的晶体结构.

晶体自由能的计算涉及熵变的计算, 这是一个相当复杂的课题. 原则上可以通过晶体简正振动分析, 得到其声子谱, 进而计算振动熵.

无论哪种晶体模拟方法, 都需要计算晶体的势能. 因为对于目前水平的计算机来说计算量太大, 所以目前一般还不能采用第一原理的方法计算晶体势能, 而是采用力场方法. 从势能计算出晶格能, 由此得到相变的焓值. 在温度不高的条件下忽略 TS 项, 而用内能 U 代替自由能 G 作为晶体稳定性的判据. 不计 TS 项一般只会影响到能量最低的那几种结构的稳定性的相对次序. 所以在各种晶型熵变相近的情况下, 晶型之间的相对稳定性就可以用摩尔升华焓 $\Delta H^{\ominus}_{\text{sub}}$ 来近似判定. 不过这样的计算不能处理温度对焓变、熵变的影响. 尽管如此, 这是一个应用甚广的方法, 它避免了计算熵的繁重任务.

建模稳定晶体的结构至今十几年来还是学术前沿尚未完全解决的老问题. 困难在于晶体的势能面上的局部极小点数目极大, 所以极难找到它的全局极小点. 局部极小点的总数随着体系自由度增大而大致呈指数升高. 其实, 生命科学的热门——蛋白质的模拟包括结构模拟和折叠模拟, 其困难之处也在这里. 在结构模拟的问题上, 晶体模拟与蛋白质模拟面临的是相同的难点.

这里介绍晶体模拟中的升华焓方法、变温 Monte Carlo 方法和扩散方程法.

10.6.1 升华焓方法

如上所述, 在各种晶型熵变相近的情况下, 晶型之间的相对稳定性就可以用标准摩尔升华焓 $\Delta H^{\ominus}_{\text{sub}}$ 来判定. 升华焓为固态晶体到气态的焓变. 设标准状态下 (298.15K, 1 atm) 始态分子晶体 $A(s)$ 和终态气体 $A(g)$ 的摩尔焓分别为 $H^{\ominus}(s)$ 和 $H^{\ominus}(g)$, 故标准摩尔升华焓为

$$\Delta H^{\ominus}_{\text{sub}} = H^{\ominus}(g) - H^{\ominus}(s) \tag{10.6.1-1}$$

固态晶体或气态的标准生成焓($\Delta H^{\ominus}_f(X)$ 或 $\Delta H^{\ominus}_f(g)$) 的定义是在标准状态下由稳定的单质反应生成该化合物固态晶体或气态的反应焓变. 因为焓是状态函数, 所以

$$\Delta H^{\ominus}_{\text{sub}} = \Delta H^{\ominus}_f(g) - \Delta H^{\ominus}_f(s) \tag{10.6.1-2}$$

式 (10.6.1-1) 中始态是晶体, 对于气态来说晶体焓值中的 pV 可以略计, 故晶体的摩尔焓为

$$H^{\ominus}(s) \approx U = U^{\text{intra}}(X) + U^{\text{inter}}(X) + T^{\text{intra}}_{\text{vib}}(X) + T^{\text{inter}}_{\text{vib}}(X) \tag{10.6.1-3}$$

其中, $U^{\text{intra}}(X)$ 为晶体中单个分子内的势能, $U^{\text{inter}}(X)$ 为晶体中分子间的势能, $T^{\text{intra}}_{\text{vib}}(X)$ 为晶体中单个分子内的振动动能, $T^{\text{inter}}_{\text{vib}}(X)$ 为晶体中分子质心之间相对的振动动能. 这里均省略摩尔标准状态的记号 “$\ominus$”.

式 (10.6.1-1) 中终态气体的摩尔焓为

$$H^{\ominus}(g) \equiv U + pV = \left\{U^{\text{intra}} + T_{\text{vib}} + T_{\text{rot}} + T_{\text{tr}}\right\} + pV \tag{10.6.1-4}$$

其中, U^{intra} 为单个气态分子内的势能, T_{vib} 为气态单个分子内的振动动能, T_{rot} 为气态分子整体绕其质心的转动动能, T_{tr} 为气态分子质心的平动动能. 将气态作理想气体处理 $pV = RT$. 根据能量均分定理 $T_{\text{rot}} \approx T_{\text{tr}} \approx 3RT/2$. 所以

$$H^{\ominus}(g) \approx U^{\text{intra}} + T_{\text{vib}} + 4RT \tag{10.6.1-5}$$

再采用如下 3 个近似: ① 气相和晶体中单个分子内的势能近似相等, $U^{\mathrm{intra}} \approx U^{\mathrm{intra}}(X)$; ② 气相和晶体中单个分子内的振动动能近似相等, $T_{\mathrm{vib}} \approx T_{\mathrm{vib}}^{\mathrm{intra}}(X)$; ③ 根据 Dulong-Petit 定律晶体的谐振子模型 $T_{\mathrm{vib}}^{\mathrm{inter}}(X) \approx 3RT$. 将式 (10.6.1-3), 式 (10.6.1-5) 代入式 (10.6.1-1), 且再考虑到晶体中分子间的势能 $U^{\mathrm{inter}}(X)$ 其实就是摩尔晶格能ΔU_{lat}, 所以摩尔升华焓

$$\Delta H_{\mathrm{sub}}^{\ominus} = RT - \Delta U_{\mathrm{lat}} \tag{10.6.1-6}$$

摩尔晶格能可以从晶体的分子模拟得到. 以上方法是 A. T. Hagler 等提出的[16]. 对于同一个化合物可以在它可能出现的许多种晶型中, 通过模拟从晶格能求得每一种晶型的升华焓. 在温度不太高、各种晶型熵变相近的情况下, 可以用升华焓来判定同一化合物的不同晶型之间的相对稳定性. 由此找出摩尔升华焓 $\Delta H_{\mathrm{sub}}^{\ominus}$ 最高的晶型, 认为它就是实际存在的那种晶型.

讨论

(1) 升华焓方法模拟晶体结构的前提是各种晶型的熵变要比较接近.

(2) 升华焓方法虽然实用、不太复杂, 但是它的缺点在于:

(i) 这种方法的成功与否取决于在势能面上的搜索是否充分. 这方面可以用限定空间群种类来补救. 因为有机化合物构成的晶体, 其空间群的种类不是太多的. 在全部 230 种空间群中, 表 10.6.1-1 中列出的 17 种空间群的有机晶体个数占到有机晶体总数的 89.8%, 而其中前 6 种空间群就已经占到 78.8%[17]. 所以模拟时可以把空间群限定在几种可能性上. 此外, 单个分子的对称性与由它形成的晶体的空间群之间是有一定关系的, 所以模拟的自由度还可以降低一些[18]. 但是即便如此, 模拟的自由度还是够大的, 包括晶胞参数、分子在晶格中的位置和取向以及分子内的构象复杂性.

表 10.6.1-1　有机晶体中各种空间群晶体占有机晶体总数的比例

空间群	比例/%	空间群	比例/%	空间群	比例/%
$P2_1/c$	35.9	Pnma	1.9	$Pca2_1$	0.8
$P\bar{1}$	13.7	$Pna2_1$	1.8	$P2_1$ / m	0.8
$P2_12_12_1$	11.6	Pbcn	1.2	C2 / m	0.6
$P2_1$	6.7	P1	1.0	$P2_12_12$	0.6
C2 / c	6.6	Cc	0.9	P2/c	0.5
Pbca	4.3	C2	0.9		

(ii) 升华焓方法求晶体结构对力场方法在分子间相互作用计算上的精度要求过高. 同一个化合物的不同种晶型之间能量相差一般仅几个 $\mathrm{kJ \cdot mol^{-1}}$. 所以对计算所采用的力场要求相当高, 尤其是计算分子间相互作用的精度上. 因为力场方法通常都是在单个分子的计算基础上建立的. 当用它来作晶体结构模拟时, 在晶体内分子间相互作用比较明显的场合, 就会出现较大的能量计算偏差.

(iii) 由于分子内与分子间相互作用实际上是有差别的, 而力场方法在计算这些作用能上是不加区分的. 而且力场方法本身都是采取不同作用的能量贡献项的简单加和得到总能量的做法, 使得当模拟柔性分子构成的晶体时, 就会得出较大的能量计算偏差.

但是碰巧的是, 尽管得到正确的晶体结构非常难, 可是用晶格能来计算升华焓的方法,

对于最稳定的那几种晶型结构得到的升华焓计算值一般只与实验值相差在 10%左右.

(3) 在考虑生成哪种晶型时, 如果有氢键生成, 那么化学直观有助于判断正确的晶型. 如果立体位阻、静电相互作用等因素混杂在一起时, 那么只能拿能量的计算来判断生成哪种晶型, 尽管这是有问题的.

10.6.2 变温 Monte Carlo 方法

Monte Carlo 方法在高的温度下可以在较大范围内搜索相空间, 当然随之搜索相应就变得粗糙些. 为了兼顾搜索的范围和仔细程度, 于是就设计了**变温 Monte Carlo 方法**(图 10.6.2-1). 概要如下:

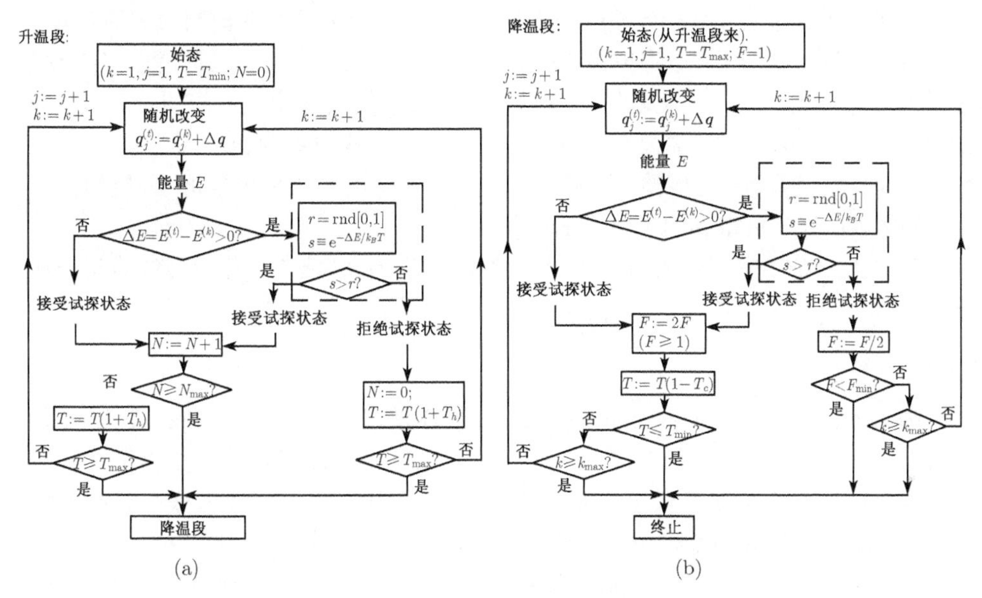

图 10.6.2-1 分子晶体模拟中的变温 Monte Carlo 方法

先是升温 (a), 然后接降温过程 (b). 图中虚线框出的为 Metropolis 判据部分

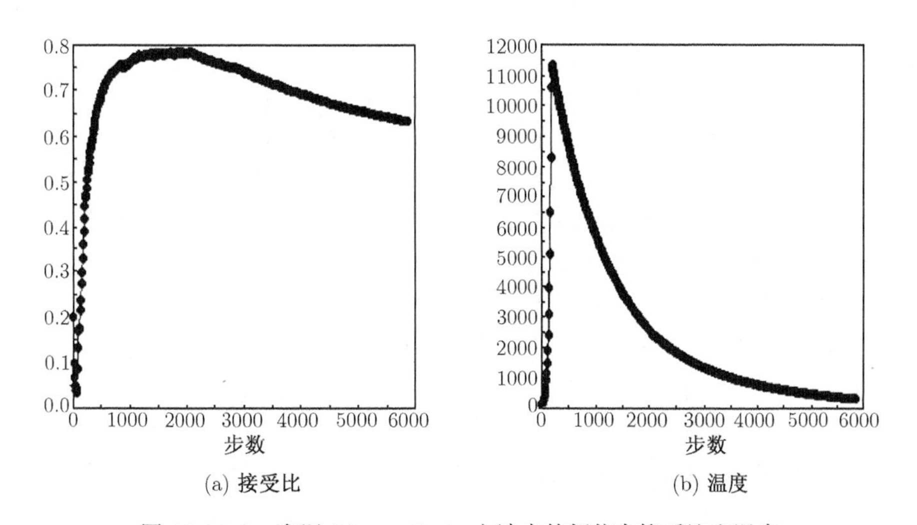

图 10.6.2-2 变温 Monte Carlo 方法中的新状态接受比和温度

步骤 1　变温 Monte Carlo 方法：对于在设定空间群下某个化合物的晶体做 Monte Carlo 方法 (具体细节见图 10.6.2-1). 先升温, 后降温 (图 10.6.2-2), 其中, $k_{\max}$ 为模拟步数设定的上限. N 为 Monte Carlo 中连续通过 Metropolis 判据而被接受新状态的个数, 连续超过 $N_{\max}$ 次即停止升温过程, 进入降温过程. $T_{\max}$ 和 $T_{\min}$ 分别为设定的温度上、下限值 (如 6000K 和 300K). T_h 和 T_c 分别为升温和降温过程的速率参数. F 是为降温过程设定的移动参数, $F_{\min}$ 为其下限. 若新状态不被接受, 则调低相空间的移动参数 F; 若新状态被接受, 则调高参数 F. 在降温过程中取样, 产生几千个晶体结构, 其中的晶体结构并非全部不同, 有很多相同或相似的结构.

步骤 2　聚类分析: 将步骤 1 中产生的所有晶体结构作聚类分析, 按照晶胞参数、分子在晶体中位置和取向的差异分类. 经过这一步, 几千个晶体结构被归为大约几百类.

步骤 3　晶体结构优化: 将步骤 2 中得到的每一类结构中能量最低者取出, 作晶体结构能量的几何优化. 能量优化以后许多晶体结构会优化到势能面上的同一个极小点. 为了确定晶体结构的唯一性, 需要对所有这几百个晶体结构再次分类.

步骤 4　聚类分析: 对步骤 3 优化后的几百个晶体结构作聚类分析, 分类的标准与步骤 2 中的相同. 分类后得到为数更少的晶体结构.

经过以上 4 个步骤产生的晶体结构, 按照能量从小到大排序. 能量最低的几个就认为是分子晶体处于该空间群之下最可能存在的几种结构.

10.6.3　扩散方程法

扩散方程法(diffusion equation method, DEM) 的基本思想是[19~21]：通过 “扩散” 使势能超曲面 $U(\boldsymbol{q})$ 平滑化, 平滑化后的超曲面 $U(\boldsymbol{q}')$ 上尚能残留的极小点位置实际上就对应着原来势能面上又深又宽的盆地的极小点位置, 找出 $U(\boldsymbol{q}')$ 上的极小点就得到原来势能面 $U(\boldsymbol{q})$ 上主要的局部极小点. 这个 “扩散” 是一种假想过程.

回顾真实的扩散过程：第 8 章中说到扩散实验给出了两条等价的唯象规律, Fick 第一和第二定律, 其中, Fick 第二定律(见式 (8.1.3-3)) 为

$$\frac{\partial \rho(\boldsymbol{r},t)}{\partial t} = D\nabla^2 \rho(\boldsymbol{r},t) \tag{10.6.3-1}$$

其中, $\rho(\boldsymbol{r},t)$ 为数密度, D 为扩散系数. Fick 第二定律表示溶液中任意位置处溶质数密度随时间的增速正比于数密度梯度的散度, 比例系数就是扩散系数 D.

现在回到晶体结构的势能面：试把势能面 $U(\boldsymbol{q})$ 设想为位形空间中的 “初始浓度” $\rho(\boldsymbol{q},t=0)$. 复杂体系 (如晶体、蛋白质等) 的势能面 $U(\boldsymbol{q})$ 起伏很大, 相当于浓度分布 $\rho(\boldsymbol{q},t=0)$ 非常不均匀, 犹如刚从乌贼嘴里喷出的墨液, 由为数极大的、浓度不一的墨点构成. 假定墨液从乌贼嘴里喷出之后的空间分布就固定了, 没有后继的流动运动. 目的是要求得最浓的那几个墨点的位置, 并不关心所有墨点的位置.

设想这样没有流动、只有扩散运动的墨液经过一段时间的扩散, 墨点的个数少了, 墨液的浓度的分布变得平滑化了. 但是无论如何, 平滑化后的浓度分布 $\rho(\boldsymbol{q},t\neq 0)$ 中残留几个墨点的极值位置必定对应于原来 ($t=0$ 时) 墨液里最浓的几个墨点的极值位置. 所以, 令势能面 $U(\boldsymbol{q}) = U(\boldsymbol{q},t=0)$, 势能面的平滑化相当于如下的 “扩散” 过程：

$$\frac{\partial U(\boldsymbol{q},t)}{\partial t} = \nabla^2 U(\boldsymbol{q},t) \tag{10.6.3-2}$$

不失有效性, 这里可以假定 $D = 1$. 经过一段时间的 "扩散" 就得到平滑化后的势能面 $U(\boldsymbol{q}, t)$. 在数学上相当于求式 (10.6.3-2) 的解, 可以积分得到

$$U(\boldsymbol{q}, t) = \left(2\sqrt{\pi t}\right)^{-3N} \int_{\Gamma_q} U(\boldsymbol{q}') \mathrm{e}^{-\frac{|\boldsymbol{q}-\boldsymbol{q}'|^2}{4t}} \mathrm{d}\boldsymbol{q}' \tag{10.6.3-3}$$

这就是平滑化过程.

类似于 8.1.3 小节用 Fourier 变换求扩散方程 (8.1.3-6a) 的解法, 就可以从式 (10.6.3-2) 演绎得到式 (10.6.3-3). 所不同的地方有两处: 一是初始条件的不同. 那时的初始浓度分布是一个 Dirac δ 函数, $\delta(\boldsymbol{r} - \boldsymbol{r}_0)$; 现在的初始条件是势能面 $U(\boldsymbol{q}) = U(\boldsymbol{q}, 0)$. 二是空间维数的不同. 那时是三维空间; 现在是 $3N$ 维的位形空间. 读者不难参照 8.1.3 小节逐步演绎下来. 以下简要列出演绎过程:

(1) 三维 Fourier 变换及其逆变换见附录 I 的式 (I.3-1a) 和式 (I.3-3a). 现在推广到 $3N$ 维的 Fourier 变换. 设 $\bar{U}(\boldsymbol{k}, t)$ 是对浓度 $U(\boldsymbol{q}, t)$ 的位置变量 $\boldsymbol{q}$ 作 $3N$ 维 Fourier 变换的结果, 即

$$\bar{U}(\boldsymbol{k}, t) \equiv \left(\frac{1}{2\pi}\right)^{3N/2} \int_{\Gamma_q} \mathrm{d}\boldsymbol{q}\, \mathrm{e}^{-\mathrm{i}\boldsymbol{k}\cdot\boldsymbol{q}} U(\boldsymbol{q}, t) \tag{10.6.3-4}$$

它的逆变换为

$$U(\boldsymbol{q}, t) = \left(\frac{1}{2\pi}\right)^{3N/2} \int_{\Gamma_q^{-1}} \mathrm{d}\boldsymbol{k}\, \mathrm{e}^{\mathrm{i}\boldsymbol{k}\cdot\boldsymbol{q}} \bar{U}(\boldsymbol{k}, t) \tag{10.6.3-5}$$

其中, $\boldsymbol{k}$ 为与位置变量 $\boldsymbol{q}$ 对应的 $3N$ 维像空间变量.

(2) 对扩散方程 (见式 (10.6.3-2)) 两边作 $3N$ 维 Fourier 变换, 得到

$$\frac{\partial}{\partial t} \bar{U}(\boldsymbol{k}, t) = -k^2 \bar{U}(\boldsymbol{k}, t) \tag{10.6.3-6}$$

接着对时间积分得到

$$\bar{U}(\boldsymbol{k}, t) = \bar{U}(\boldsymbol{k}, 0)\, \mathrm{e}^{-k^2 t} = \left(\frac{1}{2\pi}\right)^{3N/2} \int_{\Gamma_q} \mathrm{d}\boldsymbol{q}\, \mathrm{e}^{-k^2 t} \mathrm{e}^{\mathrm{i}\boldsymbol{k}\cdot\boldsymbol{q}} U(\boldsymbol{q}, 0) \tag{10.6.3-7}$$

(3) 起始条件 $U(\boldsymbol{q}, 0)$ 的 $3N$ 维 Fourier 变换为

$$\bar{U}(\boldsymbol{k}, 0) = \mathcal{F}[U(\boldsymbol{q}, 0)] = \left(\frac{1}{2\pi}\right)^{3N/2} \int_{\Gamma_q} \mathrm{d}\boldsymbol{q}\, \mathrm{e}^{\mathrm{i}\boldsymbol{k}\cdot\boldsymbol{q}} U(\boldsymbol{q}, 0) \tag{10.6.3-8}$$

(4) 对式 (10.6.3-7) 作 $3N$ 维 Fourier 逆变换, 得到平滑化后的势能面

$$U(\boldsymbol{q}, t) = \mathcal{F}^{-1}\left[\bar{U}(\boldsymbol{k}, t)\right] = \left(\frac{1}{2\pi}\right)^{3N} \int_{\Gamma_q} \mathrm{d}\boldsymbol{q}'\, U(\boldsymbol{q}', 0) \int_{\Gamma_q^{-1}} \mathrm{d}\boldsymbol{k}\, \mathrm{e}^{-\mathrm{i}\boldsymbol{k}\cdot(\boldsymbol{q}-\boldsymbol{q}') - k^2 t} \tag{10.6.3-9}$$

(5) 作积分变量的变换

$$\boldsymbol{K} \equiv \boldsymbol{k} + \mathrm{i}\frac{\boldsymbol{q} - \boldsymbol{q}'}{2t} \tag{10.6.3-10}$$

故 $\mathrm{d}\boldsymbol{K} = \mathrm{d}\boldsymbol{k}$ 且

$$\boldsymbol{K} \cdot \boldsymbol{K} = K^2 = k^2 - \frac{|\boldsymbol{q} - \boldsymbol{q}'|^2}{4t^2} + \mathrm{i}\frac{\boldsymbol{k} \cdot (\boldsymbol{q} - \boldsymbol{q}')}{t} \tag{10.6.3-11}$$

代入式 (10.6.3-9) 得到

$$U(\boldsymbol{q},t)=\left(\frac{1}{2\pi}\right)^{3N}\int_{\Gamma_q}\mathrm{d}\boldsymbol{q}'\,U(\boldsymbol{q}',0)\mathrm{e}^{-\frac{|\boldsymbol{q}-\boldsymbol{q}'|^2}{4t}}\int_{\Gamma_q^{-1}}\mathrm{d}\boldsymbol{K}\,\mathrm{e}^{-K^2t} \tag{10.6.3-12}$$

根据式 (8.1.4-8), 在三维空间中, $\int_{\Omega}\mathrm{d}\boldsymbol{r}\,\mathrm{e}^{-ar^2}=\left(\frac{\pi}{a}\right)^{3/2}$. 现在 $3N$ 维的积分 $\int_{\Omega^{-1}}\mathrm{d}\boldsymbol{K}\,\mathrm{e}^{-K^2t}$ 相当于 N 个三维球, 所以

$$\int_{\Omega^{-1}}\mathrm{d}\boldsymbol{K}\,\mathrm{e}^{-K^2t}=\left(\frac{\pi}{t}\right)^{3N/2} \tag{10.6.3-13}$$

于是对式 (10.6.3-12) 积分给出

$$U(\boldsymbol{q},t)=\left(2\sqrt{\pi t}\right)^{-3N}\int_{\boldsymbol{\Gamma}_q}\mathrm{d}\boldsymbol{q}'\,U(\boldsymbol{q}',0)\mathrm{e}^{-\frac{|\boldsymbol{q}-\boldsymbol{q}'|^2}{4t}}$$

即式 (10.6.3-3). ■

势能面的平滑化相当于把寻找势能面局部极小点所需搜索的自由度降低. 平滑程度用 "扩散时间"t 来控制, 扩散后的 $U(\boldsymbol{q},t)$ 中仅剩几个局部极小点. 找到这些局部极小点之后, 就可找到原来势能面 $U(\boldsymbol{q})$ 上那几个对应的能量最低的极小点.

10.7 Ewald 加和近似法

两个粒子之间的相互作用, 按照其作用能量与它们之间间距 r_{ij} 的函数关系, 可以分为长程作用和短程作用. 例如, 核磁共振中核磁矩之间的相互作用能量正比于 r_{ij}^{-6}. van der Waals 作用能也是正比于 r_{ij}^{-6}, 是短程力. 间距稍微增大, 作用能就急剧下降. 对于短程力可以采用设置**截断阈值**(cutoff) 的办法, 大于该阈值的作用能就忽略不计了, 以便减低计算负担. 可是电荷之间的静电作用能正比于 r_{ij}^{-1}, 属于长程力, 间距相当远时作用能还没有下降到足以忽略不计的程度.

在具有周期性边界条件的体系中, 如离子型材料, 静电相互作用通常占到总能量的 90%左右, 是主要的一项. 尽管 Coulomb 定律公式很简单, 可是对于周期性体系, 计算最复杂的一项就是静电相互作用. 原因是对于无限大尺寸的材料, 离子之间的静电相互作用尽管随着距离 r 的增大按照 r^{-1} 关系减小, 可是离子对的个数却随 $4\pi r^2$ 更快地增长. 因此, 计算其中的静电相互作用就不能靠设置截断阈值的办法. 最好的办法是 Ewald 方法. 模拟晶体的时候, 显然充分考虑静电长程力对于能否达到密堆集是非常重要的, 所以要用 Ewald 方法[22~24]. 对于非晶态固体、溶液体系的模拟也要用 Ewald 方法. 德国物理学家 P. P. Ewald 是 1968 年诺贝尔物理奖得主 H. Bethe 的老师和岳父.

考虑一个包含正电荷粒子和负电荷粒子的体系, 设粒子处于边长为 l, 体积 $V=l^3$ 的立方体中. 同时考虑周期性边界条件, 中心模拟盒子 (元胞) 中的粒子数为 N. 还假设体系 (盒子内) 整体上是电中性的,

$$\sum_i z_i=0 \tag{10.7-1}$$

要计算体系势能中静电相互作用的贡献 U_{coul}

$$U_{\mathrm{coul}}=\sum_{\substack{i,j\\(i<j)}}\frac{z_iz_j}{r_{ij}} \tag{10.7-2}$$

这里对体系的所有粒子编号. 如果考虑到周期性边界条件, 则采用如下的编号方式: 只对元胞内的粒子编号 $\cdots i \cdots j \cdots$, 而对元胞外的其他粒子则用不同的**周期映象指标**n和同样的粒子编号 $\cdots i \cdots j \cdots$ 来表示. 于是关于具有周期性边界条件的体系上式应写为

$$U_{\mathrm{coul}} = \frac{1}{2}\sum_{i=1}^{N} z_i \left[\sum_{j,n}^{(j\neq i \ if \ n=0)} \frac{z_j}{|\boldsymbol{r}_{ij} + n\boldsymbol{l}|} \right] = \frac{1}{2}\sum_{i=1}^{N} z_i \phi(\boldsymbol{r}_i) \tag{10.7-3}$$

式 (10.7-2) 是对**原子对**加和, 现在式 (10.7-3) 中系数 1/2 就是为了防止原子对的重复计算. 式 (10.7-3) 方括号内表示元胞内的第 i 号粒子受到体系其他粒子作用的电势.

以上的计算实际上隐含着两点:

(1) 把分子体系的总的电子云密度 "划分" 成分别属于各个原子核的部分.

(2) 假定分属于第 i 个原子核处的电子云部分的 "重心" 与第 i 个原子核位置正好重合. 两者 "抵消" 得到所谓的 "净电荷", 然后 "净电荷" 造成的电势采用点电荷的电势. 那么把电子云这样一个 "负电荷分布" 如此简化是否合适呢?

实际上式 (10.7-3) 不能用于晶体等周期性边界条件体系的模拟计算, 原因是加和形式的收敛性差. 例如, 在有限大的分子体系的实际计算中采用式 (10.7-2) 时有一种方法: 设定一个间距的截断阈值r_{cutoff}, 当原子对间距 $r_{ij} > r_{\mathrm{cutoff}}$ 时可以认为静电作用能已经下降到微不足道的地步, 从而就可以在加和中略去这些项, 即不计阈值外的所有项,

$$U_{\mathrm{coul}} = \sum_{\substack{i,j \\ (i<j)}}^{(r_{ij}<r_{\mathrm{cutoff}})} \frac{z_i z_j}{r_{ij}} \tag{10.7-4}$$

可是, 当处理晶体等具有周期性边界条件的无限大体系时, 阈值外势能项忽略的做法就不能适用. 原因是尽管阈值外所有项的每一项数值相当小, 但是它们却有无穷多个项. 无穷多个小项之和就有可能是一个可观的数值.

10.7.1 正负电荷重心重合时的 Ewald 加和

Ewald 考虑到以上理论中的过度粗糙, 提出如下改进 (图 10.7.1-1)[22,23]: 晶体中, 每个粒子的电子云不再简化成点电荷, 而是设想晶体是由很多单个粒子构成的; 而构成前后的粒子都是由一个 δ 函数的正电荷和同样位置上的一个电荷密度为 Gauss 函数的负电荷分布构成的. 负电荷重心仍然认为和原子核重合 (不重合的情况将在 10.7.2 小节中列出结果). 也就是,

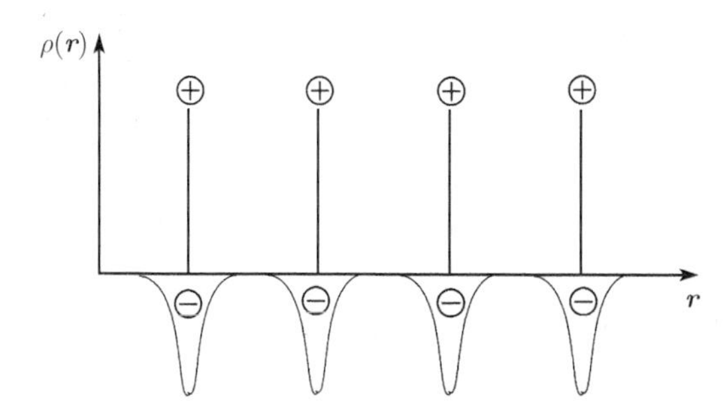

图 10.7.1-1 Ewald 加和的三维模型 (这里画成一维示意)

(1) 位置 $\boldsymbol{r}_0$ 处一个荷电量为 z 的点电荷其电荷密度函数可写为

$$\rho(\boldsymbol{r}) = z\,\delta\left(\boldsymbol{r} - \boldsymbol{r}_0\right) \tag{10.7.1-1}$$

(2) 一个位置 $\boldsymbol{r}_0$ 处的粒子的负电荷分布假定为 $\rho_{\text{gauss}}\left(\boldsymbol{r}, \boldsymbol{r}_0\right) = -z_i \left(\dfrac{\alpha}{\pi}\right)^{3/2} \mathrm{e}^{-\alpha|\boldsymbol{r}-\boldsymbol{r}_0|^2}$, 即

$$\rho_{\text{gauss}}\left(r\right) = -z_i \left(\frac{\alpha}{\pi}\right)^{3/2} \mathrm{e}^{-\alpha r^2} \tag{10.7.1-2}$$

它相当于宽度为 $\sqrt{\dfrac{2}{\alpha}}$ 的高斯分布, 负号来自电子云荷负电.

(3) 构成晶体后的势能增值

$$U = U_{\text{final}} - U_{\text{initial}} + U_{\text{corr}} \tag{10.7.1-3}$$

其中, U_{corr} 为短程校正项. 以下逐项进行讨论.

(i) 终态势能 U_{final}: 终态就是图 10.7.1-1 所示的模型. 以下试用电动力学原理作讨论(采用 Gauss 单位制): 从最基本的原理考虑两个荷电体之间的作用能. 先看一个是点电荷 q, 另一个是一个弥散的电荷分布 $\rho\left(\boldsymbol{r}\right)$ 的情况. 两者之间的库仑作用能可以看成电荷分布 $\rho\left(\boldsymbol{r}\right)$ 在点电荷的位置处造成的电势 ϕ, 然后两者的作用能为点电荷 q 和它所处位置电势的乘积, 即

$$U = q\,\phi \tag{10.7.1-4}$$

反过来也行, 点电荷 q 造成一个电势 q/r, 然后考虑这个电势与电荷分布 $\rho\left(\boldsymbol{r}\right)$ 的作用能. 电荷分布 $\rho\left(\boldsymbol{r}\right)$ 与它在空间造成的电势 $\phi\left(\boldsymbol{r}\right)$ 之间的关系可以用 Poisson 方程来描述,

$$\nabla^2 \phi\left(\boldsymbol{r}\right) = -4\pi\rho\left(\boldsymbol{r}\right) \tag{10.7.1-5}$$

作为特例: 一个点电荷 q 在空间造成的电势 $\phi\left(\boldsymbol{r}\right)$ 为

$$\phi_{\text{point}} = \frac{q}{r} \tag{10.7.1-6}$$

即满足 Poisson 方程, $\nabla^2 \left(\dfrac{q}{|\boldsymbol{r}-\boldsymbol{r}_0|}\right) = -4\pi q\delta\left(\boldsymbol{r}-\boldsymbol{r}_0\right)$. 所有的负电荷分布就等于多个在不同周期性位置上的高斯分布的叠加,

$$\rho_1\left(\boldsymbol{r}\right) = \sum_{j=1}^{N}\sum_{n}\left(-z_j\right)\left(\frac{\alpha}{\pi}\right)^{3/2} \mathrm{e}^{-\alpha|\boldsymbol{r}-(\boldsymbol{r}_j+n\boldsymbol{l})|^2} \tag{10.7.1-7}$$

这个电荷分布 $\rho_1\left(\boldsymbol{r}\right)$ 造成的电势 $\phi_1\left(\boldsymbol{r}\right)$ 可从以下 Poisson 方程求得:

$$\nabla^2 \phi_1\left(\boldsymbol{r}\right) = -4\pi\rho_1\left(\boldsymbol{r}\right) \tag{10.7.1-8}$$

以下用 Fourier 变换(见附录 I) 来解 Poisson 方程(实际上, 正因为 Gauss 分布的电荷密度能够有 Poisson 方程严格的解析解, Ewald 才假设负电荷呈 Gauss 分布的). 将式 (10.7.1-8) 两边取 Fourier 变换.

设 $\varPhi_1(\boldsymbol{k}) \equiv \mathcal{F}[\phi_1(\boldsymbol{r})]$ 和 $P_1(\boldsymbol{k}) \equiv \mathcal{F}[\rho_1(\boldsymbol{r})]$. 再利用附录 I 中的式 (I.1-7a) 得到

$$k^2\varPhi_1(\boldsymbol{k}) = 4\pi P_1(\boldsymbol{k}) \tag{10.7.1-9}$$

其中,

$$\begin{aligned} P_1(\boldsymbol{k}) \equiv& \mathcal{F}[\rho_1(\boldsymbol{r})] = \frac{1}{V}\int_V \mathrm{d}\boldsymbol{r}\,\mathrm{e}^{-\mathrm{i}\boldsymbol{k}\cdot\boldsymbol{r}}\rho_1(\boldsymbol{r}) \\ =& \frac{1}{V}\int_V \mathrm{d}\boldsymbol{r}\,\mathrm{e}^{-\mathrm{i}\boldsymbol{k}\cdot\boldsymbol{r}}\sum_{j=1}^{N}\sum_{n}(-z_j)\left(\frac{\alpha}{\pi}\right)^{3/2}\mathrm{e}^{-\alpha|\boldsymbol{r}-(\boldsymbol{r}_j+n\boldsymbol{l})|^2} \\ =& \frac{1}{V}\sum_{j=1}^{N}(-z_j)\,\mathrm{e}^{-\mathrm{i}\boldsymbol{k}\cdot\boldsymbol{r}_j}\mathrm{e}^{-\frac{k^2}{4\alpha}} \end{aligned} \tag{10.7.1-10}$$

再代入式 (10.7.1-9) 得到

$$\varPhi_1(\boldsymbol{k}) = \frac{4\pi}{k^2}\frac{1}{V}\sum_{j=1}^{N}(-z_j)\,\mathrm{e}^{-\mathrm{i}\boldsymbol{k}\cdot\boldsymbol{r}_j}\mathrm{e}^{-\frac{k^2}{4\alpha}} \tag{10.7.1-11}$$

再求式 (10.7.1-11) 的反变换 $\mathcal{F}^{-1}[\cdot]$ 得到电势

$$\phi_1(\boldsymbol{r}) = \mathcal{F}^{-1}[\varPhi_1(\boldsymbol{k})] = \sum_{\boldsymbol{k}(\neq 0)}\mathrm{e}^{\mathrm{i}\boldsymbol{k}\cdot\boldsymbol{r}}\varPhi_1(\boldsymbol{k})$$

即

$$\phi_1(\boldsymbol{r}) = \sum_{\boldsymbol{k}(\neq 0)}\mathrm{e}^{\mathrm{i}\boldsymbol{k}\cdot\boldsymbol{r}}\frac{4\pi}{k^2}\sum_{j=1}^{N}-z_j\mathrm{e}^{-\mathrm{i}\boldsymbol{k}\cdot\boldsymbol{r}_j}\mathrm{e}^{-\frac{k^2}{4\alpha}} = \frac{1}{V}\sum_{\boldsymbol{k}(\neq 0)}\sum_{j=1}^{N}\frac{4\pi}{k^2}(-z_j)\,\mathrm{e}^{\mathrm{i}\boldsymbol{k}\cdot(\boldsymbol{r}-\boldsymbol{r}_j)}\mathrm{e}^{-\frac{k^2}{4\alpha}} \tag{10.7.1-12}$$

总的负电荷分布的电势和核骨架正电荷的作用势能为

$$\begin{aligned} U_{\text{final}} =& \frac{1}{2}\sum_{i=1}^{N}z_i\phi(r_i) = \frac{1}{2}\sum_{i=1}^{N}z_i\left[\frac{1}{V}\sum_{\boldsymbol{k}(\neq 0)}\sum_{j=1}^{N}\frac{4\pi}{k^2}(-z_j)\mathrm{e}^{\mathrm{i}\boldsymbol{k}\cdot(\boldsymbol{r}_i-\boldsymbol{r}_j)}\mathrm{e}^{-\frac{k^2}{4\alpha}}\right] \\ =& -\frac{1}{2}\sum_{\boldsymbol{k}(\neq 0)}\sum_{i,j=1}^{N}\frac{4\pi}{Vk^2}z_iz_j\mathrm{e}^{\mathrm{i}\boldsymbol{k}\cdot(\boldsymbol{r}_i-\boldsymbol{r}_j)}\mathrm{e}^{-\frac{k^2}{4\alpha}} \\ =& -\frac{V}{2}\sum_{\boldsymbol{k}(\neq 0)}\frac{4\pi}{k^2}\left[\frac{1}{V}\sum_{i=1}^{N}z_i\mathrm{e}^{\mathrm{i}\boldsymbol{k}\cdot\boldsymbol{r}_i}\right]\left[\frac{1}{V}\sum_{i=1}^{N}z_j\mathrm{e}^{\mathrm{i}\boldsymbol{k}\cdot\boldsymbol{r}_j}\right]^*\mathrm{e}^{-\frac{k^2}{4\alpha}} \end{aligned}$$

定义

$$P(\boldsymbol{k}) \equiv \frac{1}{V}\sum_{j=1}^{N}z_j\mathrm{e}^{\mathrm{i}\boldsymbol{k}\cdot\boldsymbol{r}_j} \tag{10.7.1-13}$$

得到

$$U_{\text{final}} = -\frac{V}{2}\sum_{\boldsymbol{k}(\neq 0)}\frac{4\pi}{k^2}|P(\boldsymbol{k})|^2\mathrm{e}^{-\frac{k^2}{4\alpha}} \tag{10.7.1-14}$$

(ii) 始态势能 U_{initial}: 始态势能代表的是这样的势能贡献项, 单个负电荷分布 $\phi_{\text{gauss}}(r)$ 在 $r=0$ 处造成的势作用于自身的正电荷 z_i, 故又称为自能项.

已知单个高斯负电荷分布

$$\rho_{\text{gauss}}(r) = -z_i\left(\frac{\alpha}{\pi}\right)^{3/2}\mathrm{e}^{-\alpha r^2} \tag{10.7.1-15}$$

它造成的电势可从方程 $\nabla^2\phi_{\text{gauss}}(r) = -4\pi\rho_{\text{gauss}}(r)$ 求得. 因为三维空间的 Laplace 算符为

$$\nabla^2(\cdot) = \frac{1}{r^2}\frac{\partial}{\partial r}\left(r^2\frac{\partial(\cdot)}{\partial r}\right) + \frac{1}{r^2\sin\theta}\frac{\partial}{\partial\theta}\left(\sin\theta\frac{\partial(\cdot)}{\partial\theta}\right) + \frac{1}{r^2\sin^2\theta}\frac{\partial^2(\cdot)}{\partial\phi^2} \tag{10.7.1-16}$$

但是现在问题只是与第一项径向有关, $\dfrac{1}{r^2}\dfrac{\partial}{\partial r}\left(r^2\dfrac{\partial(\cdot)}{\partial r}\right) = \dfrac{1}{r}\dfrac{\partial^2}{\partial r^2}(r(\cdot))$,

$$\nabla^2\phi_{\text{gauss}}(r) = \frac{1}{r}\frac{\mathrm{d}^2[r\phi_{\text{gauss}}(r)]}{\mathrm{d}r^2} = -4\pi\rho_{\text{gauss}}(r)$$

即 $\dfrac{\mathrm{d}^2[r\phi_{\text{gauss}}(r)]}{\mathrm{d}r^2} = -4\pi r\rho_{\text{gauss}}(r)$. 对 r 积分,

$$\begin{aligned}
\frac{\mathrm{d}[r\phi_{\text{gauss}}(r)]}{\mathrm{d}r} &= -\int_\infty^r \mathrm{d}r 4\pi r\rho_{\text{gauss}}(r) = 4\pi z_i\int_\infty^r \mathrm{d}r r\left(\frac{\alpha}{\pi}\right)^{3/2}\mathrm{e}^{-\alpha r^2}\\
&= 4\pi z_i\left(\frac{\alpha}{\pi}\right)^{3/2}\left(-\frac{1}{2\alpha}\right)\int_\infty^r \mathrm{d}(-\alpha r^2)\,\mathrm{e}^{-\alpha r^2} = -2z_i\left(\frac{\alpha}{\pi}\right)^{1/2}\left[\mathrm{e}^{-\alpha r^2}\right]_\infty^r\\
&= -2z_i\left(\frac{\alpha}{\pi}\right)^{1/2}\mathrm{e}^{-\alpha r^2}
\end{aligned}$$

再对 r 积分,

$$r\phi_{\text{gauss}}(r) = -2z_i\left(\frac{\alpha}{\pi}\right)^{1/2}\int_0^r \mathrm{d}r\,\mathrm{e}^{-\alpha r^2} = -2z_i\left(\frac{\alpha}{\pi}\right)^{1/2}\frac{1}{\sqrt{\alpha}}\int_0^r \mathrm{d}\left(\sqrt{\alpha}r\right)\mathrm{e}^{-\alpha r^2} = -z_i\,\mathrm{erf}\left(\sqrt{\alpha}\,r\right)$$

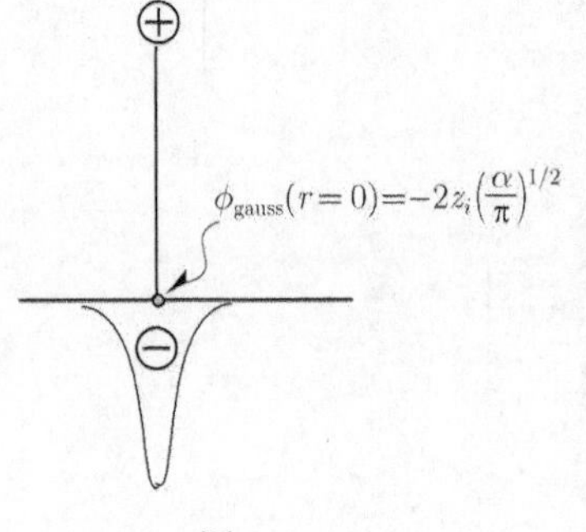

图 10.7.1-2

这里引入误差函数

$$\mathrm{erf}(x) \equiv \frac{2}{\sqrt{\pi}}\int_0^x \mathrm{d}u\,\mathrm{e}^{-u^2} \tag{10.7.1-17}$$

故

$$\phi_{\text{gauss}}(r) = -\frac{z_i}{r}\mathrm{erf}\left(\sqrt{\alpha}\,r\right) \tag{10.7.1-18}$$

单个负电荷分布 $\phi_{\text{gauss}}(r)$ 在 $r=0$ 处造成的势作用于自身的正电荷 z_i, 两者的作用能为 $z_i\phi_{\text{gauss}}(r_i=0)$(图 10.7.1-2). 求 $\phi_{\text{gauss}}(r=0)$. 因为当 $r=0$ 时式 (10.7.1-18) 属于 0/0, 故需用 L'Hospital 法则求值,

$$\phi_{\text{gauss}}(r=0) = \lim_{r\to 0} -\frac{z_i\mathrm{erf}(\sqrt{\alpha}\,r)}{r} = -z_i\lim_{r\to 0}\frac{\mathrm{d}\,\mathrm{erf}(\sqrt{\alpha}\,r)}{\mathrm{d}r} = -z_i\lim_{r\to 0}\frac{\mathrm{d}\,\mathrm{erf}(u)}{\mathrm{d}u}\frac{\mathrm{d}(\sqrt{\alpha}\,r)}{\mathrm{d}r} \tag{10.7.1-19}$$

其中, $u \equiv \sqrt{\alpha}\, r$. 误差函数的导数为

$$\frac{\mathrm{d}^{(n+1)}\mathrm{erf}\,(x)}{\mathrm{d}x^{(n+1)}} = (-1)^n \frac{2}{\sqrt{\pi}} H_n\,(x)\,\mathrm{e}^{-x^2} \tag{10.7.1-20}$$

其中, $H_n\,(x)$ 为 Hermite 多项式, $n = 0, 1, 2, \cdots$ 且 $H_0\,(x) = 1$. 故式 (10.7.1-19) 中的一阶导数为 $\dfrac{\mathrm{d\,erf}\,(x)}{\mathrm{d}x} = \dfrac{2}{\sqrt{\pi}} H_0\,(x)\,\mathrm{e}^{-x^2} = \dfrac{2}{\sqrt{\pi}}\mathrm{e}^{-x^2}$. 于是

$$\phi_{\text{gauss}}\,(r=0) = -z\sqrt{\alpha}\lim_{r\to 0}\frac{2}{\sqrt{\pi}}\mathrm{e}^{-\alpha r^2} = -2z_i\left(\frac{\alpha}{\pi}\right)^{1/2} \tag{10.7.1-21}$$

对所有的自能项加和得到

$$U_{\text{initial}} = \frac{1}{2}\sum_{i=1}^{N} z_i \phi_{\text{gauss}}\,(r_i = 0) = -\left(\frac{\alpha}{\pi}\right)^{1/2}\sum_{i=1}^{N} z_i^2 \tag{10.7.1-22}$$

它与粒子的位置无关, 在实际模拟时为常数.

(iii) 短程校正项 U_{corr}: 短程校正项 U_{corr} 的物理考虑是由于把每个粒子考虑成一个正的点电荷和一个负的电荷分布, 尽管粒子的正负电荷重心重合, 从远距离的某处来看和该粒子净电荷为零的情况没有差别. 但是从近距离的某处来看就不同了, 即该粒子的正电荷与负电荷的影响之和就不能抵消成零, 所以要校正.

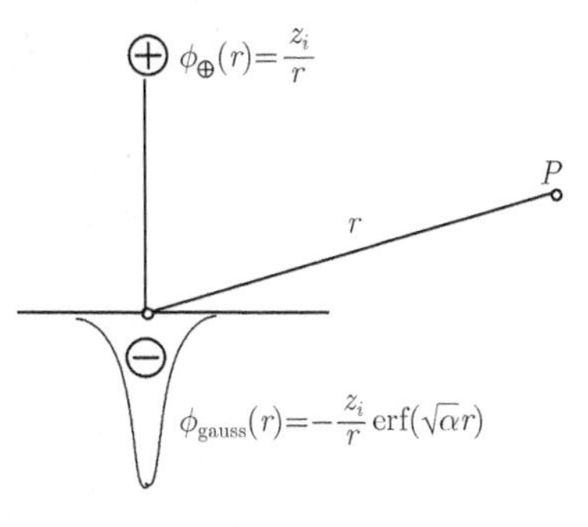

图 10.7.1-3

现在考虑在粒子的附近一点 P 处, 粒子的正电荷部分在 P 点造成的电势为 $\phi_{\oplus}\,(r) = \dfrac{z_i}{r}$; 粒子的负电荷分布在 P 点造成的电势为 $\phi_{\text{gauss}}\,(r) = -\dfrac{z_i}{r}\,\mathrm{erf}\,(\sqrt{\alpha}\,r)$ (图 10.7.1-3). 所以这样的粒子 j 在 P 点造成的电势为两项之和

$$\phi_{\text{short}}\,(r) = \phi_{\oplus}\,(r) + \phi_{\text{gauss}}\,(r) = \frac{z_j}{r}\left[1 - \mathrm{erf}\left(\sqrt{\alpha}\,r\right)\right] = \frac{z_j}{r}\mathrm{erfc}\left(\sqrt{\alpha}\,r\right) \tag{10.7.1-23}$$

其中, 误差函数的补函数定义为

$$\mathrm{erfc}\,(x) \equiv 1 - \mathrm{erf}\,(x) \tag{10.7.1-24}$$

由于这是短程校正, 故只需在元胞内求和. 对于第 i 个粒子的正电荷受到的是来自元胞内其他粒子 $[j\,(\neq i)]$ 的正负电荷在 z_i 处造成的电势, 故短程校正能

$$U_{\text{corr}} = \sum_{i=1}^{N} z_i\phi_{\text{short}}\,(r_i) = \sum_{i=1}^{N} z_i\left[\sum_{j(\neq i)}^{N}\phi_{\text{short},j}\,(r_i)\right] = \sum_{i=1}^{N} z_i\left[\sum_{j(\neq i)}^{N}\frac{z_j}{r_{ij}}\mathrm{erfc}\left(\sqrt{\alpha}\,r_{ij}\right)\right]$$

即

$$U_{\text{corr}} = \frac{1}{2}\sum_{\substack{i,j\\(i\neq j)}}^{N}\frac{z_i z_j}{r_{ij}}\mathrm{erfc}\left(\sqrt{\alpha}\,r_{ij}\right) \tag{10.7.1-25}$$

将式 (10.7.1-14)、式 (10.7.1-22)、式 (10.7.1-25) 代入式 (10.7.1-3), 得到构成晶体后的势能增值

$$U_{\text{coul}} = U_{\text{final}} - U_{\text{initial}} + U_{\text{corr}}$$

$$= \left[\frac{V}{2}\sum_{\boldsymbol{k}(\neq 0)}\frac{4\pi}{k^2}|P(\boldsymbol{k})|^2 \mathrm{e}^{-\frac{k^2}{4\alpha}}\right] - \left[\left(\frac{\alpha}{\pi}\right)^{1/2}\sum_{i=1}^{N} z_i^2\right] + \left[\frac{1}{2}\sum_{\substack{i,j \\ (i\neq j)}}^{N}\frac{z_i z_j}{r_{ij}}\operatorname{erfc}\left(\sqrt{\alpha}\, r_{ij}\right)\right] \tag{10.7.1-26}$$

10.7.2 偶极子情况下的 Ewald 加和

10.7.1 小节考虑的是晶体中每个粒子正负电荷重心重合时的 Ewald 加和. 如果不重合的情况, 则就是偶极子的情况下如何求. 实际上只需把 10.7.1 小节结果中的 z_i 换成 $-\boldsymbol{\mu}_i \cdot \nabla_i$ 即可 (推导从略), 得到

$$U_{\text{dipole}} = U_{\text{final}} - U_{\text{initial}} + U_{\text{corr}}$$

$$= \left[\frac{V}{2}\sum_{\boldsymbol{k}(\neq 0)}\frac{4\pi}{k^2}|\boldsymbol{M}(\boldsymbol{k})|^2 \mathrm{e}^{-\frac{k^2}{4\alpha}}\right] - \left[\frac{2\pi}{3}\left(\frac{\alpha}{\pi}\right)^{1/2}\sum_{i=1}^{N}\boldsymbol{\mu}_i^2\right]$$

$$+ \left[\frac{1}{2}\sum_{\substack{i,j \\ (i\neq j)}}^{N}\left\{\boldsymbol{\mu}_i \cdot \boldsymbol{\mu}_j B(r_{ij}) - (\boldsymbol{\mu}_i \cdot \boldsymbol{r}_{ij})(\boldsymbol{\mu}_j \cdot \boldsymbol{r}_{ij}) C(r_{ij})\right\}\right] \tag{10.7.2-1}$$

其中,

$$B(r) \equiv \frac{\operatorname{erf}(\sqrt{\alpha}\, r)}{r^3} + 2\left(\frac{\alpha}{\pi}\right)^{1/2}\frac{\mathrm{e}^{-\alpha r^2}}{r^2} \tag{10.7.2-2}$$

$$C(r) \equiv 3\frac{\operatorname{erf}(\sqrt{\alpha}\, r)}{r^5} + 2\left(\frac{\alpha}{\pi}\right)^{1/2}\left(2\alpha + \frac{3}{r^2}\right)\frac{\mathrm{e}^{-\alpha r^2}}{r^2} \tag{10.7.2-3}$$

$$\boldsymbol{M}(\boldsymbol{k}) \equiv \frac{1}{V}\sum_{i=1}^{N}\mathrm{i}\boldsymbol{\mu}_i \cdot \boldsymbol{k}\, \mathrm{e}^{\mathrm{i}\boldsymbol{k}\cdot\boldsymbol{r}_i} \tag{10.7.2-4}$$

10.8 固体力学性质的模拟

10.8.1 压强、应力、应变

(1) 压强: 过去把作用在某个单位截面上的力理解为压强, 实际上这里隐喻着这个力的方向在该截面的法向上. 于是这种说法只适用于没有黏性的流体和气体 (或极慢流速的黏性流体) 的场合, 即各向同性的场合. 只有在这种情况下, 作用在任意截面上的合力一定垂直于该截面. 当在黏性流体和固体的场合, 这个力的方向就不见得正好在该截面的法向上. 所以, 完整意义的压强概念要同时用 9 个标量才能完整表达[25,26], 即是一个二阶张量, 称为**压强张量**. 例如, 在用笛卡儿坐标系的情况下, 压强可表为

$$\mathbf{P} = \begin{bmatrix} P_{xx} & P_{xy} & P_{xz} \\ P_{yx} & P_{yy} & P_{yz} \\ P_{zx} & P_{zy} & P_{zz} \end{bmatrix} \tag{10.8.1-1}$$

其中, 各个分量的含义为: 如 P_{xy}, 第一个下标 x 规定了该单位面积的法向为 x 轴的正方向; 因为作用在这个单位面积上的力一般不见得也正好在 x 轴的正方向, 而是有三个分量, 第二个下标 y 是指那个力在 y 方向上的分量为 P_{xy}. 其余类推, 如作用在法向为 z 方向的单位面积上的力在 x 方向上的分量记为 P_{zx}. 在各向同性的场合下, 所有方向上的力是相同的, 而且没有黏性力. 于是压强张量为

$$\mathbf{P} = p\begin{bmatrix} 1 & 0 & 0 \\ 0 & 1 & 0 \\ 0 & 0 & 1 \end{bmatrix} \tag{10.8.1-2}$$

其中, 标量 p 就是**静流体压强或静压强**. 如果是气体的话, 就是通常意义上的气压. SI 制的压强单位用 $\mathrm{N \cdot m^{-2}}$, 也常用 bar 作单位, 1 bar=$10^5\mathrm{N \cdot m^{-2}}$. 固体常用的单位为 1 GPa=$10^9\mathrm{N \cdot m^{-2}}$=$10^4$ bar. 标准大气压为 1.01325 bar, 即 101325 Pa.

(2) 应力: 在材料科学领域, 与压强对应的物理量称为**应力**. 虽然压强、应力定义的是同一个物理量, 可是在惯例上它们取了相反的方向. 正的压强指的是使体系压缩的力, 而正的应力是指向外使体系膨胀的力. 所以, 应力就是负的压强. 压强通常指环境施加于体系的. 而应力可以是凝聚体内部固有的, 也可以是外力造成的.

应力

$$\boldsymbol{\sigma} \equiv \lim_{\Delta S \to 0} \frac{\Delta \boldsymbol{f}}{\Delta S} \equiv \frac{\mathrm{d}\boldsymbol{f}}{\mathrm{d}S} \tag{10.8.1-3}$$

向量 $\Delta \boldsymbol{f}$ 为微面积 ΔS(标量, 未计方向) 上受的力. 应力 $\boldsymbol{\sigma}$ 在垂直于微面元 ΔS 法向的投影 $\boldsymbol{\sigma}_\perp$ 称为**正应力**(normal stress) 或**张应力**(tensile stress), 应力 $\boldsymbol{\sigma}$ 在指向微面元 ΔS 切向方向的投影 $\boldsymbol{\sigma}_{//}$ 称为**切应力**(shear stress), 见图 10.8.1-1. 故有

$$\boldsymbol{\sigma} = \boldsymbol{\sigma}_{//} + \boldsymbol{\sigma}_\perp \tag{10.8.1-4}$$

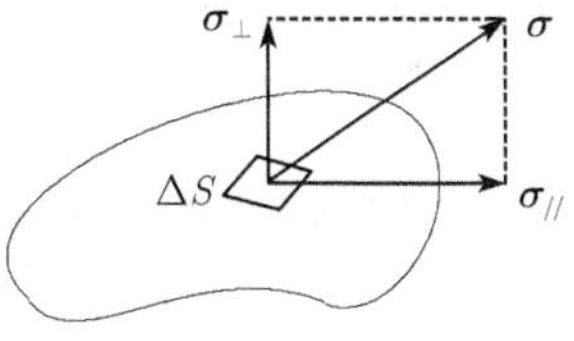

图 10.8.1-1 应力

张应力构成应力张量的对角元, 切应力构成应力张量的非对角元.

(3) 应变: 材料在应力的作用下产生形变. 无论在压缩、剪切、拉伸三种情况下, 应变总是定义成一种相对的形变程度. 这里分压缩、剪切、拉伸三种情况来讨论应变.

恒温压缩的情况下, 如果对凝聚体施以各向同性的正应力, 该凝聚体的体积从 V 压缩为 $V - \Delta V$, 定义体积发生的相对变化为**体应变**(bulk strain)

$$\varepsilon_b \equiv \frac{\Delta V}{V} \tag{10.8.1-5}$$

实验表明, 在应变较小的范围内正应力 $\boldsymbol{\sigma}_\perp$ 的绝对值 $\sigma_\perp \equiv |\boldsymbol{\sigma}_\perp|$ 正比于体应变 ε_b, 比例系数称为**体弹性模量**K(bulk modulus)

$$\sigma_\perp = K\varepsilon_b \tag{10.8.1-6}$$

所以, 体弹性模量 K 就是恒温下产生单位 "相对体积膨胀" 所需的正应力. 体弹性模量 K 的倒数称为**压缩系数**$\boldsymbol{\kappa}$(compressibility), $\kappa \equiv 1/K$.

剪切的情况下, 凝聚体受到切应力 $\sigma_{//}$ 的作用就会在剪切方向产生位移 (图 10.8.1-2). 定义发生剪切位移的相对变化 $\dfrac{BB'}{AB}$ 为**剪切应变**(shear strain)ε_s,

$$\varepsilon_s \equiv \frac{BB'}{AB} = \varepsilon \tag{10.8.1-7}$$

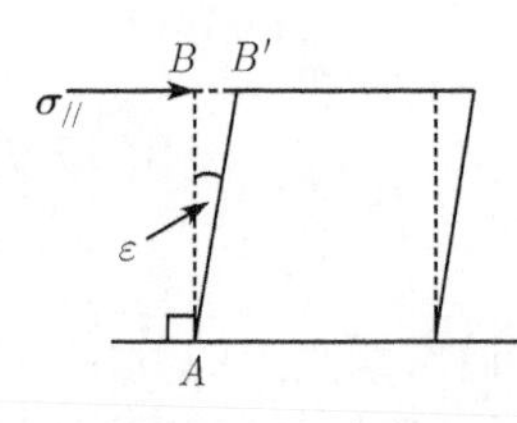

图 10.8.1-2　剪切

其中, AB 为垂直于剪切方向的长度, BB' 为受到剪切作用后凝聚体内某定点的位移长度. 显然位移量通常很小, 故角度 $\varepsilon = \dfrac{BB'}{AB}$(单位弧度), 它称为**剪变角**(angle of shear). 实验表明, 在应变较小的范围内剪应力 $\boldsymbol{\sigma}_{//}$ 的绝对值 $\sigma_{//} \equiv |\boldsymbol{\sigma}_{//}|$ 正比于剪切应变 ε_s, 比例系数称为**剪切模量**G(shear modulus)

$$\sigma_{//} = G\varepsilon_s \tag{10.8.1-8}$$

拉伸的情况下, 直杆在纵向受到力 $\boldsymbol{f}$ 的拉伸作用下, 会在纵向发生伸长形变的同时横向发生压缩形变 (图 10.8.1-3). 设拉伸前直杆纵向长度为 l, 横向宽度 b; 拉伸后纵向增长变为 $l+\Delta l$, 横向变窄为 $b-\Delta b$. 又设直杆横截面积为 S, 故单位截面受到的拉伸应力为 $\boldsymbol{\sigma} = \boldsymbol{f}/S$.

定义 10.8.1-1　纵向上的 “应变” 为

$$\varepsilon_l \equiv \frac{\Delta l}{l} \tag{10.8.1-9}$$

横向上的 “应变” 为

$$\varepsilon_t \equiv \frac{\Delta b}{b} \tag{10.8.1-10}$$

两者之比称为 “Poisson 比”ν,

$$\nu \equiv \frac{\varepsilon_t}{\varepsilon_l} \tag{10.8.1-11}$$

通常 $\varepsilon_l \approx (3\sim4)\,\varepsilon_t$, 所以一般的材料 Poisson 比 $\nu \approx 1/3 \sim 1/4$. 实验表明, 在应变较小的范围内拉伸应力 $\boldsymbol{\sigma}$ 的绝对值 $\sigma \equiv |\boldsymbol{\sigma}|$ 正比于纵向应变 ε_l, 比例系数称为 **Young氏模量**Y(Young modulus),

$$\sigma = Y\varepsilon_l \tag{10.8.1-12}$$

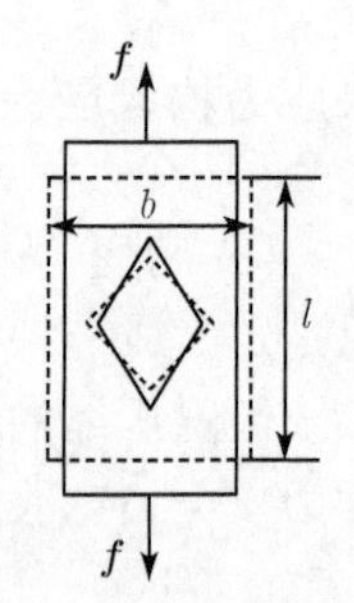

图 10.8.1-3　拉伸

Young 氏模量表示引起单位应变所需施加的应力. 从应变的维度看, Young 氏模量 Y 对应了拉伸时长度的相对变化, 剪切模量 G 对应的是剪切方向上长度的相对变化. 两者的共同之处在于都是一维线度的相对变化. 只有体弹性模量 K 对应的是三维体积的相对缩小.

总之, 压缩、剪切、拉伸三种作用下应力和产生的应变之间的三个唯象关系式 (见式 (10.8.1-6)、式 (10.8.1-8) 和式 (10.8.1-12)) 总称 Hooke 定律, 即

$$\begin{cases} \sigma_{\perp} = K\varepsilon_b \\ \sigma_{//} = G\varepsilon_s \\ \sigma = Y\varepsilon_l \end{cases} \tag{10.8.1-13}$$

从上可见实际上三个模量和一个 Poisson 比, 即 K, G, Y 和 ν 之间是互相有关的. 进一步分析表明其中只有两个物理量是独立的. 如果选体弹性模量 K, 剪切模量 G 为独立变量, 则可求得 Young 氏模量 Y 和 Poisson 比,

$$\begin{cases} Y = \dfrac{9GK}{3K+G} \\ \nu = \dfrac{3K-2G}{2(3K+G)} \end{cases} \tag{10.8.1-14}$$

如果选 Young 氏模量 Y 和 Poisson 比 ν 为独立变量, 则可求得体弹性模量 K, 剪切模量 G,

$$\begin{cases} K = \dfrac{Y}{3(1-2\nu)} \\ G = \dfrac{Y}{2(1+\nu)} \end{cases} \tag{10.8.1-15}$$

它们的变化范围为 $K>0, G>0, Y>0, 0<\nu<1/2$. 所有这些模量和 Poisson 比都是固体最主要的力学性质.

对于各向同性材料, 只要有 2 个独立量 λ 与 μ(称为 Lamé系数) 就可以求得所有的弹性模量.

(1) Young 氏模量: $Y = \mu\left(\dfrac{3\lambda+2\mu}{\lambda+\mu}\right)$ (10.8.1-16a)

(2) Poisson 比: $\nu = \dfrac{\lambda}{2(\lambda+\mu)}$ (10.8.1-16b)

(3) 体弹性模量: $K = \lambda + \dfrac{2}{3}\mu$ (10.8.1-16c)

(4) 剪切模量: $G = \mu$ (10.8.1-16d)

10.8.2 应力张量

在外力作用下的变形体, 设想在它中间任意点处沿某个界面切开, 则该两块物体之间通过界面有相互作用力. 可是在该点处可以有无穷多个方向作界面, 每个这样设想的界面上受的力都不一样, 所有这些力的总体可以用一个**应力张量**来描述. 以下来看如何具体描述 (图 10.8.2-1)[25,26]:

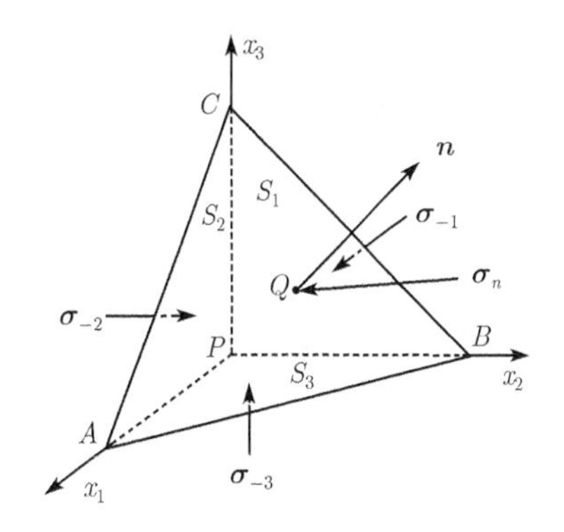

图 10.8.2-1

1) d'Alambert 原理对有限大体积元的应力分析

为了描述 P 点处的应力状态, 考虑包围 P 点的如下一个小的闭合界面 $PABC$, 以后再将界面缩小到 P 点. 设想在 P 点的近邻任意给定一个法向为 $\boldsymbol{n} \equiv \boldsymbol{n}(n_1, n_2, n_3)$ 的平面, 该平面与直角坐标系 (x_1, x_2, x_3) 相交于 A, B, C 点, P 点到该平面 ABC 的垂直距离为 h, ABC 的面积为 S_n, $PABC$ 的体积为 ΔV. 三个侧面的面积分别为 S_1, S_2, S_3 且 $n_i = \boldsymbol{n}\cdot\boldsymbol{e}_i$, $\forall i = 1,2,3$.

又因为 $\boldsymbol{n} = \dfrac{\overrightarrow{AB}\times\overrightarrow{AC}}{\left|\overrightarrow{AB}\times\overrightarrow{AC}\right|}$, 分母即 ΔABC 面积的 2 倍, 向量 $\overrightarrow{AB} = PB\boldsymbol{e}_2 - PA\boldsymbol{e}_1$,

$\overrightarrow{AC} = PC\boldsymbol{e}_3 - PA\boldsymbol{e}_1$, 所以 $S_n\boldsymbol{n} = \overrightarrow{AB} \times \overrightarrow{AC} = \begin{vmatrix} \boldsymbol{e}_1 & \boldsymbol{e}_2 & \boldsymbol{e}_3 \\ -PA & PB & 0 \\ -PA & 0 & PC \end{vmatrix} = (PB \cdot PC)\,\boldsymbol{e}_1 +$ $(PA \cdot PC)\,\boldsymbol{e}_2 + (PA \cdot PB)\,\boldsymbol{e}_3$. 考虑到三个侧面是三个直角三角形, 面积依次为 $S_1 = \dfrac{1}{2}PB \cdot PC, S_2 = \dfrac{1}{2}PA \cdot PC, S_3 = \dfrac{1}{2}PA \cdot PB$, 所以 $\boldsymbol{n} \equiv \sum_{i=1}^{3} n_i\boldsymbol{e}_i = \dfrac{S_1\boldsymbol{e}_1 + S_2\boldsymbol{e}_2 + S_3\boldsymbol{e}_3}{S_n}$, 即

$$S_i = S_n n_i, \quad \forall i \tag{10.8.2-1}$$

根据 d'Alambert 原理, 体积元 ΔV 受到的所有三种力 (质量力、面力和惯性力) 的合力应当为零. 而

(1) 体积元 ΔV 受到的

$$\text{质量力} = \int_{\Delta V} \boldsymbol{b}\rho \mathrm{d}V \tag{10.8.2-2}$$

其中, 设 ρ 是质量密度, $\boldsymbol{b}$ 是单位质量所受的力.

(2) 面力就是体积元 ΔV 周围的介质作用在区域界面 $PABC$ 上的力, 如压力、摩擦力. 固体不考虑摩擦力的存在. 闭合界面由 S_n, S_1, S_2, S_3 四个面构成, 故面力也由对应的四部分构成

(i)
$$ABC\ \text{面受力} = \int_{S_n} \boldsymbol{\sigma_n} \mathrm{d}S \tag{10.8.2-3}$$

其中, $\boldsymbol{\sigma_n}$ 为 ABC 面受的应力.

(ii) 设 $\boldsymbol{\sigma}_{-1}$, $\boldsymbol{\sigma}_1$ 分别为法线方向为 $-x_1$, $+x_1$ 方向的面上受的应力. 于是, S_1 面受力 $\int_{S_1} \boldsymbol{\sigma}_{-1}\mathrm{d}S$. 根据 Newton 第三定律, 作用力等于反作用力, 所以 $\boldsymbol{\sigma}_{-1} = -\boldsymbol{\sigma}_1$, 故 $\int_{S_1} \boldsymbol{\sigma}_{-1}\mathrm{d}S = -\int_{S_1} \boldsymbol{\sigma}_1\mathrm{d}S$.

(iii) 同理, S_2 面受力 $\int_{S_2} \boldsymbol{\sigma}_{-2}\mathrm{d}S = -\int_{S_2} \boldsymbol{\sigma}_2\mathrm{d}S$, S_3 面受力 $\int_{S_3} \boldsymbol{\sigma}_{-3}\mathrm{d}S = -\int_{S_3} \boldsymbol{\sigma}_3\mathrm{d}S$, 其中, $\boldsymbol{\sigma}_{-2}, \boldsymbol{\sigma}_2, \boldsymbol{\sigma}_{-3}$ 和 $\boldsymbol{\sigma}_3$ 分别为法线方向为 $-x_2$, $+x_2$, $-x_3$ 和 $+x_3$ 方向的面上受的应力. 总之, 三个侧面受的每一个受力为 $-\int_{S_i} \boldsymbol{\sigma}_i\mathrm{d}S$, $\forall i = 1, 2, 3$. 注意 $\boldsymbol{\sigma}_i$ 的方向一般与 x_i 轴的方向并不相同. 所以

$$\text{体积元}\ \Delta V\ \text{受到的总的面力} = \int_{S_n} \boldsymbol{\sigma_n}\mathrm{d}S - \sum_{i=1}^{3}\int_{S_i} \boldsymbol{\sigma}_i\mathrm{d}S \tag{10.8.2-4}$$

(3)
$$\text{体积元}\ \Delta V\ \text{受到的惯性力} = -\int_{\Delta V} \boldsymbol{a}\rho\mathrm{d}V \tag{10.8.2-5}$$

其中, $\boldsymbol{a}$ 为 ΔV 内质点的加速度.

最后, 根据 d'Alambert 原理体积元 ΔV 受到的合力为零,

$$\int_{\Delta V} \boldsymbol{b}\rho\mathrm{d}V + \int_{S} \boldsymbol{\sigma_n}\mathrm{d}S + \sum_{i=1}^{3}\int_{S_i} \boldsymbol{\sigma}_i\mathrm{d}S - \int_{\Delta V} \boldsymbol{a}\rho\mathrm{d}V = 0$$

即

$$\int_S \boldsymbol{\sigma_n} \mathrm{d}S + \sum_{i=1}^{3} \int_{S_i} \boldsymbol{\sigma}_i \mathrm{d}S = \int_{\Delta V} (\boldsymbol{a} - \boldsymbol{b}) \rho \mathrm{d}V \tag{10.8.2-6}$$

2) 体积元 ΔV 趋于 P 点的极限分析 —— 应力张量

把体积元 ΔV 趋于 P 点作极限分析就可得到 P 点的应力描述. 设 h 为体积元的线度. 式 (10.8.2-6) 右边代表质量力和惯性力, 它们与质量成正比, 故应当与 h^3 成正比. 而式 (10.8.2-6) 左边代表面力, 它们与面积成正比, 故应当与 h^2 成正比. 当体积元趋于零时等式右边是三阶小量, 左边是二阶小量. 所以当 ΔV 趋于零时, 质量力和惯性力或它们的力矩可以相对忽略, 即

$$\int_S \boldsymbol{\sigma_n} \mathrm{d}S + \sum_{i=1}^{3} \int_{S_i} \boldsymbol{\sigma}_i \mathrm{d}S = 0$$

应用积分中值定理, 在 ABC 面内总能找到一点 q 使得积分 $\int_{S_n} \boldsymbol{\sigma_n} \mathrm{d}\sigma = \boldsymbol{\sigma_n}(q) S_n$. 同理, 在 S_i 面上也总能找到一点 q_i 使得积分 $\int_{S_i} \boldsymbol{\sigma}_i \mathrm{d}S = \boldsymbol{\sigma}_i(q_i) S_i = \boldsymbol{\sigma}_i(q_i) S_n n_i$, 这里引用了式 (10.8.2-1). 于是

$$\boldsymbol{\sigma_n}(q) S_n - S_n \sum_{i=1}^{3} \boldsymbol{\sigma}_i(q_i) n_i = 0 \tag{10.8.2-7}$$

当 $h \to 0$ 时, q, q_1, q_2, q_3 各点均趋近于 P 点. 所以在极限情况下式 (10.8.2-7) 变成 (略记 P 点位置)

$$\boldsymbol{\sigma_n} = \sum_{i=1}^{3} \boldsymbol{\sigma}_i n_i \tag{10.8.2-8}$$

考虑到法向向量 $\boldsymbol{n} = \sum_{i=1}^{3} n_i \boldsymbol{e}_i$. 如下定义一个二阶张量, 称为**应力张量**:

$$\boldsymbol{\sigma} \equiv \sum_{i=1}^{3} \boldsymbol{\sigma}_i \boldsymbol{e}_i \tag{10.8.2-9}$$

利用直角坐标系基向量的正交性得到 $\boldsymbol{n} \cdot \boldsymbol{\sigma} = \sum_{j=1}^{3} n_j \boldsymbol{e}_j \cdot \sum_{i=1}^{3} \boldsymbol{\sigma}_i \boldsymbol{e}_i = \sum_{i=1}^{3} \boldsymbol{\sigma}_i n_i$, 即

$$\boldsymbol{n} \cdot \boldsymbol{\sigma} = \boldsymbol{\sigma_n} \tag{10.8.2-10}$$

讨论

(1) 从式 (10.8.2-10) 可见, 有了应力张量 $\boldsymbol{\sigma}$ 就可以求得任意点 P 处任意方向 $\boldsymbol{n}$ 上的应力 $\boldsymbol{\sigma_n}$. 这样就有能力描述形变体内任意点、任意方向上的应力.

(2) 在数学上, 向量在直角坐标系的分量是 3 个标量; 一个二阶张量 $\mathtt{A}$ 在直角坐标系的三个分量是个向量 $\mathtt{A} \cdot \boldsymbol{e}_i = \boldsymbol{a}_i$. 将等式两边被 $\sum_i (\cdot)\, \boldsymbol{e}_i$ 作用; 等式左边为 $\sum_i \mathtt{A} \cdot \boldsymbol{e}_i \boldsymbol{e}_i = \mathtt{A} \cdot 1 = \mathtt{A}$, 等式右边为 $\sum_{i=1}^{3} \boldsymbol{a}_i \boldsymbol{e}_i = \sum_{i,j=1}^{3} (\boldsymbol{a}_i)_j \boldsymbol{e}_j \boldsymbol{e}_i = \sum_{i,j=1}^{3} a_{ij} \boldsymbol{e}_j \boldsymbol{e}_i$. 所以 $\mathtt{A} = \sum_{i,j=1}^{3} a_{ij} \boldsymbol{e}_j \boldsymbol{e}_i$, 其中, $(\boldsymbol{a}_i)_j \equiv a_{ij}$ 表示向量 $\boldsymbol{a}_i$ 在 $\boldsymbol{e}_j$ 方向的分量.

根据式 (10.8.2-9), 对于应力张量,

$$\boldsymbol{\sigma}=\sum_{i=1}^{3}\boldsymbol{\sigma}_i\boldsymbol{e}_i=\sum_{i,j=1}^{3}\sigma_{ij}\boldsymbol{e}_i\boldsymbol{e}_j \tag{10.8.2-11}$$

其中, $\boldsymbol{\sigma}_i\equiv\sum\limits_{j=1}^{3}\sigma_{ij}\boldsymbol{e}_j$, 即

$$\boldsymbol{\sigma}_{ij}=\boldsymbol{\sigma}_i\cdot\boldsymbol{e}_j \tag{10.8.2-12}$$

从式 (10.8.2-9) 又可得

$$\boldsymbol{\sigma}_j=\boldsymbol{\sigma}\cdot\boldsymbol{e}_j \tag{10.8.2-13}$$

(3) 求证应力张量是对称的二阶张量[25], 即

$$\boldsymbol{\sigma}=\boldsymbol{\sigma}^{\mathrm{T}}\ 或\ \sigma_{ij}=\sigma_{ji} \tag{10.8.2-14}$$

证明　(1) 根据 d'Alambert 原理合力矩为零, 得到

$$\int_{\Delta V}\boldsymbol{r}\times(\boldsymbol{a}-\boldsymbol{b})\,\rho\mathrm{d}V=\oint_S\boldsymbol{r}\times(\boldsymbol{n}\cdot\boldsymbol{\sigma})\,\mathrm{d}S \tag{10.8.2-15}$$

其中, $\boldsymbol{r}$ 为体积元 ΔV 相对于固定点 O 的位置向量.

(2) 根据 $\boldsymbol{r}=\sum\limits_{i=1}^{3}x_i\boldsymbol{e}_i$ 和向量叉积公式 $\boldsymbol{c}\times\boldsymbol{d}=\sum\limits_{j,k=1}^{3}\varepsilon_{ijk}c_jd_k$, 式 (10.8.2-15) 右边的 i 分量为

$$\begin{aligned}\oint_S[\boldsymbol{r}\times(\boldsymbol{n}\cdot\boldsymbol{\sigma})]_i\,\mathrm{d}S&=\sum_{j,k=1}^{3}\oint_S\varepsilon_{ijk}x_j(\boldsymbol{n}\cdot\boldsymbol{\sigma})_k\,\mathrm{d}S\\&=\sum_{j,k=1}^{3}\sum_{m=1}^{3}\oint_S\varepsilon_{ijk}x_jn_m\sigma_{mk}\mathrm{d}S=\sum_{m=1}^{3}\oint_S f\,n_m\mathrm{d}S\end{aligned} \tag{10.8.2-16}$$

其中, 定义 $f\equiv\sum\limits_{j,k=1}^{3}\varepsilon_{ijk}x_j\sigma_{mk}$.

下面的 Gauss 定理可以将任意向量场 $\boldsymbol{F}$ 的体积分和面积分联系起来:

$$\int_{\Delta V}\nabla\cdot\boldsymbol{F}\mathrm{d}V=\oint_S\boldsymbol{n}\cdot\boldsymbol{F}\mathrm{d}S \tag{10.8.2-17}$$

若向量 $\boldsymbol{F}=f\boldsymbol{e}_i$, 则式 (10.8.2-17) 右边 $\oint_S\boldsymbol{n}\cdot\boldsymbol{F}\mathrm{d}S=\oint_S\boldsymbol{n}\cdot f\boldsymbol{e}_i\mathrm{d}S=\oint_S fn_i\mathrm{d}S$, 左边 $\int_{\Delta V}\nabla\cdot\boldsymbol{F}\mathrm{d}V=\int_{\Delta V}\dfrac{\partial f}{\partial x_i}\mathrm{d}V$, 即

$$\oint_S fn_i\mathrm{d}S=\int_{\Delta V}\frac{\partial f}{\partial x_i}\mathrm{d}V \tag{10.8.2-18}$$

可见式 (10.8.2-16) 可写为

$$\oint_S [\boldsymbol{r}\times(\boldsymbol{n}\cdot\boldsymbol{\sigma})]_i \,\mathrm{d}S = \sum_{m=1}^{3}\oint_S f n_m \mathrm{d}S = \sum_{m=1}^{3}\int_{\Delta V}\frac{\partial f}{\partial x_m}\mathrm{d}V$$
$$= \sum_{m=1}^{3}\int_{\Delta V}\frac{\partial}{\partial x_m}\left\{\sum_{j,k=1}^{3}\varepsilon_{ijk}x_j\sigma_{mk}\right\}\mathrm{d}V$$
$$= \sum_{m=1}^{3}\int_{\Delta V}\left\{\sum_{j,k}^{3}\varepsilon_{ijk}\left(\frac{\partial x_j}{\partial x_m}\sigma_{mk}+x_j\frac{\partial\sigma_{mk}}{\partial x_m}\right)\right\}\mathrm{d}V$$
$$= \sum_{m=1}^{3}\int_{\Delta V}\left\{\sum_{j,k}^{3}\varepsilon_{ijk}\left(\delta_{jm}\sigma_{mk}+x_j\frac{\partial\sigma_{mk}}{\partial x_m}\right)\right\}\mathrm{d}V$$

即

$$\oint_S [\boldsymbol{r}\times(\boldsymbol{n}\cdot\boldsymbol{\sigma})]_i \,\mathrm{d}S = \sum_{j,k=1}^{3}\int_{\Delta V}\varepsilon_{ijk}\sigma_{jk}\mathrm{d}V + \sum_{j,k,m=1}^{3}\int_{\Delta V}\varepsilon_{ijk}x_j\frac{\partial\sigma_{mk}}{\partial x_m}\mathrm{d}V \tag{10.8.2-19}$$

根据 $(\nabla\cdot\boldsymbol{\sigma})_k = \sum_{m=1}^{3}\frac{\partial\sigma_{mk}}{\partial x_m}$, $\boldsymbol{r} = \sum_{i=1}^{3}x_i\boldsymbol{e}_i$ 和向量叉积公式 $\boldsymbol{a}\times\boldsymbol{b} = \sum_{j,k=1}^{3}\varepsilon_{ijk}a_jb_k$, 所以

$$\sum_{j,k,m=1}^{3}\varepsilon_{ijk}x_j\frac{\partial\sigma_{mk}}{\partial x_m} = (\boldsymbol{r}\times\nabla\cdot\boldsymbol{\sigma})_i \tag{10.8.2-20}$$

再令向量 $\boldsymbol{B}$ 的分量

$$B_i \equiv \sum_{j,k=1}^{3}\varepsilon_{ijk}\sigma_{jk} \tag{10.8.2-21}$$

由此根据张量识别定理得知 $\boldsymbol{B}$ 为一阶张量. 因此可将式 (10.8.2-19) 改写为

$$\oint_S [\boldsymbol{r}\times(\boldsymbol{n}\cdot\boldsymbol{\sigma})]_i \,\mathrm{d}S = \int_{\Delta V}B_i\mathrm{d}V + \int_{\Delta V}(\boldsymbol{r}\times\nabla\cdot\boldsymbol{\sigma})_i\,\mathrm{d}V$$

即

$$\oint_S \boldsymbol{r}\times(\boldsymbol{n}\cdot\boldsymbol{\sigma})\,\mathrm{d}S = \int_{\Delta V}\boldsymbol{B}\mathrm{d}V + \int_{\Delta V}(\boldsymbol{r}\times\nabla\cdot\boldsymbol{\sigma})\,\mathrm{d}V \tag{10.8.2-22}$$

(3) 将式 (10.8.2-22) 代入式 (10.8.2-15) 得到

$$\int_{\Delta V}\boldsymbol{r}\times(\boldsymbol{a}-\boldsymbol{b})\,\rho\mathrm{d}V = \int_{\Delta V}\boldsymbol{B}\mathrm{d}V + \int_{\Delta V}(\boldsymbol{r}\times\nabla\cdot\boldsymbol{\sigma})\,\mathrm{d}V$$

即

$$\int_{\Delta V}\boldsymbol{r}\times[(\boldsymbol{a}-\boldsymbol{b})\,\rho-\nabla\cdot\boldsymbol{\sigma}]\,\mathrm{d}V = \int_{\Delta V}\boldsymbol{B}\mathrm{d}V \tag{10.8.2-23}$$

根据 d'Alambert 原理合力矩为零, (质量力)+(面力)+(惯性力)= $\int_{\Delta V}\boldsymbol{b}\rho\mathrm{d}V + \oint_S\boldsymbol{\sigma}_n\mathrm{d}S - \int_{\Delta V}\boldsymbol{a}\rho\mathrm{d}V = 0$. 再结合式 (10.8.2-10) 和 Gauss 定理得到

$$\int_{\Delta V}(\boldsymbol{a}-\boldsymbol{b})\,\rho\mathrm{d}V=\oint_S\boldsymbol{\sigma}_{\boldsymbol{n}}\mathrm{d}S=\oint_S\boldsymbol{n}\cdot\boldsymbol{\sigma}\mathrm{d}S=\int_{\Delta V}\nabla\cdot\boldsymbol{\sigma}\mathrm{d}V$$

即

$$\int_{\Delta V}\left[(\boldsymbol{a}-\boldsymbol{b})\,\rho-\nabla\cdot\boldsymbol{\sigma}\right]\mathrm{d}V=0$$

由于其中区域 ΔV 是任意的, 被积函数是连续的, 所以被积函数恒为零, $(\boldsymbol{a}-\boldsymbol{b})\,\rho-\nabla\cdot\boldsymbol{\sigma}=0$. 代入式 (10.8.2-23) 得到 $\int_{\Delta V}\boldsymbol{B}\mathrm{d}V=0$. 再根据 ΔV 是任意的得到 $\boldsymbol{B}=\boldsymbol{0}$, 即分量 $B_i=0, \forall i$.

因为式 (10.8.2-21), 向量 $\boldsymbol{B}$ 的分量 $B_i\equiv\sum_{j,k=1}^{3}\varepsilon_{ijk}\sigma_{jk}, \forall i$, 当 $i=1$ 时得到 $0=B_1=\sum_{j,k=1}^{3}\varepsilon_{1jk}\sigma_{jk}$. 根据 Levi-Civita 张量$\varepsilon_{ijk}$ 的性质 (见附录 C.2.2 小节), B_1 展开式中只有 $j\neq k$ 且两者都不等于 1 的 ε_{ijk} 项才不为零, 于是 $0=B_1=\varepsilon_{123}\sigma_{23}+\varepsilon_{132}\sigma_{32}=\sigma_{23}-\sigma_{32}$, 即 $\sigma_{23}=\sigma_{32}$. 同理, 从 $B_2=0, B_3=0$ 分别得到 $\sigma_{13}=\sigma_{31}$, $\sigma_{12}=\sigma_{21}$, 即证得 $\boldsymbol{\sigma}=\boldsymbol{\sigma}^{\mathrm{T}}$, 即 $\sigma_{ij}=\sigma_{ji}$. ■

讨论

在上述介绍中看到应力的完整表述应该是一个二阶张量, 有 9 个独立分量. 进一步, 在各种力平衡的情况下, 可以用 d'Alambert 原理(即平衡时合力为零, 且合力矩也为零) 证明此时在固体内的应力张量$\boldsymbol{\sigma}$ 是一个对称张量,

$$\boldsymbol{\sigma}=\boldsymbol{\sigma}^{\mathrm{T}} \tag{10.8.2-24}$$

其物理根源是合力矩为零或角动量守恒. 于是 9 个分量中只有 6 个是独立的分量. 它的矩阵表示是一个 3×3 的对称矩阵

$$\boldsymbol{\sigma}=\begin{bmatrix}\sigma_{11}&\sigma_{12}&\sigma_{13}\\\sigma_{12}&\sigma_{22}&\sigma_{23}\\\sigma_{13}&\sigma_{23}&\sigma_{33}\end{bmatrix} \tag{10.8.2-25}$$

其中, 3 个对角元 $\{\sigma_{ii}\}$ 是法向应力即正应力, 3 个非对角元是切应力.

10.8.3 应变张量

在 10.8.1 小节的讨论中知道拉伸时的 Young 氏模量 Y 和剪切时的剪切模量 G 都是对应于在一维线度上的相对变化. 物体受到应力则体内粒子的位置会发生相对改变, 用应变张量来表达, 类似地, 也可以严格证明应变张量是二阶对称张量[25]

$$\boldsymbol{\varepsilon}=\begin{bmatrix}\varepsilon_{11}&\varepsilon_{12}&\varepsilon_{13}\\\varepsilon_{12}&\varepsilon_{22}&\varepsilon_{23}\\\varepsilon_{13}&\varepsilon_{23}&\varepsilon_{33}\end{bmatrix} \tag{10.8.3-1}$$

在 (NpT) 系综的晶体模拟中, 体系体积是变化的, 经常遇到从晶胞的形变求算应变张量的问题. 设始态的晶胞的三条边基向量为 $(\boldsymbol{a}_i,\boldsymbol{b}_i,\boldsymbol{c}_i)$, 形变后终态晶胞的基向量为 $(\boldsymbol{a}_f,\boldsymbol{b}_f,\boldsymbol{c}_f)$, 其中, 基向量按惯例设为列矩阵, 即

$$\begin{cases} \mathbf{a}_i \equiv [a_{i1} \ \ a_{i2} \ \ a_{i3}]^{\mathrm{T}} \\ \mathbf{b}_i \equiv [b_{i1} \ \ b_{i2} \ \ b_{i3}]^{\mathrm{T}} \\ \mathbf{c}_i \equiv [c_{i1} \ \ c_{i2} \ \ c_{i3}]^{\mathrm{T}} \end{cases} \quad \text{同样} \quad \begin{cases} \mathbf{a}_f \equiv [a_{f1} \ \ a_{f2} \ \ a_{f3}]^{\mathrm{T}} \\ \mathbf{b}_f \equiv [b_{f1} \ \ b_{f2} \ \ b_{f3}]^{\mathrm{T}} \\ \mathbf{c}_f \equiv [c_{f1} \ \ c_{f2} \ \ c_{f3}]^{\mathrm{T}} \end{cases} \tag{10.8.3-2}$$

设方阵

$$\mathbf{h}_i \equiv [\mathbf{a}_i \ \ \mathbf{b}_i \ \ \mathbf{c}_i], \quad \mathbf{h}_f \equiv [\mathbf{a}_f \ \ \mathbf{b}_f \ \ \mathbf{c}_f] \tag{10.8.3-3}$$

可见形变前后的晶胞几何信息都含在这两个方阵 $\mathbf{h}_i, \mathbf{h}_f$ 中了. 度规矩阵表征坐标系基向量的特点, 终态的**度规矩阵**$\mathbf{G} = \mathbf{h}_f^{\mathrm{T}}\mathbf{h}_f$. 从以上矩阵可以求得终态的应变张量为

$$\varepsilon = \frac{1}{2}\left\{\left(\mathbf{h}_i^{-1}\right)^{\mathrm{T}}\mathbf{G}\mathbf{h}_i^{-1} - \mathbf{1}\right\} \tag{10.8.3-4}$$

10.8.4 广义 Hooke 定律

显然固体形变之后其中的应力张量 $\boldsymbol{\sigma}$ 是应变张量 $\varepsilon \equiv \{\varepsilon_{nk}\}$ 的函数, 即 $\boldsymbol{\sigma}(\varepsilon)$. 写成分量的形式为 $\sigma_{lm} = \sigma_{lm}(\{\varepsilon_{nk}\})$, $\forall l, m, n, k = 1, 2, 3$. 在恒温的情况下, 某个应力分量 σ_{lm} 关于指定的某个应变分量 ε_{nk} 的偏微分 (而使其余所有的应变分量保持恒定) 为

$$C_{imnk} = \left.\frac{\partial \sigma_{lm}}{\partial \varepsilon_{nk}}\right|_{T,(\varepsilon_{nk})} = \frac{1}{V}\left.\frac{\partial^2 F}{\partial \varepsilon_{lm}\partial \varepsilon_{nk}}\right|_{T,(\varepsilon_{lm},\varepsilon_{nk})} \tag{10.8.4-1}$$

其中, F 为 Helmholtz 自由能, (ε_{nk}) 表示除了 ε_{nk} 之外的应变分量均保持不变. $\{C_{imnk}\}$ 称为**刚度系数**. 式 (10.8.4-1) 表示的是恒温下的刚度系数.

前面已经介绍过, 当固体形变较小的时候, 实验的应力–应变值之间服从 Hooke 定律 (见式 (10.8.1-13)), 所以式 (10.8.4-1) 中的偏微分就变成线性关系, 即

$$\sigma_{lm} = C_{lmnk}\varepsilon_{nk} \tag{10.8.4-2}$$

称为**广义 Hooke 定律**. 这里采用 Einstein 加和约定的符号法, 即每一个乘积项中凡是成对的指标之间都约定存在加和运算, 只是把加和号省略了 (下文中除非特殊说明均采用 Einstein 加和约定). 例如, 式 (10.8.4-2) 实际上是如下表达式的简略记法:

$$\sigma_{lm} = \sum_{n,k=1}^{3} C_{lmnk}\varepsilon_{nk}, \quad \forall l, m = 1, 2, 3 \tag{10.8.4-3}$$

例如, 其中一个应力分量

$$\begin{aligned} \sigma_{21} &= C_{21nk}\varepsilon_{nk} = \sum_{n=1}^{3}\sum_{k=1}^{3} C_{21nk}\varepsilon_{nk} \\ &= C_{2111}\varepsilon_{11} + C_{2112}\varepsilon_{12} + C_{2113}\varepsilon_{13} + C_{2121}\varepsilon_{21} + C_{2122}\varepsilon_{22} + C_{2123}\varepsilon_{23} \\ &\quad + C_{2131}\varepsilon_{31} + C_{2132}\varepsilon_{32} + C_{2133}\varepsilon_{33} \end{aligned}$$

因为 $\{\sigma_{lm}\}$, $\{\varepsilon_{nk}\}$ 都是二阶张量, 根据张量判别定理 $\{C_{lmnk}\}$ 构成一个四阶张量, 记为 $\mathsf{C} \equiv \{C_{lmnk}\}$, 称为**刚度张量**(stiffness tensor). 可见刚度张量 C 表示造成单位应变所需的应力.

根据式 (10.8.4-2), 可见它的反演关系为

$$\varepsilon_{lm} = S_{lmnk}\sigma_{nk} \tag{10.8.4-4}$$

这里 $\mathsf{S} \equiv \{S_{lmnk}\}$ 称为**柔度张量**(compliance tensor), 它表示单位应力所造成的应变.

10.8.5 Voigt 向量符号法

广义 Hooke 定律是弹性力学的基础. 尽管其中的应力张量 $\boldsymbol{\sigma}$, 应变张量 $\boldsymbol{\varepsilon}$ 都是二阶张量, 可以用矩阵作直观运算, 但是刚度张量 C, 柔度 S 张量均为四阶张量, 无法用直观的矩阵来表述. 故在工程学中常用 **Voigt向量符号法**使之能够用矩阵来表示.

正因为应力张量 $\boldsymbol{\sigma}$ 是对称的, 故可写成下列方阵:

$$\boldsymbol{\sigma} \equiv \begin{bmatrix} \sigma_{11} & \sigma_{12} & \sigma_{13} \\ \sigma_{21} & \sigma_{22} & \sigma_{23} \\ \sigma_{31} & \sigma_{32} & \sigma_{33} \end{bmatrix} = \begin{bmatrix} \sigma_{11} & \sigma_{12} & \sigma_{13} \\ \sigma_{12} & \sigma_{22} & \sigma_{23} \\ \sigma_{13} & \sigma_{23} & \sigma_{33} \end{bmatrix} \equiv \begin{bmatrix} \sigma_1 & \sigma_6 & \sigma_5 \\ \sigma_6 & \sigma_2 & \sigma_4 \\ \sigma_5 & \sigma_4 & \sigma_3 \end{bmatrix} \tag{10.8.5-1}$$

Voigt 向量符号法是把式 (10.8.5-1) 中所有 6 个独立分量重新定义为如下应力向量$\boldsymbol{\sigma}$:

$$\boldsymbol{\sigma} \equiv \begin{bmatrix} \sigma_{11} & \sigma_{22} & \sigma_{33} & \sigma_{23} & \sigma_{13} & \sigma_{12} \end{bmatrix}^{\mathrm{T}} = \begin{bmatrix} \sigma_1 & \sigma_2 & \sigma_3 & \sigma_4 & \sigma_5 & \sigma_6 \end{bmatrix}^{\mathrm{T}} \tag{10.8.5-2}$$

同样, 应变张量 $\boldsymbol{\varepsilon}$ 是对称的, 故可写成下列方阵:

$$\boldsymbol{\varepsilon} \equiv \begin{bmatrix} \varepsilon_{11} & \varepsilon_{12} & \varepsilon_{13} \\ \varepsilon_{21} & \varepsilon_{22} & \varepsilon_{23} \\ \varepsilon_{31} & \varepsilon_{32} & \varepsilon_{33} \end{bmatrix} = \begin{bmatrix} \varepsilon_{11} & \varepsilon_{12} & \varepsilon_{13} \\ \varepsilon_{12} & \varepsilon_{22} & \varepsilon_{23} \\ \varepsilon_{13} & \varepsilon_{23} & \varepsilon_{33} \end{bmatrix} \equiv \frac{1}{2} \begin{bmatrix} 2\varepsilon_1 & \varepsilon_6 & \varepsilon_5 \\ \varepsilon_6 & 2\varepsilon_2 & \varepsilon_4 \\ \varepsilon_5 & \varepsilon_4 & 2\varepsilon_3 \end{bmatrix} \tag{10.8.5-3}$$

同样把式 (10.8.5-3) 中所有 6 个独立分量重新定义为如下的**应变向量**$\boldsymbol{\varepsilon}$:

$$\boldsymbol{\varepsilon} \equiv \begin{bmatrix} \varepsilon_{11} & \varepsilon_{22} & \varepsilon_{33} & 2\varepsilon_{23} & 2\varepsilon_{13} & 2\varepsilon_{12} \end{bmatrix}^{\mathrm{T}} = \begin{bmatrix} \varepsilon_1 & \varepsilon_2 & \varepsilon_3 & \varepsilon_4 & \varepsilon_5 & \varepsilon_6 \end{bmatrix}^{\mathrm{T}} \tag{10.8.5-4}$$

(1) Voigt 符号法表达的刚度: 广义 Hooke 定律的张量表达式 $\sigma_{lm} = C_{lmnk}\varepsilon_{nk}$(式 (10.8.4-2)) 在 Voigt 符号法里就改写为如下矩阵表达式:

$$\boldsymbol{\sigma} = \mathbf{C}\boldsymbol{\varepsilon} \text{ 或} \sigma_i = C_{ij}\varepsilon_j \tag{10.8.5-5}$$

即对于各向异性的线性弹性材料的应力–应变关系为

$$\begin{bmatrix} \sigma_{11} \\ \sigma_{22} \\ \sigma_{33} \\ \tau_{23} \\ \tau_{13} \\ \tau_{12} \end{bmatrix} = \begin{bmatrix} C_{11} & C_{12} & C_{13} & C_{14} & C_{15} & C_{16} \\ C_{12} & C_{22} & C_{23} & C_{24} & C_{25} & C_{26} \\ C_{13} & C_{23} & C_{33} & C_{34} & C_{35} & C_{36} \\ C_{14} & C_{24} & C_{34} & C_{44} & C_{45} & C_{46} \\ C_{15} & C_{25} & C_{35} & C_{45} & C_{55} & C_{56} \\ C_{16} & C_{26} & C_{36} & C_{46} & C_{56} & C_{66} \end{bmatrix} \begin{bmatrix} \varepsilon_{11} \\ \varepsilon_{22} \\ \varepsilon_{33} \\ \gamma_{23} \\ \gamma_{13} \\ \gamma_{12} \end{bmatrix} \tag{10.8.5-6}$$

其中, 按惯例把切应力 σ_{ij} 改写为 τ_{ij}, 把切应变 ε_{ij} 改写为 γ_{ij}. 刚度张量 C 对应的矩阵 $\mathbf{C} \equiv \{C_{ij}\}$ 称为**刚度矩阵**.

可以根据式 (10.8.5-6) 和广义 Hooke 定律的张量表式求出刚度张量的分量 C_{lmnk} 与矩阵元 C_{ij} 的对应关系. 例如,

$$\begin{aligned}
\tau_{12} =& \sigma_6 = \sigma_{12} = C_{12nk}\varepsilon_{nk} = \sum_{n=1}^{3}\sum_{k=1}^{3} C_{12nk}\varepsilon_{nk} \\
=& C_{1211}\varepsilon_{11} + C_{1212}\varepsilon_{12} + C_{1213}\varepsilon_{13} + C_{1221}\varepsilon_{21} + C_{1222}\varepsilon_{22} + C_{1223}\varepsilon_{23} \\
& + C_{1231}\varepsilon_{31} + C_{1232}\varepsilon_{32} + C_{1233}\varepsilon_{33} \\
=& C_{1211}\varepsilon_1 + \frac{C_{1212}\varepsilon_6}{2} + \frac{C_{1213}\varepsilon_5}{2} + \frac{C_{1221}\varepsilon_6}{2} + C_{1222}\varepsilon_2 \\
& + \frac{C_{1223}\varepsilon_4}{2} + \frac{C_{1231}\varepsilon_5}{2} + \frac{C_{1232}\varepsilon_4}{2} + C_{1233}\varepsilon_3 \\
=& C_{1211}\varepsilon_1 + C_{1222}\varepsilon_2 + C_{1233}\varepsilon_3 + \frac{1}{2}\left(C_{1223} + C_{1232}\right)\varepsilon_4 \\
& + \frac{1}{2}\left(C_{1213} + C_{1231}\right)\varepsilon_5 + \frac{1}{2}\left(C_{1212} + C_{1221}\right)\varepsilon_6 \\
\equiv& C_{6j}\varepsilon_j
\end{aligned}$$

由此得到 6×6 的刚度矩阵 $\mathbf{C}$ 还是对称的, 于是独立的矩阵元个数为 $(n^2 + n)/2 = 21$ 个. 只要有此 21 个量就可以得到应力–应变关系. 注意: Voigt 向量符号法中的刚度矩阵 $\mathbf{C}$ 不再符合张量的变换规则.

情况 1　平面应变时的刚度矩阵. 当讨论平面应变时 (若为 xy 平面), 不存在与第三维 z 有关的应变, 即对角项和非对角项的应变

$$\varepsilon_{33} = \gamma_{23} = \gamma_{13} = 0 \tag{10.8.5-7}$$

此时 Voigt 符号的广义 Hooke 定律形式为

$$\begin{bmatrix} \sigma_{11} \\ \sigma_{22} \\ \sigma_{33} \\ \tau_{23} \\ \tau_{13} \\ \tau_{12} \end{bmatrix} = \begin{bmatrix} C_{11} & C_{12} & C_{13} & C_{14} & C_{15} & C_{16} \\ C_{12} & C_{22} & C_{23} & C_{24} & C_{25} & C_{26} \\ C_{13} & C_{23} & C_{33} & C_{34} & C_{35} & C_{36} \\ C_{14} & C_{24} & C_{34} & C_{44} & C_{45} & C_{46} \\ C_{15} & C_{25} & C_{35} & C_{45} & C_{55} & C_{56} \\ C_{16} & C_{26} & C_{36} & C_{46} & C_{56} & C_{66} \end{bmatrix} \begin{bmatrix} \varepsilon_{11} \\ \varepsilon_{22} \\ 0 \\ 0 \\ 0 \\ \gamma_{12} \end{bmatrix} = \begin{bmatrix} C_{11} & C_{12} & 0 & 0 & 0 & C_{16} \\ C_{12} & C_{22} & 0 & 0 & 0 & C_{26} \\ C_{13} & C_{23} & 0 & 0 & 0 & C_{36} \\ C_{14} & C_{24} & 0 & 0 & 0 & C_{46} \\ C_{15} & C_{25} & 0 & 0 & 0 & C_{56} \\ C_{16} & C_{26} & 0 & 0 & 0 & C_{66} \end{bmatrix} \begin{bmatrix} \varepsilon_{11} \\ \varepsilon_{22} \\ 0 \\ 0 \\ 0 \\ \gamma_{12} \end{bmatrix}$$

即

$$\begin{bmatrix} \sigma_{11} \\ \sigma_{22} \\ \tau_{12} \end{bmatrix} = \begin{bmatrix} C_{11} & C_{12} & C_{16} \\ C_{12} & C_{22} & C_{26} \\ C_{16} & C_{26} & C_{66} \end{bmatrix} \begin{bmatrix} \varepsilon_{11} \\ \varepsilon_{22} \\ \gamma_{12} \end{bmatrix} \tag{10.8.5-8}$$

平面应变的情况下, 第三维的法向应力 σ_{33} 还是存在的, 与第三维有关的剪向应力 τ_{13}, τ_{23} 实际上为零.

情况 2　正交各向异性时的刚度矩阵: 当材料的弹性具有两根互相垂直的二次旋转轴, 则称为是正交各向异性(orthotropic) 的材料. 此时, Voigt 向量符号的广义 Hooke 定

律形式可以简化为

$$\begin{bmatrix} \sigma_{11} \\ \sigma_{22} \\ \tau_{12} \end{bmatrix} = \begin{bmatrix} C_{11} & C_{12} & 0 \\ C_{12} & C_{22} & 0 \\ 0 & 0 & C_{66} \end{bmatrix} \begin{bmatrix} \varepsilon_{11} \\ \varepsilon_{22} \\ \gamma_{12} \end{bmatrix} \tag{10.8.5-9}$$

可见, 此时测量法向的位移量可以直接分别得到常数 C_{11}, C_{12} 和 C_{22} 的值. 从剪向位移可以得到常数 C_{66} 的数值. 可见可以从平面应变能够计算得到刚度矩阵. 可是柔度矩阵却不行.

(2) Voigt 符号法表达的柔度：至于柔度张量 $\mathsf{S} = \{S_{lmnk}\}$, 在 Voigt 向量符号法中如何实现呢？从各向异性的线性弹性材料的应力–应变的张量关系式 (10.8.4-4), 还有应力向量 $\boldsymbol{\sigma}$ 与应变向量 $\boldsymbol{\varepsilon}$ 的 Voigt 表达式 (见式 (10.8.5-2) 和式 (10.8.5-4)) 得到

$$\begin{bmatrix} \varepsilon_{11} \\ \varepsilon_{22} \\ \varepsilon_{33} \\ \gamma_{23} \\ \gamma_{13} \\ \gamma_{12} \end{bmatrix} = \begin{bmatrix} S_{11} & S_{12} & S_{13} & S_{14} & S_{15} & S_{16} \\ S_{12} & S_{22} & S_{23} & S_{24} & S_{25} & S_{26} \\ S_{13} & S_{23} & S_{33} & S_{34} & S_{35} & S_{36} \\ S_{14} & S_{24} & S_{34} & S_{44} & S_{45} & S_{46} \\ S_{15} & S_{25} & S_{35} & S_{45} & S_{55} & S_{56} \\ S_{16} & S_{26} & S_{36} & S_{46} & S_{56} & S_{66} \end{bmatrix} \begin{bmatrix} \sigma_{11} \\ \sigma_{22} \\ \sigma_{33} \\ \tau_{23} \\ \tau_{13} \\ \tau_{12} \end{bmatrix}$$

即

$$\boldsymbol{\varepsilon} = \mathbf{S}\boldsymbol{\sigma} \tag{10.8.5-10}$$

其中, **柔度矩阵**

$$\mathbf{S} = \mathbf{C}^{-1} \tag{10.8.5-11}$$

在平面应变时,

$$\begin{bmatrix} \varepsilon_{11} \\ \varepsilon_{22} \\ 0 \\ 0 \\ 0 \\ \gamma_{12} \end{bmatrix} = \begin{bmatrix} S_{11} & S_{12} & S_{13} & S_{14} & S_{15} & S_{16} \\ S_{12} & S_{22} & S_{23} & S_{24} & S_{25} & S_{26} \\ S_{13} & S_{23} & S_{33} & S_{34} & S_{35} & S_{36} \\ S_{14} & S_{24} & S_{34} & S_{44} & S_{45} & S_{46} \\ S_{15} & S_{25} & S_{35} & S_{45} & S_{55} & S_{56} \\ S_{16} & S_{26} & S_{36} & S_{46} & S_{56} & S_{66} \end{bmatrix} \begin{bmatrix} \sigma_{11} \\ \sigma_{22} \\ \sigma_{33} \\ 0 \\ 0 \\ \tau_{12} \end{bmatrix} = \begin{bmatrix} S_{11} & S_{12} & S_{13} & 0 & 0 & S_{16} \\ S_{12} & S_{22} & S_{23} & 0 & 0 & S_{26} \\ S_{13} & S_{23} & S_{33} & 0 & 0 & S_{36} \\ S_{14} & S_{24} & S_{34} & 0 & 0 & S_{46} \\ S_{15} & S_{25} & S_{35} & 0 & 0 & S_{56} \\ S_{16} & S_{26} & S_{36} & 0 & 0 & S_{66} \end{bmatrix} \begin{bmatrix} \sigma_{11} \\ \sigma_{22} \\ \sigma_{33} \\ 0 \\ 0 \\ \tau_{12} \end{bmatrix}$$

即可得

$$\begin{bmatrix} \varepsilon_{11} \\ \varepsilon_{22} \\ 0 \\ \gamma_{12} \end{bmatrix} = \begin{bmatrix} S_{11} & S_{12} & S_{13} & S_{16} \\ S_{12} & S_{22} & S_{23} & S_{26} \\ S_{13} & S_{23} & S_{33} & S_{36} \\ S_{16} & S_{26} & S_{36} & S_{66} \end{bmatrix} \begin{bmatrix} \sigma_{11} \\ \sigma_{22} \\ \sigma_{33} \\ \tau_{12} \end{bmatrix} \tag{10.8.5-12}$$

当材料是正交各向异性的情况下, 式 (10.8.5-12) 再退化为

$$\begin{bmatrix} \varepsilon_{11} \\ \varepsilon_{22} \\ 0 \\ \gamma_{12} \end{bmatrix} = \begin{bmatrix} S_{11} & S_{12} & S_{13} & 0 \\ S_{12} & S_{22} & S_{23} & 0 \\ S_{13} & S_{23} & S_{33} & 0 \\ 0 & 0 & 0 & S_{66} \end{bmatrix} \begin{bmatrix} \sigma_{11} \\ \sigma_{22} \\ \sigma_{33} \\ \tau_{12} \end{bmatrix} \tag{10.8.5-13}$$

式 (10.8.5-13) 表明为了要计算柔度矩阵 **S** 那么就需要知道应力 σ_{33}, 因此需要做三维的有限元分析来得到柔度矩阵.

表 10.8.5-1 小结了广义 Hooke 定律的张量表达式和 Voigt 的表达式.

表 10.8.5-1 广义 Hooke 定律的两种表达方式

	张量符号		Voigt 向量符号	
应力	应力张量		应力向量	
	$\boldsymbol{\sigma}=\{\sigma_{nk}\}$		$\boldsymbol{\sigma}=[\cdots\sigma_i\cdots]^{\mathrm{T}}$	
应变	应变张量		应变向量	
	$\boldsymbol{\varepsilon}=\{\varepsilon_{lm}\}$		$\boldsymbol{\varepsilon}=[\cdots\varepsilon_i\cdots]^{\mathrm{T}}$	
刚度	刚度张量		刚度矩阵	$\boldsymbol{\sigma}=\mathbf{C}\boldsymbol{\varepsilon}$ 或
	$\mathsf{C}=\{C_{lmnk}\}$	$\sigma_{lm}=C_{lmnk}\varepsilon_{nk}$	$\mathbf{C}=[C_{ij}]$	$\sigma_i=C_{ij}\varepsilon_j$
柔度	柔度张量		柔度矩阵	$\boldsymbol{\varepsilon}=\mathbf{S}\boldsymbol{\sigma}$ 或
	$\mathsf{S}=\{S_{lmnk}\}$	$\varepsilon_{lm}=S_{lmnk}\sigma_{nk}$	$\mathbf{S}=[S_{ij}]$	$\varepsilon_i=S_{ij}\sigma_j$

10.8.6 恒温–恒压系综的 virial 关系式

由于应力造成晶胞参数的变化、体积的变化的计算可以从动力学轨迹来求得. 于是通常通过做恒温–恒压系综的分子动力学模拟, 得到应力–应变曲线, 进而得到固体的力学性质. 如何从体系粒子的位置、动量数据求得体系的宏观压强呢? 那么就要从恒温–恒压系综分析开始.

这里所谓恒温、恒压, 实际上指的是体系的宏观温度和宏观压强, 两者都是动态平衡时的宏观体现, 都不是微观物理量, 是需要用模拟得到的微观量来求算的. 温度 T 的计算是根据统计力学中的能量均分定理[6]

$$\left\langle\sum_{i=1}^{N}\frac{\boldsymbol{p}_i^2}{2m_i}\right\rangle=\frac{3}{2}Nk_BT \tag{10.8.6-1}$$

这里讨论由 N 个粒子构成的体系, 第 i 个粒子的质量和动量分别记为 m_i 和 $\boldsymbol{p}_i$. 虽然其中函数

$$K(\boldsymbol{p}_1,\cdots,\boldsymbol{p}_N)\equiv K(\boldsymbol{p})\equiv\sum_{i=1}^{N}\frac{\boldsymbol{p}_i^2}{2m_i} \tag{10.8.6-2}$$

是微观量, 可是从它的系综平均值就可以求得体系的宏观参数温度 T

$$T=\frac{2}{3Nk_B}\langle K(\boldsymbol{p})\rangle=\frac{2}{3nR}\langle K(\boldsymbol{p})\rangle \tag{10.8.6-3}$$

其中, n 为体系粒子的摩尔数.

在广义的意义上说, 相空间变量的函数称为**估算函数**(estimator), 即体系微观状态的函数称为估算函数, 而又要求可以通过估算函数的系综平均值求得某个宏观可测物理量. 可见, 在物理上可以从估算函数求得对应的宏观可测物理量的瞬时值. 于是, 函数 $K(\boldsymbol{p})$ 是温度的估算函数, 即可以从 $K(\boldsymbol{p})$ 求得瞬时温度. 那么, 压强的估算函数是什么呢?

从热力学的 Helmholtz 自由能 F 出发, 压强为

$$p=-\left(\frac{\partial F}{\partial V}\right)_{N,T}=k_BT\left(\frac{\partial \ln Q\left(N,V,T\right)}{\partial V}\right)_{N,T} \tag{10.8.6-4}$$

其中, 体系配分函数即正则配分函数 Q 为

$$Q\left(N,V,T\right)=C_N\int \mathrm{d}\boldsymbol{x}\mathrm{e}^{-\beta H(\boldsymbol{x})}=C_N\int \mathrm{d}^N\boldsymbol{p}\int \mathrm{d}^N\boldsymbol{q}\mathrm{e}^{-\beta H(\boldsymbol{x})} \tag{10.8.6-5}$$

其中, 相空间变量 $\boldsymbol{x}\equiv(\boldsymbol{p}_1,\cdots,\boldsymbol{p}_N,\boldsymbol{q}_1,\cdots,\boldsymbol{q}_N)$. 因为位形 $\boldsymbol{q}$ 的积分限取决于体系的物理尺寸, 所以体积对配分函数的影响体现在积分限里. 例如, 如果体系在一个立方盒内, 体积 $V=L^3$, L 为边长; 那么每个 q 的积分限为 $0\to L$. 作变换 $s_i\equiv q_i/L$, s_i 的积分限为 $0\to 1$.

对于任意形状的体系, 将相空间变量作如下标度变换, 从 $\{\boldsymbol{q}_i,\boldsymbol{p}_i\}\to\{\boldsymbol{s}_i,\boldsymbol{\pi}_i\}$:

$$\begin{cases}\boldsymbol{s}_i\equiv V^{-1/3}\boldsymbol{q}_i\\ \boldsymbol{\pi}_i\equiv V^{1/3}\boldsymbol{p}_i\end{cases} \tag{10.8.6-6}$$

于是

$$\mathrm{d}^N\boldsymbol{p}\mathrm{d}^N\boldsymbol{q}=\mathrm{d}^N\boldsymbol{\pi}\mathrm{d}^N\boldsymbol{s} \tag{10.8.6-7}$$

即相空间体元保持不变, 即正则变换. 于是 Hamilton 量为

$$H=\sum_{i=1}^N\frac{\boldsymbol{p}_i^2}{2m_i}+U\left(\boldsymbol{q}_1,\cdots,\boldsymbol{q}_N\right)=\sum_{i=1}^N\frac{V^{-2/3}\boldsymbol{\pi}_i^2}{2m_i}+U\left(V^{1/3}\boldsymbol{s}_1,\cdots,V^{1/3}\boldsymbol{s}_N\right) \tag{10.8.6-8}$$

正则配分函数为

$$Q\left(N,V,T\right)=C_N\int \mathrm{d}^N\boldsymbol{\pi}\int \mathrm{d}^N\boldsymbol{s}\exp\left\{-\beta\left[\sum_{i=1}^N\frac{V^{-2/3}\boldsymbol{\pi}_i^2}{2m_i}+U\left(V^{1/3}\boldsymbol{s}_1,\cdots,V^{1/3}\boldsymbol{s}_N\right)\right]\right\} \tag{10.8.6-9}$$

代入式 (10.8.6-4) 得到压强为

$$\begin{aligned}p=&k_BT\frac{1}{Q}\frac{\partial Q}{\partial V}=\frac{k_BT}{Q}C_N\int \mathrm{d}^N\boldsymbol{\pi}\int \mathrm{d}^N\boldsymbol{s}\frac{\partial \mathrm{e}^{-\beta H}}{\partial V}\\ =&\frac{k_BT}{Q}C_N\int \mathrm{d}^N\boldsymbol{\pi}\int \mathrm{d}^N\boldsymbol{s}\mathrm{e}^{-\beta H}\left(-\beta\right)\frac{\partial}{\partial V}\left[\sum_{i=1}^N\frac{V^{-2/3}\boldsymbol{\pi}_i^2}{2m_i}+U\left(V^{1/3}\boldsymbol{s}_1,\cdots,V^{1/3}\boldsymbol{s}_N\right)\right]\\ =&\frac{k_BT}{Q}C_N\int \mathrm{d}^N\boldsymbol{\pi}\int \mathrm{d}^N\boldsymbol{s}\mathrm{e}^{-\beta H}\left(-\beta\right)\left[-\frac{2}{3}V^{-5/3}\sum_{i=1}^N\frac{\boldsymbol{\pi}_i^2}{2m_i}+\frac{1}{3}V^{-2/3}\sum_{i=1}^N\boldsymbol{s}_i\cdot\frac{\partial U}{\partial\left(V^{1/3}\boldsymbol{s}_i\right)}\right]\\ =&\frac{1}{3V}\left\{\frac{1}{Q}C_N\int \mathrm{d}^N\boldsymbol{p}\int \mathrm{d}^N\boldsymbol{q}\left[2\sum_{i=1}^N\frac{\boldsymbol{p}_i^2}{2m_i}+\sum_{i=1}^N\boldsymbol{q}_i\cdot\left(-\frac{\partial U}{\partial \boldsymbol{q}_i}\right)\right]\mathrm{e}^{-\beta H(\boldsymbol{p},\boldsymbol{q})}\right\}\end{aligned}$$

即压强

$$p=\frac{1}{3V}\left\langle 2\sum_{i=1}^N\frac{\boldsymbol{p}_i^2}{2m_i}+\sum_{i=1}^N\boldsymbol{q}_i\cdot\boldsymbol{F}_i\right\rangle \tag{10.8.6-10}$$

定义 **virial**为

$$W \equiv \frac{1}{2}\sum_{i=1}^{N}\boldsymbol{q}_i \cdot \boldsymbol{F}_i \tag{10.8.6-11}$$

(不是人名. 中文译为 “位力”, 位置乘以力, 意音均贴切, 甚妙.) 于是压强

$$p = \frac{1}{3V}\langle 2K(\boldsymbol{p}) + 2W\rangle \tag{10.8.6-12}$$

可见压强的估算函数为

$$\Pi(\boldsymbol{x}) \equiv \frac{1}{3V}\sum_{i=1}^{N}\left(\frac{\boldsymbol{p}_i^2}{2m_i} + \boldsymbol{q}_i \cdot \boldsymbol{F}_i(\boldsymbol{q})\right) = \frac{1}{3V}\{2K(\boldsymbol{p}) + 2W\} \tag{10.8.6-13}$$

即

$$p = \langle \Pi(\boldsymbol{x})\rangle \tag{10.8.6-14}$$

也可以将压强的估算函数 $\Pi(\boldsymbol{x})$ 理解为瞬时压强, 即微观的压强.

从 virial 量和能量均分定理 (见式 (10.8.6-11) 和式 (10.8.6-1)) 得到

$$pV = Nk_BT + \frac{2}{3}\langle W\rangle \tag{10.8.6-15}$$

此式是恒温–恒压系综模拟时计算压强的表式. 不过这里还没有考虑周期性体系. 周期性边界条件下 virial 量 W 的表式稍有不同.

周期性体系的 virial 关系式：只有在体系置于一定体积的容器内时才能定义体系的压强. 在计算机模拟里, 周期性边界条件就相当于容器. 只有当结构有周期性边界条件时, 才能计算体积、压强及密度. 对于周期性体系, 如固体、液体模型, $\boldsymbol{q}_i$ 的定义不够明确, 所以压强估算函数中的 $\sum\limits_i \boldsymbol{q}_i \cdot \boldsymbol{F}_i$ 要重新写成适合于周期性体系的形式.

设 $\boldsymbol{F}_{ij}$ 为粒子 i 受到粒子 j 的作用力. 所以粒子 i 受到其他粒子作用的总力为

$$\boldsymbol{F}_i = \sum_{j(\neq i)}\boldsymbol{F}_{ij} \tag{10.8.6-16}$$

于是, 经典 virial 可以改写为：设 $\boldsymbol{r}_{ij} \equiv \boldsymbol{r}_i - \boldsymbol{r}_j$. 周期性体系的 virial 量为

$$\begin{aligned}
W &\equiv \frac{1}{2}\sum_{i=1}^{N}\boldsymbol{r}_i \cdot \boldsymbol{F}_i = \frac{1}{2}\sum_{i=1}^{N}\boldsymbol{r}_i \cdot \sum_{j(\neq i)}^{N}\boldsymbol{F}_{ij} = \frac{1}{4}\left\{\sum_{i=1}^{N}\boldsymbol{r}_i \cdot \sum_{j(\neq i)}^{N}\boldsymbol{F}_{ij} + \sum_{j=1}^{N}\boldsymbol{r}_j \cdot \sum_{i(\neq j)}^{N}\boldsymbol{F}_{ji}\right\} \\
&= \frac{1}{4}\left\{\sum_{i=1}^{N}\boldsymbol{r}_i \cdot \sum_{j(\neq i)}^{N}\boldsymbol{F}_{ij} - \sum_{j=1}^{N}\boldsymbol{r}_j \cdot \sum_{i(\neq j)}^{N}\boldsymbol{F}_{ij}\right\} = \frac{1}{4}\sum_{\substack{i,j\\(i\neq j)}}^{N}(\boldsymbol{r}_i - \boldsymbol{r}_j) \cdot \boldsymbol{F}_{ij}
\end{aligned}$$

再因为相对坐标$\boldsymbol{r}_{ij} \equiv \boldsymbol{r}_i - \boldsymbol{r}_j$, 得到周期性体系的 virial 为

$$W \equiv \frac{1}{2}\sum_{i=1}^{N}\boldsymbol{r}_i \cdot \boldsymbol{F}_i = \frac{1}{4}\sum_{\substack{i,j\\(i\neq j)}}^{N}\boldsymbol{r}_{ij} \cdot \boldsymbol{F}_{ij} \tag{10.8.6-17}$$

式 (10.8.6-17) 表明过去用**绝对坐标**计算 virial, 可以改成现在用**相对坐标**来计算 virial. 在计算相对坐标 $\boldsymbol{r}_{ij}$ 时必须与周期性边界条件一致, 即 $\boldsymbol{r}_{ij}$ 为从粒子 j 的最近周期性映象指向粒子 i, 如图 10.8.6-1 单胞中的粒子 j 和该粒子的映象 j 与粒子 i 的关系, 会造成表面的贡献, 于是导致压强不为零.

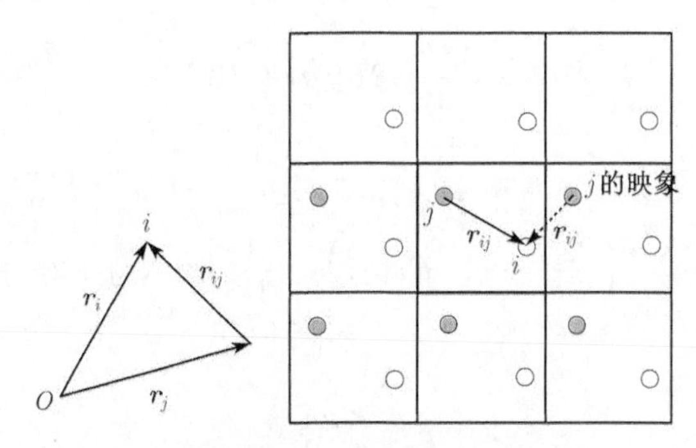

图 10.8.6-1　绝对坐标与相对坐标

根据式 (10.8.6-15)、式 (10.8.6-1) 和式 (10.8.6-11) 得到

$$pV = Nk_BT + \frac{2}{3}\langle W\rangle = \left\langle \frac{1}{3}\sum_{i=1}^{N} m_i\mathbf{v}_i^{\mathrm{T}}\mathbf{v}_i \right\rangle + \frac{1}{3}\left\langle \sum_{i=1}^{N}\mathbf{r}_i^{\mathrm{T}}\mathbf{F}_i \right\rangle \tag{10.8.6-18}$$

即

$$3pV = \left\langle \sum_{i=1}^{N} m_i\mathbf{v}_i^{\mathrm{T}}\mathbf{v}_i + \sum_{i=1}^{N}\mathbf{r}_i^{\mathrm{T}}\mathbf{F}_i \right\rangle \tag{10.8.6-19}$$

可见在系综平均之前, 压强张量

$$\mathsf{P} = \frac{1}{V}\left\{ \sum_{i=1}^{N} m_i\mathbf{v}_i\mathbf{v}_i^{\mathrm{T}} + \sum_{i=1}^{N}\mathbf{r}_i\mathbf{F}_i^{\mathrm{T}} \right\} \tag{10.8.6-20}$$

即应力张量

$$\boldsymbol{\sigma} = -\mathsf{P} = -\frac{1}{V}\left\{ \sum_{i=1}^{N} m_i\mathbf{v}_i\mathbf{v}_i^{\mathrm{T}} + \sum_{i=1}^{N}\mathbf{r}_i\mathbf{F}_i^{\mathrm{T}} \right\} \tag{10.8.6-21}$$

或在周期性体系中应力张量为

$$\boldsymbol{\sigma} = -\mathsf{P} = -\frac{1}{V}\left\{ \sum_{i=1}^{N} m_i\mathbf{v}_i\mathbf{v}_i^{\mathrm{T}} + \frac{1}{2}\sum_{\substack{i,j\\(i\neq j)}}^{N}\mathbf{r}_{ij}\mathbf{F}_{ij}^{\mathrm{T}} \right\} \tag{10.8.6-22}$$

因为模拟的是 (NpT) 系综, 所以体系体积是变化的. 根据 10.8.3 小节所述, 可以从始态晶胞的基向量 $(\mathbf{a}_i, \mathbf{b}_i, \mathbf{c}_i)$ 和形变后终态晶胞的基向量 $(\mathbf{a}_f, \mathbf{b}_f, \mathbf{c}_f)$ 来求得应变矩阵 ε

$$\varepsilon = \frac{1}{2}\left\{ \left(\mathbf{h}_i^{-1}\right)^{\mathrm{T}}\mathbf{G}\mathbf{h}_i^{-1} - \mathbf{1} \right\} = \frac{1}{2}\left\{ \left(\mathbf{h}_i^{-1}\right)^{\mathrm{T}}\mathbf{h}_f^{\mathrm{T}}\mathbf{h}_f\mathbf{h}_i^{-1} - \mathbf{1} \right\} \tag{10.8.6-23}$$

其中, 方阵 $\mathbf{h}_i \equiv [\mathbf{a}_i\ \mathbf{b}_i\ \ \mathbf{c}_i]$, $\mathbf{h}_f \equiv [\mathbf{a}_f\ \ \mathbf{b}_f\ \ \mathbf{c}_f]$, 终态的度规矩阵$\mathbf{G} = \mathbf{h}_f^{\mathrm{T}}\mathbf{h}_f$.

求得应力张量 $\boldsymbol{\sigma}$ 和应变张量ε 后, 就可以从式 (10.8.4-1)$C_{imnk} = \left.\dfrac{\partial \sigma_{lm}}{\partial \varepsilon_{nk}}\right|_{T,(\varepsilon_{nk})}$ 求得刚度张量 $\{C_{imnk}\}$.

思路如下:

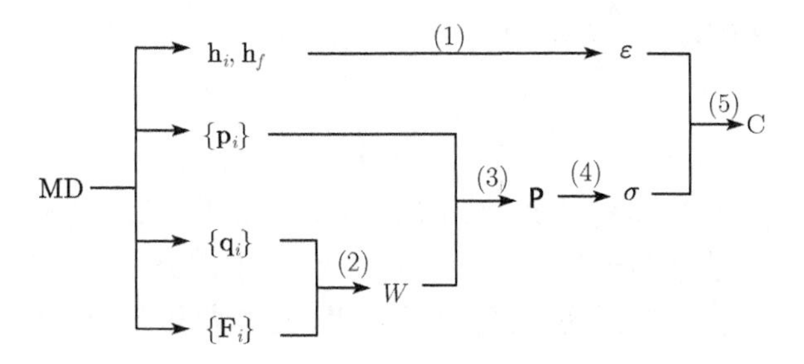

其中, 各步的计算公式为

(1) $\varepsilon = \dfrac{1}{2}\left\{\left(\mathbf{h}_i^{-1}\right)^{\mathrm{T}}\mathbf{h}_f^{\mathrm{T}}\mathbf{h}_f\mathbf{h}_i^{-1} - \mathbf{1}\right\}$;

(2) $W \equiv \dfrac{1}{2}\sum\limits_{i=1}^{N}\boldsymbol{q}_i \cdot \mathbf{F}_i$;

(3) $\mathbf{P} = \dfrac{1}{V}\left\{\sum\limits_{i=1}^{N} m_i\mathbf{v}_i\mathbf{v}_i^{\mathrm{T}} + \sum\limits_{i=1}^{N}\mathbf{r}_i\mathbf{F}_i^{\mathrm{T}}\right\}$;

(4) $\boldsymbol{\sigma} = -\mathsf{P}$;

(5) $C_{imnk} = \left.\dfrac{\partial \sigma_{lm}}{\partial \varepsilon_{nk}}\right|_{T,(\varepsilon_{nk})}$.

讨论

在静态的条件下, 式 (10.8.6-21) 或式 (10.8.6-22) 右边第一项为零, 此时应力张量应为

$$\boldsymbol{\sigma}_{\mathrm{stat}} = -\frac{1}{V}\sum_{i=1}^{N}\mathbf{r}_i\mathbf{F}_i^{\mathrm{T}} \tag{10.8.6-24}$$

或对于周期性体系

$$\boldsymbol{\sigma}_{\mathrm{stat}} = -\frac{1}{2V}\sum_{\substack{i,j\\(i\neq j)}}^{N}\mathbf{r}_{ij}\mathbf{F}_{ij}^{\mathrm{T}} \tag{10.8.6-25}$$

10.8.7 力学性质的分子模拟原理

原则上, 所有使得晶格中核位置 “动” 起来的模拟方法就可以从中求得力学性质. 因为只要模拟中核位置移动就可以求得应变张量, 故应力张量的求得可分为三类: 静态法、动态法和晶格振动法 (即声子法)[27,28].

(1) 静态法: 静态法是利用拉伸模拟样品 $l \to l + \Delta l$, 使得改变体积 $V \to V + \Delta V$ 引起体系能量 E 的改变, 从而求得体系的压强

$$p = -\frac{\partial E}{\partial V} \tag{10.8.7-1}$$

和应力

$$\sigma = -p \tag{10.8.7-2}$$

此时从模拟求得纵向应变 $\varepsilon_l = \dfrac{\Delta l}{l}$. 于是杨氏模量 (即拉伸模量)

$$Y = \frac{\sigma}{\varepsilon_l} \tag{10.8.7-3}$$

从模拟求得的横向应变 $\varepsilon_t \equiv \dfrac{\Delta b}{b}$ 再求得 Poisson 比 ν

$$\nu \equiv \frac{\varepsilon_t}{\varepsilon_l} \tag{10.8.7-4}$$

静态法简便, 可是无法得到切变模量, 也无法得到温度对模量的影响.

(2) 动态法: 动态法是通过体系在指定温度 T 之下的分子动力学模拟完成的. 当体系达到平衡之后, 认为满足准遍态历经, 然后利用 virial 与压强的关系, 即

$$p = \frac{1}{3V}\left\langle 2\sum_{i=1}^{N}\frac{\mathbf{p}_i^2}{2m_i} + 2W\right\rangle \tag{10.8.7-5}$$

其中, 位力定义为

$$W \equiv \frac{1}{2}\sum_{i=1}^{N}\mathbf{q}_i \cdot \mathbf{F}_i \tag{10.8.7-6}$$

在周期性边界条件下 virial 量的表达式为

$$W = \frac{1}{4}\sum_{\substack{i,j\\(i\neq j)}}^{N}\mathbf{r}_{ij} \cdot \mathbf{F}_{ij} \tag{10.8.7-7}$$

其中, 粒子 j 到粒子 i 位置的向量 $\mathbf{r}_{ij} \equiv \mathbf{r}_i - \mathbf{r}_j$, $\mathbf{F}_{ij}$ 为粒子 i 受到粒子 j 的作用力. 它们都可以从分子动力学轨迹中求得. 再根据应力张量,

$$\boldsymbol{\sigma} = -\mathsf{P} = -\frac{1}{V}\left\{\sum_{i=1}^{N} m_i \mathbf{v}_i \mathbf{v}_i^{\mathrm{T}} + \sum_{i=1}^{N}\mathbf{r}_i \mathbf{F}_i^{\mathrm{T}}\right\} \tag{10.8.7-8}$$

从广义 Hooke 定律 $\sigma_{lm} = C_{lmnk}\varepsilon_{nk}$ 求得恒温下的刚度系数为

$$C_{lmnk} = \left.\frac{\partial \sigma_{lm}}{\partial \varepsilon_{nk}}\right|_{T,(\varepsilon_{nk})} \tag{10.8.7-9}$$

其中, 下标 (ε_{nk}) 表示除了 ε_{nk} 之外的应变分量均保持不变, 四阶对称张量 $\{C_{lmnk}\} \equiv \mathsf{C}$ 称为刚度张量, 应变张量 ε 和应力张量 $\boldsymbol{\sigma}$ 均是二阶对称张量. 为方便计采用 Voigt 向量符号法

$$\sigma_i = C_{ij}\varepsilon_j \tag{10.8.7-10}$$

即

$$\boldsymbol{\sigma} = \mathbf{C}\boldsymbol{\varepsilon} \tag{10.8.7-11}$$

其中, $\mathbf{C} \equiv (C_{ij})$ 为刚度矩阵. 应变张量在模拟中是通过从平行六面体的形变求算得到的. 设始态的平行六面体的三条边的向量为 $(\mathbf{a}_0, \mathbf{b}_0, \mathbf{c}_0)$, 形变后为 $(\mathbf{a}, \mathbf{b}, \mathbf{c})$, 则终态的应变张量为

$$\varepsilon = \frac{1}{2}\left\{\left(\mathbf{h}_0^{-1}\right)^{\mathrm{T}}\mathbf{G}\mathbf{h}_0^{-1} - \mathbf{1}\right\} \tag{10.8.7-12}$$

其中, 矩阵 $\mathbf{h}_0 \equiv [\mathbf{a}_0\ \mathbf{b}_0\ \mathbf{c}_0]$(三个列矩阵合成的矩阵), 矩阵 $\mathbf{h} \equiv [\mathbf{a}\ \mathbf{b}\ \mathbf{c}]$, 度规矩阵 $\mathbf{G} \equiv \mathbf{h}^{\mathrm{T}}\mathbf{h}$. 式 (10.8.7-12) 中的应变张量 ε 要转换成 6 维应变向量 ε, 才是式 (10.8.7-11) 中惯用的 Voigt 符号.

(3) 晶格振动方法: 第三种模拟力学性质的方法是利用晶格振动的方法求得的. 晶格振动的简正分析得到准粒子 —— 声子. 故本法又称声子法. 本质上这是静态法的变种, 但是由于形变不是人工施加的, 而是通过晶格的振动分析得到的, 所以正应变、切应变都可以产生, 从而模拟得到. 于是只要通过晶格振动时计算体系能量的相应变化求得正应力和切应力, 进而求得全部力学性质. 通常, 晶格振动方法只是基态振动能级变化, 所以它不能像分子动力学模拟那样得到力学性质对温度的依赖关系.

无论用以上哪种方法, 对于实际应用中大量的各向同性材料, 只要有两个独立量 Lamé 系数 λ 与 μ 就可以表达所有的弹性模量,

Young 氏模量:
$$Y = \mu\left(\frac{3\lambda + 2\mu}{\lambda + \mu}\right) \tag{10.8.7-13}$$

Poisson 比:
$$\nu = \frac{\lambda}{2(\lambda + \mu)} \tag{10.8.7-14}$$

体弹性模量:
$$K = \lambda + \frac{2}{3}\mu \tag{10.8.7-15}$$

剪变模量:
$$G = \mu \tag{10.8.7-16}$$

使得问题得到简化.

参 考 文 献

[1] Born M, Huang K. Dynamical Theory of Crystal Lattice. Oxford: Clarendon, 1954; 中译本: 葛惟锟, 贾惟义译, 江丕桓校. 晶格动力学理论. 北京: 北京大学出版社, 1989.

[2] Liu W K, Karpov E G, Park H S. Nano Mechanics and Materials: Theory, Multiscale Methods and Applications. John Wiley and Sons Ltd. 2006; 影印版: 北京: 科学出版社, 2007.

[3] 黄昆, 韩汝琦. 固体物理学. 北京: 高等教育出版社, 1988.

[4] 方俊鑫, 陆栋. 固体物理学 (上, 下册). 上海: 上海科学技术出版社, 1980.

[5] 彭桓武, 徐锡申. 理论物理基础. 北京: 北京大学出版社, 1998.

[6] McQuarrie D A. Statistical Mechanics. New York: Harper & Row, 1976.

[7] Einstein A, Annalen D. Phys, 1907, 22: 180.

[8] 唐有祺, 统计力学: 及其在物理化学中的应用. 北京: 科学出版社, 1964.

[9] Debye P. Annalen D. Phys, 1912, 39: 789.

[10] Deutsch D. 真实世界的脉络. 梁焰, 黄雄译. 南宁: 广西师范大学出版社, 2002.

[11] Grüneisen E. Annalen D. Phys, 1908, 29: 393.

[12] 高执棣, 郭国霖. 统计热力学导论. 北京: 北京大学出版社, 2004.

[13] 李华钟, 崔世治, 吴深尚. 理论物理导论 (力学、热物理学卷). 北京: 高等教育出版社, 施普林格出版社, 1999.

[14] Parr R G, Yang W. Density-Functional Theory of Atoms and Molecules. New York: Oxford Science Publications, 1989.

[15] Gavezzotti A, Filippini G. Energetic Aspects of Crystal Packing: Experiment and Computer Simulations. *In*: Gavezzotti A. Theoretical Aspects and Computer Modeling. New York: John Wiley & Sons Ltd, 1997.

[16] Hagler A T, Huler E, Lifson S. J Am Chem Soc, 1974, 96: 5319.
[17] Belsky V K, Zorkii P M. Acta Crystallogr, Sect A, 1977, 33: 1004.
[18] Kitaigorodsky A I. Organic Chemical Crystallography. New York: Consultants Bureau, 1961.
[19] Wawak R J, Gibson K D, Liwo A, et al. Proc Natl Acad Sci USA, 1996, 93: 1743.
[20] Piela L, Kostrowicki J, Scheraga H A. J Phys Chem, 1989, 93: 3339.
[21] Kostrowicki J, Piela L, Cherayil B J, et al. J Phys Chem, 1991, 95: 4113.
[22] Frenkel D, Smit B. Understanding molecular Simulation: From Algoriths to Application. London: Academic Press, 1996; 中译本: 汪文川等译. 分子模拟 —— 从算法到应用. 北京: 化学工业出版社, 2002, 329~338.
[23] Ewald P P. Ann Phys, 1921, 64: 253; Tosi M P. Solid State Physics, 1964, 16: 107.
[24] 陈念贻等. 计算化学及其应用. 上海: 上海科学技术出版社, 1987.
[25] 武际可, 王敏中. 弹性力学引论. 北京: 北京大学出版社, 1981.
[26] 吴望一. 流体力学 (上册). 北京: 北京大学出版社, 1982.
[27] Theodorou D N, Suter U W. Macromolecules, 1986, 19: 139.
[28] Accelrys Inc. MS Modeling v.4.0. Accelrys Software Inc, 2005.

第 11 章 统计数学在药物、材料设计上的应用

"统计本质上是一种归纳推理."

——R. A. Fisher(1890~1962, 统计数学的主要奠基人之一, 英国数学家)

据新的统计, 化学药物目前占据药物生产总值的 85%. 化学药物是关系人类生存的关键之一. 在 SARS 肆虐的日子里, 中国科学院里各个课题组凡是稍为涉边的都被动员起来了. 现在, 居安思危, 设计新的药物特别重要.

药物设计是 20 世纪 60 年代提出的名词. 现在药物设计的含义已经和当年的很有差别. 但无论如何药物设计的中心任务是帮助寻找新的药物. 材料设计的提出也是出于同样的目的, 寻找新型材料. 药物设计、材料设计学科发展的道路有其相同的历程, 都是经历过所谓 "炒菜" 式的历史阶段, 到目前两者都企图从理论化学、计算化学方法中寻找理性的、根本的出路.

过去药物设计的 "设计" 是指: 凭已有的临床经验、民间偏方、生活经验的启发和联想, 朝预想的方向合成一定数量的化合物, 然后经过实验室试验、动物试验和临床试验, 完成毒理、药理试验, 最后得到一种满意的新药. 但是现在随着科学的发展, 尤其是理论化学、计算机技术的发展, 逐步发展出新的药物设计方法. 这些方法的特点是力图在分子水平上更加理性地进行药物的寻找.

本书第 2 章介绍的 Hohenberg-Kohn 第一定律说明, 化合物基态的一切物理、化学性质唯一地取决于化合物的原子核坐标, 即 "结构决定一切". 但是因为这是从 Schrödinger 方程反证得到的, 这个所谓 "一切" 性质, 实际上从目前水平的量子力学看那是指体系的所有无生命的性质. 从经典力学的观点看那是指可以由体系中所有粒子的位置 $\{\boldsymbol{q}_j\}$ 和动量 $\{\boldsymbol{p}_j\}$ 表达的性质 $f\left(\{\boldsymbol{q}_j\},\{\boldsymbol{p}_j\}\right)$. 量子力学中的 "演化算符" 实际上不是达尔文生物进化的含义, 而是牛顿决定论的含义. 海森堡认为: "为了理解生命, 在物理学和化学概念之外, 必须加上的唯一概念是历史的概念. "[1]

既然目前物理化学关于物质世界的最高理论成果, 即所谓由量子力学和统计力学组成的第一原理, 只能求算物质无生命的性质, 而药物设计关心的却是有生命的性质. 那么是否第一原理对药物设计就无所作为呢? 不是的. 也就是说, 尽管目前的科学水平还未能对药物的治疗过程建立普遍有效的物理模型, 那么还可以退而从数学模型着手作药物设计.

20 世纪 60 年代, Hansch、藤田等开创了 "经典 QSAR"(定量结构-活性关系, 又称定量构效关系, quantitative structure-activity relationship) 的研究. 大量的研究结果说明: 化合物的某种有生命性质 Φ(如毒性、半致死剂量 LD50、活性等) 与该化合物的某 n 种无生命性质 $\{p_j\,|j=1(1)n\}$ 有关,

$$\Phi=f\left(p_1,p_2,\cdots,p_n\right) \tag{11-1}$$

尽管还无法找到这个普遍适用的函数关系 f(或许它根本不存在). "经典 QSAR" 学科毕竟开辟了通过统计数学研究药物的道路, 使得人们可以从无生命的物理化学性质构筑数学模型, 预测有生命的性质. "设计" 不再是思辨的、无法言传的, 浮现出它理性的一面.

药物设计、材料设计中采用统计数学的办法均属于**黑箱方法**(图 11-1). 所有的黑箱方法均由两步组成: 第一步称为 "学习" 或 "自学", 第二步称为 "预测". 在第一步里, 收集已知活性的化合物 (共 m 个, 称为**学习组**), 记它们的活性分别为 $\left\{ \Phi^{(k)} | k = 1(1)m \right\}$. 再根据它们各自 n 个无生命性质 $\left\{ p_j^{(k)} | k = 1(1)m;\ j = 1(1)n \right\}$, 采用已有的统计数学方法唯象地求得活性 Φ 和无生命性质之间的函数关系 f(见式 (11-1)). 第二步就可以设想许多不同的分子 (称为**预测组**), 尽管他们的活性未知, 但是只要用各种计算化学的方法计算出他们各自的性质 $\{p_1, p_2, \cdots, p_n\}$, 代入在第一步里得到的具体函数形式 $\Phi = f(p_1, p_2, \cdots, p_n)$, 就可以求得它们活性的计算值. 黑箱方法中经常采用的统计数学方法包括多元线性回归、主成分分析、聚类分析、偏最小二乘法、各种模式识别方法, 甚至称为 "新一代算法" 的人工神经网络、遗传算法、模拟退火等.

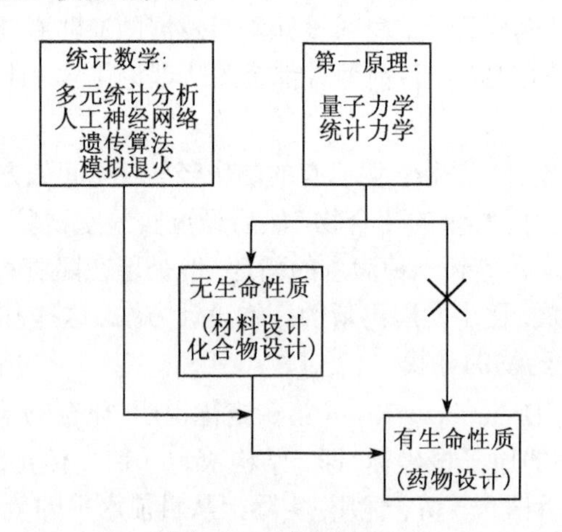

图 11-1　药物设计

所谓**灰箱**是指信息不完整的那些体系. 鉴于目前 "信息" 一词的过度使用. 宁可认为: **黑箱**是指体系内部物理过程不了解的那些体系, 人们对于黑箱的了解只是从外部对体系测量得到的知识. 目前的药物设计的大多数内容就属于黑箱研究. 人们对于药物的知识基本上是对药物的化学行为 (尤其是分子结构) 和药物产生的生物效应的实验测量结果, 那就是药物设计的起点.

伟大的数学家、哲学家 B. 罗素说过: (自然科学) "单凭数学什么也得不到." (《人类的知识》) 这里引用这句话只是提醒用黑箱方法得到的 "定量构效关系" 式 (11-1) 尽管有助于寻找活性更高、副作用更低的新药, 但是不等于揭示了无生命性质是如何影响活性的客观物理机理.

在材料科学领域, 尽管原则上可以用第一原理计算所有的无生命性质, 但是鉴于材料科学中大量的实际应用问题需要一类快速简便地帮助寻找新材料的方法, 于是类似于药物设计的 QSAR 方法, 统计数学在材料科学上形成了一类所谓 QSPR 方法 (定量结构-性质关系, quantitative structure-property relationship).

不过,只有具有物理内涵的数学才能使科学从**唯象科学**阶段进入**严密科学**阶段. 这一点虽然目前还不是所有的化学家所公认的,但是 20 世纪科学的发展说明这势所必然. 其实只要考虑一点就可以了:尽管黑箱方法的数据来源于实验,但是如果仅仅凭统计数学就可以得到该科学领域的内在规律的话,那么自然界任何一个科学领域的规律都可以用同一个方法、模式来研究就行了:一部分人做实验测量,其余的做 QSAR 或 QSPR,即可完成科学的全部任务,不同科学领域的个性特点就消失了. 显然这是违反常识的. 美国作家 D. Huff 特地为此撰写科普书*How to Lie with Statistics* 告诫人们:统计数学本身是科学的,但是一旦滥用就失去了科学性[2].

为什么同样采用统计数学的不同学科,统计力学还可以称为"严密科学"而其他一些采用统计数学的学科就不能称为"严密科学"呢?理由之一是:统计力学采用统计数学时平均的样本数 N 达到 10^{23} 的数量级,所以相对误差达到 $1/\sqrt{N}=10^{-11}$,而其他采用统计数学的学科往往样本数仅为几百,故误差大于 5%. 所以,两者的差别不能因为后者的广泛应用而予忽视.

11.1 统计数学方法

药物设计中所有的 QSAR 方法或材料设计中的 QSPR 方法都属于黑箱方法. 黑箱方法通过活性数据 $\{\Phi^{(k)}|k=1(1)m\}$ 和物理化学性质数据 $\{p_j^{(k)}|k=1(1)m;j=1(1)n\}$ 建立 $\Phi=f(p_1,p_2,\cdots,p_n)$ 的唯象统计模型. QSAR 方法毕竟开辟了通过统计数学研究药物的道路,使得人们可以从该统计模型预测有生命的性质,"设计"一词的神秘面纱开始褪下. 为此先介绍有关的统计数学方法[3~10].

11.1.1 无偏估计

1) 总体、样本

研究对象的全体称为**总体**. 在这里相当于对自变量、因变量的无穷多次测量的全体,其中,每一个研究对象称为**个体**. 在这里相当于对自变量、因变量的一次测量. 实际上,总是只用"总体"中的一部分,即用有限次数的测量来寻找自变量与因变量之间的依赖关系. 这有限次数的测量的全体称为**样本**. 任何统计数学的目的是通过样本来把握总体的规律,即通过"样本均值"、"样本方差"来准确计算(即无偏估计)"总体均值"、"总体方差". 统计数学只对总体感兴趣.

2) 简单随机样本

设 $X_1,X_2,\cdots,X_n$ 是总体 X 的样本. 符合以下条件的样本 $X_1,X_2,\cdots,X_n$ 称为**简单随机样本**(简称**样本**):总体 X 中的每一个个体被抽取到的概率相等且个体之间互相独立,每个个体 X_k 与总体 X 具有相同的概率分布. 以下讨论的都是简单随机样本.

3) 中心极限定理 (central limit theorem, 证明略)

若随机变量 $X_1,X_2,\cdots,X_n$ 相互独立且具有相同的分布,以及 $E(X_i)=\mu$, $D(X_i)=\sigma^2(i=1,2,\cdots,n,\ \sigma\neq 0)$,记这些相互独立的随机变量的算术平均值为 $\bar{X}\equiv\dfrac{1}{n}\sum\limits_{i=1}^{n}X_i$,则

对于任意实数 x, 恒有概率 P 满足

$$\lim_{n\to\infty}\left(P\left\{\frac{\bar{X}-\mu}{(\sigma/\sqrt{n})}\leqslant x\right\}\right)\equiv \varPhi(x)=\int_{-\infty}^{x}\mathrm{d}\xi\frac{1}{\sqrt{2\pi}}\mathrm{e}^{-\xi^2/2} \tag{11.1.1-1}$$

即在 n 充分大的时候, $\bar{X}$ 趋近于正态分布, 记为 $\bar{X}\sim N\left(\mu,\dfrac{\sigma^2}{\sqrt{n}}\right)$. 所以对同一物理量的多次测量结果的平均值 $\bar{X}$ 服从于正态分布 (即 Gauss 分布).

4) 无偏估计的定义

"无偏" 就是准确的意思. 设用总体对体系某性质的估计值为 θ, 而用样本对该性质的估计值设为 $\hat{\theta}$. 若 $E\left(\hat{\theta}(X_1,X_2,\cdots,X_n)\right)=\theta$ 成立, 则 $\hat{\theta}(X_1,X_2,\cdots,X_n)$ 称为是性质 θ 的**无偏估计值**.

5) 统计量

定义 11.1.1-1 设 $X_1,X_2,\cdots,X_n$ 是总体 X 的样本, 若函数 $f(X_1,X_2,\cdots,X_n)$ 不含有未知参数, 则称 $f(X_1,X_2,\cdots,X_n)$ 是一个**统计量**. 总体的统计量有总体均值$\mu=E(X)$, 总体方差$D(X)\equiv\sigma^2$, 总体的标准误差 σ. 样本的统计量有样本均值$\bar{X}\equiv\dfrac{1}{n}\sum\limits_{i=1}^{n}X_i$ 和样本方差S_f^2. 样本方差定义为

$$S_f^2\equiv\frac{1}{f}\sum_{i=1}^{n}\left(X_i-\bar{X}\right)^2 \tag{11.1.1-2}$$

其中, f 为样本的自由度, 即其中独立变量的个数.

6) 求证

$$E\left(\bar{X}\right)=E(X)=\mu \tag{11.1.1-3}$$

证明 因为这里讨论的是简单随机事件, 故根据中心极限定理, 有 $E(X)=\mu$. 又因为

$$E\left(\bar{X}\right)=E\left(\frac{1}{n}\sum_{i=1}^{n}X_i\right)=\frac{1}{n}\sum_{i=1}^{n}E(X_i)=\frac{1}{n}\sum_{i=1}^{n}E(X)=\frac{1}{n}\sum_{i=1}^{n}\mu=\mu$$

这里第三步的根据是简单随机事件中每个个体 X_k 与总体 X 具有相同的概率分布. ■

式 (11.1.1-3) 表明样本均值 $\bar{X}$ 是总体均值 μ 的无偏估计.

7) 估计量 $\bar{X}$ 比 X_k 有效

设总体 $X\sim N(\mu,\sigma^2)$, μ 与 σ^2 未知, $X_1,X_2,\cdots,X_n$ 是总体的样本. 求证方差

$$D\left(\bar{X}\right)=\frac{\sigma^2}{n}=\frac{D(X)}{n} \tag{11.1.1-4}$$

证明 因为简单随机样本, 故 $D(X_i)=D(X)=\sigma^2$ 和 $D(kX)=k^2D(X)$, 所以

$$D\left(\bar{X}\right)=D\left(\frac{1}{n}\sum_{i=1}^{n}X_i\right)=\frac{1}{n^2}\sum_{i=1}^{n}D(X_i)=\frac{1}{n^2}\left\{n\sigma^2\right\}=\frac{\sigma^2}{n}$$ ■

式 (11.1.1-4) 表明用样本均值 $\bar{X}$ 对总体作估计量时的方差只有用个体 X_k 作估计量时的 $1/n$, 故谓有效.

8) 总体方差 σ^2 的无偏估计

根据式 (11.1.1-2), 自由度 $f=n-1$ 的样本方差

$$S_{n-1}^2 \equiv \frac{1}{n-1}\sum_{i=1}^{n}\left(X_i-\bar{X}\right)^2 \tag{11.1.1-5}$$

求证 S_{n-1}^2 是总体方差 σ^2 的无偏估计, 即

$$E\left(S_{n-1}^2\right)=\sigma^2 \tag{11.1.1-6}$$

证明 因为 $D(X)=E\left(X^2\right)-(E(X))^2$, 所以 $E\left(X^2\right)=D(X)+(E(X))^2$, 于是 S_{n-1}^2 的期望值为

$$\begin{aligned}E\left(S_{n-1}^2\right)&=\frac{1}{n-1}E\left\{\sum_{i=1}^{n}\left(X_i-\bar{X}\right)^2\right\}=\frac{1}{n-1}E\left\{\sum_{i=1}^{n}X_i^2-n\bar{X}^2\right\}\\&=\frac{1}{n-1}\left\{\sum_{i=1}^{n}E\left(X_i^2\right)-nE\left(\bar{X}^2\right)\right\}\end{aligned}$$

因为 $E\left(X^2\right)=D(X)+(E(X))^2$, 所以

$$E\left(S_{n-1}^2\right)=\frac{1}{n-1}\left\{\left[\sum_{i=1}^{n}\left\{D(X_i)+(E(X_i))^2\right\}\right]-n\left[D\left(\bar{X}\right)+\left(E\left(\bar{X}\right)\right)^2\right]\right\}$$

其中, $D(X_i)=\sigma^2$, $E(X_i)=\mu$, $D\left(\bar{X}\right)=\dfrac{\sigma^2}{n}$ 和 $E\left(\bar{X}\right)=\mu$, 进而可以得到

$$E\left(S_{n-1}^2\right)=\frac{1}{n-1}\left[\sum_{i=1}^{n}\left(\sigma^2+\mu^2\right)-n\left(\frac{\sigma^2}{n}+\mu^2\right)\right]=\sigma^2 \qquad \blacksquare$$

讨论

(1) 样本总数 n 不等于自由度的问题: 通常的物理、化学问题中, 不知道总体均值 μ, 只能从测量值求出样本均值 $\bar{X}$. 已经证明 $E\left(\bar{X}\right)=E(X)=\mu$, 所以样本均值 $\bar{X}$ 是总体均值 μ 的无偏估计. 已经证明 $E\left(S_{n-1}^2\right)=\dfrac{n}{n-1}E\left(S_n^2\right)=\sigma^2$, 所以不能看样本总数 n, 而必须看自由度, 即样本总数为 n 时, 总体方差 σ^2 的无偏估计应当用自由度为 $n-1$ 的样本方差 S_{n-1}^2 来求得, 而不是从 S_n^2 求得.

(2) 自由度是独立变量的个数: 有的统计问题中总体均值 $E(X)$ 是给定的, 样本均值无需从 $\bar{X}=\dfrac{1}{n}\sum\limits_{i=1}^{n}X_i$ 求得, 显然有 n 个独立变量, 故自由度为 n. 在大多数统计问题中总体均值 $E(X)$ 未知, 样本方差 $S_n^2\equiv\dfrac{1}{n}\sum\limits_{i=1}^{n}\left(X_i-\bar{X}\right)^2$ 中的 $\bar{X}$ 本身就要从 $\bar{X}=\dfrac{1}{n}\sum\limits_{i=1}^{n}X_i$ 计算得到, 即有一个约束, 故只有 $n-1$ 个独立变量, 即自由度为 $n-1$.

11.1.2 多元线性回归[3,4,7]

一个有 p 个自变量 $\{x_j\}$ 和一个因变量 y 的问题, 对此有 n 套测量数据, 即 $\{\{x_{ij}|j=1(1)p\},y_i|i=1(1)n\}$, 现在需要按照如下线性方程拟合:

$$\hat{y}_i=\hat{\beta}_0+\sum_{j=1}^{p}\hat{\beta}_j x_{ij}, \quad \forall i=1\,(1)\,n \tag{11.1.2-1}$$

试求系数 $\left\{\hat{\beta}_0, \left\{\hat{\beta}_j \,|\, j=1(1)p\right\}\right\}$. 这里把拟合后的系数和因变量符号上加记号 "^", 以区别于拟合前的量. 如果把实验数据代入拟合方程, 则必有误差, 即

$$y_i = \beta_0 + \sum_{j=1}^{p} \beta_j x_{ij} + \varepsilon_i, \quad \forall i = 1(1)n \tag{11.1.2-2}$$

假定

$$\text{误差的期望值 } E(\varepsilon_i) = 0, \quad \text{方差 } D(\varepsilon_i) = \sigma^2 \tag{11.1.2-3}$$

即假定拟合的误差服从高斯分布 $N(0, \sigma^2)$, σ^2 为拟合的方差.

式 (11.1.2-2) 也可以写成如下的矩阵形式:

$$\begin{bmatrix} y_1 \\ y_2 \\ \vdots \\ y_n \end{bmatrix}_{n\times 1} = \begin{bmatrix} 1 & x_{11} & \cdots & x_{1p} \\ 1 & x_{21} & \cdots & x_{2p} \\ \vdots & \vdots & & \vdots \\ 1 & x_{n1} & \cdots & x_{np} \end{bmatrix}_{n\times(p+1)} \begin{bmatrix} \beta_0 \\ \beta_1 \\ \vdots \\ \beta_p \end{bmatrix}_{(p+1)\times 1} + \begin{bmatrix} \varepsilon_1 \\ \varepsilon_2 \\ \vdots \\ \varepsilon_n \end{bmatrix}_{n\times 1} \tag{11.1.2-4}$$

即

$$\mathbf{Y} = \mathbf{X}\boldsymbol{\beta} + \boldsymbol{\varepsilon} \tag{11.1.2-5}$$

其中, 假定

$$E(\boldsymbol{\varepsilon}) = 0, \quad E\left\{\mathrm{tr}\left(\boldsymbol{\varepsilon}\boldsymbol{\varepsilon}^{\mathrm{T}}\right)\right\} = \sigma^2 \tag{11.1.2-6}$$

$$\begin{gathered} \mathbf{Y} \equiv \begin{bmatrix} y_1 \\ y_2 \\ \vdots \\ y_n \end{bmatrix}_{n\times 1}, \quad \mathbf{X} \equiv \begin{bmatrix} 1 & x_{11} & \cdots & x_{1p} \\ 1 & x_{21} & \cdots & x_{2p} \\ \vdots & \vdots & & \vdots \\ 1 & x_{n1} & \cdots & x_{np} \end{bmatrix}_{n\times(p+1)} \\ \boldsymbol{\beta} \equiv \begin{bmatrix} \beta_0 \\ \beta_1 \\ \vdots \\ \beta_p \end{bmatrix}_{(p+1)\times 1}, \quad \boldsymbol{\varepsilon} \equiv \begin{bmatrix} \varepsilon_1 \\ \varepsilon_2 \\ \vdots \\ \varepsilon_n \end{bmatrix}_{n\times 1} \end{gathered} \tag{11.1.2-7}$$

$\mathbf{Y}$ 称为观测向量, $\mathbf{X}$ 称为数据矩阵, $\boldsymbol{\beta}$ 称为系数向量, 就是需要求算的目标.

什么时候才算是最好的拟合呢？应当是满足误差向量 $\boldsymbol{\varepsilon}$ 的模最小, 即问题可以理解为改变 $\boldsymbol{\beta}$ 使得 $\boldsymbol{\varepsilon}^{\mathrm{T}}\boldsymbol{\varepsilon}$ 极小, 即 $\min\limits_{\boldsymbol{\beta}}\left(\boldsymbol{\varepsilon}^{\mathrm{T}}\boldsymbol{\varepsilon}\right)$. 利用式 (11.1.2-5) 得到

$$\min_{\boldsymbol{\beta}}\left(\boldsymbol{\varepsilon}^{\mathrm{T}}\boldsymbol{\varepsilon}\right) = \min_{\boldsymbol{\beta}}\left[(\mathbf{Y} - \mathbf{X}\boldsymbol{\beta})^{\mathrm{T}}(\mathbf{Y} - \mathbf{X}\boldsymbol{\beta})\right] = \min_{\boldsymbol{\beta}}[\mathbf{Q}]$$

其中,

$$\mathbf{Q} \equiv (\mathbf{Y} - \mathbf{X}\boldsymbol{\beta})^{\mathrm{T}}(\mathbf{Y} - \mathbf{X}\boldsymbol{\beta}) \tag{11.1.2-8}$$

既然是极小, 则必须满足一阶导数在 $\hat{\beta}$ 处为 0, 即

$$\left.\frac{\partial Q}{\partial \beta}\right|_{\beta=\hat{\beta}} = \left.\frac{\partial}{\partial \beta}\left[(\mathbf{Y}-\mathbf{X}\beta)^{\mathrm{T}}(\mathbf{Y}-\mathbf{X}\beta)\right]\right|_{\beta=\hat{\beta}}$$
$$= \left.\frac{\partial}{\partial \beta}\left[\mathbf{Y}^{\mathrm{T}}\mathbf{Y}-\beta^{\mathrm{T}}\mathbf{X}^{\mathrm{T}}\mathbf{Y}-\mathbf{Y}^{\mathrm{T}}\mathbf{X}\beta+\beta^{\mathrm{T}}\mathbf{X}^{\mathrm{T}}\mathbf{X}\beta\right]\right|_{\beta=\hat{\beta}}$$

(关于矩阵对矩阵的求导数问题参见附录 B.2 节). 于是

$$\mathbf{0} = \left.\frac{\partial Q}{\partial \beta}\right|_{\beta=\hat{\beta}} = \left.\left[-\mathbf{X}^{\mathrm{T}}\mathbf{Y}-\left(\mathbf{Y}^{\mathrm{T}}\mathbf{X}\right)^{\mathrm{T}}+\mathbf{X}^{\mathrm{T}}\mathbf{X}\beta+\left(\beta^{\mathrm{T}}\mathbf{X}^{\mathrm{T}}\mathbf{X}\right)^{\mathrm{T}}\right]\right|_{\beta=\hat{\beta}}$$
$$= 2\left[-\mathbf{X}^{\mathrm{T}}\mathbf{Y}+\mathbf{X}^{\mathrm{T}}\mathbf{X}\hat{\beta}\right].$$

于是求得系数向量

$$\hat{\beta} = \left(\mathbf{X}^{\mathrm{T}}\mathbf{X}\right)^{-1}\mathbf{X}^{\mathrm{T}}\mathbf{Y} \tag{11.1.2-9}$$

最后, 拟合后的方程为

$$\hat{\mathbf{Y}} = \mathbf{X}\hat{\beta} \tag{11.1.2-10}$$

讨论

(1) 实验值和拟合值之差称为**残差**, $e_i \equiv y_i - \hat{y}_i, \forall i = 1(1)n$, 也可写成如下列矩阵:

$$\mathbf{e} \equiv \mathbf{Y} - \hat{\mathbf{Y}} \tag{11.1.2-11}$$

(2) 根据式 (11.1.2-9) 和式 (11.1.2-10) 得到 $\hat{\mathbf{Y}} = \mathbf{X}\hat{\beta} = \mathbf{X}\left(\mathbf{X}^{\mathrm{T}}\mathbf{X}\right)^{-1}\mathbf{X}^{\mathrm{T}}\mathbf{Y}$. 定义

$$\mathbf{H} \equiv \mathbf{X}\left(\mathbf{X}^{\mathrm{T}}\mathbf{X}\right)^{-1}\mathbf{X}^{\mathrm{T}} \tag{11.1.2-12}$$

故

$$\hat{\mathbf{Y}} = \mathbf{H}\mathbf{Y} \tag{11.1.2-13}$$

通过不难的运算可以证明 $\mathbf{H}$ 矩阵有以下重要性质 (令 $\mathbf{1}_n$ 矩阵为 $n \times n$ 单位方阵):

(i) 对称性: $$(\mathbf{1}_n - \mathbf{H})^{\mathrm{T}} = \mathbf{1}_n - \mathbf{H} \tag{11.1.2-14}$$

(ii) 幂等性: $$(\mathbf{1}_n - \mathbf{H})^2 = \mathbf{1}_n - \mathbf{H} \tag{11.1.2-15}$$

(iii) $$\mathbf{X}^{\mathrm{T}}(\mathbf{1}_n - \mathbf{H}) = \mathbf{0} \tag{11.1.2-16}$$

(3) 还可以证明等式

$$\mathbf{X}^{\mathrm{T}}\mathbf{e} = \mathbf{0} \quad 和 \quad \hat{\mathbf{Y}}^{\mathrm{T}}\mathbf{e} = \mathbf{0} \tag{11.1.2-17}$$

(4) 总平方和、残差平方和、回归平方和: 令

$$\sum_{i=1}^{n}(y_i - \hat{y}_i)^2 \equiv S_{\mathrm{E}} = \mathbf{e}^{\mathrm{T}}\mathbf{e} = \left(\mathbf{Y}-\hat{\mathbf{Y}}\right)^{\mathrm{T}}\left(\mathbf{Y}-\hat{\mathbf{Y}}\right) \tag{11.1.2-18}$$

S_{E} 称为**残差平方和**. 令 y 实验值的平均值

$$\bar{y} \equiv \frac{1}{n}\sum_{i=1}^{n} y_i \tag{11.1.2-19}$$

可以证明拟合值的平均值等于实验值的平均值, 即

$$\bar{\hat{y}} \equiv \frac{1}{n}\sum_{i=1}^{n}\hat{y}_i = \bar{y} \tag{11.1.2-20}$$

定义

总平方和

$$S_{\mathrm{T}} \equiv \sum_{i=1}^{n}(y_i - \bar{y})^2 \tag{11.1.2-21}$$

残差平方和

$$S_{\mathrm{E}} \equiv \sum_{i=1}^{n}(y_i - \hat{y}_i)^2 \tag{11.1.2-22}$$

回归平方和

$$S_{\mathrm{R}} \equiv \sum_{i=1}^{n}(\hat{y}_i - \bar{y})^2 \tag{11.1.2-23}$$

(5) 求证

$$\sum_{i=1}^{n}y_i^2 = \sum_{i=1}^{n}\hat{y}_i^2 + S_{\mathrm{E}} \tag{11.1.2-24}$$

证明

$$\begin{aligned}\sum_{i=1}^{n}y_i^2 &= \mathbf{Y}^{\mathrm{T}}\mathbf{Y} = \left(\hat{\mathbf{Y}} - \hat{\mathbf{Y}} + \mathbf{Y}\right)^{\mathrm{T}}\left(\hat{\mathbf{Y}} - \hat{\mathbf{Y}} + \mathbf{Y}\right) = \left(\hat{\mathbf{Y}} + \mathbf{e}\right)^{\mathrm{T}}\left(\hat{\mathbf{Y}} + \mathbf{e}\right) \\ &= \hat{\mathbf{Y}}^{\mathrm{T}}\hat{\mathbf{Y}} + \mathbf{e}^{\mathrm{T}}\hat{\mathbf{Y}} + \hat{\mathbf{Y}}^{\mathrm{T}}\mathbf{e} + \mathbf{e}^{\mathrm{T}}\mathbf{e} = \hat{\mathbf{Y}}^{\mathrm{T}}\hat{\mathbf{Y}} + S_{\mathrm{E}} = \sum_{i=1}^{n}\hat{y}_i^2 + S_{\mathrm{E}}\end{aligned}$$ ■

(6) 又可以先后根据式 (11.1.2-18)、式 (11.1.2-13)~ 式 (11.1.2-15) 和式 (11.1.2-9) 证得

$$S_{\mathrm{E}} = \mathbf{Y}^{\mathrm{T}}\mathbf{Y} - \mathbf{Y}^{\mathrm{T}}\mathbf{X}\hat{\boldsymbol{\beta}} \tag{11.1.2-25}$$

(7) 求证

$$S_{\mathrm{T}} = S_{\mathrm{R}} + S_{\mathrm{E}} \tag{11.1.2-26}$$

证明

$$\begin{aligned}S_{\mathrm{T}} - S_{\mathrm{R}} &= \sum_{i=1}^{n}(y_i - \bar{y})^2 - \sum_{i=1}^{n}(\hat{y}_i - \bar{y})^2 \\ &= \sum_{i=1}^{n}y_i^2 - 2\bar{y}\sum_{i=1}^{n}y_i + n(\bar{y})^2 - \sum_{i=1}^{n}\hat{y}_i^2 + 2\bar{y}\sum_{i=1}^{n}\hat{y}_i - n(\bar{y})^2 \\ &= \sum_{i=1}^{n}y_i^2 - \sum_{i=1}^{n}\hat{y}_i^2 = S_{\mathrm{E}}\end{aligned}$$ ■

式 (11.1.2-26) 是统计回归中最著名的等式 (R. A. Fisher, 1890~1962). 说明总平方和 S_{T} 有两个来源: 回归平方和 S_{R} 与残差平方和 S_{E}. S_{R} 代表原始数据中能够通过线性拟合纳

入规律性的部分, 而 S_{E} 代表原始数据中通过线性拟合无法纳入规律性的部分. 残差平方和 S_{E} 在总的平方和 S_{T} 中占的比例越小, 或回归平方和 S_{R} 在总平方和 S_{T} 中占的比例越大, 都表明从原始数据中规律性提取得越好. 所以定义**相关系数**的平方

$$R^2 \equiv \frac{S_{\mathrm{R}}}{S_{\mathrm{T}}} = 1 - \frac{S_{\mathrm{E}}}{S_{\mathrm{T}}} = 1 - \frac{\mathbf{e}^{\mathrm{T}}\mathbf{e}}{\sum\limits_{i=1}^{n}(y_i - \bar{y})^2} \tag{11.1.1-27}$$

代表拟合的程度. 在其他条件相同时, R^2 越接近于 1 代表拟合越好.

(8) 求证残差平方和的期望值

$$E(S_{\mathrm{E}}) = (n - p - 1)\sigma^2 \tag{11.1.2-28}$$

证明

(i) 根据式 (11.1.2-12) 得到

$$\mathbf{HX} = \left\{\mathbf{X}\left(\mathbf{X}^{\mathrm{T}}\mathbf{X}\right)^{-1}\mathbf{X}^{\mathrm{T}}\right\}\mathbf{X} = \mathbf{X} \tag{11.1.2-29}$$

依次根据式 (11.1.2-11)、式 (11.1.2-13)、式 (11.1.2-5)、式 (11.1.2-29) 得到

$$\begin{aligned}\mathbf{e} &= \mathbf{Y} - \hat{\mathbf{Y}} = \mathbf{Y} - \mathbf{HY} = (\mathbf{1}_n - \mathbf{H})\mathbf{Y} = (\mathbf{1}_n - \mathbf{H})(\mathbf{X}\beta + \varepsilon) \\ &= \mathbf{X}\beta + \varepsilon - \mathbf{HX}\beta - \mathbf{H}\varepsilon\end{aligned}$$

即残差

$$\mathbf{e} = (\mathbf{1}_n - \mathbf{H})\varepsilon \tag{11.1.2-30}$$

(ii) 依次根据式 (11.1.2-18)、式 (11.1.2-30)、式 (11.1.2-14)、式 (11.1.2-15) 得到

$$\begin{aligned}E(S_{\mathrm{E}}) &= E(\mathbf{e}^{\mathrm{T}}\mathbf{e}) = E\left\{\mathrm{tr}(\mathbf{e}^{\mathrm{T}}\mathbf{e})\right\} = E\left\{\mathrm{tr}([(\mathbf{1}_n - \mathbf{H})\varepsilon]^{\mathrm{T}}(\mathbf{1}_n - \mathbf{H})\varepsilon)\right\} \\ &= E\left\{\mathrm{tr}(\varepsilon^{\mathrm{T}}(\mathbf{1}_n - \mathbf{H})\varepsilon)\right\} \\ &= \mathrm{tr}\left\{E[(\mathbf{1}_n - \mathbf{H})\varepsilon\varepsilon^{\mathrm{T}}]\right\} = \mathrm{tr}\left\{(\mathbf{1}_n - \mathbf{H})\mathbf{E}\left(\varepsilon\varepsilon^{\mathrm{T}}\right)\right\}\end{aligned}$$

因为式 (11.1.2-6) 说明 $E\left\{\mathrm{tr}\left(\varepsilon\varepsilon^{\mathrm{T}}\right)\right\} = \sigma^2$, 所以 $E(S_{\mathrm{E}}) = \sigma^2\mathrm{tr}\{\mathbf{1}_n - \mathbf{H}\} = \sigma^2(n - \mathrm{tr}\mathbf{H})$. 再因为式 (11.1.2-12), 故 $\mathrm{tr}\mathbf{H} = \mathrm{tr}\left\{\mathbf{X}\left(\mathbf{X}^{\mathrm{T}}\mathbf{X}\right)^{-1}\mathbf{X}^{\mathrm{T}}\right\} = \mathrm{tr}\{\left(\mathbf{X}^{\mathrm{T}}\mathbf{X}\right)^{-1}\mathbf{X}^{\mathrm{T}}\mathbf{X}\}$. 因为 $\mathbf{X}$ 为 $n \times (p+1)$ 阶矩阵, 故矩阵乘积 $\left(\mathbf{X}^{\mathrm{T}}\mathbf{X}\right)^{-1}\mathbf{X}^{\mathrm{T}}\mathbf{X}$ 一定是 $p+1$ 阶的单位矩阵 $\mathbf{1}_{p+1}$. 于是 $\mathrm{tr}\mathbf{H} = \mathrm{tr}\{\mathbf{1}_{p+1}\} = p + 1$. 所以 $E(S_{\mathrm{E}}) = (n - p - 1)\sigma^2$ ■

讨论

(i) 实际上, 统计过程只用**总体**中的一部分, 即用有限次数的测量来寻找自变量与因变量之间的依赖关系. 这有限次数的测量的全体即**样本**. 任何统计数学的目的是通过样本来把握总体的规律, 即通过样本均值、样本方差来准确计算 (即无偏估计) 总体均值和总体方差. 统计数学只对总体感兴趣. 所以必须 "无偏".

(ii) 既然证明了式 (11.1.2-28), 即 $E\left(\dfrac{S_{\mathrm{E}}}{n-p-1}\right)=\sigma^2$, 所以 $\dfrac{S_{\mathrm{E}}}{n-p-1}$ 是总体方差 σ^2 的无偏估计

$$\frac{S_{\mathrm{E}}}{n-p-1}\equiv\hat{\sigma}^2 \tag{11.1.2-31}$$

式 (11.1.2-31) 的平方根称为拟合的**标准误差**

$$\hat{\sigma}\equiv\sqrt{\frac{S_{\mathrm{E}}}{n-p-1}} \tag{11.1.2-32}$$

在 11.1.1 小节讨论的是单个随机变量的无偏估计. 这里多元线性回归问题中是 p 个随机变量的问题. 式 (11.1.2-32) 的分母 $n-p-1$ 是自由度, 即独立变量个数, 一个约束来自样本均值 $\bar{X}=\dfrac{1}{n}\displaystyle\sum_{i=1}^{n}X_i$ 的计算, p 元线性回归相当于 p 个约束, 所以共有 $p+1$ 个约束.

总的来说, 11.1.1 小节和这里 p 元线性回归问题的无偏估计可以汇总为表 11.1.2-1.

表 11.1.2-1 单随机变量和 p 元线性回归问题的自由度和无偏估计

	自由度	约束个数	约束方程	标准误差的无偏估计
单随机变量	n	0	无	$\sigma=\sqrt{\frac{1}{n}\sum_{i=1}^{n}(x_i-\bar{x})^2}$
单随机变量	$n-1$	$1, \bar{x}$	$\bar{x}=\frac{1}{n}\sum_{i=1}^{n}x_i$	$\sigma=\sqrt{\frac{1}{n-1}\sum_{i=1}^{n}(x_i-\bar{x})^2}$
一元线性回归	$n-2$	$2, \hat{\beta}_0, \hat{\beta}_1$	$\hat{\boldsymbol{\beta}}=(\mathbf{X}^{\mathrm{T}}\mathbf{X})^{-1}\mathbf{X}^{\mathrm{T}}\mathbf{Y}$	$\sigma=\sqrt{\frac{1}{n-2}\sum_{i=1}^{n}(x_i-\bar{x})^2}$
二元线性回归	$n-3$	$3, \hat{\beta}_0, \hat{\beta}_1, \hat{\beta}_2$	$\hat{\boldsymbol{\beta}}=(\mathbf{X}^{\mathrm{T}}\mathbf{X})^{-1}\mathbf{X}^{\mathrm{T}}\mathbf{Y}$	$\sigma=\sqrt{\frac{1}{n-3}\sum_{i=1}^{n}(x_i-\bar{x})^2}$
p 元线性回归	$n-p-1$	$p+1, \hat{\boldsymbol{\beta}}_{(p+1)\times 1}$	$\hat{\boldsymbol{\beta}}=(\mathbf{X}^{\mathrm{T}}\mathbf{X})^{-1}\mathbf{X}^{\mathrm{T}}\mathbf{Y}$	$\sigma=\sqrt{\frac{1}{n-p-1}\sum_{i=1}^{n}(x_i-\bar{x})^2}$

(9) 均方、自由度、方差比: 它们的定义和关系见表 11.1.2-2.

表 11.1.2-2

来源	平方和	自由度	均方	方差比
回归	$S_{\mathrm{R}}\equiv\sum_{i=1}^{n}(\hat{y}_i-\bar{y})^2$	$f_{\mathrm{R}}=p$	$V_{\mathrm{R}}\equiv\frac{S_{\mathrm{R}}}{f_{\mathrm{R}}}$	$F(p,n-p-1)\equiv\frac{V_{\mathrm{R}}}{V_{\mathrm{E}}}$
残差	$S_{\mathrm{E}}\equiv\sum_{i=1}^{n}(y_i-\hat{y}_i)^2$	$f_{\mathrm{E}}=n-p-1$	$V_{\mathrm{E}}\equiv\frac{S_{\mathrm{E}}}{f_{\mathrm{E}}}$	
总计	$S_{\mathrm{T}}\equiv\sum_{i=1}^{n}(y_i-\bar{y})^2=S_R+S_E$	$f_{\mathrm{T}}=n-1$		

即

$$F(p,n-p-1)\equiv\frac{V_{\mathrm{R}}}{V_{\mathrm{E}}}=\frac{(S_{\mathrm{R}}/f_{\mathrm{R}})}{(S_{\mathrm{E}}/f_{\mathrm{E}})}=\frac{(n-p-1)\,S_{\mathrm{R}}}{pS_{\mathrm{E}}} \tag{11.1.2-33}$$

(10) 可以证明**方差比**F 和相关系数平方 R^2 之间互相换算的式子为

$$F \equiv F(p, n-p-1) = \frac{(n-p-1)}{p(1/R^2-1)} \tag{11.1.2-34}$$

$$R^2 = \frac{1}{\left(1+\frac{n-p-1}{pF}\right)} \tag{11.1.2-35}$$

(11) 几何意义：在最简单的"一元线性回归"分析中，其几何意义见图 11.1.2-1. $\hat{y} = \hat{\beta}_0 + \hat{\beta}_1 x$ 为拟合方程. 总偏差 $y_i - \bar{y}$, 回归偏差 $\hat{y}_i - \bar{y}$ 和误差偏差 $y_i - \hat{y}_i$ 的几何含义从图 11.1.2-1 中就可以看出.

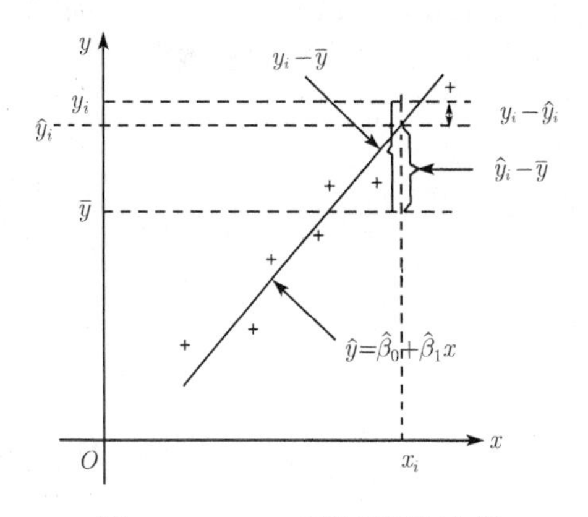

图 11.1.2-1 一元线性回归分析

(12) 置信水平 (confidence level)：任何一个统计数学处理之后，最后结果是否良好，要落实到**置信水平**$1-\alpha$ 才行.

在化学界流传甚广的误解是单独把相关系数 R 或它的平方 R^2 作为拟合好坏的判据. 准确的概念是相关系数 R 或它的平方 R^2 不能单独用来作为拟合好坏的判据; 相关系数 R 还必须根据自由度 $n-p-1$, 然后就可以在任何一本统计数学书附录中的 R 值表, 查到置信水平 $1-\alpha$ 分别为 90%, 95%或 99%时的最小 R 值, 相关系数大于此值的拟合才是好的拟合. 只有置信水平才是人为设定的, 不能设定好的相关系数值.

同样, 方差比 $F(f_R, f_E)$ 也必须与回归自由度 $f_R = p$ 和残差自由度 $f_E = n-p-1$ 在一起, 才能查到置信水平 $1-\alpha$ 分别为 90%, 95%或 99%时的最小 $F(f_R, f_E)$ 值. 这个概念的缺失经常可以在药物设计的研究文献中发现.

(13) 偏相关系数：在以上 p 个自变量的多元线性回归问题中, 如何辨别某个自变量的重要性呢? 这就要引入偏相关系数的概念：

从上述讨论知道 p 个自变量的多元线性回归问题中的残差平方和. 设从 p 个自变量中删去第 j 个自变量 x_j, 此后用余下的 $p-1$ 个自变量作"$p-1$ 元线性回归"时的残差平方和称为 $S_E^{(j)}$, 则

$$R_j \equiv \sqrt{1-\frac{S_E}{S_E^{(j)}}}, \quad \forall j = 1(1)p \tag{11.1.2-36}$$

称为第 j 个自变量 x_j 的**偏相关系数**. 显然, 必有 $S_{\mathrm{E}}^{(j)} > S_{\mathrm{E}}$, 故 R_j 值在 0 到 1 之间. 在原来的 p 个自变量中对因变量影响大的自变量, 显然删去它后残差平方和会变大, 其偏相关系数 R_j 也越大. 于是可以根据偏相关系数的大小, 删去影响最小的几个自变量, 使自变量的总数减少.

11.1.3　数据矩阵的标准化处理

1) 数据矩阵

假定现在要解决 p 个自变量 $\{z_j \,|j = 1(1)p\}$ 和一个因变量 y 之间的统计问题. 由于总是希望统计分析的理论形式不要随着自变量单位、量纲的不同而改变, 所以在进行统计数学分析之前先要将自变量的测量数据进行**标准化**处理, 即标准化变换, 也就是无量纲化. 设标准化变换前, 自变量有 p 个, 记为 $\{z_j \,|j = 1(1)p\}$, 有 n 套自变量的测量数据 $\{z_{ij} \,|i = 1\,(1)\,n; j = 1(1)p\}$ 称为 n 个 "样本". 这些数据可以排列成如下数据矩阵:

$$\mathbf{Z} \equiv \begin{bmatrix} z_{11} & z_{12} & \cdots & z_{1p} \\ z_{21} & z_{22} & \cdots & z_{2p} \\ \vdots & \vdots & & \vdots \\ z_{n1} & z_{n2} & \cdots & z_{np} \end{bmatrix}_{n\times p} = \begin{bmatrix} \mathbf{z}_1 & \mathbf{z}_2 & \cdots & \mathbf{z}_p \end{bmatrix} \tag{11.1.3-1a}$$

其中, 列矩阵

$$\mathbf{z}_j \equiv [z_{1j}\ z_{2j} \cdots\ z_{nj}]^{\mathrm{T}}, \quad \forall j = 1(1)p \tag{11.1.3-1b}$$

讨论

(1) 第 j 个自变量 $\mathbf{z}_j$ 的 n 次测量值的平均值

$$\bar{z}_j \equiv \frac{1}{n}\sum_{k=1}^{n} z_{kj} \tag{11.1.3-2}$$

(2) 第 j 个自变量 $\mathbf{z}_j$ 的 n 次测量值的**方差**s_{jj}(variance) 和**标准误差**σ_j 分别定义为

$$s_{jj} \equiv \mathrm{var}\,(\mathbf{z}_i) \equiv \frac{1}{n-1}\sum_{k=1}^{n} (z_{kj} - \bar{z}_j)^2 \tag{11.1.3-3}$$

$$\sigma_j \equiv \sqrt{s_{jj}} = \sqrt{\frac{1}{n-1}\sum_{k=1}^{n} (z_{kj} - \bar{z}_j)^2} \tag{11.1.3-4}$$

(3) 第 i 个自变量 $\mathbf{z}_i$ 与第 j 个自变量 $\mathbf{z}_j$ 之间的**协方差**(covariance)s_{ij} 定义为

$$s_{ij} \equiv \mathrm{cov}\,(\mathbf{z}_i, \mathbf{z}_j) \equiv \frac{1}{n-1}\sum_{k=1}^{n} (z_{ki} - \bar{z}_i)\,(z_{kj} - \bar{z}_j) \tag{11.1.3-5}$$

将所有 $\{s_{ij}\}$ 值排列的方阵称为协方差阵 $\mathbf{S}$, 即

$$\mathbf{S} \equiv [s_{ij}] \tag{11.1.3-6}$$

(4) 各个自变量 (即数据矩阵的每一列) 都可以看成是一个随机变量, 这些 p 个随机变量之间可能存在相关. 表征第 i 个自变量 $\mathbf{z}_i$ 与第 j 个自变量 $\mathbf{z}_j$ 之间相关程度的**相关系数**定义为

$$r_{ij} \equiv \frac{s_{ij}}{\sqrt{s_{ii}s_{jj}}} \tag{11.1.3-7a}$$

即

$$r_{ij} \equiv \frac{s_{ij}}{\sqrt{s_{ii}s_{jj}}} = \frac{\sum_{k=1}^{n}(z_{ki}-\bar{z}_i)(z_{kj}-\bar{z}_j)}{\sqrt{\sum_{k=1}^{n}(z_{ki}-\bar{z}_i)^2\sum_{k=1}^{n}(z_{kj}-\bar{z}_j)^2}} \tag{11.1.3-7b}$$

(5) 所有相关系数构成的矩阵称为**相关矩阵R**

$$\mathbf{R} \equiv [r_{ij}]_{p\times p} \equiv \begin{bmatrix} r_{11} & \cdots & r_{1j} & \cdots & r_{1p} \\ \vdots & & \vdots & & \vdots \\ r_{i1} & \cdots & r_{ij} & \cdots & r_{ip} \\ \vdots & & \vdots & & \vdots \\ r_{p1} & \cdots & r_{pj} & \cdots & r_{pp} \end{bmatrix}. \tag{11.1.3-8}$$

可以证明相关矩阵 $\mathbf{R}$ 有如下性质:

(i) $\mathbf{R}$ 是对称矩阵且对角元均为 1, 即

$$r_{ij} = r_{ji} \tag{11.1.3-9a}$$

$$r_{ii} = 1 \tag{11.1.3-9b}$$

(ii)

$$|r_{ij}| \leqslant 1 \tag{11.1.3-9c}$$

2) 标准化变换

将自变量的原始数据矩阵 $\mathbf{Z}$, 式 (11.1.3-1a), 作如下**标准化变换**:

$$x_{kj} \equiv \frac{z_{kj}-\bar{z}_j}{\sqrt{s_{jj}}}, \quad \forall k = 1(1)n; j = 1(1)p \tag{11.1.3-10}$$

显然, 式 (11.1.3-10) 分子代表 "中心化" 或平移变换; 分母代表用方差的平方根 (即标准误差) 作标度变换, 即无量纲化. 变换后的 p 个新的自变量 $\{x_j\,|j = 1(1)p\}$, 其 n 套测量数据 $\{x_{ij}\,|i = 1\,(1)\,n; j = 1(1)p\}$ 可排成如下数据矩阵:

$$\mathbf{X} \equiv \begin{bmatrix} x_{11} & x_{12} & \cdots & x_{1p} \\ x_{21} & x_{22} & \cdots & x_{2p} \\ \vdots & \vdots & & \vdots \\ x_{n1} & x_{n2} & \cdots & x_{np} \end{bmatrix}_{n\times p} = \begin{bmatrix} \mathbf{x}_1 & \mathbf{x}_2 & \cdots & \mathbf{x}_p \end{bmatrix} = \begin{bmatrix} \mathbf{x}_{(1)}^{\mathrm{T}} \\ \mathbf{x}_{(2)}^{\mathrm{T}} \\ \vdots \\ \mathbf{x}_{(n)}^{\mathrm{T}} \end{bmatrix} \tag{11.1.3-11a}$$

其中, 组成 $\mathbf{X}$ 的列矩阵 $\mathbf{x}_j$(对应于每一个自变量) 和组成 $\mathbf{X}$ 的行矩阵 $\mathbf{x}_{(k)}^{\mathrm{T}}$(对应于所有自变量的第 k 次测量值的集合) 分别是

$$\mathbf{x}_j \equiv \begin{bmatrix} x_{1j} \\ x_{2j} \\ \vdots \\ x_{nj} \end{bmatrix}, \quad \forall j = 1(1)p \quad \text{和} \quad \mathbf{x}_{(k)} \equiv \begin{bmatrix} x_{k1} \\ x_{k2} \\ \vdots \\ x_{kp} \end{bmatrix}, \quad \forall k = 1(1)n \tag{11.1.3-11b}$$

讨论

标准化变换后的自变量数据矩阵 $\mathbf{X}$ 有如下重要性质:

(1) 每一个标准化后的自变量的 n 次测量数据的平均值都为 0, 即

$$\bar{x}_j = 0, \quad \forall j = 1(1)p \tag{11.1.3-12}$$

证明　根据式 (11.1.3-2) 和 (11.1.3-10), 得到

$$\bar{x}_j \equiv \frac{1}{n}\sum_{k=1}^{n} x_{kj} = \frac{1}{n\sqrt{s_{jj}}}\sum_{k=1}^{n}(z_{kj} - \bar{z}_j) = 0 \qquad \blacksquare$$

(2) 每一个标准化后的自变量其 n 个测量数据的方差都为 1, 标准差均为 1, 即 (为区别计, 增加下标 x)

$$s_{x,jj} \equiv \frac{1}{n-1}\sum_{k=1}^{n}(x_{kj} - \bar{x}_j)^2 = 1, \quad \forall j = 1(1)p \tag{11.1.3-13a}$$

$$\sigma_{x,j} \equiv \sqrt{s_{x,jj}} = 1, \quad \forall j = 1(1)p \tag{11.1.3-13b}$$

证明　根据方差定义, 式 (11.1.3-3), 第 j 个新的自变量 $\mathbf{x}_j$ 的方差

$$\begin{aligned} s_{x,jj} &\equiv \frac{1}{n-1}\sum_{k=1}^{n}(x_{kj} - \bar{x}_j)^2 = \frac{1}{n-1}\sum_{k=1}^{n}(x_{kj})^2 \\ &= \frac{1}{n-1}\sum_{k=1}^{n}\left(\frac{z_{kj} - \bar{z}_j}{\sqrt{s_{jj}}}\right)^2 = \frac{1}{s_{jj}(n-1)}\sum_{k=1}^{n}(z_{kj} - \bar{z}_j)^2 = \frac{s_{jj}}{s_{jj}} = 1 \end{aligned}$$

以上第二步演绎的根据是标准化后均值为 0, 第三步引用标准化的定义式 (11.1.3-10). 再第三步根据式 (11.1.3-3) 的方差定义. $\blacksquare$

(3) 标准化后的数据矩阵 $\mathbf{X}$ 对应的相关矩阵 $\mathbf{R}_x$: 因为 $s_{x,jj} = 1$ 以及 $s_{x,ij} \equiv \frac{1}{n-1}\sum_{k=1}^{n}(x_{ki} - \bar{x}_i)(x_{kj} - \bar{x}_j) = \frac{1}{n-1}\sum_{k=1}^{n} x_{ki}x_{kj}$. 根据式 (11.1.3-7a) 可知 $r_{x,ij} \equiv \frac{s_{x,ij}}{\sqrt{s_{x,ii}s_{x,jj}}}$ 和 $s_{x,ij} = r_{x,ij}$, 所以 $\mathbf{X}$ 对应的相关矩阵

$$\mathbf{R}_x \equiv [r_{x,ij}] = \frac{1}{n-1}\mathbf{X}^{\mathrm{T}}\mathbf{X} \tag{11.1.3-13c}$$

可见标准化后的数据矩阵 $\mathbf{X}$ 每一列对应的随机变量 (即同一自变量的测量值) 都服从 $N(0,1)$ 分布. 标准化的几何意义见图 11.1.3-1.

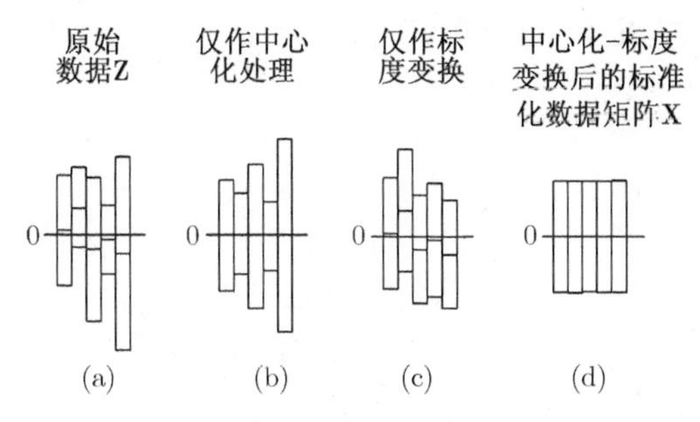

图 11.1.3-1 从数据矩阵 $\mathbf{Z}$ 到 $\mathbf{X}$ 的标准化变换

(4) 原来自变量 $\{z_j\,|j=1(1)p\}$ 的相关系数

$$r_{ij}=\frac{\sum\limits_{k=1}^{n}(z_{ki}-\bar{z}_i)(z_{kj}-\bar{z}_j)}{\sqrt{\sum\limits_{k=1}^{n}(z_{ki}-\bar{z}_i)^2\sum\limits_{k=1}^{n}(z_{kj}-\bar{z}_j)^2}}=\frac{1}{n-1}\sum_{k=1}^{n}x_{ki}x_{kj},\quad \forall i,j=1(1)p \tag{11.1.3-14}$$

因此, 原来自变量 $\{z_j\}$ 的相关矩阵

$$\mathbf{R}\equiv[r_{ij}]=\frac{1}{n-1}\mathbf{X}^{\mathrm{T}}\mathbf{X}=\mathbf{R}_x \tag{11.1.3-15}$$

(5) 根据每一个标准化后的自变量其 n 个测量数据的平均值都为 1, 标准差均为 1. 再根据协方差的定义式 (11.1.3-5), 和相关矩阵的定义式 (11.1.3-8), 标准化后的自变量 $\{x_j\,|j=1(1)p\}$ 其相关矩阵 $\mathbf{R}_x$ 等于其协方差阵 $\mathbf{S}_x$(为区别计, 增加下标 x), 即

$$\mathbf{R}_x=\mathbf{S}_x \tag{11.1.3-16}$$

11.1.4 主成分回归法[3]

(1) 定性原理: 在多元线性回归中, 为了更多地反映各种影响因素之间的差异, 于是希望采用更多数目的自变量. 在另外一些统计方法, 如聚类分析、判别分析中也有这种倾向. 但是, 自变量多了增加了分析问题的复杂性, 降低了判别的直观能力. 因而在多个自变量的统计分析中经常会遇到这样的情况: 有的自变量本身的几次测量值的相对差异 (即变异) 就相当小, 显然这些自变量在回归中作用很小, 可以剔去. 这就需要压缩自变量的数目. 留下自身变异程度最大的几个自变量. 这就是主成分回归法(principle component regression, PCR) 的定性原理.

例如, 如图 11.1.4-1 所示 z_1,z_2 是原始自变量的坐标系, x_1,x_2 是标准化后的自变量坐标系. "+" 代表标准化后自变量测量值的点 (注意, 在主成分法里始终没有考虑因变量的测量值). 图中椭圆表示这些数据点的分布等高线, 自变量 x_1 和 x_2 的变异范围分别是 Δx_1 和 Δx_2, 两者都不小, 也就是这两个自变量哪一个都不能忽视. 可是如果将标准化后的自变量 x_1 和 x_2 作一个旋转变换到新的自变量 y_1 和 y_2, 使得新的坐标系方向正好就是数据点分布的椭圆的长轴和短轴上, 那么自变量 y_2 的变异范围 Δy_2 很小. 显然如果用新的自变量 y_1 和 y_2 与因变量作统计分析的话, 自变量 y_2 可以剔除. 只要用一个自变量

y_1 与因变量作统计分析就够了, 可以理解可信度的损失也相当小. 本例中的自变量 y_1 就是**主成分**, 即主要的自变量.

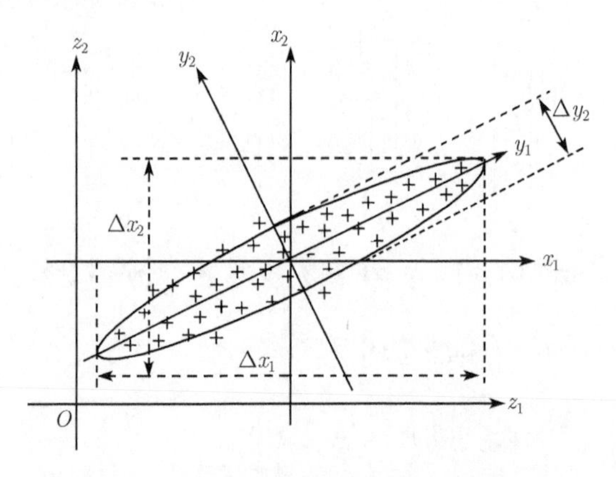

图 11.1.4-1　主成分回归法的定性原理

掌握了主成分回归法的定性原理, 就不难理解下述的数学推理:

(2) 现在讨论将这 p 个标准化后的自变量 $x_1, x_2, \cdots, x_p$ 作线性组合, 先组合成一个新的自变量 y,

$$y = l_1 x_1 + l_2 x_2 + \cdots + l_p x_p = \boldsymbol{l}^{\mathrm{T}} \mathbf{x} \tag{11.1.4-1}$$

其中, 记列矩阵

$$\boldsymbol{l} \equiv \begin{bmatrix} l_1 \\ l_2 \\ \vdots \\ l_p \end{bmatrix}_{(p\times 1)} \quad 和 \quad \mathbf{x} \equiv \begin{bmatrix} x_1 \\ x_2 \\ \vdots \\ x_p \end{bmatrix}_{(p\times 1)} \tag{11.1.4-2}$$

$\boldsymbol{l}$ 为变换系数排成的列矩阵. 至于式 (11.1.4-1) 中第 k 次测量, 对应于标准化后的自变量 $\{x_j\}$, 新的自变量 y 的 n 次测量值为

$$y_k = l_1 x_{k1} + l_2 x_{k2} + \cdots + l_p x_{kp} = \boldsymbol{l}^{\mathrm{T}} \mathbf{x}_{(k)}, \quad \forall k = 1(1)n \tag{11.1.4-3a}$$

其中, 自变量 $\{x_j\}$ 的第 k 次测量值 $\{x_{kj} \,|\, j = 1(1)p\}$ 排成列矩阵

$$\mathbf{x}_{(k)} \equiv \begin{bmatrix} x_{k1} \\ x_{k2} \\ \vdots \\ x_{kp} \end{bmatrix}_{(p\times 1)} . \tag{11.1.4-3b}$$

(i) 新的组合自变量 y 的 n 次测量的均值:

$$\bar{y} \equiv \frac{1}{n} \sum_{k=1}^{n} y_k = \frac{1}{n} \sum_{k=1}^{n} (l_1 x_{k1} + l_2 x_{k2} + \cdots + l_p x_{kp}) = 0 \tag{11.1.4-4}$$

得到式 (11.1.4-4) 的理由是根据数据标准化时的式 (11.1.3-10), 如式 (11.1.4-4) 中的 $\frac{1}{n}\sum_{k=1}^{n} l_2 x_{k2} = \frac{l_2}{n}\sum_{k=1}^{n} x_{k2} = 0$.

(ii) 新组合的自变量 y 的 n 次测量值的样本方差为

$$
\begin{aligned}
s_{yy} &\equiv \frac{1}{n-1}\sum_{k=1}^{n}(y_k - \bar{y})^2 \\
&= \frac{1}{n-1}\sum_{k=1}^{n} y_k^2 = \frac{1}{n-1}\sum_{k=1}^{n}(l_1 x_{k1} + l_2 x_{k2} + \cdots + l_p x_{kp})^2 \\
&= \frac{1}{n-1}\sum_{k=1}^{n} \boldsymbol{l}^{\mathrm{T}} \mathbf{x}_{(k)} \mathbf{x}_{(k)}^{\mathrm{T}} \boldsymbol{l} = \frac{1}{n-1} \boldsymbol{l}^{\mathrm{T}} \left[\sum_{k=1}^{n} \mathbf{x}_{(k)} \mathbf{x}_{(k)}^{\mathrm{T}}\right] \boldsymbol{l} \\
&= \boldsymbol{l}^{\mathrm{T}} \frac{1}{n-1} \begin{bmatrix} \mathbf{x}_{(1)} & \mathbf{x}_{(2)} & \cdots & \mathbf{x}_{(p)} \end{bmatrix} \begin{bmatrix} \mathbf{x}_{(1)}^{\mathrm{T}} \\ \mathbf{x}_{(2)}^{\mathrm{T}} \\ \vdots \\ \mathbf{x}_{(p)}^{\mathrm{T}} \end{bmatrix} \boldsymbol{l} \\
&= \boldsymbol{l}^{\mathrm{T}} \left(\frac{1}{n-1} \mathbf{X}^{\mathrm{T}} \mathbf{X}\right) \boldsymbol{l}
\end{aligned}
$$

根据式 (11.1.3-15), 可见

$$
s_{yy} = \boldsymbol{l}^{\mathrm{T}} \mathbf{R} \boldsymbol{l} \tag{11.1.4-5}
$$

(3) 以上讨论是指式 (11.1.4-1) 生成一个新的组合自变量, 实际上新的组合自变量最多可以有 p 个 (尽管以后需要的、新的组合自变量数目肯定小于 p 个. 现在讨论 p 个新的组合自变量 $\{y_j \,|j = 1(1)p\}$ 的情况.

$$
y_j = l_{j1} x_1 + l_{j2} x_2 + \cdots + l_{jp} x_p \equiv \boldsymbol{l}_j^{\mathrm{T}} \mathbf{x}, \quad \forall j = 1(1)p \tag{11.1.4-6a}
$$

其中, 系数列矩阵

$$
\boldsymbol{l}_j \equiv \begin{bmatrix} l_{j1} \\ l_{j2} \\ \vdots \\ l_{jp} \end{bmatrix}_{(p\times 1)} \tag{11.1.4-6b}
$$

于是, 对于式 (11.1.4-1) 中第 k 次测量, 对应的新的组合后的自变量 $\{y_j \,|j = 1(1)p\}$ 的测量值应当是

$$
y_{kj} = \boldsymbol{l}_j^{\mathrm{T}} \mathbf{x}_{(k)}, \quad \forall k = 1(1)n;\ j = 1(1)p \tag{11.1.4-7}
$$

同样道理也可以得到如下性质:

(i) 均值 $$\bar{y}_j = 0, \quad j = 1\,(1)\,p \tag{11.1.4-8}$$

(ii) 两个组合变量 y_i 和 y_j 之间的协方差

$$
s_{y_i y_j} = \boldsymbol{l}_i^{\mathrm{T}} \mathbf{R} \boldsymbol{l}_j, \quad \forall i, j = 1(1)p \tag{11.1.4-9}
$$

证明

$$s_{y_iy_j} \equiv \frac{1}{n-1}\sum_{k=1}^{n}(y_{ki}-\bar{y}_i)(y_{kj}-\bar{y}_j) = \frac{1}{n-1}\sum_{k=1}^{n}y_{ki}y_{kj}$$

$$= \frac{1}{n-1}\sum_{k=1}^{n}\boldsymbol{l}_i^{\mathrm{T}}\mathbf{x}_{(k)}\mathbf{x}_{(k)}^{\mathrm{T}}\boldsymbol{l}_j = \boldsymbol{l}_i^{\mathrm{T}}\mathbf{R}\boldsymbol{l}_j, \quad \forall i,j=1(1)p$$ ■

(4) 根据上述图 11.1.4-1 关于主成分法定性原理的分析, 可以逐一定义**主成分**.

(i) 记

$$y_1 \equiv \boldsymbol{l}_1^{\mathrm{T}}\mathbf{x} \tag{11.1.4-10}$$

为使 y_1 测量值的变异尽可能大, 即要求改变 $\boldsymbol{l}_1$ 使得 $s_{y_1y_1}$ 达到极大, 即

$$\max_{\boldsymbol{l}_1}\{s_{y_1y_1}\} \tag{11.1.4-11}$$

而根据式 (11.1.4-9)$s_{y_1y_1}=\boldsymbol{l}_1^{\mathrm{T}}\mathbf{R}\boldsymbol{l}_1$. 为了避免 $s_{y_1y_1}$ 值随 $\boldsymbol{l}_1$ 乘以一个常数后任意增大, 可以不失普遍性地加上归一化条件, 即要求 $\boldsymbol{l}_1$ 满足

$$\boldsymbol{l}_1^{\mathrm{T}}\boldsymbol{l}_1 = 1 \tag{11.1.4-12}$$

总之, 第一主成分 $y_1 \equiv \boldsymbol{l}_1^{\mathrm{T}}\mathbf{x}$ 中的 $\boldsymbol{l}_1$ 应当满足在 $\boldsymbol{l}_1^{\mathrm{T}}\boldsymbol{l}_1=1$ 的条件下使 $s_{y_1y_1}=\boldsymbol{l}_1^{\mathrm{T}}\mathbf{R}\boldsymbol{l}_1$ 达到极大.

(ii) 记 $y_2 \equiv \boldsymbol{l}_2^{\mathrm{T}}\mathbf{x}$ 且要求新的自变量 y_2 和 y_1 不相关, 即要求 $s_{y_1y_2}=\boldsymbol{l}_1^{\mathrm{T}}\mathbf{R}\boldsymbol{l}_2=0$. 可以证明此要求等价于 $\boldsymbol{l}_1^{\mathrm{T}}\boldsymbol{l}_2=0$. 再为了使 y_2 测量值的变异尽可能大, 即要求改变 $\boldsymbol{l}_2$ 使得 $s_{y_2y_2}=\boldsymbol{l}_2^{\mathrm{T}}\mathbf{R}\boldsymbol{l}_2$ 达到极大. 同样不失普遍性, 也要求 $\boldsymbol{l}_2^{\mathrm{T}}\boldsymbol{l}_2=1$.

总之, 第二主成分 $y_2 \equiv \boldsymbol{l}_2^{\mathrm{T}}\mathbf{x}$ 中的 $\boldsymbol{l}_2$ 应当满足, 在 $\boldsymbol{l}_2^{\mathrm{T}}\boldsymbol{l}_2=1$ 和 $\boldsymbol{l}_1^{\mathrm{T}}\boldsymbol{l}_2=0$ 的条件下, 使 $s_{y_2y_2}=\boldsymbol{l}_2^{\mathrm{T}}\mathbf{R}\boldsymbol{l}_2$ 达到极大.

(iii) 继续下去, 第三、第四、$\cdots$ 主成分. 第 j 个主成分 $y_j \equiv \boldsymbol{l}_j^{\mathrm{T}}\mathbf{x}$ 中的 $\boldsymbol{l}_2$ 应当满足以下三个条件

(a) 归一化条件: $\boldsymbol{l}_j^{\mathrm{T}}\boldsymbol{l}_j=1, \forall j=1(1)p$ (11.1.4-13a)

(b) 正交条件: $\boldsymbol{l}_i^{\mathrm{T}}\boldsymbol{l}_j=0, \forall i\neq j;\ \ i,j=1(1)p$ (11.1.4-13b)

(c) 使 $s_{y_jy_j}=\boldsymbol{l}_j^{\mathrm{T}}\mathbf{R}\boldsymbol{l}_j, \forall j=1\,(1)\,p$ 达到极大 (11.1.4-13c)

(5) 将所有式 (11.1.4-6b) 的列矩阵 $\boldsymbol{l}_j$ 依次并成一个方阵, 即

$$\mathbf{L} \equiv [\boldsymbol{l}_1\ \boldsymbol{l}_2\ \cdots\ \boldsymbol{l}_j\ \cdots\ \boldsymbol{l}_p]_{(p\times p)} \tag{11.1.4-14}$$

可见以上所有归一化条件、正交条件可合为一个条件

$$\mathbf{L}^{\mathrm{T}}\mathbf{L} = \mathbf{1}_p \tag{11.1.4-15}$$

其中, $\mathbf{1}_p$ 为 p 阶单位矩阵. 这样就证明了 $\mathbf{L}$ 必定是正交矩阵.

定义 11.1.4-1 称线性组合 $y_j=l_{j1}x_1+l_{j2}x_2+\cdots+l_{jp}x_p\equiv\boldsymbol{l}_j^{\mathrm{T}}\mathbf{x}, \forall j=1(1)m<p$ 为 $\{x_j\,|j=1\,(1)\,p\}$ 的第 j 个主成分, 其系数满足 $\mathbf{L}^{\mathrm{T}}\mathbf{L}=\mathbf{1}_p$ 和条件 $\max\limits_{\boldsymbol{l}_j}\{s_{y_jy_j}=\boldsymbol{l}_j^{\mathrm{T}}\mathbf{R}\boldsymbol{l}_j\}, \forall j=1\,(1)\,m<p$.

(6) 回到图 11.1.4-1. 根据解析几何、线性代数中的知识, 若欲求解椭圆 (或高维椭球) 的所有主轴, 实际上只要把椭球方程的系数写成对称矩阵 $\mathbf{A}$, 然后用一个正交矩阵 $\mathbf{L}$ 将 $\mathbf{A}$ 对角化变成对角矩阵 $\mathbf{\Lambda}$, 即 $\mathbf{L}^{\mathrm{T}}\mathbf{A}\mathbf{L}=\mathbf{\Lambda}\in\mathrm{diag}$(即所谓**相似变换**. 对应于几何上的旋转变换). 对角化的过程是, 只要输入实对称矩阵 $\mathbf{A}$, 对角化之后就同时输出产生的正交矩阵 $\mathbf{L}$ 和对角矩阵 $\mathbf{\Lambda}$. 能够使实对称矩阵对角化的必定是正交矩阵. 正交矩阵满足 $\mathbf{L}^{\mathrm{T}}\mathbf{L}=\mathbf{L}\mathbf{L}^{\mathrm{T}}=\mathbf{1}$.

根据式 (11.1.3-7b) 和式 (11.1.3-8), 原始自变量的相关矩阵 $\mathbf{R}$ 是实对称矩阵且要做到 (4) 中所述的主成分极值原理, 即满足在保持 $\mathbf{L}^{\mathrm{T}}\mathbf{L}=\mathbf{1}_p$ 条件下, 逐个改变 $\boldsymbol{l}_j$, 使得 $\max\limits_{\boldsymbol{l}_j}\{s_{y_jy_j}=\boldsymbol{l}_j^{\mathrm{T}}\mathbf{R}\boldsymbol{l}_j\},\forall j=1\,(1)\,p$. 这样的问题可以证明等价于求解 p 维椭球的所有 p 个主轴的问题. 所以, 现在只要把原始自变量的相关矩阵 $\mathbf{R}$ 对角化,

$$\mathbf{L}^{\mathrm{T}}\mathbf{R}\mathbf{L}=\mathbf{\Lambda}\equiv\mathrm{diag}\,(\lambda_1,\lambda_2,\cdots,\lambda_p) \tag{11.1.4-16a}$$

即

$$\mathbf{R}\mathbf{L}=\mathbf{L}\mathbf{\Lambda} \tag{11.1.4-16b}$$

式 (11.1.4-16b) 为 $\mathbf{R}$ 的本征方程, 它也可以写为

$$\mathbf{R}\boldsymbol{l}_j=\boldsymbol{l}_j\lambda_j,\quad\forall j=1\,(1)\,p \tag{11.1.4-16c}$$

若记 $\mathbf{R}$ 的第 j 列为 $\mathbf{r}_j$, 则

$$\mathbf{R}\equiv[\mathbf{r}_1\ \ \mathbf{r}_2\ \cdots\mathbf{r}_p]=\begin{bmatrix}\mathbf{r}_1^{\mathrm{T}}\\ \mathbf{r}_2^{\mathrm{T}}\\ \vdots\\ \mathbf{r}_p^{\mathrm{T}}\end{bmatrix} \tag{11.1.4-17}$$

于是本征方程还可以写为

$$\mathbf{r}_j^{\mathrm{T}}\boldsymbol{l}_j=\boldsymbol{l}_{ij}\lambda_j,\quad\forall i,j=1\,(1)\,p\ (\text{没有 Einstein 约定}) \tag{11.1.4-18}$$

即

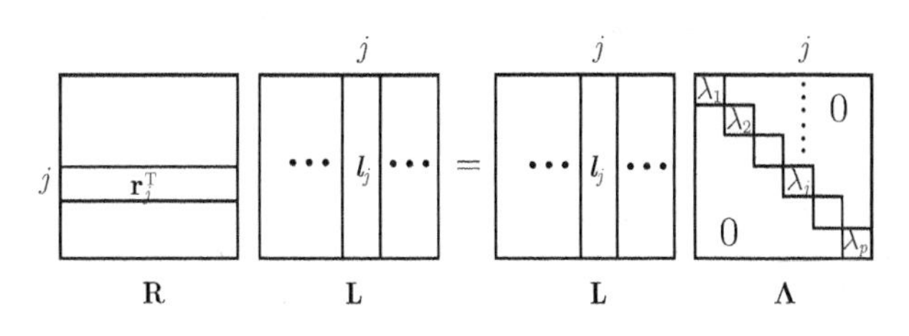

$\lambda_1,\lambda_2,\cdots,\lambda_j,\cdots,\lambda_p$ 和 $\mathbf{L}\equiv[\boldsymbol{l}_1\ \ \boldsymbol{l}_2\ \cdots\boldsymbol{l}_j\cdots\boldsymbol{l}_p]$ 中的每一列是对应的, 前者称为 $\mathbf{R}$ 的**本征值**, 后者称为对应的**本征向量**. 本征向量的方向就是椭球主轴的方向. 如果把 $\lambda_1,\lambda_2,\cdots,\lambda_j,\cdots,\lambda_p$ 交换次序, 则本征向量 $\{\boldsymbol{l}_j\}$ 也相应地交换次序. 本征值 λ_j 就等于相应主轴长度的平方. $\mathbf{R}$ 对角化之后, 将本征值 $\{\lambda_j\}$ 按大小次序排列, 当然本征向量的次序也作相应排列. 所以可以认为式 (11.1.3-16a) 中本征值和本征向量的次序已经排好, 满足 $\lambda_1\geqslant\cdots\geqslant\lambda_j\geqslant\cdots\geqslant\lambda_p$.

可以证明本征值之和

$$\sum_{j=1}^{p} \lambda_j = p. \tag{11.1.4-19}$$

证明　将式 (11.1.4-16a) 两边求迹, 得到 $\mathrm{tr}\left(\mathbf{L}^{\mathrm{T}}\mathbf{R}\mathbf{L}\right) = \mathrm{tr}\boldsymbol{\Lambda} = \sum_{j=1}^{p} \lambda_j$. 考虑到相关阵 $\mathbf{R}$ 的对角元均为 1(见式 (11.1.3-9b)), 且 $\mathrm{tr}\left(\mathbf{L}^{\mathrm{T}}\mathbf{R}\mathbf{L}\right) = \mathrm{tr}\left(\mathbf{R}\mathbf{L}\mathbf{L}^{\mathrm{T}}\right) = \mathrm{tr}\left(\mathbf{R}\mathbf{1}_p\right) = \mathrm{tr}\mathbf{R} = p$. ■

定义 11.1.4-2　$\dfrac{\lambda_j}{p}$ 称为第 j 个主成分 y_j 的**贡献率**, $\sum_{j=1}^{m} \dfrac{\lambda_j}{p}$ 为前 m 个主成分 $y_1, y_2, \cdots, y_m$ 的**累计贡献率**.

一般地, 根据问题的性质和要求, 可以选取 m 使累计贡献率达到 70%～90%, 而剔除其余的自变量 $y_{m+1}, y_{m+2}, \cdots, y_p$.

(7) 这样在主成分方法完成之前还有一项工作, 就是用 m 个主成分 $y_1, y_2, \cdots, y_m$ 来回归得到原先的标准化自变量 $\{x_j \,|\, j = 1\,(1)\,p\}$. 记回归得到的标准化自变量为 $\{\hat{x}_j | j = 1(1)p\}$. 现讨论 $\hat{x}_j$ 关于 $y_1, y_2, \cdots, y_m$ 的回归方程

$$\hat{x}_j = a_{j1}y_1 + a_{j2}y_2 + \cdots + a_{jm}y_m, \quad \forall j = 1\,(1)\,p \tag{11.1.4-20}$$

回顾 11.1.2 小节关于多元线性回归的系数列矩阵的解为 $\hat{\beta} = \left(\mathbf{X}^{\mathrm{T}}\mathbf{X}\right)^{-1}\mathbf{X}^{\mathrm{T}}\mathbf{Y}$(见式 (11.1.2-9)), 又考虑到这里没有零次项, 所以

(i) 式 (11.1.2-5) 中的 $\hat{\beta}$, 对应于本例的系数

$$\mathbf{a} \equiv \begin{bmatrix} a_{j1} \\ a_{j2} \\ \vdots \\ a_{jm} \end{bmatrix}_{(m\times 1)} \tag{11.1.4-21}$$

(ii) 式 (11.1.2-5) 中的 $\mathbf{X}$, 对应于本例的

$$\mathbf{Y}_{(j)} \equiv [\mathbf{y}_1 \ \mathbf{y}_2 \ \cdots \mathbf{y}_m] = \begin{bmatrix} y_{11} & y_{12} & \cdots & y_{1m} \\ y_{21} & y_{22} & \cdots & y_{2m} \\ \vdots & \vdots & & \vdots \\ y_{n1} & y_{n2} & \cdots & y_{nm} \end{bmatrix}_{(n\times m)} \tag{11.1.4-22}$$

(iii) 式 (11.1.2-5) 中的 $\mathbf{Y}$, 对应于本例的

$$\mathbf{x}_j \equiv \begin{bmatrix} x_{1j} \\ x_{2j} \\ \vdots \\ x_{nj} \end{bmatrix}_{(n\times 1)} \tag{11.1.4-23}$$

所以回归方程 (11.1.4-20) 中的系数列矩阵为

$$\mathbf{a} = \left(\mathbf{Y}_{(j)}^{\mathrm{T}}\mathbf{Y}_{(j)}\right)^{-1}\mathbf{Y}_{(j)}^{\mathrm{T}}\mathbf{x}_j \tag{11.1.4-24}$$

(8) 性质:

(i) 式 (11.1.4-20) 中的系数与式 (11.1.4-6a) 中的系数满足

$$a_{jk} = l_{jk} \tag{11.1.4-25}$$

(ii) 回归平方和

$$S_{\mathrm{R}}^{(j)} = (n-1)\,\nu_m^{(j)} \tag{11.1.4-26}$$

残差平方和

$$S_{\mathrm{E}}^{(j)} = (n-1)\left[1-\nu_m^{(j)}\right] \tag{11.1.4-27}$$

相关系数

$$R^{(j)} = \sqrt{\nu_m^{(j)}} \tag{11.1.4-28}$$

其中,

$$\nu_m^{(j)} \equiv \sum_{k=1}^{m} \lambda_k l_{jk}^2 \tag{11.1.4-29}$$

证明 (i) 将主成分 y_j 的测量值排成列矩阵, 再根据式 (11.1.4-7), 得到

$$\mathbf{y}_j \equiv \begin{bmatrix} y_{1j} \\ y_{2j} \\ \vdots \\ y_{nj} \end{bmatrix}_{(n\times 1)} = \begin{bmatrix} \boldsymbol{l}_j^{\mathrm{T}}\mathbf{x}_{(1)} \\ \boldsymbol{l}_j^{\mathrm{T}}\mathbf{x}_{(2)} \\ \vdots \\ \boldsymbol{l}_j^{\mathrm{T}}\mathbf{x}_{(n)} \end{bmatrix} = \begin{bmatrix} \mathbf{x}_{(1)}^{\mathrm{T}}\boldsymbol{l}_j \\ \mathbf{x}_{(2)}^{\mathrm{T}}\boldsymbol{l}_j \\ \vdots \\ \mathbf{x}_{(n)}^{\mathrm{T}}\boldsymbol{l}_j \end{bmatrix}, \quad 即 \quad \mathbf{y}_j = \mathbf{X}\boldsymbol{l}_j \tag{11.1.4-30}$$

式 (11.1.4-30) 第三步的根据为矩阵元 $\boldsymbol{l}_j^{\mathrm{T}}\mathbf{x}_{(k)}$ 是个数; 第四步的根据为式 (11.1.3-11a). 接着

$$\mathbf{y}_i^{\mathrm{T}}\mathbf{y}_j = \boldsymbol{l}_i^{\mathrm{T}}\mathbf{X}^{\mathrm{T}}\mathbf{X}\boldsymbol{l}_j = (n-1)\,\boldsymbol{l}_i^{\mathrm{T}}\mathbf{R}\boldsymbol{l}_j = (n-1)\,\lambda_j\delta_{ij} \tag{11.1.4-31}$$

因为式 (11.1.4-22) 定义 $\mathbf{Y}_{(j)} \equiv [\mathbf{y}_1\ \mathbf{y}_2\ \cdots \mathbf{y}_m]$, 所以

$$\mathbf{Y}_{(j)}^{\mathrm{T}}\mathbf{Y}_{(j)} = [\mathbf{y}_1\ \mathbf{y}_2\ \cdots \mathbf{y}_m]^{\mathrm{T}}[\mathbf{y}_1\ \mathbf{y}_2\ \cdots \mathbf{y}_m] = \begin{bmatrix} \mathbf{y}_1^{\mathrm{T}}\mathbf{y}_1 & \mathbf{y}_1^{\mathrm{T}}\mathbf{y}_2 & \cdots & \mathbf{y}_1^{\mathrm{T}}\mathbf{y}_m \\ \mathbf{y}_2^{\mathrm{T}}\mathbf{y}_1 & \mathbf{y}_2^{\mathrm{T}}\mathbf{y}_2 & \cdots & \mathbf{y}_2^{\mathrm{T}}\mathbf{y}_m \\ \vdots & \vdots & & \vdots \\ \mathbf{y}_m^{\mathrm{T}}\mathbf{y}_1 & \mathbf{y}_m^{\mathrm{T}}\mathbf{y}_2 & \cdots & \mathbf{y}_m^{\mathrm{T}}\mathbf{y}_m \end{bmatrix}$$

引用式 (11.1.4-31) 且定义对角矩阵

$$\boldsymbol{\Lambda}_m \equiv \begin{bmatrix} \lambda_1 & 0 & \cdots & 0 \\ 0 & \lambda_2 & \cdots & 0 \\ \vdots & \vdots & & \vdots \\ 0 & 0 & \cdots & \lambda_m \end{bmatrix} \tag{11.1.4-32}$$

继而

$$\mathbf{Y}_{(j)}^{\mathrm{T}}\mathbf{Y}_{(j)} = (n-1)\,\boldsymbol{\Lambda}_m \tag{11.1.4-33}$$

考虑到式 (11.1.4-30), 得到

$$\mathbf{Y}_{(j)}^{\mathrm{T}}\mathbf{x}_j = [\mathbf{y}_1\ \mathbf{y}_2\ \cdots\mathbf{y}_m]^{\mathrm{T}}\mathbf{x}_j = \begin{bmatrix}\mathbf{y}_1^{\mathrm{T}}\mathbf{x}_j\\ \mathbf{y}_2^{\mathrm{T}}\mathbf{x}_j\\ \vdots\\ \mathbf{y}_m^{\mathrm{T}}\mathbf{x}_j\end{bmatrix} = \begin{bmatrix}\mathbf{x}_j^{\mathrm{T}}\mathbf{y}_1\\ \mathbf{x}_j^{\mathrm{T}}\mathbf{y}_2\\ \vdots\\ \mathbf{x}_j^{\mathrm{T}}\mathbf{y}_m\end{bmatrix} = \begin{bmatrix}\mathbf{x}_j^{\mathrm{T}}\mathbf{X}\boldsymbol{l}_1\\ \mathbf{x}_j^{\mathrm{T}}\mathbf{X}\boldsymbol{l}_2\\ \vdots\\ \mathbf{x}_j^{\mathrm{T}}\mathbf{X}\boldsymbol{l}_m\end{bmatrix} \tag{11.1.4-34}$$

根据式 (11.1.4-16c)$\mathbf{R}\boldsymbol{l}_j = \boldsymbol{l}_j\lambda_j$ 和式 (11.1.3-15)$\mathbf{R} = \frac{1}{n-1}\mathbf{X}^{\mathrm{T}}\mathbf{X}$, 得到

$$\mathbf{X}^{\mathrm{T}}\mathbf{X}\boldsymbol{l}_j = (n-1)\,\mathbf{R}\boldsymbol{l}_j = (n-1)\,\boldsymbol{l}_j\lambda_j \tag{11.1.4-35}$$

考虑到 $\mathbf{X} = [\mathbf{x}_1\quad \mathbf{x}_2\quad \cdots\quad \mathbf{x}_p]$, 即 $\mathbf{X}^{\mathrm{T}} = \begin{bmatrix}\mathbf{x}_1^{\mathrm{T}}\\ \mathbf{x}_2^{\mathrm{T}}\\ \vdots\\ \mathbf{x}_p^{\mathrm{T}}\end{bmatrix}$ 和 $\mathbf{R} = [\mathbf{r}_1\ \mathbf{r}_2\ \cdots\mathbf{r}_p] = \begin{bmatrix}\mathbf{r}_1^{\mathrm{T}}\\ \mathbf{r}_2^{\mathrm{T}}\\ \vdots\\ \mathbf{r}_p^{\mathrm{T}}\end{bmatrix}$, 所以可见

$$\mathbf{x}_j^{\mathrm{T}}\mathbf{X}\boldsymbol{l}_k = (n-1)\,\mathbf{r}_j^{\mathrm{T}}\boldsymbol{l}_k,\quad \forall j = 1\,(1)\,p;\ k = 1\,(1)\,m \tag{11.1.4-36}$$

于是, 式 (11.1.4-34) 等于

$$\mathbf{Y}_{(j)}^{\mathrm{T}}\mathbf{x}_j = \begin{bmatrix}\mathbf{x}_j^{\mathrm{T}}\mathbf{X}\boldsymbol{l}_1\\ \mathbf{x}_j^{\mathrm{T}}\mathbf{X}\boldsymbol{l}_2\\ \vdots\\ \mathbf{x}_j^{\mathrm{T}}\mathbf{X}\boldsymbol{l}_m\end{bmatrix} = (n-1)\begin{bmatrix}\mathbf{r}_j^{\mathrm{T}}\boldsymbol{l}_1\\ \mathbf{r}_j^{\mathrm{T}}\boldsymbol{l}_2\\ \vdots\\ \mathbf{r}_j^{\mathrm{T}}\boldsymbol{l}_m\end{bmatrix} \tag{11.1.4-37}$$

再根据式 (11.1.4-18), 得到

$$\mathbf{Y}_{(j)}^{\mathrm{T}}\mathbf{x}_j = (n-1)\begin{bmatrix}l_{j1}\lambda_1\\ l_{j2}\lambda_2\\ \vdots\\ l_{jm}\lambda_m\end{bmatrix} \tag{11.1.4-38}$$

根据式 (11.1.4-33) 和式 (11.1.4-38) 得到

$$\begin{aligned}\mathbf{a} &= \left(\mathbf{Y}_{(j)}^{\mathrm{T}}\mathbf{Y}_{(j)}\right)^{-1}\mathbf{Y}_{(j)}^{\mathrm{T}}\mathbf{x}_j = \left(\frac{1}{n-1}\mathbf{\Lambda}_m^{-1}\right)(n-1)\begin{bmatrix}l_{j1}\lambda_1\\ l_{j2}\lambda_2\\ \vdots\\ l_{jm}\lambda_m\end{bmatrix}\\ &= \mathbf{\Lambda}_m^{-1}\begin{bmatrix}l_{j1}\lambda_1\\ l_{j2}\lambda_2\\ \vdots\\ l_{jm}\lambda_m\end{bmatrix} = \begin{bmatrix}l_{j1}\\ l_{j2}\\ \vdots\\ l_{jm}\end{bmatrix}\end{aligned}$$

所以存在关系式 $a_{jk}=l_{jk},\forall j=1\,(1)\,p;k=1\,(1)\,m$. ■

(ii) 回顾 11.1.2 小节讨论关于多元线性回归法中, 总平方和 $S_{\mathrm{T}}\equiv\sum_{i=1}^{n}(y_i-\bar{y})^2$(见式 (11.1.2-21)), 残差平方和 $S_{\mathrm{E}}=\mathbf{Y}^{\mathrm{T}}\mathbf{Y}-\mathbf{Y}^{\mathrm{T}}\mathbf{X}\hat{\beta}$(见式 (11.1.2-25)); $S_{\mathrm{T}}=S_{\mathrm{R}}+S_{\mathrm{E}}$(见式 (11.1.2-26)), 拟合后的方程为 $\hat{\mathbf{Y}}=\mathbf{X}\hat{\beta}$(见式 (11.1.2-10)); 相关系数 $R\equiv\sqrt{\dfrac{S_{\mathrm{R}}}{S_{\mathrm{T}}}}$(见式 (11.1.2-27)).

在本例中, 自变量均已标准化, 所以总平方和 $S_{\mathrm{T}}^{(j)}=\sum_{i=1}^{n}(y_i)^2=\mathbf{x}_j^{\mathrm{T}}\mathbf{x}_j$(加上标 (j) 表示求 x_j 关于 $y_1,y_2,\cdots,y_m$ 的回归方程). 本例中与上述 $\hat{\beta}$ 对应的是 $\mathbf{a}$, 与上述 $\mathbf{Y}$ 对应的是 $\mathbf{x}_j$; 与上述 $\mathbf{X}$ 对应的是 $\mathbf{Y}_{(j)}$. 所以, 本例中, 残差平方和

$$S_{\mathrm{E}}^{(j)}=\mathbf{x}_j^{\mathrm{T}}\mathbf{x}_j-\mathbf{x}_j^{\mathrm{T}}\mathbf{Y}_{(j)}\mathbf{a} \tag{11.1.4-39}$$

回归平方和

$$S_{\mathrm{R}}^{(j)}=S_{\mathrm{T}}^{(j)}-S_{\mathrm{E}}^{(j)}=\mathbf{x}_j^{\mathrm{T}}\mathbf{x}_j-\left[\mathbf{x}_j^{\mathrm{T}}\mathbf{x}_j-\mathbf{x}_j^{\mathrm{T}}\mathbf{Y}_{(j)}\mathbf{a}\right]=\mathbf{x}_j^{\mathrm{T}}\mathbf{Y}_{(j)}\mathbf{a} \tag{11.1.4-40}$$

总平方和

$$S_{\mathrm{T}}^{(j)}=\mathbf{x}_j^{\mathrm{T}}\mathbf{x}_j=n-1 \tag{11.1.4-41}$$

由于式 (11.1.4-38) 和式 (11.1.4-25), 得到

$$\begin{aligned}
S_{\mathrm{R}}^{(j)}&=\mathbf{x}_j^{\mathrm{T}}\mathbf{Y}_{(j)}\mathbf{a}=\left(\mathbf{Y}_{(j)}^{\mathrm{T}}\mathbf{x}_j\right)^{\mathrm{T}}\mathbf{a}=(n-1)\begin{bmatrix}l_{j1}\lambda_1\\ l_{j2}\lambda_2\\ \vdots\\ l_{jm}\lambda_m\end{bmatrix}^{\mathrm{T}}\mathbf{a}\\
&=(n-1)\begin{bmatrix}l_{j1}\lambda_1\\ l_{j2}\lambda_2\\ \vdots\\ l_{jm}\lambda_m\end{bmatrix}^{\mathrm{T}}\begin{bmatrix}l_{j1}\\ l_{j2}\\ \vdots\\ l_{jm}\end{bmatrix}
\end{aligned}$$

所以 $S_{\mathrm{R}}^{(j)}=(n-1)\sum_{k=1}^{m}\lambda_k l_{jk}^2=(n-1)\,\nu_m^{(j)}$, 证明了式 (11.1.4-26). $S_{\mathrm{E}}^{(j)}=S_{\mathrm{T}}^{(j)}-S_{\mathrm{R}}^{(j)}=(n-1)\left[1-\nu_m^{(j)}\right]$, 证明了式 (11.1.4-27). 于是, 相关系数$R^{(j)}=\sqrt{\dfrac{S_{\mathrm{R}}^{(j)}}{S_{\mathrm{T}}^{(j)}}}=\sqrt{\nu_m^{(j)}}$, 证明了式 (11.1.4-28). ■

因为相关系数 $R^{(j)}$ 的平方表示回归平方和在总的平方和中所占的比例, 所以引入如下定义:

定义 11.1.4-3 $\nu_m^{(j)}$ 称为 m 个主成分 $y_1,y_2,\cdots,y_m$ 对指标 x_j 的**贡献率**.

定义 11.1.4-4 称原指标 x_j 与主成分 y_i 的相关系数 $\rho\,(x_j,y_i)$ 为在主成分 y_i 上指标 x_j 的**负荷量**.

(9) 求证

$$\rho(x_j, y_i) = l_{ji}\sqrt{\lambda_i} \tag{11.1.4-42}$$

证明　按照相关系数的定义且注意到原指标 x_j 与主成分 y_i 均已标准化, 故均值均为 0. 所以

$$\rho(x_j, y_i) = \frac{\sum_{k=1}^{n} x_{kj} y_{ki}}{\sqrt{\sum_{k=1}^{n} x_{kj}^2}\sqrt{\sum_{k=1}^{n} y_{ki}^2}} = \frac{\mathbf{x}_j^{\mathrm{T}} \mathbf{y}_i}{\sqrt{\mathbf{x}_j^{\mathrm{T}} \mathbf{x}_j \cdot \mathbf{y}_i^{\mathrm{T}} \mathbf{y}_i}} = \frac{(n-1)\, l_{ji} \lambda_i}{\sqrt{(n-1)\cdot(n-1)\,\lambda_i}} = l_{ji}\sqrt{\lambda_i} \quad \blacksquare$$

推论

根据式 (11.1.4-29) 和式 (11.1.4-42), 得到

$$\nu_m^{(j)} = \sum_{i=1}^{m} \left[\rho(x_j, y_i)\right]^2 \tag{11.1.4-43}$$

(10) 总结: 从以上关于主成分回归法的定性原理、数学推理可见

(i) 主成分回归法在以下两个方面优于多元线性回归法:

(a) 主成分回归法能够把那些自身变异很小的自变量找出来, 剔除掉, 达到减少自变量个数 (即**降维**)的目的, 解决有时自变量个数大于数据样本数, 即方程数不足带来的问题.

(b) 由于主成分之间在几何上是正交的, 即在代数上线性无关的, 所以主成分回归法解决了多个自变量之间出现高度相关时应用多元线性回归法的困难.

(ii) 主成分回归法和多元线性回归法都没有考虑自变量和因变量之间的相关问题. 这个问题是在以后就要介绍的偏最小二乘法中得到解决的.

11.1.5　偏最小二乘法

多元线性回归法不能处理的两种情况是: 多个自变量之间是高度相关的情况以及自变量个数大于数据的样本数, 即方程数不足的情况. 以上两种情况在主成分回归法 (PCR) 解决了, 是通过标准化、正交变换、选取本征值大者来寻找自身变异大的自变量来解决的. 但是主成分法和多元线性回归法都没有考虑自变量和因变量之间的相关问题. 这个问题就要在以下介绍的偏最小二乘 (partial least square, PLS) 法中解决[10]. 此外, 偏最小二乘法当然应当继承主成分回归法的长处.

偏最小二乘法目的在于找一个用多元自变量 $\{x_i\}$ 表示的、在最小二乘意义上关于因变量的具有线性解析和最佳近似的表达. 以下的讨论中是偏最小二乘法关于建立多个自变量和多个因变量之间的统计描述. 例如, 可以是药物的活性和毒性两个因变量.

从表面上看, 在以上讨论主成分回归法时讨论的是多个自变量和一个因变量之间的统计描述, 没有讨论该法处理多个自变量和多个因变量之间的统计描述的问题, 但是 PCR 法和 PLS 法的根本差别不在于因变量数目是一个还是多个, 而是在于 PCR 法考虑自变量的线性组合成为新自变量时仅仅考虑新自变量自身变异的最大化, 完全没有考虑该线性组合使自变量和因变量之间的相关是否有变化, 即完全没有考虑线性组合之后的自变

量对因变量的 "解释" 能力是增大还是减少了. 而偏最小二乘法恰恰就在这里改进了主成分回归法.

本节先讨论准备知识 "标准化处理", 然后再讨论正题: 偏最小二乘法的处理思路、数学推理.

1) 标准化处理

这里采用的符号与 11.1.4 小节主成分法略有不同. 设变换前的 m 个自变量 $\{x_j|j=1(1)m\}$, 其 n 套原始测量数据 $\{x_{ij}\,|i=1\,(1)\,n; j=1(1)m\}$ 可排成如下数据矩阵:

$$\mathbf{X}\equiv\begin{bmatrix} x_{11} & x_{12} & \cdots & x_{1m} \\ x_{21} & x_{22} & \cdots & x_{2m} \\ \vdots & \vdots & & \vdots \\ x_{n1} & x_{n2} & \cdots & x_{nm} \end{bmatrix}_{n\times m} \equiv\begin{bmatrix} \mathbf{x}_1 & \mathbf{x}_2 & \cdots & \mathbf{x}_m \end{bmatrix} \tag{11.1.5-1}$$

第 j 个自变量 $\mathbf{x}_j$ 的 n 次测量值的平均值

$$\bar{x}_j\equiv\frac{1}{n}\sum_{k=1}^{n}x_{kj},\quad \forall j=1(1)m \tag{11.1.5-2}$$

第 j 个自变量 $\mathbf{x}_j$ 的 n 次测量值的方差 $s_{x,jj}$ 和标准误差 $\sigma_{x,j}$ 分别为

$$s_{x,jj}\equiv\frac{1}{n-1}\sum_{k=1}^{n}(x_{kj}-\bar{x}_j)^2,\quad \forall j=1(1)m \tag{11.1.5-3a}$$

$$\sigma_{x,j}\equiv\sqrt{s_{x,jj}}=\sqrt{\frac{1}{n-1}\sum_{k=1}^{n}(x_{kj}-\bar{x}_j)^2},\quad \forall j=1(1)m \tag{11.1.5-3b}$$

同样, 变换前的 p 个因变量 $\{y_j\,|j=1(1)p\}$, 其 n 套原始测量数据 $\{y_{ij}|i=1(1)n; j=1(1)p\}$ 也排成如下数据矩阵:

$$\mathbf{Y}\equiv\begin{bmatrix} y_{11} & y_{12} & \cdots & y_{1p} \\ y_{21} & y_{22} & \cdots & y_{2p} \\ \vdots & \vdots & & \vdots \\ y_{n1} & y_{n2} & \cdots & y_{np} \end{bmatrix}_{n\times p} \equiv\begin{bmatrix} \mathbf{y}_1 & \mathbf{y}_2 & \cdots & \mathbf{y}_p \end{bmatrix} \tag{11.1.5-4}$$

第 j 个因变量 $\mathbf{y}_j$ 的 n 次测量值的平均值

$$\bar{y}_j\equiv\frac{1}{n}\sum_{k=1}^{n}y_{kj},\quad \forall j=1(1)p \tag{11.1.5-5}$$

第 j 个自变量 $\mathbf{y}_j$ 的 n 次测量值的方差 $s_{y,jj}$ 和标准误差 $\sigma_{y,j}$ 分别为

$$s_{y,jj}\equiv\frac{1}{n-1}\sum_{k=1}^{n}(y_{kj}-\bar{y}_j)^2,\quad \forall j=1(1)p \tag{11.1.5-6a}$$

$$\sigma_{y,j} \equiv \sqrt{s_{y,jj}} = \sqrt{\frac{1}{n-1}\sum_{k=1}^{n}(y_{kj}-\bar{y}_j)^2}, \quad \forall j = 1(1)p \tag{11.1.5-6b}$$

现在分别对原始自变量数据矩阵和因变量矩阵作标准化处理, 即中心化-无量纲化处理.

(1) 自变量矩阵元

$$E_{0,kj} \equiv \frac{x_{kj}-\bar{x}_j}{\sigma_{x,j}}, \quad \forall k = 1(1)n;\ j = 1(1)m \tag{11.1.5-7a}$$

它们排成同样次序的矩阵称为标准化后的自变量数据矩阵

$$\mathbf{E}_0 = \begin{bmatrix} E_{0,11} & E_{0,12} & \cdots & E_{0,1m} \\ E_{0,21} & E_{0,22} & \cdots & E_{0,2m} \\ \vdots & \vdots & & \vdots \\ E_{0,n1} & E_{0,n2} & \cdots & E_{0,nm} \end{bmatrix}_{n\times m} = \begin{bmatrix} \mathbf{E}_{0,1} & \mathbf{E}_{0,2} & \cdots & \mathbf{E}_{0,m} \end{bmatrix} = \begin{bmatrix} \mathbf{E}_{0,(1)}^{\mathrm{T}} \\ \mathbf{E}_{0,(2)}^{\mathrm{T}} \\ \vdots \\ \mathbf{E}_{0(n)}^{\mathrm{T}} \end{bmatrix} \tag{11.1.5-7b}$$

(2) 因变量矩阵元

$$F_{0,kj} \equiv \frac{y_{kj}-\bar{y}_j}{\sigma_{y,j}}, \quad \forall k = 1(1)n;\ j = 1(1)p \tag{11.1.5-8a}$$

它们排成同样次序的矩阵称为标准化后的因变量数据矩阵

$$\mathbf{F}_0 = \begin{bmatrix} F_{0,11} & F_{0,12} & \cdots & F_{0,1p} \\ F_{0,21} & F_{0,22} & \cdots & F_{0,2p} \\ \vdots & \vdots & & \vdots \\ F_{0,n1} & F_{0,n2} & \cdots & F_{0,np} \end{bmatrix}_{n\times p} = \begin{bmatrix} \mathbf{F}_{0,1} & \mathbf{F}_{0,2} & \cdots & \mathbf{F}_{0,p} \end{bmatrix} = \begin{bmatrix} \mathbf{F}_{0(1)}^{\mathrm{T}} \\ \mathbf{F}_{0(2)}^{\mathrm{T}} \\ \vdots \\ \mathbf{F}_{0(n)}^{\mathrm{T}} \end{bmatrix}. \tag{11.1.5-8b}$$

然后对标准化处理后的自变量矩阵 $\mathbf{E}_0$ 和因变量矩阵 $\mathbf{F}_0$ 进行偏最小二乘法分析.

2) 偏最小二乘法的处理思路

PLS 法中部分采纳了主成分回归法的思路. 这里先交代大致的思路步骤, 然后介绍数学原理 (表 11.1.5-1):

步骤 1　在自变量矩阵 $\mathbf{E}_{0\ (n\times m)}$ 中用 $\mathbf{E}_{0,1}, \mathbf{E}_{0,2}, \cdots, \mathbf{E}_{0,m}$ 的线性组合提取一个主成分 $\mathbf{t}_{1\ (n\times 1)}$(即求出 $\mathbf{E}_{0\ (n\times m)}$ 的协方阵, 再对角化, 其中, 本征值最大者对应的本征向量就是 $\mathbf{t}_{1\ (n\times 1)}$). 同样, 在因变量矩阵 $\mathbf{F}_{0\ (n\times m)}$ 中用 $\mathbf{F}_{0,1}$, $\mathbf{F}_{0,2}, \cdots, \mathbf{F}_{0,m}$ 的线性组合提取一个主成分 $\mathbf{u}_{1\ (n\times 1)}$. 提取时要求满足 (区别于主成分法之处):

(1) $\mathbf{t}_1$ 和 $\mathbf{u}_1$ 两个主成分尽可能大地获取各自原变量系统的最大变异, 即各自的方差尽可能大 (即相当于, 如果尽最大可能用一个自变量来描述自变量信息的话, 那么它就是 $\mathbf{t}_1$);

(2) $\mathbf{t}_1$ 和 $\mathbf{u}_1$ 之间的相关程度尽可能高, 即它们之间的相关系数尽可能高 (相当于, 自变量主成分$\mathbf{t}_1$ 对因变量主成分 $\mathbf{u}_1$ 的数学解释能力达到最大).

步骤 2　提取出 $\mathbf{t}_1$ 和 $\mathbf{u}_1$ 两个主成分之后, 分别按照预定的精度进行 $\mathbf{E}_0$ 对 $\mathbf{t}_1$ 的回归及 $\mathbf{F}_0$ 对 $\mathbf{t}_1$ 的回归, 即将 $\mathbf{E}_0$ 中含有关于自变量 $\mathbf{t}_1$ 的影响剥离掉, 同时将 $\mathbf{F}_0$ 中含

有由于自变量 $\mathbf{t}_1$ 所带来的线性解释部分也尽量剥离掉. 回归后两者分别残留信息 $\mathbf{E}_1$ 和 $\mathbf{F}_1$, 再同样方法分别从中提取第二个主成分 $\mathbf{t}_2$ 和 $\mathbf{u}_2$. 然后分别按照预定的精度进行 $\mathbf{E}_1$ 对 $\mathbf{t}_2$ 的回归及 $\mathbf{F}_1$ 对 $\mathbf{t}_2$ 的回归, 剥离掉这个自变量在 $\mathbf{E}_1$ 和 $\mathbf{F}_1$ 中的影响.

步骤 3 继续下去直至在自变量矩阵 $\mathbf{E}_0$ 中提取到 $\mathbf{t}_1, \mathbf{t}_2, \cdots, \mathbf{t}_A$ 个互相正交的主成分.

步骤 4 若已经达到预定精度, 则还原为原始 m 个自变量 $\{x_j\,|j=1(1)m\}$ 和原始 p 个因变量 $\{y_k\,|k=1(1)p\}$ 之间的回归方程.

表 11.1.5-1

	原始数据矩阵	标准化的数据矩阵	第一主轴单位向量	第一主成分	残差矩阵	第二主轴单位向量	第二主成分	⋯
自变量	$\mathbf{X}_{(n\times m)}$	$\mathbf{E}_{0\ (n\times m)}$	$\mathbf{w}_{1(m\times 1)}$	$\mathbf{t}_{1\ (n\times 1)}$	$\mathbf{E}_{1\ (n\times m)}$	$\mathbf{w}_{2(m\times 1)}$	$\mathbf{t}_{2(n\times 1)}$	⋯
因变量	$\mathbf{Y}_{(n\times p)}$	$\mathbf{F}_{0\ (n\times p)}$	$\mathbf{c}_{1(p\times 1)}$	$\mathbf{u}_{1\ (n\times 1)}$	$\mathbf{F}_{1\ (n\times p)}$	$\mathbf{c}_{2(p\times 1)}$	$\mathbf{u}_{2(n\times 1)}$	⋯

3) 偏最小二乘法的数学原理

从标准化矩阵 $\mathbf{E}_{0\ (n\times m)}$ 和 $\mathbf{F}_{0\ (n\times p)}$ 出发. 它俩各自的相关矩阵为 (见式 (11.1.3-13c))

$$\mathbf{R}_{\mathrm{E}}=\frac{1}{n-1}\mathbf{E}_0^{\mathrm{T}}\mathbf{E}_0 \tag{11.1.5-9a}$$

和

$$\mathbf{R}_{\mathrm{F}}=\frac{1}{n-1}\mathbf{F}_0^{\mathrm{T}}\mathbf{F}_0 \tag{11.1.5-9b}$$

它俩各自的本征方程为 (见式 (11.1.4-16a) 和式 (11.1.4-16b), 并为区别计, 添加下标)

$$\mathbf{R}_{\mathrm{E}}\mathbf{W}=\mathbf{W}\mathbf{\Lambda}_{\mathrm{E}} \tag{11.1.5-10a}$$

$$\mathbf{R}_{\mathrm{F}}\mathbf{C}=\mathbf{C}\mathbf{\Lambda}_{\mathrm{F}} \tag{11.1.5-10b}$$

(1) 在 $\mathbf{W}$ 中对应于 $\mathbf{\Lambda}_{\mathrm{E}}$ 中最大本征值的本征向量 $\mathbf{w}_1$ 就是 $\mathbf{E}_0$ 第一主轴的单位向量, $\mathbf{E}_0$ 在 $\mathbf{w}_1$ 方向的投影就是 $\mathbf{E}_0$ 的第一主成分 (注意: 这还是主成分法意义下的主成分, 还不是偏最小二乘法意义下的主成分), 即

$$\mathbf{t}_1=\mathbf{E}_0\mathbf{w}_1 \tag{11.1.5-11a}$$

同理, 在 $\mathbf{C}$ 中对应于 $\mathbf{\Lambda}_{\mathrm{F}}$ 中最大本征值的本征向量 $\mathbf{c}_1$ 就是 $\mathbf{F}_0$ 第一主轴的单位向量, $\mathbf{F}_0$ 在 $\mathbf{c}_1$ 方向的投影就是 $\mathbf{F}_0$ 的第一主成分 (注: 这也不是偏最小二乘法意义下的主成分), 即

$$\mathbf{u}_1=\mathbf{F}_0\mathbf{c}_1 \tag{11.1.5-11b}$$

(2) 据上述要求在保持 $\mathbf{w}_1$ 和 $\mathbf{c}_1$ 的模为 1 的约束下 (这是正交矩阵的要求, 并不影响普适性), 改变 $\mathbf{w}_1$ 和 $\mathbf{c}_1$, 使得 $\mathbf{t}_1$ 和 $\mathbf{u}_1$ 两个主成分的相关程度尽可能大, 即它们之间的协方差 $\mathrm{cov}\,(\mathbf{t}_1,\mathbf{u}_1)$ 尽可能大 (请思考为什么). 于是问题归结为具有两个约束条件的约束变分问题

$$\begin{cases}\max\limits_{\mathbf{w}_1,\mathbf{c}_1}\{\mathrm{cov}\,(\mathbf{t}_1,\mathbf{u}_1)\}\\ \text{约束: } \mathbf{w}_1^{\mathrm{T}}\mathbf{w}_1=1 \quad \text{和} \quad \mathbf{c}_1^{\mathrm{T}}\mathbf{c}_1=1\end{cases} \tag{11.1.5-12}$$

显然上述问题需要用 Lagrange 待定乘子法解 (见附录 H). 此约束变分问题等价于新泛函 $\Omega \equiv \operatorname{cov}(\mathbf{t}_1, \mathbf{u}_1) + \lambda_1 \left(\mathbf{w}_1^{\mathrm{T}}\mathbf{w}_1 - 1\right) + \lambda_2 \left(\mathbf{c}_1^{\mathrm{T}}\mathbf{c}_1 - 1\right)$ 的无约束变分问题, 改变 $\mathbf{w}_1$ 和 $\mathbf{c}_1$ 使得新泛函达到极大, 即

$$\max_{\mathbf{w}_1,\mathbf{c}_1} \{\Omega\} = \max_{\mathbf{w}_1,\mathbf{c}_1} \left\{\operatorname{cov}(\mathbf{t}_1, \mathbf{u}_1) + \lambda_1 \left(\mathbf{w}_1^{\mathrm{T}}\mathbf{w}_1 - 1\right) + \lambda_2 \left(\mathbf{c}_1^{\mathrm{T}}\mathbf{c}_1 - 1\right)\right\} \tag{11.1.5-13}$$

因为对于中心化的数据平均值都为 0, 故

$$\operatorname{cov}(\mathbf{t}_1, \mathbf{u}_1) = \mathbf{t}_1^{\mathrm{T}}\mathbf{u}_1 = (\mathbf{E}_0\mathbf{w}_1)^{\mathrm{T}}\mathbf{F}_0\mathbf{c}_1 = \mathbf{w}_1^{\mathrm{T}}\mathbf{E}_0^{\mathrm{T}}\mathbf{F}_0\mathbf{c}_1 \tag{11.1.5-14}$$

极大时必须满足 $\dfrac{\partial\Omega}{\partial\mathbf{w}_1} = \mathbf{0}$ 和 $\dfrac{\partial\Omega}{\partial\mathbf{c}_1} = \mathbf{0}$. 于是

(i) 从 $\mathbf{0} = \dfrac{\partial\Omega}{\partial\mathbf{w}_1} = \mathbf{E}_0^{\mathrm{T}}\mathbf{F}_0\mathbf{c}_1 + 2\lambda_1\mathbf{w}_1$ 得到 $2\lambda_1 = -\mathbf{w}_1^{\mathrm{T}}\mathbf{E}_0^{\mathrm{T}}\mathbf{F}_0\mathbf{c}_1$(对矩阵求导见附录 B), 即

$$\mathbf{E}_0^{\mathrm{T}}\mathbf{F}_0\mathbf{c}_1 = \left(\mathbf{w}_1^{\mathrm{T}}\mathbf{E}_0^{\mathrm{T}}\mathbf{F}_0\mathbf{c}_1\right)\mathbf{w}_1 = \theta_1\mathbf{w}_1 \tag{11.1.5-15}$$

其中, 标量

$$\theta_1 \equiv \mathbf{w}_1^{\mathrm{T}}\mathbf{E}_0^{\mathrm{T}}\mathbf{F}_0\mathbf{c}_1 \tag{11.1.5-16}$$

可见 θ_1 就是极大化之后的 $\operatorname{cov}(\mathbf{t}_1,\, \mathbf{u}_1)$.

(ii) 从 $\mathbf{0} = \dfrac{\partial\Omega}{\partial\mathbf{c}_1} = \left(\mathbf{w}_1^{\mathrm{T}}\mathbf{E}_0^{\mathrm{T}}\mathbf{F}_0\right)^{\mathrm{T}} + 2\lambda_2\mathbf{c}_1 = \mathbf{F}_0^{\mathrm{T}}\mathbf{E}_0\mathbf{w}_1 + 2\lambda_2\mathbf{c}_1$ 得到 $2\lambda_2 = -\mathbf{c}_1^{\mathrm{T}}\mathbf{F}_0^{\mathrm{T}}\mathbf{E}_0\mathbf{w}_1$, 即

$$\mathbf{F}_0^{\mathrm{T}}\mathbf{E}_0\mathbf{w}_1 = \left(\mathbf{c}_1^{\mathrm{T}}\mathbf{F}_0^{\mathrm{T}}\mathbf{E}_0\mathbf{w}_1\right)\mathbf{c}_1 = \theta_1\mathbf{c}_1 \tag{11.1.5-17}$$

(注：标量的转置显然就是自己.)

现在将式 (11.1.5-15) 两边都乘以标量 θ_1 得 $\theta_1\mathbf{E}_0^{\mathrm{T}}\mathbf{F}_0\mathbf{c}_1 = \theta_1^2\mathbf{w}_1$; 此式左边改写后运用式 (11.1.5-17) 得到 $\theta_1\mathbf{E}_0^{\mathrm{T}}\mathbf{F}_0\mathbf{c}_1 = \mathbf{E}_0^{\mathrm{T}}\mathbf{F}_0\theta_1\mathbf{c}_1 = \mathbf{E}_0^{\mathrm{T}}\mathbf{F}_0\left(\mathbf{F}_0^{\mathrm{T}}\mathbf{E}_0\mathbf{w}_1\right) = \left(\mathbf{E}_0^{\mathrm{T}}\mathbf{F}_0\mathbf{F}_0^{\mathrm{T}}\mathbf{E}_0\right)\mathbf{w}_1$, 它必须等于右边. 于是得到

$$\left(\mathbf{E}_0^{\mathrm{T}}\mathbf{F}_0\mathbf{F}_0^{\mathrm{T}}\mathbf{E}_0\right)\mathbf{w}_1 = \theta_1^2\mathbf{w}_1 \tag{11.1.5-18}$$

同理, 将式 (11.1.5-17) 两边也都乘以标量 θ_1 得 $\theta_1\mathbf{F}_0^{\mathrm{T}}\mathbf{E}_0\mathbf{w}_1 = \theta_1^2\mathbf{c}_1$; 此式左边改写后运用式 (11.1.5-15) 得到 $\theta_1\mathbf{F}_0^{\mathrm{T}}\mathbf{E}_0\mathbf{w}_1 = \mathbf{F}_0^{\mathrm{T}}\mathbf{E}_0\theta_1\mathbf{w}_1 = \mathbf{F}_0^{\mathrm{T}}\mathbf{E}_0\left(\mathbf{E}_0^{\mathrm{T}}\mathbf{F}_0\mathbf{c}_1\right) = \left(\mathbf{F}_0^{\mathrm{T}}\mathbf{E}_0\mathbf{E}_0^{\mathrm{T}}\mathbf{F}_0\right)\mathbf{c}_1$, 它必须等于右边. 于是得到

$$\left(\mathbf{F}_0^{\mathrm{T}}\mathbf{E}_0\mathbf{E}_0^{\mathrm{T}}\mathbf{F}_0\right)\mathbf{c}_1 = \theta_1^2\mathbf{c}_1 \tag{11.1.5-19}$$

式 (11.1.5-18) 和式 (11.1.5-19) 又都是本征方程, 又根据上面已经证明可见 θ_1 就是极大化之后的 $\operatorname{cov}(\mathbf{t}_1,\, \mathbf{u}_1)$, 所以只要把 $m \times m$ 阶方阵 $\left(\mathbf{E}_0^{\mathrm{T}}\mathbf{F}_0\mathbf{F}_0^{\mathrm{T}}\mathbf{E}_0\right)$ 对角化就可以同时得到所有的本征向量和对应的所有本征值, 其中对应于最大本征值的本征向量就是 $\mathbf{w}_1$. 同理, 只要把 $p \times p$ 阶方阵 $\left(\mathbf{F}_0^{\mathrm{T}}\mathbf{E}_0\mathbf{E}_0^{\mathrm{T}}\mathbf{F}_0\right)$ 对角化就可以同时得到所有的本征向量和对应的所有本征值, 其中对应于最大本征值的本征向量就是 $\mathbf{c}_1$(如下所示, 其中, 本征值已经按照从大到小的次序排列, 本征向量也对应排好).

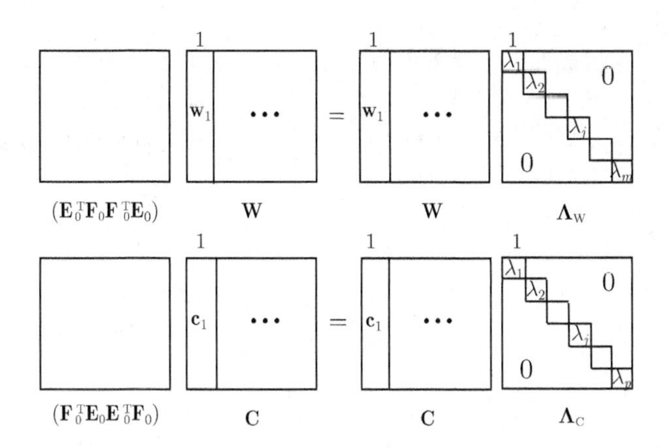

(3) 第一主轴方向单位向量 $\mathbf{w}_1$ 和 $\mathbf{c}_1$ 得到后, 根据式 (11.1.5-11a)、式 (11.1.5-11b) 投影求出对应的第一主成分$\mathbf{t}_1=\mathbf{E}_0\mathbf{w}_1$ 和 $\mathbf{u}_1=\mathbf{F}_0\mathbf{c}_1$(注: 这才是偏最小二乘法意义下的主成分).

(4) 第一个新自变量 $\mathbf{t}_1$ 求得后, 分别将自变量矩阵 $\mathbf{E}_0$ 和 $\mathbf{F}_0$ 对 $\mathbf{t}_1$ 作一元线性回归 (即将 $\mathbf{E}_0$ 中含有关于自变量 $\mathbf{t}_1$ 的影响剥离掉, 同时将 $\mathbf{F}_0$ 中含有由于自变量 $\mathbf{t}_1$ 所带来的线性解释部分也尽量剥离掉. 残留信息 $\mathbf{E}_1$ 和 $\mathbf{F}_1$ 才是其他次要的主成分的贡献), 即

$$\mathbf{E}_0=\mathbf{t}_1\mathbf{a}_1^{\mathrm{T}}+\mathbf{E}_1 \tag{11.1.5-20a}$$

$$\mathbf{F}_0=\mathbf{t}_1\mathbf{b}_1^{\mathrm{T}}+\mathbf{F}_1 \tag{11.1.5-20b}$$

即

$$\underset{n\times m}{\mathbf{E}_1}=\underset{n\times m}{\mathbf{E}_0}-\underset{n\times 1}{\mathbf{t}_1}\,\underset{1\times m}{\mathbf{a}_1^{\mathrm{T}}} \tag{11.1.5-21a}$$

和

$$\underset{n\times p}{\mathbf{F}_1}=\underset{n\times p}{\mathbf{F}_0}-\underset{n\times 1}{\mathbf{t}_1}\,\underset{1\times p}{\mathbf{b}_1^{\mathrm{T}}} \tag{11.1.5-21b}$$

其中, 线性组合系数列矩阵分别为 $\mathbf{a}_1\equiv[a_{1,1}\ a_{1,2}\ \cdots\ a_{1,m}]^{\mathrm{T}}$ 和 $\mathbf{b}_1\equiv[b_{1,1}\ b_{1,2}\ \cdots\ b_{1,p}]^{\mathrm{T}}$.

(5) 回归: 设 $\mathbf{E}_0$ 中第 j 个自变量的 n 次测量值的列矩阵 $\mathbf{E}_{0,j}$, 于是式 (11.1.5-21a) 的回归可以写为

$$\underset{n\times m}{\mathbf{E}_1}[\cdots\ \mathbf{E}_{1,j}\ \cdots]=\underset{n\times m}{\mathbf{E}_0}[\cdots\ \mathbf{E}_{0,j}\ \cdots]-\underset{n\times 1}{\mathbf{t}_1}\,\underset{1\times m}{\mathbf{a}_1^{\mathrm{T}}}[\cdots\ a_{1,j}\ \cdots]$$

即

$$\mathbf{E}_{0,j}=\mathbf{t}_1a_{1,j}+\mathbf{E}_{1,j} \tag{11.1.5-22}$$

所以改变系数 $a_{1,j}$ 使得满足 $\min\limits_{a_{1,j}}\left\{\sum\limits_{i=1}^{n}\left[(\mathbf{E}_{0,j})_i - a_{1,j}(\mathbf{t}_1)_i\right]^2\right\}$. 于是 $\dfrac{\mathrm{d}}{\mathrm{d}a_{1,j}}\Big\{\sum\limits_{i=1}^{n}\Big[(\mathbf{E}_{0,j})_i - a_{1,j}(\mathbf{t}_1)_i\Big]^2\Big\} = 0$, 即 $0 = \sum\limits_{i=1}^{n}2\left[(\mathbf{E}_{0,j})_i - a_{1,j}(\mathbf{t}_1)_i\right]\left[-(\mathbf{t}_1)_i\right] = -2\sum\limits_{i=1}^{n}(\mathbf{E}_{0,j})_i(\mathbf{t}_1)_i + 2a_{1,j}\sum\limits_{i=1}^{n}(\mathbf{t}_1)_i^2$. 于是

$$a_{1,j} = \frac{\sum\limits_{i=1}^{n}(\mathbf{E}_{0,j})_i(\mathbf{t}_1)_i}{\sum\limits_{i=1}^{n}(\mathbf{t}_1)_i^2}$$

即

$$\mathbf{a}_1 = \frac{\mathbf{E}_{0,j}^{\mathrm{T}}\mathbf{t}_1}{\|\mathbf{t}_1\|^2} \tag{11.1.5-23}$$

同理, 回归 $\mathbf{F}_0 = \mathbf{t}_1\mathbf{b}_1^{\mathrm{T}} + \mathbf{F}_1$: 设 $\mathbf{F}_0$ 中第 j 个自变量的 n 次测量值的列矩阵 $\mathbf{F}_{0,j}$, 于是式 (11.1.5-21b) 的回归可以写为

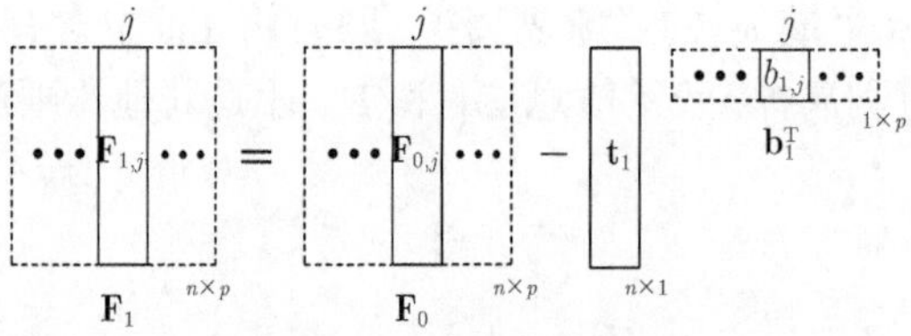

即

$$\mathbf{F}_{0,j} = \mathbf{t}_1 b_{1,j} + \mathbf{F}_{1,j} \tag{11.1.5-24}$$

所以改变系数 $b_{1,j}$ 使得满足 $\min\limits_{b_{1,j}}\left\{\sum\limits_{i=1}^{n}\left[(\mathbf{F}_{0,j})_i - b_{1,j}(\mathbf{t}_1)_i\right]^2\right\}$. 于是 $\dfrac{\mathrm{d}}{\mathrm{d}b_{1,j}}\left\{\sum\limits_{i=1}^{n}\left[(\mathbf{F}_{0,j})_i - b_{1,j}(\mathbf{t}_1)_i\right]^2\right\} = 0$, 即 $0 = \sum\limits_{i=1}^{n}2\left[(\mathbf{F}_{0,j})_i - b_{1,j}(\mathbf{t}_1)_i\right]\left[-(\mathbf{t}_1)_i\right] = -2\sum\limits_{i=1}^{n}(\mathbf{F}_{0,j})_i(\mathbf{t}_1)_i + 2b_{1,j}\sum\limits_{i=1}^{n}(\mathbf{t}_1)_i^2$. 于是

$$b_{1,j} = \frac{\sum\limits_{i=1}^{n}(\mathbf{F}_{0,j})_i(\mathbf{t}_1)_i}{\sum\limits_{i=1}^{n}(\mathbf{t}_1)_i^2},$$

即

$$\mathbf{b}_1 = \frac{\mathbf{F}_{0,j}^{\mathrm{T}}\mathbf{t}_1}{\|\mathbf{t}_1\|^2} \tag{11.1.5-25}$$

以上进行最大回归之后, 就可以剥离得到自变量的残差矩阵$\mathbf{E}_1$ 和因变量的残差矩阵 $\mathbf{F}_1$

$$\mathbf{E}_1 = \mathbf{E}_0 - \mathbf{t}_1\mathbf{a}_1^{\mathrm{T}} \tag{11.1.5-26a}$$

$$\mathbf{F}_1 = \mathbf{F}_0 - \mathbf{t}_1\mathbf{b}_1^{\mathrm{T}} \tag{11.1.5-26b}$$

这里把上述从提取第一主轴方向单位向量直到残差矩阵称为第一步. 它的中心任务是求第一主成分 $\mathbf{t}_1$.

第一步的小结如下：

步骤 1 将自变量数据矩阵 $\mathbf{X}$ 和因变量矩阵 $\mathbf{Y}$ 作标准化处理, 得到矩阵 $\mathbf{E}_0$ 和 $\mathbf{F}_0$;

步骤 2 将方阵 $(\mathbf{E}_0^{\mathrm{T}}\mathbf{F}_0\mathbf{F}_0^{\mathrm{T}}\mathbf{E}_0)$ 对角化, 取其最大本征值对应的本征向量 $\mathbf{w}_1$;

步骤 3 投影求得与第一主轴方向单位向量 $\mathbf{w}_1$ 对应的第一主成分$\mathbf{t}_1 = \mathbf{E}_0\mathbf{w}_1$;

步骤 4 分别将矩阵 $\mathbf{E}_0$ 和 $\mathbf{F}_0$ 对 $\mathbf{t}_1$ 作一元线性回归, 剥离得到残差矩阵 $\mathbf{E}_1$ 和 $\mathbf{F}_1$.

(6) 求第二主成分：偏最小二乘法的"第二步"主要是求解第二主成分 $\mathbf{t}_2$. 从第一步之后的残差矩阵 $\mathbf{E}_1$ 和 $\mathbf{F}_1$ 出发, 重复"第一步"中的步骤 2 到步骤 4, 即

步骤 1 从 $(\mathbf{E}_1^{\mathrm{T}}\mathbf{F}_1\mathbf{F}_1^{\mathrm{T}}\mathbf{E}_1)$ 对角化, 求其最大本征值对应的本征向量 $\mathbf{w}_2$;

步骤 2 投影求得与第二主轴方向单位向量 $\mathbf{w}_2$ 对应的第二主成分 $\mathbf{t}_2 = \mathbf{E}_1\mathbf{w}_2$;

步骤 3 将残差矩阵 $\mathbf{E}_1$ 和 $\mathbf{F}_1$ 对 $\mathbf{t}_2$ 作一元线性回归, 剥离得到残差矩阵 $\mathbf{E}_2$ 和 $\mathbf{F}_2$.

若在自变量矩阵 $\mathbf{E}_0$ 中提取到 $\mathbf{t}_1, \mathbf{t}_2, \cdots, \mathbf{t}_A$ 个互相正交的主成分之后已经达到预定拟合精度, 则算法终止

$$\mathbf{E}_0 = \mathbf{t}_1\mathbf{a}_1^{\mathrm{T}} + \mathbf{t}_2\mathbf{a}_2^{\mathrm{T}} + \cdots + \mathbf{t}_A\mathbf{a}_A^{\mathrm{T}} + \mathbf{E}_A \tag{11.1.5-27a}$$

$$\mathbf{F}_0 = \mathbf{t}_1\mathbf{b}_1^{\mathrm{T}} + \mathbf{t}_2\mathbf{b}_2^{\mathrm{T}} + \cdots + \mathbf{t}_A\mathbf{b}_A^{\mathrm{T}} + \mathbf{F}_A \tag{11.1.5-27b}$$

式 (11.1.5-27b) 就是偏最小二乘回归分析得到的线性拟合方程, 或称统计模型. 图 11.1.5-1 概括了偏最小二乘法的思路.

最后还得把式 (11.1.5-27b) 还原为原来的 m 个自变量 $\{x_j\,|j = 1(1)m\}$ 和 $\mathbf{p}$ 个因变量 $\{y_k\,|k = 1(1)p\}$ 之间的回归方程.

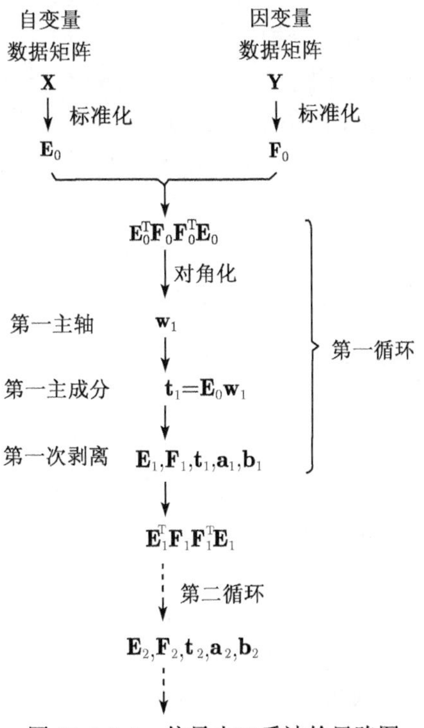

图 11.1.5-1 偏最小二乘法的思路图

讨论

(1) 偏最小二乘回归分析的终止: 偏最小二乘回归分析何时终止的一种判定是靠 “复判定系数”(“复” 表示 “多元”; 判定系数即相关系数的平方, coefficient of determination). “复判定系数” 定义为

$$R_A^2 \equiv \frac{\sum_{k=1}^{A} \|\mathbf{t}_k\|^2 \cdot \|\mathbf{b}_k\|^2}{\|\mathbf{F}_0\|^2} \tag{11.1.5-28}$$

它代表可解释的变异占总变异的百分比. 大于一定值 (如 70%) 就意味着提取得到的信息量的百分比足够多了, 于是终止进一步提取主成分.

(2) 本节讨论的是 p 个因变量的 PLS 法, 当 $p = 1$ 时问题就是一个普通的多元回归问题. 在本节开始时提及偏最小二乘法和主成分回归法之间的差别就在于 PLS 除了消除自变量之间、因变量之间的相关性的不良后果外, PLS 重点考虑了各主成分对因变量具有最佳的解释能力. 后者是主成分回归法所没有考虑的, 于是后者就可能夹杂进来一些实际上没有 “解释” 作用的主成分变量.

(3) PLS 法和 PCR 法中主成分的差别.

PCR 中的主成分是自变量系统中自身变异最大者, 即方差最大者. 它的产生与因变量无关.

PLS 中的主成分与 PCR 相同处在于, 自变量系统中的主成分或因变量系统中的主成分都是本体系中的自身变异最大者, 即方差最大者. 当然, 如果因变量只有一个, 那么因变量中就无所谓主成分, 也可以说这个因变量就是主成分. 但是就如 “无约束变分” 和 “有约束变分” 的差别, PCR 的主成分相当于 “无约束” 的主成分, PLS 中的主成分 (无论是因变量或自变量的主成分) 相当于 “有约束” 的主成分. 这个约束就是要满足因变量的主成分与自变量的主成分之间的相关关系达到最大, 这个相关关系可以用两者间的协方差 $\mathrm{cov}(\mathbf{t}_1, \mathbf{u}_1)$ 来表示, 相当于自变量主成分 $\mathbf{t}_1$ 对因变量主成分 $\mathbf{u}_1$ 的数学解释能力达到最大.

11.2　定量构效关系 (QSAR)

定量构效关系 (QSAR) 是 “定量结构-活性关系” 的简称 (quantitative structure-activity relationship)[11~20]. 早在 1868 年 Crum-Brown 和 Fraser 就提出活性 Φ 可以表示成为化学结构 S 的函数 $\Phi = f(S)$, 但没有实质性的研究. 直到 1964 年, 关于 Free-Wilson 方法[15] 和 Hansch 方法[14] 的两篇文章发表后, 定量构效关系研究方法才进入了一个实际可行的发展期. 用单个分子的物理、化学性质, 即无生命性质, 来描述其生物活性. 不过这些用做自变量的无生命性质本质上都是分子的**整体性质**(bulk properties), 不是分子某个几何位置处表现的性质. 所以这时的 QSAR 方法不是直接与分子结构联系起来的.

1988 年, R.D.Cramer III 发表了 “比较分子场分析法”(comparative molecular field analysis, CoMFA) 方法, 第一次将 QSAR 的研究与分子三维几何结构明确地联系起来了[16]. 在此基础上又发展起来 “比较分子相似性指数法”(comparative molecular similarity indices, CoMSIA)[19].

一般在受体不知道或受体结构不知道的情况下, 如果已经积累了一系列化合物对一种疾病、或对一种细菌、或对生命过程某一环节的作用效果的数据 (即所谓活性数据), 那么就可以采用 QSAR 方法分析各种化学成分对活性的影响, 从而对寻找新的药物指出方向.

为了定量处理药物设计问题, 先要定义化合物的 "活性". 通常在实验上把活性 Φ 表示为

$$\Phi = \lg(1/C) \tag{11.2-1}$$

其中, C 为在某一实验中能够产生某种特定生物效应所需的化合物浓度. 浓度单位通常都很小, 如 μmol·L^{-1}. 取浓度的倒数是为了与活性大小的习惯称呼一致, 取对数只是便于对数量级差别大的浓度范围作数值表示而已, 没有别的意思. 这里生物效应可以包括一切生命过程中的性质, 如麻醉性、杀菌性、溶血性、毒性等. 浓度 C 的具体定义可有很多种, 如 CC50表示指对某种细菌能够达到半数致死效果的化合物浓度; EC50表示使得 50% 的细胞免于某种病毒引起病变所需的化合物浓度; LD50表示半致死剂量.

11.2.1 经典 QSAR 方法

最早提出的 QSAR 方法有 Hansch 方法和 Free-Wilson 方法. 其共同特点是将活性 Φ 与该化合物的几个物理、化学性质 $\{p_j \,|\, j = 1, 2, \cdots, N\}$ 之间设定为某种函数的经验关系

$$\Phi = f(p_1, p_2, \cdots, p_N) \tag{11.2.1-1}$$

通常选用线性组合的函数形式

$$\Phi = \sum_{j=1}^{N} k_j p_j \tag{11.2.1-2}$$

其中, 系数 $\{k_j\}$ 待定. 如果有一组化合物, 他们的活性实验值都已知, 而且这些化合物的所有性质 $\{p_j\}$ 也已知, 那么可以将 $\{p_j\}$ 作为自变量、活性实验值 Φ 作为因变量, 用统计数学中的多元统计回归方法唯象地取得式 (11.2.1-1) 中函数 $f(p_1, p_2, \cdots, p_N)$ 的具体形式. 这一组化合物称为学习组, 这一步称为学习或自学.

然后对于任何未知活性的其他化合物 (称为预测组), 只要它们各自的对应的所有性质都知道, 那么就可以将这一套性质代入函数 $f(p_1, p_2, \cdots, p_N)$ 就得到该化合物的对应的活性的预测值. 这一步称为**预测**.

1) Hansch 方法[14]

Hansch 提出的函数形式如下:

$$\lg(1/C) = k_1\pi + k_2\sigma + k_3E_s + k_4MR \tag{11.2.1-3}$$

这是一个多元线性函数, 其中, 自变量选用疏水参数 π, 关于电性的 Hammet 参数σ, Taft 参数E_s, 分子折光度MR. **疏水参数**π 定义为 $\pi = \lg(c_{\text{org}}/c_{\text{aq}})$, 约定为该化合物在正辛醇和水两相之间浓度比再取以 10 为底的对数. E_s 为 Taft 参数, 是分子体积的一种表征参数. 这些自变量也可以用分子其他的性质, 如 HOMO 轨道能量、LUMO 轨道能量、电负性等. 式 (11.2.1-3) 中, C 为药物分子的活性浓度, $\{k_i\}$ 为待定的参数.

从已知化合物的活性和各项已知的分子性质出发, 采用多元线性回归分析等数据处理方法求得上述回归方程的各项系数 $\{k_i\}$. 该过程称为学习部分. 学习之后的统计模型式 (11.2.1-3) 称为**活性模型**. 然后, 如果某种化合物虽然其活性未知, 但是它的分子性质却是已知的, 或是可以计算得到的, 那么就可以将已知的分子性质代入该活性模型, 求得该化合物的活性. 这称为预测部分. 不断改变未知活性的化合物结构, 通过其他方法求得它们的分子性质, 继而用活性模型预测其活性, 这样就可以不断提高它们的活性, 达到 "设计" 新药物的目的. "学习 + 预测" 就是 QSAR 方法的实质.

讨论

(1) 分子上述几种性质都是分子的整体性质, 它们也可以改用分子的 "局部性质", 即那些与该分子的某个特定的几何位置有关的性质. 这样就发展起以后的所谓 "三维 QSAR".

(2) 式 (11.2.1-3) 也可以不用线性函数模型, 而改用二次函数、甚至高次幂函数的形式. 其实从任意物理量对关于影响它的自变量作精确展开的话, 那么总是可以展开成那些自变量的 Taylor 幂级数. 若舍去这个幂级数中的二次项和更高次项, 则得到线性展开形式, 即一级近似. 所以, 很多其他场合遇到的 "线性自由能关系"、"线性 …… 关系" 的说法, 无非就是数学模型中的最简单形式而已.

2) Free-Wilson 方法[15]

药物设计中经常想探索的药物是一个系列的, 通常它们在一个共同的母体结构上的不同部位接上了不同的取代基. 经典 QSAR 中的 Free-Wilson 方法就是为这个问题提出的, 预测取代的部位和取代基的种类是如何影响这个系列药物的活性的. 所谓母体即不含任意取代基的那个化合物. Free-Wilson 方法的统计模型为

$$\lg(1/C) = x + \sum_{i=1}^{m}\sum_{j=1}^{n} k_{ij}a_{ij} \tag{11.2.1-4}$$

其中, i 为母体分子中可发生取代的位点编号, 共 m 个; j 为各取代基的编号, 共 n 个; a_{ij} 是取代基 j 在位置 i 的贡献, 若存在其值为 1, 不存在为 0; x 为母体化合物的 $\lg(1/C)$ 值; 系数 $\{k_{ij}\}$ 待定, 它们可以从已知活性、已知二维结构的化合物数据拟合得到 (学习部分). 然后就可以通过式 (11.2.1-4) 求得那些只知道二维结构的化合物的活性 (预测部分).

讨论

(1) Free-Wilson 方法只能用于预测带有用于导出方程时的那一系列取代基的化合物的生物活性, 即只适用于预测类似于学习组的未知化合物. 这也是所有 QSAR 方法的共性.

以 Hansch 方法、Free-Wilson 方法为代表的经典 QSAR 方法, 没有考虑分子三维立体结构和分子各部分结构特点和性质, 所使用的参数大多是由化合物的二维结构知识得到的, 因此又被称为二维 QSAR(2D-QSAR) 方法.

(2) 以上 Hansch 方法、Free-Wilson 方法同样也可以用于预测毒性, 同时将活性提高, 毒性降低.

三十多年来, 由 Hansch 等开创的经典 QSAR 方法本身有了很大进展. 除了 QSAR 模型由最初的线性自由能模型衍生出抛物线模型、双曲线性模型外, QSAR 研究所用的

参数也由原来的几种分子性质扩展到量子化学参数、分子连接性指数、分子形状参数等. 建立模型所使用的统计方法也由多元回归分析扩展到主成分分析、偏最小二乘和神经网络等方法. 所建立的模型不少已经在药物设计中发挥作用.

经典 QSAR 方法最主要的发展是进一步考虑了分子三维立体结构的因素. 这就是以下要讲的两个所谓 "三维 QSAR"的方法, 即比较分子场分析法 (comparative molecular field analysis, CoMFA) 和比较分子相似性指数法 (comparative molecular similarity indices analysis, CoMSIA). 至今, 在未知受体情况下的药物设计方法中 CoMFA 和 CoMSIA 方法目前还占据着难以替代的地位. 以下分别作介绍.

11.2.2 比较分子场分析法[16]

可以设想药物分子与组织受体之间的相互作用相当于两个化合物分子之间的作用, 显然这些相互作用是分子间的非键相互作用 (见 2.4 节). 进一步来看, 主要是药物分子的几个关键有效部位即所谓**药效团**(pharmacophore) 对受体分子的相互作用. 在药物与受体相互靠拢的过程中, 显然相互作用势能主要包括两项: 非键的静电势能和非键的 van der Waals 势能. 通常又把药效团的作用进一步划分为正电荷基团、负电荷基团、氢键受体、氢键给体和疏水基团. 至于受体的作用也可以有类似的分类: 带 +1 电荷的甲基、带 −1 电荷的羧基等, 称为**探针**.

1988 年 R. D. Cramer III提出 CoMFA 法[16]. 该方法设想多种探针代表受体的不同部位, 把受体与药物分子之间的作用拆解成各种探针与药物分子的作用之和. 在受体结构不知道的情况下, 可以计算探针与药物分子的相互作用势能. 对于一种探针在药物分子附近受到的势能与探针在药物分子近处的几何位置有关, 药物分子对周围不同位置处的探针造成的势能称为**分子场**. 不同的药物分子对同一种探针造成的分子场也就不同. 而这种分子场是可以用计算势能的方法计算的, 无论是量子化学方法还是力场方法都可以. 从精度、计算速度的要求来看, 几乎都采用力场方法. 比较不同药物分子对某种探针造成的分子场就可以在一个侧面反映药物分子对受体的作用差异. 进一步对多种探针造成的分子场的比较就可以在更多方面反映药物分子对受体的作用差异. 这就是 CoMFA 法的原理所在.

通常把药物分子放在一个可以足够容纳它的立方体 (如体积为 $10\times10\times10\text{Å}^3$) 中间的固定位置, 立方体按一定的要求划分为如 $10\times10\times10=1000$ 个栅格. 先选择一种探针, 通常选用带 +1 电荷的甲基, 用力场方法计算在不同栅格位置处的探针与固定位置药物分子之间的作用势能, 它由非键静电势能 $U_q(\boldsymbol{r})$ 与非键 van der Waals 作用能$U_{\text{vdw}}(\boldsymbol{r})$ 两部分构成. 探针在一个栅格位置有 U_q, U_{vdw} 两个能量值; 1000 个栅格位置上的就有 2000 个能量值. 它们构成了该探针对某个化合物的一个分子场 (图 11.2.2-1).

同药物设计的其他方法一样, CoMFA 法也是一种黑箱方法. 于是整个 CoMFA 法分为学习和预测两步. 把已知某种活性实验数据的一组化合物称作学习组, 把另外未知活性的一组虚拟化合物称为预测组. 这里可以凭经验尽可能猜想可能有效的药物虚拟分子的结构式. 在受体结构不知道的情况下, 通过 CoMFA 法预测这些虚拟分子的活性值. 图 11.2.2-1 为 CoMFA 法的示意图.

先把全体学习组化合物按照一定的规则和最小二乘的要求下尽可能地在几何上**叠合**

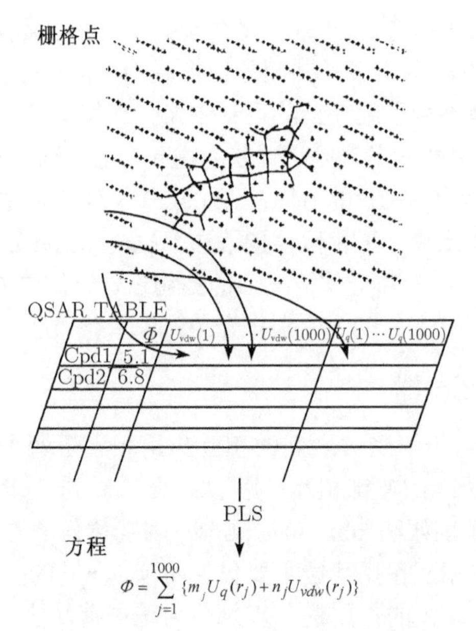

图 11.2.2-1　COMFA 法的示意图

参考美国 Tripos 公司 Sybyl 软件说明书改绘

起来, 有两种叠合的方案. 第一种方案是按照**最大公共子结构**, 进行距离最小二乘的叠合. 第二种叠合方案是, 先把每个学习组分子中可能存在的 5 种**特征基团**(即正电荷基团、负电荷基团、氢键受体、氢键给体和疏水基团) 的几何点找到, 每个分子的这种几何点构成一个 "特征结构". 按照所有学习组分子特征结构的最大公共子结构, 进行距离最小二乘的叠合. 当然, 又可以根据每个特征基团的电荷数大小、氢键给体和受体的成键能力、疏水基团的疏水能力给几何点赋以不等的权重, 然后进行距离加权重的最小二乘的叠合. 预测组分子也需作同样的叠合. 叠合是 CoMFA 法中相当重要、也颇需技巧的一步. 叠合完成之后, 就可以分别计算同一种探针对各个学习组化合物造成的分子场.

与式 (11.2.1-3) 类似, 令活性 $\varPhi$ 为应变量, 1000 个栅格位置 $\boldsymbol{r}_j$ 上的两种势能值 $\{U_q(\boldsymbol{r}_j)\}$ 和 $\{U_{\rm vdw}(\boldsymbol{r}_j)\}$ 作自变量, 采用如下的线性统计模型:

$$\varPhi = \sum_{j=1}^{1000} \{m_j U_q(\boldsymbol{r}_j) + n_j U_{\rm vdw}(\boldsymbol{r}_j)\} \qquad (11.2.2\text{-}1)$$

其中, j 为栅格点的编号, $\{m_j, n_j\}$ 为待定系数. 为了防止过拟合, 在对药效机理完全不知情的条件下, 线性模型总是放在非线性模型之上作为首选的考虑.

对于普通的线性回归方法, 学习组的样本数至少要等于待定系数的总数, 这样线性联立方程组才有确定的解. 可是, 在通常药物设计中学习组的化合物样本数一般在几十左右, 远远少于式 (11.2.2-1) 中的待定系数总数. 好在, 在 1000 个栅格位置上实际只有为数几个 (一般 < 8) 的栅格点才是所谓药效团位置的. 所以, 在 2000 个 $\{m_j, n_j\}$ 待定系数中只有几个的数值是较大的, 需要求得, 而其余的待定系数都可当作零. 于是可以选用偏最小二乘法(见 11.1.5 小节) 来降维求解. 这几个在药效团位置上的待定系数就是 PLS 法中的主成分. 知道 PLS 法是在考虑了各自变量对因变量具有最大相关的前提下, 又使自

变量自身的变异达到了最大. 于是通过 PLS 法删去占自变量总数极大比例的不重要的自变量. 于是, 求得代表药效团位置的所有待定系数的值, 即得到了式 (11.2.2-1) 中所有不为零的系数 $\{m_j, n_j\}$. 这样得到了 CoMFA 法的统计模型. 接下来就可以进行黑箱方法的第二步 —— 预测.

在预测一步里, 只要采用与学习组同样的步骤, 计算同一种探针对未知活性的预测组虚拟化合物周围的分子场 (即所有的 $\{U_q(\boldsymbol{r}_j), U_{\mathrm{vdw}}(\boldsymbol{r}_j) | j = 1, 2, \cdots, 1000\}$ 值), 代入系数已经求出来的式 (11.2.2-1), 求得虚拟化合物的活性值.

改变不同的探针相当于改变受体与药物分子的结合模式, 重新再来一遍另一种探针的 "学习＋预测", 得到新的统计模型. 比较不同探针的 CoMFA 模型, 寻求最可信、活性最高的虚拟药物分子.

讨论

(1) CoMFA 法的实质是用不同位置处的探针与药物分子的相互作用势能作为 QSAR 模型的自变量, 与应变量活性之间采用统计数学的方法把相关关系突现出来. 这相当于考虑了药物分子的三维结构.

(2) CoMFA 法已经进一步发展成可以给出对虚拟分子的改进意见, 在哪个位置上增添或删减荷正电或荷负电的基团, 在哪个位置上增添或删减位阻大的基团.

(3) 因为偏最小二乘方法中的应变量个数可以不止一个, 所以, 如果学习组的化合物同时有活性 $\varPhi$ 和毒性 $\varPsi$ 两组实验数据, 那么用以上的 CoMFA 法可以找到尽量活性大而同时毒性低的虚拟分子.

(4) CoMFA 法的缺点是在计算静电能的过程中当探针位置正好与某个原子重叠时, 就会出现计算静电能的奇点问题, 即式 (2.4.1-6) 的加和项中有一项分母为零, 造成结果无穷大的困难. 此外, CoMFA 法计算静电能时, 因为属于 $1/r$ 的长程互作用, 故有截断距离选取的麻烦.

(5) q^2 引导构象选择的 CoMFA 法[17,18]. 如果药物分子是柔性的, 因为有理由相信药物分子的构象变化要影响它与受体的相互作用, 所以对于同一种柔性分子还必须在它的能量最低的几个构象里选择结合受体的最佳构象. 而通常的 CoMFA 法在执行过程中实际上只考察了能量最低的构象. 所以有必要把传统的 CoMFA 法扩展到可以从每一个药物分子能量最低的 4, 5 个构象中选取最合适的来作 CoMFA 法 (图 11.2.2-2). q^2 引导构象选择的 CoMFA 法就是为此设计的.

首先对学习组每个分子都作构象分析, 每个分子留取基态和比它能量高出 5 kcal·mol^{-1} 之内的所有构象, 按能量大小进行排列, 存在数据库里. 构象应当进行药效点叠合, 接着就可以按照图 11.2.2-3 所示的流程作处理.

(i) 用扣一法 (leave-one-out), 依次轮流剔除一个化合物作交叉验证, 计算此时的相关系数平方值 q^2 值. 记录 q^2 值最大的化合物.

根据式 (11.1.2-19), 某一轮交叉验证时的相关系数平方为

$$q^2 \equiv \frac{\sum_{i=1}^{M-1}\left(\hat{\varPhi}_i - \bar{\varPhi}\right)^2}{\sum_{i=1}^{M-1}\left(\varPhi_i - \bar{\varPhi}\right)^2} \tag{11.2.2-2}$$

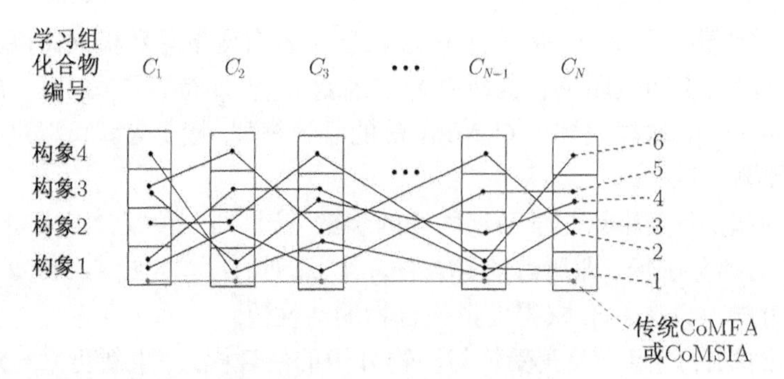

图 11.2.2-2　q^2 引导示意图

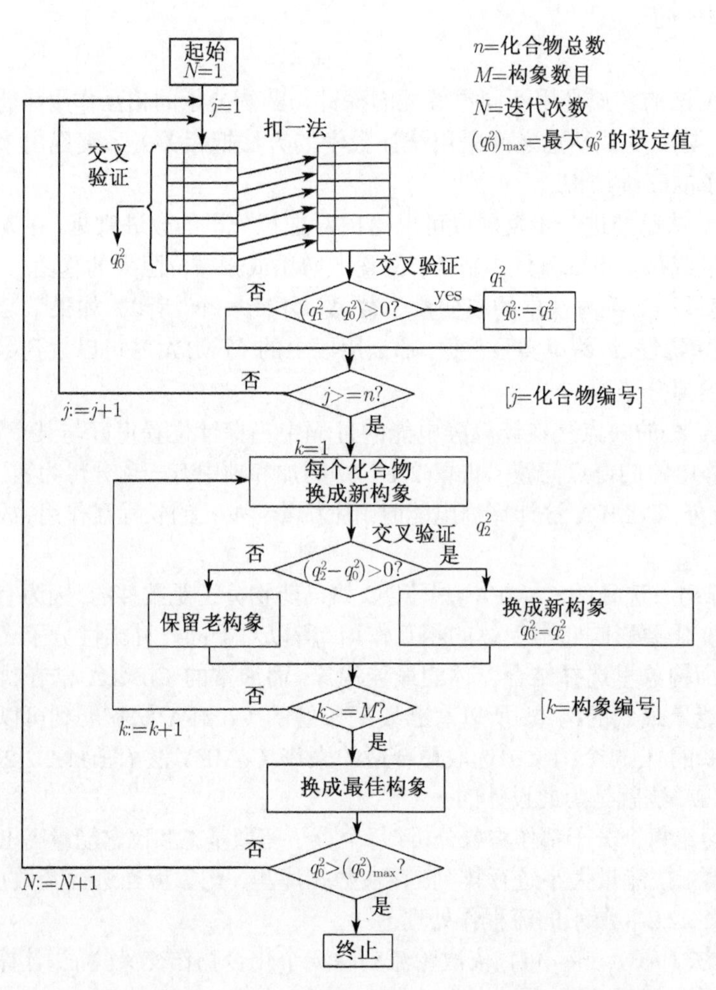

图 11.2.2-3　q^2 引导构象选择的 COMFA 法的流程图

其中, M 为学习组分子总数, Φ_i 和 $\hat{\Phi}_i$ 分别为这一轮第 i 号分子活性的实验值和预测值, $\bar{\Phi}$ 为这一轮分子活性实验值的均值, 即

$$\bar{\Phi}=\sum_{i=1}^{M-1}\Phi_i \tag{11.2.2-3}$$

(ii) 打开这个化合物的构象数据库, 依次提取它的其他构象取代原来构象, 继续交叉验证. 例如, q^2 值增大, 则记录该 q^2 值, 用新构象代替原来构象. 若选择新构象之后, 得到的 q^2 并不满意, 则返回第一步, 重新计算.

(iii) 依次在所有学习组分子及其所属构象中循环, 直至找到学习组分子的最佳构象组合 (图 11.2.2-2).

对于柔性分子, 构象选择过程中 q^2 一般可以从传统 CoMFA 法中的 0.4 提高到 0.7 左右, 有明显的提高. 为了尽可能穷尽组合方式, 但为了避免组合数过大时计算能力不足, 预设 $(q_0^2)_{\max}$ 值, 以备及时中断作业.

总之, 对于柔性分子 q^2 引导的构象选择可以较大地改进传统的 CoMFA 法.

11.2.3 比较分子相似性指数分析法

与 CoMFA 法类似, 1994 年 G. Klebe提出的 CoMSIA 法是在定义了与药物分子三维结构有关的所谓分子相似性指数之后, 把分子相似性指数与应变量活性 Φ 之间采用统计数学的方法把相关关系突现出来[19].

与 CoMFA 法一样, CoMSIA 法也属于黑箱方法, 由学习和预测两步组成. 把已知某种活性实验数据的一组化合物称作学习组, 把另外未知活性的一组虚拟化合物称为预测组. 在受体结构不知道的情况下, 通过 CoMSIA 法预测虚拟化合物的活性.

先把全体学习组化合物按照一定的规则和最小二乘的要求下尽可能地在几何上叠合起来. 与 CoMFA 法一样, 两种叠合的方案都可以用. 同样, CoMSIA 法中叠合也是相当重要而颇需技巧的一步. 然后把学习组分子放在一个可以足够容纳它的立方体 (如体积为 $10 \times 10 \times 10\text{Å}^3$) 中间的固定位置, 立方体按一定的要求划分栅格 (这里仍然以 1000 个栅格点为例). 先选择一种探针, 通常选用带 +1 电荷的甲基, 用下列方法计算在不同栅格位置处的探针与固定位置的某个学习组分子之间的**分子相似性指数**(MSI).

所谓相似要有个判据, 要明确是在哪种物理化学性质上相似, 然后才能定义代表相似程度的 MSI. 分子相似性指数 $A_{j,k}$是指在用三种性质中的某一种作判据和用某种探针来感受这种性质的条件下定义的, 这里的下标 k 代表选用哪种性质作判据, j 代表栅格点的位置. 典型的三种性质有基于原子半径立方计算得出的原子体积, 代表位阻效应; 用量子化学半经验 AM1 方法或者 Gasteiger-Marsili 经验方法计算分子中原子的净电荷, 代表分子中各个原子的静电性质; 用 Viswanadhan 等提出基于原子的参数化方法求得分子中原子的疏水性质[20]. 这三种性质都是分子中原子的属性.

以第 k 种性质为判据, 位于 j 处栅格点上的探针所感受到整个分子的相似性指数定义为

$$A_{j,k} \equiv -\sum_{i=1}^{n} w_{\text{probe},k} w_{ik} \mathrm{e}^{-\beta r_{ij}^2} \tag{11.2.3-1}$$

其中, i 为该分子内的原子编号, 共 n 个原子, k 为用作相似性判据的性质编号, w_{ik} 为对该分子中第 i 号原子计算性质 k 的数值, β 为衰减因子, r_{ij} 为在栅格 j 处的探针到第 i 号原子的间距, $w_{\text{probe},k}$ 为探针原子计算性质 k 的计算值 (探针原子设为净电荷 +1, 半径 1Å, 疏水性 +1). 衰减因子 $\beta > 0$, 可用以调节式 (11.2.3-1) 中的 Gauss 型指数的衰减程度; 当 β 增大, 则分子的局部特性得到加强, 局部特性之间相互的 "平均化" 变小, 于是整

体相似性变小. 当 β 值变小, 则起相反的作用.

对于某个分子、某种探针在不同的栅格点处感受到的第 k 种性质上的相似指数也是一个标量场, 记为 $\{A_{j,k}|j=1,2,\cdots,1000\}$(权且称为 "相似指数场"), 它对应于 CoMFA 法中的分子场 (当然两者的物理含义完全不同). 类似于式 (11.2.2-1), CoMSIA 法中活性 Φ 的线性统计模型为

$$\Phi=\sum_{j=1}^{1000} m_j A_{j,k} \tag{11.2.3-2}$$

其中, j 为栅格点的编号, $\{m_j\}$ 为待定系数. 通过学习组的 M 个分子活性的实验值和计算得到的相似指数场代入式 (11.2.3-2), 得到由 M 个线性方程构成的联立方程组. 同样, 因为在通常药物设计中学习组的化合物样本数一般在几十左右, 远远少于式 (11.2.3-2) 中的待定系数总数. 也因为, 在 1000 个栅格位置上实际只有为数几个 (一般 <8) 的栅格点才是所谓药效团位置的. 所以, 可以选用偏最小二乘法(见 11.1.5 小节) 来降维求解, 得到式 (11.2.3-2) 中所有不为零的系数. 这样得到了 CoMSIA 法的统计模型. 可见, 只要把 CoMFA 法的示意图 (图 11.2.2-1) 中的自变量换成相似性指数 $\{A_{j,k}\}$, 再把其中的统计模型换成式 (11.2.3-2) 就成了 CoMSIA 法的示意图.

接下来就可以进行黑箱方法的第二步——预测. 在预测一步里, 只要采用与学习组同样的步骤, 计算同一种探针对未知活性的预测组虚拟分子周围的相似指数场 (即 $\{A_{j,k}|j=1,2,\cdots,1000\}$ 值), 代入到系数已经求出来的式 (11.2.3-2) 中, 计算得到虚拟分子的活性值.

CoMSIA 法可以通过改变探针种类、性质种类 k 和衰减因子 β 来模拟受体与药物分子不同的结合模式. 每改变一种模式就重新再来一遍 "学习＋预测", 得到新的统计模型. 比较不同探针、不同的性质判据和不同的衰减因子得到的 CoMSIA 模型, 寻求最可信、活性最高的虚拟药物分子.

讨论

(1) 与 CoMFA 法一样, CoMSIA 法也属于考虑了药物分子三维结构的 QSAR 方法.

(2) 由于 CoMSIA 法的式 (11.2.3-1) 中采用 Gauss 型指数函数, 所以总是可以保持计算收敛, 不会出现 CoMFA 方法在计算静电能时的奇点问题. 此外, Gauss 型指数收敛快, 不会有 CoMFA 方法计算静电能收敛慢的问题.

(3) CoMSIA 法中探针种类、性质种类 k 和衰减因子 β 都可以调节, 可调节的变量个数比 CoMFA 法多. 因此 CoMSIA 法最后得出的统计指标, 如标准误差 σ, 相关系数 R, 方差比 $F(f_{\mathrm{R}}, f_{\mathrm{E}})$ 等统计量, 自然一般都要比 CoMFA 法的高. 从这个角度看 CoMSIA 法的统计模型要比 CoMFA 法的好.

值得指出, 无论哪种统计数学方法, 最后都要落实到置信水平 $1-\alpha$ 才能判定统计模型的优劣, 而不是靠一项统计量来比较 (见 11.1 节).

(4) 尽管 CoMSIA 法和 CoMFA 法都属于数学模型, 但是 CoMSIA 法中各部分的物理意义不如 CoMFA 法中的明确. 这是 CoMSIA 法的不足之处. 看来 Klebe 也注意到了这个问题, 但是鉴于 Gauss 型指数函数给计算上带来的方便, 最后迁就了这个问题.

(5) 对于柔性分子, 同样也可把 q^2 引导构象选择的方法沿用到 CoMSIA 法.

11.3 静电势的应用

统计数学无论在药物设计、材料设计上都有广泛的应用. 尽管材料设计原则上可以大量采用第一原理的方法, 可是在寻找新材料的实际科研中, 还是大量采用了黑箱方法, 称为 QSPR 方法, 又称 "定量构效关系" 方法. 它与药物设计的 QSAR 方法基本上相同, 都是一种数学模型, 不是物理模型.

考虑到第一原理目前对生命科学还难有大的作为, 所以 QSAR 法在药物设计应用非常普遍. 应用过程中, 往往忽视自变量需要尽可能有明确物理意义的重要性. 创造了大量的描述符(descriptor), 取代物理化学性质用作 QSAR 法中的自变量. 还创造了大量的拓扑类描述符, 而且没有重视从拓扑指数通过分子的对称性发掘其物理意义的方向发展. 大量的描述符甚至毫无物理意义, 势头越来越大. 这种倾向还蔓延到材料设计的 QSPR 方法领域.

与众不同的是, New Orleans 大学的 P. Politzer 教授从静电势这个清晰物理意义的概念出发开拓了一条通向 QSAR 方法或 QSPR 方法的道路[21]. 这是一个值得介绍的方向.

11.3.1 静电势

按照经典电动力学, 点电荷体系 $\{q_i\}$ 在 $\boldsymbol{r}$ 处造成的势能

$$U(\boldsymbol{r}) = \sum_i \frac{q_i}{|\boldsymbol{r}_i - \boldsymbol{r}|} \tag{11.3.1-1}$$

又称为静电势, 其中, $\boldsymbol{r}_i$ 为点电荷 q_i 的位置. 如果是连续分布的电荷体系, 电荷密度 $D(\boldsymbol{r})$ 在 $\boldsymbol{r}$ 处造成的势能或静电势为

$$U(\boldsymbol{r}) = \int \mathrm{d}\boldsymbol{r}' \frac{D(\boldsymbol{r}')}{|\boldsymbol{r}' - \boldsymbol{r}|} \tag{11.3.1-2}$$

该势能满足 Poisson 方程

$$\nabla^2 U(\boldsymbol{r}) = -4\pi D(\boldsymbol{r}) \tag{11.3.1-3}$$

对于分子体系, 电荷密度 $D(\boldsymbol{r})$ 包括核电荷 $\{Z_A\}$ 和电子云密度 $\rho(\boldsymbol{r})$. 设核电荷 Z_A 的位置为 $\boldsymbol{R}_A$. 所以, 在 $\boldsymbol{r}$ 处的电荷密度 $D(\boldsymbol{r})$ 可以写为

$$D(\boldsymbol{r}) = \sum_A Z_A \delta(\boldsymbol{r} - \boldsymbol{R}_A) - \rho(\boldsymbol{r}) \tag{11.3.1-4}$$

代入式 (11.3.1-2) 或式 (11.3.1-3) 得到

$$U(\boldsymbol{r}) = \sum_A \frac{Z_A}{|\boldsymbol{r} - \boldsymbol{R}_A|} - \int \mathrm{d}\boldsymbol{r}' \frac{\rho(\boldsymbol{r}')}{|\boldsymbol{r}' - \boldsymbol{r}|} \tag{11.3.1-5}$$

满足 Poisson 方程方程

$$\nabla^2 U(\boldsymbol{r}) = -4\pi \sum_A Z_A \delta(\boldsymbol{r} - \boldsymbol{R}_A) + 4\pi\rho(\boldsymbol{r}) \tag{11.3.1-6}$$

11.3.2 分子的外部表面

一般分子的外部表面有两种说法：

(1) 分子表面是指 van der Waals 面. 可是仔细掂量可见 van der Waals 面不是一个精确概念, 因为凭什么把分子中的每一个组成原子都看成球形的呢？

(2) R. F. W. Bader(1987 年) 取分子的电子云密度 $\rho(\boldsymbol{r}) = 0.001\text{bohr}^{-3}$ 处的那个电子云等高面作为分子的外表面[22]. (当然有人取 $\rho(\boldsymbol{r}) = 0.002\text{bohr}^{-3}$, 没有原则性的差别). 以下称为**Bader 面**.

11.3.3 表征静电势分布特征的物理量

设分子在该分子的 Bader 面 S 上造成的势能即静电势记为 $U_S(\boldsymbol{r})$, 其中, $\boldsymbol{r}$ 指分子表面的位置. 设 $U_{S,\max} \equiv U_S(\boldsymbol{r})$ 中最 "正" 处的静电势和 $U_{S,\min} \equiv U_S(\boldsymbol{r})$ 中最 "负" 处的静电势, 分别称为静电势的**正峰值**和**负峰值**.

(1) 静电势的正区平均值和负区平均值：把分子的 Bader 面上呈现静电势为 "正值" 的区域看成由很多等面积的小块构成, 记为 $\{1,2,\cdots,j,\cdots,\alpha\}$. 如果每一块的面积足够小, 可以认为每一块内的静电势是相等的, 记为 $U_S^+(\boldsymbol{r}_j)$. 于是, 整个 Bader 面上呈现 "正值" 的静电势部分的静电势平均值称为**正区平均值**

$$\bar{U}_S^+ \equiv \frac{1}{\alpha}\sum_{j=1}^{\alpha} U_S^+(\boldsymbol{r}_j) \tag{11.3.3-1}$$

同样, Bader 面上呈现静电势为 "负值" 的区域由很多等面积的小块构成, 记为 $\{1,2,\cdots,k,\cdots,\beta\}$. 如果每一块的面积足够小, 所以认为每一块内的静电势是相等的, 记为 $U_S^-(\boldsymbol{r}_k)$. 于是, 整个分子 Bader 面上呈现 "负值" 的静电势部分的静电势平均值称为**负区平均值**

$$\bar{U}_S^- \equiv \frac{1}{\beta}\sum_{k=1}^{\beta} U_S^-(\boldsymbol{r}_k) \tag{11.3.3-2}$$

(2) 平均静电势：分子 Bader 面上静电势 $U_S(\boldsymbol{r})$ 的平均值 $\bar{U}_S$ 称为**平均静电势**

$$\bar{U}_S = \frac{\alpha\bar{U}_S^+ + \beta\bar{U}_S^-}{\alpha+\beta} \tag{11.3.3-3}$$

(3) 静电势分布的平均偏差：分子 Bader 面上静电势 $U_S(\boldsymbol{r})$ 的**平均偏差**$\varPi$ 定义为

$$\varPi \equiv \frac{1}{n}\sum_{i=1}^{n}\left|U_S(\boldsymbol{r}_i) - \bar{U}_S\right| \tag{11.3.3-4}$$

$\varPi$ 表征分子内部电荷分布不均匀的一个特征.

(4) 静电势分布的方差：分子 Bader 面上静电势为 "正值" 的区域中静电势分布的方差称为**正区方差**

$$\sigma_+^2 \equiv \frac{1}{\alpha}\sum_{j=1}^{\alpha}\left[U_S^+(\boldsymbol{r}_j) - \bar{U}_S^+\right]^2 \tag{11.3.3-5}$$

分子 Bader 面上静电势为 “负值” 的区域中静电势分布的方差称为**负区方差**

$$\sigma_-^2 \equiv \frac{1}{\beta}\sum_{k=1}^{\beta}\left[U_S^-(\boldsymbol{r}_k)-\bar{U}_S^-\right]^2 \tag{11.3.3-6}$$

分子 Bader 面上静电势分布的**总方差**定义为

$$\sigma_{\text{tot}}^2 \equiv \sigma_+^2+\sigma_-^2 = \frac{1}{\alpha}\sum_{j=1}^{\alpha}\left[U_S^+(\boldsymbol{r}_j)-\bar{U}_S^+\right]^2+\frac{1}{\beta}\sum_{k=1}^{\beta}\left[U_S^-(\boldsymbol{r}_k)-\bar{U}_S^-\right]^2 \tag{11.3.3-7}$$

(5) 静电势的变化：静电势变化起伏的程度用以下定义的**电荷平衡参数**来表征

$$\nu \equiv \frac{\sigma_+^2\sigma_-^2}{\left(\sigma_{\text{tot}}^2\right)^2} \tag{11.3.3-8}$$

可见 $0 \leqslant \nu \leqslant 1/4$. 当 $\sigma_+^2=\sigma_-^2$ 时电荷平衡参数 ν 达到最大值 1/4.

(6) 分子的 Bader 面面积：设 A_S^+ 为 Bader 面上静电势呈正值的表面积，A_S^- 为 Bader 面上静电势呈负值的表面积. 分子总的 Bader 面面积

$$A_S = A_S^+ + A_S^- \tag{11.3.3-9}$$

11.3.4 Politzer 的 GIPF 法

1992~1994 年, Politzer 提出一种基于静电势分布特征来计算分子宏观性质的统计模型[21]

性质 $$\mathrm{P}=f\left(U_{S,\min},U_{S,\max},\bar{U}_S^+,\bar{U}_S^-,\Pi,\sigma_+^2,\sigma_-^2,\sigma_{\text{tot}},\nu,A_S^+,A_S^-\right) \tag{11.3.4-1}$$

称为 GIPF 法 (general interaction properties function), 其中, 每个自变量都有清晰的物理意义, f 为待定函数.

例如,

(1) $$(\text{氢键酸性})=\alpha_1 U_{S,\max}-\beta_1,\quad \alpha_1,\beta_1>0 \tag{11.3.4-2}$$

(2) $$(\text{氢键碱性})=\alpha_2\left|U_{S,\min}\right|-\beta_2,\quad \alpha_2,\beta_2>0 \tag{11.3.4-3}$$

氢键酸性和碱性的实验标准取自文献. 用量子化学方法计算 $U_{S,\max}$, $U_{S,\min}$, 再用统计数学方法拟合求得所有参数 $\{\alpha_1,\beta_1,\alpha_2,\beta_2\}$. 从式 (11.3.4-2)、式 (11.3.4-3) 可见：氢键的酸性和碱性分别与 Bader 面的静电势的正峰值和负峰值成正比. 尽管是唯象的, 但含义简单明瞭, 是个值得注意的方向.

Politzer 的方法尽管在本质上是一种 QSPR 方法, 还属于黑箱方法, 但是 Politzer 在尽力地突出自变量的物理量. 他在这点上非常清醒, 不是那种老在描述符的迷宫里转悠也不想出来的人.

11.4 功能分子设计中的 QSPR 方法

材料科学中的 QSPR 方法, 即 “定量结构-性质关系” 方法与药物设计中的 “定量构效关系”(QSAR 方法) 一样, 都是基于黑箱方法的原理 (图 11.4-1).

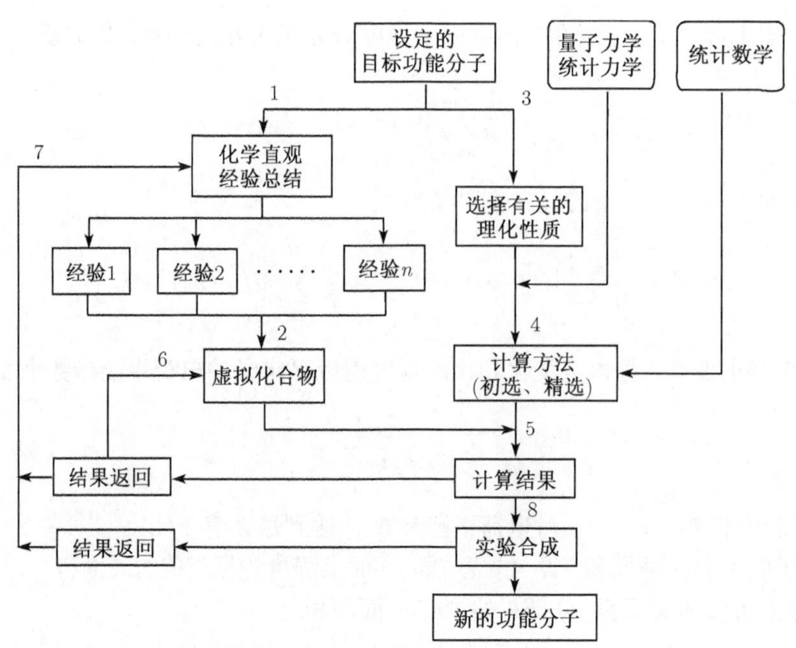

图 11.4-1　功能分子设计中的 QSPR 方法

对于预定性质的功能分子, 原则上都可以通过图 11.4-1 所示的流程来设计、寻找性能更好的新的功能分子.

首先对于设定的目标功能分子, 总可以从现有的化学经验积累总结出 "经验 1"、"经验 2" 等 (图 11.4-1 中 1); 然后从这些经验猜测若干有可能成为功能材料的**虚拟化合物**(图 11.4-1 中 2).

当然对于预定的目标功能, 可以从物理化学原理判定几个影响最终功能的关键理化性质 (图 11.4-1 中 3), 这些理化性质往往是可以用现有的量子力学、统计力学原理来计算的、具有一定物理意义的性质, 如标准生成焓、电偶极矩、静电势及其有关的 Politzer 参数、HOMO-LUMO 能级差、分子体积、van der Waals 表面积等, 然后建立一整套计算这些理化性质的计算方法 (图 11.4-1 中 4). 其中也会需要用到一些统计数学方法, 如多元线性或非线性回归分析、主成分分析法、偏最小二乘法、遗传算法等, 用来建立功能与理化性质两者之间的统计模型.

有了统计模型之后, 就可以对大量的虚拟化合物进行计算, 计算它们的理化性质, 然后通过统计模型求得它们的功能 (图 11.4-1 中 5), 从计算结果选出候选化合物提供给合成实验组 (图 11.4-1 中 8). 从计算得到的功能结果可以总结出分子结构修饰的方向等新的化学经验, 返回进一步提出更多、更有希望的虚拟化合物 (图 11.4-1 中 6). 另外, 从实验合成之后的功能实验测定, 也可以提供新的化学经验返回 (图 11.4-1 中 7).

经过多次循环, 不断建立、补充、修正经验, 不断构想新的虚拟化合物, 可以不断提高最后功能材料的水平. 这种 QSPR 方法具有非常重要的实用价值. 除了材料、药物领域, 其他领域也有得到应用的希望.

参 考 文 献

[1] Heisenberg W. 物理学和哲学. 范岱年译. 北京: 商务印书馆, 1981, 59.

[2] Huff D. How to Lie with Statistics. New York: W W Norton & Company, 1982; 第一个中译本: 沈恩杰, 马世宽译. 怎能用统计撒谎. 北京: 中国统计出版社, 1986; 第二个中译本: 廖颖林译. 统计陷阱. 上海: 上海财经大学出版社, 2003.
[3] 王玲玲, 周纪芗. 常用统计方法. 上海: 华东师范大学出版社, 1994.
[4] 王学仁, 王松桂. 实用多元统计分析. 上海: 上海科学技术出版社, 1990.
[5] 茆诗松, 王静龙. 数理统计. 上海: 华东师范大学出版社, 1990.
[6] 费史 M. 概率论与数理统计. 王福保译. 上海: 上海科学技术出版社, 1962.
[7] 方开泰. 实用多元统计分析. 上海: 华东师范大学出版社, 1989.
[8] 浙江大学数学系高等教育教研组. 概率论与数理统计. 北京: 高等教育出版社, 1979.
[9] Kreyszig E. Advanced Engineering Mathematics. 4th ed. New York: John Wiley & Sons, Inc, 1979.
[10] 任若恩, 王惠文. 多元统计数据分析 —— 理论, 方法, 实例. 北京: 国防工业出版社, 1997.
[11] Kubinyi H, Folkers G, Martin Y C. 3D QSAR in Drug Design. Vol. 2. Ligand-Protein Interactions and Molecular Similarity. Vol. 3. Recent Advances Dordrecht: Kluwer Academic Publishers, 1998.
[12] Schleyer P von R, et al. Encyclopedia of Computational Chemistry. Vol. 1~5. Chichester: John Wiley & Sons, 1998.
[13] Kubinyi H. QSAR: Hansch Analysis and Related Approaches.(*In*: Mannhold R, Kubinyi H, Timmerman H. Volume 1 of Methods and Principles in Medicinal Chemistry. Weinheim: VCH, 1997.
[14] Hansch C, Fujita T. J Am Chen. Soc, 1964, 86: 1616.
[15] Free S M Jr, Wilson J W. J Med Chem, 1964, 7: 395.
[16] Cramer III R D, Patterson D E, Bunce J D, J. Am Chen. Soc., 1988, 110: 5959.
[17] 谷妍, 陈敏伯, 董喜成等. 化学学报, 2000, 58: 1534.
[18] 曾宝珊, 陈敏伯, 董喜成等. 化学学报, 2003, 61: 1121.
[19] Klebe G, Abraham U, Mietzner T. J Med Chem, 1994, 37: 4130.
[20] Viswanadhan V N, Reddy M R, Bacquet R J, et al. J Comput Chem, 1993, 14: 1019.
[21] Politzer P, Murray J S. Molecular Electrostatic Potentials. *In*: Bultinck P, de Winter H, Langenaeker W. et al. Computational Medicinal Chemistry for Drug Discovery. New York: Marcel Dekker, Inc, 2004: 213.
[22] Bader R F W. Atoms in Molecules: A Quantum Theory. Oxford: Oxford University Press, 1990.

附　　录

“数学就是一门把不同的东西归结为相同问题的艺术.”

——J. H.Poincaré(1854~1912, 法国数学物理学家, “最后一位数学通才”)

附录 A　普适物理常量

目前, 理论至少在原则上只需要 18 个普适物理常量就能够计算一切性质[1]. 化学家最关心的普适物理常量的数值如下 (有 * 者不是独立的物理量)[2,3]:

(1) 光速　$c = 2.997\ 924\ 58 \times 10^8 \text{m} \cdot \text{s}^{-1}$(精确定义值)

(2) Planck 常量　$h = 6.626\ 068\ 76\,(52) \times 10^{-34} \text{J} \cdot \text{s}$

(3) 摩尔气体常量　$R = 8.314\ 472\,(15)\ \text{J} \cdot \text{mol}^{-1} \cdot \text{K}^{-1}$

(4) Avogadro 常量　$N_\text{A} = 6.022\ 141\ 99\,(47) \times 10^{23} \text{mol}^{-1}$

(5) 1 atm、273.15K、1 mol 气体的体积

$V_0 = 22.413\ 996\,(39) \times 10^{-3} \text{m}^3 \cdot \text{mol}^{-1}$

(6) Faraday 常量　$F = 96\ 485.341\ 5\,(39)\ \text{C} \cdot \text{mol}^{-1}$

(7) 标准重力加速度　$g = 9.806\ 65 \text{m} \cdot \text{s}^{-2}$(精确定义值)

(8) 基元电荷　$e = 1.602\ 176\ 462\,(63) \times 10^{-19} \text{C}$

(9) 电子静止质量　$m_e = 9.109\ 381\ 88\,(72) \times 10^{-31} \text{kg}$

(10) 质子静止质量　$m_p = 1.672\ 621\ 58\,(13) \times 10^{-27} \text{kg}$

(11) 统一原子质量单位　$u = 1.660\ 538\ 73\,(13) \times 10^{-27} \text{kg}$

(12) 万有引力常量　$G = 6.673\,(10) \times 10^{-11} \text{m}^3 \cdot \text{kg}^{-1} \cdot \text{s}^{-2}$

(13) 真空磁导率　$\mu_0 = 4\pi \times 10^{-7} \text{H} \cdot \text{m}^{-1} = 12.566\ 370\ 614 \cdots \times 10^{-7} \text{H} \cdot \text{m}^{-1}$ (精确定义值)

(14) 电子磁矩　$\mu_e = -9.284\ 763\ 62\,(37) \times 10^{-24} \text{J} \cdot \text{T}^{-1}$

* 真空介电容率　$\varepsilon_0 = \dfrac{1}{\mu_0 c^2} \text{F} \cdot \text{m}^{-1} = 8.854\ 187\ 817 \cdots \times 10^{-12} \text{F} \cdot \text{m}^{-1}$ (精确定义值)

*Boltzmann 常量　$k_B = R/N_\text{A} = 1.380\ 650\ 3\,(24) \times 10^{-23} \text{J} \cdot \text{K}^{-1}$

以上是 1998 年国际科技数据委员会 (CODATA) 公布的数据. 圆括号内的数字表示其前两位数字的 1σ 的不确定度, 即标准误差, 如 $R = 8.314\ 510\,(70)\ \text{J} \cdot \text{mol}^{-1} \cdot \text{K}^{-1} = 8.314\ 510 \pm 70 \text{J} \cdot \text{mol}^{-1} \cdot \text{K}^{-1}$.

附录B 矩　阵[4]

记矩阵 $\mathbf{A} \equiv [a_{ij}]_{m\times n}$, 列矩阵 $\mathbf{x} \equiv [x_1\ x_2\ \cdots\ x_n]^{\mathrm{T}}$, $\mathbf{y} \equiv [y_1\ y_2\ \cdots\ y_m]^{\mathrm{T}}$.

B.1 定　义

$$\text{微分}\ \frac{\partial \mathbf{A}}{\partial t} \equiv \left[\frac{\partial a_{ij}}{\partial t}\right]_{m\times n} \quad \text{积分} \int \mathrm{d}t\ \mathbf{A} \equiv \left[\int \mathrm{d}t\ a_{ij}\right]_{m\times n}$$

$$\frac{\partial y}{\partial \mathbf{x}} \equiv \begin{bmatrix} \dfrac{\partial y}{\partial x_1} \\ \vdots \\ \dfrac{\partial y}{\partial x_n} \end{bmatrix}_{n\times 1} \quad \frac{\partial y}{\partial \mathbf{x}^{\mathrm{T}}} \equiv \begin{bmatrix} \dfrac{\partial y}{\partial x_1} & \cdots & \dfrac{\partial y}{\partial x_n} \end{bmatrix}_{1\times n}$$

$$\frac{\partial \mathbf{y}}{\partial \mathbf{x}^{\mathrm{T}}} \equiv \begin{bmatrix} \dfrac{\partial \mathbf{y}}{\partial x_1} & \dfrac{\partial \mathbf{y}}{\partial x_2} & \cdots & \dfrac{\partial \mathbf{y}}{\partial x_n} \end{bmatrix} = \begin{bmatrix} \dfrac{\partial y_1}{\partial x_1} & \dfrac{\partial y_1}{\partial x_2} & \cdots & \dfrac{\partial y_1}{\partial x_n} \\ \dfrac{\partial y_2}{\partial x_1} & \dfrac{\partial y_2}{\partial x_2} & \cdots & \dfrac{\partial y_2}{\partial x_n} \\ \vdots & \vdots & & \vdots \\ \dfrac{\partial y_m}{\partial x_1} & \dfrac{\partial y_m}{\partial x_2} & \cdots & \dfrac{\partial y_m}{\partial x_n} \end{bmatrix}_{m\times n}$$

和

$$\frac{\partial \mathbf{y}^{\mathrm{T}}}{\partial \mathbf{x}} \equiv \begin{bmatrix} \dfrac{\partial \mathbf{y}^{\mathrm{T}}}{\partial x_1} \\ \dfrac{\partial \mathbf{y}^{\mathrm{T}}}{\partial x_2} \\ \vdots \\ \dfrac{\partial \mathbf{y}^{\mathrm{T}}}{\partial x_n} \end{bmatrix} = \begin{bmatrix} \dfrac{\partial y_1}{\partial x_1} & \dfrac{\partial y_2}{\partial x_1} & \cdots & \dfrac{\partial y_m}{\partial x_1} \\ \dfrac{\partial y_1}{\partial x_2} & \dfrac{\partial y_2}{\partial x_2} & \cdots & \dfrac{\partial y_m}{\partial x_2} \\ \vdots & \vdots & & \vdots \\ \dfrac{\partial y_1}{\partial x_n} & \dfrac{\partial y_2}{\partial x_n} & \cdots & \dfrac{\partial y_m}{\partial x_n} \end{bmatrix}_{n\times m}$$

B.2 性　质

(1) $\dfrac{\mathrm{d}}{\mathrm{d}t}(k_1\mathbf{A} + k_2\mathbf{B}) = k_1\dfrac{\mathrm{d}\mathbf{A}}{\mathrm{d}t} + k_2\dfrac{\mathrm{d}\mathbf{B}}{\mathrm{d}t}$, k_1, k_2 是标量常数.

(2) $\dfrac{\mathrm{d}}{\mathrm{d}t}(\alpha\mathbf{A}) = \alpha\dfrac{\mathrm{d}\mathbf{A}}{\mathrm{d}t} + \mathbf{A}\dfrac{\mathrm{d}\alpha}{\mathrm{d}t}$, α 是标量函数.

(3) $\dfrac{\mathrm{d}}{\mathrm{d}t}(\mathbf{AB}) = \left(\dfrac{\mathrm{d}\mathbf{A}}{\mathrm{d}t}\right)\mathbf{B} + \mathbf{A}\left(\dfrac{\mathrm{d}\mathbf{B}}{\mathrm{d}t}\right)$.

若 $\mathbf{A}$ 是非奇异的方阵, 则有如下性质:

(4) $\dfrac{\mathrm{d}}{\mathrm{d}t}(\mathbf{A}^n) = \displaystyle\sum_{k=1}^{n} \mathbf{A}^{k-1}\left(\dfrac{\mathrm{d}\mathbf{A}}{\mathrm{d}t}\right)\mathbf{A}^{n-k}$

(5) $\frac{\mathrm{d}}{\mathrm{d}t}\left(\mathbf{A}^{-n}\right)=-\sum_{k=1}^{n}\mathbf{A}^{-k}\left(\frac{\mathrm{d}\mathbf{A}}{\mathrm{d}t}\right)\mathbf{A}^{-(n-k+1)}$. 特例 $\frac{\mathrm{d}}{\mathrm{d}t}\left(\mathbf{A}^{-1}\right)=-\mathbf{A}^{-1}\left(\frac{\mathrm{d}\mathbf{A}}{\mathrm{d}t}\right)\mathbf{A}^{-1}$.

(6) $\frac{\partial}{\partial t}(\mathrm{tr}\,\mathbf{A})=\mathrm{tr}\left(\frac{\partial\mathbf{A}}{\partial t}\right)$.

(7) 行矩阵或列矩阵的导数 (以下 $\mathbf{x}$, $\mathbf{a}$ 均为同阶列矩阵, $\mathbf{A}$ 为方阵)

$$\frac{\mathrm{d}\left(\mathbf{a}^{\mathrm{T}}\mathbf{x}\right)}{\mathrm{d}\mathbf{x}}=\mathbf{a},\quad \frac{\mathrm{d}\left(\mathbf{x}^{\mathrm{T}}\mathbf{a}\right)}{\mathrm{d}\mathbf{x}}=\mathbf{a},\quad \frac{\mathrm{d}\left(\mathbf{a}^{\mathrm{T}}\mathbf{x}\right)}{\mathrm{d}\mathbf{x}^{\mathrm{T}}}=\mathbf{a}^{\mathrm{T}},\quad \frac{\mathrm{d}\left(\mathbf{x}^{\mathrm{T}}\mathbf{a}\right)}{\mathrm{d}\mathbf{x}^{\mathrm{T}}}=\mathbf{a}^{\mathrm{T}}$$

$$\frac{\mathrm{d}\left(\mathbf{x}^{\mathrm{T}}\mathbf{A}\right)}{\mathrm{d}\mathbf{x}}=\mathbf{A},\quad \frac{\mathrm{d}\left(\mathbf{x}^{\mathrm{T}}\mathbf{A}\right)}{\mathrm{d}\mathbf{x}^{\mathrm{T}}}=\mathbf{A}^{\mathrm{T}},\quad \frac{\mathrm{d}\left(\mathbf{x}^{\mathrm{T}}\mathbf{A}\mathbf{x}\right)}{\mathrm{d}\mathbf{x}}=\mathbf{A}\mathbf{x}+\left(\mathbf{x}^{\mathrm{T}}\mathbf{A}\right)^{\mathrm{T}}=\left(\mathbf{A}+\mathbf{A}^{\mathrm{T}}\right)\mathbf{x}$$

(8) 复合函数的导数 $\frac{\partial\mathbf{y}}{\partial\mathbf{x}^{\mathrm{T}}}=\frac{\partial\mathbf{y}}{\partial\mathbf{z}^{\mathrm{T}}}\frac{\partial\mathbf{z}}{\partial\mathbf{x}^{\mathrm{T}}}$.

(9) 标量 U 关于列矩阵的二阶导数: 若 $\mathbf{x},\mathbf{y}$ 均为 $n\times 1$ 阶列矩阵, 则

$$\begin{aligned}\frac{\partial^2 U}{\partial\mathbf{x}\partial\mathbf{y}}&=\frac{\partial}{\partial\mathbf{x}}\left(\frac{\partial U}{\partial\mathbf{y}}\right)=\frac{\partial}{\partial\mathbf{x}}\begin{bmatrix}\frac{\partial U}{\partial y_1} & \frac{\partial U}{\partial y_2} & \cdots & \frac{\partial U}{\partial y_n}\end{bmatrix}\\&=\begin{bmatrix}\frac{\partial^2 U}{\partial x_1\partial y_1} & \frac{\partial^2 U}{\partial x_1\partial y_2} & \cdots & \frac{\partial^2 U}{\partial x_1\partial y_n}\\ \frac{\partial^2 U}{\partial x_2\partial y_1} & \frac{\partial^2 U}{\partial x_2\partial y_2} & \cdots & \frac{\partial^2 U}{\partial x_2\partial y_n}\\ \vdots & \vdots & & \vdots\\ \frac{\partial^2 U}{\partial x_n\partial y_1} & \frac{\partial^2 U}{\partial x_n\partial y_2} & \cdots & \frac{\partial^2 U}{\partial x_n\partial y_n}\end{bmatrix}\end{aligned}$$

(10) 广义转置 $(\mathbf{x}_1\ \ \mathbf{x}_2)^{\mathrm{T}}=\begin{bmatrix}\mathbf{x}_1^{\mathrm{T}}\\ \mathbf{x}_2^{\mathrm{T}}\end{bmatrix}$, 其中, $\mathbf{x}_1,\mathbf{x}_2$ 为标量或同阶矩阵.

B.3 迹

$$\mathrm{tr}\,(\mathbf{ABC})=\mathrm{tr}\,(\mathbf{BCA})=\mathrm{tr}\,(\mathbf{CAB}),\quad \mathrm{tr}\,(k_1\mathbf{A}+k_2\mathbf{B})=k_1\mathrm{tr}\,(\mathbf{A})+k_2\mathrm{tr}\,(\mathbf{B})$$

$$\int\mathrm{d}t\mathrm{tr}\mathbf{A}=\mathrm{tr}\left(\int\mathrm{d}t\,\mathbf{A}\right),\quad \frac{\partial}{\partial\mathbf{X}}\mathrm{tr}\,(\mathbf{XA})=\mathbf{A}^{T}$$

$$\frac{\partial}{\partial\mathbf{X}}\left(\mathrm{tr}\mathbf{X}^{\mathrm{T}}\mathbf{A}\mathbf{X}\right)=\mathbf{AX}+\mathbf{A}^{\mathrm{T}}\mathbf{X},\quad \frac{\partial}{\partial\mathbf{X}}(\mathrm{tr}\mathbf{X})=\mathbf{1}$$

$\mathrm{tr}\,(\mathbf{A}\otimes\mathbf{B})=\mathrm{tr}\mathbf{A}\cdot\mathrm{tr}\mathbf{B},\quad \mathrm{tr}\,(\mathbf{A}\oplus\mathbf{B})=\mathrm{tr}\mathbf{A}+\mathrm{tr}\mathbf{B}$ (其中矩阵均为方阵)

B.4 矩阵的函数

(1) 矩阵 $\mathbf{A}$ 的函数 $f(\mathbf{A})\equiv\mathbf{U}f\left(\mathbf{U}^{\dagger}\mathbf{AU}\right)\mathbf{U}^{\dagger}$, 其中, $\mathbf{U}^{\dagger}\mathbf{AU}=\mathbf{a}\equiv\mathrm{diag}(a_1,a_2,\cdots,a_n)$.

(2) $\mathrm{e}^{\mathbf{A}z}\equiv\sum_{k=0}^{\infty}\frac{1}{k!}\mathbf{A}^k z^k=\mathbf{1}+\mathbf{A}z+\cdots+\frac{1}{n!}\mathbf{A}^n z^n+\cdots$, 其中, z 为复数, $\mathbf{1}$ 为单位矩阵.

$\mathrm{e}^{\mathbf{0}}=\mathbf{1}$, 其中$\mathbf{0}$为零矩阵. $\mathrm{e}^{\mathbf{1}z}=\mathbf{1}\,\mathrm{e}^{z}$.

(3) $\mathrm{e}^{\mathbf{A}(z_1+z_2)} = \mathrm{e}^{\mathbf{A}z_1}\,\mathrm{e}^{\mathbf{A}z_2}, \quad \mathrm{e}^{-\mathbf{A}z} = \left(\mathrm{e}^{\mathbf{A}z}\right)^{-1}, \quad \dfrac{\mathrm{d}^k}{\mathrm{d}z^k}\left(\mathrm{e}^{\mathbf{A}z}\right) = \mathbf{A}^k\mathrm{e}^{\mathbf{A}z} = \mathrm{e}^{\mathbf{A}z}\mathbf{A}^k$

(4) 若 $\mathbf{A} = \begin{bmatrix} \mathbf{B} & \mathbf{0} \\ \mathbf{0} & \mathbf{C} \end{bmatrix}$, 则 $\mathrm{e}^{\boldsymbol{A}z} = \begin{bmatrix} \mathrm{e}^{\mathbf{B}z} & \mathbf{0} \\ \mathbf{0} & \mathrm{e}^{\mathbf{C}z} \end{bmatrix}$, 其中, $\mathbf{B}$, $\mathbf{C}$ 均为方阵.

(5) 方阵的逆.

(i) 设方阵 $\mathbf{A} \equiv (a_{ij})$, 其矩阵元 a_{ij} 的代数余子式A_{ij} 定义为

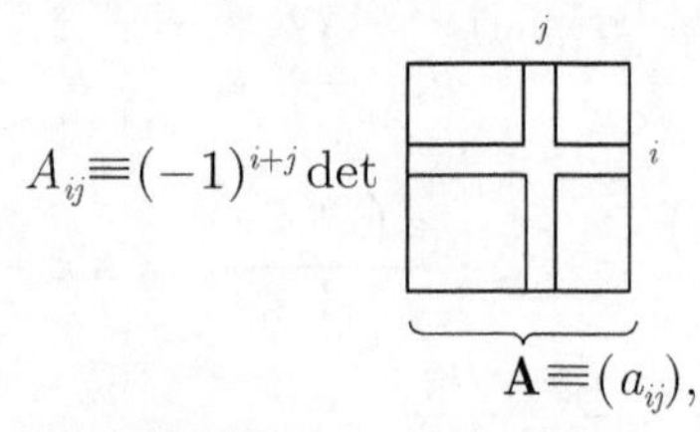

其中, 第 i 行和第 j 列的元素已全部删去.

(ii) 余因子矩阵adj$\mathbf{A}$ 的定义：adj$\mathbf{A} \equiv (A_{ij})^{\mathrm{T}} = (A_{ji})$.

(iii) 方阵 $\mathbf{A} \equiv (a_{ij})$ 的逆矩阵 $\mathbf{A}^{-1} = \dfrac{1}{\det \mathbf{A}}\mathrm{adj}\mathbf{A}$.

附录 C 向量、张量

各种向量、张量表达式的实质内容与坐标系的选取无关, 这是用它们来代表物理量的必要条件. 选取合适的坐标系只是利用具体问题的对称性, 方便求解而已[4~7].

C.1 向量分析

$\boldsymbol{a}\cdot\boldsymbol{b}=\boldsymbol{b}\cdot\boldsymbol{a},\quad \boldsymbol{a}\times\boldsymbol{b}=-\boldsymbol{b}\times\boldsymbol{a}$

$\boldsymbol{a}\cdot(\boldsymbol{b}+\boldsymbol{c})=(\boldsymbol{a}\cdot\boldsymbol{b})+(\boldsymbol{a}\cdot\boldsymbol{c}),\quad \boldsymbol{a}\times(\boldsymbol{b}+\boldsymbol{c})=(\boldsymbol{a}\times\boldsymbol{b})+(\boldsymbol{a}\times\boldsymbol{c})$(分配律)

Lagrange 恒等式: $(\boldsymbol{a}\times\boldsymbol{b})\cdot(\boldsymbol{c}\times\boldsymbol{d})=(\boldsymbol{a}\cdot\boldsymbol{c})(\boldsymbol{b}\cdot\boldsymbol{d})-(\boldsymbol{a}\cdot\boldsymbol{d})(\boldsymbol{b}\cdot\boldsymbol{c})$

标量三重积 (平行六面体体积):

$$(\boldsymbol{abc})\equiv(\boldsymbol{a}\times\boldsymbol{b})\cdot\boldsymbol{c}=\begin{vmatrix}a_x & a_y & a_z\\ b_x & b_y & b_z\\ c_x & c_y & c_z\end{vmatrix}=(\boldsymbol{b}\times\boldsymbol{c})\cdot\boldsymbol{a}=(\boldsymbol{c}\times\boldsymbol{a})\cdot\boldsymbol{b}$$

$$(\boldsymbol{abc})\equiv\boldsymbol{a}\cdot\boldsymbol{b}\times\boldsymbol{c}=\boldsymbol{b}\cdot\boldsymbol{c}\times\boldsymbol{a}=\boldsymbol{c}\cdot\boldsymbol{a}\times\boldsymbol{b}=\boldsymbol{b}\times\boldsymbol{c}\cdot\boldsymbol{a}=\boldsymbol{c}\times\boldsymbol{a}\cdot\boldsymbol{b}=\boldsymbol{a}\times\boldsymbol{b}\cdot\boldsymbol{c}$$

$$\boldsymbol{a}\times\boldsymbol{b}=\begin{vmatrix}\boldsymbol{i} & \boldsymbol{j} & \boldsymbol{k}\\ a_x & a_y & a_z\\ b_x & b_y & b_z\end{vmatrix}$$

向量三重积: $(\boldsymbol{a}\times\boldsymbol{b})\times\boldsymbol{c}=(\boldsymbol{a}\cdot\boldsymbol{c})\,\boldsymbol{b}-(\boldsymbol{b}\cdot\boldsymbol{c})\,\boldsymbol{a},\quad \boldsymbol{a}\times(\boldsymbol{b}\times\boldsymbol{c})=(\boldsymbol{a}\cdot\boldsymbol{c})\,\boldsymbol{b}-(\boldsymbol{a}\cdot\boldsymbol{b})\,\boldsymbol{c}$

C.1.1 向量公式

$$\begin{gathered}\nabla(\phi+\chi)=\nabla\phi+\nabla\chi,\quad \nabla(\varphi\chi)=(\nabla\varphi)\,\chi+\varphi\nabla\chi\\ \nabla(\boldsymbol{a}\cdot\boldsymbol{b})=(\boldsymbol{a}\cdot\nabla)\,\boldsymbol{b}+(\boldsymbol{b}\cdot\nabla)\,\boldsymbol{a}+\boldsymbol{a}\times(\nabla\times\boldsymbol{b})+\boldsymbol{b}\times(\nabla\times\boldsymbol{a})\end{gathered}\tag{C.1.1-1}$$

$$\nabla\cdot(\chi\boldsymbol{a})=\boldsymbol{a}\cdot\nabla\chi+\chi\nabla\cdot\boldsymbol{a},\quad \nabla\cdot(\boldsymbol{a}\times\boldsymbol{b})=\boldsymbol{b}\cdot\nabla\times\boldsymbol{a}-\boldsymbol{a}\cdot\nabla\times\boldsymbol{b}\tag{C.1.1-2}$$

$$\nabla\cdot\nabla(\cdot\cdot)\equiv\nabla^2(\cdot\cdot),\ \text{如}\ \nabla\cdot\nabla\varphi\equiv\nabla^2\varphi,\nabla\cdot\nabla\boldsymbol{a}\equiv\nabla^2\boldsymbol{a}\tag{C.1.1-3}$$

$$\nabla\cdot(\nabla\times\boldsymbol{a})=0\,(\text{旋度场无散度}),\quad \nabla\cdot(\boldsymbol{a}\times\boldsymbol{b})=-\boldsymbol{a}\cdot(\nabla\times\boldsymbol{b})+\boldsymbol{b}\cdot(\nabla\times\boldsymbol{a})\tag{C.1.1-4}$$

$$\nabla\times(\varphi\boldsymbol{a})=(\nabla\varphi)\times\boldsymbol{a}+\varphi\nabla\times\boldsymbol{a}\tag{C.1.1-5}$$

$$\nabla\times(\nabla\varphi)=\boldsymbol{0}\ (\text{标量场的梯度无旋度})\tag{C.1.1-6}$$

$$\nabla\times(\nabla\times\boldsymbol{a})=\nabla(\nabla\cdot\boldsymbol{a})-\nabla^2\boldsymbol{a}\tag{C.1.1-7}$$

$$\nabla\times(\boldsymbol{a}\times\boldsymbol{b})=\boldsymbol{a}(\nabla\cdot\boldsymbol{b})-(\boldsymbol{a}\cdot\nabla)\,\boldsymbol{b}-\boldsymbol{b}(\nabla\cdot\boldsymbol{a})+(\boldsymbol{b}\cdot\nabla)\,\boldsymbol{a}\tag{C.1.1-8}$$

$$\text{Gauss 定理：} \iiint_V \mathrm{d}v\nabla \begin{pmatrix} \varphi \\ \cdot \boldsymbol{a} \\ \times \boldsymbol{a} \end{pmatrix} = \oiint_S \mathrm{d}\boldsymbol{s} \begin{pmatrix} \varphi \\ \cdot \boldsymbol{a} \\ \times \boldsymbol{a} \end{pmatrix}, \text{如} \iiint_V \nabla^2\varphi \mathrm{d}v = \oiint_S \nabla\varphi \cdot \mathrm{d}\boldsymbol{s} \tag{C.1.1-9}$$

$$\text{Stokes 定理：} \iint_S \mathrm{d}\boldsymbol{s} \times \nabla \begin{pmatrix} \varphi \\ \cdot \boldsymbol{a} \\ \times \boldsymbol{a} \end{pmatrix} = \oint_L \mathrm{d}\boldsymbol{l} \begin{pmatrix} \varphi \\ \cdot \boldsymbol{a} \\ \times \boldsymbol{a} \end{pmatrix} \tag{C.1.1-10}$$

C.1.2　三维空间函数的 Taylor 展开, 平移算符

$$f(\boldsymbol{r}+\boldsymbol{\varepsilon}) = f(\boldsymbol{r}) + (\boldsymbol{\varepsilon}\cdot\nabla) f(\boldsymbol{r}) + \frac{1}{2!}(\boldsymbol{\varepsilon}\cdot\nabla)^2 f(\boldsymbol{r}) + \frac{1}{3!}(\boldsymbol{\varepsilon}\cdot\nabla)^3 f(\boldsymbol{r}) + \cdots = \mathrm{e}^{\boldsymbol{\varepsilon}\cdot\nabla} f(\boldsymbol{r}) \tag{C.1.2-1}$$

C.2　Euclid 空间张量分析

向量或矩阵还不能完整地表达所有不同的物理量, 如角动量和动量这两个不同的物理量用向量表达就分不清楚, 只有张量语言才能表达所有的物理量. (以下仅讨论三维 Euclid 空间, 容易推广到 n 维 Euclid 空间.)

C.2.1　Decartes 张量

怎么样的数学量才能表达物理量呢? 至少物理量是代表客观实体的, 所以能够表达物理量的数学量 (即张量) 的必要条件是它们应当与坐标系的人为选取无关. 实际上坐标系的平动不是本质的, 只有坐标系的转动才是它们不同的实质. 所以, 张量的定义是用坐标变换中保持一定的变换规律来定义的.

设 Decartes 坐标系中单位向量为 $\{\boldsymbol{e}_i\} \equiv (\boldsymbol{i},\boldsymbol{j},\boldsymbol{k})$, 位置向量 $\boldsymbol{r}$ 不受坐标系的转动而变. 设转动前的坐标系为 $\{\boldsymbol{e}_i\}$, 位置向量 $\boldsymbol{r}$ 的分量为 $\{x_i\}$; 转动后的坐标系为 $\{\boldsymbol{e}'_i\}$, 向量的分量为 $\{x'_i\}$. 故必定有

$$\boldsymbol{r} = x_i\boldsymbol{e}_i = x'_i\boldsymbol{e}'_i, \quad i,j=1,2,3 \tag{C.2.1-1}$$

这里采用 Einstein 约定, 省去 $\boldsymbol{r} = \sum\limits_{i=1}^{3} x_i\boldsymbol{e}_i = \sum\limits_{i=1}^{3} x'_i\boldsymbol{e}'_i$ 中的加和号, 今后遇到相同的下标就表示需要加和, 不应当加和的量就要用不同的下标表示. 位置向量 $\boldsymbol{r}$ 的分量之间满足如下的线性关系:

$$x'_i = a_{ij}x_j \tag{C.2.1-2}$$

显然系数

$$a_{ij} = \frac{\partial x'_i}{\partial x_j} \tag{C.2.1-3}$$

将式 (C.2.1-1) 两边被 $(\cdot\cdot)\cdot\boldsymbol{e}'_j$ 作用, 再结合式 (C.2.1-2) 得到

$$a_{ij} = \boldsymbol{e}_i\cdot\boldsymbol{e}'_j \text{ 或 } \boldsymbol{e}'_i = a_{ij}\boldsymbol{e}_j \tag{C.2.1-4}$$

可以看出标量场 $\phi(\boldsymbol{r})$ 在式 (C.2.1-1) 的坐标系转动下总是不变的. 但是向量场 $\boldsymbol{f}(\boldsymbol{r})$ 和二阶张量场 $\mathsf{T}^{(2)}(\boldsymbol{r})$ 就必须分别服从以下变换关系才能保持不变:

$$f_i'(\boldsymbol{r}') = a_{ij} f_j(\boldsymbol{r}) = \frac{\partial x_i'}{\partial x_j} f_j(\boldsymbol{r}) \tag{C.2.1-5}$$

$$T_{ij}'(\boldsymbol{r}') = a_{il} a_{jm} T_{lm}(\boldsymbol{r}) = \frac{\partial x_i'}{\partial x_l} \frac{\partial x_j'}{\partial x_m} T_{lm}(\boldsymbol{r}) \tag{C.2.1-6}$$

它们分别是一阶张量与二阶张量的定义. 推广到 n 阶张量 $\mathsf{T}^{(n)}$, 则其定义为它的分量 $T_{i_1 i_2 \cdots i_n}(\boldsymbol{r})$ 满足如下变换关系:

$$T'_{i_1 i_2 \cdots i_n}(\boldsymbol{r}') = a_{i_1 j_1} a_{i_2 j_2} \cdots a_{i_n j_n} T_{j_1 j_2 \cdots j_n}(\boldsymbol{r}) = \frac{\partial x'_{i_1}}{\partial x_{j_1}} \frac{\partial x'_{i_2}}{\partial x_{j_2}} \cdots \frac{\partial x'_{i_n}}{\partial x_{j_n}} T_{j_1 j_2 \cdots j_n}(\boldsymbol{r}) \tag{C.2.1-7}$$

只有这些量才可以代表物理量. 二阶张量

$$\mathsf{T}^{(2)} = T_{ij} \boldsymbol{e}_i \boldsymbol{e}_j \tag{C.2.1-8}$$

向量即一阶张量

$$\boldsymbol{f} \equiv f_i \boldsymbol{e}_i = (\boldsymbol{f} \cdot \boldsymbol{e}_i) \boldsymbol{e}_i \tag{C.2.1-9}$$

单位二阶张量 $1 \to (1)_{ij} = \delta_{ij}$, 即 $1 \equiv \boldsymbol{e}_i \boldsymbol{e}_i$.

C.2.2 性质

1) 外积

$$\boldsymbol{ab} \leftrightarrow (\boldsymbol{ab})_{ik} = a_i b_k, \quad \boldsymbol{ab}\ \text{称为并矢, dyad, 属于二阶张量}$$

$$\boldsymbol{a}\mathsf{T}^{(2)} \leftrightarrow \left(\boldsymbol{a}\mathsf{T}^{(2)}\right)_{ikl} = a_i T_{kl}, \quad \mathsf{T}^{(2)}\boldsymbol{a} \leftrightarrow \left(\mathsf{T}^{(2)}\boldsymbol{a}\right)_{ikl} = T_{ik} a_l$$

2) 内积、缩并

$$\boldsymbol{a} \cdot \boldsymbol{b} = a_i b_i, \quad \boldsymbol{a} \cdot \mathsf{T}^{(2)} \leftrightarrow \left(\boldsymbol{a} \cdot \mathsf{T}^{(2)}\right)_i = a_k T_{ki}$$

$$\mathsf{T}^{(2)} \cdot \boldsymbol{a} \leftrightarrow \left(\mathsf{T}^{(2)} \cdot \boldsymbol{a}\right)_i = T_{ik} a_k, \quad \mathsf{S}^{(2)} \cdot \mathsf{T}^{(2)} \leftrightarrow \left(\mathsf{S}^{(2)} \cdot \mathsf{T}^{(2)}\right)_{ik} = S_{ij} T_{jk}$$

$$\mathsf{S}^{(2)} : \mathsf{T}^{(2)} = S_{ij} T_{ji}, \quad \mathsf{T}^{(2)} : 1 = 1 : \mathsf{T}^{(2)} = T_{ii} \equiv \mathrm{tr}\mathsf{T}^{(2)}\text{(称为张量 } \mathsf{T}^{(2)} \text{ 的迹)}$$

3) 对称张量、反对称张量

二阶张量 T 的转置: $\mathsf{T}^{\mathrm{T}} \leftrightarrow (\mathsf{T}^{\mathrm{T}})_{ij} = (\mathsf{T})_{ji}$, 并矢的转置: $(\boldsymbol{ab})^{\mathrm{T}} = \boldsymbol{ba}$, 内积的转置: $(\mathsf{S} \cdot \mathsf{T})^{\mathrm{T}} = \mathsf{T}^{\mathrm{T}} \cdot \mathsf{S}^{\mathrm{T}}$. 若 $\mathsf{T}^{\mathrm{T}} = \mathsf{T}$, 则张量 T 称为对称张量. 若 $\mathsf{T}^{\mathrm{T}} = -\mathsf{T}$, 则张量 T 称为反对称张量. 任意二阶张量 T 总可以分解为一个对称张量和另一个反对称张量之和, 即 $\mathsf{T} = \mathsf{T}^s + \mathsf{T}^a$, 其中, $\mathsf{T}^s \equiv \mathrm{sym}\mathsf{T} \equiv \frac{1}{2}(\mathsf{T} + \mathsf{T}^{\mathrm{T}})$, $\mathsf{T}^a \equiv \frac{1}{2}(\mathsf{T} - \mathsf{T}^{\mathrm{T}})$, 并矢的分解: 设 $\mathsf{D} \equiv \boldsymbol{ab}$, 则 $\mathsf{D}^s \equiv \frac{1}{2}(\boldsymbol{ab} + \boldsymbol{ba})$, $\mathsf{D}^a \equiv \frac{1}{2}(\boldsymbol{ab} - \boldsymbol{ba})$.

4) 缩并运算、张量公式

$$(\boldsymbol{ab}) : (\boldsymbol{cd}) \equiv (\boldsymbol{a} \cdot \boldsymbol{d})(\boldsymbol{b} \cdot \boldsymbol{c}) \in \text{标量}$$

$$(\boldsymbol{ab}) \overset{\cdot}{\times} (\boldsymbol{cd}) \equiv (\boldsymbol{a} \times \boldsymbol{d})(\boldsymbol{b} \cdot \boldsymbol{c}) \in \text{向量}$$

$$(\boldsymbol{ab}) \underset{\cdot}{\times} (\boldsymbol{cd}) \equiv (\boldsymbol{a} \cdot \boldsymbol{d})(\boldsymbol{b} \times \boldsymbol{c}) \in \text{向量}$$

$$\mathsf{T}^{(n)} + \mathsf{U}^{(n)} = \mathsf{U}^{(n)} + \mathsf{T}^{(n)}, \quad k\mathsf{T}^{(n)} = \mathsf{T}^{(n)}k, k\ \text{为标量}$$

$$\mathsf{T}^{(2)}:\mathsf{U}^{(2)}=\mathsf{U}^{(2)}:\mathsf{T}^{(2)}=\mathrm{tr}\left(\mathsf{T}^{(2)}\mathsf{U}^{(2)}\right),\quad 1\cdot\mathsf{T}^{(n)}=\mathsf{T}^{(n)}\cdot 1=\mathsf{T}^{(n)}$$

$$\nabla\equiv\frac{\partial}{\partial x_i}\boldsymbol{e}_i$$

$$\nabla\cdot(k\boldsymbol{a}\boldsymbol{a})=k\left(\boldsymbol{a}\cdot\nabla\right)\boldsymbol{a}+\boldsymbol{a}\left(\nabla\cdot k\boldsymbol{a}\right),\quad \nabla\cdot(\boldsymbol{a}\cdot\mathsf{T})=\boldsymbol{a}\cdot(\nabla\cdot\mathsf{T})+\mathsf{T}:\nabla\boldsymbol{a}$$

$$1:\nabla\boldsymbol{f}=\nabla\cdot\boldsymbol{f},\quad \nabla\cdot(\nabla\cdot\boldsymbol{a})\,1=\nabla\left(\nabla\cdot\boldsymbol{a}\right)$$

$$\nabla\cdot(\mathrm{sym}\nabla\boldsymbol{a})=\frac{1}{2}\nabla^2\boldsymbol{a}+\frac{1}{2}\nabla\left(\nabla\cdot\boldsymbol{a}\right),\quad \boldsymbol{a}\cdot\nabla\boldsymbol{a}=\frac{1}{2}\nabla\boldsymbol{a}^2-\boldsymbol{a}\times(\nabla\times\boldsymbol{a})$$

5) Levi-Civita 张量 ε_{ijk}

$$\varepsilon_{ijk}\equiv\begin{cases}1, & (ijk)=CP\,(123)\\ -1, & (ijk)=CP\,(132)\\ 0, & \text{否则}\end{cases}$$

叉积公式：$\mathsf{T}\times\mathsf{U}=(\mathsf{T}\cdot\boldsymbol{e}_j)\,\boldsymbol{e}_i\varepsilon_{ijk}\,(\boldsymbol{e}_k\cdot\mathsf{U})$. 特例 $\boldsymbol{a}\times\boldsymbol{b}=\boldsymbol{e}_i\varepsilon_{ijk}a_jb_k$, $\boldsymbol{e}_i\times\boldsymbol{e}_j=\boldsymbol{e}_k\varepsilon_{kij}$

$$\varepsilon_{ijk}=\varepsilon_{jki}=\varepsilon_{kij}=-\varepsilon_{jik}=-\varepsilon_{kji}=-\varepsilon_{ikj}$$

$$\varepsilon-\delta\ \text{公式：}\ \varepsilon_{ijk}\varepsilon_{lmk}=\delta_{il}\delta_{jm}-\delta_{im}\delta_{jl}$$

6) 二阶张量的主轴方向、主值和不变量

二阶张量 $\mathsf{T}^{(2)}\leftrightarrow\overleftrightarrow{\mathbf{T}}=t_{ij}\boldsymbol{e}_i\boldsymbol{e}_j$. 若二阶张量 $\overleftrightarrow{\mathbf{T}}$ 与空间中某非零向量 $\boldsymbol{a}$ 的内积满足 $\overleftrightarrow{\mathbf{T}}\cdot\boldsymbol{a}=\boldsymbol{a}\lambda$($\lambda$ 为标量), 则向量 $\boldsymbol{a}$ 的方向称为二阶张量 $\overleftrightarrow{\mathbf{T}}$ 的**主轴方向**, λ 称为二阶张量 $\overleftrightarrow{\mathbf{T}}$ 的**主值**. 实际上, $\overleftrightarrow{\mathbf{T}}\cdot\boldsymbol{a}=\boldsymbol{a}\lambda$, 即 $t_{ij}a_j\boldsymbol{e}_i=\lambda a_i\boldsymbol{e}_i$ 或矩阵式 $\mathbf{Ta}=\mathbf{a}\lambda$($\mathbf{a}$ 为列矩阵). 它们是同一个本征方程的三个不同的表示方式. 二阶张量 $\overleftrightarrow{\mathbf{T}}$ 的主轴方向和主值就是它对应算符 T 的本征向量和本征值.

7) 二阶张量的不变量

从矩阵式 $\mathbf{Ta}=\mathbf{a}\lambda$ 得到久期行列式为零, 即 $\det\left(\mathbf{T}-\lambda\mathbf{1}\right)=0$. 展开得到

$$\lambda^3-\lambda^2\left(t_{11}+t_{22}+t_{33}\right)+\lambda\left(\begin{vmatrix}t_{22}&t_{23}\\t_{32}&t_{33}\end{vmatrix}+\begin{vmatrix}t_{11}&t_{13}\\t_{31}&t_{33}\end{vmatrix}+\begin{vmatrix}t_{11}&t_{12}\\t_{21}&t_{22}\end{vmatrix}\right)-\begin{vmatrix}t_{11}&t_{12}&t_{13}\\t_{21}&t_{22}&t_{23}\\t_{31}&t_{32}&t_{33}\end{vmatrix}=0$$

于是得到三个解 $(\lambda_1,\lambda_2,\lambda_3)$. 凡是不随坐标轴的选取而改变的量称为“不变量”. 二阶张量的三个本征向量、本征值都是不变量. 因为 $I_1\equiv t_{11}+t_{22}+t_{33}=\mathrm{tr}\mathbf{T}=\lambda_1+\lambda_2+\lambda_3$, $I_2\equiv\begin{vmatrix}t_{22}&t_{23}\\t_{32}&t_{33}\end{vmatrix}+\begin{vmatrix}t_{11}&t_{13}\\t_{31}&t_{33}\end{vmatrix}+\begin{vmatrix}t_{11}&t_{12}\\t_{21}&t_{22}\end{vmatrix}=\lambda_1\lambda_2+\lambda_1\lambda_3+\lambda_2\lambda_3$ 和 $I_3\equiv\begin{vmatrix}t_{11}&t_{12}&t_{13}\\t_{21}&t_{22}&t_{23}\\t_{31}&t_{32}&t_{33}\end{vmatrix}=\lambda_1\lambda_2\lambda_3$, 所以 I_1,I_2 和 I_3 是二阶张量 $\mathbf{T}$ 的不变量.

C.2.3 三维空间各种坐标系中张量的表达式

1) 直角坐标系 (x_1,x_2,x_3)

$$\nabla\mathsf{T}^{(n)}=\left[\frac{\partial}{\partial x_1}\boldsymbol{e}_1+\frac{\partial}{\partial x_2}\boldsymbol{e}_2+\frac{\partial}{\partial x_3}\boldsymbol{e}_3\right]\mathsf{T}^{(n)},\quad \nabla\cdot\mathsf{T}^{(n>1)}=\left[\frac{\partial}{\partial x_1}\boldsymbol{e}_1+\frac{\partial}{\partial x_2}\boldsymbol{e}_2+\frac{\partial}{\partial x_3}\boldsymbol{e}_3\right]\cdot\mathsf{T}^{(n>1)}$$

$$\nabla\times\mathsf{T}^{(n>1)}=\left[\boldsymbol{e}_1\left(\frac{\partial}{\partial x_2}\boldsymbol{e}_3-\frac{\partial}{\partial x_3}\boldsymbol{e}_2\right)+\boldsymbol{e}_2\left(\frac{\partial}{\partial x_3}\boldsymbol{e}_1-\frac{\partial}{\partial x_1}\boldsymbol{e}_3\right)+\boldsymbol{e}_3\left(\frac{\partial}{\partial x_1}\boldsymbol{e}_2-\frac{\partial}{\partial x_2}\boldsymbol{e}_1\right)\right]\cdot\mathsf{T}^{(n>1)}$$

$$\nabla^2 \mathsf{T}^{(n)} = \left[\frac{\partial^2}{\partial x_1^2} + \frac{\partial^2}{\partial x_2^2} + \frac{\partial^2}{\partial x_3^2}\right] \mathsf{T}^{(n)}$$

2) 圆柱坐标系 (ρ, ϕ, z)

$$\nabla \mathsf{T}^{(n)} = \left[\frac{\partial}{\partial \rho}\boldsymbol{e}_\rho + \frac{1}{\rho}\frac{\partial}{\partial \phi}\boldsymbol{e}_\phi + \frac{\partial}{\partial z}\boldsymbol{e}_z\right] \mathsf{T}^{(n)}, \quad \nabla \cdot \mathsf{T}^{(n>1)} = \left[\frac{\partial}{\partial \rho}\boldsymbol{e}_\rho + \frac{1}{\rho}\frac{\partial}{\partial \phi}\boldsymbol{e}_\phi + \frac{\partial}{\partial z}\boldsymbol{e}_z\right] \cdot \mathsf{T}^{(n>1)}$$

$$\nabla \times \mathsf{T}^{(n>1)} = \left\{\boldsymbol{e}_\rho\left(\frac{1}{\rho}\frac{\partial}{\partial \phi}\boldsymbol{e}_z - \frac{\partial}{\partial z}\boldsymbol{e}_\phi\right) + \boldsymbol{e}_\phi\left(\frac{\partial}{\partial z}\boldsymbol{e}_\rho - \frac{\partial}{\partial \rho}\boldsymbol{e}_z\right) + \boldsymbol{e}_z\frac{1}{\rho}\left(\frac{\partial}{\partial \rho}(\rho\boldsymbol{e}_\phi) - \frac{\partial}{\partial \phi}\boldsymbol{e}_\rho\right)\right\} \cdot \mathsf{T}^{(n>1)}$$

$$\nabla^2 \mathsf{T}^{(n)} = \left[\frac{1}{\rho}\frac{\partial}{\partial \rho}\left(\rho\frac{\partial}{\partial \rho}\right) + \frac{1}{\rho^2}\frac{\partial^2}{\partial \phi^2} + \frac{\partial^2}{\partial z^2}\right] \mathsf{T}^{(n)}$$

$$\begin{bmatrix} \boldsymbol{e}_\rho \\ \boldsymbol{e}_\phi \\ \boldsymbol{e}_z \end{bmatrix} = \begin{bmatrix} \cos\phi & \sin\phi & 0 \\ -\sin\phi & \cos\phi & 0 \\ 0 & 0 & 1 \end{bmatrix} \begin{bmatrix} \boldsymbol{e}_1 \\ \boldsymbol{e}_2 \\ \boldsymbol{e}_3 \end{bmatrix}$$

3) 球坐标系 (r, θ, ϕ)

$$\nabla \mathsf{T}^{(n)} = \left[\frac{\partial}{\partial r}\boldsymbol{e}_r + \frac{1}{r}\frac{\partial}{\partial \theta}\boldsymbol{e}_\theta + \frac{1}{r\sin\theta}\frac{\partial}{\partial \phi}\boldsymbol{e}_\phi\right] \mathsf{T}^{(n)}$$

$$\nabla \cdot \mathsf{T}^{(n>1)} = \left\{\frac{1}{r}\frac{\partial}{\partial r}\left(r^2\boldsymbol{e}_r\right) + \frac{1}{r\sin\theta}\frac{\partial}{\partial \theta}(\sin\theta\boldsymbol{e}_\theta) + \frac{1}{r\sin\theta}\frac{\partial}{\partial \phi}\boldsymbol{e}_\phi\right\} \cdot \mathsf{T}^{(n>1)}$$

$$\begin{aligned}\nabla \times \mathsf{T}^{(n>1)} = &\left\{\boldsymbol{e}_r\frac{1}{r\sin\theta}\left[\frac{\partial}{\partial \theta}(\sin\theta\boldsymbol{e}_\phi) - \frac{\partial}{\partial \phi}\boldsymbol{e}_\theta\right] + \boldsymbol{e}_\theta\frac{1}{r}\left[\frac{1}{\sin\theta}\frac{\partial}{\partial \phi}\boldsymbol{e}_r - \frac{\partial}{\partial r}(r\boldsymbol{e}_\phi)\right]\right.\\ &\left.+\boldsymbol{e}_\phi\frac{1}{r}\left[\frac{\partial}{\partial r}(r\boldsymbol{e}_\theta) - \frac{\partial}{\partial \theta}\boldsymbol{e}_r\right]\right\} \cdot \mathsf{T}^{(n>1)}\end{aligned}$$

$$\nabla^2 \mathsf{T}^{(n)} = \left\{\frac{1}{r^2}\frac{\partial}{\partial r}\left(r^2\frac{\partial}{\partial r}\right) + \frac{1}{r^2\sin\theta}\frac{\partial}{\partial \theta}\left(\sin\theta\frac{\partial}{\partial \theta}\right) + \frac{1}{r^2\sin^2\theta}\frac{\partial^2}{\partial \phi^2}\right\} \mathsf{T}^{(n)}$$

$$\begin{bmatrix} \boldsymbol{e}_r \\ \boldsymbol{e}_\theta \\ \boldsymbol{e}_\phi \end{bmatrix} = \begin{bmatrix} \sin\theta\cos\phi & \sin\theta\sin\phi & \cos\theta \\ \cos\theta\cos\phi & \cos\theta\sin\phi & -\sin\theta \\ -\sin\phi & \cos\phi & 0 \end{bmatrix} \begin{bmatrix} \boldsymbol{e}_1 \\ \boldsymbol{e}_2 \\ \boldsymbol{e}_3 \end{bmatrix}$$

附录 D　微分、积分和级数公式[4,8]

D.1　微分关系式

在讨论热力学的时候, 经常用到许多微分关系式, 全微分, 隐函数微分的乘积 -1 规则, 复合函数的偏微分关系式 (尤其是链式关系式). 简要叙述如下:

D.1.1　全微分

设有函数 $z=z(x,y)$, 应变量 z 的**全微分** $\mathrm{d}z$ 是指当它的独立变量 x,y 分别有增量 $\mathrm{d}x,\mathrm{d}y$ 时应变量 z 的增量, 即

$$\mathrm{d}z=\left(\frac{\partial z}{\partial x}\right)_y\mathrm{d}x+\left(\frac{\partial z}{\partial y}\right)_x\mathrm{d}y \tag{D.1.1-1}$$

D.1.2　隐函数微分的乘积 -1 规则

有时不知道函数 $z(x,y)$ 的具体形式, 只知道 x,y,z 三者之间的依赖关系为

$$f(x,y,z)=0 \tag{D.1.2-1}$$

这称为**隐函数**. 实际上, 函数 $z(x,y)$, $x(y,z)$ 或 $y(x,z)$ 已经隐含其中. 以下求证这三个互相依赖的变量 x,y,z 之间存在关系式:

$$-1=\left(\frac{\partial x}{\partial z}\right)_y\left(\frac{\partial y}{\partial x}\right)_z\left(\frac{\partial z}{\partial y}\right)_x \quad 或 \quad \left(\frac{\partial z}{\partial x}\right)_y=-\left(\frac{\partial z}{\partial y}\right)_x\left(\frac{\partial y}{\partial x}\right)_z \tag{D.1.2-2}$$

这就是隐函数微分关系中重要的**乘积 -1 规则**(minus 1 product rule).

证明　因为恒有

$$\left(\frac{\partial z}{\partial x}\right)_y=\left[\left(\frac{\partial x}{\partial z}\right)_y\right]^{-1} \tag{D.1.2-3}$$

和

$$\mathrm{d}z=\left(\frac{\partial z}{\partial x}\right)_y\mathrm{d}x+\left(\frac{\partial z}{\partial y}\right)_x\mathrm{d}y \tag{D.1.2-4}$$

当 z 恒定时 (即 $\mathrm{d}z=0$), 等式两边除以 $\mathrm{d}x$ 得到 $0=\left(\frac{\partial z}{\partial x}\right)_y+\left(\frac{\partial z}{\partial y}\right)_x\left(\frac{\partial y}{\partial x}\right)_z$, 再利用式 (D.1.2-3) 就得到式 (D.1.2-2). ■

D.1.3　复合函数的微分关系式

情况 1　当复合函数的形式为 $z=z(x(t),y(t))$ 时,

$$\frac{\mathrm{d}z}{\mathrm{d}t}=\left(\frac{\partial z}{\partial x}\right)_y\frac{\mathrm{d}x}{\mathrm{d}t}+\left(\frac{\partial z}{\partial y}\right)_x\frac{\mathrm{d}y}{\mathrm{d}t} \tag{D.1.3-1}$$

情况 2 当复合函数的形式为 $z = z(x(u,v), y(u,v))$ 时,

$$\left(\frac{\partial z}{\partial u}\right)_v = \left(\frac{\partial z}{\partial x}\right)_y \left(\frac{\partial x}{\partial u}\right)_v + \left(\frac{\partial z}{\partial y}\right)_x \left(\frac{\partial y}{\partial u}\right)_v \tag{D.1.3-2a}$$

和

$$\left(\frac{\partial z}{\partial v}\right)_u = \left(\frac{\partial z}{\partial x}\right)_y \left(\frac{\partial x}{\partial v}\right)_u + \left(\frac{\partial z}{\partial y}\right)_x \left(\frac{\partial y}{\partial v}\right)_u \tag{D.1.3-2b}$$

当此例中 $x = u$ 时, 即复合函数形式为 $z = z(u, y(u,v))$ 时,

$$\left(\frac{\partial z}{\partial u}\right)_v = \left(\frac{\partial z}{\partial u}\right)_y + \left(\frac{\partial z}{\partial y}\right)_u \left(\frac{\partial y}{\partial u}\right)_v \tag{D.1.3-3a}$$

和

$$\left(\frac{\partial z}{\partial v}\right)_u = \left(\frac{\partial z}{\partial y}\right)_u \left(\frac{\partial y}{\partial v}\right)_u \tag{D.1.3-3b}$$

式 (D.1.3-3b) 称为复合函数微分中的**链式关系**(chain rule).

D.2 常用积分公式

1) $\int_{-\infty}^{\infty} \mathrm{e}^{-x^2}\mathrm{d}x = \sqrt{\pi}$ (D.2-1)

证明 左边平方得到 $\int_{-\infty}^{\infty}\mathrm{d}x\mathrm{e}^{-x^2}\int_{-\infty}^{\infty}\mathrm{d}y\mathrm{e}^{-y^2} = \int_{-\infty}^{\infty}\int_{-\infty}^{\infty}\mathrm{d}x\mathrm{d}y\mathrm{e}^{-\left(x^2+y^2\right)} = \int_0^{2\pi}\mathrm{d}\theta\int_0^{\infty} r\mathrm{d}r\mathrm{e}^{-r^2} = \pi\int_0^{\infty}\mathrm{e}^{-r^2}\mathrm{d}\left(r^2\right) = \pi.$ ■

推论 D.2-1 因为式 (D.2-1) 中被积函数是偶函数, 故有

$$\int_0^{\infty}\mathrm{e}^{-x^2}\mathrm{d}x = \frac{\sqrt{\pi}}{2} \tag{D.2-2}$$

2) **Gamma 函数** $\Gamma(n)$

定义 D.2-1

$$\Gamma(n) \equiv \int_0^{\infty} x^{n-1}\mathrm{e}^{-x}\mathrm{d}x, \tag{D.2-3}$$

性质 D.2-1

(i)
$$\Gamma(n+1) = n\Gamma(n) \tag{D.2-4}$$

证明 将式 (D.2-3) 分部积分, $\Gamma(n) = -\left[x^{n-1}\mathrm{e}^{-x}\right]_0^{\infty} + (n-1)\int_0^{\infty} x^{n-2}\mathrm{e}^{-x}\mathrm{d}x = (n-1)\Gamma(n-1)$. ■

(ii)
$$\Gamma(1) = 1 \tag{D.2-5}$$

(iii)
$$\Gamma\left(\frac{1}{2}\right) = \sqrt{\pi} \tag{D.2-6}$$

证明 令 $y \equiv \sqrt{x}$, 故 $\Gamma\left(\frac{1}{2}\right) \equiv \int_0^{\infty} x^{-1/2}\mathrm{e}^{-x}\mathrm{d}x = 2\int_0^{\infty}\mathrm{e}^{-y^2}\mathrm{d}y = \sqrt{\pi}$. ■

(iv) $\Gamma(n) = (n-1)!$, 其中, n 为大于 1 的正整数 (D.2-7)

证明 重复使用式 (D.2-4), 最后用式 (D.2-5) 即可证得. ■

(v) $$\Gamma\left(n+\frac{1}{2}\right)=\frac{(2n-1)!!}{2^n}\sqrt{\pi} \tag{D.2-8}$$

3) **Gauss 积分**

定义 Gauss 积分为

$$G_n \equiv \int_0^\infty x^{n-1}\mathrm{e}^{-ax^2}\mathrm{d}x, \quad a>0, n \text{ 为正整数} \tag{D.2-9}$$

性质 D.2-2

(i) $$G_n=-\frac{\partial G_{n-2}}{\partial a} \tag{D.2-10}$$

证明 $-\frac{\partial}{\partial a}G_{n-2}=-\frac{\partial}{\partial a}\int_0^\infty x^{n-3}\mathrm{e}^{-ax^2}\mathrm{d}x=\int_0^\infty x^{n-1}\mathrm{e}^{-ax^2}\mathrm{d}x=G_n$ ■

(ii) $$G_1=\int_0^\infty \mathrm{e}^{-ax^2}\mathrm{d}x=\frac{\sqrt{\pi}}{2a^{1/2}}, \quad G_2=\int_0^\infty x\mathrm{e}^{-ax^2}\mathrm{d}x=\frac{1}{2a} \tag{D.2-11}$$

推论 D.2-2 根据升阶关系 $G_n=-\frac{\partial}{\partial a}G_{n-2}$，可从 G_1, G_2 求得

$$G_3=\int_0^\infty x^2\mathrm{e}^{-ax^2}\mathrm{d}x=\frac{\sqrt{\pi}}{4a^{3/2}}, \quad G_4=\int_0^\infty x^3\mathrm{e}^{-ax^2}\mathrm{d}x=\frac{1}{2a^2} \tag{D.2-12}$$

$$G_5=\int_0^\infty x^4\mathrm{e}^{-ax^2}\mathrm{d}x=\frac{3\sqrt{\pi}}{8a^{5/2}}, \quad G_6=\int_0^\infty x^5\mathrm{e}^{-ax^2}\mathrm{d}x=\frac{1}{a^3} \tag{D.2-13}$$

以及更高阶的 Gauss 积分函数

$$G_{2n+1}=\int_0^\infty \mathrm{d}x\, x^{2n}\mathrm{e}^{-ax^2}=\frac{(2n-1)!!}{2^{n+1}}\frac{\sqrt{\pi}}{a^{n+1/2}} \tag{D.2-14}$$

4) **误差函数**

误差函数的定义：

$$\mathrm{erf}\,(x)\equiv\frac{2}{\sqrt{\pi}}\int_0^x \mathrm{e}^{-y^2}\mathrm{d}y \tag{D.2-15}$$

正态分布的概率积分：

$$\varPhi\,(x)=\int_{-\infty}^x \frac{1}{\sqrt{2\pi}}\mathrm{e}^{-y^2/2}\mathrm{d}y=\frac{1}{2}+\frac{1}{2}\mathrm{erf}\left(\frac{x}{\sqrt{2}}\right) \tag{D.2-16}$$

误差函数的级数展开：

$$\mathrm{erf}\,(x)\equiv\frac{2}{\sqrt{\pi}}\mathrm{e}^{-x^2}\sum_{k=0}^\infty\frac{2^k x^{2k+1}}{(2k+1)!!}=\frac{2}{\sqrt{\pi}}\left(x-\frac{x^3}{1!\cdot 3}+\frac{x^5}{2!\cdot 5}-\frac{x^7}{3!\cdot 7}+\cdots\right), \quad |x|<\infty \tag{D.2-17}$$

5) $$I\equiv\int_0^\infty \mathrm{d}x\,\frac{x}{\mathrm{e}^x+1}=\frac{\pi^2}{12} \tag{D.2-18}$$

6) $$I\,(n)\equiv\int_0^\infty \mathrm{d}x\,\frac{x^{n-1}}{\mathrm{e}^x-1}=\sum_{k=1}^\infty\frac{1}{k^n}\int_0^\infty \mathrm{d}y y^{n-1}\mathrm{e}^{-y} \tag{D.2-19}$$

证明 因为 $\frac{x^{n-1}}{\mathrm{e}^x-1}=\frac{x^{n-1}\mathrm{e}^{-x}}{1-\mathrm{e}^{-x}}=x^{n-1}\mathrm{e}^{-x}\sum_{k=0}^\infty\mathrm{e}^{-kx}=\sum_{k=0}^\infty x^{n-1}\mathrm{e}^{-(k+1)x}=\sum_{k=1}^\infty x^{n-1}\mathrm{e}^{-kx}$

所以 $I(n) \equiv \int_0^\infty \mathrm{d}x \frac{x^{n-1}}{\mathrm{e}^x - 1} = \int_0^\infty \mathrm{d}x \sum_{k=1}^\infty x^{n-1}\mathrm{e}^{-kx}$. 令 $y \equiv kx$, $\mathrm{d}x = k^{-1}\mathrm{d}y$, 于是

$$I(n) = \sum_{k=1}^\infty \int_0^\infty \mathrm{d}x x^{n-1}\mathrm{e}^{-kx} = \sum_{k=1}^\infty \frac{1}{k^n}\int_0^\infty \mathrm{d}y y^{n-1}\mathrm{e}^{-y}$$ ■

推论 D.2-3

$$I\left(\frac{3}{2}\right) = \int_0^\infty \mathrm{d}x \frac{x^{1/2}}{\mathrm{e}^x - 1} = \frac{\sqrt{\pi}}{2}\sum_{k=1}^\infty \frac{1}{k^{3/2}} = \frac{\sqrt{\pi}}{2}\cdot 2.612, \quad I(2) = \int_0^\infty \mathrm{d}x \frac{x}{\mathrm{e}^x - 1} = \frac{\pi^2}{6}$$

$$I\left(\frac{5}{2}\right) = \int_0^\infty \mathrm{d}x \frac{x^{3/2}}{\mathrm{e}^x - 1} = \frac{3\sqrt{\pi}}{4}\sum_{k=1}^\infty \frac{1}{k^{5/2}} = \frac{3\sqrt{\pi}}{4}\cdot 1.341$$

$$I(3) = \int_0^\infty \mathrm{d}x \frac{x}{\mathrm{e}^x - 1} = 2\sum_{k=1}^\infty \frac{1}{k^3} = 2.404, \quad I(4) = \int_0^\infty \mathrm{d}x \frac{x^3}{\mathrm{e}^x - 1} = \frac{\pi^4}{15}$$

7) **Riemann 函数 $\zeta(s)$**

Riemann 函数 (表 D.2-1) 定义为

$$\zeta(s) \equiv \sum_{l=1}^\infty \frac{1}{l^s} \tag{D.2-20}$$

表 D.2-1

s	1	2	4	6	8
$\zeta(s)$	∞	$\pi^2/6$	$\pi^4/90$	$\pi^6/945$	$\pi^8/9450$

经典气体中经常遇到的是 Gauss 积分, 而在量子气体理论中 (如 Sommerfeld 展开定理中) 经常遇到的是如下积分:

$$Z_{s-1}^{(\pm)} = \int_0^\infty \mathrm{d}x \frac{x^{s-1}}{\mathrm{e}^x \pm 1}, \quad s = \frac{3}{2}, 2, \frac{5}{2}, 3, \frac{7}{2}, 4, \cdots \tag{D.2-21}$$

此类积分可表示为 Riemann 函数 $\zeta(s)$ 和 Gamma 函数 $\Gamma(s)$ 之积 (表 D.2-2)

表 D.2-2

$s = \frac{3}{2}$	$Z_{1/2}^{(+)} = \int_0^\infty \mathrm{d}x \frac{x^{1/2}}{\mathrm{e}^x + 1} = 0.678$	$Z_{1/2}^{(-)} = \int_0^\infty \mathrm{d}x \frac{x^{1/2}}{\mathrm{e}^x - 1} = 2.315$
$s = 2$	$Z_1^{(+)} = \int_0^\infty \mathrm{d}x \frac{x}{\mathrm{e}^x + 1} = 0.823$	$Z_1^{(-)} = \int_0^\infty \mathrm{d}x \frac{x}{\mathrm{e}^x - 1} = 1.645$
$s = \frac{5}{2}$	$Z_{3/2}^{(+)} = \int_0^\infty \mathrm{d}x \frac{x^{3/2}}{\mathrm{e}^x + 1} = 1.152$	$Z_{3/2}^{(-)} = \int_0^\infty \mathrm{d}x \frac{x^{3/2}}{\mathrm{e}^x - 1} = 1.783$
$s = 3$	$Z_2^{(+)} = \int_0^\infty \mathrm{d}x \frac{x^2}{\mathrm{e}^x + 1} = 1.803$	$Z_2^{(-)} = \int_0^\infty \mathrm{d}x \frac{x^2}{\mathrm{e}^x - 1} = 2.404$
$s = \frac{7}{2}$	$Z_{5/2}^{(+)} = \int_0^\infty \mathrm{d}x \frac{x^{5/2}}{\mathrm{e}^x + 1} = 3.083$	$Z_{5/2}^{(-)} = \int_0^\infty \mathrm{d}x \frac{x^{5/2}}{\mathrm{e}^x - 1} = 3.745$
$s = 4$	$Z_3^{(+)} = \int_0^\infty \mathrm{d}x \frac{x^3}{\mathrm{e}^x + 1} = 5.682$	$Z_3^{(-)} = \int_0^\infty \mathrm{d}x \frac{x^3}{\mathrm{e}^x - 1} = 6.494$

$$Z_{s-1}^{(+)} = \left(1 - \frac{1}{2^{s-1}}\right) \zeta(s) \Gamma(s) \tag{D.2-22}$$

$$Z_{s-1}^{(-)} = \zeta(s) \Gamma(s) \tag{D.2-23}$$

8) 定积分的导数, Leibnitz 公式

$$\frac{\mathrm{d}}{\mathrm{d}y} \int_{p(y)}^{q(y)} \mathrm{d}x\, f(x,y) = \int_{p(y)}^{q(y)} \mathrm{d}x\, \frac{\partial}{\partial y} f(x,y) + f(q(y),y) \frac{\mathrm{d}q}{\mathrm{d}y} - f(p(y),y) \frac{\mathrm{d}p}{\mathrm{d}y} \tag{D.2-24}$$

D.3 常用级数公式

以下等式除了特地注明 x 成立的范围之外, 均对 $-\infty < x < \infty$ 成立:

$$\sin x = x - \frac{x^3}{3!} + \frac{x^5}{5!} - \cdots, \quad \cos x = 1 - \frac{x^2}{2!} + \frac{x^4}{4!} - \cdots \tag{D.3-1}$$

$$\mathrm{e}^x = 1 + x + \frac{x^2}{2!} + \frac{x^3}{3!} + \cdots, \quad \ln(1+x) = x - \frac{x^2}{2} + \frac{x^3}{3} - \frac{x^4}{4} + \cdots, \quad |x| < 1 \tag{D.3-2}$$

$$\frac{1}{\mathrm{e}^x - 1} = \sum_{k=1}^{\infty} \mathrm{e}^{-kx} \tag{D.3-3}$$

$$\frac{1}{1-x} = 1 + x + x^2 + x^3 + \cdots = \sum_{k=0}^{\infty} x^k, \quad |x| < 1 \tag{D.3-4}$$

$$\frac{1}{(1-x)^2} = \sum_{k=0}^{\infty} (k+1) x^k, \quad |x| < 1 \tag{D.3-5}$$

$$\frac{1}{1+x+y+z+\cdots} = 1 - x - y - z - \cdots, \quad |x|, |y|, |z|, \cdots < 1 \tag{D.3-6}$$

$$(1+x)^n = 1 + nx + \frac{n(n-1)}{2!} x^2 + \cdots = \sum_{k=0}^{\infty} \mathrm{C}_n^k x^k, \quad |x| < 1 \tag{D.3-7}$$

$$\ln \frac{1+x}{1-x} = 2\left(x + \frac{x^3}{3} + \frac{x^5}{5} + \cdots\right), \quad |x| < 1 \tag{D.3-8}$$

$$\mathrm{sh} x \equiv \frac{\mathrm{e}^x - \mathrm{e}^{-x}}{2} = x + \frac{x^3}{3!} + \frac{x^5}{5!} + \cdots \tag{D.3-9}$$

$$\mathrm{ch} x \equiv \frac{\mathrm{e}^x + \mathrm{e}^{-x}}{2} = 1 + \frac{x^2}{2!} + \frac{x^4}{4!} + \cdots \tag{D.3-10}$$

附录 E　Legendre 变换

Legendre 变换是一种数学方法, 把函数的一组独立自变量中的一部分换成同样个数的另一组独立自变量[8~10]. Legendre 变换的应用包括: 把经典力学的 Lagrange 力学形式变成 Hamilton 力学形式, 在热力学的状态变量 p, V, T, S 中任取两个作为独立自变量时热力学状态函数就要用不同的形式.

E.1　Legendre 变换的定义

(1) 两个自变量的函数 $f(x,y)$: 先讨论简单的情况 —— 仅有两个自变量的函数 $f(x,y)$, 其全微分为

$$\mathrm{d}f(x,y)=\frac{\partial f}{\partial x}\mathrm{d}x+\frac{\partial f}{\partial y}\mathrm{d}y=u\mathrm{d}x+v\mathrm{d}y \tag{E.1-1}$$

其中,

$$u\equiv\frac{\partial f}{\partial x},\quad v\equiv\frac{\partial f}{\partial y} \tag{E.1-2}$$

在 $f(x,y)$ 里是用 x, y 作为独立变量的. 实际上根据问题的不同, 把 x, y 或者把 u, v 作为独立变量看待都是等价的, 甚至把 x, y, u, v 四个中的任意两个当独立变量都可以. 倘若为了描述问题的需要欲把独立自变量从 (x,y) 换成 (u,y), 即 $x\rightarrow u$, 函数从 $f(x,y)$ 变成 $g(u,y)$. 试求 $g(u,y)$, 法国数学家 A. M. Legendre(1752~1833 年)给出了问题的解答如下:

$$g(u,y)\equiv xu-f(x,y) \tag{E.1-3}$$

其中, 右边第一项就是替换和被替换的两个自变量之乘积. 怎么看出这就是问题的解呢?

$g(u,y)$ 的全微分为

$$\mathrm{d}g=\mathrm{d}(xu-f)=x\mathrm{d}u+u\mathrm{d}x-\mathrm{d}f=x\mathrm{d}u+\underline{u\mathrm{d}x}-\underline{u\mathrm{d}x}-v\mathrm{d}y=x\mathrm{d}u-v\mathrm{d}y \tag{E.1-4}$$

其中,

$$x=\frac{\partial g}{\partial u},\quad v=-\frac{\partial g}{\partial y} \tag{E.1-5}$$

尽管形式上函数 g(见式 (E.1-3)) 中还有自变量 x 出现, 可是从式 (E.1-4) 可见: 自变量 x 对函数 g 影响的贡献已经抵消为零 (见式 (E.1-4) 中有下划线的两项), 即它不再是 g 的独立变量了. 此时函数 g 的独立自变量只是 (u,y). 式 (E.1-3) 称为对 $f(x,y)$ 中的自变量 x 作的 "Legendre 变换". 式 (E.1-2) 和式 (E.1-5) 为互逆关系.

(2) Legendre 变换的几何意义: 以一个自变量为例来看 Legendre 变换 (图 E.1-1) 的几何意义. 令 $y=f(x)$ 是一个凸函数, 即 $f''(x)>0$. 函数 y 与直线 $y=ux$ 两者在垂直方向的最大间距处的 x 值记为 $x(u)$, 该最大间距记为 $g(u)$, 即对于某个 u 值函数 $F(u,x)\equiv$

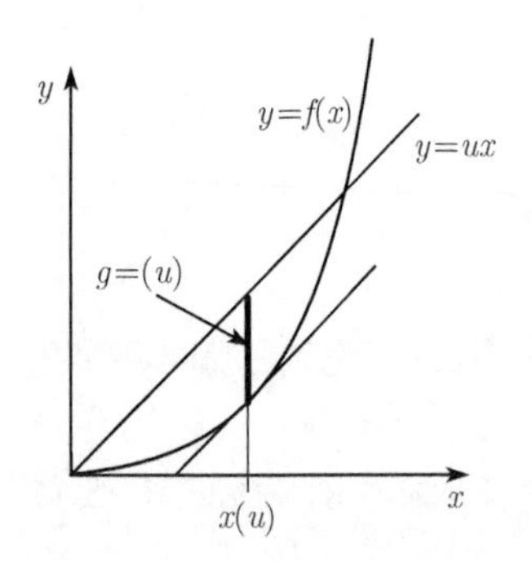

图 E.1-1　Legendre 变换

$ux - f(x)$ 在 $x = x(u)$ 时对 x 有最大值, 即 $g(u) \equiv F(u, x(u))$. 函数 $g(u)$ 称为是函数 $f(x)$ 的 Legendre 变换. 点 $x(u)$ 是由极值条件 $0 = \dfrac{\partial F}{\partial x} = \dfrac{\partial}{\partial x}\{ux - f(x)\} = u - f'(x)$, 即 $u = f'(x)$ 决定的. 又因为 $f(x)$ 是凸函数, 所以点 $x(u)$ 是唯一的.

例 E.1-1　$f(x) = x^2$.

解　$F(u, x) = ux - f(x) = ux - x^2$, 于是 $u = f'(x) = 2x$, 即 $x(u) = u/2$. 最后

$$g(u) \equiv F(u, x(u)) = ux - x^2 = \frac{u^2}{4}$$

例 E.1-2　$f(x) = mx^2/2$.

解　$F(u, x) = ux - f(x) = ux - mx^2/2$, 于是 $u = f'(x) = mx$, 即 $x(u) = u/m$. 最后

$$g(u) \equiv F(u, x(u)) = ux - \frac{mx^2}{2} = u\frac{u}{m} - \frac{m(u/m)^2}{2} = \frac{u^2}{2m}$$

E.2　两个自变量情况的进一步考虑

考虑两个变量 x, y 变换到 u, v 的 Legendre 变换. 设 $f \equiv f(x, y)$, 则全微分

$$\mathrm{d}f = \frac{\partial f}{\partial x}\mathrm{d}x + \frac{\partial f}{\partial y}\mathrm{d}y = u\mathrm{d}x + v\mathrm{d}y \tag{E.2-1}$$

其中,

$$u \equiv \frac{\partial f}{\partial x}, \quad v \equiv \frac{\partial f}{\partial y} \tag{E.2-2}$$

这里是用 x, y 作为独立变量的.

实际上根据问题的不同, 把 x, y 或者把 u, v 作为独立变量看待都是等价的, 甚至把 x, y, u, v 中的任意两个当独立变量都可以.

情况 1　若把 u, y 作为独立变量看待, 则由式 (E.2-2) 解得

$$x = x(u, y), \quad v = v(u, y) \tag{E.2-3}$$

同时因为改用 u, y 为独立变量来表述 $f(x, y)$, 那么该函数 $f(x, y)$ 的形式也要相应地改为

$$f(x(u, y), y) \equiv \bar{f}(u, y) \tag{E.2-4}$$

于是有

$$\begin{cases} \dfrac{\partial \bar{f}}{\partial u} = \dfrac{\partial f}{\partial x}\dfrac{\partial x}{\partial u} = u\dfrac{\partial x}{\partial u} = \dfrac{\partial(ux)}{\partial u} - x \\ \dfrac{\partial \bar{f}}{\partial y} = \dfrac{\partial f}{\partial x}\dfrac{\partial x}{\partial y} + \dfrac{\partial f}{\partial y} = u\dfrac{\partial x}{\partial y} + v \end{cases} \tag{E.2-5}$$

再进一步从式 (E.2-5) 求得另外两个变量 x, v.

(1) $x = \frac{\partial(ux)}{\partial u} - \frac{\partial \bar{f}}{\partial u} = \frac{\partial}{\partial u}(ux - \bar{f}) = \frac{\partial g}{\partial u}$, 其中, 定义

$$g \equiv ux - \bar{f} \tag{E.2-6}$$

(2) $v = \frac{\partial \bar{f}}{\partial y} - u\frac{\partial x}{\partial y} = \frac{\partial \bar{f}}{\partial y} - \frac{\partial(ux)}{\partial y} + x\frac{\partial u}{\partial y} = -\frac{\partial g}{\partial y} + x\frac{\partial u}{\partial y} = -\frac{\partial g}{\partial y}$. 这里最后一步的理由是既然已经取了 u, y 为独立变量, 故有 $\frac{\partial u}{\partial y} = 0$. 于是得到

$$x = \frac{\partial g}{\partial u}, \quad v = -\frac{\partial g}{\partial y} \tag{E.2-7}$$

以上称为对 $f(x,y)$ 中的自变量 x 作 Legendre 变换, 变成 u, y 作为独立变量的函数 $g(u,y)$, 这个新函数为 $g(u,y) = ux - f(x,y)$.

情况 2 若把 $f(x,y)$ 中的 $u \equiv \frac{\partial f}{\partial x}, v \equiv \frac{\partial f}{\partial y}$ 作为独立变量看待, 则先由式 (E.2-2) 解得

$$x = x(u,v), \quad y = y(u,v) \tag{E.2-8}$$

同时因为改用 u, v 为独立变量来表述 $f(x,y)$, 那么该函数 $f(x,y)$ 的形式也要相应地改为

$$f(x(u,v), y(u,v)) \equiv \bar{g}(u,v) \tag{E.2-9}$$

于是有

$$\begin{cases} \frac{\partial \bar{g}}{\partial u} = \frac{\partial f}{\partial x}\frac{\partial x}{\partial u} + \frac{\partial f}{\partial y}\frac{\partial y}{\partial u} = u\frac{\partial x}{\partial u} + v\frac{\partial y}{\partial u} = v\frac{\partial y}{\partial u} + \frac{\partial(ux)}{\partial u} - x \\ \frac{\partial \bar{g}}{\partial v} = \frac{\partial f}{\partial x}\frac{\partial x}{\partial v} + \frac{\partial f}{\partial y}\frac{\partial y}{\partial v} = u\frac{\partial x}{\partial v} + v\frac{\partial y}{\partial v} = u\frac{\partial x}{\partial v} + \frac{\partial(vy)}{\partial v} - y \end{cases}$$

即 $\begin{cases} x = \frac{\partial(ux)}{\partial u} - \frac{\partial \bar{g}}{\partial u} + v\frac{\partial y}{\partial u} = \frac{\partial(ux)}{\partial u} - \frac{\partial \bar{g}}{\partial u} + \frac{\partial(vy)}{\partial u} - y\frac{\partial v}{\partial u} \\ y = \frac{\partial(vy)}{\partial v} - \frac{\partial \bar{g}}{\partial v} + u\frac{\partial x}{\partial v} = \frac{\partial(vy)}{\partial v} - \frac{\partial \bar{g}}{\partial v} + \frac{\partial(ux)}{\partial v} - x\frac{\partial u}{\partial v} \end{cases}$. 考虑到现在 u, v 为独立变量, 故 $\frac{\partial v}{\partial u} = \frac{\partial u}{\partial v} = 0$. 于是最后得到

$$x = \frac{\partial g}{\partial u}, \quad y = \frac{\partial g}{\partial v} \tag{E.2-10}$$

其中,

$$g \equiv ux + vy - \bar{g} = ux + vy - f(x(u,v), y(u,v)) \tag{E.2-11}$$

这样 x, y 就可以用函数 g 对 u, v 的偏导数来表述了. 以上称为对 $f(x,y)$ 中的自变量 x, y 作 Legendre 变换, 变成 u, v 作为独立变量的函数 $g(u,v)$, 这个新函数为 $g = ux + vy - f(x,y)$. 因为换掉了 2 个自变量, 所以在式 (E.2-11) 中加了 2 项乘积.

实例 热力学函数 U, H, F 和 G.

根据物理意义, 内能 $U(V,S)$ 的全微分为 $\mathrm{d}U = T\mathrm{d}S - p\mathrm{d}V$. 这里的独立自变量是 (V,S), 故适合于描述恒温、恒容的体系, 且

$$T = \left(\frac{\partial U}{\partial S}\right)_V, \quad p = -\left(\frac{\partial U}{\partial V}\right)_S \tag{E.2-12}$$

实际上, 这 4 个状态变量 p, V, T, S 中任取两个作为独立自变量都可以, 可以用来描述不同条件下的热力学状态. 同时相应的热力学状态函数就要取不同的形式. 例如, $U(V,S)$ 变成焓 $H(p,S)$, 变成 Helmholtz 自由能 $F(V,T)$, 变成 Gibbs 自由能 $G(p,T)$,

$$\begin{cases} H = U + pV \\ F = U - TS \\ G = H - TS \end{cases} \tag{E.2-13}$$

即

$$G = F + pV \tag{E.2-14}$$

这就是热力学中的 Legendre 变换. 用图表示如下:

$$\begin{array}{ccc} H & = U & +pV \\ \| & \| & \\ G & = F & +pV \\ + & + & \\ TS & TS & \end{array}$$

E.3 多个自变量的 Legendre 变换

以上结论可以推广到多个自变量的情况. 设有函数 $\phi(x_1, x_2, \cdots, x_m) \equiv \phi(\{x_k\})$, 其全微分为

$$\mathrm{d}\phi = \sum_k \frac{\partial \phi}{\partial x_k} \mathrm{d}x_k \equiv \sum_k u_k \mathrm{d}x_k \tag{E.3-1}$$

其中,

$$u_k \equiv \frac{\partial \phi}{\partial x_k}, \quad \forall k = 1, 2, \cdots, m \tag{E.3-2}$$

现在要把描述问题的独立变量从 $\{x_k\}$ 换成 $\{u_k\}$, 达到可以用微分 $\{\mathrm{d}u_k\}$ 来表示各微分量. 这就要用上述 Legendre 变换. 引入新函数 ψ

$$\psi(\{u_k\}) \equiv \sum_{k=1}^{m} u_k x_k - \phi(\{x_k\}) \tag{E.3-3}$$

其中, 第一项是老变量与新变量的乘积之和. 怎么看出新函数 ψ 中的独立变量已经是 $\{u_k\}$ 呢? 新函数 ψ 的全微分

$$\mathrm{d}\psi = \sum_{k=1}^{m} u_k \mathrm{d}x_k + \sum_{k=1}^{m} x_k \mathrm{d}u_k - \mathrm{d}\phi(\{x_k\}) = \sum_{k=1}^{m} u_k \mathrm{d}x_k + \sum_{k=1}^{m} x_k \mathrm{d}u_k - \sum_k u_k \mathrm{d}x_k = \sum_{k=1}^{m} x_k \mathrm{d}u_k \tag{E.3-4}$$

其中, 老变量 $\{x_k\}$ 对函数 ψ 的影响已经抵消为零, 故得到证明, 并且其中

$$x_k \equiv \frac{\partial \psi}{\partial u_k}, \quad \forall k = 1, 2, \cdots, m \tag{E.3-5}$$

式 (E.3-3) 称为对 $\phi(\{x_k\})$ 中的自变量 $\{x_k\}$ 作的 Legendre 变换. 因为换掉了 k 个自变量, 所以在式 (E.3-3) 中有 k 项乘积的加和.

实例 从 Lagrange 函数 $L(q,\dot{q},t)$ 到 Hamilton 函数 $H(q,p,t)$ 的变换.

从 Lagrange 函数 $L(q,\dot{q},t)$ 到 Hamilton 函数 $H(q,p,t)$ 的变换, 就是在 $L(q,\dot{q},t)$ 中把原来的独立自变量 $(q,\dot{q},t)$ 换成 $\left(q,\dfrac{\partial L}{\partial \dot{q}}\equiv p,t\right)$. 故可以对 $L(q,\dot{q},t)$ 作如下的 Legendre 变换:

$$H(p,q,t)\equiv\sum_{i=1}^{s}p_i\dot{q}_i-L(q,\dot{q},t) \tag{E.3-6}$$

附录 F　Euler 齐次函数

F.1　定　　义

若

$$f(\lambda x_1, \lambda x_2, \cdots, \lambda x_N) = \lambda^m f(x_1, x_2, \cdots, x_N) \tag{F.1-1}$$

其中, λ 为参量, 则 $f(x_1, x_2, \cdots, x_N)$ 称为 m 次 Euler 齐次函数[11].

F.2　性　　质[11]

m 次 Euler 齐次函数 $f(x_1, x_2, \cdots, x_N)$ 必满足

$$\sum_{i=1}^{N} \frac{\partial f}{\partial x_i} x_i = m f(x_1, x_2, \cdots, x_N) \tag{F.2-1}$$

证明　将式 (F.1-1) 两边对 λ 求导, 得到

$$\text{等式左边} = \frac{\mathrm{d}}{\mathrm{d}\lambda} f(\lambda x_1, \lambda x_2, \cdots, \lambda x_N) = \sum_{i=1}^{N} \frac{\partial f}{\partial(\lambda x_i)} \frac{\partial(\lambda x_i)}{\partial \lambda} = \sum_{i=1}^{N} \frac{\partial f}{\partial(\lambda x_i)} x_i$$

$$\text{等式右边} = \frac{\partial}{\partial \lambda}\{\lambda^m f(x_1, x_2, \cdots, x_N)\} = m\lambda^{m-1} f(x_1, x_2, \cdots, x_N)$$

所以 $\sum_{i=1}^{N} \frac{\partial f}{\partial(\lambda x_i)} x_i = m\lambda^{m-1} f(x_1, x_2, \cdots, x_N)$. 令此式 $\lambda = 1$, 则得到式 (F.2-1). ■

附录 G　Dirac δ 函数、Heaviside 阶跃函数

G.1　Dirac δ 函数

$\delta_{ij} \equiv \begin{cases} 1, & \forall i = j \\ 0, & \forall i \neq j \end{cases}$ 称为 Kronecker delta 数, 其中, i, j 为整数. 将此离散型 Kronecker δ 数的概念扩大到连续型的领域, 则可以得到 Dirac 的 δ 函数.

G.1.1　Dirac δ 函数的定义

满足如下两个条件的函数称为 Dirac delta 函数 $\delta(x)$:

(1) 对于任意函数 $f(x)$ 均有

$$\int_{-\infty}^{\infty} \mathrm{d}x f(x)\delta(x-a) = f(a) \tag{G.1.1-1a}$$

(2)

$$\int_{-\infty}^{\infty} \mathrm{d}x\delta(x) = 1 \text{ (归一化条件)} \tag{G.1.1-1b}$$

$\delta(x)$ 函数一定是在积分意义上来讨论的.

G.1.2　δ 函数的渐近式表示

$$\delta(x) = \lim_{n\to\infty} \frac{\sin nx}{\pi x}, \quad \delta(x) = \lim_{n\to\infty} \frac{n}{\sqrt{\pi}} \mathrm{e}^{-(nx)^2}, \quad \delta(x) = \lim_{n\to\infty} \frac{n}{\pi\left[1+(nx)^2\right]}$$

$$\delta(x) = \lim_{n\to\infty} \frac{\sin^2 nx}{n\pi x^2}, \quad \delta(x) = \lim_{\varepsilon\to 0} \frac{1}{\sqrt{\varepsilon\pi}} \mathrm{e}^{-x^2/\varepsilon}, \quad \delta(x) = \lim_{\varepsilon\to 0} \frac{1}{\pi} \frac{\varepsilon}{(x^2+\varepsilon^2)}$$

G.1.3　$\delta(x)$ 函数的性质

其中, a 为常数, $\mathbf{r}$ 为三维空间的位置, $\mathbf{a}$ 为常向量.

$$\int_a^b \mathrm{d}x\delta(x-x_0) = \begin{cases} 1, & x_0 \text{ 在 } (a,b) \text{ 内} \\ 0, & x_0 \text{ 在 } [a,b] \text{ 外} \end{cases}$$

$$\delta(ax) = \frac{1}{|a|}\delta(x), \quad \delta(a\mathbf{r}) = \frac{1}{|a|^3}\delta(\mathbf{r})$$

$$x\delta(x) = 0, \quad \delta(-x) = \delta(x)$$

$$x\frac{\mathrm{d}}{\mathrm{d}x}\delta(x) = -\delta(x), \quad f(x)\delta(x-a) = f(a)\delta(x-a)$$

$$\delta(x) = \frac{1}{2\pi}\int_{-\infty}^{\infty} \mathrm{e}^{\mathrm{i}xk}\mathrm{d}k \tag{G.1.3-1}$$

$$\delta(\mathbf{r}-\mathbf{r}') = \frac{1}{(2\pi)^3}\int \mathrm{e}^{\mathrm{i}(\mathbf{r}-\mathbf{r}')\cdot\mathbf{k}}\mathrm{d}\mathbf{k} \tag{G.1.3-2}$$

$$\delta_{mm'} = \sum_n e^{i(m-m')2\pi n}$$

$$\delta(x) = \frac{d}{dx}\eta(x), \quad \eta(x) \text{ 为阶跃函数} \tag{G.1.3-3}$$

$\delta(\mathbf{r}-\mathbf{a}) = \delta(x-a_x)\,\delta(y-a_y)\,\delta(z-a_z)$, 其中, $\mathbf{r}=(x,y,z)$, $\mathbf{a}=(a_x,a_y,a_z)$.

G.1.4 δ 函数的重要公式

$$\nabla^2\left(\frac{1}{r}\right) = -4\pi\delta(0)$$

$$\nabla^2\left(\frac{1}{r_{12}}\right) = -4\pi\delta(\mathbf{r}_1-\mathbf{r}_2), \text{ 其中}, r_{12} \equiv |\mathbf{r}_1-\mathbf{r}_2|. \tag{G.1.4-1}$$

$$\int_{-\infty}^{\infty} dx\, f(x)\frac{d^m\delta(x)}{dx^m} = (-1)^m\frac{d^m f(0)}{dx^m}, \quad \int_{-\infty}^{\infty} dx\, f(x)\,\delta'(x) = -f'(0)$$

$$\delta[(x-a)(x-b)] = \frac{1}{|a-b|}\{\delta(x-a)+\delta(x-b)\}, \quad \forall a \neq b$$

G.1.5 命题

$$\text{若 } \delta[f(x)] = \frac{\delta(x-x_0)}{f'(x)}, \text{ 则 } f(x) \text{ 在 } x=x_0 \text{ 处有根.} \tag{G.1.5-1}$$

本命题在 Nosé动力学中用到, 见 3.5.4 小节.

证明 $\delta[f(x)] = \dfrac{\delta(x-x_0)}{f'(x)}$ 成立实际上是指 $\int_{-\infty}^{\infty}\delta[f(x)]\,dx = \int_{-\infty}^{\infty}\dfrac{\delta(x-x_0)}{f'(x)}dx$成立. 等式右边 $\int_{-\infty}^{\infty}\dfrac{\delta(x-x_0)}{f'(x)}dx = \dfrac{1}{f'(x_0)}$, 而等式左边作变量变换后, 将积分变量从 x 变成 $f(x)$. 因为 $d\{f(x)\} = f'(x)\,dx$, 故等式左边 $\int_{-\infty}^{\infty}\delta[f(x)]\,dx = \int_{-\infty}^{\infty}\delta[f(x)]\dfrac{1}{f'(x)}$ $d\{f(x)\}$. 把上式中的 $f(x)$ 看成一个积分变量, 根据公式 $\int_{-\infty}^{\infty}\delta(x)\,g(x)\,dx = g(0)$, 可见因为上式右边只有在 $f(x)$ 有根处, 即 $x=x_0$, 才有 $\int_{-\infty}^{\infty}\delta[f(x)]\dfrac{1}{f'(x)}d\{f(x)\} = \dfrac{1}{f'(x_0)}$. ■

G.2 Heaviside 阶跃函数

G.2.1 阶跃函数定义

Heaviside 阶跃函数 $\eta(x-a)$ 定义为

$$\eta(x-a) \equiv \begin{cases} 0, & \forall x < a \\ 1, & \forall a \leqslant x \end{cases} \tag{G.2.1-1}$$

图形如下所示:

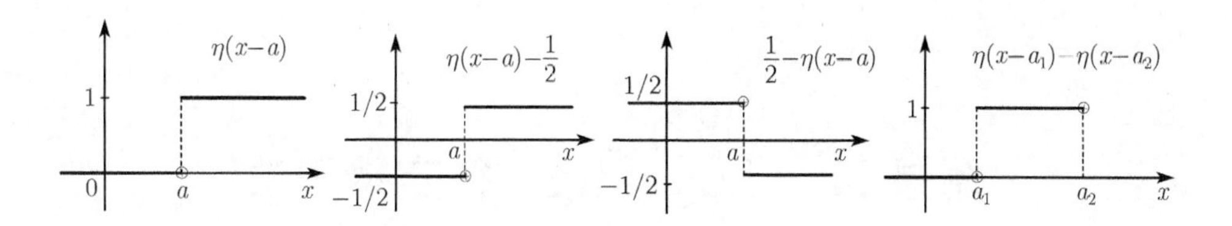

G.2.2 阶跃函数的性质

(1) $\delta(x)=\dfrac{\mathrm{d}}{\mathrm{d}x}\eta(x)$ (G.2.2-1)

$$\delta(x-a)=\frac{\mathrm{d}}{\mathrm{d}x}\eta(x-a)$$

(2)
$$\int_0^b \eta(x-a)\,\mathrm{d}x=(b-a)\,\eta(b-a)=\begin{cases} b-a, & \forall b>a \\ 0, & \forall b<a \end{cases} \tag{G.2.2-2}$$

附录 H　Lagrange 待定乘子法

Lagrange 待定乘子法用于在有约束条件下的求极值问题.

问题：求函数 $f(x_1,\cdots,x_j,\cdots,x_n)$ 在满足 $g(x_1,\cdots,x_j,\cdots,x_n)=0$ 的约束条件下，在自变量 $\{x_j\}$ 为何值时，该函数达到极值 $f_{\max}$ 或 $f_{\min}$.

解　(1) 若无约束条件，则函数 f 的极值时要满足

$$0=\delta f=\sum_{j=1}^{n}\left(\frac{\partial f}{\partial x_j}\right)_0\delta x_j \tag{H.1-1}$$

其中，下标 0 指函数 f 处于极值时的自变量值，即 $\left(x_1^0,\cdots,x_j^0,\cdots,x_n^0\right)$. 由于 n 个自变量 $\{x_j\}$ 为独立的，所以它们的变分 $\{\delta x_j\}$ 也是互相独立的. 于是式 (H.1-1) 中必须要求 n 个系数为零，

$$\frac{\partial f}{\partial x_j}=0,\quad \forall j=1(1)n \tag{H.1-2}$$

从这 n 个联立方程的解就可以求得极值时自变量值，即问题的解 $\left(x_1^0,\cdots,x_j^0,\cdots,x_n^0\right)$. 从 n 个方程求 n 个自变量，正好有解.

(2) 现在要在约束条件 $g(x_1,\cdots,x_j,\cdots,x_n)=0$ 下求函数 f 的极值. 设极值在 $\left(x_1^0,\cdots,x_j^0,\cdots,x_n^0\right)$ 处. 函数 f 达到极值，故同样必须满足式 (H.1-1). 只不过现在因为需要满足一个约束条件 $g=0$，所以 n 个变量 $\{\delta x_j\}$ 中只有 $n-1$ 个是互相独立的. 记这个不是独立的变量为 δx_μ，其余变量 $\{\delta x_j\,|\,j=1(1)n, j\neq\mu\}$ 是独立的，所以类似于式 (H.1-1)，现在要解的方程组是

$$\frac{\partial f}{\partial x_j}=0,\quad \forall j=1(1)n,\quad \text{但 } j\neq\mu \tag{H.1-3}$$

即对 $n-1$ 个独立变量求导. 不过，这样还是不好办，因为先要找到哪个是不独立的变量. 现在首先在以下 (3) 中介绍 Lagrange 待定乘子法，然后在 (4) 中证明 Lagrange 待定乘子法和上述 (2) 中的办法是等价的. 据此来证明 Lagrange 待定乘子法.

(3) 设一个新函数 F

$$F(x_1,\cdots,x_j,\cdots,x_n)\equiv f(x_1,\cdots,x_j,\cdots,x_n)+\lambda g(x_1,\cdots,x_j,\cdots,x_n) \tag{H.1-4}$$

其中，λ 是一个待定的乘子. Lagrange 认为 (2) 中求函数 f 的约束极值问题等价于求新函数 F 在没有约束条件下的解. 所以新函数 F 的极值问题可以用 (1) 中的办法解，即

$$0=\delta F=\delta(f+\lambda g)=\sum_{j=1}^{n}\left[\left(\frac{\partial f}{\partial x_j}\right)_0+\lambda\left(\frac{\partial g}{\partial x_j}\right)_0\right]\delta x_j \tag{H.1-5}$$

同理，可以得到以下 n 个联立方程，再加上一个约束方程，即

$$\begin{cases}\left(\dfrac{\partial f}{\partial x_j}\right)_0+\lambda\left(\dfrac{\partial g}{\partial x_j}\right)_0=0,\quad \forall j=1(1)n\\ g(x_1,\cdots,x_j,\cdots,x_n)=0\end{cases} \tag{H.1-6}$$

可以从上面一共 $n+1$ 个方程解得 n 个 $\{x_j\,|j=1(1)n\}$ 和一个 λ, 共 $n+1$ 个未知量, 也是正好有解.

(4) 求证以上 (2) 法和 (3) 法是等价的: 因为在 (2) 中实际上只有 $n-1$ 个变量 $\{\delta x_j\,|j=1(1)n, j\neq\mu\}$ 是独立的, 所以将 $g=0$ 的等式两边都对这 $n-1$ 个独立变量求偏导

$$0=\sum_{j=1}^{n}\left(\frac{\partial g}{\partial x_j}\right)\left(\frac{\partial x_j}{\partial x_k}\right),\quad \forall k=1(1)n \text{ 且 } k\neq\mu \tag{H.1-7}$$

再将式 (H.1-6) 中第一个等式两边被 $0=\sum_{j=1}^{n}\left(\frac{\partial x_j}{\partial x_k}\right)(\cdot)$ 作用, 再利用式 (H.1-7), 得到

$$0=\sum_{j=1}^{n}\left(\frac{\partial x_j}{\partial x_k}\right)\left(\frac{\partial f}{\partial x_j}\right)+\lambda\sum_{j=1}^{n}\left(\frac{\partial x_j}{\partial x_k}\right)\left(\frac{\partial g}{\partial x_j}\right)=\sum_{j=1}^{n}\left(\frac{\partial x_j}{\partial x_k}\right)\left(\frac{\partial f}{\partial x_j}\right),\ \text{即}$$

$$\frac{\partial f}{\partial x_k}=0,\quad \forall k=1(1)n,\ \text{但 } k\neq\mu \tag{H.1-8}$$

这里的 $n-1$ 个式子就是式 (H.1-2). 所以证明了 Lagrange 待定乘子法和上述 (2) 中的办法是等价的. 以后, 对于求函数 f 的约束极值问题, 只要按照 (3) 中介绍的方法, 直接求新函数 $F\equiv f+\lambda g$(式 (H.1-4)) 在没有约束条件下的解就行. λ 称为 Lagrange 待定乘子.

推广到多个约束条件: 欲解函数 $f(x_1,\cdots,x_j,\cdots,x_n)$ 在满足 m 个约束条件, $\{g_i(x_1,\cdots,x_j,\cdots,x_n)=0\,|i=1(1)m\}$ 下的极值问题, 可以等价于下列无约束极值问题:

设新函数

$$F(x_1,\cdots,x_j,\cdots,x_n)\equiv f(x_1,\cdots,x_j,\cdots,x_n)+\sum_{i=1}^{m}\lambda_i g_i(x_1,\cdots,x_j,\cdots,x_n) \tag{H.1-9}$$

其中, $\{\lambda_i\,|i=1(1)m\}$ 为 m 个 Lagrange 待定乘子. 显然用新函数 F 的一阶偏导为零就可以求得.

附录I　Fourier 变换、Laplace 变换

I.1　一维连续 Fourier 变换

在解微分方程的时候经常采用积分变换. 一阶微分方程, 用一次积分变换就得到一个代数方程. 然后, 求解这个代数方程. 最后, 对其解作一次逆变换得到微分方程的解析解. 通常采用的积分变换有 Laplace 变换、Fourier 变换[4,12,13]. 这里先介绍一维连续的 Fourier 变换.

函数 $g(t)$ 的 **Fourier 变换** $\bar{g}(\omega)$ 定义为

$$\bar{g}(\omega) \equiv \frac{1}{\sqrt{2\pi}}\int_{-\infty}^{\infty} \mathrm{d}t\, \mathrm{e}^{-\mathrm{i}\omega t} g(t)$$

记为

$$\bar{g}(\omega) \equiv \mathcal{F}[g(t)] \tag{I.1-1}$$

这样自变量从原先的 t 变成 ω, 即所谓从时间域变成角频率域. 这是两个对应的自变量. 反过来, 已知**像函数** $\bar{g}(\omega)$ 可以通过逆变换得到**原函数** $g(t)$

$$g(t) = \frac{1}{\sqrt{2\pi}}\int_{-\infty}^{\infty} \mathrm{d}\omega\, \mathrm{e}^{\mathrm{i}\omega t} \bar{g}(\omega)$$

记为

$$g(t) \equiv \mathcal{F}^{-1}[\bar{g}(\omega)] \tag{I.1-2}$$

该逆变换称为 **Fourier 逆变换**.

Fourier 变换是一种线性变换, 即

$$\mathcal{F}[af(t) + bg(t)] = a\bar{f}(\omega) + b\bar{g}(\omega), \quad a, b \text{ 为常数} \tag{I.1-3}$$

性质介绍如下:

(1) 若 $g(t)$ 是实的偶函数, 则 $\bar{g}(\omega)$ 也是实的偶函数. 若 $g(t)$ 是实的奇函数, 则 $\bar{g}(\omega)$ 是虚的奇函数.

(2) 伸缩:
$$\mathcal{F}[g(at)] = \frac{1}{|a|}\bar{g}\left(\frac{\omega}{a}\right) \tag{I.1-4}$$

(3) 翻转:
$$\mathcal{F}[g(-t)] = \bar{g}(-\omega) \tag{I.1-5}$$

(4) 平移:

$$\mathcal{F}[g(t+t_0)] = \bar{g}(\omega)\, \mathrm{e}^{\mathrm{i}\omega t_0}, \quad \mathcal{F}^{-1}[\bar{g}(\omega+\omega_0)] = g(t)\, \mathrm{e}^{-\mathrm{i}\omega_0 t} \tag{I.1-6}$$

(5) 微分:
$$\mathcal{F}\left[g^{(n)}(t)\right] = (\mathrm{i}\omega)^n \bar{g}(\omega), \text{其中}, g^{(n)}(t) \equiv \frac{\mathrm{d}^n g}{\mathrm{d}t^n} \tag{I.1-7a}$$

$$\mathcal{F}^{-1}\left[\bar{g}^{(n)}(\omega)\right]=(-\mathrm{i}t)^n g(t),\ \text{其中},\ \bar{g}^{(n)}(\omega)\equiv\frac{\mathrm{d}^n\bar{g}(\omega)}{\mathrm{d}\omega^n} \tag{I.1-7b}$$

(6) 卷积:

$$\mathcal{F}\left[g_1(t)*g_2(t)\right]=\bar{g}_1(\omega)\,\bar{g}_2(\omega) \tag{I.1-8}$$

其中,

$$g_1(t)*g_2(t)\equiv\frac{1}{\sqrt{2\pi}}\int_{-\infty}^{\infty}\mathrm{d}\tau\, g_1(\tau)\,g_2(t-\tau)=\frac{1}{\sqrt{2\pi}}\int_{-\infty}^{\infty}\mathrm{d}\tau\, g_1(t-\tau)\,g_2(\tau) \tag{I.1-9}$$

表 I.1-1 一维连续 Fourier 变换简表

$g(t)$	$\bar{g}(\omega)$
1	$\frac{1}{\sqrt{2\pi}}\delta(\omega)$
$\delta(x)$	$\frac{1}{\sqrt{2\pi}}$
$\mathrm{e}^{\mathrm{i}ax}$, $\mathrm{Re}\,a$	$\frac{1}{\sqrt{2\pi}}\delta(\omega-a)$
$\mathrm{e}^{-a^2x^2}$, $a>0$	$\frac{1}{a\sqrt{2}}\mathrm{e}^{-\frac{\omega^2}{4a^2}}$

4 种不同形式的 Fourier 变换为

(1)
$$\begin{cases}\bar{g}(\omega)=\dfrac{1}{\sqrt{2\pi}}\displaystyle\int_{-\infty}^{\infty}\mathrm{d}t\,\mathrm{e}^{-\mathrm{i}\omega t}g(t)\\ g(t)=\dfrac{1}{\sqrt{2\pi}}\displaystyle\int_{-\infty}^{\infty}\mathrm{d}\omega\,\mathrm{e}^{\mathrm{i}\omega t}\bar{g}(\omega)\end{cases} \tag{I.1-10}$$

(2)
$$\begin{cases}\bar{g}(\omega)=\displaystyle\int_{-\infty}^{\infty}\mathrm{d}t\,\mathrm{e}^{-\mathrm{i}\omega t}g(t)\\ g(t)=\dfrac{1}{2\pi}\displaystyle\int_{-\infty}^{\infty}\mathrm{d}\omega\,\mathrm{e}^{\mathrm{i}\omega t}\bar{g}(\omega)\end{cases} \tag{I.1-11}$$

(3) 将式 (I.1-10) 取复共轭, 得到

$$\begin{cases}\bar{g}(\omega)=\dfrac{1}{\sqrt{2\pi}}\displaystyle\int_{-\infty}^{\infty}\mathrm{d}t\,\mathrm{e}^{\mathrm{i}\omega t}g(t)\\ g(t)=\dfrac{1}{\sqrt{2\pi}}\displaystyle\int_{-\infty}^{\infty}\mathrm{d}\omega\,\mathrm{e}^{-\mathrm{i}\omega t}\bar{g}(\omega)\end{cases} \tag{I.1-12}$$

(4) 将式 (I.1-11) 取复共轭, 得到

$$\begin{cases}\bar{g}(\omega)=\displaystyle\int_{-\infty}^{\infty}\mathrm{d}t\,\mathrm{e}^{\mathrm{i}\omega t}g(t)\\ g(t)=\dfrac{1}{2\pi}\displaystyle\int_{-\infty}^{\infty}\mathrm{d}\omega\,\mathrm{e}^{-\mathrm{i}\omega t}\bar{g}(\omega)\end{cases} \tag{I.1-13}$$

I.2 一维离散 Fourier 变换

晶格动力学分析要用到离散 Fourier 变换. 为了与晶格动力学惯用符号衔接, 从式 (I.1-11) 中两个连续型函数之间的 Fourier 变换关系出发过渡到离散型的原函数与连续型的像函数之间的关系,

$$\begin{cases} \bar{g}(p) = \mathcal{F}_{n\to p}[g_n] = \sum_n \mathrm{e}^{-\mathrm{i}pn} g_n, \quad p \in [-\pi, \pi] \\ g_n = \mathcal{F}^{-1}_{p\to n}[\bar{g}(p)] = \dfrac{1}{2\pi}\int_{-\pi}^{\pi} \mathrm{d}p\, \mathrm{e}^{\mathrm{i}pn} \bar{g}(p) \end{cases} \tag{I.2-1}$$

平移：

$$\mathcal{F}_{n\to p}[g_{n+h}] = \bar{g}(p)\,\mathrm{e}^{\mathrm{i}ph} \tag{I.2-2}$$

$$\mathcal{F}^{-1}_{p\to n}[\bar{g}(p+p_0)] = g_n \mathrm{e}^{-\mathrm{i}p_0 n} \tag{I.2-3}$$

卷积：

$$\mathcal{F}_{n\to p}[g_n * f_n] = \bar{g}(p)\bar{f}(p) \tag{I.2-4}$$

其中，

$$g_n * f_n \equiv \sum_{n'} g_{n-n'} f_{n'} = \sum_{n'} g_{n'} f_{n-n'} \tag{I.2-5}$$

式 (I.2-1)Fourier 逆变换中积分的数值解可以用梯形法

$$g_n = \mathcal{F}^{-1}_{p\to n}[\bar{g}(p)] = \frac{1}{N} \sum_{\tilde{p}=-(N-1)/2-1}^{(N-1)/2} \mathrm{e}^{\mathrm{i}\frac{2\pi}{N}\tilde{p}n} \bar{g}\left(\frac{2\pi}{N}\tilde{p}\right) \tag{I.2-6}$$

其中，整数 $\tilde{p}$ 从 $-\dfrac{N-1}{2}-1$ 增加到 $\dfrac{N-1}{2}$，也可以用中值法

$$g_n = \mathcal{F}^{-1}_{p\to n}[\bar{g}(p)] = \frac{1}{N} \sum_{\tilde{p}=-(N-1)/2}^{(N-1)/2} \mathrm{e}^{\mathrm{i}\frac{2\pi}{N}\tilde{p}n} \bar{g}\left(\frac{2\pi}{N}\tilde{p}\right) \tag{I.2-7}$$

其中，整数 $\tilde{p}$ 从 $-\dfrac{N-1}{2}$ 增加到 $\dfrac{N-1}{2}$.

以上离散型 Fourier 变换也可以推广到三维：

$$\begin{cases} \bar{g}(\mathbf{p}) = \mathcal{F}_{\mathbf{n}\to \mathbf{p}}[g_{\mathbf{n}}] = \sum_{\mathbf{n}} \mathrm{e}^{-\mathrm{i}\mathbf{p}\cdot\mathbf{n}} g_{\mathbf{n}} \\ g_{\mathbf{n}} = \mathcal{F}^{-1}_{\mathbf{p}\to \mathbf{n}}[\bar{g}(\mathbf{p})] = \dfrac{1}{(2\pi)^3}\int \mathrm{d}\mathbf{p}\, \mathrm{e}^{\mathrm{i}\mathbf{p}\cdot\mathbf{n}} \bar{g}(\mathbf{p}) \end{cases} \tag{I.2-8}$$

卷积：

$$\mathcal{F}_{\mathbf{n}\to \mathbf{p}}[g_{\mathbf{n}} * f_{\mathbf{n}}] = \bar{g}(\mathbf{p})\bar{f}(\mathbf{p}) \tag{I.2-9}$$

其中，

$$g_{\mathbf{n}} * f_{\mathbf{n}} \equiv \sum_{\mathbf{n}'} g_{\mathbf{n}-\mathbf{n}'} f_{\mathbf{n}'} = \sum_{\mathbf{n}'} g_{\mathbf{n}'} f_{\mathbf{n}-\mathbf{n}'} \tag{I.2-10}$$

I.3　三维 Fourier 变换

任意三维变量 $\mathbf{r}$ 的函数 $V(\mathbf{r})$，其 Fourier 变换 $\bar{V}(\mathbf{k})$ 定义为

$$\bar{V}(\mathbf{k}) \equiv \left(\frac{1}{2\pi}\right)^{3/2} \int_{\Omega} \mathrm{d}\mathbf{r}\, \mathrm{e}^{-\mathrm{i}\mathbf{k}\cdot\mathbf{r}} V(\mathbf{r}) \tag{I.3-1a}$$

或记为

$$\bar{V}(\mathbf{k}) \equiv \mathcal{F}[V(\mathbf{r})] \tag{I.3-1b}$$

注意：向量变量 $\mathbf{r}$ 是在三维空间 Ω 中的，其体积元

$$\mathrm{d}\mathbf{r} = \mathrm{d}x\,\mathrm{d}y\,\mathrm{d}z = r^2 \sin\theta\,\mathrm{d}r\,\mathrm{d}\theta\,\mathrm{d}\phi \tag{I.3-2}$$

而向量变量 $\mathbf{k}$ 是在对应的倒易空间 Ω^{-1} 中的, $\mathbf{r}$ 和 $\mathbf{k}$ 是一对对应的变量. 反过来, 通过 Fourier 逆变换 $V(\mathbf{r}) \equiv \mathcal{F}^{-1}\left[\bar{V}(\mathbf{k})\right]$, 从 $\bar{V}(\mathbf{k})$(称为**像函数**) 求得 $V(\mathbf{r})$(称为**原函数**)

$$V(\mathbf{r}) = \left(\frac{1}{2\pi}\right)^{3/2} \int_{\Omega^{-1}} \mathrm{d}\mathbf{k}\,\mathrm{e}^{\mathrm{i}\mathbf{k}\cdot\mathbf{r}} \bar{V}(\mathbf{k}) \tag{I.3-3a}$$

记为

$$V(\mathbf{r}) \equiv \mathcal{F}^{-1}\left[\bar{V}(\mathbf{k})\right] \tag{I.3-3b}$$

固体物理中的 Fourier 变换体现在三维的位置向量 $\mathbf{r}$ 和波矢 $\mathbf{k}$ 向量之间,

$$f(\mathbf{r}) = \frac{1}{V}\sum_{\mathbf{k}}^{\text{all}} \mathrm{e}^{\mathrm{i}\mathbf{k}\cdot\mathbf{r}} \bar{f}(\mathbf{k}) \text{ 和 } \bar{f}(\mathbf{k}) = \int_V \mathrm{d}\mathbf{r}\,\mathrm{e}^{-\mathrm{i}\mathbf{k}\cdot\mathbf{r}} f(\mathbf{r}) \tag{I.3-4}$$

$$\frac{1}{V}\sum_{\mathbf{k}}^{\text{all}} \mathrm{e}^{\mathrm{i}(\mathbf{k}-\mathbf{k}')\cdot\mathbf{r}} = \delta(\mathbf{k}-\mathbf{k}') \text{ 或 } \frac{1}{(2\pi)^3}\int_V \mathrm{d}\mathbf{r}\,\mathrm{e}^{\mathrm{i}(\mathbf{k}-\mathbf{k}')\cdot\mathbf{r}} = \delta(\mathbf{k}-\mathbf{k}') \tag{I.3-5}$$

其中, V 为晶胞体积, 且有对应关系 $\frac{1}{V}\sum_{\mathbf{k}}^{\text{all}}(\cdot) \leftrightarrow \frac{1}{(2\pi)^3}\int \mathrm{d}\mathbf{k}\,(\cdot)$.

I.4 Laplace 变换

Laplace 变换是一种积分变换. 若

$$\int_0^\infty \mathrm{d}t\ \mathrm{e}^{-st} f(t) = F(s), \quad f(t) = 0, \forall t < 0 \tag{I.4-1}$$

则可以证明

$$\frac{1}{2\pi\mathrm{i}} \int_{a-\mathrm{i}\infty}^{a+\mathrm{i}\infty} \mathrm{d}s\ \mathrm{e}^{st} F(s) = f(t) \tag{I.4-2}$$

其中, s 是复数, 实数 $a = \mathrm{Re}s > s_0$, s_0 是一个与限制函数 $f(t)$ 的模有关的实数. 函数 $F(s)$ 称为函数 $f(t)$ 的 **Laplace 变换**, 记为 $F(s) \equiv \mathcal{L}[f(t)]$. 反之, 记 **Laplace 逆变换**为 $f(t) = \mathcal{L}^{-1}[F(s)]$.

性质介绍如下:

(1) Laplace 变换是线性变换 (a 为常数),

$$\mathcal{L}[af(t)] = a\mathcal{L}[f(t)] \text{ 且 } \mathcal{L}[a_1 f_1(t) + a_2 f_2(t)] = a_1\mathcal{L}[f_1(t)] + a_2\mathcal{L}[f_2(t)] \tag{I.4-3}$$

(2)
$$\mathcal{L}[f(at)] = \frac{1}{a}F\left(\frac{s}{a}\right), \quad a > 0 \tag{I.4-4}$$

(3)
$$\mathcal{L}[f'(t)] = sF(s) - f(0) \tag{I.4-5}$$

(4)
$$\mathcal{L}[\mathrm{e}^{-at} f(t)] = F(s+a) \tag{I.4-6}$$

(5)
$$\mathcal{L}\left[\int_0^t \mathrm{d}\tau\ f(\tau)\right] = \frac{F(s)}{s} \tag{I.4-7}$$

(6)
$$\mathcal{L}[f_1(t)]\cdot\mathcal{L}[f_2(t)] = \mathcal{L}[f_1(t) * f_2(t)] \equiv \mathcal{L}\left[\int_0^t \mathrm{d}\tau\ f_1(\tau)\cdot f_2(t-\tau)\right] \tag{I.4-8}$$

其中,

$$f_1(t) * f_2(t) \equiv \int_0^t \mathrm{d}\tau\ f_1(\tau) \cdot f_2(t-\tau) = \int_0^t \mathrm{d}\tau\ f_1(t-\tau) \cdot f_2(\tau) \tag{I.4-9}$$

称为**卷积**.

(7)
$$\mathcal{L}\left[\mathrm{e}^{at}\right] = \frac{1}{s-a} \tag{I.4-10}$$

Laplace 变换简表见表 I.4-1.

表 I.4-1　Laplace 变换简表[4,12]

$f(t)$	$F(s)$	$p\,(s>p)$
1	$\frac{1}{s}$	0
$t^n\ (n=1,2,\cdots)$	$\frac{n!}{s^{n+1}}$	0
e^{at}	$\frac{1}{s-a}$	a
$\sin kt$	$\frac{k}{s^2+k^2}$	0
$\cos kt$	$\frac{s}{s^2+k^2}$	0
$\mathrm{sh}\,kt$	$\frac{k}{s^2-k^2}$	$\lvert k\rvert$
$\mathrm{ch}\,kt$	$\frac{s}{s^2-k^2}$	$\lvert k\rvert$

附录 J　辛几何基础

从数学上看, 正如量子力学的数学结构是泛函分析一样, Hamilton 力学的数学结构是相空间中的几何学, 也就是辛几何学 (simplectic geometry)[9,14~16].

Euclid 空间是度量长度的空间, 继而就有了 Euclid 几何. 辛空间是度量面积 (或体积) 或度量做功的空间, 继而就有了辛几何. 辛几何的基础是外微分形式. 外微分形式是如下几种概念推广到高维时的产物: ① 在场中沿某一路径所做的功; ② 单位时间内流体穿过某曲面的量 (即流量); ③ 平行四边形的面积或平行六面体的体积. 外微分形式中有**1- 形式**、**2- 形式**等, 辛构造就是非简并的闭 2- 形式.

J.1　外微分形式

Euclid 空间中内积是按照度量向量长度的要求定义的. 现在, 辛空间是为了度量做功或度量面积 (或体积)、或关于流体穿过某曲面的流量等问题设计的空间, 所以辛空间的内积就需要另作定义.

为此考虑如下 4 个问题.

(1) 度量做功的问题 (图 J.1-1): 质点 P 受到力 $\mathbf{F}$(向量) 的作用产生位移 $\boldsymbol{\xi}$(向量), 则力对体系做功为

$$w(\boldsymbol{\xi}) = \mathbf{F}\cdot\boldsymbol{\xi} = \left(\sum_{i=1}^{3} f_i\mathbf{e}_i\right)\cdot\left(\sum_{j=1}^{3}\xi_j\mathbf{e}_j\right) = \sum_{i=1}^{3} f_j\xi_j \tag{J.1-1}$$

(2) 度量面积的问题: 二维 Euclid 空间中任意两个向量 $\boldsymbol{a},\boldsymbol{b}$ 围成的平行四边形面积为

$$\mathbf{S}(\mathbf{a},\mathbf{b}) = \mathbf{a}\times\mathbf{b} = \mathbf{e}_3(a_1b_2 - a_2b_1) \tag{J.1-2}$$

显然

$$\mathbf{S}(\mathbf{a},\mathbf{b}) = -\mathbf{S}(\mathbf{b},\mathbf{a}) \tag{J.1-3}$$

故称**有向面积**.

(3) 流体穿过某曲面的流量 (图 J.1-2): 设 $\mathbf{v}$ 为三维 Euclid 空间中流体的速度向量场, 流体通过由向量 $\boldsymbol{\xi}_1$ 和 $\boldsymbol{\xi}_2$ 围成的平行四边形面积的流量为

$$f(\boldsymbol{\xi}_1,\boldsymbol{\xi}_2) = \mathbf{v}\cdot(\boldsymbol{\xi}_1\times\boldsymbol{\xi}_2) = \left(\sum_{i=1}^{3} v_i\mathbf{e}_i\right)\cdot\boldsymbol{S}(\boldsymbol{\xi}_1,\boldsymbol{\xi}_2) = \begin{vmatrix} v_1 & v_2 & v_3 \\ \xi_{11} & \xi_{12} & \xi_{13} \\ \xi_{21} & \xi_{22} & \xi_{23} \end{vmatrix} \tag{J.1-4}$$

可见在数学形式上, 流量 $f(\boldsymbol{\xi}_1,\boldsymbol{\xi}_2) = -f(\boldsymbol{\xi}_2,\boldsymbol{\xi}_1)$.

(4) 度量体积的问题 (图 J.1-3): 由三个向量 $\boldsymbol{\xi}_1,\boldsymbol{\xi}_2,\boldsymbol{\xi}_3$ 围成的平行六面体的体积 $V(\boldsymbol{\xi}_1,\boldsymbol{\xi}_2,\boldsymbol{\xi}_3)$ 为

$$V\left(\boldsymbol{\xi}_1,\boldsymbol{\xi}_2,\boldsymbol{\xi}_3\right)=\boldsymbol{\xi}_1\cdot\left(\boldsymbol{\xi}_2\times\boldsymbol{\xi}_3\right)=\begin{vmatrix}\xi_{11} & \xi_{12} & \xi_{13}\\ \xi_{21} & \xi_{22} & \xi_{23}\\ \xi_{31} & \xi_{32} & \xi_{33}\end{vmatrix} \tag{J.1-5}$$

在数学形式上, 体积 $V\left(\boldsymbol{\xi}_1,\boldsymbol{\xi}_2,\boldsymbol{\xi}_3\right)$ 的数值与其中三个向量的次序有关, 故称**有向体积**.

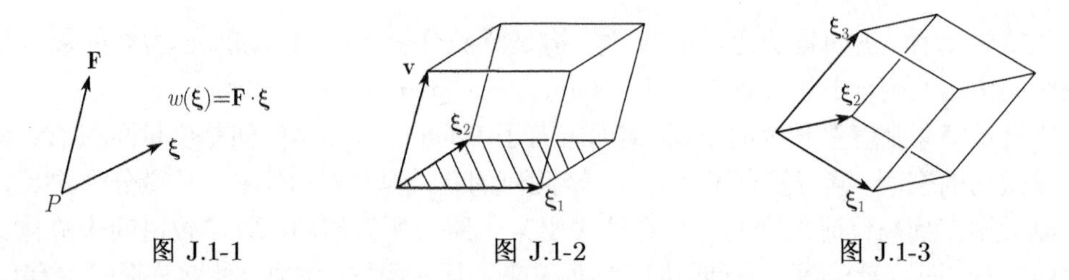

图 J.1-1　图 J.1-2　图 J.1-3

将以上 4 个问题推广, 并纳入一个更大的数学框架, 这就是外微分形式.

定义 J.1-1　令 $\boldsymbol{\xi}_1,\boldsymbol{\xi}_2,\cdots,\boldsymbol{\xi}_k$ 为 n 维实向量空间 $\mathbf{R}^n$(尚未给予 Euclid 构造) 中的 k 个向量. 一个 k 次外微分形式 (简称 ***k*- 形式**) 是关于该 k 个向量的满足如下条件的一个 k- 线性斜对称函数 ω:

$$\begin{cases}\omega\left(\lambda_1\boldsymbol{\xi}_1'+\lambda_2\boldsymbol{\xi}_1'',\boldsymbol{\xi}_2,\cdots,\boldsymbol{\xi}_k\right)=\lambda_1\omega\left(\boldsymbol{\xi}_1',\boldsymbol{\xi}_2,\cdots,\boldsymbol{\xi}_k\right)+\lambda_2\omega\left(\boldsymbol{\xi}_1'',\boldsymbol{\xi}_2,\cdots,\boldsymbol{\xi}_k\right)\\ \omega\left(\boldsymbol{\xi}_{i_1},\boldsymbol{\xi}_{i_2},\cdots,\boldsymbol{\xi}_{i_k}\right)=(-1)^{\nu}\,\omega\left(\boldsymbol{\xi}_1,\boldsymbol{\xi}_2,\cdots,\boldsymbol{\xi}_k\right)\end{cases} \tag{J.1-6}$$

其中, $\lambda_1,\lambda_2\in\mathbf{R},\boldsymbol{\xi}_1,\boldsymbol{\xi}_2,\cdots,\boldsymbol{\xi}_k\in\mathbf{R}^n$ 且 $\nu=1$, 若 $(i_1,i_2,\cdots,i_k)$ 是 $(1,2,\cdots,k)$ 的奇排列; $\nu=0$, 若 $(i_1,i_2,\cdots,i_k)$ 是 $(1,2,\cdots,k)$ 的偶排列. 式 (J.1-6) 中的第一式指**线性**, 第二式即所谓**斜对称**.

作为 k- 形式的特例:

(1) **1- 形式**定义为满足如下要求的函数 $\omega\left(\boldsymbol{\xi}\right)$:

$$\omega\left(\lambda_1\boldsymbol{\xi}_1+\lambda_2\boldsymbol{\xi}_2\right)=\lambda_1\omega\left(\boldsymbol{\xi}_1\right)+\lambda_2\omega\left(\boldsymbol{\xi}_2\right) \tag{J.1-7}$$

其中, $\lambda_1,\lambda_2\in\mathbf{R},\boldsymbol{\xi}_1,\boldsymbol{\xi}_2\in\mathbf{R}^n$. 上述做功的问题中的 $w\left(\boldsymbol{\xi}\right)=\mathbf{F}\cdot\boldsymbol{\xi}$(见式 (J.1-1)) 是作用在 $\boldsymbol{\xi}$ 上的一个 1- 形式.

(2) **2- 形式**的定义为令 $\boldsymbol{\xi}_1,\boldsymbol{\xi}_2$ 为 n 维实向量空间 $\mathbf{R}^n$ 中的 2 个向量, 满足如下条件的一个双线性斜对称函数 ω^2 称为**2- 形式**(这里 ω^2 仅仅是符号, 不是平方. 它代表映射关系 $\omega^2:\mathbf{R}^n\times\mathbf{R}^n\to\mathbf{R}$):

$$\begin{cases}\omega^2\left(\lambda_1\boldsymbol{\xi}_1'+\lambda_2\boldsymbol{\xi}_1'',\boldsymbol{\xi}_2\right)=\lambda_1\omega^2\left(\boldsymbol{\xi}_1',\boldsymbol{\xi}_2\right)+\lambda_2\omega^2\left(\boldsymbol{\xi}_1'',\boldsymbol{\xi}_2\right)\\ \omega^2\left(\boldsymbol{\xi}_1,\boldsymbol{\xi}_2\right)=-\omega^2\left(\boldsymbol{\xi}_2,\boldsymbol{\xi}_1\right)\end{cases} \tag{J.1-8}$$

其中, $\lambda_1,\lambda_2\in\mathbf{R},\boldsymbol{\xi}_1,\boldsymbol{\xi}_2\in\mathbf{R}^n$. 上述度量面积中的面积 $\mathbf{S}\left(\mathbf{a},\mathbf{b}\right)$, 速度场中的流量 $f\left(\boldsymbol{\xi}_1,\boldsymbol{\xi}_2\right)$ 都是 2- 形式.

(3) **3- 形式**的定义为令 $\boldsymbol{\xi}_1,\boldsymbol{\xi}_2,\boldsymbol{\xi}_3$ 为 **n** 维实向量空间 $\mathbf{R}^n$ 中的 3 个向量, 满足如下条件的一个双线性斜对称函数 ω^3, 称为**3- 形式**(代表映射关系 $\omega^3:\mathbf{R}^n\times\mathbf{R}^n\times\mathbf{R}^n\to\mathbf{R}$):

$$\begin{cases}\omega^3\left(\lambda_1\boldsymbol{\xi}_1'+\lambda_2\boldsymbol{\xi}_1'',\boldsymbol{\xi}_2,\boldsymbol{\xi}_3\right)=\lambda_1\omega^3\left(\boldsymbol{\xi}_1',\boldsymbol{\xi}_2,\boldsymbol{\xi}_3\right)+\lambda_2\omega^3\left(\boldsymbol{\xi}_1'',\boldsymbol{\xi}_2,\boldsymbol{\xi}_3\right)\\ \omega^3\left(\boldsymbol{\xi}_1,\boldsymbol{\xi}_2,\boldsymbol{\xi}_3\right)=\omega^3\left(\boldsymbol{\xi}_3,\boldsymbol{\xi}_1,\boldsymbol{\xi}_2\right)=\omega^3\left(\boldsymbol{\xi}_2,\boldsymbol{\xi}_3,\boldsymbol{\xi}_1\right)\\ \qquad=-\omega^3\left(\boldsymbol{\xi}_1,\boldsymbol{\xi}_3,\boldsymbol{\xi}_2\right)=-\omega^3\left(\boldsymbol{\xi}_2,\boldsymbol{\xi}_1,\boldsymbol{\xi}_3\right)=-\omega^3\left(\boldsymbol{\xi}_3,\boldsymbol{\xi}_2,\boldsymbol{\xi}_1\right)\end{cases} \tag{J.1-9}$$

其中, $\lambda_1, \lambda_2 \in \mathbf{R}$, $\boldsymbol{\xi}_1, \boldsymbol{\xi}_2, \boldsymbol{\xi}_3 \in \mathbf{R}^n$. 上述度量体积中的有向体积 $V(\boldsymbol{\xi}_1, \boldsymbol{\xi}_2, \boldsymbol{\xi}_3)$ 是 3- 形式.

J.2 辛 空 间

Hamilton 力学中, 根据 Liouville-Poincaré定理, 相空间体积具有不变性, 再加上外微分形式概念的引入. 现在可以像 Euclid 空间那样着手定义辛空间 (simplectic space) 了, 关键是内积的定义.

J.2.1 辛内积

定义 J.2.1-1 设 V 为在实数域 $\mathbf{R}$ 上的一个 n 维线性空间 (位形空间), V' 为其对应的 n 维对偶线性空间 (动量空间). 定义线性空间 W 为 V 和 V' 构成的 $2n$ 维的直积空间 (相空间), 即 $W = V \oplus V'$. 由 W 空间中的任意两个向量 $\mathbf{a}, \mathbf{b}$, 依照如下运算法则对应着一个实数, 该实数称为**辛内积**, 记为 $\langle \mathbf{a}, \mathbf{b} \rangle$:

(1) 反对称性:

$$\langle \mathbf{a}, \mathbf{b} \rangle = -\langle \mathbf{b}, \mathbf{a} \rangle \tag{J.2.1-1a}$$

(2) 双线性:

$$\langle \mathbf{a}_1 + \mathbf{a}_2, \mathbf{b} \rangle = \langle \mathbf{a}_1, \mathbf{b} \rangle + \langle \mathbf{a}_2, \mathbf{b} \rangle$$

$$\langle \mathbf{a}, \mathbf{b}_1 + \mathbf{b}_2 \rangle = \langle \mathbf{a}, \mathbf{b}_1 \rangle + \langle \mathbf{a}, \mathbf{b}_2 \rangle, \quad \forall \mathbf{a}, \mathbf{a}_1, \mathbf{a}_2, \mathbf{b}, \mathbf{b}_1, \mathbf{b}_2 \in W \tag{J.2.1-1b}$$

(3) 非简并性: 若向量 $\mathbf{a}$ 对于 W 中的任意向量 $\mathbf{b}$ 均有 $\langle \mathbf{a}, \mathbf{b} \rangle = 0$, 则 $\mathbf{a} = \mathbf{0}$. (J.2.1-1c)

称具有如上辛内积的线性空间 W 为**辛空间**.

讨论

(1)

$$\langle k\mathbf{a}, \mathbf{b} \rangle = k \langle \mathbf{a}, \mathbf{b} \rangle, \quad \forall k \in \mathbf{R}. \tag{J.2.1-2}$$

(2) 例 1: 在二维实向量空间 $\mathbf{R}^2$ 中对于任意向量 $\mathbf{a} = (a_1\ a_2)^{\mathrm{T}}$, $\mathbf{b} = (b_1\ b_2)^{\mathrm{T}}$, 定义辛内积

$$\langle \mathbf{a}, \mathbf{b} \rangle \equiv \begin{vmatrix} a_1 & a_2 \\ b_1 & b_2 \end{vmatrix} \tag{J.2.1-3}$$

实际上, 这样的辛内积就是向量 $\mathbf{a}, \mathbf{b}$ 围成的平行四边形的面积. 可以验证上式满足式 (J.2.1-1a)~(J.2.1-1c) 的要求.

(3) 将上例推广到 $2n$ 维实向量空间 $\mathbf{R}^{2n}$, 对于任意向量 $\mathbf{a} = (a_1\ a_2\ \cdots\ a_{2n})^{\mathrm{T}}$, $\mathbf{b} = (b_1\ b_2\ \cdots\ b_{2n})^{\mathrm{T}}$ 定义如下辛内积:

$$\langle \mathbf{a}, \mathbf{b} \rangle \equiv (\mathbf{a}, \mathbf{J}_{2n}\mathbf{b}) = \sum_{i=1}^{n} (a_i b_{n+i} - a_{n+i} b_i) \tag{J.2.1-4}$$

其中, **单位辛矩阵**

$$\mathbf{J}_{2n} \equiv \begin{bmatrix} \mathbf{0} & \mathbf{1}_n \\ -\mathbf{1}_n & \mathbf{0} \end{bmatrix} \tag{J.2.1-5}$$

式 (J.2.1-4) 可写成如下矩阵式:

$$\langle \mathbf{a}, \mathbf{b} \rangle \equiv \mathbf{a}^{\mathrm{T}} \mathbf{J}_{2n} \mathbf{b} \equiv \begin{bmatrix} \mathbf{a}_1^{\mathrm{T}} & \mathbf{a}_2^{\mathrm{T}} \end{bmatrix} \begin{bmatrix} \mathbf{0} & \mathbf{1}_n \\ -\mathbf{1}_n & \mathbf{0} \end{bmatrix} \begin{bmatrix} \mathbf{b}_1 \\ \mathbf{b}_2 \end{bmatrix} = \mathbf{a}_1^{\mathrm{T}} \mathbf{b}_2 - \mathbf{a}_2^{\mathrm{T}} \mathbf{b}_1 = \sum_{i=1}^{n} (a_i b_{n+i} - a_{n+i} b_i) \tag{J.2.1-6}$$

其中,

$$\mathbf{a}_1 \equiv (a_1\ a_2\ \cdots\ a_n)^{\mathrm{T}}, \quad \mathbf{a}_2 \equiv (a_{n+1}\ a_{n+2}\ \cdots\ a_{2n})^{\mathrm{T}} \tag{J.2.1-7a}$$

$$\mathbf{b}_1 \equiv (b_1\ b_2\ \cdots\ b_n)^{\mathrm{T}}, \quad \mathbf{b}_2 \equiv (b_{n+1}\ b_{n+2}\ \cdots\ b_{2n})^{\mathrm{T}} \tag{J.2.1-7b}$$

可以验证式 (J.2.1-4) 的定义满足辛内积的 3 个条件 (见式 (J.2.1-1a)~(J.2.1-1c)).

J.2.2　单位辛矩阵

单位辛矩阵 $\mathbf{J}_{2n}$(以下简记为 $\mathbf{J}$) 有以下性质:

(1)
$$\mathbf{J}^2 = -\mathbf{1} \tag{J.2.2-1}$$

(2)
$$\mathbf{J}^{\mathrm{T}} = \mathbf{J}^{-1} = -\mathbf{J} \tag{J.2.2-2}$$

(3)
$$\mathbf{a}^{\mathrm{T}}\mathbf{J}\mathbf{a} = 0, \quad \forall\ \text{向量}\ \mathbf{a} \in \mathbf{R}^{2n} \tag{J.2.2-3}$$

(4)
$$\text{若}\ \mathbf{A}\ \text{为对称矩阵且}\ \mathbf{B} \equiv \mathbf{J}_{2n}\mathbf{A},\ \text{则}\ \mathbf{B}^{\mathrm{T}}\mathbf{J}_{2n} + \mathbf{J}_{2n}\mathbf{B} = \mathbf{0} \tag{J.2.2-4}$$

J.2.3　辛变换、辛矩阵、辛群

定义 J.2.3-1　若线性变换 $S : \mathbf{R}^{2n} \to \mathbf{R}^{2n}$ 能使辛内积 $\langle S\mathbf{a}, S\mathbf{b}\rangle = \langle \mathbf{a}, \mathbf{b}\rangle\ \forall \mathbf{a}, \mathbf{b} \in \mathbf{R}^{2n}$, 则称 S 为**辛变换**. 对应的矩阵 $\mathbf{S}$ 为**辛矩阵或辛阵**.

定理 J.2.3-1　辛空间中的一个线性变换 S 是辛的充分必要条件是满足 $\mathbf{S}^{\mathrm{T}}\mathbf{J}_{2n}\mathbf{S} = \mathbf{J}_{2n}$(证明略).

定义 J.2.3-2　若 $2n$ 阶矩阵 $\mathbf{S}$ 是辛的, 则 $\mathbf{S}^{\mathrm{T}}\mathbf{J}_{2n}\mathbf{S} = \mathbf{J}_{2n}$ 的所有 $\mathbf{S}$ 构成一个群, 称为**辛群**.

讨论

(1) 从以上辛矩阵的定义出发可以知道下列矩阵是辛矩阵 (证明略):

(i) 设 $\mathbf{S} = \begin{bmatrix} \mathbf{A} & \mathbf{B} \\ \mathbf{C} & \mathbf{D} \end{bmatrix}$, 其中, $\mathbf{A}, \mathbf{B}, \mathbf{C}, \mathbf{D}$ 均为 n 阶方阵, 则 $\mathbf{S}$ 是辛矩阵的充分必要条件是

$$\begin{cases} \mathbf{A}\mathbf{B}^{\mathrm{T}} - \mathbf{B}\mathbf{A}^{\mathrm{T}} = \mathbf{0}, & \mathbf{C}\mathbf{D}^{\mathrm{T}} - \mathbf{D}\mathbf{C}^{\mathrm{T}} = \mathbf{0} \\ \mathbf{A}^{\mathrm{T}}\mathbf{C} - \mathbf{C}^{\mathrm{T}}\mathbf{A} = \mathbf{0}, & \mathbf{B}^{\mathrm{T}}\mathbf{D} - \mathbf{D}^{\mathrm{T}}\mathbf{B} = \mathbf{0} \\ \mathbf{A}\mathbf{D}^{\mathrm{T}} - \mathbf{B}\mathbf{C}^{\mathrm{T}} = \mathbf{1}_n, & \mathbf{A}^{\mathrm{T}}\mathbf{D} - \mathbf{C}^{\mathrm{T}}\mathbf{B} = \mathbf{1}_n \end{cases} \tag{J.2.3-1}$$

(ii) 当且仅当 $\mathbf{B}^{\mathrm{T}} = \mathbf{B}$ 和 $\mathbf{D}^{\mathrm{T}} = \mathbf{D}$, 则 $\begin{bmatrix} \mathbf{1}_n & \mathbf{B} \\ \mathbf{0} & \mathbf{1}_n \end{bmatrix}$, $\begin{bmatrix} \mathbf{1}_n & \mathbf{0} \\ \mathbf{D} & \mathbf{1}_n \end{bmatrix}$ 各自为辛矩阵;　(J.2.3-2)

(iii) 当且仅当 $\mathbf{A} = (\mathbf{B}^{\mathrm{T}})^{-1}$, 则矩阵 $\begin{bmatrix} \mathbf{A} & \mathbf{0} \\ \mathbf{0} & \mathbf{B} \end{bmatrix}$ 是辛矩阵. 即 $\begin{bmatrix} (\mathbf{B}^{\mathrm{T}})^{-1} & \mathbf{0} \\ \mathbf{0} & \mathbf{B} \end{bmatrix}$ 是辛矩阵;　(J.2.3-3)

(iv) 当且仅当 $\mathbf{M}\mathbf{J}\mathbf{M}^{\mathrm{T}} = \mathbf{N}\mathbf{J}\mathbf{N}^{\mathrm{T}}$, 则矩阵 $\mathbf{M}^{-1}\mathbf{N}$ 是辛矩阵;　(J.2.3-4)

(v) 当且仅当 $\mathbf{Q}^2 = \mathbf{Q}$ 和 $\mathbf{Q}^{\mathrm{T}} = \mathbf{Q}$, 则矩阵 $\begin{bmatrix} \mathbf{Q} & \mathbf{1}_n - \mathbf{Q} \\ -(\mathbf{1}_n - \mathbf{Q}) & \mathbf{Q} \end{bmatrix}$ 是辛矩阵.　(J.2.3-5)

(2) 辛矩阵 $\mathbf{S}$ 有以下性质:

(i) 若 $\mathbf{S}$ 为辛矩阵, $\mathbf{S}^{-1}, \mathbf{S}^{\mathrm{T}}$ 均为辛矩阵, 即满足

$$\left(\mathbf{S}^{-1}\right)^{\mathrm{T}}\mathbf{J}_{2n}\mathbf{S}^{-1}=\mathbf{J}_{2n},\quad \left(\mathbf{S}^{\mathrm{T}}\right)^{\mathrm{T}}\mathbf{J}_{2n}\mathbf{S}^{\mathrm{T}}=\mathbf{J}_{2n} \tag{J.2.3-6}$$

(ii)
$$\det\mathbf{S}=\pm1 \tag{J.2.3-7}$$

(iii) 若 $\mathbf{S},\mathbf{V}$ 均为辛矩阵, 则 $\mathbf{SV}$ 也是辛矩阵, 即满足

$$(\mathbf{SV})^{\mathrm{T}}\mathbf{J}_{2n}\mathbf{SV}=\mathbf{J}_{2n} \tag{J.2.3-8}$$

证明 (i) 将 $\mathbf{S}^{\mathrm{T}}\mathbf{J}_{2n}\mathbf{S}=\mathbf{J}_{2n}$ 两边被 $\left(\mathbf{S}^{-1}\right)^{\mathrm{T}}(\cdot)\mathbf{S}^{-1}$ 作用, 得到右边 $=\left(\mathbf{S}^{-1}\right)^{\mathrm{T}}\mathbf{S}^{\mathrm{T}}\mathbf{J}_{2n}\cdot\mathbf{SS}^{-1}=\mathbf{J}_{2n}$, 而左边 $=\left(\mathbf{S}^{-1}\right)^{\mathrm{T}}\mathbf{J}_{2n}\left(\mathbf{S}^{-1}\right)$, 故 $\mathbf{S}^{-1}$ 为辛矩阵. ■

又将 $\mathbf{S}^{\mathrm{T}}\mathbf{J}_{2n}\mathbf{S}=\mathbf{J}_{2n}$ 两边被 $\mathbf{J}_{2n}\mathbf{S}(\cdot)$ 作用, 考虑到 $\mathbf{J}^2=-\mathbf{1}$, 得到 $\mathbf{SJ}_{2n}\mathbf{S}^{\mathrm{T}}\mathbf{J}_{2n}\mathbf{S}=\mathbf{SJ}_{2n}\mathbf{J}_{2n}=-\mathbf{S}$. 再将此式右乘 $(\cdot)\mathbf{S}^{-1}\mathbf{J}_{2n}$(因为 $\det\mathbf{S}=\pm1$, 所以 $\mathbf{S}^{-1}$ 存在)$\mathbf{SJ}_{2n}\mathbf{S}^{\mathrm{T}}\mathbf{J}_{2n}^2=-\mathbf{J}_{2n}$. 再因为 $\mathbf{J}^2=-\mathbf{1}$, 所以 $\mathbf{SJ}_{2n}\mathbf{S}^{\mathrm{T}}=\mathbf{J}_{2n}$, 即 $(\mathbf{S}^{\mathrm{T}})^{\mathrm{T}}\mathbf{J}_{2n}\mathbf{S}^{\mathrm{T}}=\mathbf{J}_{2n}$, 故 $\mathbf{S}^{\mathrm{T}}$ 为辛矩阵. ■

(ii) 因为 $\mathbf{S}^{\mathrm{T}}\mathbf{J}_{2n}\mathbf{S}=\mathbf{J}_{2n}$, 故 $\det\left(\mathbf{S}^{\mathrm{T}}\mathbf{J}_{2n}\mathbf{S}\right)=\det\mathbf{J}_{2n}=\det\begin{bmatrix}\mathbf{0}&\mathbf{1}\\-\mathbf{1}&\mathbf{0}\end{bmatrix}=1$. 根据 $\det(\mathbf{AB})=(\det\mathbf{A})\cdot(\det\mathbf{B})$, 此式左边 $\det\left(\mathbf{S}^{\mathrm{T}}\mathbf{J}_{2n}\mathbf{S}\right)=\left(\det\mathbf{S}^{\mathrm{T}}\right)\cdot(\det\mathbf{J}_{2n})\cdot(\det\mathbf{S})=(\det\mathbf{S})^2=1$, 故 $\det\mathbf{S}=\pm1$. ■

(iii) 既然 $\mathbf{S},\mathbf{V}$ 均为辛矩阵, 则

$$(\mathbf{SV})^{\mathrm{T}}\mathbf{J}_{2n}\mathbf{SV}=\mathbf{V}^{\mathrm{T}}\left(\mathbf{S}^{\mathrm{T}}\mathbf{J}_{2n}\mathbf{S}\right)\mathbf{V}=\mathbf{V}^{\mathrm{T}}\mathbf{J}_{2n}\mathbf{V}=\mathbf{J}_{2n}.$$ ■

(3) 无穷小辛矩阵:

定义 J.2.3-3 若 $\mathbf{B}^{\mathrm{T}}\mathbf{J}_{2n}+\mathbf{J}_{2n}\mathbf{B}=\mathbf{0}$, 则该 $2n$ 阶矩阵 $\mathbf{B}$ 称为**无穷小辛矩阵**. (J.2.3-9)

引理 J.2.3-1 设 $\mathbf{A}$ 为对称阵, 当且仅当 $\mathbf{B}=\mathbf{J}_{2n}\mathbf{A}$ 时, $\mathbf{B}$ 为无穷小辛矩阵 (证明略). (J.2.3-10)

性质 J.2.3-1 (证明略. 可参见文献 [17]) 若 $\mathbf{B}$ 为无穷小辛矩阵, 则

(1) $\mathrm{e}^{\mathbf{B}}$ 为辛矩阵. (J.2.3-11)

(2) 又若 $\det(\mathbf{1}+\mathbf{B})\neq0$, 则 $(\mathbf{1}+\mathbf{B})^{-1}(\mathbf{1}-\mathbf{B})$ 为辛矩阵, 称为 $\mathbf{B}$ 的**Cayley 变换**. (J.2.3-12)

可以证明只要 $\det(\mathbf{1}+\mathbf{A})\neq0$(称 $\mathbf{A}$ 非奇异), 则

$$(\mathbf{1}+\mathbf{A})^{-1}(\mathbf{1}-\mathbf{A})=(\mathbf{1}-\mathbf{A})(\mathbf{1}+\mathbf{A})^{-1}. \tag{J.2.3-13}$$

(3) $\left(\mathbf{B}^{2m}\right)^{\mathrm{T}}\mathbf{J}=\mathbf{JB}^{2m}$ (偶数幂) (J.2.3-14)

(4) $\left(\mathbf{B}^{2m+1}\right)^{\mathrm{T}}\mathbf{J}=-\mathbf{JB}^{2m+1}$ (奇数幂) (J.2.3-15)

(5) 又若 $f(x)$ 为偶多项式, 则 $f\left(\mathbf{B}^{\mathrm{T}}\right)\mathbf{J}=\mathbf{J}f(\mathbf{B})$. (J.2.3-16)

(6) 又若 $g(x)$ 为奇多项式, 则 $g\left(\mathbf{B}^{\mathrm{T}}\right)\mathbf{J}=-\mathbf{J}g(\mathbf{B})$, 进而根据式 (J.2.3-9) 得到 $g(\mathbf{B})$ 也是无穷小辛矩阵. (J.2.3-17)

(性质 (5), (6) 分别是性质 (3), (4) 的推广.)

所有的无穷小辛矩阵对 $\mathbf{B}$ 运算 $[\mathbf{A},\mathbf{B}]\equiv\mathbf{AB}-\mathbf{BA}$ 构成一个李代数, 记为 $sp(2n)$. 例如, 设 F,G 是定义在相空间 $\mathbf{R}^{2n}$ 上的关于 $\{q_i,p_i\,|i=1,2,\cdots,n\}$ 的实函数. 定义 **Poisson 括号**为

$$\{F,G\}\equiv\sum_{i=1}^{n}\left(\frac{\partial F}{\partial q_i}\frac{\partial G}{\partial p_i}-\frac{\partial G}{\partial q_i}\frac{\partial F}{\partial p_i}\right) \tag{J.2.3-18}$$

可见

(1) 这是一个双线性的反对称变换.

(2) 满足 Jacobi 条件: $\omega(x,\omega(y,z))+\omega(y,\omega(z,x))+\omega(z,\omega(x,y))=0$. 于是, 所有在相空间 $\mathbf{R}^{2n}$ 上的无穷次可微实函数和 Poisson 括号运算构成一个李代数. (J.2.3-19)

(3) Poisson 括号运算还满足 Leibniz 法则

$$\{F,G\cdot H\}=\{F,G\}\cdot H+G\cdot\{F,H\} \tag{J.2.3-20}$$

其中, "·" 是通常实函数的乘法运算.

定理　若 $\mathbf{B}\in sp(2n)$, 则 $\mathrm{e}^{\mathbf{B}}\in sp(2n)$. (证明略) (J.2.3-21)

J.2.4　辛正交、辛共轭

定义 J.2.4-1　若向量 $\mathbf{a},\mathbf{b}$ 的辛内积 $\langle\mathbf{a},\mathbf{b}\rangle=0$, 则称 $\mathbf{a}$ 与 $\mathbf{b}$**辛正交**; 否则, 若 $\mathbf{a}\neq\mathbf{0}$, 则称 $\mathbf{a}$ 与 $\mathbf{b}$ **辛共轭**. 从式 (J.2.1-1c) 可知, 对于任一非零向量 $\mathbf{a}$, $\mathbf{W}$ 空间中一定存在与其辛共轭的非零向量. 至少是, 若 $\mathbf{a}\neq\mathbf{0}$, 则 $\mathbf{a}$ 与 $\mathbf{Ja}$ 一定是辛共轭的, 即 $\langle\mathbf{a},\mathbf{Ja}\rangle=(\mathbf{a},\mathbf{J}(\mathbf{Ja}))=(\mathbf{a},\mathbf{1a})=(\mathbf{a},\mathbf{a})\neq 0$.

定义 J.2.4-2　若向量组 $\{\mathbf{a}_1,\mathbf{a}_2,\cdots,\mathbf{a}_r,\mathbf{b}_1,\mathbf{b}_2,\cdots,\mathbf{b}_r\}(r\leqslant n)$ 中的向量满足

$$\begin{cases}\langle\mathbf{a}_i,\mathbf{a}_j\rangle=\langle\mathbf{b}_i,\mathbf{b}_j\rangle=0,\\ \langle\mathbf{a}_i,\mathbf{b}_j\rangle=k_{ii}\delta_{ij}\quad(k_{ii}\neq 0),\end{cases}\qquad\forall i,j=1\,(1)\,r \tag{J.2.4-1}$$

则称向量组 $\{\mathbf{a}_1,\mathbf{a}_2,\cdots,\mathbf{a}_r,\mathbf{b}_1,\mathbf{b}_2,\cdots,\mathbf{b}_r\}$ 为**共轭辛正交向量组**.

若上式中 $k_{ii}=1$, $\forall i=1\,(1)\,r$, 则称该向量组为**共轭辛正交归一向量组**. 设 $\{\mathbf{a}_i,\mathbf{a}_{n+i}|i=1,\cdots,n\}$ 为该空间的一组共轭辛正交归一基, 则式 (J.2.4-1) 成为

$$\begin{cases}\langle\mathbf{a}_i,\mathbf{a}_j\rangle=\langle\mathbf{a}_{n+i},\mathbf{a}_{n+j}\rangle=0,\\ \langle\mathbf{a}_i,\mathbf{a}_{n+j}\rangle=-\langle\mathbf{a}_{n+j},\mathbf{a}_i\rangle=\delta_{ij},\end{cases}\qquad\forall i,j=1\,(1)\,n \tag{J.2.4-2}$$

可以证明如下定理:

定理 J.2.4-1　共轭辛正交向量组是线性无关向量组.

在 $2n$ 维的辛空间中, 由 $2n$ 个共轭辛正交归一向量组成的基称为**共轭辛正交归一基**.

定理 J.2.4-2　$2n$ 维的辛空间中, 任一个共轭辛正交向量组都能够扩充成一个**共轭辛正交基**.

推论 J.2.4-1　$2n$ 维的辛空间中, 任一个共轭辛正交归一向量组都能够扩充成一个**共轭辛正交归一基**.

上述定理和推论表明: 在 $2n$ 维的辛空间中, 共轭辛正交归一基是一定存在的, 但不是唯一的.

定理 J.2.4-3　设 W 是 $2n$ 维的辛空间, $\{\mathbf{a}_i\}$ 为该空间的一组共轭辛正交归一基, 则 W 中任一个向量 $\mathbf{b}$ 在基 $\{\mathbf{a}_i\}$ 下的矩阵表示 $(b_1,\cdots,b_n,b_{n+1},\cdots,b_{2n})^{\mathrm{T}}$ 为

$$b_i=\langle\mathbf{b},\mathbf{a}_{n+i}\rangle \text{ 和 } b_{n+i}=-\langle\mathbf{b},\mathbf{a}_i\rangle,\quad\forall i=1\,(1)\,n \tag{J.2.4-3}$$

称为辛空间的展开定理.

Euclid 空间和辛空间的对应关系见表 J.2.4-1.

表 J.2.4-1 Euclid 空间和辛空间的对应关系[15]

Euclid 空间	辛空间
内积 $(\mathbf{a},\mathbf{b})$—— 长度	内积 $\langle\mathbf{a},\mathbf{b}\rangle$—— 面积
单位矩阵 $\mathbf{1}$	单位辛矩阵 $\mathbf{J}$
正交 $(\mathbf{a},\mathbf{b})=\mathbf{a}^{\mathrm{T}}\mathbf{b}=\left(\mathbf{a}^{\mathrm{T}}\mathbf{1}\mathbf{b}=\right)0$	辛正交 $\langle\mathbf{a},\mathbf{b}\rangle=\mathbf{a}^{\mathrm{T}}\mathbf{J}\mathbf{b}=0$
正交归一基	共轭辛正交归一基
正交矩阵 $\mathbf{C}^{\mathrm{T}}\mathbf{C}=\left(\mathbf{C}^{\mathrm{T}}\mathbf{1}\mathbf{C}=\right)\mathbf{1}$	辛正交矩阵 $\mathbf{S}^{\mathrm{T}}\mathbf{J}\mathbf{S}=\mathbf{J}$
对称变换 $(\mathbf{a},\mathbf{A}\mathbf{b})=(\mathbf{b},\mathbf{A}\mathbf{a})$	Hamilton 变换 $(\mathbf{a},\mathbf{H}\mathbf{b})=(\mathbf{b},\mathbf{H}\mathbf{a})$
实对称矩阵的本征值均为实数	若 Hamilton 矩阵的本征值为 μ, 则 $-\mu$ 也是它的本征值
实对称矩阵的不同本征值的本征向量必正交	Hamilton 矩阵的非辛共轭本征值的本征向量必辛正交
实对称矩阵的所有本征向量组成一组正交归一基	Hamilton 矩阵的所有本征向量组成一组共轭辛正交归一基

附录K　统 计 系 综

微正则系综、正则系综、巨正则系综和等温等压系综中的基本关系式如下[11]：

K.1　正则系综中的关系式

正则配分函数：

$$Q = \sum_{j}^{\text{state}} \mathrm{e}^{-\beta E_j} \tag{K.1-1}$$

体系能量：

$$\langle E\rangle = \frac{1}{Q}\sum_j E_j \mathrm{e}^{-\beta E_j} = -\left(\frac{\partial \ln Q}{\partial \beta}\right)_{N,V} = k_B T^2\left(\frac{\partial \ln Q}{\partial T}\right)_{N,V} \tag{K.1-2}$$

Helmholtz 自由能：

$$F = -k_B T \ln Q \tag{K.1-3}$$

压力：

$$\langle p\rangle = k_B T\left(\frac{\partial \ln Q}{\partial V}\right)_{N,T} \tag{K.1-4}$$

熵：

$$\langle S\rangle = \frac{\langle E\rangle}{T} + k_B \ln Q = k_B T\left(\frac{\partial \ln Q}{\partial T}\right)_{N,V} + k_B \ln Q = k_B\left[\frac{\partial\left(T\ln Q\right)}{\partial T}\right]_{N,V} \tag{K.1-5}$$

正则系综微观状态数：

$$W^* = \frac{\mathcal{A}!}{\prod\limits_j a_j^*!} = Q^{\mathcal{A}}\mathrm{e}^{-\beta\mathcal{A}\langle E\rangle} = Q^{\mathcal{A}}\mathrm{e}^{-\beta\mathcal{E}} \tag{K.1-6}$$

其中, $\mathcal{A}$ 为系综样本数, a_j 为系综中体系处于第 j 个状态的样本数, “*” 号指最可几分布, $\mathcal{E}$ 为系综的能量.

K.2　(多组分) 巨正则系综中的关系式

巨正则配分函数

$$\begin{aligned}\varXi &\equiv \sum_{\{N\}}\sum_j \mathrm{e}^{\left(-E_{\{N\},j}+\sum\limits_{i=1}^{m}\mu_i N_i\right)\Big/(k_B T)} = \sum_{\{N\}}\left[\sum_j \mathrm{e}^{-E_{\{N\},j}/(k_B T)}\right]\mathrm{e}^{\left(\sum\limits_{i=1}^{m}\mu_i N_i\right)\Big/(k_B T)} \\ &= \sum_{\{N\}} Q\left(\{N\},V,T\right)\mathrm{e}^{\left(\sum\limits_{i=1}^{m}\mu_i N_i\right)\Big/(k_B T)}\end{aligned} \tag{K.2-1}$$

体系能量:

$$\langle E\rangle = k_BT^2\left(\frac{\partial \ln \varXi}{\partial T}\right)_{V,\{\mu_i\}} + \sum_{i=1}^{m}\mu_i\langle N_i\rangle \tag{K.2-2}$$

体系压力:

$$\langle p\rangle = k_BT\left(\frac{\partial \ln \varXi}{\partial V}\right)_{T,\{\mu\}} = \frac{k_BT}{V}\ln \varXi \tag{K.2-3}$$

即

$$\text{巨势} \equiv -\langle p\rangle V = -k_BT\ln \varXi \tag{K.2-4}$$

体系第 i 种物种的粒子数:

$$\langle N_i\rangle = k_BT\left(\frac{\partial \ln \varXi}{\partial \mu_i}\right)_{T,V,\{\mu_{j\neq i}\}} \tag{K.2-5}$$

体系的熵:

$$S = k_B\ln \varXi + \frac{\langle E\rangle}{T} - \frac{1}{T}\sum_{i=1}^{m}\mu_i\langle N_i\rangle \tag{K.2-6}$$

第 i 种物种的化学势:

$$\langle \mu_i\rangle = -T\left(\frac{\partial \langle S\rangle}{\partial \langle N_i\rangle}\right)_{T,V,\{N_{j\neq i}\}} \tag{K.2-7}$$

$$\gamma_i = -\frac{\mu_i}{k_BT} \tag{K.2-8}$$

K.3 恒温恒压系综的关系式

(NpT) 系综的配分函数:

$$\varDelta \equiv \sum_{V,j}\varOmega_{V,j}\mathrm{e}^{-(\beta E_{V,j}+\gamma N)} = \sum_{V}Q(T,V,N)\,\mathrm{e}^{-\gamma N} \tag{K.3-1}$$

其中, $Q(T,V,N) = \sum_{j}\varOmega_{V,j}\mathrm{e}^{-E_{V,j}/k_BT}$

焓:

$$\langle H\rangle = \langle E+pV\rangle = -\left(\frac{\partial \ln \varDelta}{\partial \beta}\right)_{p,N} = k_BT^2\left(\frac{\partial \ln \varDelta}{\partial T}\right)_{p,N} \tag{K.3-2}$$

体积:

$$\langle V\rangle = -\frac{1}{k_BT}\left(\frac{\partial \ln \varDelta}{\partial p}\right)_{T,N} \tag{K.3-3}$$

熵:

$$\langle S\rangle = k_B\ln \varDelta + \frac{\langle H\rangle}{T} \tag{K.3-4}$$

Gibbs 自由能:

$$\langle G\rangle = -k_BT\ln \varDelta \tag{K.3-5}$$

化学势:

$$\mu = -\frac{1}{k_BT}\left(\frac{\partial \ln \varDelta}{\partial N}\right)_{T,p} \tag{K.3-6}$$

表 K.3-1 总结了微正则系综 (MCE)、正则系综 (CE)、巨正则系综 (GCE) 和恒温恒压系综计算热力学量的公式[18].

表 K.3-1

MCE	CE
$\Omega\,(E,N,V)$	$Q\,(N,V,T)$
$\Omega=\sum_{X} t_X$	$Q=\sum_{j}^{\text{state}} \mathrm{e}^{-\beta E_j}$
$S=k_B\ln\Omega$	$F=-k_BT\ln Q$
$\mathrm{d}S=\frac{\mathrm{d}E}{T}+\frac{p}{T}\mathrm{d}V-\frac{\mu}{T}\mathrm{d}N$	$\mathrm{d}F=-S\mathrm{d}T-p\mathrm{d}V+\mu\mathrm{d}N$
$\beta=\left(\frac{\partial\ln\Omega}{\partial E}\right)_{V,N}$	$-E=\left(\frac{\partial\ln Q}{\partial\beta}\right)_{V,N}$
$\beta p=\left(\frac{\partial\ln\Omega}{\partial V}\right)_{E,N}$	$\beta p=\left(\frac{\partial\ln Q}{\partial V}\right)_{T,N}$
$-\beta\mu=\left(\frac{\partial\ln\Omega}{\partial N}\right)_{E,V}$	$-\beta\mu=\left(\frac{\partial\ln Q}{\partial N}\right)_{T,V}$

GCE	恒温恒压系综
$\Xi\,(V,T,\mu)$	$\Delta\,(T,p,N)$
$\Xi=\sum_{\{N\}}\sum_{j}\mathrm{e}^{-\left(\beta E_{\{N\},j}+\sum_{i=1}^{m}\gamma_iN_i\right)}$	$\Delta=\sum_{E}\sum_{V}\Omega\mathrm{e}^{-\beta(E+pV)}$
$-pV=-k_BT\ln\Xi$	$G=-k_BT\ln\Delta$
$\mathrm{d}\,(pV)=S\mathrm{d}T+p\mathrm{d}V+N\mathrm{d}\mu$	$\mathrm{d}G=-S\mathrm{d}T+V\mathrm{d}p+\mu\mathrm{d}N$
$-E+\mu N=\left(\frac{\partial\ln\Xi}{\partial\beta}\right)_{V,\mu}$	$-H=\left(\frac{\partial\ln\Delta}{\partial\beta}\right)_{p,N}$
$\beta p=\left(\frac{\partial\ln\Xi}{\partial V}\right)_{T,\mu}$	$-\beta V=\left(\frac{\partial\ln\Delta}{\partial p}\right)_{T,N}$
$\beta N=\left(\frac{\partial\ln\Xi}{\partial\mu}\right)_{T,V}$	$-\beta\mu=\left(\frac{\partial\ln\Delta}{\partial N}\right)_{T,p}$

参 考 文 献

[1] Weinberg S. Facing Up: Science and Its Culture Adversaries. Janklow & Nesbit Associates, 2001; 中译本: 黄艳华, 江向东译. 仰望苍穹. 上海: 上海科技教育出版社, 2004.

[2] Woan G. The Cambridge Handbook of Physics Formulas. Cambridge: Cambridge University Press, 2000; 中译本: 喀兴林译. 剑桥物理公式手册. 上海: 上海科技教育出版社, 2006.

[3] NIST Standard Reference Database. http://physics.nist.gov/constants.

[4] 数学手册编写组. 数学手册. 北京: 高等教育出版社, 1979.

[5] 武际可, 王敏中. 弹性力学引论. 北京: 北京大学出版社, 1981.

[6] 孙志铭. 物理中的张量. 北京: 北京师范大学出版社, 1985.

[7] Reddy J N, Rasmussen M L. Advanced Engineering Analysis. New York: John Wiley & Sons, Inc, 1982.

[8] 汪志诚. 热力学 · 统计物理. 第三版. 北京: 高等教育出版社, 2003.

[9] Arnold V I. Mathematical Methods of Classical Mechanics. Heidelberg: Springer-Verlag, 1978. 61.

[10] Callen H B. Thermodynamics and An Introduction to Thermostatistics. 2nd ed. New York:

John Wiley & Sons, 1985. 137, 142, 285.

[11] 唐有祺. 统计力学及其在物理化学中的应用. 北京: 科学出版社, 1964.

[12] Seinfeld J H, Lapidus L. Mathematical Methods in Chemical Engineering. Vol.3. Process Modeling, Estimation, and Identification. Englewood Cliffs: Prentice-Hall Inc, 1974.

[13] Cushing J T. Applied Analytical Mathematics for Physical Scientists. New York: John Wiley & Sons, Inc, 1975.

[14] 冯康, 秦孟兆. 哈密尔顿系统的辛几何算法. 杭州: 浙江科学技术出版社, 2003.

[15] 姚伟岸, 钟万勰. 辛弹性力学. 北京: 高等教育出版社, 2002.

[16] 钟万勰. 应用力学的辛数学方法. 北京: 高等教育出版社, 2007.

[17] 冯康等. JCM, 1990, 8(4): 371~380.

[18] 王文清, 张茂良, 高宏成, 陈敏伯等. 统计力学在物理化学中的应用 —— 习题精选与解答. 北京: 北京大学出版社, 2000.

索　引

S

T

V

W

X